"十二五"普通高等教育本科国家级规划教材

● 环境工程专业主干课程短学时系列教材

固体废物处理与处置

(第二版)

宁　平　瞿广飞　主编

中国教育出版传媒集团

高等教育出版社·北京

内容提要

本书为环境工程专业主干课程短学时系列教材之一，是为了适应当前学科发展和人才培养需求而编写的应用型教材，适合45学时左右的本科教学。

本书系统地介绍了固体废物管理、“三化”及二次污染控制的基本方法、原理、工艺和设备，在对近年相关领域研究进展提炼的基础上，增加了新的技术、理论和设备。为加深读者对本书知识的理解，编入了大量典型图表、习题与思考题，书末附录了“固体废物相关政策和法规清单”“固体废物管理相关标准及规范清单”。

本书可供环境工程、资源循环科学与工程、资源环境科学、环境科学及相关专业教学使用，也可供从事固体废物处理与处置工程或科学研究工作的技术人员及管理人员参考。

图书在版编目（C I P）数据

固体废物处理与处置 / 宁平，瞿广飞主编. -- 2版. -- 北京：高等教育出版社，2023.6（2024.12重印）
ISBN 978-7-04-059778-3

Ⅰ. ①固… Ⅱ. ①宁… ②瞿… Ⅲ. ①固体废物处理-高等学校-教材 Ⅳ. ①X705

中国国家馆CIP数据核字（2023）第011134号

Guti Feiwu Chuli yu Chuzhi

策划编辑	陈正雄	责任编辑	张梅杰	封面设计	李卫青	版式设计	李彩丽
责任绘图	黄云燕	责任校对	胡美萍	责任印制	刘弘远		

出版发行	高等教育出版社	网　　址	http://www.hep.edu.cn
社　　址	北京市西城区德外大街4号		http://www.hep.com.cn
邮政编码	100120	网上订购	http://www.hepmall.com.cn
印　　刷	唐山市润丰印务有限公司		http://www.hepmall.com
开　　本	850mm×1168mm　1/16		http://www.hepmall.cn
印　　张	23	版　　次	2007年1月第1版
字　　数	550千字		2023年6月第2版
购书热线	010-58581118	印　　次	2024年12月第3次印刷
咨询电话	400-810-0598	定　　价	47.00元

物 料 号　59778-00

固体废物处理与处置

（第二版）

宁　平　瞿广飞

1　通过计算机访问http://abook.hep.com.cn/12291220或用手机扫描二维码，下载并安装Abook应用。

2　注册并登录，进入“我的课程”。

3　输入封底数字课程账号（20位密码，刮开涂层可见），或通过Abook应用扫描封底数字课程账号二维码，完成课程绑定。

4　点击“进入学习”，开始本数字课程的学习。

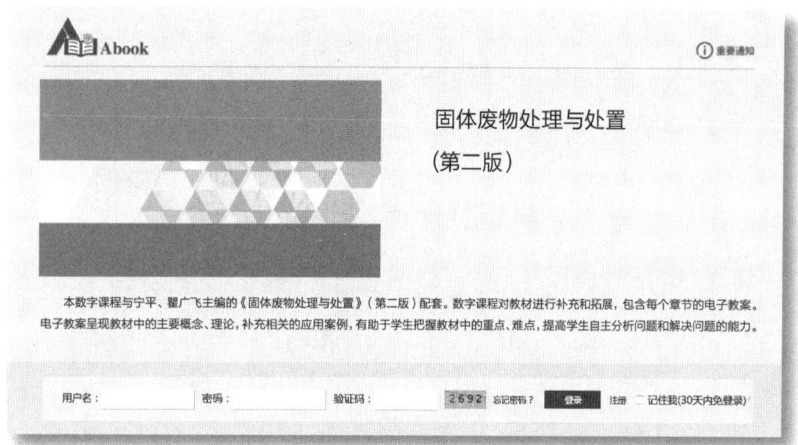

课程绑定后一年为数字课程使用有效期。受硬件限制，部分内容无法在手机端显示，请按提示通过计算机访问学习。

如有账号问题，请发邮件至：abook@hep.com.cn。

http://abook.hep.com.cn/12291220

编写委员会

主任委员 罗固源

成　　员 宁平、蒋文举、张承中、陈杰瑢

第二版前言

《固体废物处理与处置》教材从2007年出版以来，至今已重印20多次，这主要得益于现阶段我国对固体废物处理与处置技术的旺盛需求，也得益于当初架构本教材的框架时就坚持了“科教融合”“持续改进”的知识创新及传承的原则。本教材有以下几个区别于其他同类教材的显著特征：① 大多数教材按照固体废物处理对象来源划分章节，或内容有很深的固体废物管理痕迹。而本教材按照固体废物处理与利用工艺技术先后顺序及工程技术方法特征划分章节，更有利于学生工程设计及科技创新能力的培养。② 本教材中尝试将冗杂的固体废物工程实践及技术研究的知识进行系统梳理和重新解构，力争与学生平时所学的专业基础课、基础课内容接续界面更为平滑，使得学生更容易理解。③ 内容简练，侧重在基本方法、基本原理、关键设备和理论的介绍，关于工程技术方面许多知识也可通过例题、习题及附录进行拓展和补充。

本次修订坚持“短学时”的教材特色，以固体废物处理与利用过程一般工艺流程为主线，对各处理处置的内容进行更新和完善。既对教材逻辑框架及固体废物处理与处置的基本原理和基本方法进行了重新梳理，也强化了固体废物处理与处置的工艺流程选择、工艺过程及关键设备设计方面的内容，使得教材更有利于学生创新能力和解决复杂工程问题能力的培养。

这次修订对涉及的标准、规范进行了更新和完善，对核心理论知识进行了全面梳理，更加注重对读者视野的拓展，更加注重典型理论和模型的精细化介绍。比如第一章中补充了农村固体废物、医疗垃圾等废物，补充了按照产排系数计算排放量，补充了危险废物鉴别及管理信息系统等内容。第二章中将垃圾收运拓展为固体废物的收运，补充了危险废物及医疗垃圾的收运。第四章改为固体废物的物理化学分离，增加了危险废物处理中常见的蒸馏、蒸发结晶、萃取、吸附及膜分离等内容。第五章中对各节顺序和内容进行了调整，增加了有机废物的基质化处理、无机废物生物处理、超富集植物与植物冶金等内容。第六章中各节的顺序和内容也作了大调整，把热解处理放在了焚烧处理之前；增加了炭热还原处理、热解动力学模型等内容。增加了第七章固体废物的稳定化及固化处理。第八章为固体废物的填埋处置。第九章为危险废物及放射性废物管理，增加了危险废物的全流程管理内容。第十章调为典型固体废物的综合利用，增加了废旧物资、餐厨垃圾、报废汽车、电子废物、废旧电池等的处理利用及二次污染控制内容。

第二版全书由宁平、瞿广飞主编，其中前言、第一章、第二章第三节、第四章、第五章第三节、第五章第四节、第六章第一节、第八章第四节、第十章第六节、第十章第七节由宁平编写；第二章第一节、第二节由张增强编写；第三章由谷晋川编写；第五章第一节、第五章第二节、第十章第四节、第十章第五节由王成端编写；第六章第二节、第十章第一节、第十章第二节、第十章第三节由薛勇编写；第六章第三节由李正山编写；第七章、第九章第一节由瞿广飞编写；第八章第一节、第二节、第三节由刘丹编写；第九章第二节、第三节由杨毅编写。瞿广飞进行了统稿及各章例题、习题与思考题的收集和整理，编写了附录1、附录2。在本书修订过程中，同济大学赵由才、上海大学钱光人、武汉理工大学彭长琪、昆明理工大学张冬冬和张朝能、西安交通大学梁继东、华中农业大学王砚、天津城建大学马瑞巧及湘潭大学肖利平等老师都给予了大力支持或提出了很好的修改建议，在此一并表示感谢。

宁平、瞿广飞

2022年2月2日

第 一 版 序

高等学校环境工程专业主干课程短学时系列教材与本专业“水污染控制工程”“大气污染控制工程”“固体废物处理与处置”“环境影响评价”“环境规划与管理”“环境工程原理”“环境监测”“物理性污染控制”8门核心课程相对应，其内容在近年来不断进行教学改革的基础上已经历过10年以上的应用和教学实践，并根据我国高等学校本科环境工程专业相关课程的基本要求，受教育部全国高等学校环境科学与工程教学指导委员会环境工程分委员会的委托组织编写。各分册主编都具有非常丰富的教学经验，本系列教材各门课程的讲义在很多学校都进行了试用(见各分册材料)，教学效果很好。

本系列教材是一套内容精练的教材。教材的编写根据环境工程专业本科学生培养目标，针对当前各高校学时缩短和教学改革的情况，适应目前学科发展和人才培养的需求，全面整合教学内容，突出本学科相关知识在实践中的应用，注重学生实际操作能力的培养，强调系列课程教材的整体性和系统性，尽可能避免课程间内容的重复。

本系列教材从体系结构到内容具有新颖、系统、全面、科学和实用的特点，注意与相关课程的区别与联系。教材的取材和内容的深度都尽量充分考虑符合我国环境工程专业人才培养目标及课程教学的要求，既反映本学科研究和发展的先进成果，又完整地体现相应课程应有的知识，重点考虑如何有利于学生认识、分析和解决环境污染控制与污染物的处理、处置原理和方法等相关问题，以及对环境污染防治的发展战略、规划、建设项目及其他开发活动的实施行为进行分析、预测和评估，提出防治的对策与措施。

本系列教材也可用于环境工程领域工程技术人员的培养与培训，同时可作为工业企业环境保护与环境工程专业技术及管理人员的重要参考书。

本系列教材由重庆大学、四川大学、昆明理工大学、西安交通大学、西安建筑科技大学负责组织编写，重庆大学罗固源教授担任编委会主任。各教材的主编分别是:《水污染控制工程》，罗固源教授(重庆大学)；《大气污染控制工程》，蒋文举教授(四川大学)；《固体废物处理与处置》，宁平教授(昆明理工大学)；《环境影响评价》，曾向东教授(昆明理工大学)；《环境规划与管理》，张承中教授(西安建筑科技大学)；《环境工程原理》，陈杰瑢教授(西安交通大学)；《环境监测》，但德忠教授(四川大学)；《物理性污染控制》，陈杰瑢教授(西安交通大学)。

全国高等学校环境工程教学指导分委员会组织了对本系列教材的编写与审查。环境科学与工程教学指导委员会主任委员、中国工程院院士、清华大学郝吉明教授担任本系列教材的主审，环境工程教学指导分委员会副主任委员、同济大学周琪教授担任本系列教材的副主审。编者在此深表谢意，并恳请各位读者对书中的不妥之处，批评指正。

罗固源
2006-4-20

第一版前言

《固体废物处理与处置》是根据教育部环境工程专业教学指导分委员会制定的环境类核心课程的教学任务与基本要求，在总结多年教学实践和当前科研成果的基础上编写的。

全书共分九章。第一章为绪论，讲述固体废物的来源、种类、污染、污染控制措施、固体废物管理原则、管理制度、固体废物管理法规以及标准；第二章为固体废物的收集、贮存及清运，重点讲述城市生活垃圾的收运系统分析、收集线路设计和转运站设计；第三章为固体废物的预处理，重点讲述固体废物的压实、破碎、机械分选和污泥的浓缩与脱水的原理、方法和工艺设备；第四章为固体废物的物化处理，重点讲述了固体废物的浮选、化学浸出、固体废物的稳定化、解毒化处理以及固体废物的固化处理的原理、方法和工艺设备；第五章为固体废物的生物处理，重点讲述了固体废物的堆肥化、沼气发酵、微生物浸出以及蚯蚓处理技术的原理、方法和工艺设备；第六章为固体废物的热处理，重点讲述了固体废物的焚烧、热解以及焙烧的原理、方法和工艺设备；第七章为固体废物的资源化与综合利用，重点讲述了排放量大、来源广的几种固体废物的资源化利用途径和方法；第八章为固体废物的填埋处置，重点讲述了城市生活垃圾卫生填埋场的规划设计、渗滤液的污染防治及填埋气的控制及利用；第九章为危险废物及放射性固体废物的管理，重点讲述了放射性固体废物的安全处置和危险废物的安全处置。

全书由宁平主编，并编写了前言、第一章、第四章、第五章第三节、第六章第三节。第二章由张增强编写；第三章由谷晋川编写；第五章第一节、第二节、第四节由伍钧编写；第六章第一节由李正山编写；第六章第二节由薛勇编写；第七章由薛勇和王成端共同编写；第八章由刘丹和王志军共同编写；第九章由杨毅编写；瞿广飞进行了各章例题、习题和思考题的收集和整理，并编写了附件 1、附件 2、附件 3。

在本书的编写过程中，先后征求了清华大学郝吉明教授、同济大学周琪教授、重庆大学罗固源教授及承担审稿工作的四川大学蒋文举教授的意见和建议，得到了他们的热情帮助和支持；本书还参考引用了一些从事教学、科研、生产工作的同志撰写的教材、论文等有关文献资料；高等教育出版社的陈文同志，对本书的编写和出版做了许多工作。在此一并表示感谢。限于编者的水平以及经验，缺点错误在所难免，敬请读者多多批评指正。

宁　平

2006 年 6 月于昆明

目　　录

第一章　绪论 …… 1

第一节　固体废物的来源与分类 …… 1

一、固体废物的来源 …… 1

二、固体废物的分类 …… 2

三、危险废物及医疗废物 …… 5

四、固体废物产生量及其预测 …… 7

第二节　固体废物污染的危害及控制 …… 7

一、固体废物污染危害 …… 7

二、固体废物污染控制原则 …… 9

三、固体废物污染控制系统 …… 11

第三节　固体废物管理 …… 12

一、固体废物管理法规 …… 12

二、固体废物管理制度 …… 13

三、我国固体废物管理标准 …… 14

四、固体废物管理信息系统 …… 15

习题与思考题 …… 18

第二章　固体废物的收集、贮存及清运 …… 19

第一节　生活垃圾的收集与清运 …… 19

一、生活垃圾的收集、贮存及清运 …… 19

二、生活垃圾收运路线的确定 …… 31

第二节　垃圾中转站的设置 …… 33

一、垃圾转运的必要性 …… 33

二、中转站类型与设置要求 …… 34

三、中转站工艺设计计算 …… 36

第三节　危险废物的收集、贮存及清运 …… 37

一、危险废物的产生与收集 …… 38

二、危险废物的贮存 …… 39

三、危险废物的清运 …… 39

习题与思考题 …… 41

第三章　固体废物的预处理 …… 43

第一节　固体废物的压实 …… 43

一、固体废物压实的目的 …… 43

二、固体废物压实的原理 …… 43

三、固体废物压实程度的度量 …… 44
四、固体废物的压实设备 …… 45
五、固体废物压实设备的选用 …… 47
第二节 固体废物的粉碎 …… 47
一、粉碎的目的 …… 47
二、粉碎影响因素 …… 47
三、粉碎方法 …… 48
四、粉碎工艺 …… 50
五、粉碎设备 …… 50
六、其他粉碎方法 …… 56
第三节 固体废物的分选 …… 58
一、人工分选 …… 58
二、筛选 …… 58
三、重力分选 …… 62
四、磁力分选 …… 67
五、电力分选 …… 70
六、其他分选方法 …… 71
七、分选效果的评价 …… 73
八、分选回收工艺系统 …… 73
习题与思考题 …… 75
第四章 固体废物的物理化学分离 …… 76
第一节 污泥的浓缩与脱水 …… 76
一、水分存在形式 …… 76
二、污泥浓缩 …… 76
三、机械脱水 …… 78
第二节 浮选 …… 81
一、浮选原理 …… 81
二、浮选药剂 …… 82
三、浮选工艺过程 …… 83
四、浮选设备 …… 84
第三节 溶剂浸出 …… 84
一、浸出反应机理 …… 85
二、几种典型浸出反应 …… 86
三、影响浸出的主要因素 …… 88
四、动力学过程 …… 89
五、浸出工艺 …… 90
六、浸出设备 …… 92

第四节　蒸馏与蒸发结晶 …… 95
一、蒸馏 …… 95
二、蒸发结晶 …… 97
第五节　萃取、吸附与膜分离 …… 102
一、萃取分离 …… 102
二、吸附分离 …… 105
三、膜分离 …… 107
习题与思考题 …… 111
第五章　固体废物的生物处理 …… 113
第一节　固体废物的厌氧消化处理 …… 113
一、厌氧消化原理 …… 113
二、厌氧消化的影响因素 …… 115
三、厌氧消化工艺 …… 117
四、厌氧消化装置 …… 119
五、沼液与沼渣的利用 …… 122
第二节　固体废物的好氧堆肥化处理 …… 123
一、堆肥化原理与影响因素 …… 123
二、好氧堆肥化工艺 …… 126
三、堆肥化设备 …… 128
四、堆肥质量评价 …… 134
第三节　有机固体废物的基质化处理 …… 136
一、有机废物制作营养土 …… 136
二、有机废物的蚯蚓生物处理 …… 140
三、有机固体废物生产单细胞蛋白 …… 145
第四节　无机固体废物的生物处理 …… 150
一、无机固体废物微生物处理 …… 150
二、超富集植物与植物修复 …… 153
习题与思考题 …… 156
第六章　固体废物的热处理 …… 158
第一节　焙烧与炭热还原处理 …… 158
一、固体废物的焙烧 …… 158
二、炭热还原 …… 162
第二节　有机固体废物的热解处理 …… 164
一、热解原理 …… 164
二、热解动力学模型及工艺 …… 166
三、典型有机固体废物的热解 …… 169
第三节　有机固体废物焚烧处理 …… 180

一、概述 …… 180
二、焚烧原理 …… 181
三、热平衡和烟气分析 …… 185
四、焚烧工艺 …… 189
五、焚烧炉系统 …… 192
习题与思考题 …… 197
第七章 固体废物的稳定化及固化处理 …… 200
第一节 固体废物的稳定化处理 …… 200
一、固体废物污染及污染物 …… 200
二、重金属的稳定化 …… 202
三、污染物的解毒 …… 206
第二节 固体废物的固化处理 …… 212
一、固化处理概述 …… 213
二、固化处理技术 …… 213
第三节 固化体材料性能评价 …… 223
一、固化体性能评价 …… 223
二、稳定化及固化处理效果的评价指标 …… 224
三、材料环境影响生命周期评价 …… 225
习题与思考题 …… 227
第八章 固体废物的填埋处置 …… 229
第一节 填埋场的规划和设计 …… 229
一、填埋场概述 …… 229
二、填埋场选址 …… 230
三、填埋场的环境影响评价 …… 231
四、计划填埋量与填埋年限 …… 232
五、场址开发利用规划 …… 232
第二节 填埋场的防渗 …… 233
一、防渗方式 …… 233
二、防渗材料 …… 234
三、防渗结构 …… 237
第三节 渗滤液的收集与处理 …… 240
一、渗滤液的产生及其特征 …… 240
二、渗滤液产量估算 …… 241
三、渗滤液的收集系统 …… 243
四、渗滤液的处理 …… 245
第四节 垃圾填埋气体的收集与利用 …… 247
一、垃圾填埋气体的产生及其环境影响 …… 247

二、填埋气产生量的预测 …… 249
三、填埋气的收集 …… 250
四、填埋气的净化 …… 254
五、填埋气的利用 …… 256
习题与思考题 …… 259
第九章　危险废物及放射性废物管理 …… 261
第一节　危险废物的全流程管理 …… 261
一、危险废物管理设施 …… 261
二、危险废物处理技术体系 …… 262
第二节　危险废物的安全处置 …… 264
一、危险废物填埋场结构形式 …… 264
二、危险废物的填埋处置技术 …… 265
三、危险废物填埋场的基本要求 …… 266
四、危险废物填埋场系统组成 …… 269
第三节　放射性废物及其安全处置 …… 274
一、放射性废物分类 …… 274
二、放射性废物处置的目标和基本要求 …… 276
三、低、中水平放射性废物的处置 …… 277
四、高水平放射性废物的安全处置 …… 281
习题与思考题 …… 282
第十章　典型固体废物的资源化与综合利用 …… 284
第一节　矿业固体废物的资源化与综合利用 …… 284
一、矿业固体废物的种类与性质 …… 284
二、矿业固体废物的资源化与综合利用 …… 285
第二节　冶金与化工固体废物的资源化与综合利用 …… 286
一、冶金及热电工业废渣的利用 …… 286
二、化学工业废渣的处理与利用 …… 296
第三节　农林固体废物的资源化与综合利用 …… 300
一、农林固体废物的成分、性质与利用途径 …… 300
二、农林固体废物的综合利用 …… 301
第四节　城市生活垃圾的资源化及综合利用 …… 303
一、餐厨垃圾的综合利用 …… 303
二、建筑垃圾的再生利用 …… 306
三、废塑料的综合利用 …… 307
四、废橡胶的再生利用 …… 309
五、废纸的再生利用 …… 310
六、废纤维织物的处理利用 …… 313

第五节　污泥的资源化及综合利用 …… 316
一、污泥的分类、成分与性质 …… 316
二、污泥的处理及综合利用 …… 317
第六节　报废汽车的回收与处理 …… 321
一、报废汽车可回收资源概况 …… 321
二、报废汽车拆解及车用材料回收再利用 …… 322
三、报废汽车资源化新技术 …… 327
第七节　废弃电器电子产品的综合利用 …… 327
一、废弃电器电子产品种类、成分及性质 …… 328
二、废弃电器电子产品综合利用 …… 330
三、废电池的回收与综合利用 …… 336
习题与思考题 …… 340
主要参考文献 …… 342
附录 …… 346
附录 1　固体废物相关政策和法规清单 …… 346
附录 2　固体废物管理相关标准及规范清单 …… 346

第一章　绪　　论

《中华人民共和国固体废物污染环境防治法》(以下称《固体废物污染环境防治法》)中明确提出：固体废物，是指在生产、生活和其他活动中产生的丧失原有利用价值或者虽未丧失利用价值但被抛弃或者放弃的固态、半固态和置于容器中的气态的物品、物质以及法律、行政法规规定纳入固体废物管理的物品、物质。经无害化加工处理，并且符合强制性国家产品质量标准，不会危害公众健康和生态安全，或者根据固体废物鉴别标准和鉴别程序认定为不属于固体废物的除外。

这里的生产包括基本建设、工农业、林牧业等各种生产建设活动；生活包括居民的日常生活活动，以及为保障居民生活所提供的各种社会服务及设施，如商业、医疗、园林等；其他活动则指国家各级事业及管理机关、各级学校、各种研究机构等非生产性单位的日常活动。

从广义而言，废物按其形态有液、气、固三态，如果废物是以液态或者气态存在，且污染成分主要是混入一定量(通常浓度很低)的水或气体(大气或气态物质)时，分别看作废水或废气，一般应纳入水环境或大气环境管理范畴，并分别制定专项法规作为执法依据。而固体废物包括其他所有经过使用而被弃置的固态或半固态物质，甚至还包括具有一定毒害性的有相对稳定边界的液态或气态危险废物。

应当强调的是，固体废物的“废”具有时间和空间的相对性。在此生产过程或此地点暂时无使用价值的，在其他生产过程或其他地点可能具有很好的利用前景。在经济技术落后国家或地区抛弃的废物，在经济技术发达国家或地区可能是宝贵的资源。在当前经济技术条件下暂时无使用价值的废物，在发展了循环利用技术后可能就是资源。因此，固体废物常被看作“放错地点的原料”。

此外，固体废物还具有一些特性，如来源分布广泛、产生总量大、种类繁多、性质复杂，其环境危害具有潜在性、长期性和不易恢复性。

第一节　固体废物的来源与分类

一、固体废物的来源

从原始人类活动开始，就有固体废物的产生，那时的固体废物主要是粪便、动植物残渣。随着人类社会的进步，生产逐渐发展，同时也产生了许多新的废渣。18 世纪前的工业生产主要是对自然物进行机械加工，多为改变物质的物理性状，这时主要产生一些简单的屑末和边角料；随着化学工业的发展，19 世纪末到 20 世纪初，出现了许多含有毒、易于迁移和人工合成物质的废渣，特别是含汞、铅、砷、氰化物等有毒有害废渣；20 世纪以来，人们的视野深入到了原子尺度，实现了人工重核裂变和轻核聚变，产生了原子能工业，这就有了放射性废渣。

人类社会发展到今天，对自然界的认识及改造向纵深发展，人类需求的多样化、高质化，生产高效率、分工细化、工业产品多样化，无数个生产环节排出无数种废渣，加之人类的任何消费和使用物品最后都要变成废物，这些种类庞杂的废物组成了一个“固体废物大家族”。

二、固体废物的分类

固体废物的种类繁多，性质各异。为便于处理、处置及管理，需要对固体废物加以分类。

根据固体废物的来源可将其分为：工矿业固体废物、生活垃圾及其他固体废物三类(固体废物的来源及主要组成见表1-1)。在工业生产活动中产生的固体废物统称为工业固体废物。工业固体废物可细分为矿冶、能源、钢铁、化学、石油化工等工业固体废物。矿冶工业固体废物主要包括矿山开采、选矿、冶炼、成型加工等过程所排出的固体废物，如采矿废石、尾矿、废渣、剥离物等；能源工业固体废物主要包括煤炭、电力等部门所排出的固体废物，如煤矸石、粉煤灰、炉渣、废金属、烟尘等；钢铁工业固体废物主要包括黑色冶金工业等部门在铁铬锰烧结、冶炼、粗铁坯、精炼、轧制等加工过程所排出的固体废物，如炉渣、废金属、废建材、废模具、废橡胶等；化学工业固体废物主要包括无机盐、氯碱、纯碱、硫酸、磷肥、有机合成、染料、感光等原料和材料生产过程所产生的固体废物，如废催化剂、废化学药剂、废酸碱、废三泥(底泥、浮渣、污泥)、废纤维丝等；而石油化工工业固体废物主要包括炼制、石油化工、石油化纤等生产过程所产生的固体废物，如废化学药剂、废催化剂、废三泥、聚合单体废块、废酸碱、废丝等；有色金属工业固体废物主要包括铜铅锌等及稀有金属、轻金属(如铝)等在生产过程中所产生的固体废物，如浸出渣、净化渣、炉渣、阳极泥、金属废渣、熔炼渣、赤泥、残极、浮渣等。

表1-1 固体废物的来源及主要组成

类别	来源	主要组成
工矿业固体废物	矿冶	废石、尾矿、金属、废木、砖瓦、水泥、砂石等
	能源工业	矿石、煤、炭、木料、金属、矸石、粉煤灰、炉渣等
	钢铁工业	金属、矿渣、模具、边角料、陶瓷、橡胶、塑料、烟尘、绝缘材料等
	化学工业	金属填料、陶瓷、沥青、化学药剂、油毡、石棉、烟道灰、涂料等
	石油化工工业	催化剂、沥青、还原剂、橡胶、炼制渣、塑料、纤维素等
	有色金属工业	化学药剂、废渣、赤泥、尾矿、炉渣、烟道灰、金属等
	交通运输、机械工业	涂料、木料、金属、橡胶、轮胎、塑料、陶瓷、边角料等
	轻工业	木质素、木料、金属填料、化学药剂、纸类、塑料、橡胶等
	建筑材料工业	金属、瓦、灰、石、陶瓷、塑料、橡胶、石膏、石棉、纤维素等
	纺织工业	棉、毛、纤维、塑料、橡胶、纺纱、金属等
	电器仪表工业	绝缘材料、金属、陶瓷、研磨料、玻璃、木材、塑料、化学药剂等
	食品加工工业	油脂、果蔬、五谷、蛋类食品、金属、塑料、玻璃、纸类、烟草等
	军工、核工业等	化学药物、一般非危险废物、含放射性废渣、同位素实验室废物、含放射性劳保用品等

续表

类别	来源	主要组成
生活垃圾	居民生活	饮料、食物、纸屑、编织品、庭院废物、塑料品、金属用品、煤炭渣、家用电器、建筑垃圾、家庭用具、人畜粪便、陶瓷用品、杂物等
	社会服务单位	医疗垃圾、纸屑、园林垃圾、金属管道、烟灰渣、建筑材料、橡胶玻璃、办公杂品等
	机关、商业系统	废旧交通工具、建筑材料、金属管道、废轮胎、废旧电子产品、办公杂品等
其他固体废物	农林业	秸秆、稻草、塑料、枯枝落叶、锯木屑、农药、畜禽粪便、污泥、动物疫尸等
	水产业	腐烂鱼虾贝类、水产加工污泥、塑料包装等
	……	……

各种固体废物的组成与其来源、产品生产工艺有密切关系。此外，由于原材料种类和性质的差异，生产过程所排出的各固体废物的物化性质彼此之间存在区别。表1-2中列举了若干主要工业类型生产技术及所产生的固体废物种类；表1-3中列举了不同工业产品生产所产生固体废物的成分含量(质量分数)。

表1-2　主要工业类型生产技术及所产生的固体废物种类

序号	工业类型	生产技术或成品	主要固体废物种类
1	金属冶炼业	冶炼、铸造、辊轧、锻造等	下脚料、炉渣、尾矿、金属碎料等
2	金属制品加工业	容器、工具、管件、电镀品等	金属碎屑、废涂料、炉渣、废溶剂等
3	机械制造业	机床、起重机械、输送机械等	金属碎屑、废模具、废砂芯、废涂料等
4	电器制造业	电动设备、电梯、变压器等	金属碎屑、废橡胶、废陶瓷品等
5	运输设备制造业	各式车辆、飞机及轮船设备等	废轮胎、废纤维、废塑料、废溶剂等
6	化学药剂业	无机及有机药品、试剂、肥料等	废溶剂、废酸碱、废药剂、废三泥等
7	石油化工工业	沥青、化纤织品、化工原料等	沥青、焦油、废纤维丝、废塑料、废催化剂等
8	橡胶及塑料产业	橡胶炼制、轮胎、塑料及制品等	废塑料、废橡胶、废纤维、废金属等
9	皮革及其制品业	鞣革、抛光、皮革加工制品等	边角料、废化学染料、废油脂等
10	编织品产业	纺织、染色、整型等	过滤残渣、边角料、废染色剂等
11	服装产业	剪裁、缝制、印染、熨烫等	废纤维织品、边角料、废线头等
12	木材及其制品业	木工器具、木材生产、伐木等	碎木屑、下脚料、金属、废胶合剂等
13	金、木家具业	各式家具及附件、容器用品等	边角料、金属、衬垫残料、废胶料等
14	纸类及制品业	造纸、纸品生产与制造等	废木质素、废纸、废塑料、废纸浆等
15	印刷及出版业	制版、印刷、装订、包捆等	废金属、废化学药剂、废油墨等
16	食品加工业	防腐、消毒、选料、佐料调理等	烂肉食、菜蔬、果品、下水、骨架等
17	军事工业	生产制造、装配、化学药剂等	废金属、化学药剂、废木、废塑料等
18	建筑材料工业	水泥、玻璃与石料生产、加工等	建筑垃圾、废胶合剂、废金属等

表 1-3 不同工业产品生产所产生固体废物的成分含量(质量分数)分析 单位:%

序号	工业产品类型	纸张	木材	皮革	橡胶	塑料	金属	玻璃	织物	食品	其他
1	金属冶炼产品	30~50	5~15	0~2	0~2	2~10	2~10	0~5	0~2	15~20	20~40
2	金属加工产品	30~50	5~15	0~2	0~2	0~2	15~30	0~2	0~2	0~2	5~15
3	机械类制品	30~50	5~15	0~2	0~2	1~5	15~30	0~2	0~2	0~2	0~5
4	电机设施	60~80	5~15	0~2	0~2	2~5	2~5	0~2	0~2	0~2	0~5
5	运输设备	40~60	5~15	0~2	0~2	2~5	0~2	0~2	0~2	0~2	15~30
6	化学药剂及其产品	40~60	2~10	0~2	0~2	5~15	5~10	0~10	0~2	0~2	15~25
7	石油精炼及制品	60~80	5~15	0~2	0~2	10~20	2~10	0~12	0~2	0~2	2~10
8	橡胶及塑料制品	40~60	2~10	0~2	5~20	10~20	0~2	0~2	0~2	0~2	0~5
9	皮革及其制品	5~10	5~10	40~60	0~2	0~2	0~20	0~2	0~2	0~2	0~5
10	建筑业及玻璃制品	20~40	2~10	0~2	0~2	0~2	5~10	10~20	0~2	0~2	30~50
11	纺织业产品	40~50	0~2	0~2	0~2	3~10	0~2	0~2	20~40	0~2	0~5
12	服装业产品	40~60	0~2	0~2	0~2	0~2	0~2	0~2	30~50	0~2	0~5
13	木材及木制品	10~20	10~20	60~80	0~2	0~2	0~2	0~2	0~2	0~2	5~10
14	木制家具	20~30	30~50	0~2	0~2	0~2	0~2	0~2	0~5	0~2	0~5
15	金属家具	20~40	10~20	0~2	0~2	0~2	20~40	0~2	0~5	0~2	0~10
16	纸类产品	40~60	10~15	0~2	0~2	0~2	5~20	0~2	0~2	0~2	10~20
17	印刷及出版业产品	60~90	5~10	0~2	0~2	0~2	0~2	0~2	0~2	0~2	0~5
18	食品类产品	50~60	5~10	0~2	0~2	0~5	5~10	4~10	0~2	0~2	5~15
19	专用控制设备	30~50	2~10	0~2	0~2	5~10	5~15	0~2	0~2	0~2	5~15
20	城市生活垃圾	40~60	1~4	0~2	0~2	2~10	3~15	4~16	0~4	10~20	5~30

生活垃圾，是指在日常生活中或者为日常生活提供服务的活动中产生的固体废物，以及法律、行政法规规定视为生活垃圾的固体废物。城市生活垃圾亦称城市固体废物，是由城市居民家庭、城市商业、餐饮业、旅馆业、旅游业、服务业等，以及市政环卫系统、城市交通运输、文教机关团体、行政事业等单位所排出的固体废物。其主要组成包括：餐厨垃圾、废纸屑、废塑料、废橡胶制品、废编织物、废金属、玻璃陶瓷碎片、医疗垃圾、市政园林垃圾、庭院废物、废旧家用电器、废旧家具器皿、废旧办公用品、废日杂用品、废建筑材料、给水排水污泥等。城市生活垃圾的组成、产生量及组分与居民生活水平、生活习性、季节气候、环境条件等因素有密切关系。

除了以上两类固体废物外，还有来自农业生产、畜禽养殖、农副产品加工、林业生产等所产生的废物，如农作物秸秆、畜禽排泄物等固体废物。

按照污染特性可将固体废物分为一般固体废物、危险废物及放射性废物。工业生产过程产生的危害偏小的一类固体废物归为一般工业固体废物。一般工业固体废物按照污染危害风险又可分为Ⅰ类一般工业固体废物和Ⅱ类一般工业固体废物；Ⅱ类一般工业固体废物、危险废物及放射性废物统称有害固体废物。危险废物是指列入国家危险废物名录或者根据国家规定的危险废物鉴别标准和鉴别方法认定的具有危险特性的固体废物。

三、危险废物及医疗废物

危险废物作为固体废物的一类，是纳入固体废物管理范畴的，主要特征并不在于它们的相态，而在于其危险特性，即具有毒性(toxicity,T)、腐蚀性(corrosivity,C)、感染性(infectivity,In)、反应性(reactivity,R)、易燃性(ignitabiligy,I)等一种或者几种危险特性，或不排除具有危害特性，可能对环境或者人体健康造成有害影响，需要按照危险废物进行管理。为方便危险废物分类管理，我国出台了《国家危险废物名录》和《医疗废物分类目录》，其中《国家危险废物名录》中规定的危险废物既有固态的，也有液态及具有外包装的气态废物。危险废物种类繁多，常见的危险废物如图 1-1 所示。凡是被列为危险废物的废物，其处理费用比一般废物高几倍至上千倍。

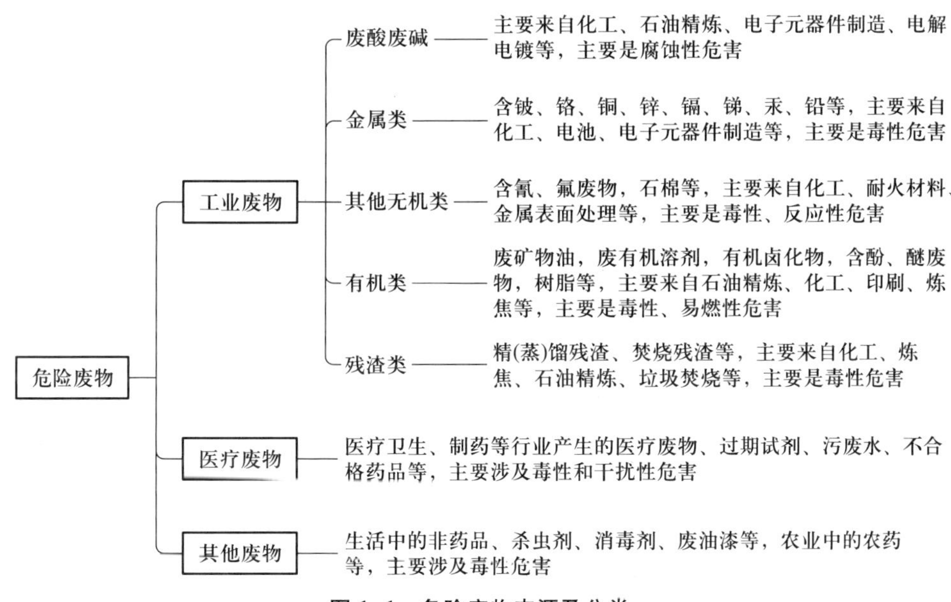

图 1-1　危险废物来源及分类

医疗废物(medical waste)，是指医疗卫生机构在医疗、预防、保健及其他相关活动中产生的具有直接或间接感染性、毒性及其他危害性的废物。医疗废物中可能存在传染性病菌、病毒、化学污染物及放射性废物等有害物质，具有极大的危险性。根据《医疗废物分类目录》(2021 年版)，我国将医疗废物分为感染性废物、损伤性废物、病理性废物、药物性废物、化学性废物等(分类详见表 1-4)。

表 1-4 我国医疗废物的分类

类别	特征	常见组分或废物名称	收集方式
感染性废物	携带病原微生物，具有引发感染性疾病传播危险的医疗废物	1. 被患者血液、体液、排泄物等污染的除锐器以外的废物； 2. 使用后废弃的一次性使用医疗器械，如注射器、输液器、透析器等； 3. 病原微生物实验室废弃的病原体培养基、标本，菌种和毒种保存液及其容器；其他实验室及科室废弃的血液、血清、分泌物等标本和容器； 4. 隔离传染病患者或者疑似传染病患者产生的废物	1. 收集于符合《医疗废物专用包装袋、容器和警示标志标准》(HJ421—2008)的医疗废物包装袋中； 2. 病原微生物实验室废弃的病原体培养基、标本，菌种和毒种保存液及其容器，应在产生地点进行压力蒸汽灭菌或者使用其他方式消毒，然后按感染性废物收集处理； 3. 隔离传染病患者或者疑似传染病患者产生的医疗废物应当使用双层医疗废物包装袋盛装
损伤性废物	能够刺伤或者割伤人体的废弃的医用锐器	1. 废弃的金属类锐器，如针头、缝合针、针灸针、探针、穿刺针、解剖刀、手术刀、手术锯、备皮刀、钢钉和导丝等； 2. 废弃的玻璃类锐器，如盖玻片、载玻片、玻璃安瓿等； 3. 废弃的其他材质类锐器	1. 收集于符合《医疗废物专用包装袋、容器和警示标志标准》(HJ421—2008)的利器盒中； 2. 利器盒达到 3/4 满时，应当封闭严密，按流程运送、贮存
病理性废物	诊疗过程中产生的人体废物和医学实验动物尸体等	1. 手术及其他医学服务过程中产生的废弃的人体组织、器官； 2. 病理切片后废弃的人体组织、病理蜡块； 3. 废弃的医学实验动物的组织和尸体； 4. 16 周胎龄以下或重量不足 500 g 的胚胎组织等； 5. 确诊、疑似传染病或携带传染病病原体的产妇的胎盘	1. 收集于符合《医疗废物专用包装袋、容器和警示标志标准》(HJ421—2008)的医疗废物包装袋中； 2. 确诊、疑似传染病产妇或携带传染病病原体的产妇的胎盘应使用双层医疗废物包装袋盛装； 3. 可进行防腐或者低温保存
药物性废物	过期、淘汰、变质或者被污染的废弃的药物	1. 废弃的一般性药物； 2. 废弃的细胞毒性药物和遗传毒性药物； 3. 废弃的疫苗及血液制品	1. 少量的药物性废物可以并入感染性废物中，但应在标签中注明； 2. 批量废弃的药物性废物，收集后应交由具备相应资质的医疗废物处置单位或者危险废物处置单位等进行处置
化学性废物	具有毒性、腐蚀性、易燃性、反应性的废弃的化学物品	列入《国家危险废物名录》中的废弃危险化学品，如甲醛、二甲苯等；非特定行业来源的危险废物，如含汞血压计、含汞体温计，废弃的牙科汞合金材料及其残余物等	1. 收集于容器中，粘贴标签并注明主要成分； 2. 收集后应交由具备相应资质的医疗废物处置单位或者危险废物处置单位等进行处置

不过，由于放射性废物在管理方法和处置技术等方面与其他废物有着明显的差异，许多国家并不将其包含在危险废物范围内。《固体废物污染环境防治法》中也没有涉及放射性废物的污染控制问题。关于放射性固体废物的管理，《中华人民共和国放射性污染防治法》(2003 年)对其管理作出了明确规定。在国家《辐射防护规定》(GB 8703—88)中明确指出，凡放射性核素含量超过国家规定限值的固态、液态和气态废物，统称为放射性废物。放射性废物包括核电站、核研究机构、医疗单位、放射性废物处理设施等单位核燃料生产、加工、同位素应用过程产生的废物，如尾矿、污染的废旧仪器设备、防护用品、废树脂、水处理污泥以及蒸发残渣等。

四、固体废物产生量及其预测

固体废物产生量可根据《污染源普查产排污系数手册》《工业源产排污系数手册》《生活垃圾产生量计算及预测方法》(CJ/T 106—2016)等进行估算。

某城市或地区垃圾总产量常用 10^4 t · d^{-1}，10^4 t · $month^{-1}$，10^4 t · a^{-1}表示；单位产量用 kg · 人$^{-1}$ · d^{-1}或 kg · 人$^{-1}$ · a^{-1}表示；平均年增长率用质量分数(%)表示。根据垃圾人均年产量及年增长率γ(%)和基准年份的实际产量 W_0(kg · 人$^{-1}$ · a^{-1})，可预测未来 n 年垃圾平均年产量。

$$W=W_0(1+\gamma)^n \tag{1-1}$$

固体废物产生量预测可采用灰色系统模型预测法、多元线性回归模型预测法、类比法、指数平滑法、TCE 模型预测法、ARIMA 模型预测法、变权重组合模型预测法、支持向量机制(SVM)回归预测法等。各种预测方法都有其优缺点。灰色系统模型预测法会产生正误差；利用增长率公式预测城市垃圾的方法对参数要求少，数据也简单易得，故一般来说较易掌握，但没有考虑垃圾的产生及影响的主要因素，其预测精度较差，因而只适用于粗略的预测；多元线性回归模型预测法虽然充分考虑了各种影响因素，但对各个因素对结果的影响程度缺乏识别。因此，过多的次要因素不仅增加计算量，而且无助于预测精度的提高，甚至有时会产生虚假回归的情况；支持向量机制(SVM)回归预测法能够根据结构风险最小化准则取得最小的实际风险，其拓扑结构由支持向量决定，较好地解决了小样本、非线性、高维数和局部极小点等实际问题，因此，支持向量机制(SVM)回归预测法在短期负荷预测问题上有着显著的优越性。

另有一些特殊的固体废物产生量则要根据实际调研统计结果或经验值进行估算。如我国大中城市医疗废物的产生量一般按照住院部产生量和门诊部产生量之和计算，住院部为 0.5~1.0 kg · 床$^{-1}$ · d^{-1}，门诊部为 20~30 人次产生 1 kg 医疗废物。

第二节　固体废物污染的危害及控制

一、固体废物污染危害

固体废物，特别是有害固体废物，处理处置不当，能通过不同途径危害人体健康。固体废物露天存放或置于处置场，其中的有害成分可通过环境介质——大气、土壤、地表水或地下水等间接传至人体，对人体健康造成极大的危害。通常，工业固体废物所含化学成分能形成化学物质型污染；人畜粪便、生活垃圾及医疗垃圾是各种病原微生物的滋生地和繁殖场，能形成病原体型污染。固体废物的污染途径示于图 1-2。可见固体废物污染与废水、废气和噪声污染不同，其呆滞性大、扩散性小，对环境的污染主要通过水、气和土壤进行。通常气态污染物在净化过程中被富集成粉尘或废渣，水污染物在净化过程中以污泥的状态被分离出，即以固体废物的状态存在。这些终态物质中的有害成分，在长期的自然因素作用下，又会转入大气、水体和土壤，故又成为大气、水体和土壤环境的污染“源头”。因此固体废物既是污染源头也是终态物。固体废物这一污染“源头”和“终态”特性告诉我们，控制“源头”、处理好“终态物”是固体废物污染控制的关键。

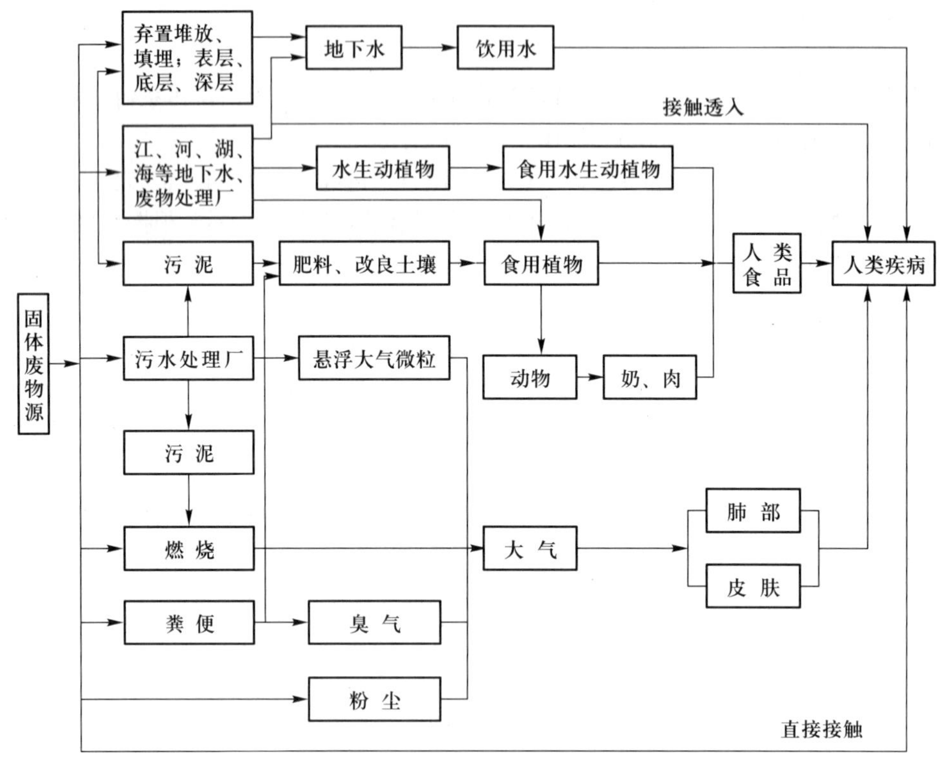

图 1-2　固体废物的污染途径

1. 对土壤环境的影响

固体废物任意露天堆放，必将占用大量的土地，破坏地貌和植被。据估算，每堆积1×10^4 t 渣约占地 1 亩（667 m^2）。固体废物及其淋洗和渗滤液中所含有害物质会改变土壤的性质和结构，并对土壤中的微生物产生影响，这些有害成分的存在，不仅有碍植物根系的生长和发育，而且还会在植物有机体内积蓄，通过食物链危及人体健康。

土壤是许多细菌、真菌等微生物聚居的场所。这些微生物形成了一个生态系统，在大自然的物质循环中，在碳循环和氮循环过程中发挥着重要作用。工业固体废物，特别是有害固体废物，经过风化、雨雪淋溶、地表径流的侵蚀，产生高温和毒水或其他反应，能杀灭土壤中的微生物，使土壤丧失腐解能力，导致草木不生。例如，我国包头市的某尾矿堆积量已达 1.5×10^7 t，使尾砂坝下游的一个乡的大片土地被污染，居民被迫搬迁。

固体废物中的有害物质进入土壤后，还可能在土壤中发生积累。我国西南某市郊因农田长期施用垃圾，土壤中的汞浓度已超过本底值 8 倍，铜、铅浓度分别增加 87%和 55%，对作物的生长、土壤生态等带来危害。来自大气层核爆炸试验产生的散落物，以及来自工业或科研单位的放射性固体废物，也能在土壤中积累，并被植物吸收，进而通过食物链进入人体。20 世纪 70 年代，美国密苏里州为了控制道路粉尘，曾把混有四氯二苯并对二噁英(2,3,7,8-TCDD)的淤泥废渣当作沥青铺洒路面，造成多处污染，土壤中 TCDD 浓度高达 300 μg/L，污染深度达 60 cm，致使牲畜大批死亡，人们备受多种疾病折磨。在居民的强烈要求下，美国政府同意某城镇居民搬迁，并花 3 300 万美元买下该城镇的全部地产，赔偿了市民的损失。

2. 对大气环境的影响

堆放的固体废物中的细微颗粒、粉尘等可随风飞扬，从而对大气环境造成污染。据研究表明，当风力在 4 级以上时，在粉煤灰或尾矿堆表层的粒径小于 1.5 mm 的粉末将出现剥离，其飘扬的高度可达 20~50 m，甚至更高，在风季可使平均视程降低 30%~70%；而且堆积的废物中某些物质的化学反应，可以不同程度产生毒气或恶臭，造成地区性空气污染。

垃圾填埋场中逸出的填埋气也会对大气环境造成影响，它在一定程度上会降低填埋场上层空间的氧，从而使植物衰败。此外，固体废物在运输和处理过程中，也能产生有害气体和粉尘。

3. 对水环境的影响

在世界范围内，有不少国家直接将固体废物倾倒于河流、湖泊或海洋。应当指出，这是有违国际公约、理应严加管制的。固体废物中污染物随天然降水或地表径流进入河流、湖泊，或随风输运落入河流、湖泊，污染地表水，并随渗滤液渗透到土壤中，进入地下水，使地下水污染；废渣直接排入河流、湖泊或海洋，会造成更大的水体污染。2005 年左右，由于养殖业快速发展，我国云南大理洱海北部无序堆置的大量奶牛粪便成为洱海富营养化的主要污染源。硫铁矿烧渣及磷石膏的不规范堆存也导致了震惊中外的阳宗海砷污染事件。

美国的拉夫运河(Love Canal)事件是典型的固体废物污染地下水事件。1930—1953 年，美国胡克化学工业公司在纽约州尼亚加拉瀑布附近的拉夫运河废河谷填埋了 2 800 多吨桶装危险废物，1953 年填平覆土，在上面兴建了学校和住宅。1978 年大雨和融化的雪水造成危险废物外溢，而后就陆续发现该地区井水变臭、婴儿畸形、居民身患怪异疾病，大气中有害物质浓度超标 500 多倍，测出有毒物质 82 种，致癌物质 11 种，其中包括剧毒的 TCDD。

目前，一些国家把大量固体废物投入海洋，海洋也正面临着固体废物潜在的污染威胁。1990 年 12 月在伦敦召开的主题为消除核工业废料国际会议上公布的数据表明，过去近 40 年，主要由美、英两国在大西洋和太平洋北部的 50 多个“墓地”投弃过大约 4.6×10^{16} Bq 的放射性废料，尤其美国倾倒最多，仅 1968 年美国就向太平洋、大西洋和墨西哥湾投弃了各种固体废物 4.8×10^{7} t 以上。1975 年美国向 153 处洋面投弃了市政及工业固体废物 5.0×10^{6} t 以上，对海洋造成潜在的污染危害。

二、固体废物污染控制原则

1. 固体废物污染防治的“三化”原则

我国在 20 世纪 80 年代中期提出了“减量化”“资源化”“无害化”作为控制固体废物污染的技术政策，并确定今后较长一段时间内以“无害化”为主。由于技术经济原因，我国固体废物处理利用的发展趋势必然是从“无害化”走向“资源化”，“资源化”是以“无害化”

为前提的，“无害化”和“减量化”应以“资源化”为条件。

固体废物减量化是指通过实施适当的技术，一方面减少固体废物的排出量(例如在废物产生之前,采取改进生产工艺、产品设计和改变物资能源消费结构等措施)；另一方面减少固体废物容量(例如在废物排出之后,对废物进行分选、压缩、焚烧等加工处理)。通过适当的手段减少或缩小固体废物的数量和体积。

固体废物无害化是指通过采用适当的工程技术对废物进行处理(如热裂解、相分离、焚烧、好氧堆肥化或厌氧消化等)，使其不对环境产生污染，不致对人体健康产生影响。

固体废物资源化是指从固体废物中回收有用的物质和能源，加快物质循环，创造经济价值的广泛的技术和方法。它包括物质回收、物质转换和能量转换。目前，工业发达国家出于资源危机和治理环境的考虑，已把固体废物资源化纳入资源和能源开发利用之中，逐步形成了一个新兴的工业体系——资源再生工程。如欧洲各国把固体废物资源化作为解决固体废物污染和能源紧张的方式之一，并将其列入国民经济政策的一部分，投入巨资进行开发。日本由于资源缺乏，将固体废物资源化列为国家的重要政策，当作紧迫课题进行研究。美国把固体废物列入资源范畴，将固体废物资源化当作固体废物处理的替代方案。我国在20世纪90年代把八大固体废物资源化列为国家的重大技术经济政策。目前，日本和欧洲各国固体废物资源化率为60%左右，我国则相对较低。

固体废物的“资源化”具有环境效益好、生产成本低、生产效率高、能耗低等特点。如用废钢炼钢代替铁矿石炼钢可节约能耗74%，减少空气污染85%，减少矿山固体废物97%；用铁矿石炼1 t钢需8个工时，而废铁炼钢仅需2~3个工时。因此，固体废物资源化不仅可获得良好的经济效益，还可节约资源、能源，在资源化的同时除去某些潜在的毒性物质，减少废物堆置场地和废物贮放量。

固体废物资源化应遵循的原则是：技术上可行、经济效益好、就地利用、不产生或少产生二次污染、符合国家相应产品的质量标准等。

2. 全过程管理原则

经历了许多事故与教训之后，人们越来越意识到对固体废物实行源头控制的重要性。由于固体废物本身往往是污染的“源头”，故需对其产生—收集—运输—综合利用—处理—贮存—处置及二次污染控制等实行全过程管理，在每一环节都将其作为污染源进行严格的控制。因此，解决固体废物污染控制问题的基本对策是避免产生(clean)、综合利用(cycle)、妥善处置(control)的“3C原则”。另外随着清洁生产、循环经济及工业生态理论和实践的发展，有人提出了“3R”原则，即通过对固体废物实施减少产生(reduce)、再利用(reuse)、再循环(recycle)策略实现节约资源和能源、降低环境污染及资源永续利用的目的。

依据上述原则，可以将固体废物从产生到处置的全过程分为五个连续或不连续的环节进行控制。其中，各种产业活动中的清洁生产是第一阶段，在这一阶段，通过改变原材料、改进生产工艺和更换产品等来减少或避免固体废物的产生。在此基础上，对生产过程中产生的固体废物，尽量进行系统内的回收利用，这是管理体系的第二阶段。对于已产生的固体废物，则通过第三阶段——系统外的回收利用，第四阶段——无害化、稳定化处理以及第五阶段——固体废物的最终处置达到污染控制的目的。

3. 坚持污染担责的原则

产生、收集、贮存、运输、利用、处置固体废物的单位和个人，应当采取措施，防止或者减少固体废物对环境的污染，对所造成的环境污染依法承担责任。

三、固体废物污染控制系统

固体废物污染控制与发展循环经济、清洁生产、生态文明建设及过程精准控制密不可分。循环经济(circular economy / recycle economy)，就是物质闭路循环流动性经济的简称，是一种按照“资源—产品—再生资源”的反馈式流程组成的“闭环式”经济，表现为“低开采—高利用—低排放”特征的一种经济形态。

清洁生产是指将综合预防的环境保护策略持续应用于生产过程和产品中，以期减少对人类和环境的风险。清洁生产从本质上来说，就是对生产过程与产品采取整体预防的环境策略，减少或者消除它们对人类及环境的潜在危害，同时充分满足人类需求，使社会经济效益最大化的一种生产模式。

依据循环经济及清洁生产的要求，固体废物污染控制需从两个方面入手，一是减少固体废物的排放量，二是防治固体废物污染。

对于工业固体废物而言，有八个方面的因素影响着固体废物的排放量(如图 1-3 所示)。从图中可以看出，一个生产和服务过程可以抽象成八个方面，即原料和能源、技术工艺、设备、过程控制、管理和员工等六个方面的输入，得出产品和废物的输出。六个输入方面的因素直接影响着产品的质量和废物产生量。要想减少工业固体废物的污染，可采取以下主要控制措施：① 积极推行清洁生产审核，实现经济增长方式的转变，限期淘汰固体废物污染严重的落后生产工艺和设备；② 采用清洁的资源和能源；③ 采用精料；④ 改进生产工艺，采用无废或少废技术和设备；⑤ 加强生产过程控制，提高管理水平和加强员工环境保护意识的培养；⑥ 提高产品质量和寿命；⑦ 发展物质循环利用工艺；⑧ 进行综合利用；⑨ 进行无害化处理与处置。

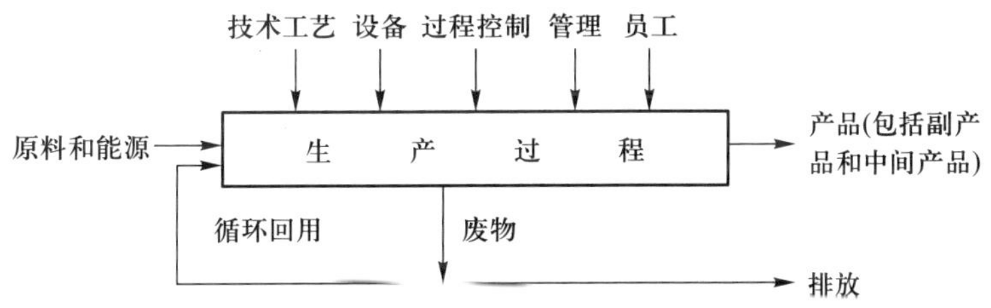

图 1-3　影响工业固体废物产生的因素示意图

固体废物处理是指通过物化或生化技术，将固体废物转化为便于运输、贮存、利用及最终处置的另一种形态结构。固体废物处理技术包括破碎、分选、压实等；固体废物处置是指采取能将已无回收价值或确属不能再利用的固体废物(包括对自然界及人身健康危害性极大的危险废物)长期置于与生物圈隔离地带的技术措施，也是解决固体废物最终归宿的手段，故也称作最终处置技术。

为减少工业生产中的固体废物产生量，需积极推行清洁生产审核制度，鼓励和倡导不断采取改进设计、使用清洁的能源和原料、采用先进的技术与设备、改善管理、综合利用等措施，从源头削减固体废物污染，提高资源利用效率，减少或避免生产、服务和产品使用过程中产生固体废物，以消除或减轻固体废物对人类健康或环境的危害。

生活垃圾的产生与片区居民人口、燃料结构、生活水平等息息相关，其中人口是决定城市垃圾产量的主要因素，我国近年人均垃圾产量为 0.8～1.8 kg/d，发达国家人均垃圾产量约 2.1 kg/d；燃煤地区生活垃圾中无机成分明显多于燃气地区；高级住宅区的垃圾中可回收废物(塑料、纸类、金属、织物和玻璃)的含量明显高于普通住宅区。为有效控制生活垃圾的污染，可采取以下控制措施：① 加强宣传教育，倡导低碳生活方式，积极推行垃圾分类收集制度；② 鼓励居民使用耐用环境友好物质资料，减少使用假冒伪劣产品；③ 改进居民的燃料结构，提高居民的燃气化率；④ 进行生活垃圾综合利用；⑤ 进行生活垃圾的无害化处理与处置，通过焚烧处理、热解、堆肥化等处理处置措施，减轻污染。

第三节 固体废物管理

一、固体废物管理法规

解决固体废物污染问题的关键之一是建立和健全相应的法规、标准体系及信息支撑体系。20 世纪 70 年代以来，人们逐步加深了对固体废物环境管理重要性的认识，不断加强对固体废物的科学管理，并从组织机构、环境立法、科学研究和财政拨款等方面给予支持和保障。许多国家开展了固体废物及其污染状况的调查，并在此基础上制定和颁布了固体废物管理的法规和标准。

世界各国的固体废物管理法规都经历了一个漫长的、从简单到完善的过程。美国 1965 年制定的《固体废物处置法》是第一个关于固体废物的专业性法规，该法 1976 年修改为《资源保护与回收法》(RCRA)，并分别于 1980 年和 1984 年经美国国会加以修订，日臻完善，迄今已成为世界上最全面、最详尽的关于固体废物管理的法规之一。根据 RCRA 的要求，美国国家环境保护局(US EPA)又颁布了《有害固体废物修正案》(HSWA)，其内容共包括九大部分及大量附录，每一部分都与 RCRA 的有关章节相对应，实际上是 RCRA 的实施细则。为了消除已废弃的固体废物处置场对环境造成的污染，美国又于 1980 年颁布了《综合环境响应、赔偿与责任法》(CERCLA)，俗称《超级基金法》。日本关于固体废物管理的法规主要是 1970 年颁布并经多次修改的《废弃物处理及清扫法》，迄今已成为包括固体废物减量化、资源化、无害化及危险废物管理在内的相当完善的法规体系。此外，日本还于 1991 年颁布了《促进再生资源利用法》，对促进固体废物的减量化和资源化起到了重要作用。德国在 1986 年颁布了《废弃物避免与处理法》，明确避免(avoidance)、回收再利用(recycling)与处置(disposal)为第一优先；1991 年颁布了《电子电器废弃物法》；2002 年欧盟议会一致投票通过新的“电子垃圾”回收法律。此后，惠普、利盟等打印机厂商销往欧盟的墨盒等耗材必须取消其中的种种限制，允许被回收充墨后多次使用。

1989 年，由联合国环境规划署(United Nations Environment Programme，UNEP)主持，115 个国家的代表在瑞士巴塞尔签署了《控制危险废物越境转移及其处置巴塞尔公约》(简称《巴塞尔公约》)。1995 年，近 100 个国家的代表在瑞士日内瓦签署了《巴塞尔公约》的修正案——《反对出口有毒垃圾的协定》，这个协定禁止发达国家以最终处置为目的向发展中国家出口有毒废弃物。

我国全面开展环境立法的工作始于 20 世纪 70 年代末期。在 1978 年的宪法中，首次提出了“国家保护环境和自然资源，防止污染和其他公害”的规定，1979 年颁布了《中华人民共和国环境保护法(试行)》，1989 年通过了《中华人民共和国环境保护法》，这是我国环境保护的基本法，对我国环境保护工作起着重要的指导作用。1995 年我国颁布《固体废物污染环境防治法》，该法经多次修正及修订完善。2020 年修订的《固体废物污染环境防治法》共分为九章，内容涉及总则、监督管理、工业固体废物、生活垃圾、建筑垃圾及农业固体废物、危险废物、保障措施、法律责任、附则等，这些规定已成为我国固体废物污染环境防治及管理的最重要的法律依据。

二、固体废物管理制度

1. 分类管理及生活垃圾分类收集制度

固体废物具有量大面广、成分复杂的特点，需对生活垃圾、建筑垃圾、工业固体废物、养殖固体废物和危险废物等分别管理。禁止混合收集、贮存、运输、处置性质不相容的未经安全性处理的危险废物，禁止将危险废物混入一般废物中贮存。国家推行生活垃圾分类制度，生活垃圾分类坚持政府推动、全民参与、城乡统筹、因地制宜、简便易行的原则。近年来，我国逐渐推行了按可回收物、有害垃圾、厨余垃圾和其他垃圾划分的垃圾“四分类”收集体系。而在我国部分农村地区推行了以当地龙头企业特许经营为特征的农村有机废物分类收集处理体系。

2. 固体废物污染环境影响评价制度及其防治设施的“三同时”制度

环境影响评价制度和“三同时”制度属于我国环境保护的基本制度，《固体废物污染环境防治法》重申了这一制度。

3. 固体废物零进口制度

《固体废物污染环境防治法》明确规定：禁止中华人民共和国境外的固体废物进境倾倒、堆放、处置；国家逐步实现固体废物零进口，由国务院生态环境主管部门会同国务院商务、发展改革、海关等主管部门组织实施；海关发现进口货物疑似固体废物的，可以委托专业机构开展属性鉴别，并根据鉴别结论依法管理。

4. 工业固体废物及危险废物管理台账制度

产生工业固体废物的单位应当建立健全工业固体废物产生、收集、贮存、运输、利用、处置全过程的污染环境防治责任制度，建立工业固体废物管理台账，如实记录产生工业固体废物的种类、数量、流向、贮存、利用、处置等信息，实现工业固体废物可追溯、可查询，并采取防治工业固体废物污染环境的措施；产生危险废物的单位，应当按照国家有关规定制定危险废物管理计划，建立危险废物管理台账，如实记录有关信息，并通过国家危险废物信息管理系统向所在地生态环境主管部门申报危险废物的种类、产生量、流向、贮存、处置等有关资料。

5. 工业固体废物及危险废物排污许可证制度

产生工业固体废物的单位应当向所在地生态环境主管部门提供工业固体废物的种类、数量、流向、贮存、利用、处置等有关资料，以及减少工业固体废物产生、促进综合利用的具体措施，并执行排污许可管理制度的相关规定；产生危险废物的单位已经取得排污许可证的，执行排污许可管理制度的规定。

6. 工业固体废物及危险废物经营许可证制度

产生工业固体废物的单位委托他人运输、利用、处置工业固体废物的，应当对受托方的主体资格和技术能力进行核实，依法签订书面合同，在合同中约定污染防治要求。禁止无许可证或者未按照许可证规定从事危险废物收集、贮存、利用、处置的经营活动。禁止将危险废物提供或者委托给无许可证的单位或者其他生产经营者从事收集、贮存、利用、处置活动。

7. 跨省转移固体废物备案制度

转移固体废物出省、自治区、直辖市行政区域贮存、处置的，需向固体废物移出地的省、自治区、直辖市人民政府生态环境主管部门提出申请。移出地主管部门应当及时商经接受地的主管部门同意后，在规定期限内批准转移该固体废物出行政区域。未经批准的，不得转移；转移固体废物出省、自治区、直辖市行政区域利用的，也需报固体废物移出地主管部门备案。移出地的主管部门应当将备案信息通报接受地的省、自治区、直辖市人民政府生态环境主管部门。

8. 限期治理制度

为了解决重点污染源污染环境问题，对没有建设工业固体废物贮存或处理处置设施、场所或已建设施、场所不符合环境保护规定的企业和责任者，实施限期治理、限期建成或改造。限期内不达标的，可采取经济手段以至停产的手段。

9. 电器电子等产品生产者责任延伸制度

国家建立电器电子、铅蓄电池、车用动力电池等产品的生产者责任延伸制度。电器电子、铅蓄电池、车用动力电池等产品的生产者应当按照规定以自建或者委托等方式建立与产品销售量相匹配的废旧产品回收体系，并向社会公开，实现有效回收和利用。国家鼓励产品的生产者开展生态设计，促进资源回收利用。

10. 违法行为及污染事故“双罚制”

产生工业固体废物及危险废物违法行为的，既罚当事企事业单位，也罚当事企事业单位的当事责任人，包括其法定代表人、主要负责人、直接负责的主管人员和其他直接责任人员。

三、我国固体废物管理标准

为更好传承固体废物处理与处置科研及工程实践的经验，有关部门出台了系列标准和规范，作为样品采集、检测、分析等的依据，以及处理处置技术方案设计、工程设计和施工的依据。

我国的固体废物管理标准可分为国家标准、行业标准、地方标准、团体标准和企业标准。国家标准及行业标准基本由生态环境部、住房和城乡建设部，以及农业农村部在各自的管理范围内制定。

（一）分类标准

分类标准主要包括《国家危险废物名录》《危险废物鉴别标准》《城市垃圾产生源分类及垃圾排放》《医疗废物分类目录》及《进口废物环境保护控制标准(试行)》等。

（二）方法标准

方法标准主要包括固体废物样品采样、处理及分析方法的标准。如《固体废物　浸出毒性测定方法》《固体废物　浸出毒性浸出方法》《工业固体废物采样制样技术规范》《城市生活垃圾采样和物理分析方法》《生活垃圾填埋场环境检测技术标准》《生活垃圾卫生填埋处理技术规范》《医疗废物集中处置技术规范(试行)》等。

（三）污染控制标准

污染控制标准是固体废物管理标准中最重要的标准，是环境影响评价、“三同时”、限期治理和排污收费等一系列管理制度的基础。它可分为废物处置控制标准和设施控制标准两类。

（1）废物处置控制标准：它是对某种特定废物的处置标准和要求，如《含多氯联苯废物污染控制标准》即属此类标准。

（2）设施控制标准：目前已经颁布或正在制定的污染控制标准大多属于这类标准，如《一般工业固体废物贮存和填埋污染控制标准》《生活垃圾填埋场污染控制标准》《生活垃圾焚烧污染控制标准》《危险废物安全填埋污染控制标准》等。

（四）综合利用标准

为推进固体废物的资源化并避免在废物资源化过程中产生二次污染，国家生态环境部将制定一系列有关固体废物综合利用的规范和标准，如电镀污泥、磷石膏、电石渣等废物综合利用的规范和技术规定。

四、固体废物管理信息系统

国外固体废物管理有许多成功的经验，欧美国家对于固体废物管理信息系统建设起步较早，信息管理系统内部网络框架相对成熟，且数字化软件和技术相对发达。发达国家通过建立固体废物交换平台，采用固体废物物流、信息流及资金流共同融入的发展模式，建立了固体废物的全链条监管准则。美国在20世纪80年代为了解决大量危险废物管理的难题，颁布和建立了危险废物数据管理系统（HWDMS），可查询到危险废物的产出、转移、处置资料等。欧盟各国已建成了自己独有完备的固体废物管理系统，把固体废物分散建成多种产品流，如城市固体废物信息管理体系、废物处置的交错选择模型等。印度那格浦尔设计和开发了基于GIS的固体废物管理信息系统，该信息系统以用户友好、独立性高和平台无关性等特点实现了可视化、查询界面、统计分析、报表生成和数据库修改等模块，同时它还提供固体废物估算、收集、运输和处置细节等模块。

为提升环境保护监管的效率和管理数字化水平，我国建立了生态环境保护管理信息系统，其中的固体废物管理信息系统项目分别建设国家级系统和省级系统两部分（如图1-4），国家级系统包含了二大模块、七个子系统，分别为固体废物产生源、危险废物转移、危险废物经营许可证审批和备案、危险废物出口核准、危险废物事故应急辅助支持、固体废物进口业务、国家级地理信息展现等。国家级系统和省级系统在内部结构上是基本一致的，通过应用支撑平台构建公共操作环境体系框架，规范软件接口标准，实现系统间的互连、互通、互操作，各系统间有相关的业务接口。全国固体废物管理信息系统项目进行两级部署、五级应用（如图1-5），国家级生态环境部门和企业（申请国家级危险废物出口核准、固体废物进口申报、固体废物进口业务审核）使用国家级系统，国家级系统部署在生态环境部固体废物管理中心；省级生态环境部门、市级生态环境部门、县级生态环境部门和企业（申请固体废物产生源、危险废物经营许可证、危险废物转移联单、大中城市固废信息汇总的企业）使用省级系统，省级系统部署在各省级生态环境部门（省厅局、省厅局信息中心或省固体废物管理中心）。

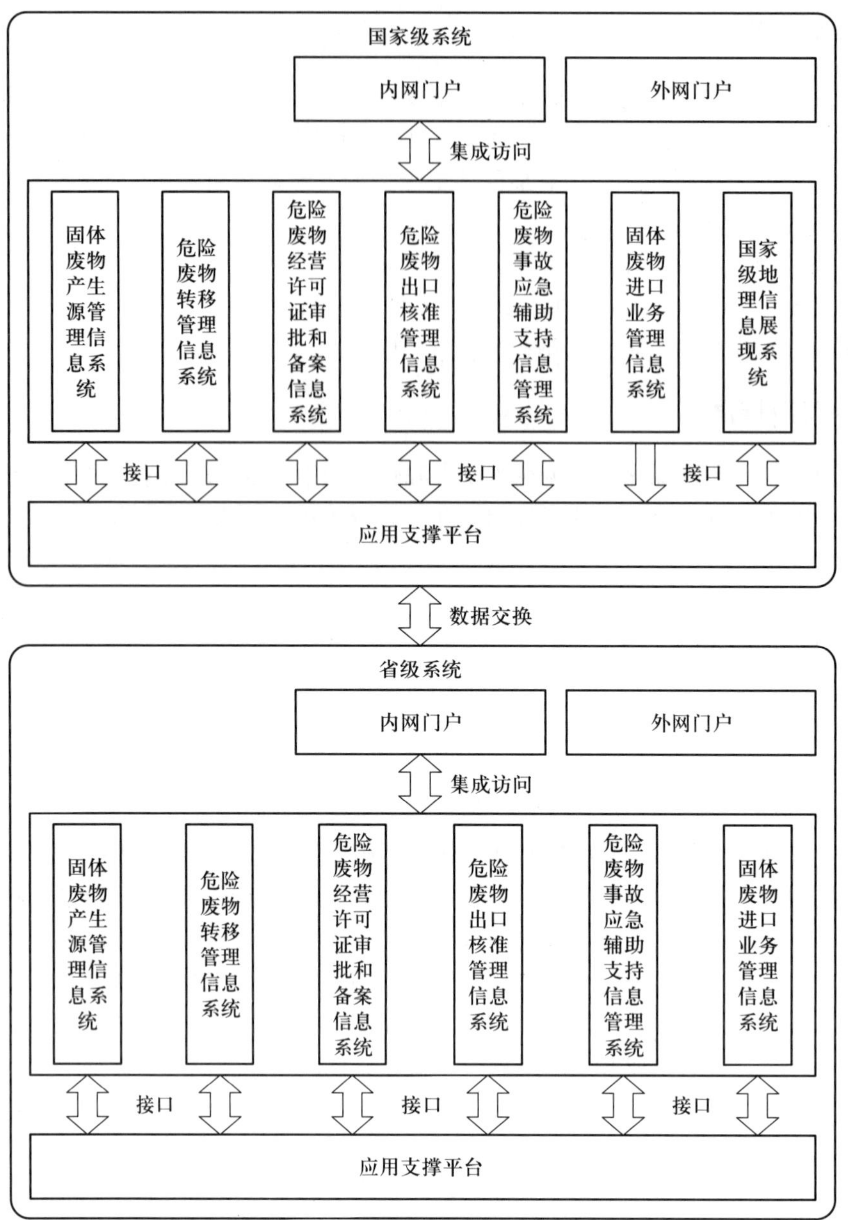

图 1–4 我国固体废物管理信息系统总体结构

国家级系统和省级系统利用国家生态环境专网通过数据交换平台进行数据交换。形成基于全国固体废物信息获取、管理、处理及定位的信息技术体系，为各级生态环境部门的固体废物管理和决策提供信息支持。国家级系统还为不同类型的企业和业务建立模型，从固体废物处理的“三化”角度对企业所产生的固体废物进行量化管理，通过对积累数据的整合，对未来即将产生、转移和利用处置的固体废物数量进行趋势的预测和预判。

对于企业，需在固体废物管理信息系统中进行企业注册、产生源情况报送、经营许可证审核、经营许可证审核、转移电子联单。产生源情况报送包括四种产生源单位，即危险废物、医

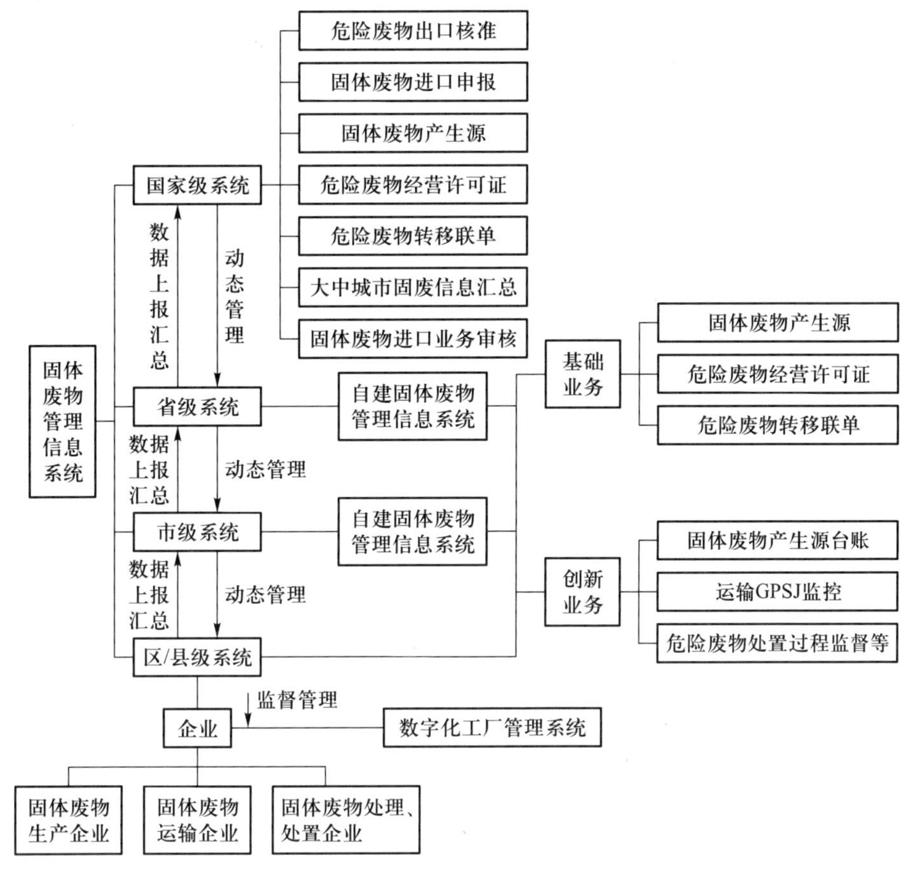

图 1-5　固体废物管理信息系统分级管理图

疗废物、一般工业废物和污水污泥产生源单位，通过对产生源数据的分析，摸清固体废物产生量、种类和区域分布的情况；经营许可证审核，当运行许可证审批和备案模块后，可实现全省乃至全国危险废物经营许可证的信息共享，掌握全部危险废物利用处置情况；转移电子联单，登记可实现危险废物转移的规范化管理，保证转移联单全省甚至全国的在线查询。

全国固体废物管理信息系统项目基于固体废物全生命周期一体化设计，实现了国家和省两级部署，国家、省、市、县、企业五级应用，克服了全国地域广、分散性大、各地业务管理模式不同、信息化建设差别大等困难，实现了固体废物业务审批全国联网、统计数据逐级上报等功能，为加强全国固体废物统一管理提供了可靠保障。通过全国固体废物管理信息系统，改变了以往的工作模式，提高了执法部门的工作效率及各业务部门的协同性；使不同企业间的数据透明化、公开化，应对环境突发事件时，能够快速作出反应，降低环境事件的风险，保障社会的稳定；有利于全民参与，政府和公众互动。

固体废物管理信息系统包含上至国家管理系统，下至省、市、县各级应用及大型固体废物处理处置企业的数字化工厂管理系统，如固体废物产生源管理信息系统，环卫设施信息化系统，危险废物行业的数字化工厂管理系统，化学工业、矿业的数字化工厂系统等。

固体废物产生源管理信息系统对固体废物从产生、申报、审批、运输、处理、销毁全生命周期监管。通过该系统可以将各地固体废物产生量进行汇总，再对固体废物产生源数据进行分析，可以有效摸清固体废物产生量、种类、区域分布情况等。

环卫设施信息化系统能够实现对环卫处理设施（填埋场、焚烧厂、堆肥厂、粪便处理厂、中转站等）的场界空气质量监测、渗滤液处理结果监测、工艺参数采集等，并负责接入这些设施的视频监控设备。空气质量监测指标包括：硫化氢、氨气、甲烷、粉尘以及气象五参数（气温、气压、风速、风向、湿度）；渗滤液处理结果监测指标包括：COD、氨氮、水质五参数（pH、浊度、色度、DO、温度）；工艺参数包括填埋气浓度、压力、温度、流量、处理量等。该系统实现了实时采集这些数据，并传输到监控中心，在监控中心实时显示，当有超标数据时，系统自动报警，对这些数据进行趋势分析；实现与定期监测数据的比较；对甲烷产生量和渗滤液产生量进行实时统计等。

百度公司基于庞大的客服群，联合正规拆解企业建设百度回收站，针对电视、冰箱、洗衣机、手机等 8 种电子废物品类进行回收，通过电话或应用程序发出订单，专人上门回收，价格公开透明，实现了电子废物的有效利用，打造了绿色循环产业链。

习题与思考题

1. 名词解释：固体废物、危险废物、有害固体废物、Ⅰ类一般工业固体废物、Ⅱ类一般工业固体废物、清洁生产、循环经济、生态文明。

2. 请对照《中华人民共和国固体废物污染环境防治法》多次修订和修正的各版本，列表指出条款的内容差异并分析修订和修正的原因。

3. 根据对固体废物的界定，应如何区分固体废物、废水和废气？如何理解固体废物的“源”和“汇”双重属性？固体废物污染与水污染、大气污染、物理性污染相比有什么特点？

4. 请根据固体废物的来源，列表穷举固体废物的种类和组成，分析影响固体废物产生量的因素，并尝试预测自己所在城市主要固体废物 10 年后的产排量。

5. 如何区分一般固体废物和危险废物？如何区分Ⅰ类一般工业固体废物和Ⅱ类一般工业固体废物？有什么标准或规范作为判断依据？

6. 固体废物有哪些污染危害？清洁生产与固体废物污染控制有何关系？

7. 固体废物管理的目标及污染控制对策是什么？固体废物污染控制跟我国碳达峰、碳中和目标实现有什么关系？在整治固体废物污染方面，我们应该做哪些努力？

8. 我国有哪些环境管理制度与固体废物管理相关？有哪些固体废物管理标准？你认为缺少什么样的固体废物管理标准？

9. 我国当前有哪些单位或实体参与固体废物管理？试画出固体废物管理体系结构图并讨论这种管理体系结构存在的优势和不足。

10. 有 1 000 kg 猪粪，从中称取 10 g 样品，在 105±2 ℃烘干至恒重后的质量为 1.95 g，① 求其总固体百分含量和总固体量；② 如将这些猪粪中的 10 g 样品的总固体在 550±20 ℃灼烧至恒重后质量为 0.39 g，求猪粪原料总固体中挥发性固体的百分含量。

11. 某废液经采集获得 7 个样品，通过测定 pH 来判定其腐蚀性，其 pH 测定分别为 12.73、11.95、12.85、11.84、10.55、12.74 和 12.98，请计算标准偏差 σ、标准误差 σ_x 和置信区间（CI,80%）。

第二章 固体废物的收集、贮存及清运

固体废物的收集与运输是连接废物产生源和处理处置系统的重要中间环节，在固体废物管理和处理工程中占有非常重要的地位。

目前，世界各国对于固体废物的管理，大都遵循“谁污染，谁治理”的原则。一般大量产生固体废物的企业均设有处理设施、堆场或处置场，收运工作也都自行负责。对于没有处理处置能力的生产单位，或企业本身不能自行处置的废物则由有资质的或政府指定的专门机构负责处理处置。

根据《固体废物污染环境防治法》的定义，垃圾除包括居民生活垃圾外，还包括为居民生活服务的商业垃圾、建筑垃圾、园林垃圾、粪便等，这些垃圾的收集大都分别由某部门(或企业)专门作为经常性工作加以管理。如商业垃圾与建筑垃圾由产生单位自行清运，园林垃圾和粪便由环卫部门负责定期清运，而居民生活产生的生活垃圾，由于产生源分散、总产生量大、成分冗杂，收集工作十分复杂和困难。据统计，城市生活垃圾的收运费用占整个垃圾处理系统费用的40%~60%，因此必须科学地制定合理的收运计划并提高收运效率。

第一节 生活垃圾的收集与清运

生活垃圾的收集与清运是垃圾收运管理系统中的重要步骤，也是其中操作最为复杂、人力物力消耗最多的阶段。这一阶段主要包括对居民区各处垃圾源的垃圾进行及时收集、集中贮存管理以及使用专用车辆装运到垃圾处理站等过程。该管理过程效率的高低，主要取决于垃圾清运方式、清运路线设定、收集清运车辆数量以及机械化装卸程度和垃圾类型、特性以及数量等各种因素。

一、生活垃圾的收集、贮存及清运

城市生活垃圾的收运通常由三个阶段构成。第一阶段是从垃圾产生源到垃圾桶的过程，即搬运贮存(简称运贮)。第二阶段是垃圾的清运，通常指垃圾的近距离运输，一般用清运车辆沿一定的路线收集垃圾容器中垃圾，并运至垃圾中转站，有时也可就近直接送至垃圾处理厂和处置场。第三阶段为转运，特指垃圾的远途运输，即在中转站将垃圾装载至大容量运输工具上，运往远处的处理处置场。后两个阶段需要运用最优化技术，将垃圾根据垃圾源位置及垃圾性质分配到不同处置场，以使成本降到最低。随着垃圾分类工作的推进，垃圾分类收集和分类处理已经成为垃圾处理的主流趋势。

（一）生活垃圾分类收集

生活垃圾分类，指按一定规定或标准将垃圾分类储存、分类投放和分类搬运，从而转变成公共资源的一系列活动的总称。垃圾的分类是指采用可回收物、有害垃圾、厨余垃圾、其他垃圾的“四分类体系”。图 2-1 为垃圾分类收集容器。

图 2-1 垃圾分类收集容器

住房和城乡建设部发布《生活垃圾分类标志》(GB/T 19095—2019)标准，对生活垃圾分类标志的适用范围、类别构成、图形符号进行了调整。新标准已于 2019 年 12 月 1 日起正式实施。

1. 可回收物(蓝色桶)

可回收物是再生资源，指生活垃圾中未经污染、适宜回收循环利用的废物，主要包括废弃电器电子产品、废纸、废塑料、废玻璃、废金属、废办公用品六类，是现阶段生活垃圾分类的主要工作和影响垃圾减量的重要因素。投放要求：轻投轻放，清洁干燥、避免污染，废纸尽量平整，立体包装清空内容物，清洁后压扁投放，有尖锐边角的，应包裹后投放。

（1）电器电子产品类

废弃计算机、打印机、复印件、传真机、扫描仪、投影仪、电视机、空调机等。

（2）纸类

纸类包括：① 平面纸张，如报纸、复印纸、宣传单、包装纸、信封、硬纸板等；② 纸盒(箱)，如纸板箱、包装盒(如点心盒、纸巾盒)、牛奶(饮料)利乐包装等。

（3）塑料类

塑料类包括：① 瓶类，如 PET 塑料瓶(矿泉水瓶、饮料瓶)、硬质塑料瓶；② 其他容器类，如塑料盒(如冰激凌盒)、塑料杯(如酸奶杯、果冻杯)、软桶等；③ 包装类，如塑料袋、保鲜袋(膜)、包装袋(如零食包装袋、快递包装袋)、塑料泡沫、气泡缓冲材料、水果网套、热饮(如咖啡杯)杯盖等；④ 其他塑料制品，如废弃塑料文具等。

（4）玻璃类

玻璃瓶、白炽灯泡、碎玻璃、其他玻璃制品。

(5) 金属类

金属罐(如易拉罐)、金属盒、其他金属制品、金属文件柜。

(6) 办公用品类

沙发、茶几、办公桌、文件柜、椅子等办公家具。

2. 有害垃圾(红色桶)

有害垃圾，指生活垃圾中对人体健康或自然环境造成直接或潜在危害的物质，必须单独收集、运输、贮存，由环境保护部门认可的专业机构进行特殊安全处理。投放要求：投放时请注意轻放，易破损的请连带包装或包裹后轻放，如易挥发，请密封后投放。

(1) 电池类

纽扣电池、充电电池(如手机电池)，不含普通干电池(如 1 号、5 号、7 号电池,因其生产已达到国家低汞或无汞技术要求,现作为其他垃圾投放)。

(2) 含汞类

废荧光灯管、废节能灯、废水银温度计、废水银血压计、荧光棒等。

(3) 废药类

过期药品为有害垃圾，装药片的瓶子可以根据材质作为可回收物投放。

(4) 油漆、废农药类

3. 厨余垃圾(绿色桶)

公共机构产生的厨余垃圾，主要为食堂剩菜、剩饭及烹饪过程中产生的菜帮菜叶、肉类鱼虾废弃部分、蛋壳等，做到“日产日清”。纸巾、牙签等不可生化降解，需与餐厨垃圾分开投放。投放要求：厨余垃圾应当提供给专业化处理单位进行处理，严禁将废弃食用油脂(包括地沟油)加工后作为食用油使用，纯流质的食物垃圾如牛奶等，应直接倒进下水口，有包装物的厨余垃圾应将包装物去除后分类投放。

4. 其他垃圾(灰色桶)

其他垃圾，指除可回收物、有害垃圾、厨余垃圾外的其他生活垃圾，即现环卫体系主要收集和处理的垃圾。具体来讲就是危害较小，但无再次利用价值，如建筑垃圾类等，一般采取填埋、焚烧、卫生分解等方法，部分还可以使用生物处理。投放要求：采取卫生填埋可有效减少对地下水、地表水、土壤及空气的污染，难以辨识类别的生活垃圾投入其他垃圾容器内。其他垃圾包括但不限于以下废物：

① 纸类、塑料类、玻璃类、金属类废物中不可回收的部分。② 纺织类、木竹类废物中不可回收的部分，如拖把、抹布、牙签、一次性筷子、树枝等。③ 灰土类、砖瓦陶瓷类废物、其他混合垃圾，如清扫渣土、陶瓷碗碟、大块骨头、植物硬壳、枯萎花草等。

注意事项包括：① 将回收价值高的可回收物率先分类投放，如报纸杂志、纸板箱、包装盒、PET 塑料瓶、易拉罐等，确保这一类可回收物不被混合垃圾污染。② 不要将已被污染、潮湿、污渍无法清除的物品投入可回收物收集容器，如被油渍污染的餐盒、食品包装盒等。瓶罐投放前倒空瓶内液体并简单清洗，有瓶盖的不需将瓶盖与瓶体分开投放，确保可回收物收集容器中的其他废品不被污染，尊重和维护他人分类的成果。③ 不确定是否可以回收的废纸、废塑料，在未被污染的情况下，请先投放至可回收物收集容器。④ 各级公共机构要建立台账，详细记录生活垃圾种类、数量、贮存、移交、去向、处理等情况。

（二）垃圾产生源的清运管理

垃圾源主要分散在城市的每条街道、每栋楼、每个家庭以及其他各种类型的垃圾产生场所，它主要包括固定形式的垃圾源（固定源）和流动形式的垃圾源（流动源）两种形式。针对不同特点和类型的垃圾源，一般采取不同的垃圾清运管理方式。

1. 城市居民住宅区垃圾源清运管理

城市居民住宅区产生的垃圾主要为生活垃圾，由于各个居住区楼层高低不一，因此低层、中高层居民住宅区常采用不同的垃圾清运管理操作方式。

（1）低层居民住宅区垃圾清运

低层居民住宅区垃圾源产生的垃圾清运操作管理工作，一般有两种比较常见的清运方式：① 居民使用自备的垃圾容器把垃圾搬运到居民区附近的垃圾集装点的垃圾收集容器或垃圾收集车内，再由物业管理或环卫部门指派专门人员定期将垃圾从居民区运送出去。优点：居民可以自觉实施，随时方便地进行操作，垃圾收集人员不必挨家挨户地进行垃圾收集工作，节省了大量的人力和物力；缺点：如果住宅区内物业管理不善或环卫部门收集不及时，垃圾将会影响居民区内的环境卫生。② 由专门的垃圾收集工作人员负责定期、按时地将每一户居民家中的垃圾清运至指定的垃圾集装点。优点：居民对于家庭生活垃圾的清运操作极为便利，只需按时支付一定的垃圾清运费用，即可达到家庭生活垃圾清运的目的，不需亲自把垃圾搬运到垃圾集装点。同时，这一操作方式还有利于居民住宅区内的环境卫生管理；缺点：物业管理公司或环卫部门要相应地耗费比较多的劳动力和作业时间。

（2）中高层居民住宅区垃圾清运

目前对这类住宅区的垃圾清运方式主要有以下几类：① 对于一些没有设立垃圾道的住宅楼，其垃圾清运方式类似于低层住宅区的清运操作方式。一般来说，这种方式楼层越高，垃圾清运费用越大。② 设有垃圾通道的中高层住宅楼中，居住家庭只需将垃圾就近投进垃圾通道内即可。垃圾落入底层的垃圾间，然后再由专门的垃圾收集工作人员从垃圾间把垃圾转运到垃圾收集点或者直接送到垃圾中转点。这种垃圾清运方式方便居民，但要注意不要把粗大的垃圾投入垃圾通道，要及时清理垃圾间内的垃圾，还要注意垃圾通道和垃圾间的密封效果，以免垃圾通道内发生堵塞以及垃圾废液、臭气外泄等现象的发生。③ 在国外，某些城市采用管道方式运送垃圾，以此解决中高层住宅垃圾清运问题。这种方法一般利用气流系统，将住宅楼内的垃圾直接通过管道从住宅区运送到设在远处的垃圾中转站或处理场。这一清运方式运行过程清洁卫生，可节约人力资源，在一定程度上提高了城市环境卫生条件。但是，该套清运系统先期投资比较高，相关技术还有待提高，目前应用并不广泛。但是由于其具有诸多优越性，预计今后这一垃圾气流管道输送系统将成为垃圾源垃圾清运的重要方式。④ 近年来在国外正逐步推广使用小型家用垃圾破碎机，这种垃圾破碎机主要适合处理家庭厨房产生的脆而易裂解的食物垃圾，食物垃圾通过破碎机磨碎后随生活污水水流排入下水道系统，从而有效减少家庭垃圾的清运量（约可减少 15%）。这种方式的不足是增大了城市生活污水处理系统运转的负荷。

2. 商业区与企事业单位垃圾清运

这类垃圾源产生的垃圾主要包括商业垃圾、建筑垃圾以及城市污水处理厂产生的污泥等。商业区与企事业单位的固体垃圾一般由产生者自行负责，环境卫生管理部门进行监督管理，这也是国内外固体废物管理的通则和共识。如果委托环卫部门收运时，各垃圾产生者使用的清运容器应与环卫部门的收运车辆相配套，清运地点和时间也应和环卫部门协商而定。

3. 城市公共场所垃圾清运

城市公共场所包括街道、绿化草坪、公共广场以及其他为广大市民服务的地方。这类场所产生的垃圾主要包括落叶、纸屑、塑料袋、果皮和灰尘等。这类垃圾的清运通常有两种方式：① 配备专门的卫生工作人员（环卫工人），每天定点、定时地清扫、收集公共场所的垃圾。这一方式是维护城市公共场所环境卫生的主要方式。随着社会的不断发展进步，环卫部门还可以配备高性能的环卫设备以提高劳动效率，比如先进的垃圾清扫车辆和多功能垃圾收集车等先进装备。② 环卫部门应指派专门人员在城市街道、广场等公共场所白天值班，负责清理公共垃圾，同时在公共场所设置垃圾桶（箱）等垃圾临时收集容器，以方便市民投放垃圾。

（三）贮存管理

由于垃圾的产生量具有一定的不均匀性及随意性，因此垃圾的收集、清运和处理三个操作行为构成的是一个具有一定时间间隙的过程，因此，城市公共场所、居民家庭以及垃圾中转站等地方需配备一定数量的垃圾贮存容器或设施，对垃圾进行科学的贮存管理。

1. 垃圾贮存方式

垃圾的贮存分为家庭贮存、单位贮存、公共贮存和中转站贮存等四种方式。

（1）家庭贮存

我国城市家庭生活垃圾的贮存容器多为塑料垃圾桶、金属垃圾桶、塑料袋和纸袋。为了减少垃圾桶脏污和清洗工作，人们已逐步开始使用塑料垃圾袋和纸质垃圾袋。塑料和纸质垃圾袋使用比较方便，卫生清洁，搬运轻便，特别是纸质垃圾袋可以使用回收废纸为原料制造，实现循环利用，具有很好的环境保护效益。其缺点是比较易燃，且输送、处理成本较高。

（2）单位贮存

单位贮存包括城市各类企事业单位的垃圾贮存管理。根据《固体废物污染环境防治法》第四十条规定：建设城市生活垃圾处置设施、场所，必须符合国务院环境保护行政主管部门和国务院建设行政主管部门规定的环境保护和城市环境卫生标准。此款法律条文明确规定了城市生活垃圾处置设施及场所必须符合环境保护和城市环境卫生标准。

（3）公共贮存

此类垃圾贮存是垃圾贮存应用的主要部分，诸如城市街道、公园、广场等公共场所都需要配备一定数量的垃圾贮存容器。

（4）中转站贮存

垃圾中转站是为了适应垃圾收集及清运管理工作需要而设的垃圾暂时贮存场所，因此，在垃圾中转站必须设置专门贮存垃圾的大型贮存设施。

对于各类垃圾源，应该根据产生垃圾的种类、数量、性质以及贮存时间长短等因素，确定合理的贮存方式，选择合适的垃圾贮存容器，并且科学地规划贮存容器的放置地点和适当的数量。

2. 垃圾贮存容器

（1）垃圾贮存容器的一般要求

一般要求包括：① 垃圾贮存容器应具有一定的密封隔离性能，防止在容器存放、搬运当中产生垃圾外泄污染公共卫生；② 垃圾贮存容器应具有足够的耐压强度，保证在垃圾投放和倾倒过程中，垃圾贮存容器不会破损；③ 垃圾贮存容器所用制作材料应与所装垃圾相容，不与垃圾进行反应而产生新的污染物；④ 垃圾贮存容器应耐腐蚀和难燃烧，满足垃圾类型多样性，防止火灾发生；⑤ 垃圾贮存容器应使用方便、美观耐用，造价适宜，便于机械化装车。

金属和塑料是垃圾贮存容器常见的制作材料，金属垃圾容器结实耐用，不易损坏，但是笨重而价高；塑料容器轻而经济，但不耐热，使用寿命较短。目前，国内外已经有许多地方使用纸袋作为垃圾贮存容器(如家用的为 60~70 L,商业和业务单位用常为 110~120 L)，垃圾装入纸袋封口后处理。纸质垃圾袋的最大优点是易于自然降解，对环境危害小，还可回收利用，应用前景很好。

(2) 垃圾贮存容器类型

垃圾贮存容器分为容器式和构筑物式两大类型。其中，构筑物式垃圾贮存容器主要存在于垃圾转运站和一些公共垃圾集装点，目前已逐步被活动的垃圾贮运设备所取代。

容器式垃圾贮存容器应用范围广泛，这类贮存容器的分类方法很多，常见的有按使用方式分为固定式和活动式；按容器形状分为方形、圆形和柱形等类型；按制造材料分为塑料和金属贮存容器两大类；按贮存时间长短分为临时、长时间贮存容器；按容量大小分为小型、中型和大型贮存器等。

对于家庭贮存，我国除少数城市(如深圳、珠海等)规定使用一次性塑料袋外，通常由家庭自备旧桶、箩筐、簸箕等容器；对于公共贮存，常见的有固定式砖砌垃圾箱、活动式带车轮的垃圾桶、铁制活底卫生箱、车箱式集装箱等；对于街道贮存，除使用公共贮存容器外，还配置大量供行人丢弃废纸、果壳、烟蒂等物的各种类型的垃圾箱(筒)；对于单位贮存，则由产生者根据垃圾量及收集者的要求选择合适的垃圾贮存容器类型。

(3) 容器设置数量

公共场所垃圾容器数量多少与服务范围面积大小、居民人数、垃圾类型、垃圾人均产量、垃圾容重、容器大小和收集频率等因素有关。

容器设置数量可以按照下面方法计算确定。

计算垃圾日产生体积：

$$V_{ave}=\frac{W}{QD_{ave}} \tag{2-1}$$

$$V_{max}=KV_{ave} \tag{2-2}$$

式中：V_{ave}——垃圾平均日产生体积，m^3/d；

W——垃圾日产生量，t/d；

Q——垃圾容重变动系数，一般取 0.7~0.9；

D_{ave}——垃圾平均容重，t/m^3；

K——垃圾产生高峰时体积的变动系数，取 1.5~1.8；

V_{max}——垃圾高峰时日产生最大体积，m^3/d。

按下式计算容器服务范围内的垃圾日平均产生量：

$$W=R\cdot C\cdot Y\cdot P \tag{2-3}$$

式中：R——服务范围内居住人口数，人；

C——实测的垃圾单位产量，t/(人·d)；

Y——垃圾日产量不均匀系数，通常取 1.1~1.15；

P——居住人口变动系数，取 1.02~1.05。

最后以式(2-4)和式(2-5)求出收集点所需设置的垃圾容器数量：

$$N_{ave}=\frac{AV_{ave}}{Ef} \tag{2-4}$$

$$N_{max}=\frac{AV_{max}}{Ef} \tag{2-5}$$

式中：N_{ave}——平时所需设置的垃圾容器数量，个；

E——单个垃圾容器的容积，m^3/个；

f——垃圾容器填充系数，取0.75~0.9；

A——垃圾收集周期，d/次，当每1 d收集1次时，$A=1$，每2 d收集1次时，$A=2$，依此类推；

N_{max}——垃圾高峰时所需设置的垃圾容器数量，个。

最后，使用垃圾高峰时所需设置的垃圾容器数量(N_{max})来确定该服务区应设置垃圾贮存容器的数量，然后再合理地分配在各服务地点。容器最好集中于收集点附近，收集点的服务半径一般不超过70 m。

3. 垃圾分类贮存

分类贮存是根据各类垃圾的种类、性质、数量以及处理工艺等因素，由垃圾产生者或环卫部门将垃圾分为不同种类进行贮存管理。分类贮存的最大优点是有利于垃圾的资源化利用，可以在一定程度上减少垃圾的处理成本，还可以降低某些垃圾对环境存在的潜在危害。常见的分类贮存方式有如下几种：

(1) 二类贮存

按可燃垃圾(主要是纸类、木材和塑料等)和不可燃垃圾(金属、玻璃等)分开贮存。

(2) 三类贮存

按可燃物(塑料除外)、塑料、不燃物(玻璃、陶瓷、金属等)三类分开贮存。

(3) 四类贮存

按可燃物(塑料除外)、金属类、玻璃类、塑料陶瓷及其他不燃物四类分开贮存。金属类和玻璃类作为有用物质分别加以回收利用。

(4) 五类贮存

在上述四类贮存的基础，再挑出含重金属的干电池、日光灯管、水银温度计等危险废物作为第五类单独贮存收集。

分类贮存是今后垃圾贮存的主要发展方向，同时也是减少投资，提高回收物料纯度的好方法。目前我国分类贮存的垃圾主要是纸、玻璃、橡胶、金属、塑料、破布和纤维材料等。

进行分类贮存时，需要设置不同垃圾贮存容器(如不同颜色的纸袋、塑料袋或塑胶容器)，以便存放不同类别的垃圾。在美国大多数城市已规定城市居民家庭必须放置两个垃圾容器，一个贮存厨余垃圾，一个贮存其他生活垃圾。

(四) 清运操作方法

垃圾清运操作方法分移动式和固定式两种。

1. 移动容器操作方法(移动式)

移动容器操作方法是指将装满垃圾的容器使用垃圾运输工具(牵引车等)运往中转站或处理场，垃圾卸空后再将空容器送回原处[搬运容器方式,图 2-2(a)] 或其他垃圾集装点[交换容器方式,图 2-2(b)]，如此重复循环进行垃圾清运。

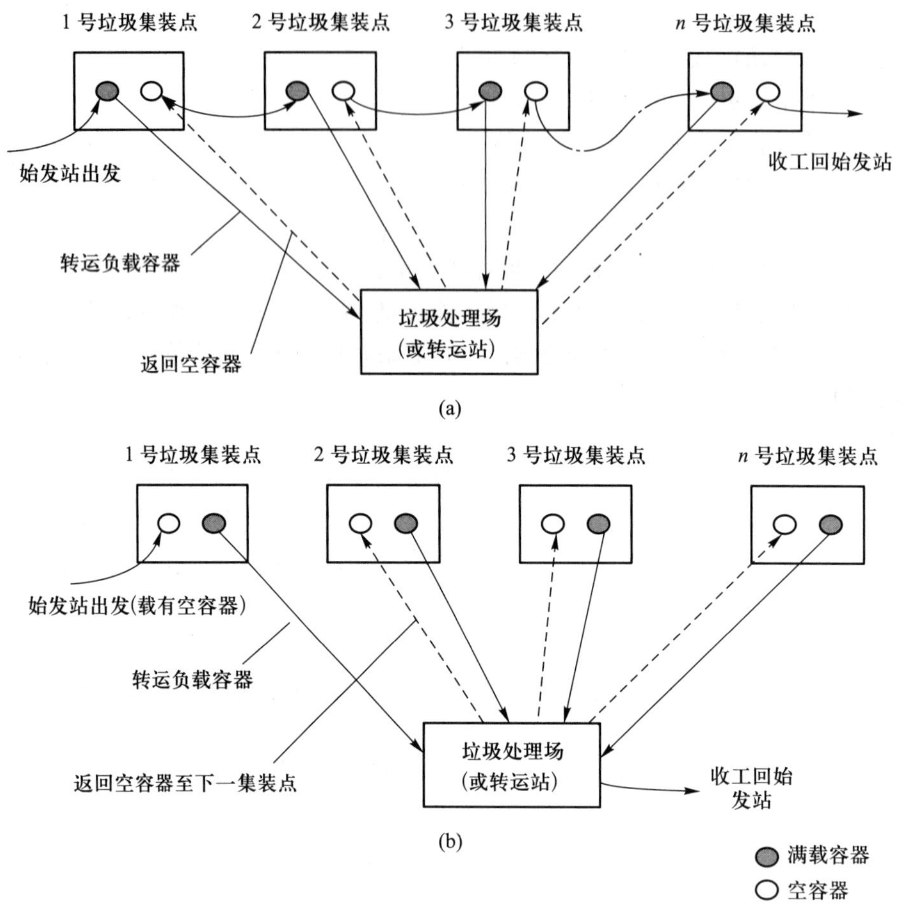

图 2-2 移动容器操作方法

(a)搬运容器方式；(b)交换容器方式

收集成本的高低，主要取决于收集时间长短，因此对收集操作过程的不同单元时间进行分析，可以建立关系式，求出某区域垃圾收集耗费的人力和物力，从而计算收集成本。收集操作过程分为四个基本用时，即集装时间、清运时间、卸车时间和非生产性时间。

集装时间(P_{hcs})为

$$P_{hcs}=t_{pc}+t_{uc}+t_{dbc} \tag{2-6}$$

式中：P_{hcs}——每次行程集装时间，h/次；

t_{pc}——垃圾装车时间，h/次；

t_{uc}——卸空容器放回原处时间，h/次；

t_{dbc}——容器间行驶时间，h/次。

一次收集清运操作行程所需时间(T_{hcs})可用下式表示：

$$T_{hcs}=(P_{hcs}+s+t)/(1-w) \tag{2-7}$$

式中：T_{hcs}——一次收集清运操作行程所需时间，h；

s——卸车时间，专指垃圾收集车在终点(转运站或处理处置场)逗留时间，包括卸车及等待卸车时间，h/次；

t——运输时间，h；

w——非生产性时间因子，即非收集时间占总时间百分数(表征收集操作全过程中非生产性活动所花费的时间)，其数值一般为 0.1~0.25，通常取 0.15。

当装车和卸车时间相对恒定时，则运输时间取决于运输距离和速度。对不同收集车的大量运输数据分析结果表明，运输时间可以用下式近似表示：

$$t=a+bx \tag{2-8}$$

式中：t——运输时间，h；

a——经验常数，h；

b——经验常数，h/km；

x——往返运输距离，km。其中，a 和 b 的数值大小与运输车辆的速度极限有关，称作车辆速度常数。它们的关系见表 2-1。

表 2-1　垃圾清运车辆速度常数数值

速度极限/(km·h^{-1})	a/h	b/(h·km^{-1})	速度极限/(km·h^{-1})	a/h	b/(h·km^{-1})
88	0.016	0.011 2	40	0.050	0.025
72	0.022	0.014	24	0.060	0.042
56	0.034	0.018			

将式(2-8)代入式(2-7)，得

$$T_{hcs}=\frac{P_{hcs}+s+a+bx}{1-w} \tag{2-9}$$

当求出 T_{hcs}后，则每日每辆收集车的行程次数用下式求出：

$$N_d=\frac{H}{T_{hcs}} \tag{2-10}$$

式：N_d——每天行程次数，次/d；

H——每天工作时数，h/d；

其余符号同前。

每周收集次数，即行程数，可根据收集范围的垃圾清除量和容器平均容量，用下式求出：

$$N_w=\frac{V_w}{cf} \tag{2-11}$$

式中：N_w——每周行程数，次/周(若计算值带小数时,需进值到整数值)；

V_w——每周清运垃圾产量，m^3/周；

c——容器平均容量，m^3/次；

f——容器平均充填系数。

由此，每周工作时间 D_w(h/周)为

$$D_w = N_w T_{hcs} \tag{2-12}$$

通过上面计算过程，可以得到每周工作时间和行程数，进而可以制定科学合理的工作计划。

2. 固定容器操作方法(固定式)

垃圾的装车时间是该收集法一次行程所使用时间的主要影响因素。垃圾车辆装车一般有机械操作和人工操作两种方式，所以与移动容器法相比，计算方法有所不同。

(1) 机械操作

一般使用压缩机进行自动装卸垃圾，每一收集行程所需时间为

$$T_{scs} = \frac{P_{scs} + s + a + bx}{1 - w} \tag{2-13}$$

式中：T_{scs}——固定容器收集法每一行程所需时间，h/次；

P_{scs}——每次行程集装时间，h/次；

其余符号同前。此处，集装时间为

$$P_{scs} = c_t \cdot t_{uc} + t_{dbc}(N_p - 1) \tag{2-14}$$

式中：c_t——每次行程倒空的容器数，个/次；

t_{uc}——卸空一个容器的平均时间，h/个；

N_p——每一行程经历的集装点数；

t_{dbc}——每一行程各集装点之间平均行驶时间，h/次。如果集装点平均行驶时间未知，也可用式(2-8)进行估算，但应以集装点间距离代替往返运输距离 x(km/次)。

每一行程能倒空的容器数(c_t)直接与收集车容积、压缩比及容器体积有关，其关系式为

$$c_t = \frac{Vr}{cf} \tag{2-15}$$

式中：V——收集车容积，m^3/次；

r——垃圾压缩比；

c——垃圾容器的体积，m^3；

f——垃圾容器的平均填充系数。

每周行程数(N_w)可用下式求出：

$$N_w = \frac{V_w}{Vr} \tag{2-16}$$

式中：N_w——每周行程数，次/周；

V——垃圾收集车容积；

r——垃圾压缩比。

由此计算出每周需要的收集时间为

$$D_w = \frac{N_w P_{scs} + t_w(s + a + bx)}{H(1 - w)} \tag{2-17}$$

式中：D_w——每周收集时间，h/周；

t_w——N_w 值进到大整数值；

其余符号同前。

（2）人工操作

使用人工操作装车的工作方式，其原理同前，计算公式有所变化。如果每天进行的收集行程数为已知或保持不变，在这种情况下日工作时间为

$$P_{\text{scs}}=\frac{(1-w)H}{N_{\text{d}}}-(s+a+bx) \tag{2-18}$$

每一行程能够收集垃圾的集装点数目(N_{p})可以由下式估算：

$$N_{\text{p}}=\frac{60P_{\text{scs}}n}{t_{\text{P}}} \tag{2-19}$$

式中：n——收集工人数，人；

t_{P}——每个集装点需要的集装时间，人·min/点；

其余符号同前。

t_{p}可由下式求得：

$$t_{\text{p}}=0.72+0.18C_n+0.014P_{\text{rh}} \tag{2-20}$$

式中：C_n——每一个集装点的垃圾容器数；

P_{rh}——服务到居民家的收集点占全部垃圾集装点的百分数，%。

每次行程的集装点数确定后，即可用下式估算收集车的大小(载重量)：

$$V=\frac{V_{\text{p}}N_{\text{p}}}{r} \tag{2-21}$$

式中：V_{p}——每一集装点收集的垃圾平均量，m^3/次；

其余符号同前。

每周行程数，即收集次数 N_{w}：

$$N_{\text{w}}=\frac{N_{\text{T}}F}{N_{\text{p}}} \tag{2-22}$$

式中：N_{T}——集装点总数，点；

F——每周容器收集频率，次/周；

其余符号同前。

（五）收集车辆

1. 收集车类型

垃圾收集车一般配置专用垃圾集装、卸载设备，并且具有一定程度的机械化和自动化功能。垃圾收集车辆类型众多，各国还没有形成一个统一的分类标准。常用的分类方式有按照装车形式可分为前装式、后装式、侧装式、顶装式、集装箱直接上车式等类型；按照车辆垃圾载重量分为 2 t、5 t、10 t、15 t、30 t 等类型；按照装载垃圾容积分为 6 m^3、10 m^3、20 m^3等类型的收集车辆。

不同城市应根据当地的垃圾组成特点、垃圾收运系统的构成、交通、经济等实际情况，选用与其相适应的垃圾收集车辆。一般应根据整个收集区内的建筑密度、交通状况和经济能力选择最佳的收集车辆规格。近年来，我国各地的环卫部门引进配置了不少国外机械化、自动化程度较高的垃圾收集车辆，并且自主研制了一些适合国内具体情况的专用垃圾收集车辆。

下面简要介绍几种国内常用的垃圾收集车。

（1）简易自卸式收集车

简易自卸式收集车适宜于固定容器收集法作业，一般需配以叉车或铲车，便于在车箱上方机械装车。自卸式收集车常见的有两种形式：一是罩盖式自卸收集车，这种车辆为了防止输送途中垃圾飞散，使用防水帆布盖或框架式玻璃钢罩盖，后者可通过液压装置在装入垃圾前启动罩盖，密封程度较高；二是密封式自卸车，即车箱为带盖的整体容器，顶部开有数个垃圾投入口。

（2）活动斗式收集车

活动斗式收集车主要用于移动容器收集法作业，这种收集车的车箱作为活动敞开式贮存容器，平时放置在垃圾收集点。由于车箱贴地且容量大，其适于贮存装载大件垃圾，故亦称为多功能车。目前在我国大多数城市使用广泛。

（3）桶式侧装式密封收集车

桶式侧装式密封收集车一般装有液压驱动提升装置，装载垃圾时，利用液压驱动提升装置将地面上配套的垃圾桶提升至车箱顶部，由倒入口倾翻，然后空桶送回原处，完成收集过程。国外这类车的机械化程度高，具有很高的工作效率，一个垃圾桶的卸料用时不到 10 s。另外，这类车提升架悬臂长、旋转角度大，可以在相当大的作业区内抓取垃圾桶，车辆不必对准垃圾桶停放，十分灵活方便。

（4）后装式压缩收集车

后装式压缩收集车在车箱后部开设投入口，一般自带压缩推板装置，能够满足体积大、密度小的垃圾收集工作，并且在一定程度上降低了垃圾对环境造成二次污染的可能性。这种车与手推车收集垃圾相比，工效提高 6 倍以上，大大减轻了环卫工人的劳动强度，缩短了工作时间。此外，为满足中老年人和小孩倒垃圾的需求，该车的垃圾投入口距地面较低，方便了群众。

另外，为了收集狭小里弄、小巷内的垃圾，许多城市还配有数量甚多的人力手推车、人力三轮车和小型机动车作为辅助的垃圾清运工具。

2. 收集车数量配备

收集车数量的合理配备，直接影响垃圾收集的效率和成本高低。在进行车辆配备时，应该考虑车辆的种类、满载量、垃圾输送量、输送距离、装卸自动化程度以及人员配备情况等因素。

各类收集车辆配备数量可参照下列公式计算：

$$\text{简易自卸车数}=\frac{\text{该车收集垃圾日平均产生量}}{\text{车额定吨位}\times\text{日单班收集次数定额}\times\text{完好率}} \tag{2-23}$$

式中：垃圾日平均产生量由式(2-3)计算；日单班收集次数定额按各地方环卫部门定额计算；完好率一般按 85%计算。

$$\text{多功能车数}=\frac{\text{收集垃圾日平均产生量}}{\text{车箱额定容量}\times\text{箱容积利用率}\times\text{日单班收集次数定额}\times\text{完好率}} \tag{2-24}$$

式中：箱容积利用率按 50%～70%计，完好率按 80%计，其余同前。

$$\text{侧装密封车数}=\frac{\text{该车收集垃圾日平均产生量}}{\text{桶额定容量}\times\text{桶容积利用率}\times\text{日单班装桶数}\times\text{日单班收集次数定额}\times\text{完好率}} \tag{2-25}$$

式中：日单班装桶数定额按各省、市、自治区环卫定额计算，完好率按 80%计，桶容积利用率按 50%~70%计，其余同前。

3. 收集车劳力配备

每辆收集车配备的收集工作人员，一般按照运输车辆的载重量、机械化作业程度、垃圾容器放置地点与容器类型以及工人的业务能力和素质等情况而定。

一般情况，除司机外，采用人力装车的 3 t 简易自卸车配 2 名工作人员，5 t 简易自卸车配 3~4 名工作人员；侧装密封车配 2 名工作人员；多功能车配 1 名工作人员。

此外，还应设立一定数量的备用工作人员，当在特定阶段工作量增大、人员生病或设备出现故障时，备用人员可以马上投入工作。另外，当遇到工作量、气候、雨雪、收集路线和其他因素变化时，劳力配备规模可以随实际需要而发生变动。

（六）作业方式

收集次数与作业时间确定的原则是在卫生、迅速、廉价的前提下达到垃圾清运目的。

垃圾收集次数：在我国各城市住宅区、商业区基本是要求及时收集，即日产日清。在欧美各国垃圾收集次数则划分较细，一般情形下，对于住宅区厨余垃圾，冬季每周二、三次，夏季至少三次；对旅馆酒家、食品工厂、商业区等，不论夏冬每日至少收集一次；煤灰夏季每月收集二次，冬季改为每周一次；如果厨余垃圾与一般垃圾混合收集，其收集次数可采取折中或酌情预定。国外对废旧家用电器、家具等庞大垃圾则定为一月两次，对分类贮存的废纸、玻璃等也有相对固定的收集周期，以利于居民的配合。以上这些都可作为各地制定垃圾收集作业方式的参考，根据当地具体情形合理规划，科学设计当地的垃圾收集方式。

垃圾收集时间的规划设定：收集时间一般大致可分为昼间、晚间及黎明三种工作时间段。通常，住宅区的垃圾最好在昼间收集，避免晚间骚扰住户；商业区垃圾则最好在晚间收集，此时车辆行人稀少，可加快收集速度，提高效率；街道、广场等公共场所则可在黎明时进行收集、清运，这样不会对交通和公共活动造成影响。

总之，垃圾的收集次数与时间，应在充分考虑当地实际情况（如气候、垃圾产量与性质、收集方法、道路交通、居民生活习俗等）的前提下，进行科学合理的规划、确定。

二、生活垃圾收运路线的确定

在垃圾收集操作方法、收集车辆类型、收集劳力、收集次数和作业时间等确定以后，就应该着手设计垃圾的收运路线，以便有效地使用车辆和劳力，提高工作效率。合理的收运路线在一定程度上可以非常有效地提高垃圾收运水平。

垃圾收运路线一般有四种方案：

第一种方案为每天按固定路线收运，这也是目前采用最多的收集方案。环卫人员每天按照预设固定路线进行收集工作。该法具有收集时间固定、路线长短可以根据人员和设备进行调整的特点，但同时存在的缺点是人力设备使用效率较低，并且在人力和设备出现故障时会影响收集工作的正常进行，而且当线路垃圾产生量发生变化时，不能及时调整收集线路。

第二种方案是大路线收运。允许收集人员在一定的时间段内，自己决定何时何地进行哪条路线的收集工作。此法的优缺点与第一种方法相同。

第三种方案是车辆满载法，环卫人员每天收集运输车辆的最大承载量的垃圾。优点是可以减少垃圾运输时间，能够比较充分地利用人力和设备，并且适用于所有收集方式；缺点是不能准确预测车辆满承载量相当于多少居民住户或企事业单位的垃圾产生量。

第四种方案是采用固定工作时间的方法。收集人员每天在规定的时间内工作。这样可以比较充分地利用有关的人力和物力，但是由于本方法规律性不明显，一般人员很少了解本地垃圾收集的具体时间。

收集线路的设计需要经过设计、试运行、修正、确定等步骤才能逐步完成，并且只有经过一段时间运行实践后，才能确定下来。由于各个城市的实际情况各不相同，即使在同一个城市，垃圾的分布、种类、数量等也随着时间的推移而不断地发生着改变。所以，垃圾收运路线也应随着城市的发展不断完善，以满足垃圾收运工作的实际需要和变化。

一条完整的收运路线不但包括垃圾收集车在指定的街区内所遵循的实际收集路线，还包括收集车装满垃圾后，把垃圾运往垃圾转运站(或处理处置场)需走过的地区或街区的路线。图 2-3 为一街区垃圾收运路线示意。

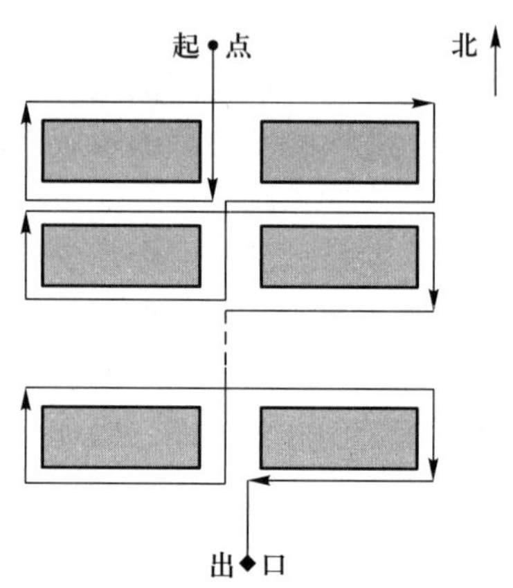

图 2-3 由南—北向单行道和东—西向双行道组合形成的街区垃圾收运路线

1. 设计垃圾收运路线时的原则

设计垃圾收运路线时的原则包括：① 收运路线应尽可能紧凑，避免重复或断续。② 收运路线应能平衡工作量，使每个作业阶段、每条路线的收集和清运时间大致相等。③ 收运路线应避免在交通拥挤的高峰时间段收集、清运垃圾。④ 收运路线应当首先收集地势较高地区的垃圾。⑤ 收集路线起始点最好位于停车场或车库附近。⑥ 收运路线在单行街道收集垃圾，起点应尽量靠近街道入口处，沿环形路线进行垃圾收集工作。

2. 设计收运路线的一般步骤

设计收运路线的一般步骤包括：① 调查、考察垃圾清运区特点：包括区域面积、地形、气候、交通、垃圾集装点的位置、容器数、收集次数以及垃圾类型和数量等情况。② 资料整理、分析，将所收集的相关资料和数据进行分析整理。③ 初步设计收集路线，根据各种资料以及现有条件，设计多条收集路线。④ 根据实践运行，对初步收集路线进行比较、分析，根据同一工作日内收集的垃圾量、车辆的行驶路程、收集时间等要素进一步优化、均衡收集路线。⑤ 制作收集路线图，在一定比例的地域地形图上，标明最后确定的收集路线。例如德国的垃圾收运系统比较完备，各清扫区都有垃圾车收运路线图和道路清扫图，收运路线图和道路清扫图把全市分成若干个收集区，明确规定扫路机的清扫路线以及这个地区的垃圾收集日，收集容器的数量及其车辆行驶路线等，收集地区的容器数量和安放位置等在路线圈上都有明确标记，司机只需按照路线图的标志，在规定的收集日按收运路线去收集垃圾或进行清扫作业即可。

第二节　垃圾中转站的设置

垃圾中转站(也称转运站)是垃圾从产生源到达处理厂的中间转运场所，即垃圾一般首先经由环卫部门收集清运到垃圾中转站，然后再在中转站把垃圾转运到垃圾处理厂。

一、垃圾转运的必要性

垃圾转运的必要性主要体现在：① 收集到的垃圾最终要送到垃圾处理场进行无害化处理，但是随着城市规模的快速发展，很难在市区垃圾收集点附近找到合适的地方建立垃圾处理工厂或垃圾处置场。另外，从环境保护与环境卫生角度考虑，垃圾处理点不宜离市区内居民区太近，因此，垃圾处理厂一般距离城区较远，垃圾必须经过远距离运输才能到达处理厂。② 垃圾的产生量具有一定的可变性和随机出现的特点。③ 设立垃圾中转站的优点是可以有效地利用人力和物力，使垃圾收集车更好地发挥其效益，保证载重量较大的垃圾清运车辆能经济而有效地进行长距离清运，有助于垃圾收运的总费用降低。

垃圾转运站自身需要一定的基建费用，还需要投资购买大型的垃圾装卸、清运工具及其他必需的专用设备，这些投资必然也会在一定程度上增加收运费用。所以，当处理(置)场远离收集路线时，是否需要设置中转站，主要视当地现实技术和经济条件来确定。一般来说，垃圾清运距离长，设置转运站可以有效地降低垃圾管理系统运行总费用。

在一定条件下，垃圾转运站对垃圾清运总费用的影响可以通过下面计算进行评估分析。

移动容器方式清运操作费用方程(不设转运站)：

$$C_1=\alpha_1\cdot s \tag{2-26}$$

固定容器方式清运操作费用方程(不设转运站)：

$$C_2=\alpha_2\cdot s+p \tag{2-27}$$

中转站转运清运操作费用方程：

$$C_3=\alpha_3\cdot s+b \tag{2-28}$$

式中：$C_{n(n=1,2,3)}$——垃圾清运总费用，元；

s——垃圾清运距离，km；

$\alpha_{n(n=1,2,3)}$——单位距离垃圾的清运费用，元/km；

p——固定容器操作方式中集装点垃圾装卸和其他管理等费用，元；

b——转运站基建和操作管理增加给垃圾清运的费用，元。

一般情况下，$\alpha_1>\alpha_2>\alpha_3$，$b>p$。

利用上面三种清运操作费用方程作图(C-s 图)(如图 2-4 所示)，从图中分析：$s>s_3$时，中转站垃圾清运操作费用低，即需设置转运站；当 $s<s_1$时，应用移动容器方式直接进行垃圾清运操作较为经济合理，不需设置转运站；当 $s_1<s<s_3$时，使用固定容

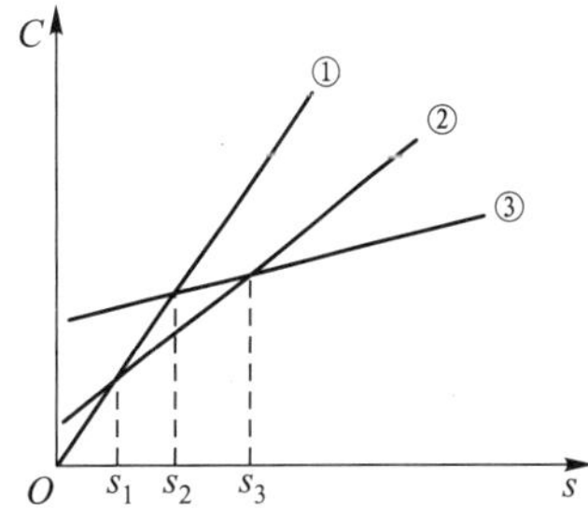

① 移动容器方式直接清运操作；
② 固定容器方式直接清运操作；
③ 中转站转运清运操作

图 2-4　清运操作费用图

器方式直接清运垃圾，费用合理，因此也不需设置转运站。

二、中转站类型与设置要求

（一）中转站类型

中转站可按不同的分类标准进行分类，常见的分类标准包括垃圾转运能力大小、装载卸载方式、运输工具类型等。

1. 按照垃圾转运能力大小划分

① 小型中转站　日转运量 150 t 以下；

② 中型中转站　日转运量 150~450 t；

③ 大型中转站　日转运量 450 t 以上。

2. 按装载方式划分

（1）直接倾卸装车

直接倾卸装车是指垃圾收集车直接将垃圾倒进中转站内的大型清运车或集装箱内(不带压实装置)。该类中转站的优点是投资较低，装载方法简单，设备事故少；缺点是装载密度较低，运费较高。

（2）直接倾卸压实装车

直接倾卸压实装车是指垃圾经压实机压实后直接推入大型清运工具。此类中转站装载垃圾密度较大，能够有效降低运输费用，降低能耗。

（3）贮存待装

垃圾运到中转站后，先卸到贮存槽内或平台上，再装到清运工具上。这种方法的最大优点是对垃圾的转运量的变化，特别是高峰期适应性好，即操作弹性好。但需建大的平台来贮存垃圾，投资费用较高，而且易受装载机械设备事故影响。

（4）复合型中转站

复合型中转站综合了直接装车和贮存待装式中转站的特点，这种多用途的中转站比单一用途的中转站更便于垃圾转运。

3. 按卸载方式划分

（1）高低货位方式

利用地形高度差来装卸垃圾，也可用专门的液压台将卸料台升高或大型运输工具下降。上述情况如图 2-5、图 2-6 和图 2-7 所示。

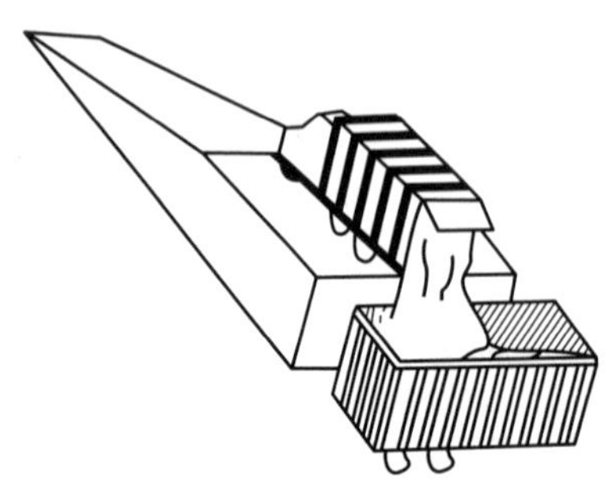

图 2-5　直接倾卸拖挂车

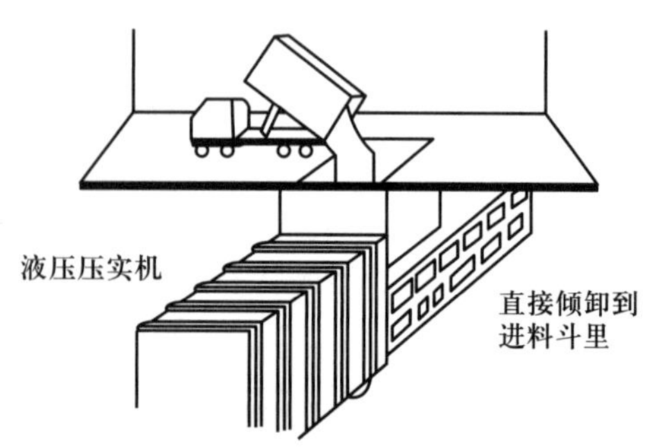

图 2-6　直接倾卸到进料斗里

（2）平面传送方式

利用传送带、抓斗车等辅助工具进行收集车的卸料和大型清运工具的装料，收集车和大型清运工具停在一个平面上，如图 2-8 所示。

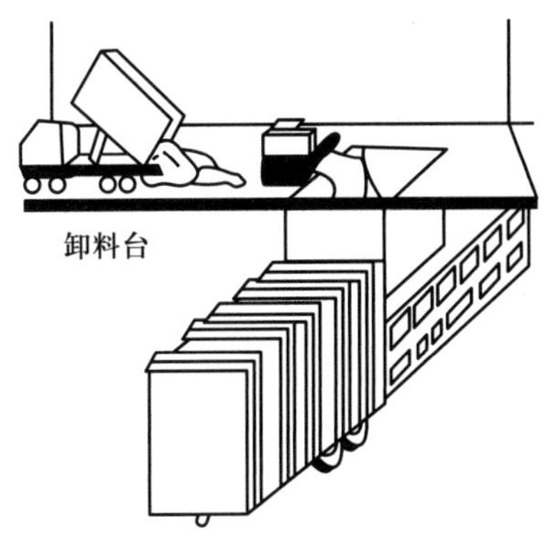

图 2-7　高低货位装卸料转运

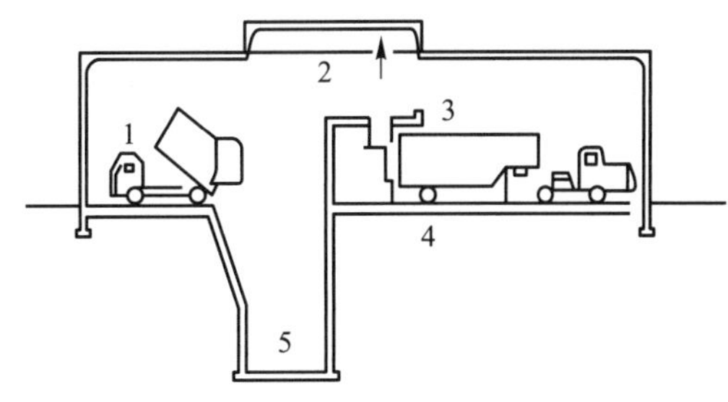

图 2-8　抓斗作业传送方式

4. 按运输工具类型划分

（1）公路中转站

垃圾收集和清运工具为汽车等陆路运输车辆，位于公路干线附近。公路转运车辆是最主要的运输工具，使用较多的公路转运车辆有半拖挂转运车、液压式集装箱转运车，如图 2-9 所示。由于集装箱密封好，不散发臭味与溢流污水，故用集装箱收集和转运垃圾是较理想的方法。常用的集装箱收集车载重量是 2 t，在卡车底盘上安装集装箱装置；而集装箱转运车则在载重量为 6 t 的卡车底盘上设置 3 个集装箱底板，一次可转运 3 个集装箱。

图 2-9　液压式集装箱转运车方式

（2）铁路中转站

对于远距离输送大量的垃圾来说，特别是在比较偏远地区，公路清运困难，但却有铁路线，且铁路附近有可供填埋的场地时，铁路清运是有效的解决方法。铁路中转站地处铁路干线附近，便于列车进出。省掉了不方便的公路清运，减轻了停车场的负担。铁路运输垃圾常用的车辆有：设有专用卸车设备的普通卡车，有效负荷 10～15 t；大容量专用车辆，其有效负荷 25～30 t。图 2-10 为一种铁路中转站示意图。

（3）水路中转站

通过水路可廉价清运大量垃圾，故也受到人们的重视。水路垃圾中转站需设在河流或者运河边，垃圾收集车可将垃圾直接卸入停靠在码头的驳船里。水路中转站需要设计良好的装卸专用码头(卸船费用昂贵,常常是限制因素之一)。图 2-11 为水路中转站示意图。

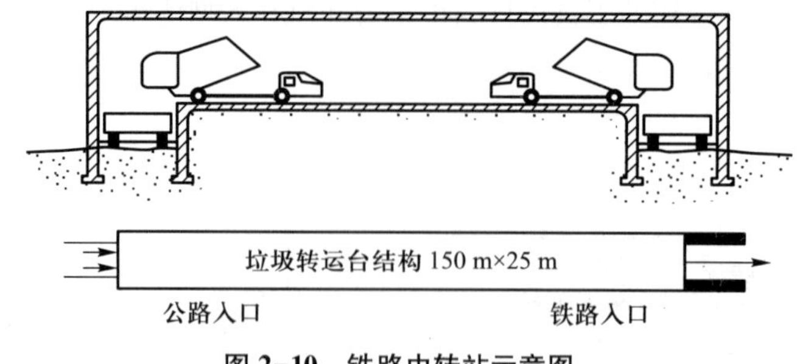

图 2-10 铁路中转站示意图

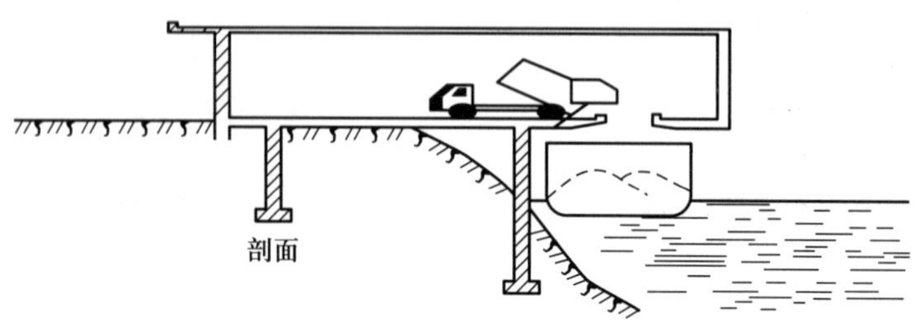

图 2-11 水路中转站示意图

这种清运方式有下列优点：提供了把垃圾最后处理地点设在远处的可能性；使用大容积驳船的同时保证了垃圾收集与处理之间的暂时贮存。

(二) 中转站设置要求

依据《环境卫生设施设置标准》(CJJ 27—2012)进行中转站设置。在大、中城市通常设置多个垃圾中转站。在设置中转站时，要考虑的重要因素包括：垃圾储存容量、地址选择、中转站类型、卫生设备、出入口以及其他附属设备，如铲车及布料用胶轮拖拉机，卸料装置、挤压设备和称量用地磅等。另外，中转站设置时，尽可能考虑到其作为目前或未来某些资源回收利用的场所。

三、中转站工艺设计计算

中转站的工艺设计是关乎其功能能否充分合理发挥的关键因素之一，要根据中转的垃圾量、中转周期、垃圾类型以及地方经济等实际情况进行设计。

假定某中转站要求：① 采用挤压设备；② 高低货位方式装卸垃圾；③ 机动车辆清运。其工艺设计可以设计如下：垃圾车在货位上的卸料台卸料，倾入低货位上的压缩机漏斗内，然后将垃圾压入半拖挂车内，满载后由牵引车拖运，另一辆半拖挂车装料。

根据该工艺与服务区的垃圾量，可计算应建造多少高低货位卸料台和配备相应的压缩机数量，需合理使用多少台牵引车和半拖挂车数量。

1. 卸料台数量(A)

该垃圾中转站每天的工作量可按下式计算：

$$E=\frac{MW_yk_1}{365} \tag{2-29}$$

式中：E——每天的工作量，t/d；

M——服务区的居民人数，人；

W_y——垃圾年产量，t/(人·a)；

k_1——垃圾产量变化系数(参考值为1.15)。

一个卸料台工作量的计算公式为

$$F=\frac{t_1}{t_2k_t} \tag{2-30}$$

式中：F——卸料台一天接受的清运车数量，辆/d；

t_1——中转站1 d的工作时间，min/d；

t_2——一辆清运垃圾车的卸料时间，min/辆；

k_t——清运车到达的时间误差系数。

则所需卸料台数量为

$$A=\frac{E}{WF} \tag{2-31}$$

式中：W——清运车的载重量，t/辆。

2. 每一个卸料台配备一台压缩设备，因此，压缩设备数量(B)为

$$B=A \tag{2-32}$$

3. 牵引车数量(C)

为一个卸料台工作的牵引车数量，按公式计算为

$$C_1=\frac{t_3}{t_4} \tag{2-33}$$

式中：C_1——牵引车数量；

t_3——垃圾清运车辆往返的时间，h；

t_4——半拖挂车的装料时间，h。其中半拖挂车装料时间的计算公式为

$$t_4=t_2nk_4 \tag{2-34}$$

式中：n——一辆半拖挂车装料的垃圾车数量；

k_4——半拖挂车装料的时间误差系数。因此，该中转站所需的牵引车总数(C)为

$$C=C_1A \tag{2-35}$$

4. 半拖挂车数量(D)

半拖挂车是轮流作业，一辆车满载后，另一辆装料，故半拖挂车的总数为

$$D=(C_1+1)A \tag{2-36}$$

第三节　危险废物的收集、贮存及清运

危险废物通常指对人类、动植物以及环境的现在及将来构成危害，具有一定的毒性(含有急性毒性、浸出毒性)、爆炸性(如含硝酸铵等易爆化学品)、易燃性(含易燃有机溶剂或油类)、

腐蚀性(如含具有腐蚀性的废酸废碱)、传染性(医院所弃含病菌废物)、放射性(如核燃料废弃物)或其他化学反应特性等一种或几种危害特性的固体废弃物。因此，在此类废物的收集、贮存及转运过程当中必须采取一些特殊的管理措施，避免对环境产生危害。

一、危险废物的产生与收集

1. 产生

危险废物来源广泛，主要产生于工业、农业以及商业等生产部门。例如，金属冶炼、电镀、化肥制造等行业会产生重金属废物，医院会产生具有传染性的医疗废物，核电站、核工业会产生相应的具有放射性的废物。

2. 收集

危险废物一经产生，应立即将其妥善地放进专门保存该种危险废物的特种装置内，并加以保管，同时及时科学地做进一步贮存、处理或处置。危险废物收集与转运方案见图 2-12，危险废物转运内部运行系统见图 2-13。

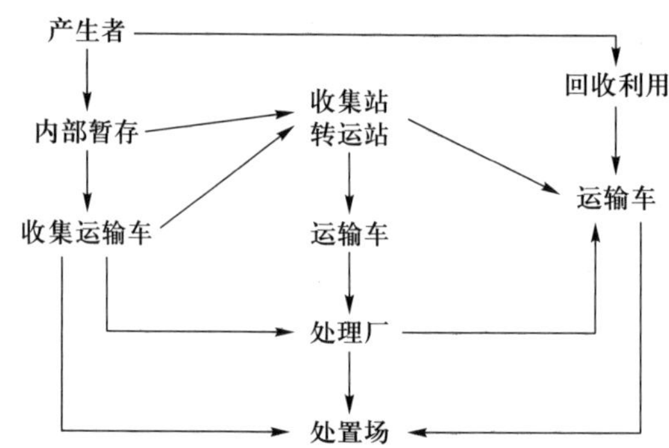

图 2-12 危险废物收集与转运方案

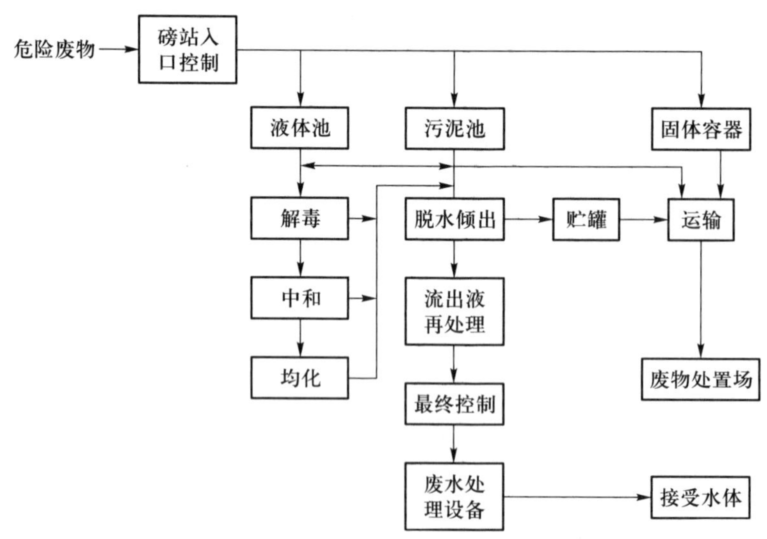

图 2-13 危险废物转运内部运行系统

存放危险废物的容器应根据其特性选择，特别要注意二者的相容性。常见的存放容器是钢制容器和特种塑料容器。此类容器都应清楚地标明内盛危险废物的名称、日期、类别、数量以及危害说明等项目。危险废物容器的包装应当安全可靠，包装时必须经过周密检查，严防在搬移、装载或清运途中出现渗漏、溢出、抛洒或挥发等情况，以免引发相应的环境污染问题。

根据危险废物的物化性质和形态，可采用不同材质的容器进行盛装。以下是可供选用的盛装容器和适宜于盛装的废物种类：① 带塞钢圆桶或钢圆罐：可盛装废油和废溶剂；② 带卡箍盖钢圆桶：可盛装固态或半固态有机物；③ 塑料桶或聚乙烯罐：可盛装无机盐液；④ 带卡箍盖钢圆桶或塑料桶：可供盛装散装的固态或半固态危险废物；⑤ 贮罐：其外形与大小尺寸可根据需要设计加工，要求坚固结实，并应便于检查以防渗漏或溢出等事故的发生。适宜于贮存可通过管线输送方式送进或输出的散装液态危险废物。

二、危险废物的贮存

放置在场内的桶或袋装危险废物可由产出者直接运往场外的收集中心或回收站，也可以通过地方相关部门配备的专用清运车辆按规定路线运往指定的地点贮存或做进一步处理。典型的收集站由砌筑的防火墙及铺设有混凝土地面的若干库房式构筑物所组成，贮存废物的库房室内应保证空气流通，以防具有毒性和爆炸性的气体积聚而产生危险。收进的危险废物应翔实登载其类型和数量，并应按不同性质分别妥善贮存在安全装置内。另外，还要根据危险废物的种类和特征进行标记，以便识别管理。例如美国按照危险废物的成分、工艺加工过程和来源进行分类，对各种危险固体废物规定了相应的编码符号，同时规定了几种主要危险特性标记。这几种主要危险特性标记如表 2-2 所示。

表 2-2　几种主要危险特性标记

特征	标记	特征	标记
毒性	(T)	易燃性	(I)
EP 毒性	(E)	腐蚀性	(C)
急性毒性	(H)	反应性	(R)

危险废物转运站的位置宜选择在交通路网便利的地方，由设有隔离带或埋于地下的液态危险废物贮罐、油分离系统及盛装有废物的桶或罐等库房群所组成。站内工作人员应负责办理废物的交接手续，按时将所收存的危险废物如数装进运往处理场的清运车厢，并责成清运者负责途中安全。

三、危险废物的清运

危险废物的清运过程是危险废物生产者与废物贮存、处理之间的关键环节。整个清运过程要严格按照一定的规章制度来进行运作，确保危险废物安全清运到达目的地。

危险废物同样可以通过陆路(包括公路和铁路)、水路以及空中运输工具进行清运。实际上，出于安全、经济、方便等方面的考虑，人们常常选取公路和铁路清作运作为危险废物的主要清运方式，运输工具为专用公路槽车或铁路槽车。槽车设有特制防腐衬里，以防运输过程中发生腐蚀泄漏。

清运过程当中，控制危险废物发生泄漏、产生危害的有效措施有：① 清运车辆、船只和飞机等须经过主管单位严格查验审批，签发危险废物清运许可证，同时清运人员也应进行相关培训。② 清运车辆、船只和飞机须有特种危险物标志或危险符号，利于人们辨别，并引起注意。目前可以参照使用我国铁路部门制定的 12 种危险物品的标志方法。③ 清运车辆、船只和飞机执行任务时，需持有清运许可证，其上应注明废物来源、性质和运往地点；④ 为了保证危险废物清运的安全无误，必须事先规划科学合理的清运方案，并且必须做出万一危险废物发生泄漏、倾泻等情况，所应采取的各种应急措施（紧急计划）；⑤ 危险废物清运过程应该采取周密的监督机制和制度。例如，配备专门的押运人员负责监督清运的全过程；⑥ 如果在清运过程发生泄漏、倾泻等意外情况，应当迅速采取应急措施，并尽快通知当地生态环境、公安部门。

医疗废物作为危险废物的一类，其收运管理也需遵从危险废物收运的一般规定。依据我国《医疗废物集中处置技术规范》，医疗废物由专人收集后按标准暂时贮存并交由专业人员利用专业运输工具运至合法的处置单位，整个过程中医疗卫生机构交付处置的废物采用危险废物转移联单管理。医疗卫生机构应当根据《医疗废物分类目录》，对医疗废物实施分类管理，医疗废物必须由指定的专人定时收集，收集人应有必要的防护措施。医疗机构的负责人应按照相关的法规及办法进行监督和管理。医疗废物收集、运输流程如图 2-14 所示。

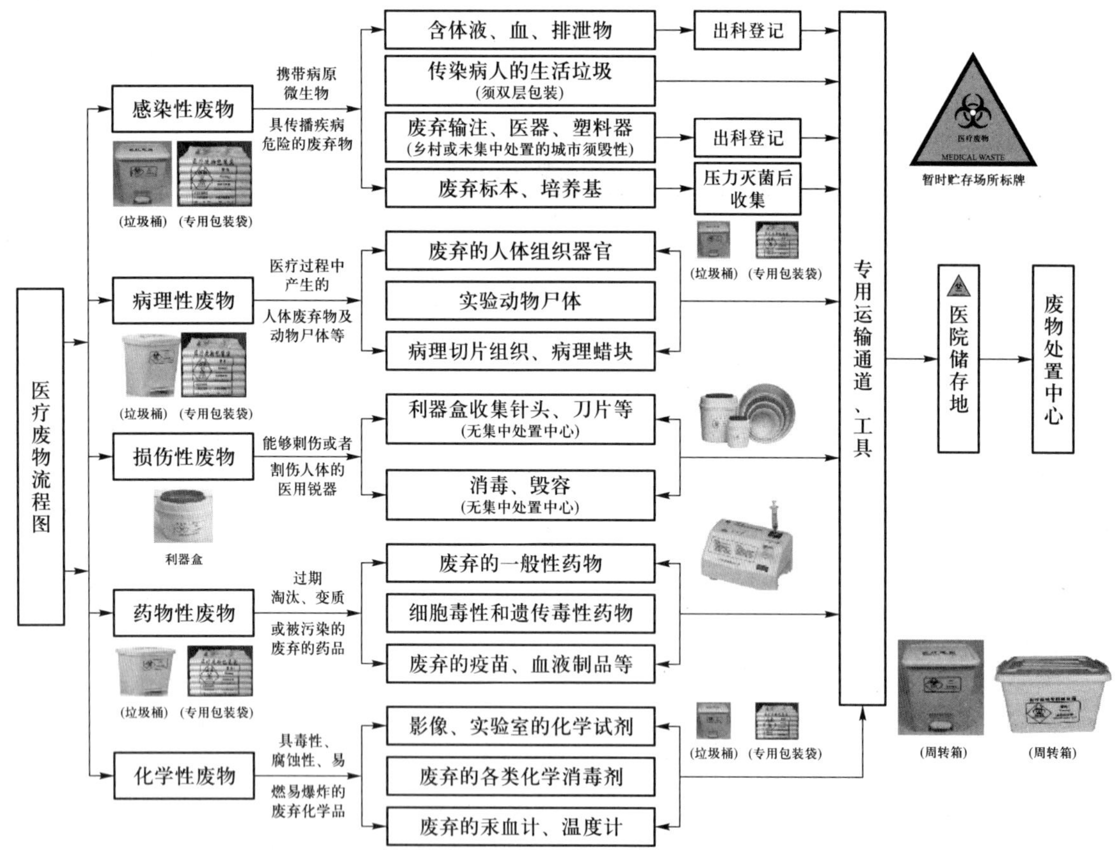

图 2-14 医疗废物收集、运输流程

习题与思考题

1. 固体废物收集的类型、原则和一般要求是什么？垃圾的收集主要有哪些方式？您所在的城市采用哪些方式收集垃圾？

2. 容器收集垃圾的方式有何优、缺点？如何确定每个收集点的容器数量？

3. 生活垃圾收集系统分为哪几类？影响收集成本的因素有哪些？

4. 中转站设计时应参照什么标准和规范设计？应考虑哪些因素？中转站选址时应注意哪些事项？

5. 如何进行城市垃圾收集线路的设计？确定垃圾收集线路时主要应考虑哪些因素？试在你们学校的地图上设计一条高效率的废物收集线路。

6. 收运系统的优化分为几个阶段？简述收运线路的优化目的、设计法则和一般步骤。

7. 危险废物收集及运输过程中应注意哪些事项？请对你所在城市危险废物收运制度及处理现状开展调研，并撰写调研报告。

8. 对某 4 000 住户的住宅区进行调查统计，统计地点为该区垃圾转运站，时间一周。设每户平均 4 人，运入垃圾为：① 手推车 65 次，平均载重 600 kg/车；② 三轮车 50 辆次，平均载重 500 kg/车；③ 后装收集车 35 辆次，平均载重 1 400 kg/车。根据所提供的数据估算该住宅区垃圾产生量。

9. 拖曳容器系统分析：从一新建工业园区收集垃圾，根据经验从车库到第一个容器放置点的时间(t_1)以及从最后一个容器到车库的时间(t_2)分别为 15 min 和 20 min。假设容器放置点之间的平均驾驶时间为 6 min，装卸垃圾所需的平均时间为 24 min，工业园到垃圾处置场的单程距离为 25 km(垃圾收集车最高行驶速度为 88 km/h)，试计算每天能清运的垃圾容器的数量(每天工作时间 8 h,非工作因子为 0.15,处置场停留时间为 0.133 h,α 为 0.016 h,b 为 0.012 h/km)。

10. 对于运输时间的计算公式 $h=\alpha+bx$ 中，确定时间常数 α 和 b 实测数据如下所示，计算距离处置场 10 km处的时间常数和往返行驶时间。

每天运输距离(x)/km	平均运输速度(y)/(km · h^{-1})	总时间($h=x/y$)/h
2	17	0.12
5	28	0.18
8	32	0.25
12	36	0.33
16	40	0.4
20	42	0.48
25	45	0.56

11. 某住宅区生活垃圾量约为 250 m^3/周，拟用一垃圾车负责清运工作，实行改良操作法的拖曳容器系统清运。已知该车每次集装容积为 7 m^3/次，容器利用系数为 0.67，垃圾车采用 8 h 工作制。试求为及时清运该住宅垃圾，每日和每周需出动清运多少次？累计工作多少小时？（经调查已知：平均运输时间为 0.512 h/次，容器装车时间为 0.033 h/次；容器放回原处时间为 0.033 h/次，卸车时间为 0.022 h/次，非生产时间占全部工时的 25%）

12. 在垃圾收集工人和管理人员之间发生了一场纠纷，争执的中心是关于收集工人非工作时间的问题。收集工人说他每天的非工作时间不会超过 8 h 工作的 15%，而管理人员则认为收集工人每天的非工作时间超过 8 h工作的 15%。请你作为仲裁者对这一纠纷作出公正的评判，下列数据供你评判时参考：① 收集系统为拖曳容器收集系统；② 从车库到第一个收集点以及从最后一个收集点返回车库的平均时间分别为 20 min 和15 min，行驶过程中不考虑非工作因素；③ 每个容器的平均装载时间为 6 min；④ 在容器之间的平均行驶时间为

6 min；⑤ 在处置场卸垃圾的平均时间为 6 min；⑥ 收集点到处置场的平均往返距离为 16 km，速度常数 α 和 b 分别为 0.004 h 和 0.012 5 h/km；⑦ 放置空容器的时间为 6 min；⑧ 每天清运的容器数量为 10 个。

13. 一较大居民区，每周产生的垃圾总量大约为 459 m^3，每栋房子设置两个垃圾收集容器，每个容器的容积为 154.3 m^3。每周人工收运垃圾车收集一次垃圾，垃圾车的容量为26.8 m^3，配备工人 2 名，试确定垃圾车每个往返的行驶时间以及需要的工作量。（处置场距离居民区 36 km；速度常数 α 和 b 分别为 0.022 h 和 0.013 75 h/km；容器利用效率为 0.7；垃圾车压缩系数为 2；每天工作时间为 8 h）

第三章　固体废物的预处理

固体废物的预处理是以机械处理为主同时涉及废物中某些组分的简易分离与浓集的物理处理方法。预处理的目的是方便废物后续的资源化、减量化和无害化处理与处置操作。预处理技术主要有压实、粉碎和分选等。

第一节　固体废物的压实

一、固体废物压实的目的

压实又称压缩，指用机械方法增加固体废物聚集程度，增大容重和减少固体废物表观体积，提高运输与管理效率的一种操作技术。

固体废物经压实处理一方面可增大比重、减少固体废物体积，便于装卸和运输，确保运输安全与卫生，降低运输成本；另一方面可制取高密度惰性块料，便于贮存、填埋或作为建筑材料使用；第三，可减轻对环境的危害。

二、固体废物压实的原理

大多数固体废物是由不同颗粒与颗粒间的空隙组成的集合体。自然堆放的固体废物，其表观体积是废物颗粒有效体积与空隙占有的体积之和：

$$V_m = V_s + V_v \tag{3-1}$$

式中：V_m——固体废物的表观体积；

V_s——固体废物颗粒体积(包括水分)；

V_v——空隙体积。

当对固体废物实施压实操作时，随压力的增大，孔隙体积减小，表观体积也随之减小，而容重增大。所谓容重就是固体废物的干密度，用ρ表示。

$$\rho = m_s / V_m = (m_m - m_{H_2O}) / V_m \tag{3-2}$$

式中：m_s——固体废物颗粒质量；

m_m——固体废物总质量，包括水分质量；

m_{H_2O}——固体废物中水分质量。

因此，固体废物压实的实质，可看作消耗一定压力能，提高废物容重、减少固体废物的表观体积的过程。当固体废物受到外界压力时，各颗粒间相互挤压，变形或破碎，达到重新组合的效果。

压实技术适合处理如冰箱、洗衣机、纸箱、纸袋、纤维、废金属细丝等压缩性能大而复原性小的物质，木头、玻璃、金属、塑料块等很密实的固体或是焦油、污泥等半固体废物不宜作压实处理。

三、固体废物压实程度的度量

常用下述指标表示废物的压实程度。

（一）空隙比与空隙率

固体废物的空隙比定义为

$$e = V_v / V_s \tag{3-3}$$

空隙率比空隙比更常用，空隙率定义为

$$\varepsilon = V_v / V_m \tag{3-4}$$

空隙比与空隙率越低，表明压实程度越高，相应的密度越大。

（二）湿密度与干密度

若忽略空隙中的气体质量，则固体废物总质量(m_m)等于固体物质质量(m_s)与水分质量(m_w)之和，即

$$m_m = m_s + m_w \tag{3-5}$$

因而，固体废物湿密度定义为

$$\rho_w = m_m / V_m \tag{3-6}$$

固体废物干密度定义为

$$\rho_d = m_s / V_m \tag{3-7}$$

一般废物收运及处理过程中测定的物料质量都包括水分，因此，一般密度均是指湿密度。压实前后固体废物密度值及其变化率大小，容易测定，比较实用。

（三）体积减小百分比

体积减小百分比用式(3-8)表示。

$$R = (V_i - V_f) / V_i \times 100\% \tag{3-8}$$

式中：R——体积减小百分比；

V_i——压实前废物的体积，m^3；

V_f——压实后废物的体积，m^3。

（四）压缩比与压缩倍数

压缩比是固体废物经压实处理后体积减小的程度。

$$r = V_f / V_i \tag{3-9}$$

r 越小，压实效果越好。

压缩倍数是固体废物经压实处理后，体积压实的程度。

$$n = V_i / V_f \tag{3-10}$$

n 与 r 互为倒数，n 越大，压实效果越好，实际工程中，习惯上采用 n。

四、固体废物的压实设备

根据操作情况，固体废物的压实设备可分为固定式和移动式两大类。凡是采用人工或机械方法(液压方式为主)把废物送到压实机械里进行压实的设备称为固定式压实设备。各种家用小型压实器、废物收集车上配备的压实器及中转站配置的专用压实器等，均属固定式压实设备。移动式压实设备是指在填埋现场使用的轮胎式或履带式压土机、钢轮式布料压实器以及其他专门设计的压实机具。

(一) 固定式压实设备

1. 结构形式

压实器通常由一个容器单元和一个压实单元组成。容器单元通过料箱或料斗接受固体废物物料，并把它们供入压实单元，压实单元通常装有用液压(亦可用气压)控制操作的挤压头，利用一定的挤压力把固体废物压成致密的形式。常用的固定式压实器主要包括水平压实器、三向联合压实器、回转式压实器等。

图3-1是带水平压头的水平压实器。水平压实器常作为转运站固定型压实操作使用。

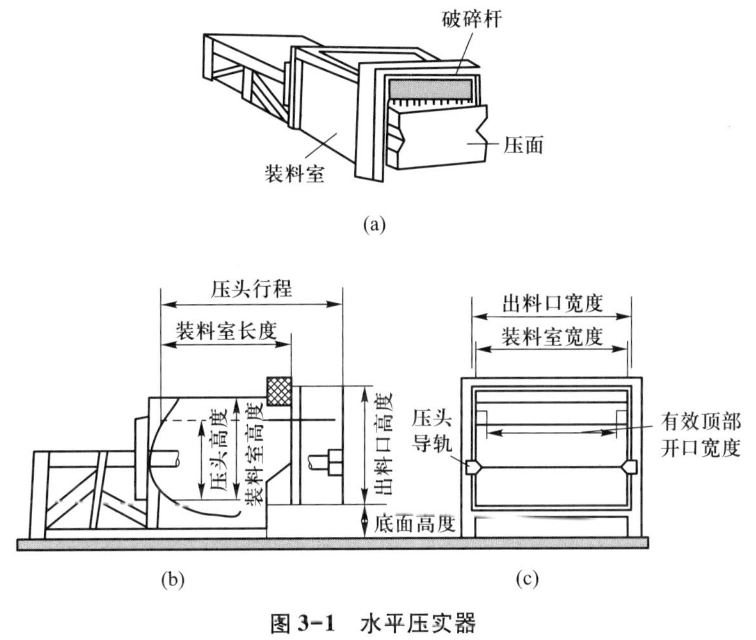

图3-1　水平压实器

(a)全视图；(b)侧视图；(c)主视图

图3-2、图3-3所示分别为三向联合压实器、回转式压实器结构示意图。三向联合压实器适于压实松散的金属废物和松散的垃圾。回转式压实器适用于压实体积小、质量小的固体废物。

除以上形式压实器外，还有适合于工厂中某些均匀类型废物收集和压缩的袋式压实器。

2. 基本参数

(1) 装料截面尺寸

所需压实的垃圾能够毫无困难地被容纳是确定装料截面尺寸的原则。此外，选用压实器还必须考虑与预计使用地点的结构相适应。

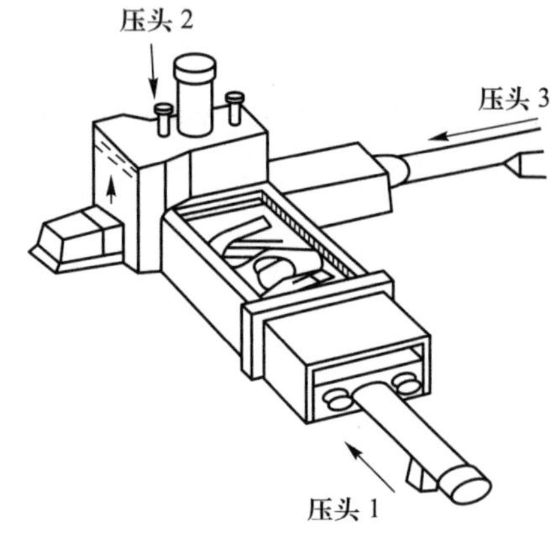

图 3-2 三向联合压实器

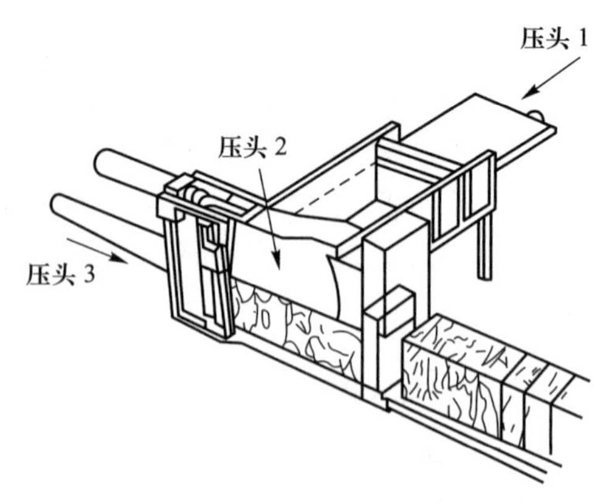

图 3-3 回转式压实器

（2）循环时间

循环时间是指压头的压面从完全缩回位置使垃圾由装料箱压入容器，然后进行挤压，并使压头回到原来完全缩回的位置，准备接受下一次装载垃圾所需要的时间。循环时间的变化范围很大，为 20~60 s。如果压实系统需要有很快接受垃圾的能力，则循环时间应较短，但短的循环时间往往得不到高的压实比。

（3）压面上的压力

压面上的压力由压实器的额定作用力来确定。额定作用力发生在压头的全部高度和全部宽度上，用来度量压实器产生的压力。

（4）压面的行程长度

压头进入压实容器中越深，越容易往容器中清洁有效地装填废物。

（5）体积排率

压头每次把废物载荷推入容器可压缩的体积与 1 h 内机器完成的循环次数的乘积就是体积排率，用来度量废物可被压入容器的速率。

（二）移动式压实设备

带有行驶轮或可在轨道上行驶的压实器称为移动式压实器。移动式压实器主要用于填埋场压实所填埋的废物，也安装在收集车上压实收集车所接受的废物。

可采用多种方式和各种类型的压实机具压实固体废物，增加填埋容量。将废物布料平整后，以装载废物的运输车辆来回行驶就是压实。废物达到的密度由废物性质、运输车辆来回次数、车辆型号和载重量而定，平均可达到 500~600 kg/m^3。用压实机具压实填埋废物，可提高 10%~30%。

移动式压实器按压实过程工作原理不同，可分为碾(滚)压、夯实、振动三种，相应的压实器分为碾(滚)压实机、夯实压实机、振动压实机三大类，固体废物压实处理主要采用碾(滚)压方式。

填埋现场常用的压实机主要包括胶轮式压土机、履带式压土机和钢轮式布料压实机等。

五、固体废物压实设备的选用

压实器的选择主要针对固体废物的压实程度（主要是压实比），选择合适的压实比和使用压力。

其次，应针对不同的废物，采用相应的压实方式和压实设备。

此外，应注意压实过程中的情况，如城市垃圾压实过程中会出现水分，塑料热压时会粘在压头上等，应对不同废物采用不同的压缩设备；压实过程与后续处理过程有关，应当综合考虑是否选用压实设备。

第二节　固体废物的粉碎

一、粉碎的目的

粉碎包含破碎和磨碎。破碎是利用外力克服固体废物质点间的内聚力而使大块固体废物分裂成小块的过程；磨碎是使小块固体废物颗粒分裂成细粉的过程。粉碎是所有固体废物处理方法的必不可少的预处理工艺，是后续处理与处置的必经过程。

二、粉碎影响因素

影响粉碎效果的因素是物料机械强度及破碎力。物料的机械强度是物料一系列力学性质综合决定的综合指标，力学性质主要有硬度、韧性、解理及结构缺陷等。

1. 硬度

硬度是指物料抵抗外界机械力侵入的性质。硬度越高、抵抗外界机械力侵入的能力越大，破碎时越困难。硬度反映了物料的坚固性。

对于坚固性指标的测定，一种是从能耗观点出发。如 F. C 邦德功指数就是以能耗来测定物料坚固性；另一种是从力的强度出发，如岩矿硬度的测定。国外多数用 F. C 邦德功指数反映物料的坚固性，这种办法比较可靠，只要测出各种物料的功指数大小就能判明各种物料的坚固性。我国通常用莫氏硬度及普氏硬度系数 f 表示物料的坚固性。莫氏硬度是相对硬度，可选取 10 种标准矿物作硬度等级，这 10 种矿物及硬度等级分别是：滑石（1）、石膏（2）、方解石（3）、萤石（4）、磷灰石（5）、长石（6）、石英（7）、黄玉（8）、刚玉（9）、金刚石（10）。

这种办法比较粗略，而且各个硬度等级之间有的差距小，有的差距大。普氏硬度系数 f 与物料的抗压极限强度 $\sigma_{压}$ 密切相关。

$$f = \sigma_{压}/100 \tag{3-11}$$

当存在几种物料时，用上述方法测出的数值大小顺序也就反映它们破碎的难易顺序。

2. 韧性

物料受压轧、切割、锤击、拉伸、弯曲等外力作用时所表现出的抵抗性能叫韧性，包括脆性、柔性、延展性、挠性、弹性等力学性质。一般说来，自然界的物料多数都具有脆性，但有的较大，有的较小。脆性大的物料在破磨中容易被粉碎，易过磨、过粉碎。脆性小的不容易被粉碎，破磨中不容易过磨、过粉碎。延展性多为一些自然金属矿物所具有，它们在破磨中容易被打成薄片而不易磨成细粒。柔性、挠性及弹性多为一些纤维结晶矿物(如石棉)、片状结晶矿物(云母、辉钼矿等)所具有，这些物料破碎及解理并不困难，粉碎成细粒十分困难。

3. 解理

物料在外力作用下沿一定方向破裂成光滑平面的性质叫解理，解理是结晶物料特有的性质。所形成的平滑面称作解理面(若不沿一定方向破裂而成凹凸不平的表面则称为断口)。按解理发育程度可分为：极完全解理、完全解理、中等解理、不完全解理和极不完全解理。

解理发育的物料容易破碎，产品粒子往往呈片状、纤维状等特殊形状。

4. 结构缺陷

结构缺陷对粗块物料破碎的影响较为显著，随着矿块粒度的变小，裂缝及裂纹逐渐消失，强度逐渐增大，力学的均匀性增高，故细磨更为困难。

总的说来，固体废物的机械强度反映了固体废物抗粉碎的阻力。常用静载下测定的抗压强度、抗拉强度、抗剪强度和抗弯强度来表示。其中抗压强度最大，抗剪强度次之，抗弯强度较小，抗拉强度最小。一般以固体废物的抗压强度为标准来衡量。抗压强度大于 250 MPa 者为坚硬固体废物，40~250 MPa 者为中硬固体废物，小于 40 MPa 者为软固体废物。

固体废物的机械强度与废物颗粒的粒度有关，粒度小的废物颗粒，机械强度较高。

按在破碎时的性状划分，物料分为最坚硬物料、坚硬物料、中硬物料和软质物料四种。

三、粉碎方法

粉碎方法可分为干式粉碎、湿式粉碎、半湿式粉碎三类。其中，湿式粉碎与半湿式粉碎在粉碎的同时兼具有分级分选的处理。

干式粉碎即通常所说的破碎。按所用的外力即消耗能量形式的不同，干式破碎可分为机械能破碎和非机械能破碎两种方法。机械能破碎是利用工具对固体废物施力而将其破碎的；非机械能破碎则是利用电能、热能等对固体废物进行破碎的新方法，如低温破碎、热力破碎、低压破碎或超声波破碎等。

图 3-4 所示为机械能破碎常用的方法。有挤压、磨剥、剪切、冲击、劈裂、弯曲等破碎作用方式，前三种是破碎机常用的基本作用。冲击作用有重力冲击和动冲击。重力冲击是物体落到一个硬表面上，在自重作用下被撞碎的过程；动冲击是指供料碰到一个比它硬的快速旋转的表面时发生的作用。磨剥作用是在两个坚硬的物体表面的中间来碾碎废物的。挤压作用是将材料在挤压设备两个坚硬表面之间的挤压，这两个表面或者都是移动的，或者是一个静止一个移动的。剪切作用指切开或割裂废物，特别适合于二氧化硅含量低的松软物料。一般的破碎机同时有多种破碎方法，通常是破碎机的组件与要被破碎的物料间多种作用力在起混合作用。

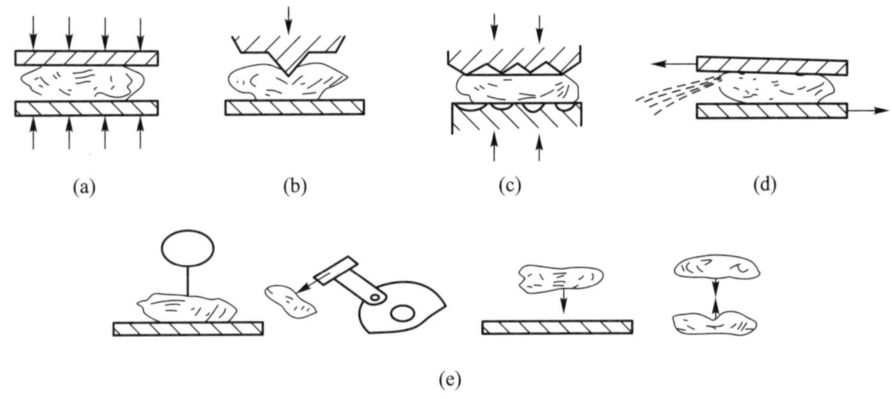

图 3-4　常用破碎机的破碎方式

(a)压碎；(b)劈碎；(c)切断；(d)磨剥；(e)冲击破碎

1. 颗粒粒径和粒度分布

球形颗粒的粒径直接用直径表示，对于不规则颗粒，粒径的代表值一般采用球体等效直径、有效直径、统计直径和筛径等表示。

球体等效直径是指与不规则颗粒具有相同体积的球体直径。

有效直径是指与颗粒密度相同，并在相同流体中具有相同沉降速度的球形颗粒的直径。

统计直径是指在任意方向划两条平行线，使之与颗粒相切，平行线之间的距离，也称定向直径。

筛径是指物料通过筛子筛孔的孔径。

粒度分布的表示方法有累积曲线和频度曲线两种。

累积曲线是指比某一粒径大或小的颗粒量占总颗粒量的分率对应于粒径的曲线。

频度曲线是指某一粒径范围内的颗粒量占总颗粒量的分率与粒径间隔的比对应于各自粒径范围所作的曲线。

2. 破碎比与破碎段

在破碎磨碎过程当中，原废物粒度与破碎磨碎产物粒度的比值称为破碎比。破碎比表示废物被破碎的程度。破碎机的能量消耗和处理能力都与破碎比有关。

实际应用过程中，破碎比常采用废物破碎前的最大粒度与破碎后的最大粒度之比来计算，也称极限破碎比。常根据最大物料直径选择破碎机给料口宽度。

科研和理论研究中，破碎比常采用废物破碎前的平均粒度与破碎后的平均粒度之比来计算，这一破碎比称为真实破碎比。

一般破碎机的平均破碎比为 3～30，磨碎机破碎比可达 400。固体废物每经过一次破碎机或磨碎机称为一个破碎段。若要求的破碎比不大，一段破碎即可。有些固体废物的分选工艺要求入料的粒度很细，破碎比很大，可根据实际需要将几台破碎机或磨碎机依次串联起来组成破碎流程。对固体废物进行多次(段)破碎，总破碎比等于各段破碎比的乘积。

$$i=i_1 i_2 i_3 \cdots i_n \tag{3-12}$$

破碎段数主要决定于破碎废物的原始粒度和最终粒度。破碎段数越多，破碎流程就越复杂，工程投资相应增加。若条件允许，应尽量减少破碎段数。

四、粉碎工艺

根据固体废物的性质、颗粒大小、要求达到的破碎比和选用的破碎机类型，每段破碎磨碎流程可以有不同的组合方式，基本工艺流程如图 3-5 所示。

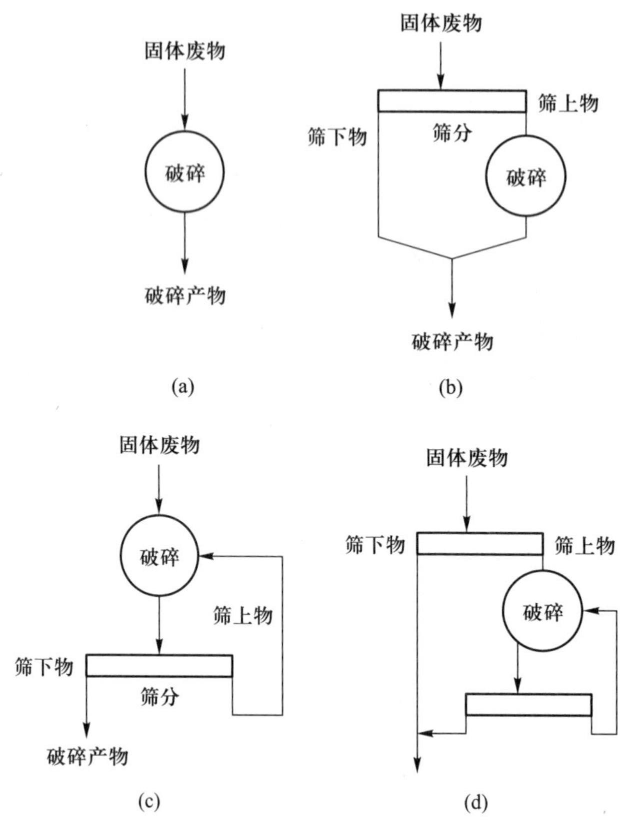

图 3-5 粉碎基本工艺流程

(a)单纯粉碎工艺；(b)带预先筛分粉碎工艺；(c)带检查筛分粉碎工艺；(d)带预先筛分和检查筛分粉碎工艺

五、粉碎设备

综合以下因素选择固体废物破碎设备：所需破碎能力，固体废物性质(如破碎特性、硬度、密度、形状、含水率等)和颗粒的大小；对破碎产品粒径大小、粒度组成、形状的要求；供料方式；安装操作现场情况；有效控制所需产品尺寸并且使功率消耗达到最小。

常用粉碎机有：颚式破碎机、锤式破碎机、冲击式破碎机、剪切式破碎机、辊式破碎机和粉磨机等。

(一) 颚式破碎机

颚式破碎机属于挤压型破碎机械，广泛应用于冶金、建材和化学工业部门，适于坚硬和中硬废物的破碎。

根据可动颚板的运动特性分为简单摆动型、复杂摆动型和综合摆动型。图 3-6 所示为简单摆动型颚式破碎机结构示意图。图 3-7 所示为复杂摆动型颚式破碎机结构示意图。复杂摆动型（复摆型）颚式破碎机破碎产品粒度较细，破碎比可达 4~8，简单摆动型（简摆型）只能达 3~6；规格相同时，复摆型比简摆型破碎机的生产率高 20%~30%。

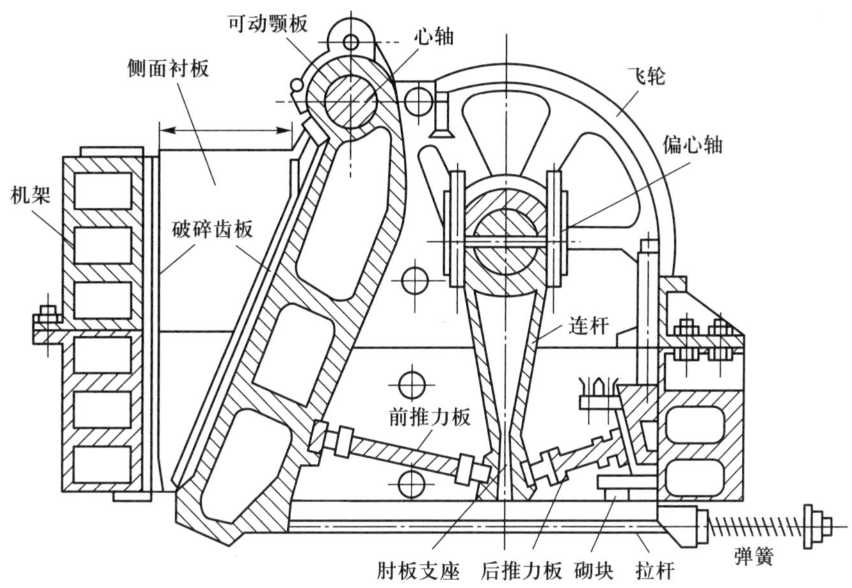

图 3-6 简单摆动型颚式破碎机

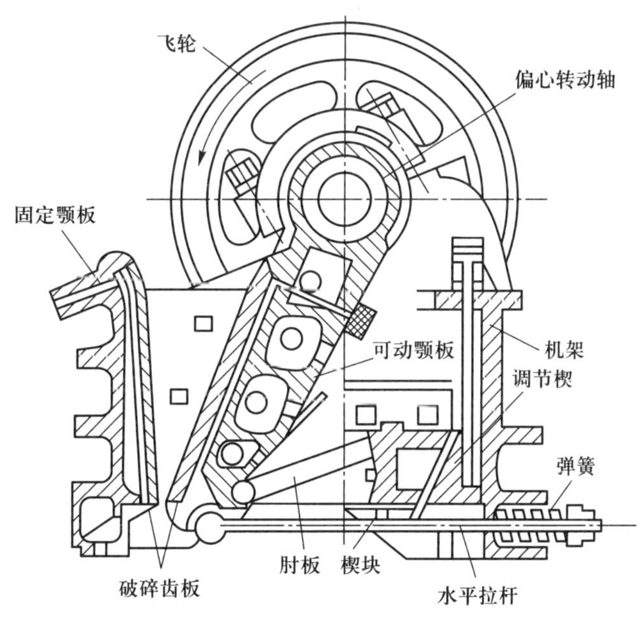

图 3-7 复杂摆动型颚式破碎机

（二）锤式破碎机

按转子数目不同可分为单转子和双转子锤式破碎机。单转子锤碎机根据转子的转动方向不同又可分为可逆式和不可逆式。

按破碎轴安装方式不同可分为卧轴和立轴锤式破碎机，常见的是卧轴锤式破碎机，即水平轴式破碎机。图 3-8 所示为不可逆式单转子卧轴锤式破碎机结构式意图。

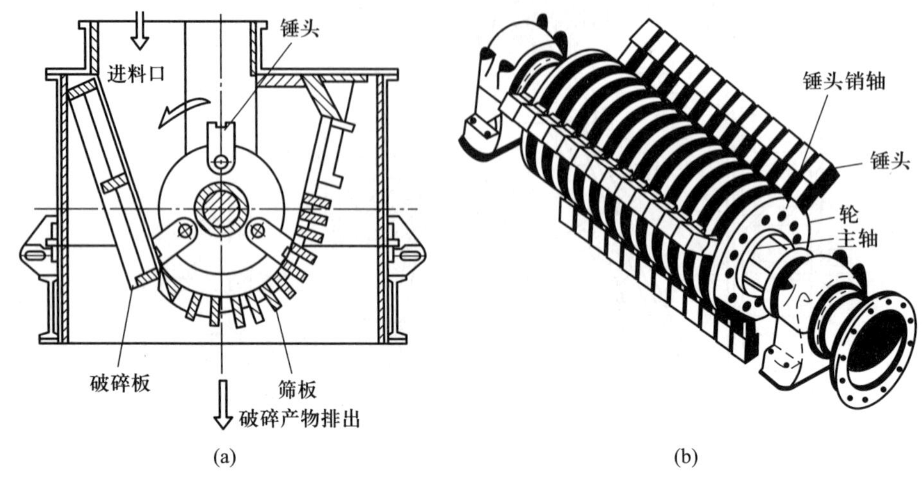

图 3-8 不可逆式单转子锤式破碎机

(a)纵剖面；(b)卧轴与锤组合件

破碎固体废物的锤式破碎机还有：Hammer Mills 式锤式破碎机(图 3-9)、BJD 型锤式破碎机(图 3-10)、Movorotor 型双转子锤式破碎机(图 3-11)。

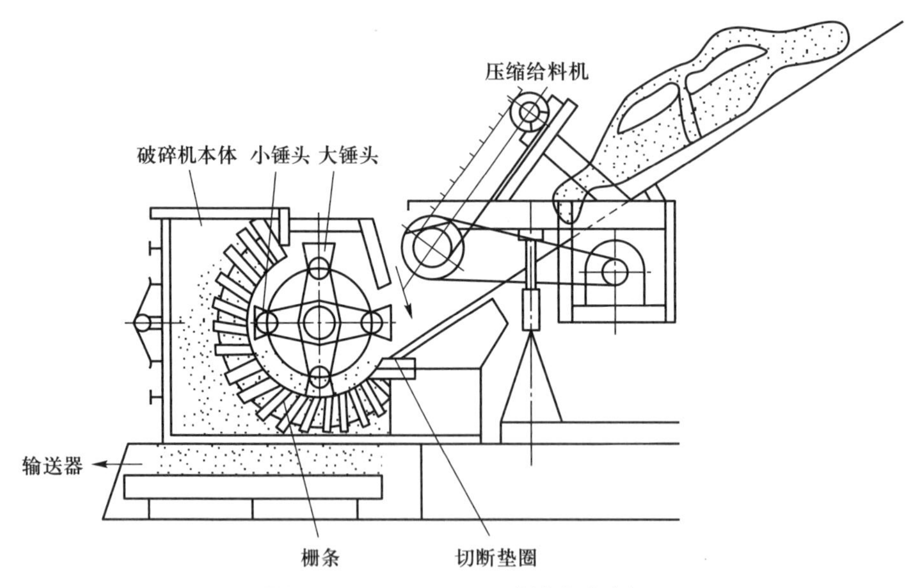

图 3-9 Hammer Mills 式锤式破碎机

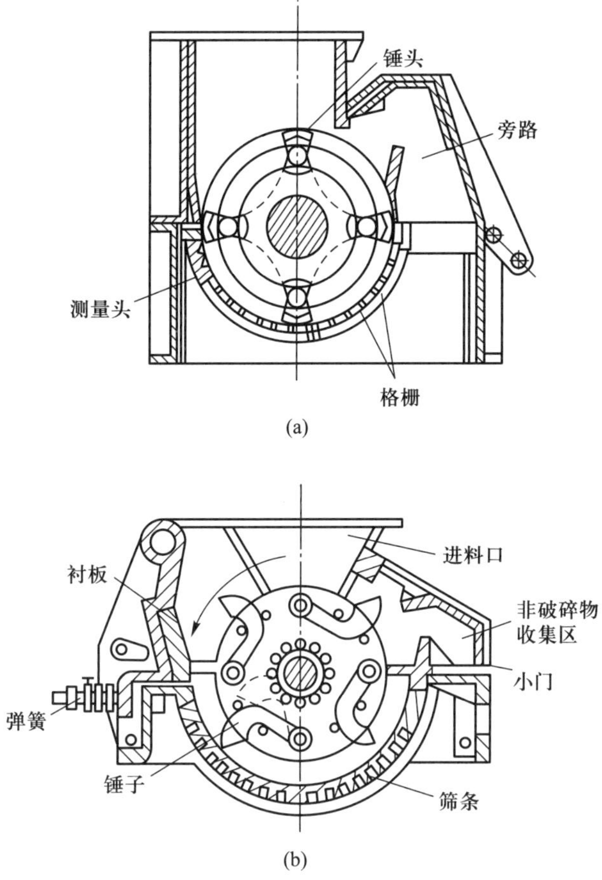

图 3-10　BJD 型锤式破碎机

(a)普通锤式破碎机；(b)金属切屑破碎机

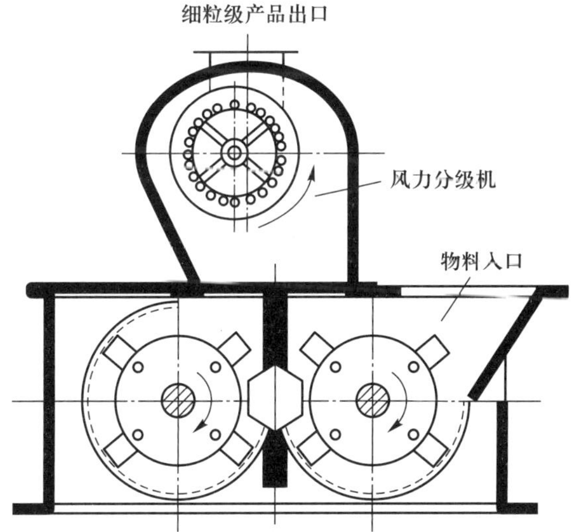

图 3-11　Movorotor 型双转子锤式破碎机

锤式破碎机主要用于破碎中等硬度且腐蚀性弱、体积较大的固体废物，还可用于破碎含水分及含油质的有机物、纤维结构物质、弹性和韧性较强的木块、石棉水泥废料，以及回收石棉纤维和金属切屑等。

（三）冲击式破碎机

冲击式破碎机大多是旋转式的利用冲击作用进行破碎的设备，主要有 Universa 型和 Hazemag 型，具体见图 3-12。适用于破碎中等硬度、软质、脆性、韧性及纤维状等多种固体废物。

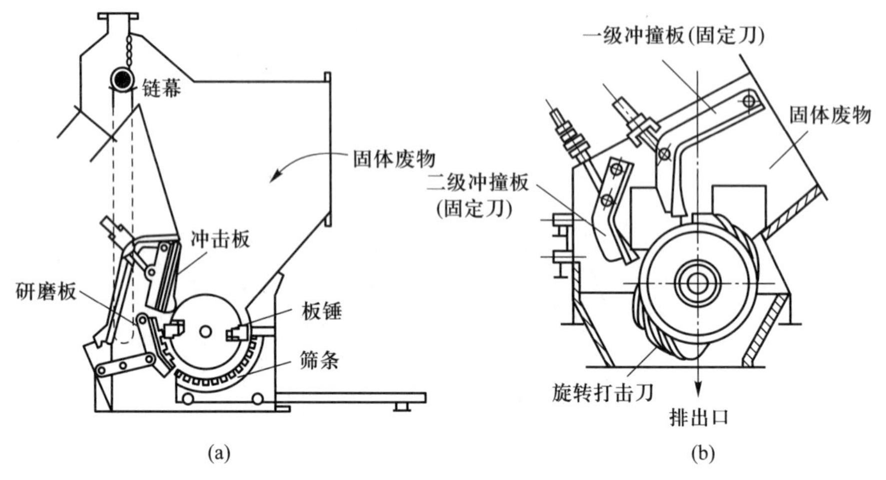

图 3-12 冲击式破碎机

(a) Universa 型；(b) Hazemag 型

（四）剪切式破碎机

根据活动刀的运动方式，剪切式破碎机可分为往复式与回转式。广泛使用的主要有 Von Roll 型往复剪切式破碎机（图 3-13）、Lindemann 型剪切式破碎机（图 3-14）、旋转剪切式破碎机（图 3-15）等。剪切式破碎机适用于处理松散状态的大型废物，剪切后的物料尺寸可达 30 mm；也适用于切碎强度较小的可燃性废物。

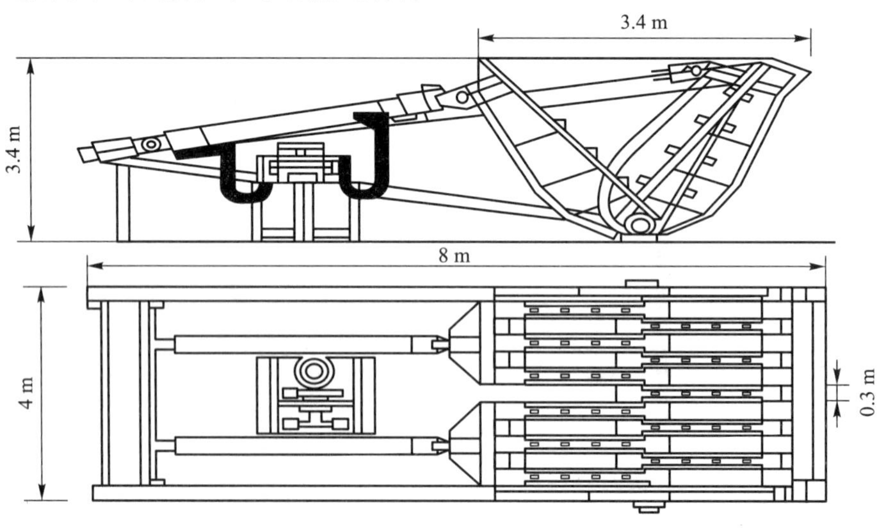

图 3-13 Von Roll 型往复剪切式破碎机

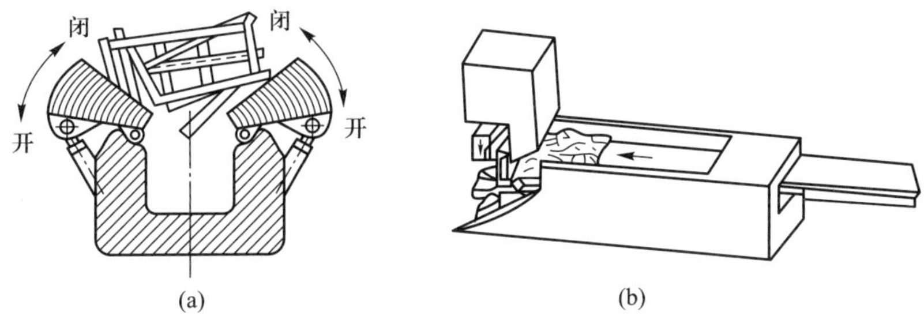

图 3-14　Lindemann 型剪切式破碎机

(a)预压机；(b)剪切机

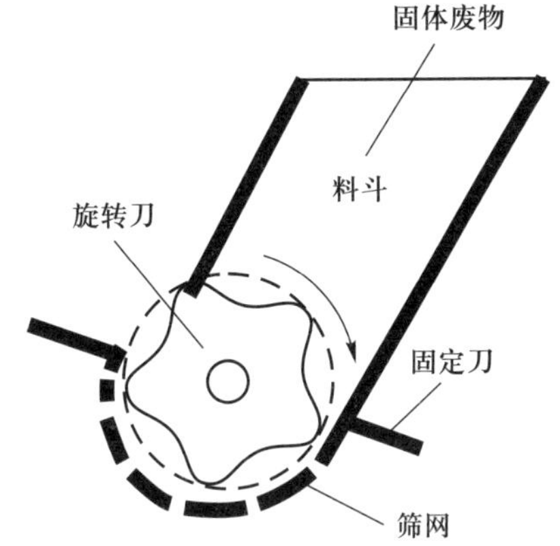

图 3-15　旋转剪切式破碎机

(五) 辊式破碎机

根据辊子的特点，可将辊式破碎机分为光辊破碎机和齿辊破碎机。光辊破碎机可用于硬度较大的固体废物的中碎与细碎。齿辊破碎机可用于脆性或黏性较大的废物，也可用于堆肥物料的破碎。按齿辊数目的多少，可将齿辊破碎机分为单齿辊和双齿辊两种。图 3-16 为齿辊破碎机工作原理示意图。

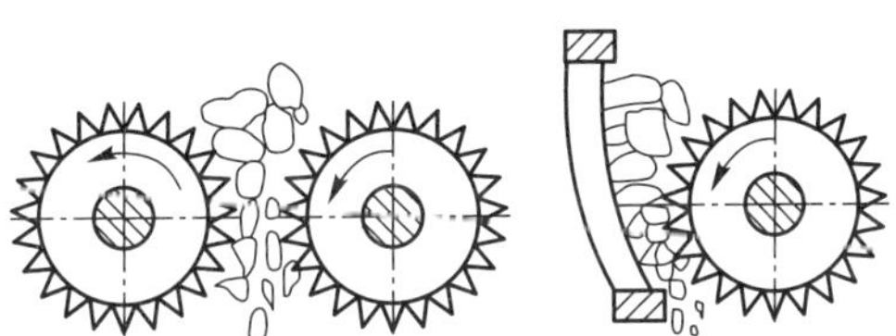

图 3-16　齿辊破碎机工作原理示意图

(六) 粉磨机

粉磨的目的是对废物进行最后一段粉碎，使其中各种成分单体分离，为下一步分选创造条件。常用的粉磨机主要有球磨机、棒磨机和自磨机。图 3-17 所示为球磨机的构造示意图。球磨机由圆柱形筒体、端盖、中空轴颈、轴承和传动大齿圈组成。自磨机又称无介质磨机。粉磨依据介质的不同分干磨和湿磨两种。图 3-18 所示为干式自磨机的工作原理图。给料粒度一般为 300~400 mm，一次磨细到 0.1 mm 以下，粉碎比可达 3 000~4 000，比球磨机等有介质磨机大数十倍。

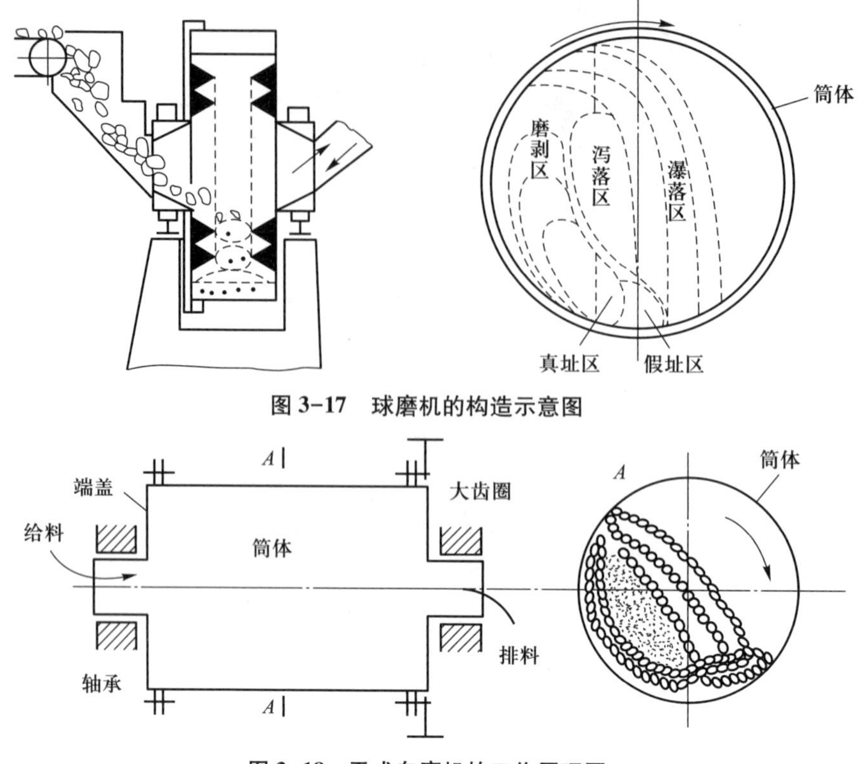

图 3-17　球磨机的构造示意图

图 3-18　干式自磨机的工作原理图

六、其他粉碎方法

（一）低温破碎

低温破碎是利用物料在低温变脆的性能对一些在常温下难以破碎的固体废物进行有效破碎的过程，也可利用不同废物脆化温度的差异在低温下进行选择性破碎。

低温破碎工艺流程如图 3-19 所示。低温破碎与常温破碎相比，动力消耗可减至 1/4 以下，噪声降低 4 dB，振动减轻 1/4～1/5。

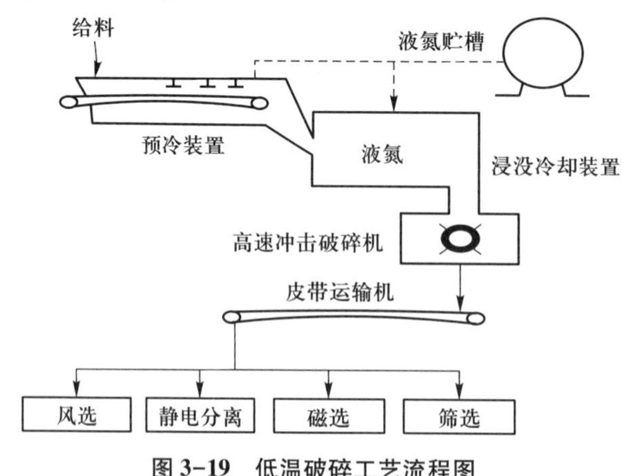

图 3-19　低温破碎工艺流程图

(二) 湿式破碎

湿式破碎是利用特制的破碎机将投入机内的含纸垃圾和大量水流一起剧烈搅拌和破碎成为浆液的过程。图 3-20 所示为湿式破碎机的构造原理图。

湿式破碎具有以下优点：① 垃圾变成均质浆状物，可按流体处理法处理；② 不会滋生蚊蝇和恶臭，符合卫生条件；③ 不会产生噪声、发热和爆炸的危险性；④ 脱水有机残渣，无论质量、粒度大小、水分等变化都小；⑤ 在化学物质、纸和纸浆、矿物等处理中均可使用，可以回收纸纤维、玻璃、铁和有色金属，剩余泥土等可作堆肥。

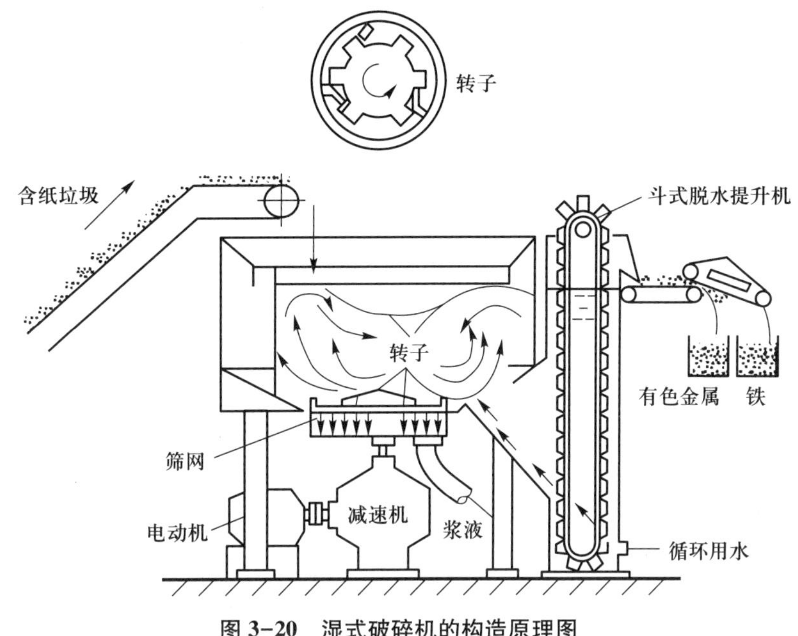

图 3-20　湿式破碎机的构造原理图

(三) 半湿式破碎

利用不同物质在一定均匀湿度下的强度、脆性(耐冲击性、耐压缩性、耐剪切力)不同而破碎成不同粒度的过程。图 3-21 所示为半湿式破碎机的构造原理图。

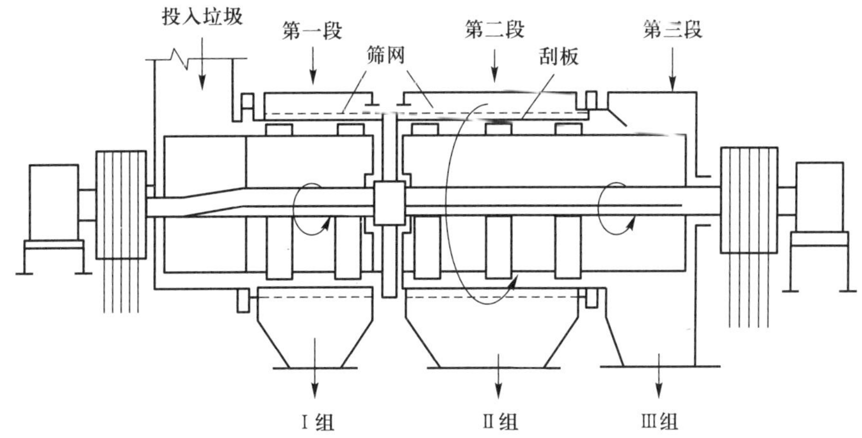

图 3-21　半湿式破碎机的构造原理图

该技术具有以下特点：① 在同一设备工序中同时实现破碎分选作业；② 能充分有效地回收垃圾中的有用物质；③ 对进料适应性好，易破碎物及时排出，不会出现过破碎现象；④ 动力消耗低，磨损小，易维修；⑤ 当投入的垃圾在组成上有所变化及以后的处理系统另有要求时，可以改变滚筒长度、破碎板段数、筛网孔径等，以适应其变化。

第三节　固体废物的分选

固体废物的分选就是将固体废物中各种可回收利用废物或不利于后续处理工艺要求的废物组分采用适当技术分离出来的过程。

固体废物的分选技术方法可概括为人工分选和机械分选。人工分选是最早采用的分选方法，适用于废物产源地、收集站、处理中心、转运站或处置场。

根据废物组成中各种物质的粒度、密度、磁性、电性、光电性、摩擦性及弹性的差异，将机械分选方法分为筛选(分)、重力分选、磁力分选、电力分选、摩擦与弹跳分选、光电分选。

一、人工分选

人工分选是在分类收集基础上，主要回收纸张、玻璃、塑料、橡胶等物品的过程。最基本的条件是：人工分选的废物不能有过大的质量，过大的含水量和对人体的危害性。人工分选的位置大多集中在转运站或处理中心的废物传送带两旁。经验表明：运送待分拣废物的皮带速度以小于 9 m/min 为宜。一名分拣工人在 1 h 内拣出大约 0.5 t 的物料。

人工分选识别能力强，可以区分用机械方法无法分开的固体废物，可对一些无须进一步加工即能回用的物品进行直接回收，同时还可消除可能使得后续处理系统发生事故的废物。虽然人工分选的工作劳动强度大，卫生条件差，但目前尚无法完全被机械代替。

二、筛选

筛选是根据固体废物尺寸大小进行分选的一种方法，包括湿式筛选和干式筛选两种操作类型，在城市生活垃圾和工业废物的处理上得到了广泛应用。

（一）筛分原理

筛分是利用筛子将物料中小于筛孔的细粒物料透过筛面，而大于筛孔的粗粒物料留在筛面上，完成粗、细物料分离的过程。该分离过程可看作由物料分层和细粒透筛两个阶段组成。物料分层是完成分离的条件，细粒透筛是分离的目的。

为了使粗细物料通过筛面而分离，必须使物料和筛面之间具有适当的相对运动，使筛面上的物料层处于松散状态，按颗粒大小分层，形成粗粒位于上层、细粒处于下层的规则排列，细粒到达筛面并透过筛孔。同时，物料和筛面的相对运动还可使堵在筛孔上的颗粒脱离筛孔，以利于细粒透过筛孔。粒度小于筛孔尺寸 3/4 的颗粒，很容易通过粗粒形成的间隙到达筛面而透筛，称为“易筛粒”；粒度大于筛孔尺寸 3/4 的颗粒，很难通过粗粒形成的间隙，而且粒度越接近筛孔尺寸就越难透筛，这种颗粒称为“难筛粒”。

（二）筛分分类

根据筛子的位置不同，将筛子分为四类，用途分别如下。

1. 准备筛分

为了让某个操作过程的物料满足粒度要求，将固体废物按粒度分成几个级别，分别送往下一工序。

2. 预先筛分和检查筛分

通常与破碎工艺配合使用。预先筛分是将物料送入破碎机之前，将小于破碎机出料口宽度的颗粒预先筛分出去，以提高破碎机的效率；检查筛分则是对已经过破碎的物料进行筛分，将尚未达到要求粒度的物料返回破碎机的入口再破碎。

3. 选择筛分

废物经过某一个或某些筛分工序以后，将浓缩有用成分的部分与基本上无用成分的部分分开，筛孔必须调整到合适的大小。

4. 脱水或脱泥筛分

主要用于清洗或脱水操作。清洗是得到较为清洁的筛上物；脱水是去除废物中过多的含水量，以便于下一步处理或处置，如焚烧或填埋。

（三）筛分效率

通常用筛分效率评定筛分设备的分离效率。

筛分效率是指实际得到的筛下产品质量与入筛废物中所含小于筛孔尺寸的细粒物料质量之比，用百分数表示，即

$$E=\frac{m_1\beta}{m\alpha}\times 100\% \tag{3-13}$$

式中：E——筛分效率；

m_1——筛下产品质量；

m——入筛固体废物质量；

α——入筛固体废物中小于筛孔的细粒的质量分数；

β——筛下产品中小于筛孔尺寸的细粒的质量分数。

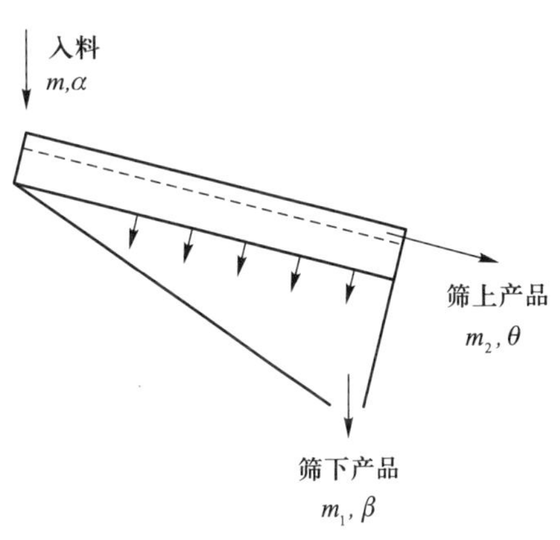

图 3-22　筛分效率的测定

由图 3-22 和质量守恒原理可知：

$$m=m_1+m_2 \tag{3-14}$$

$$m\alpha=m_1\beta+m_2\theta \tag{3-15}$$

式中：θ——筛上产品中小于筛孔尺寸的细粒的质量分数；

m_2——筛上产品的质量。

联立式(3-13)、式(3-14)和式(3-15)得到

$$E=\frac{\beta(\alpha-\theta)}{\alpha(\beta-\theta)}\times 100\% \tag{3-16}$$

（四）影响筛分效率的主要因素

筛分效率通常低于 85%，筛分效率主要受筛分物料性质、筛分设备特性和筛分操作条件的影响。

1. 筛分物料性质的影响

物料的粒度和形状对筛分效率的影响很大。理论上，只要小于筛孔的颗粒都可以通过，但实际上，同样大小的球形和多面体颗粒远比片状或针状颗粒容易通过筛孔，纤维状的颗粒则很难通过。由于颗粒间的相互阻碍和架桥作用，与筛孔大小相近的颗粒比更小的颗粒难通过。

物料的含水率和含泥量对筛分效率也有一定的影响。当物料含水率较小时（小于 10%），筛分效率随含水率增高而降低。当筛孔较大、物料含水率较高（大于 10%）时，反而造成颗粒活动性的提高，此时水分有促进细粒透筛作用，但此时已属于湿式筛分法，筛分效率较高。水分影响还与含泥量有关，当物料中含泥量高时，稍有水分就能引起细粒结团。

2. 筛分设备性能的影响

常见的筛面有棒条筛面、钢板冲孔筛面及钢丝编织筛网。其中棒条筛面有效面积小，筛分效率低；编织筛网则相反，有效面积大，筛分效率高；冲孔筛面介于两者之间。编织筛网的筛孔形状为正方形，与圆形筛孔相比，方形筛孔的边缘易发生阻塞。粒度较小、颗粒间凝聚力较大的固体废物适于应用圆形冲孔筛面筛分。片状颗粒或针形颗粒分离时，使用有长方形筛孔的棒条筛面较好，此时，应使筛孔的长轴方向与筛板的运动方向垂直。

筛子运动方式对筛分效率也有较大的影响。一般固定筛的筛分效率比运动筛的筛分效率低。同样的筛子，运动强度不同，筛分效率也不同。不同类型筛子的筛分效率如表 3-1 所示。

表 3-1 不同类型筛子的筛分效率

筛子类型	固定筛	转筒筛	摇动筛	振动筛
筛分效率/%	50~60	60	70~80	>90

筛面长宽比和筛面倾角也影响筛分效率。一般长宽比为 2.5~3，筛分倾角为 15°~25°。

3. 筛分操作条件的影响

在筛分操作中应注意连续均匀给料，使物料沿整个筛面宽度铺成一薄层，提高筛子的处理能力和筛分效率。及时清理和维修筛面也是保证筛分效率的重要条件。

筛分设备振动不足时，物料不易松散分层，使透筛困难；振动过于剧烈时，物料来不及透筛，便又一次被卷入振动中，使废物很快移动至筛面末端被排出，也使筛分效率不高。因此，对振动筛应调节振动频率与振幅等，对滚筒筛而言，重要的是转速的调节，应使振动程度维持在最适宜水平。

（五）筛分设备类型及应用

在固体废物处理中，最常用的筛分设备有以下几种类型：

1. 固定筛

固定筛由许多平行排列的筛条组成筛面，可以水平安装或倾斜安装。在固体废物处理中被广泛应用。

固定筛又可分为格筛和棒条筛两种。格筛一般安装在粗碎机之前，起到保证入料块度适宜的作用。棒条筛主要用于粗碎和中碎之前，安装倾角应大于废物对筛面的摩擦角，一般为30°~35°，以保证废物沿筛面下滑。棒条筛筛孔尺寸为要求筛下粒度的1.1~1.2倍，一般筛孔尺寸不小于50 mm。筛条宽度应大于固体废物中最大块度的2.5倍。适用于筛分粒度大于50 mm的粗粒废物。

2. 滚筒筛

滚筒筛也称转筒筛，为一缓慢旋转(一般转速控制在10~15 r/min)的圆柱形筛分面，筛筒轴线倾角为3°~5°。筛面可用各种构造材料制成编织筛网，最常用的则是冲击筛板。

操作运行中筛子的最佳速度约为临界速度的45%。

3. 振动筛

振动筛的应用非常广泛，它的特点是振动方向与筛面垂直或近似垂直，振动速度600~3 600 r/min，振幅0.5~1.5 mm。振动筛的倾角一般控制在8°~40°。

振动筛可用于粗、中、细粒的筛分，也可用于脱水筛分和脱泥筛分。振动筛主要有惯性振动筛和共振筛。

惯性振动筛是通过由不平衡体的旋转所产生的离心惯性力，使筛箱产生振动的一种筛子，其构造及工作原理见图3-23。适用于细粒废物(粒径0.1~1.5 mm)、潮湿及黏性废物的筛分。

共振筛是利用连杆上装有弹簧的曲柄连杆机构驱动，使筛子在共振状态下进行筛分。其构造及工作原理如图3-24所示。共振筛具有处理能力大、筛分效率高、耗电少以及结构紧凑的特点，是一种有发展前途的筛子；但同时也有制造工艺复杂、机体重大、橡胶弹簧易老化等缺点。

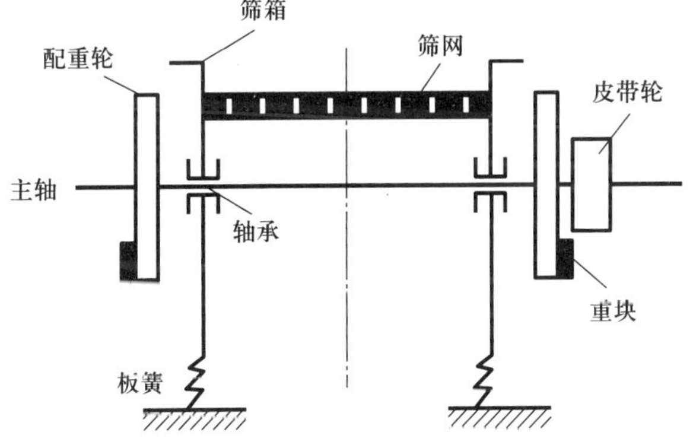

图3-23 惯性振动筛构造及工作原理

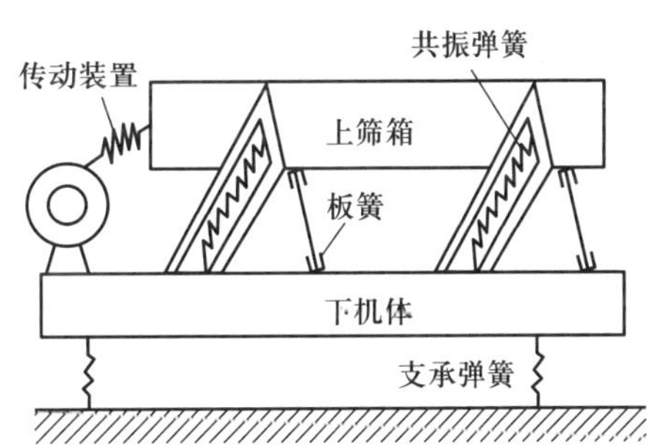

图3-24 共振筛构造及工作原理

(六) 筛分设备的选择

选择筛分设备时应考虑如下因素：颗粒大小、形状、颗粒尺寸分布，整体密度、含水率，黏结或缠绕的可能；筛分器的构造材料，筛孔尺寸、形状，筛孔所占筛面比例，转筒筛的转速、长与直径，振动筛的振动频率、长与宽；筛分效率与总体效果要求；运行特征如能耗、日常维护，运行难易，可靠性，噪声，非正常振动与堵塞的可能等。

三、重力分选

重力分选是根据固体废物中不同物质颗粒间的密度差异，在运动介质中利用重力、介质动力和机械力的作用，使颗粒群产生松散分层和迁移分离，从而得到不同密度产品的分选过程。重力分选是在活动的或流动的介质中按颗粒的相对密度或粒度进行颗粒混合物的分选过程。

重力分选的介质有空气、水、重液(密度比水大的液体)、重悬浮液等。

影响重力分选的因素主要是物料颗粒的尺寸、颗粒与介质的密度差以及介质的黏度。不同密度物料分选的难易度可大致地按其等降比(e)判断。

$$e=\frac{\rho_2-\rho}{\rho_1-\rho} \tag{3-17}$$

式中：ρ_1——轻物料的密度；

ρ_2——重物料的密度；

ρ——分选介质的密度。

$e>5$，属极易重力分选的物料，除极细(<10 μm)细泥外，各粒度的物料都可用重力分选法选别；

$2.5<e<5$，属易选物料，按目前重力分选技术水平，有效选别粒度下限有可能达到19 μm，但19~37 μm级的选别效率也较低；

$1.75<e<2.5$，属较易选物料，目前有效选别粒度下限可达37 μm左右，但74~37 μm级的选别效率也较低；

$1.5<e<1.75$，属较难选物料，重力分选的有效选别粒度下限一般为0.5 mm左右；

$1.25<e<1.5$，属难选物料，重力分选法只能处理不小于数毫米的粗粒物料，分离效率一般不高；

$e<1.25$的属极难选的物料，不宜采用重力分选。

按介质不同重力分选分为风力分选、跳汰分选、重介质分选、摇床分选和惯性分选等。各种重选过程具有共同工艺条件：① 固体废物中颗粒间必须存在密度差异；② 分选过程都是在运动介质中进行；③ 在重力、介质动力及机械力综合作用下，使颗粒群松散并按密度分层；④ 分好层的物料在运动介质流推动下互相迁移，彼此分离，获得不同密度的最终产品。

(一) 重介质分选

1. 基本原理

重介质分选主要适用于几种物质的密度差别较小及难以用跳汰法等其他分离技术分选的场合。通常将密度大于水的介质称为重介质，包括重液和重悬浮液两种流体。重介质密度介于大密度和小密度颗粒之间。

如颗粒密度ρ_s>重介质密度ρ，颗粒下沉；如$\rho_s<\rho$，颗粒将悬浮，从而实现了物料的分选。重介质分选精度很高，入选物料颗粒粒度范围也可以很宽，适合于各种固体废物的分选。

实际分离前应筛去细粒部分，大密度物料颗粒粒度下限为2 mm，小密度物料颗粒粒度下限为3 mm。采用重悬浮液时，颗粒粒度下限可降至0.5 mm。重介质分选不适于包含可溶性物质和成分复杂的城市垃圾的分选，主要应用于矿业废物分选过程。

2. 重介质

重介质是由高密度的固体微粒和水构成的固液两相分散体系，它是密度高于水的非均匀介质。重介质可以是重液和悬浮液两大类，重液价格昂贵，只在实验室中使用。在分选中使用重悬浮液。高密度固体微粒起着加大介质密度的作用，称为加重质。

重液是一些可溶性高密度的盐溶液（如 $CaCl_2$、$ZnCl_2$ 等）或高密度的有机液体（如 CCl_4、$CHCl_3$、$CHBr_3$、$C_2H_2Br_4$ 等）。$C_2H_2Br_4$ 与丙酮的混合液密度约为 2.4 g/cm^3，可将铝从较重的物料中分离出来。另一种常用的重液是五氯乙烷，密度为 1.67 g/m^3。重液不能根据需要迅速改变其密度，成本较高，损失较大。重悬浮液是在水中添加高密度的固体颗粒而构成的固液两相分散体系，其密度可随固体颗粒的种类和含量而变。

加重质的粒度约 200 目，占 60%~80%，与水混合形成微细颗粒的重悬浮液。重悬浮液的加重质通常是硅铁，将硅铁与水按 85：15 的比例混合，相对密度可以达到 3.0 以上。另外还有方铅矿、磁铁矿和黄铁矿等。

重介质应具有密度高、黏度低、化学稳定性好、无毒、无腐蚀性、易回收等特点。

［例 3-1］　采用密度为 4.4×10^3 kg/m^3 的磁铁矿为加重质配置密度为 1.9×10^3 kg/m^3 的重介质，分别求加重质的质量、需水量及悬浮液的浓度。

解：加重质的质量：$m=\dfrac{\rho(\rho_c-1)}{\rho-1}\cdot V=\dfrac{4.4(1.9-1)}{4.4-1}\times1=1.165\ \text{kg}$

水的质量：$m_w=V-\dfrac{m}{\rho}=1-\dfrac{1.165}{4.4}=1-0.265=0.735\ \text{kg}$

悬浮液的浓度：$w=\dfrac{m}{m+m_w}=\dfrac{1.165}{1.165+0.735}\times100\%=61.3\%$

3. 重介质分选设备

工业应用中的重介质分选设备包括鼓形重介质分选机和深槽式、浅槽式、振动式、离心式分选机。常用的鼓形重介质分选机适于分离粒度较大（40~60 mm）的固体废物，其构造和原理如图 3-25 所示。

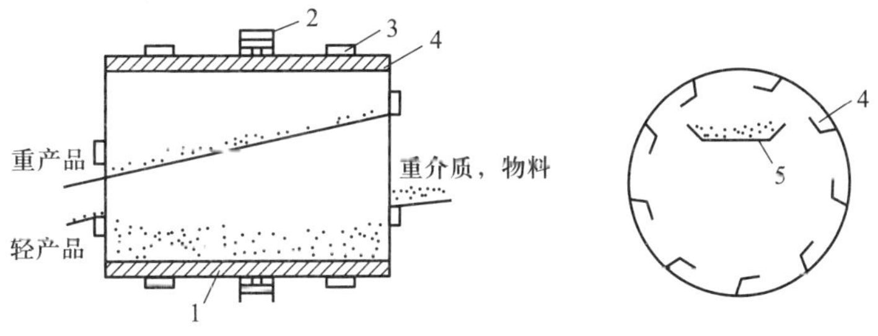

1-圆筒形转鼓；2-大齿轮；3-场极；4-溜槽

图 3-25　鼓形重介质分选机构造和原理

（二）跳汰分选

1. 跳汰分选原理

跳汰分选是在垂直脉冲介质中颗粒群反复交替地膨胀收缩，按密度分选固体废物的一种方法。跳汰分选的一个脉冲循环中包括两个过程：床面先是浮起，然后被压紧。在浮起状态，轻颗粒加速较快，运动到床面物上面；在压紧状态重颗粒比轻颗粒加速快，钻入床面物的下层中，脉冲作用使物料分层，该过程如图 3-26 所示。物料分层后，密度大的重颗粒群集中于底层，小而重的颗粒会透筛成为筛下重产物，密度小的轻物料群进入上层，被水平水流带到机外成为轻产物。

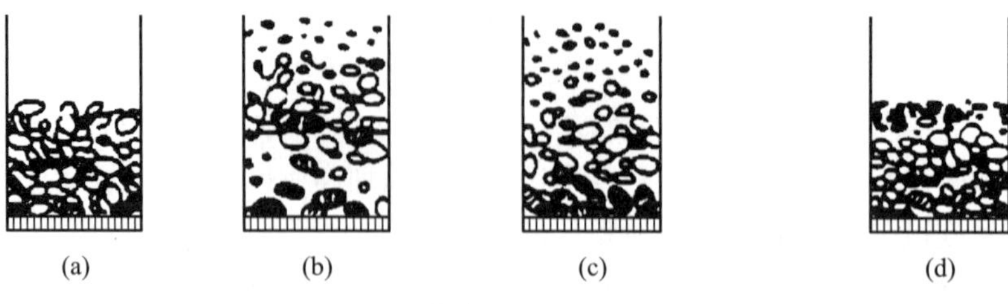

图 3-26 颗粒在跳汰时的分层过程

(a)分层前颗粒混杂堆积；(b)上升水流将床层抬起；(c)颗粒在水中沉降分层；(d)下降水流床层紧密重颗粒进入底层

2. 跳汰分选设备

按推动水流运动方式，分为隔膜跳汰机和无活塞跳汰机。隔膜跳汰机是利用偏心连杆机构带动橡胶隔膜做往复运动，借以推动水流在跳汰室内做脉冲运动(见图 3-27)。无活塞跳汰机采用压缩空气推动水流。跳汰分选主要用于混合金属的分离与回收。

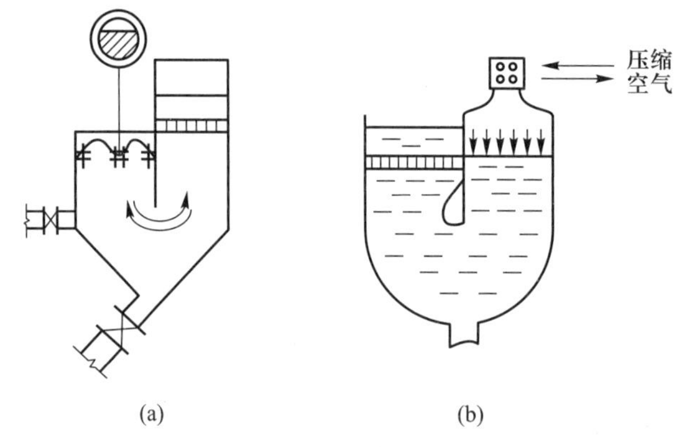

图 3-27 跳汰机中推流运动形式

(a)隔膜鼓动；(b)空气鼓动

(三) 风力分选

1. 风力分选原理

风力分选又称气流分选，是以空气为分选介质，将轻物料从较重物料中分离出来的一种方法。风选实质上包含两个分离过程：分离出具有低密度、空气阻力大的轻质部分和具有高密度、空气阻力小的重质部分；进一步将轻颗粒从气流中分离出来。后一分离步骤常由旋流器完成，与除尘原理相似。

颗粒在水中的沉降规律也同样适用于在空气中的沉降。但由于空气密度较小，与颗粒密度相比可忽略不计，故颗粒在空气中的沉降末速(v_0)为

$$v_0=\sqrt{\frac{\pi d\rho_s g}{6\phi\rho}} \tag{3-18}$$

式中：d——颗粒直径，m；

ρ_s——颗粒密度，kg/m^3；

ρ——空气密度，kg/m^3；

ϕ——阻力系数；

g——重力加速度，m/s^2。

从式(3-18)中可看到，当颗粒粒度一定时，密度大的颗粒沉降末速大；当颗粒密度相同时，粒度大的颗粒沉降末速大。在同一介质中，密度、粒度和形状不同的颗粒在特定的条件下，可以具有相同的沉降速度。

颗粒在静止空气中沉降到达末速所需的时间和沉降距离都较长。颗粒在上升气流中达到沉降末速时，颗粒的沉降速度等于颗粒对介质的相对速度(v_0)和上升气流速度之差。所以，上升气流可以缩短颗粒达到沉降末速的时间和距离。在干涉条件下，上升气流速度远小于颗粒的自由沉降末速时，颗粒群呈悬浮状态。

在颗粒达到末速保持悬浮状态时，升气流速度和颗粒的干涉末速相等。使颗粒群开始松散和悬浮的最小上升气流速度为：$u_{min}=0.125v_0$。

在干涉沉降条件下，颗粒群按密度分选时，上升气流速度的大小，应根据固体废物中各种物质的性质，通过实验确定。

风选中还包含水平气流。在水平气流分选器中，物料是在空气动压力(F)及本身重力(G)作用下按粒度或密度进行分选的。图3-28是颗粒在水平气流下的受力情况，颗粒运动方向由合力与水平夹角(α)的正切值来确定。

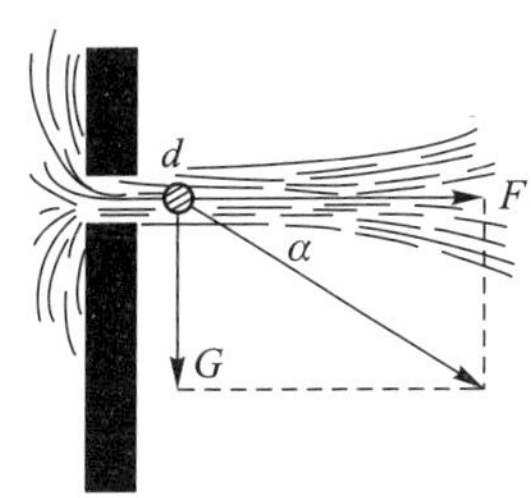

图3-28　颗粒的受力分析

$$\tan\alpha=\frac{G}{F}=\frac{\pi d^3\rho_s g}{6\phi d^2u^2\rho}=\frac{\pi d\rho_s g}{6\phi u^2\rho} \tag{3-19}$$

式中：d——颗粒直径，m；

ρ_s——颗粒密度，kg/m^3；

ρ——空气密度，kg/m^3；

ϕ——阻力系数；

g——重力加速度，m/s^2；

u——水平气流速度，m/s。

由式(3-19)可知，当水平气流速度一定，颗粒粒度相同时，密度大的颗粒沿与水平夹角较大的方向运动；密度较小的颗粒则沿夹角较小的方向运动，从而达到按密度差异分选的目的。

2. 风选设备

国外风选方法处理固体废物时主要用于城市垃圾的分选。

按气流吹入分选设备内的方向不同，风选设备可分为上升气流风选机(又称为立式风力分选机)和水平气流风选机(又称为卧式风力分选机)。

图3-29为立式风力分选机的工作原理示意图。根据立式风力分选机与旋流器安装的位置不同，立式风力分选机机可有三种不同的结构形式，分选精度较高。

图3-30是水平气流分选机的构造和工作原理。构造简单，维修方便，但分选精度不高。

很少单独使用，常与破碎、筛分、立式风力分选机组成联合处理工艺。

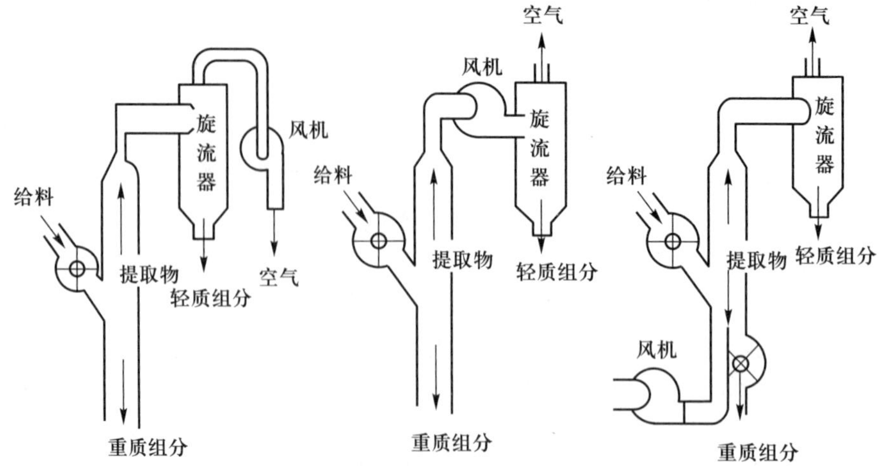

图 3-29 立式风力分选机工作原理

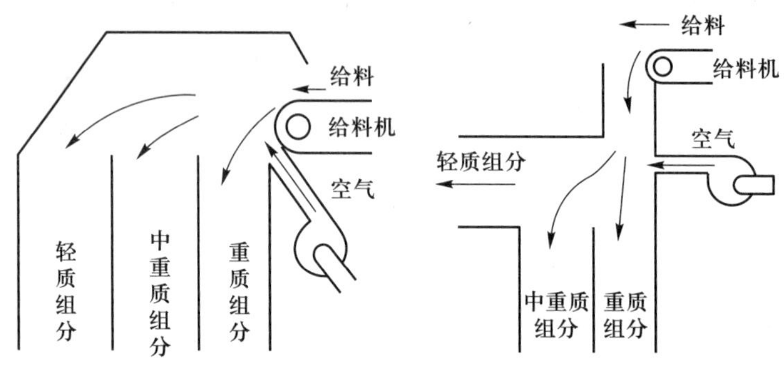

图 3-30 水平气流分选机的构造和工作原理

(四) 摇床分选

摇床分选是使物料颗粒群在倾斜床面的不对称往复运动和薄层斜面水流的综合作用下按密度差异在床面上呈扇形分布而进行分选的一种方法。

摇床分选设备常用平面摇床。平面摇床主要由床面、床头和传动轴组成，如图 3-31 所示。

摇床分选过程中，颗粒群在重力、水流冲力、床层摇动产生的惯性力和摩擦力等的综合作用下，按密度差异产生松散分层，并且不同密度与粒度的颗粒以不同的速度沿床面做纵向和横向运动。它们的合速度偏离方向各异，使不同密度颗粒在床面上呈扇形分布，达到分离的目的。

摇床分选的特点：① 床面的强烈摇动使松散分层和迁移分离得到加强，分选过程中析离分层占主导，按密度分选更加完善。② 摇床分选属于斜面薄层水流分选，等降颗粒按移动速度不同而实现按密度分选。③ 不同性质颗粒的分选，主要取决于它们的合速度偏离摇动方向的角度。

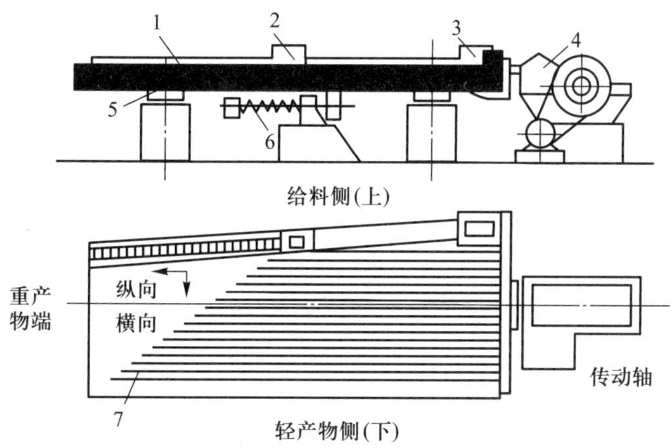

1-床面；2-给水槽；3-给料槽；4-床头；5-滑动支承；6-弹簧；7-床尾

图 3-31　平面摇床结构

(五) 惯性分选

惯性分选是用高速传输带、旋流器或气流等水平方向抛射粒子，利用由于密度、粒度不同而形成的惯性差异，以及粒子沿抛物线运动轨迹不同的性质，从而实现分离的方法。普通的惯性分选器有弹道分选器、旋风分离器、振动板以及倾斜的传输带、反弹分选器。

四、磁力分选

磁力分选有两种类型，一类是磁选，它主要应用于物料中磁性杂质的提纯、净化以及磁性物料的精选；另一类是磁流体分选，可应用于城市垃圾焚烧厂焚烧灰以及堆肥厂产品中铝、铁、铜、锌等金属的提取与回收。

(一) 磁选

1. 磁选原理

磁选是利用固体废物中各种物质的磁性差异在磁场中进行分选的一种处理方法。磁选过程如图 3-32 所示。所有经过分选装置的颗粒，都受到磁场力、重力、流动阻力、摩擦力、静电力和惯性力等机械力的作用。若磁性颗粒受力满足以下条件，$f_{磁}>\sum f_{机}$(其中 $f_{磁}$ 为作用于磁性颗粒的吸引力，$\sum f_{机}$ 为与磁性引力方向相反的各机械力的合力)，则该颗粒就会沿磁场强度增加的方向移动直至被吸附在滚筒或带式收集器上，随着传输带运动而被排出。非磁性颗粒所受到的机械力占优势。对于粗粒，重力、摩擦力起主要作用；对于细粒，静电引力和流体阻力则较明显，在这些作用下，仍留在废物中被排出。这样各组分就实现了分选。

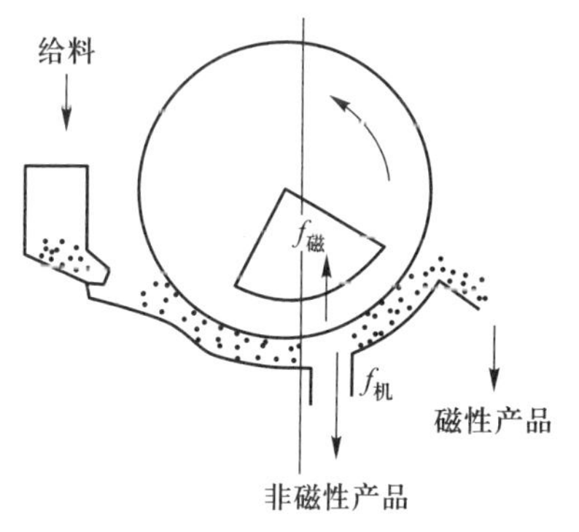

图 3-32　磁选过程

2. 磁选机的磁场

磁选机能使磁体产生磁力作用的空间，就是磁选机的磁场。磁场分为均匀磁场和非均匀磁场。均匀磁场中各点的磁场强度大小相等，方向一致。非均匀磁场中各点的磁场强度大小和方向都是变化的。磁场的非均匀性用磁场梯度来表示。磁场强度随空间位移的变化率称为磁场梯度。

根据磁场强度的大小，磁选设备分为弱磁场磁选机、中磁场磁选机、强磁场磁选机，分别适于不同磁性物质的分选。

3. 物质的磁性

磁性是物质最基本的属性之一，当给物体施加一个外磁场时，物体就会带有磁性，其被磁化强度与外加磁场的比值称之为磁化系数，即

$$J=K_0H \tag{3-20}$$

式中：J——物体的磁化强度，A/m；

K_0——比例系数，即体积磁化系数，量纲为一；

H——外磁场强度，A/m。

由式(3-20)得

$$K_0=J/H \tag{3-21}$$

因为废物颗粒的体积磁化系数会受到物体中空隙影响，所以用体积磁化系数来描述物质的磁性不够全面，通常采用比磁化系数来描述物质的磁性。所谓比磁化系数就是单位质量的废物颗粒在单位强度的外磁场中所产生的磁矩。

根据物质比磁化系数的大小，可将各种物质分为三类：

强磁性物质：比磁化系数大于 3.8×10^{-5} m^3/kg，可用弱磁选方法选别；

弱磁性物质：比磁化系数为$(0.19\sim7.5)\times10^{-6}$ m^3/kg，可用强磁选方法选别；

非磁性物质：比磁化系数小于 0.19×10^{-6} m^3/kg。

4. 磁选设备

磁选机中使用的磁铁有用通电方式磁化或极化铁磁材料两类；磁铁的布置多种多样，常见的几种设备有磁力滚筒、永磁圆筒式磁选机、悬吊磁铁器等。

(1) 磁力滚筒

磁力滚筒又称磁滑轮，有永磁和电磁两种。应用较多的是永磁滚筒(图 3-33)。主要用于工业固体废物或城市垃圾的破碎设备或焚烧炉前，除去废物中的铁器，防止损坏破碎设备或焚烧炉。

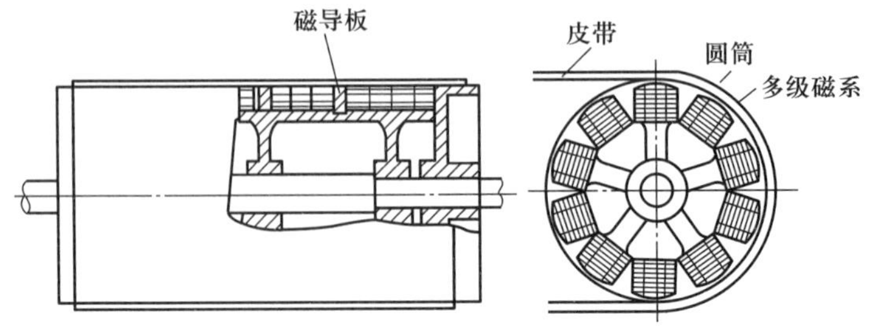

图 3-33 CT 型永磁滚筒

（2）湿式 CTN 型永磁圆筒式磁选机

CTN 型永磁圆筒式磁选机的构造类型常用的为逆流型(图 3-34)。它的给料方向和圆筒旋转方向(或磁性物质的移动方向)相反，适于粒度小于 0.6 mm 强磁性颗粒的回收，从钢铁冶炼排出的含铁尘泥和氧化铁皮中回收铁，以及回收重介质分选产品中的加重质。

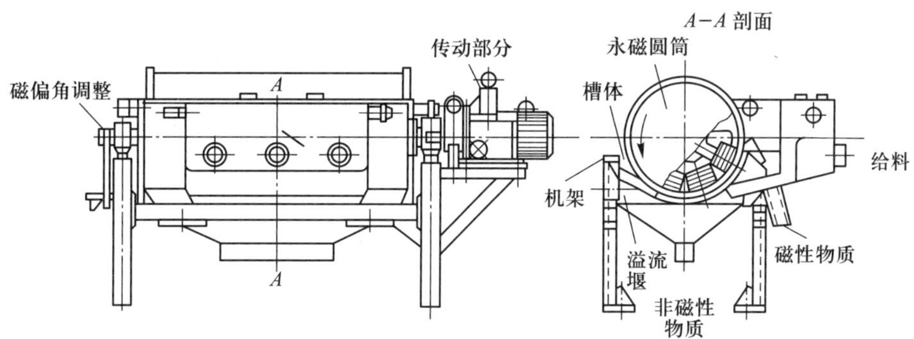

图 3-34　CTN 型永磁圆筒式磁选机

（3）悬吊除铁器

悬吊除铁器有一般式除铁器和带式除铁器两种(图 3-35)，主要用来去除城市垃圾中的铁器。铁物数量少时采用一般式，铁物数量多时采用带式。一般式除铁器是通过切断电磁铁的电流排除铁物，而带式除铁器则是通过胶带装置排除铁物。

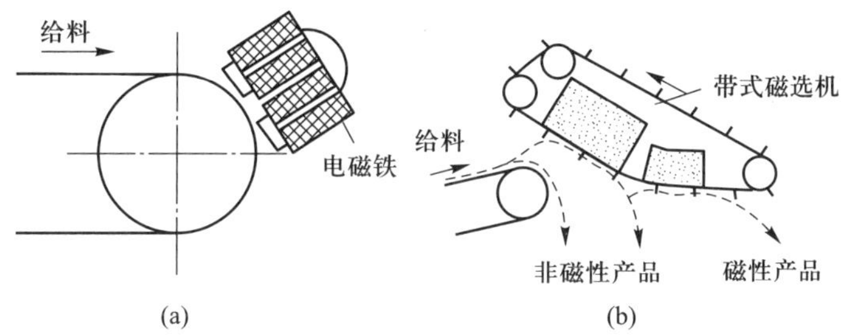

图 3-35　悬吊除铁器

(a)一般式除铁器；(b)带式除铁器

5. 磁选装置的选择

在选择磁选装置时应考虑以下因素：物料的性质(如物料中各种物质的含量、比磁化系数大小、形状等)；设备的性能，如磁场强度、磁场梯度、处理能力等；操作要求，如电耗，空间要求，结构支撑要求，设备维护等。如采用皮带输送则应考虑供料传输带和产品传输带的位置关系，供料传输带的宽度、尺寸以及能否在整个传输带的宽度上有足够的磁场强度而有效地进行磁选等。

（二）磁流体分选

1. 磁流体分选原理

磁流体分选是利用磁流体作为分选介质，在磁场或磁场和电场的联合作用下产生“似加重”作用，按固体废物各组分的磁性和密度的差异或磁性、导电性和密度的差异，使不同组分分离的过程。磁流体是指某种能够在磁场或磁场和电场联合作用下磁化，呈现似加重现象，对颗粒产生磁浮力作用的稳定分散液。常用的磁流体有强电解质溶液、顺磁性溶液和铁磁性胶体悬浮液。根据分离原理与介质的不同，可分为磁流体动力分选和磁流体静力分选。

（1）磁流体动力分选

磁流体动力分选是在磁场(包括均匀磁场或非均匀磁场)与电场的联合作用下，以强电解质溶液为分选介质，按固体废物中各组分间密度、比磁化率和电导率的差异使不同组分分离的过程。其优点是分选介质为导电的电解质溶液，来源广、价格便宜，黏度较低，分选设备简单，处理能力较大，处理粒度为0.5~6 mm的固体废物时，可达50 t/h，最大可达100~600 t/h。缺点是分离精度较低。

（2）磁流体静力分选

磁流体静力分选是在非均匀磁场中，以顺磁性液体和铁磁性胶体悬浮液为分选介质，按固体废物中各组分间密度和比磁化率的差异进行分离的过程。其优点是介质黏度较小，分离精度较高。缺点是分选设备较复杂，介质价格较高、回收困难，处理能力较小。

要求精度较高时，采用静力分选；固体废物中各组分间电导率差异较大时，采用动力分选。

磁流体分选是一种重力分选和磁力分选联合作用的分选过程，可以分离各种工业废物和从城市垃圾中回收铝、铜、锌、铅等金属。

2. 分选介质

理想的分选介质应具有磁化率高、密度大、黏度低、稳定性好、无毒、无刺激味、无色透明、价廉易得等特殊条件。常用的有顺磁性盐溶液和铁磁性胶粒悬浮液两大类。

顺磁性盐溶液有30余种，Mn、Fe、Ni、Co盐的水溶液均可作为分选介质。其中$MnCl_2$和$Mn(NO_3)_2$溶液是较理想的分选介质。$FeSO_4$、$MnSO_4$和$CoSO_4$水溶液价格便宜，适合分离固体废物(轻产物密度<3 000 kg/m^3)。

铁磁性胶粒悬浮液一般采用超细粒(10 nm)磁铁矿胶粒做分散质，用油酸、煤油等非极性液体介质，并添加表面活性剂为分散剂调制而成。一般每升该悬浮液中含10^7~10^{18}个磁铁矿粒子。其真密度为1 050~2 000 kg/m^3，在外磁场及电场作用下，可使介质加重到20 000 kg/m^3。这种磁流体介质黏度高，稳定性差，介质回收再生困难。

3. 磁流体分选设备

图3-36为J. Shimoiizaka分选槽构造及工作原理。可用于汽车的废金属碎块的回收、低温破碎物料的分离和从垃圾中回收金属碎块等。

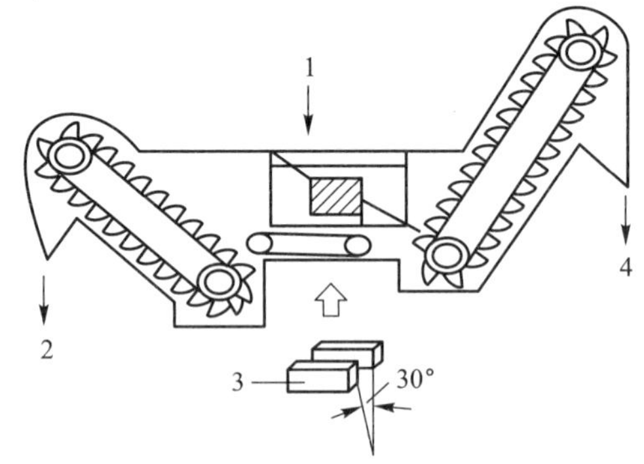

1-给料；2-沉下物；3-磁铁；4-浮升物

图3-36 J. Shimoiizaka分选槽构造及工作原理

五、电力分选

电力分选(电选)是利用固体废物中各种组分在高压电场中电性的差异而实现分选的一种方法。根据导电性，物质分为导体、半导体和非导体三种。电选实际是分离半导体和非导体的固体废物的过程。

（一）电选原理

按电场特征电选机分为静电分选机和复合电场分选机。

1. 静电分选机电选原理

静电分选机中废物的带电方式为直接传导带电。废物直接与传导电极接触，导电性好的废物将获得和电极极性相同的电荷而被排斥，导电性差的废物或非导体与带电滚筒接触被极化，在靠近滚筒一端产生相反的束缚电荷被滚筒吸引，从而实现不同电性的废物分离。

静电分选可用于各种塑料、橡胶和纤维纸、合成皮革和胶卷等物质的分选，使塑料类回收率达到99%以上，纸类高达100%。随含水率升高回收率增大。

2. 复合电场分选机电选原理

复合电场分选机电场为电晕-静电复合电场。目前大多数电选机应用的是电晕-静电复合电场。电晕电场是不均匀电场，在电场中有两个电极：电晕电极（带负电荷）和滚筒电极（带正电荷）。当两电极间的电位差达到某一数值时，负极发出大量电子，并在电场中以很高的速度运动。当它们与空气中的分子碰撞时，便使空气中的分子电离。空气的负离子飞向正极，形成体电荷。导电性不同的物质进入电场后，都获得负电荷，它们在电场中的表现行为不同。导电性好的物质将负电荷迅速传给正极而不受正极作用。导电性差的物质传递电荷速度很慢，而受到正极的吸引作用，完成电选分离过程。图3-37显示了电晕电选机中不同废物颗粒分离过程。

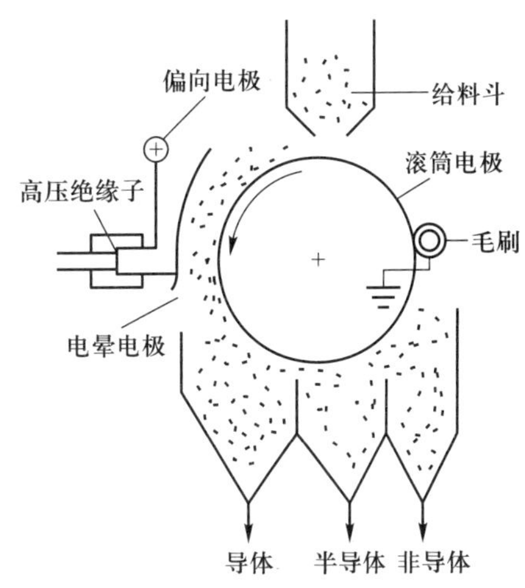

图3-37 电晕电选机中不同废物颗粒分离过程

（二）电选设备

常用的电选机有滚筒式静电分选机和YD-4型高压电选机，如图3-38所示。滚筒式静电分选机可实现废物中铝等金属导体与玻璃的分离。YD-4型高压电选机可作为粉煤灰专用设备。

六、其他分选方法

（一）摩擦与弹跳分选

1. 摩擦与弹跳分选原理

摩擦与弹跳分选是根据固体废物中各组分的摩擦系数和碰撞系数的差异，在斜面上运动或与斜面碰撞弹跳时，产生不同的运动速度和弹跳轨迹而实现彼此分离的一种处理方法。

不同固体废物在斜面的运动方式随颗粒的性质或密度不同而不同。纤维状废物或片状废物几乎全靠滑动，球形颗粒有滑动、滚动和弹跳三种运动。当颗粒单体（不受干扰）在斜面上向下运动时，纤维体或片状体的滑动运动的速度较小，它脱离斜面抛出的初速度较小；球形颗粒由于做滑动、滚动和弹跳相结合的运动，加速度较大，运动速度较快，它脱离斜面抛出的初速度也较大。因此固体废物中的纤维状废物与颗粒废物、片状废物与颗粒废物，因形状不同，在斜面上运动或弹跳时，产生不同的运动速度和运动轨迹，实现了彼此分离。

2. 分选设备

摩擦与弹跳分选设备有带式筛、斜板运输分选机和反弹滚筒分选机三种，如图 3-39 所示。

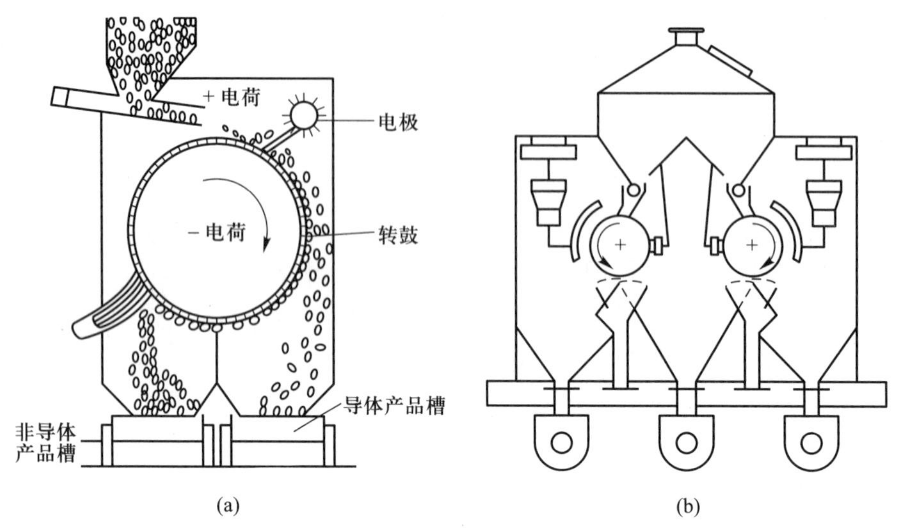

图 3-38 电选机结构原理示意图

(a)滚筒式静电分选机；(b) YD-4 型高压电选机

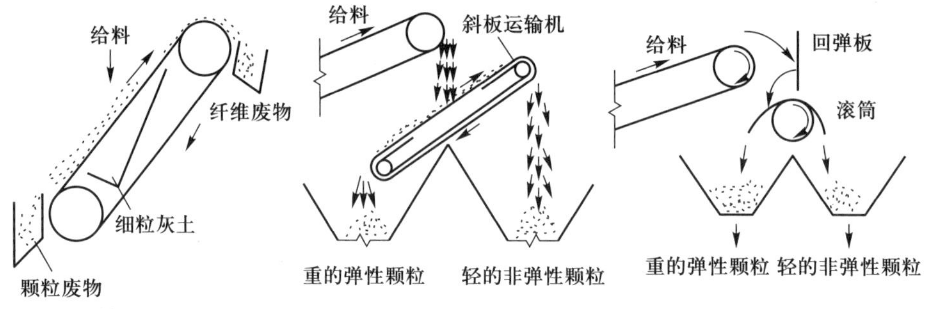

图 3-39 摩擦与弹跳分选设备与分选原理示意图

(a)带式筛；(b)斜板运输分选机；(c)反弹滚筒分选机

（二）光电分选

光电分选是利用物质表面光反射特性的不同而分离物料的方法，可用于从城市垃圾中回收橡胶、塑料、金属、玻璃等物质。

图 3-40 是光电分选过程示意图。固体废物经预先窄分级后进入料斗，由振动溜槽均匀地逐个落入高速沟槽进料皮带上，在皮带上拉开一定距离并排队前进，从皮带首端抛入光检箱受检。当颗粒通过光检测区时，受光源照射，背景板显示颗粒的颜色或色调，当欲选颗粒的颜色

与背景颜色不同时，反射光经光电倍增管转换为电信号（此信号随反射光的强度变化），电子电路分析该信号后，产生控制信号驱动高频气阀，喷射出压缩空气，将电子电路分析出的异色颗粒（即欲选颗粒）吹离原来下落轨道，加以收集。而颜色符合要求的颗粒仍按原来的轨道自由下落加以收集，从而实现分离。

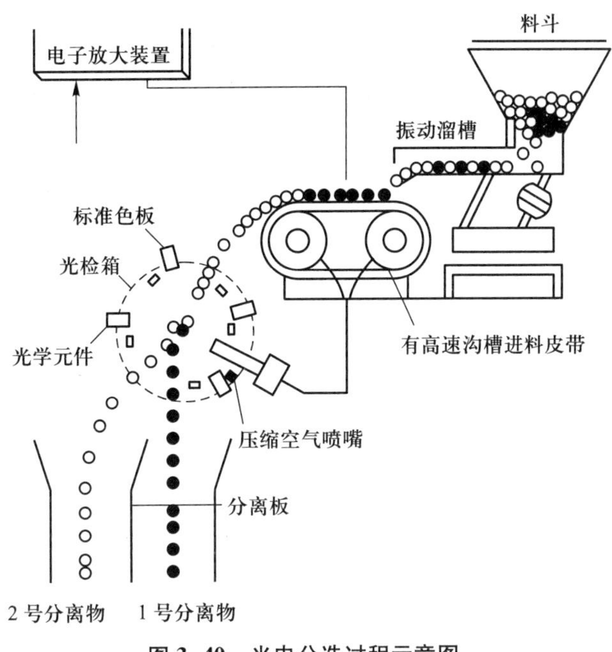

图 3-40 光电分选过程示意图

七、分选效果的评价

利用分选设备分离回收某种固体废物中的有价成分的分选效果，常用回收率（ε）和品位（β）两个指标来评价。

回收率是指物料经过分选处理后排出的物料中某一组分的质量与进行分选的物料中这种组分的质量之比。

品位则是指物料中某一组分的质量与物料中所有组分质量之比，品位也即纯度。

品位是质量指标，通常经过化验确定。回收率是数量指标，可通过计算确定。

八、分选回收工艺系统

1. 分选回收工艺系统确定的步骤

分选回收工艺系统是指根据固体废物的性质和要求，将两种或两种以上的分选方法组合成一个有机整体的分选过程。确定分选回收工艺系统的步骤为：① 弄清固体废物的组成和性质；② 根据废物性质和要达到的处理要求，确定需要采用的分选方法；③ 将分选方法进行恰当的组合，形成合适的分选回收工艺系统。

2. 分选回收工艺系统

在设计分选回收工艺系统时应有系统的整体观念，从技术、经济和资源利用角度通盘考虑，对固体废物进行全面的综合处理。

综合处理是指将各中小企业产生的各种废物集中到一个地点，根据废物的特征，把各种废物处理过程结合成一个系统，以便把各过程得到的物质和能量进行合理的集中利用。通过综合处理可对废物进行有效的处理，减少最终废物排放量，减轻对环境的污染，防止二次公害的分散化，同时还能做到总处理费用低，资源利用效率高。

在设计废物分选回收工艺系统时应注意：① 应深入调查了解工厂排放污染物的种类和数量及各污染物的允许排放标准，根据排放标准进行废物处理效益分析，选择最适宜的方案，做到能源消耗较少、设备投资较小又能取得较大的环境效益。② 重金属离子经过长时间扩散仍会造成一定危害，其含量都在 10^{-6}(质量分数)，必须对其排放浓度严加控制。③ 固体废物中的物质应进行回收，应在技术、投资、市场、成本等方面综合考虑废物资源化问题。④ 处理废物设备投资费用只能进行估算，一般按实际处理费用乘上系数 1.6 来推算。单位重量的废物处理费用往往随处理能力增大而减少。

适宜分别处理的情况：① 含有有害重金属的少量废物和不含重金属的大量废物，或者少量的高放射性废物和大量的低放射性废物不宜相混，应按有害或有放射性废物进行高级处理。② 过热易软化的废物和不易软化的废物不宜相混。③ 热熔性塑料和非热熔性塑料不宜相混。④ 当废物中固体物质很多，在进行混合处理时，由于在短时间内难以混匀，影响处理效果，故负荷会有很大波动。

适宜采用混合处理的情况：① 往含水率高而不能自燃的废物里混入高热值废物，可使整个混合物作为可自燃物，便于焚烧处理。② 有的废物焚烧时会产生氨类碱性气体，有的废物焚烧时会产生氯化氢、二氧化硫之类酸性废气，如把这两类废物混合后进行焚烧处理就十分合理。

综合处理回收工艺系统(见图 3-41)包括固体废物的收集运输、破碎、分选等预处理技术，焚烧、热分解和微生物分解等转化技术和“三废”处理等后处理技术。

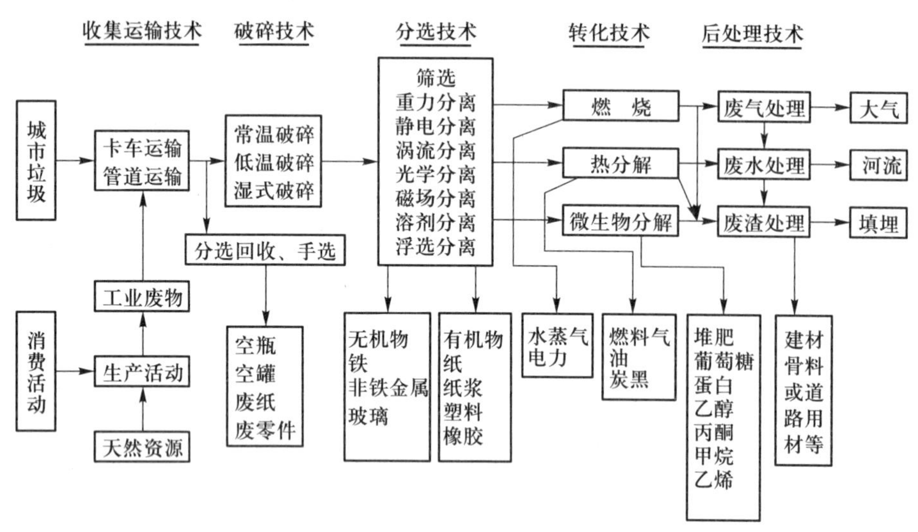

图 3-41 综合处理回收工艺系统

预处理过程中，废物的性质不发生改变，主要利用物理处理的方法，对废物中的有用组分进行分离提取回收。

转化技术是把预处理回收后的残余废物用化学的或生物学的方法，使废物的物理性质发生改变而加以回收利用。这一过程显然比预处理过程复杂，成本也较高。焚烧和热解以回收能源为目的，焚烧主要回收水蒸气、热水或电力等不能贮存或随即使用型的能源，而热解主要回收燃料气、油、微粒状燃料等可贮存或迁移型的能源。微生物分解主要使废物原料化、产品化而再生利用。

预处理过程和转化过程产生的废渣可用于制备建筑材料、道路材料资源化利用或进行填埋等处置。固体废物处理系统由若干个过程所组成，每个过程有每个过程的作用。综合处理固体废物时，务必从整体出发，选择合适的处理技术及处理过程。

习题与思考题

1. 简述固体废物压实的原理，如何选择压实设备？

2. 为什么要对固体废物进行破碎处理？固体废物破碎的方法主要有哪些？影响破碎效果的因素有哪些？如何根据固体废物的性质选择破碎方法？什么是低温破碎？什么是湿式破碎？其优点和主要应用是什么？

3. 固体废物破碎机有哪几种类型？破碎机选择时应考虑哪些因素？破碎比与破碎段之间有什么内在联系？

4. 人工分选与城市垃圾的人工分类收集在固体废物处理中有什么意义？固体废物分选从分选原理上分为几大类？在工程上如何合理选择应用？

5. 如何评价筛分设备的使用效果？怎样计算筛分效率？影响筛分效率的因素有哪些？如何选择筛分设备？惯性振动筛与共振筛在工作原理上有何区别？

6. 如何判断固体废物重力分选的可能性？根据固体废物的磁性如何选择磁选设备？

7. 名词解释：析离现象、加重质、重介质分选、磁流体、光电分选。

8. 根据固体废物（矿业固体废物、城市垃圾、冶金工业固体废物、农业固体废物）中各组分的性质，简述在各类固体废物分选中如何组合分选工艺系统？

9. 某旋风除尘器处理流速 10.8 m^3/s 废气，除尘器的直径为 2.4 m，废气黏度为 1.85×10^{-5} kg/(m · s)，气体中含粒径 20 μm、40 μm 粉尘各半，$\rho_P=1.2$ g/cm^3，求其去除率，以及除尘一天能产生多少固体废物。

10. 某市镇垃圾最大粒径为 7.53 cm，平均密度为 0.48 g/cm^3，今欲利用风力类分选机来回收其中纸张、塑料等轻质废弃物，送风管直径均为 50 cm，请分别计算直式或横式风力类分选机的最小风量。

11. 某固体废物 600 kg，其中铁金属废料占 25%，今以一磁选机予以分选回收，分选后产品槽内有 110 kg，其中 95%为真正的铁金属废料，若此磁选机可视成二元分选装置，试求其回收率、排斥率和操作率各为多少？

12. 某二元筛分装置处理 100 kg/h 固体废物，进料中玻璃占 60%。筛出料为 70 kg/h，其中玻璃占 85%，求此二元筛分装置的回收率、排斥率和筛分效率各为多少？

13. 某固体废物为含 45%粒径小于某网孔者，此废物在一筛分装置中处理得到成品中仍留有 5%粒径小于筛孔的粒径，而副成品中不符合原筛孔的大型物料仍占 8%，则此筛分效率为多少？若副成品中不符合者仅占 3%，其筛分效率又为多少？

14. 某铜矿，其原矿品位 α、精矿品位 β 和尾矿品位 θ 分别为 1.05%、25.20%和 0.13%。分别计算求其精矿产率 γ、分选回收率 ε、富集比和选别比。

15. 在粉煤灰的分选试验中，分选试验槽容积为 1.5 L，单元试验样质量为 0.5 kg。若粉煤灰密度为 2 300 kg/m^3，分选介质水的密度为 1 000 kg/m^3，求料浆中固体物料质量分数 ω_B 与体积分数 ϕ_B。

16. 欲采用雾化硅铁（密度为 6 900 kg/m^3）和水，配制密度为 2 850 kg/m^3 的重悬浮液，求加入比例。

第四章　固体废物的物理化学分离

固体废物的物理化学分离处理是利用固体废物中不同组分物理化学性质差异对固体废物进行分离的方法。常见的固体废物物理化学分离除了浓缩、脱水及干燥等液固分离技术及矿冶固体废物资源化领域常见的浮选和溶剂浸出外，还有近年在化工废物回收方面受到越来越多关注的蒸馏、蒸发结晶及萃取、吸附和膜分离等。

第一节　污泥的浓缩与脱水

固体废物之所以成为废物，主要是因为其组成成分复杂及某些成分含量高导致其可用性降低。液固混合废物是最为常见的固体废物类型之一。由于含水率的影响，固体废物处理处置过程的输运成本居高不下、过程控制困难、固体废物资源化利用价值受到限制。

一、水分存在形式

含水率超过 90% 的固体废物，必须脱水减容，以便于包装、运输与资源化利用。固体废物脱水的方法有浓缩脱水和机械脱水两种。

按存在形式，固体废物的水分分为间隙水、毛细管结合水、表面吸附水和内部水。间隙水是存在于颗粒间隙中的水，约占废物中水分总质量的 70%，宜用浓缩法分离。毛细管结合水是颗粒间形成的一些小的毛细管中充满的水分，约占水分总质量的 20%，宜采用高速离心机、负压或正压过滤机脱水。表面吸附水是吸附在颗粒表面的水，约占水分总质量的 7%，可用加热法脱除。内部水是在颗粒内部或微生物细胞内的水，约占水分总质量的 3%，可采用超声法破坏细胞膜除去胞内水或加热法、冷冻法脱除内部水。

二、污泥浓缩

浓缩脱水的目的是除去固体废物中的间隙水，缩小体积，为输送、消化、脱水、利用与处置创造条件。

浓缩脱水方法主要有重力浓缩法、气浮浓缩法和离心浓缩法。

（一）重力浓缩法

重力浓缩法是借重力作用使固体废物脱水的方法。该方法不能独立完成彻底的固液分离，常与机械脱水配合使用，作为初步浓缩以提高过滤效率。

重力浓缩的构筑物称为浓缩池。按运行方式分为间歇式浓缩池和连续式浓缩池。间歇式浓缩池仅在小型处理厂或工业企业的污水处理厂中使用，操作管理较麻烦，单位处理量所需池容较连续式浓缩池大。图 4-1 为不带中心传动间歇式浓缩池。连续式浓缩池多用于大中型污水处理厂，其结构类似于辐射沉淀池。可分为带刮泥机与搅动栅、不带刮泥机、带刮泥机多层浓缩池等三种。图 4-2 为带刮泥机与搅动栅连续式浓缩池结构示意图。

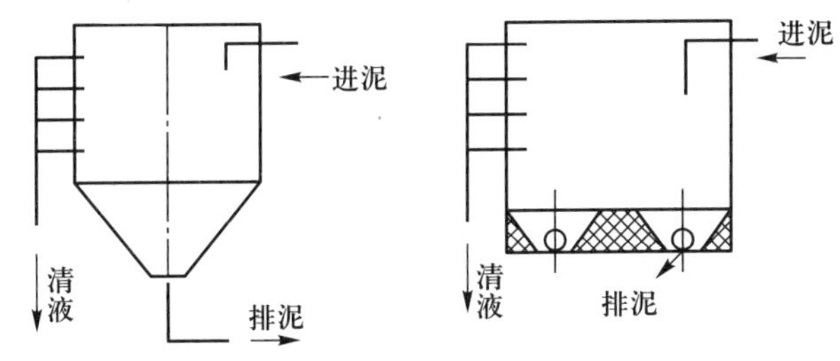

图 4-1　不带中心传动间歇式浓缩池

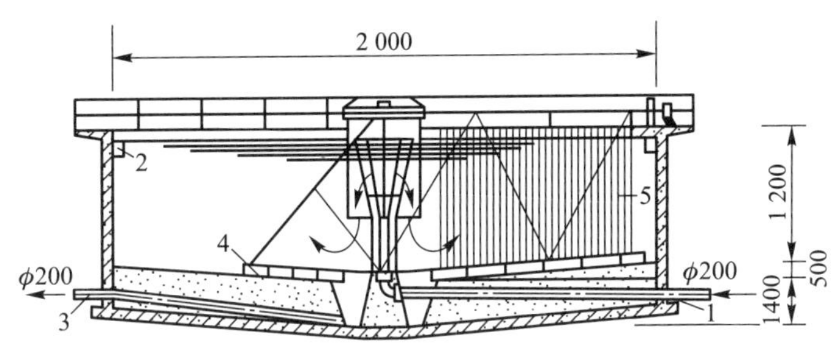

1-中心进泥管；2-上清液溢流堰；3-底流排除管；4-刮泥机；5-搅动栅

图 4-2　带刮泥机与搅动栅连续式浓缩池结构示意图

（二）气浮浓缩法

气浮浓缩法依靠大量微小气泡附着在颗粒上形成颗粒-气泡结合体，进而产生浮力把颗粒带到水表面达到浓缩的目的。气浮浓缩速度快，处理时间为重力浓缩的 1/3，占地少，刮泥较方便；基建和操作费用较高，管理较复杂，运行费用为重力浓缩的 2~3 倍。图 4-3 为气浮浓缩法工艺流程。

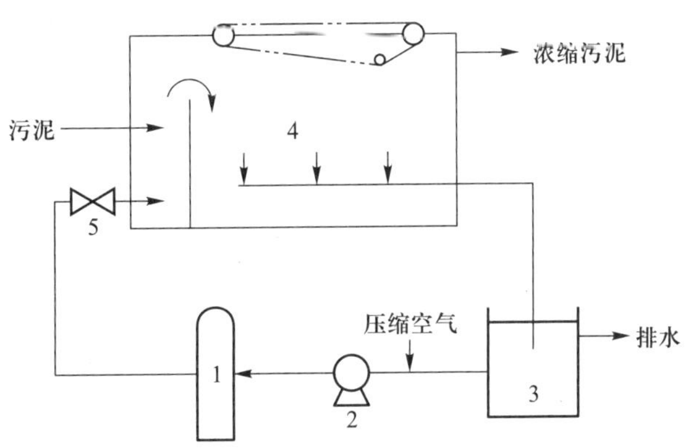

1-溶气罐；2-加压泵；3-澄清水；4-气浮池；5-减压阀

图 4-3　气浮浓缩法工艺流程

（三）离心浓缩法

离心浓缩法是利用固体颗粒和水的密度差异，在高速旋转的离心机中，固体颗粒和水分分别受到大小不同的离心力而使其固液分离的过程。离心浓缩法占地面积小、造价低，但运行与机械维修费用较高。目前用于污泥离心分离的设备主要有倒锥分离板型离心机和螺旋卸料离心机两种(如图 4-4 所示)。

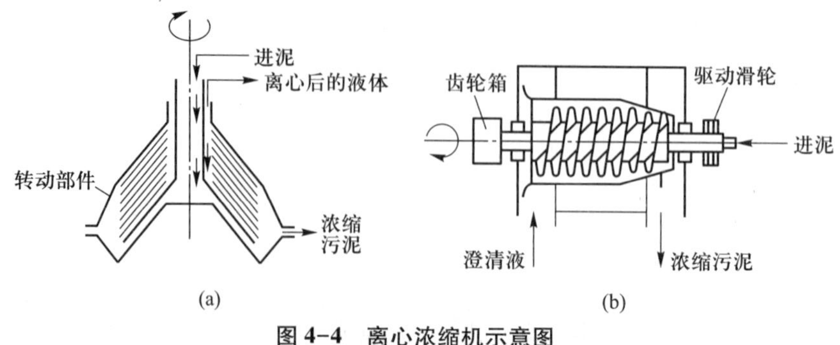

图 4-4 离心浓缩机示意图

(a)倒锥分离板型离心机；(b)螺旋卸料离心机

三、机械脱水

利用具有许多毛细孔的物质作为过滤介质，以某种设备在过滤介质两侧产生压差作为过滤动力，固体废物中的溶液穿过过滤介质成为滤液，固体颗粒被截流成为滤饼的固液分离操作过程就是机械脱水，它是应用最广泛的固液分离过程。

（一）过滤介质

具有足够的机械强度和尽可能小的流动阻力的滤饼的支撑物就是过滤介质，常用的过滤介质有织物介质、粒状介质、多孔固体介质三类。织物介质包括棉、毛、丝、麻等天然纤维和合成纤维制成的织物及玻璃丝、金属丝等制成的网状物；粒状介质包括细砂、木炭、硅藻土及工业废物等颗粒状物质；多孔固体介质则是具有很多微细孔道的固体材料。其选用原则是既满足生产技术性能要求，又经济实用。

（二）过滤设备

按作用原理划分，机械脱水的方法有：① 采取加压或抽真空将滤层内的液体用空气或蒸汽排除的通气脱水法，常用设备为真空过滤机，有间歇式、连续式、转鼓式等形式。② 靠机械压缩作用的压榨法，加压过滤设备主要分为板框压滤机、叶片压滤机、滚压带式压滤机等类型。③ 用离心力作为推动力除去料层内液体的离心脱水法，常用的离心机为转筒离心机，有圆筒形、圆锥形、锥筒形三种，典型形式为锥筒形。

真空过滤是在负压条件下进行的脱水过程，常用的真空过滤机为转鼓式，其结构示意图见图 4-5；压滤则是在外加一定压力的条件下使含水固体废物脱水的操作，可分为间歇式(如板框压滤机，见图 4-6)和连续式(如滚压带式压滤机，见图 4-7)两种；离心脱水是利用离心力作为推动力对含水固体废物进行沉降分离、过滤机脱水的过程，按分离系数的大小可分为高速离心脱水机(分离系数>3 000)、中速离心脱水机(分离系数>1 500~3 000)、低速离心脱水机(分离系数为1 000~1 500)，按离心脱水原理有离心过滤机(见图4-8)、离心沉降脱水机如圆筒型离心脱水机(见图4-9)和圆锥型离心脱水机、沉降过滤式离心机(见图4-10)。造粒脱水是使用高分子絮凝剂进行泥渣分离时形成含水较低的泥丸的过程，其设备见图4-11。每种脱水设备的优、缺点及适用范围见表4-1。

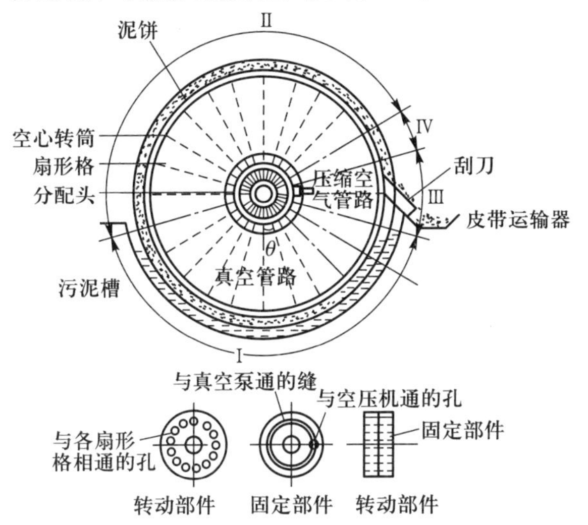

图4-5 转鼓式真空过滤机

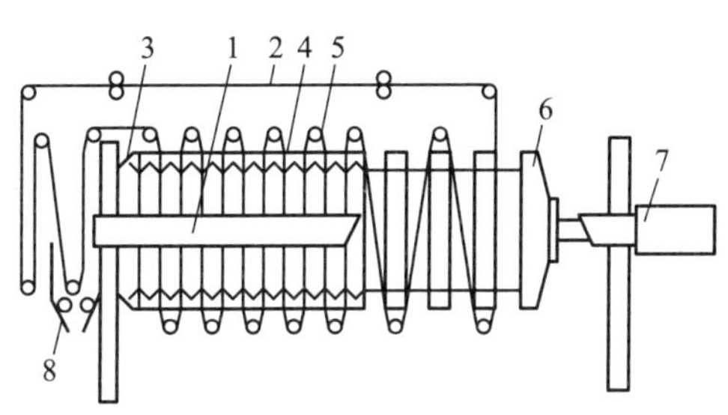

1-主梁；2-滤布；3-固定压板；4-滤板；5-滤框；6-活动压板；7-压紧机构；8-洗刷槽

图4-6 板框压滤机

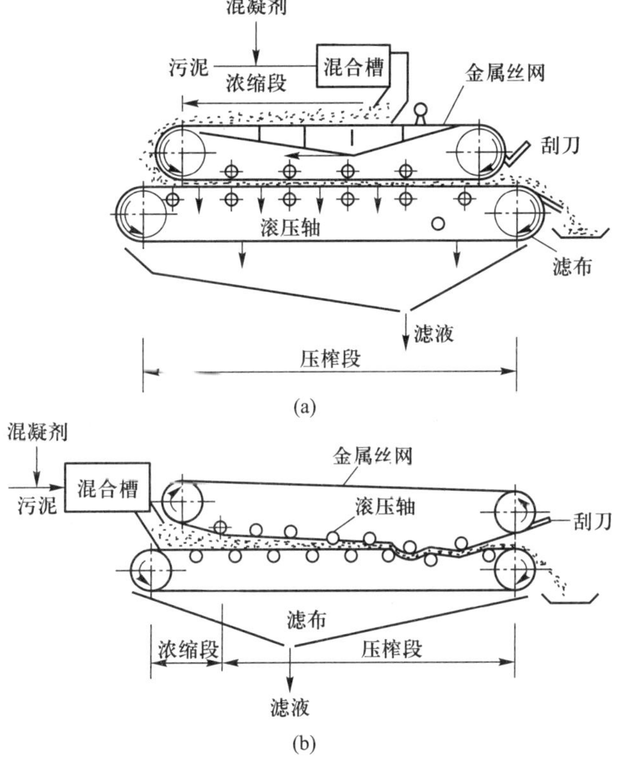

图4-7 滚压带式压滤机结构图

(a) 对置滚压式；(b) 水平滚压式

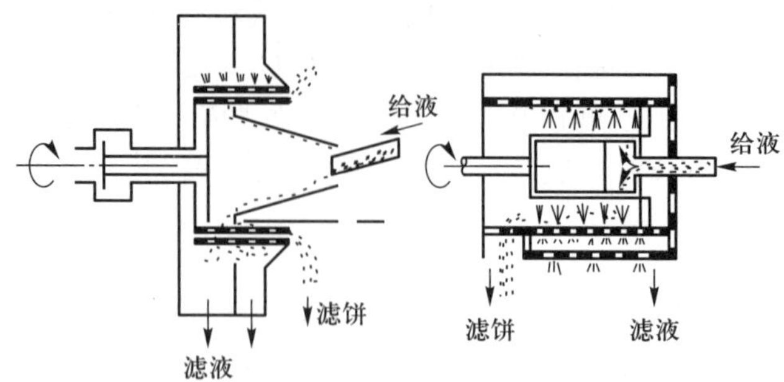

图 4-8 离心过滤机

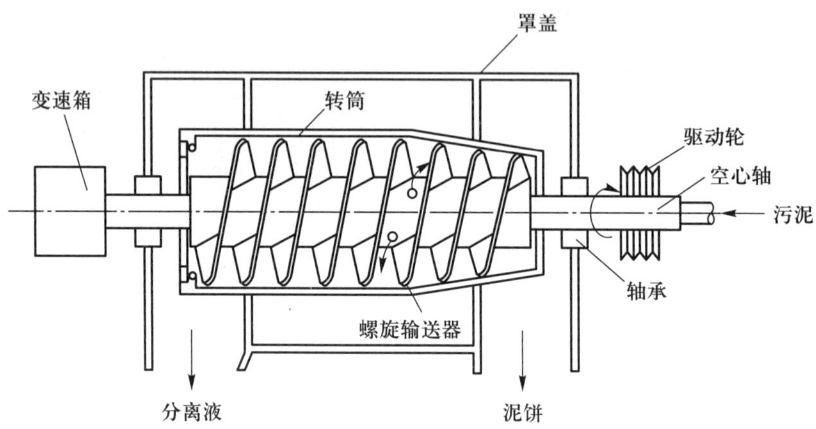

图 4-9 圆筒型离心脱水机图

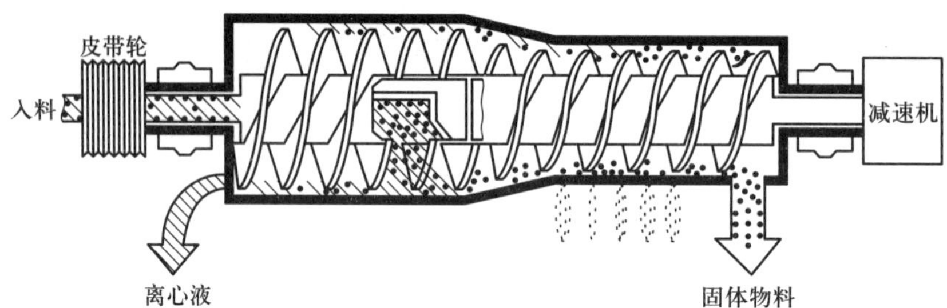

图 4-10 沉降过滤式离心机

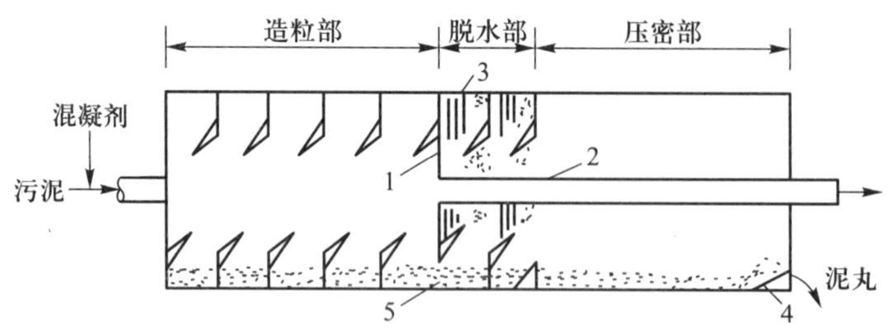

图 4-11 湿式造粒脱水机的构造示意图

表 4-1 脱水设备的优、缺点及适用范围

脱水设备类型	优点	缺点	适用范围
真空过滤机	能连续操作，运行平稳，可以自动控制，处理量较大，滤饼含水率较高	污泥脱水前需进行预处理，附属设备多，工序复杂，运行费用较高	适用于各种污泥的脱水
板框压滤机	制造较方便，适应性广，自动进料、卸料，滤饼含水率较低	间歇操作，处理量较低	适用于各种污泥的脱水
滚压带式压滤机	可连续操作，设备构造简单，投资低，自动化程度高	操作复杂，处理量较低	不适用于黏性较大污泥的脱水
离心脱水机	占地面积小，附属设备少，投资低，自动化程度高	分离液不清，电耗较大，机械部件磨损较大	不适用于含沙量高污泥的脱水
造粒脱水机	设备简单，电耗低，管理方便，处理量大	钢材消耗量大，混凝剂消耗量较高，污泥泥丸紧密性较差	适用于含油污泥的脱水

另外，叠螺机脱水也常用于固体废物脱水处理过程中。叠螺机即叠螺式污泥脱水机，是由固定环和游动环相互层叠，螺旋轴贯穿其中形成的过滤装置。干燥脱水是泛指从湿物料中除去水分或其他湿分的各种操作工艺，主要用各种热介质（电、蒸汽、导热油、热空气、烟道气及红外线等）使其中所含的水分或溶剂汽化而去除固体废物中的自由水和吸附水的过程。按干燥室内操作压力可分为常压干燥器和真空干燥器；按操作方式可分为连续干燥器和间歇干燥器；按干燥介质和物料的相对运动方式可分为顺流、逆流和混流干燥器；按供热方式可分为对流干燥器、接触干燥器、辐射干燥器和介电干燥器。在固体废物处理中，常用的干燥器有隧道干燥器、转筒干燥器、流化床干燥器、喷雾干燥器、气流干燥器、太阳能干燥器等。

第二节 浮 选

浮选是根据不同物质被水润湿程度的差异而对其进行分离的过程。物质被水润湿的程度，就是物质的润湿性。许多无机废物极易被水润湿，而有机废物则不易被水润湿。易被水润湿的物质，称为亲水性物质；不易被水润湿的物质，称为疏水性物质。

一、浮选原理

物质的天然可浮性差异较小，仅利用它们的天然可浮性差异进行分选，分选效率低。浮选通过在固体废物与水调成的料浆中加入浮选药剂扩大不同组分可浮性的差异，再通入空气形成无数细小气泡，使目的颗粒黏附在气泡上，并随气泡上浮于料浆表面成为泡沫层后刮出，获得泡沫产品。不上浮的颗粒则仍留在料浆内，通过适当处理后废弃。

二、浮选药剂

根据在浮选过程中的作用，浮选药剂分为捕收剂、起泡剂和调整剂三大类。

（一）捕收剂

能够选择性地吸附在欲选的颗粒上，使目的颗粒表面疏水，增加可浮性，使其易于向气泡附着的药剂称为捕收剂。常用的捕收剂主要有异极性捕收剂和非极性油类捕收剂两类。典型的异极性捕收剂分子由极性基(亲固基)和非极性基(疏水基)两部分组成。非极性油类捕收剂没有极性基。极性基活泼，能与废物表面发生作用而吸附于废物表面；非极性基起疏水作用，朝外排水而造成废物表面的“人为可浮性”。良好的捕收剂应具有以下特点：捕收作用强，具有足够的活性；有较高的选择性；易溶于水、无毒、无臭、成分稳定、不易变质；价廉易得。

典型的异极性捕收剂有黄药、油酸等。非极性油类捕收剂主要包括链烷烃(C_nH_{2n+2})、环烷烃(C_nH_{2n})和芳香烃三类。

黄药的学名为烃基二硫代碳酸盐，也称黄原酸盐，其通式为 ROCSSMe。式中，R 为烃基，Me 为碱金属离子。常用的黄药烃链中含碳数为 2~5 个。一般烃链越长，捕收作用越强，但烃链过长时，其选择性和溶解性均下降，反而降低其捕收效果。黄药对含碱土金属的废物(如 $BaSO_4$、$CaCO_3$、CaF_2等)没有捕收作用，这是由于黄药与碱土金属(Ca^{2+}、Mg^{2+}、Ba^{2+}等)形成的黄原酸盐易溶于水。但黄药能与许多含重金属和贵金属离子的废物生成表面难溶盐化合物，如含 Hg、Au、Bi、Cu、Pb、Co、Ni 等的废物，它们与黄药生成的表面化合物的溶度积小于 10^{-10}。

油酸又名十八碳-顺-9-烯酸，通式为 $C_{17}H_{33}COOH$，它在水中不易溶解和分散，实践中常需加溶剂乳化或制成油酸钠使用。油酸主要用于浮选含碱土金属的碳酸盐、金属氧化物、萤石和重晶石($BaSO_4$)等。

常用的非极性油类捕收剂有煤油、柴油、燃料油、变压器油、重油等。目前，单独使用非极性油类捕收剂的，只是一些可浮性很好的非极性废物颗粒，如粉煤灰中未燃尽炭的回收、废石墨的回收等。

（二）起泡剂

能够促进泡沫形成，增加分选界面的药剂为起泡剂，它与捕收剂有联合作用。常用的起泡剂有松油、脂肪醇等。起泡剂的共同结构特征是：① 它是一种异极性的有机物质，极性基亲水，非极性基亲气，使起泡剂分子在空气和水的界面上产生定向排列；② 大部分起泡剂是表面活性物质，能够强烈地降低水的表面张力；③ 起泡剂应有适当的溶解度。溶解度过小，起泡剂来不及溶解即随泡沫流失或起泡速度缓慢，延缓时间较长，难以控制；溶解度过大，则药耗大或迅速产生大量泡沫，但不耐久。

图 4-12 所示为起泡剂在气泡表面的吸附。起泡剂分子的极性端朝外，对水偶极有引力作用，使水膜稳定而不易流失。有些离子型表面活性起泡剂，带有电荷，于是各个气泡因同种电荷而相互排斥阻止兼并，增加了气泡的稳定性。

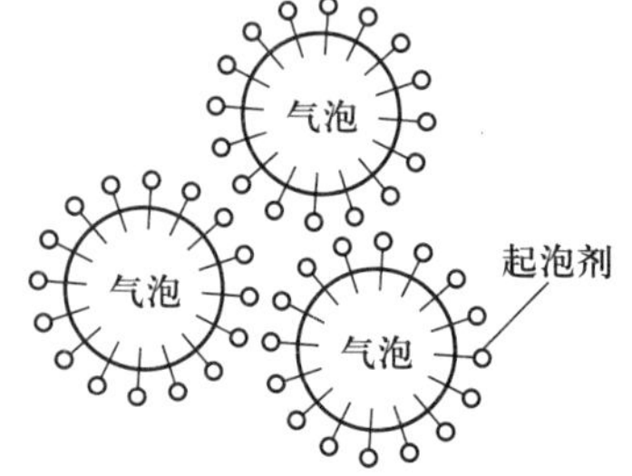

图 4-12 起泡剂在气泡表面的吸附

图4-13所示为起泡剂与捕收剂的相互作用方式。起泡剂与捕收剂不仅在气泡表面有联合作用，在废物表面也有联合作用，这种联合作用称为“共吸附”。由于废物表面和气泡表面都有起泡剂与捕收剂的共吸附，因而产生共吸附的界面“互相穿插”，这是颗粒向气泡附着的作用之一。

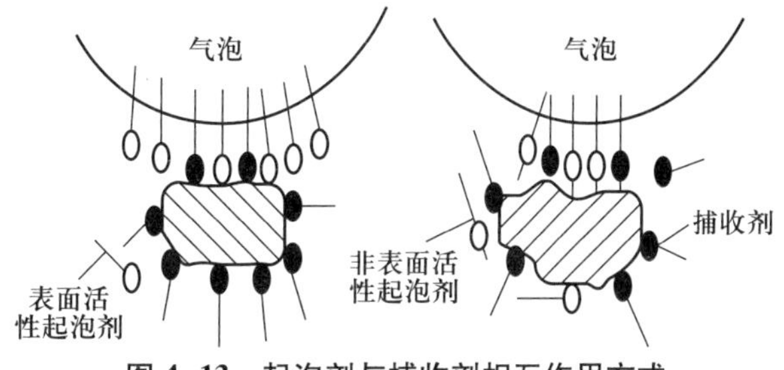

图4-13 起泡剂与捕收剂相互作用方式

(三) 调整剂

用于调整捕收剂的作用及介质条件的药剂就是调整剂。促进目的颗粒与捕收剂作用的称为活化剂；抑制非目的颗粒可浮性的称为抑制剂；调整介质pH的称为pH调整剂；促使料浆中目的细粒联合变成较大团粒的称为絮凝剂；促使料浆中非目的细粒成分散状态的药剂称为分散剂。表4-2所示为常用的调整剂种类。

表4-2 常用的调整剂种类

调整剂系列	pH调整剂	活化剂	抑制剂	絮凝剂	分散剂
典型代表	酸、碱	金属阳离子，阴离子 HS^-、$HSiO_3^-$	O_2、SO_2 和淀粉、单宁等	腐殖酸、聚丙烯酰胺	水玻璃、磷酸盐

三、浮选工艺过程

浮选工艺过程主要包括调浆、调药、调泡三个程序。

调浆即调节浮选前料浆浓度。浮选的料浆浓度必须适合浮选工艺的要求。一般浮选密度及粒度较大的废物颗粒，往往用较浓的料浆；反之，浮选密度较小的废物颗粒，可用较稀的料浆。

调整浮选过程的药剂称为调药，包括提高药效、合理添加、混合用药、料浆中药剂浓度调节与控制等。对一些水溶性小或不溶于水的药剂，提高药效可采用配成悬浮液或乳浊液、皂化、乳化等措施。药剂合理添加主要是为了保证料浆中药剂的最佳浓度，一般先加调整剂，再加捕收剂，最后加起泡剂。所加药剂的种类和数量，应根据欲选废物颗粒的性质通过试验确定。

调节浮选气泡的过程为调泡。对机械搅拌式浮选机，当料浆中有适量起泡剂存在时，大多数气泡直径为0.4~0.8 mm，最小为0.05 mm，最大为1.5 mm，平均为0.9 mm左右。

将有用物质浮入泡沫产品，无用或回收经济价值不大的物质仍留在料浆内的浮选法称为正浮选。将无用物质浮入泡沫产物中，将有用物质留在料浆中的浮选法称为反浮选。

固体废物中含有两种或两种以上的有用物质通常采用优先浮选或混合浮选方法。优先浮选是将固体废物中有用物质依次一种一种地浮出，成为单一物质产品的浮选方法。混合浮选是将固体废物中有用物质共同浮出为混合物，然后再把混合物中有用物质一种一种地分离的方法。

影响浮选效果的主要因素有：物料性质(如颗粒的润湿性、颗粒的大小等)，药剂条件(如药剂的种类、用量、药剂的组合等)，操作条件(如充气量大小、液面高低等)等。

四、浮选设备

浮选机是实现浮选过程的重要设备。对浮选机的基本要求是：① 良好的充气作用；② 搅拌作用；③ 能形成比较平稳的泡沫区；④ 能连续工作及便于调节。

浮选机种类很多，按充气和搅拌方式的不同，目前生产中使用的浮选机主要有机械搅拌式浮选机、充气搅拌式浮选机、充气式浮选机和气体析出式浮选机四类。机械搅拌式浮选机根据搅拌器结构不同分为 XJK 型浮选机、维姆科(Wemco)大型浮选机、棒型浮选机等，其中 XJK 型浮选机是我国使用最广的浮选机。图 4-14 所示为 XJK 型机械搅拌式浮选机的结构示意图。

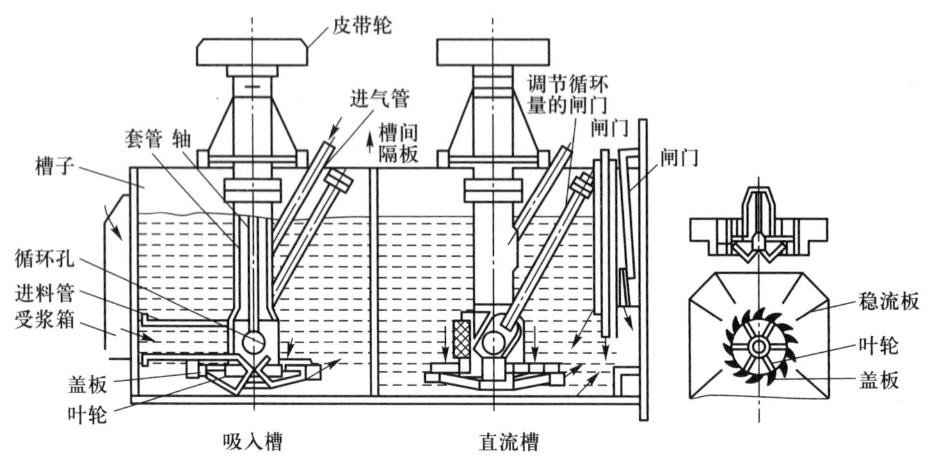

图 4-14 XJK 型机械搅拌式浮选机的结构示意图

大型浮选机每两个槽为一组，第一个为吸入槽，第二个为直流槽。小型浮选机多为 4~6 个槽为一组，每排可配置 2~20 槽。每组有一个中间室和料浆面调节装置。

浮选机工作时，料浆由进浆管给到盖板的中心处，叶轮旋转产生的离心力将料浆甩出，在叶轮与盖板间形成一定的负压。在叶轮的强烈搅拌作用下，料浆与空气得到充分的混合，同时气流被分割成细小的气泡，欲选废物颗粒与气泡碰撞黏附在气泡上而浮升至料浆表面形成泡沫层，经刮泡机刮出成为泡沫产品，再经消泡脱水后即可回收。

另外，气浮法从工作原理来看跟浮选非常接近，是向废液中通入空气或其他气体产生气泡，使废液中的一些细小悬浮物或固体颗粒附着在气泡上，随气泡上浮至水面被刮除，从而完成固、液分离的一种净水工艺。气浮需要借助混凝、絮凝、破乳等预处理措施来完成。气浮法在危险废物处理中主要用于含油废液和含重金属废液的预处理。常用的气浮法有部分回流溶气气浮法、电解气浮法、涡凹气浮法等。

第三节 溶剂浸出

所谓溶剂浸出，是用适当的溶剂与废物作用使物料中有关组分有选择性地溶解的物理化学过程。

浸出主要用于处理成分复杂、嵌布粒度微细且有价成分含量低的矿业固体废物、化工和冶金过程的废弃物。浸出的目的是要使物料中有用的或有害成分能选择性地最大限度地从固相转入液相。所以溶剂的选择成为浸出工艺的关键环节，选择溶剂一般要注意以下几点：① 对目的组分选择性好；② 浸出率高、速度快；③ 成本低，容易制取，便于回收和循环使用；④ 对设备腐蚀性小。

浸出的后续作业是浸出溶液的净化，工业上常用的净化方法有化学沉淀法、置换法、有机溶剂萃取法和离子交换法等。

一、浸出反应机理

浸出物料中的某一种或几种组分是一个极为复杂的溶解过程，在简化情况下，根据物料（溶液）和溶剂的互相作用特性，溶解过程可分为物理溶解过程和化学溶解过程。

物理溶解过程是指溶质在溶剂作用下仅发生晶格的破坏，以及离子或原子之间化学键的破坏，是一种可逆过程，溶质可以从溶液中结晶出来，过程消耗的能量等于晶格能。

化学溶解过程是指溶剂与物料的有关组分之间发生化学反应，生成的可溶性化合物进入液相的过程。这种化学作用主要是交换反应、氧化还原反应、络合反应等，是一种不可逆过程。

（一）交换反应溶解过程

交换反应溶解，是由于物料中的金属氧化物、硫化物与酸、碱、可溶性盐作用，生成可溶性盐类的过程。例如：

$$CuO+H_2SO_4 \longrightarrow CuSO_4+H_2O \tag{4-1}$$

$$Fe_2O_3+6HCl \longrightarrow 2FeCl_3+3H_2O \tag{4-2}$$

$$GeO_2+2NaOH \longrightarrow Na_2GeO_3+H_2O \tag{4-3}$$

$$CuS+Fe_2(SO_4)_3(l) \longrightarrow CuSO_4+2FeSO_4+S \tag{4-4}$$

（二）氧化还原反应溶解过程

氧化还原反应溶解是指溶液同物料之间发生氧化还原反应，生成可溶性化合物的过程。例如：

$$Cu+H_2SO_4+\frac{1}{2}O_2 \longrightarrow CuSO_4+H_2O \tag{4-5}$$

该反应在一般情况下很难发生，要使反应发生需向体系鼓入空气，显然 Cu 首先被氧化成 CuO 之后，再与 H_2SO_4 发生反应生成溶于水的 $CuSO_4$。

（三）络合反应溶解过程

络合反应溶解过程是指溶剂与物料组分发生络合反应，生成可溶性络合物的化学反应过程。例如：

$$2Cu+O_2+nNH_3 \longrightarrow 2CuO\cdot nNH_3 \tag{4-6}$$

$$2Cu+2CuO\cdot nNH_3 \longrightarrow 2\,Cu_2O\cdot nNH_3 \tag{4-7}$$

$$CuO+2NH_4OH+(NH_4)_2CO_3 \longrightarrow Cu(NH_3)_4CO_3+3H_2O \tag{4-8}$$

$$Cu+Cu(NH_3)_4CO_3 \longrightarrow Cu_2(NH_3)_4CO_3 \tag{4-9}$$

二、几种典型浸出反应

浸出过程是提取和分离目的组分的过程。浸出过程所用的药剂称为浸出剂，浸出后含目的组分的溶液称为浸出液，残渣称为浸出渣，简称浸渣。根据浸出药剂种类的不同，浸出可分为中性、酸性、碱性溶剂浸出等。

（一）中性溶剂浸出

中性浸出剂是水和盐，如氯化钠、高价铁盐、氯化铜和次氯酸钠等的溶液。

当硫化铜矿经硫酸化焙烧后，其可溶性的 $CuSO_4$ 即可用水浸出。其浸出反应为：

$$CuSO_4(s)+H_2O \longrightarrow Cu^{2+}+SO_4^{2-}+H_2O \tag{4-10}$$

当铌铁矿同 NaOH 一起进行焙烧后，变成 Na_5NbO_5，它可以用水浸出，生成含水的铌酸钠。

$$Fe(NbO_3)_2+10NaOH \xrightarrow{熔融} 2Na_5NbO_5+FeO+5H_2O \tag{4-11}$$

$$12Na_5NbO_5+55H_2O \longrightarrow 7Na_2O\cdot 6Nb_2O_5\cdot 32H_2O+46NaOH \tag{4-12}$$

某些重金属及其硫化物可以用 $FeCl_3$ 或 $Fe_2(SO_4)_3$ 浸出。如废料中含有 NiS，则可以用 $Fe_2(SO_4)_3$ 浸出，其化学反应为：

$$NiS+Fe_2(SO_4)_3 \longrightarrow NiSO_4+2FeSO_4+S \tag{4-13}$$

实际生产中，为了提高浸出效果和防止液相中盐类水解，往往将其调成酸性，所以实际是在酸性条件下浸出的。

用 NaCN 溶液浸出含金废渣，是典型的氰化物浸出工艺，其化学反应为：

$$2Au+4NaCN+H_2O+\frac{1}{2}O_2 \longrightarrow 2NaAu(CN)_2+2NaOH \tag{4-14}$$

Au 在含 NaCN 0.03%～0.15%低浓度溶液中溶解的速率最快，浸出也较彻底，但当 NaCN 浓度超过 0.2%时，Au 的溶解速率反而下降。工业上常常用提高溶液中氧浓度来强化 Au 的浸出率。由于反应产物生成 NaOH，溶液总是显碱性的，因此也可以把 NaCN 归入碱性浸出，但其浸出剂 NaCN 是盐。

（二）酸性溶剂浸出

酸性溶剂浸出简称酸浸，凡废物中成分可溶解进入酸溶液的都可以采用此方法。酸浸包括有简单酸浸、氧化酸浸和还原酸浸。常用酸浸剂有稀硫酸、浓硫酸、盐酸、硝酸、王水、氢氟酸、亚硫酸等。

1. 简单酸浸

简单酸浸适用于浸出某些易被酸分解的金属氧化物、金属含氧盐及少数金属硫化物中的有价金属。

$$Me_2O_y+2yH^+ \longrightarrow 2Me^{y+}+yH_2O \tag{4-15}$$

$$MeO\cdot Fe_2O_3+8H^+ \longrightarrow Me^{2+}+2Fe^{3+}+4H_2O \tag{4-16}$$

$$MeAsO_4+3H^+ \longrightarrow Me^{3+}+H_3AsO_4 \tag{4-17}$$

$$MeO \cdot SiO_2+2H^+ \longrightarrow Me^{2+}+H_2SiO_3 \qquad (4-18)$$

$$MeS+2H^+ \longrightarrow Me^{2+}+H_2S \qquad (4-19)$$

大部分金属的氧化物、金属铁酸盐、砷酸盐和硅酸盐都能简单酸浸；大部分金属硫化物不能进行酸浸，只有 FeS、NiS(α)、CoS、MnS 和 Ni_3S_2能简单酸浸。简单酸浸是从含铜废物回收金属铜的重要方法。

孔雀石[$CuCO_3 \cdot Cu(OH)_2$]、蓝铜矿[$CuCO_3 \cdot Cu(OH)_2$]、黑铜矿(CuO)、赤铜矿(Cu_2O)、硅孔雀石($CuSiO_3 \cdot 2H_2O$)、铜蓝(CuS)、辉铜矿(Cu_2S)、黄铜矿($CuFeS_2$)、金属铜等一般的含铜矿物均较易酸浸出，但赤铜矿、辉铜矿需要氧化剂的参与才能完全浸出。而原生的黄铜矿和自然铜即使有氧化剂存在，其浸出率也相当低，其含量高时宜用氧化酸浸或其他浸出方法。

2. 氧化酸浸

多数金属硫化物在酸性溶液中相当稳定，不易简单酸浸。但在有氧化剂存在时，几乎所有的金属硫化物在酸液中或在碱液中均能被氧化分解而浸出，其氧化分解反应式为：

$$MeS+H^++\text{氧化剂} \longrightarrow Me^{2+}+S^0/SO_4^{2-}+H_2O \qquad (4-20)$$

常压氧化酸浸时常用的氧化剂有 Fe^{3+}、Cl_2、O_2、HNO_3、NaClO、MnO_2、H_2O_2等。通过控制酸用量和氧化剂用量控制浸出时的 pH 和电位，使金属硫化物中的金属组分呈离子形式转入浸出液，使硫化物中的硫元素转化为单质硫或硫酸根。

氧化酸浸还常用于浸出某些低价化合物，使其中的低价金属氧化成高价金属离子转入酸液中。如赤铜矿、辉铜矿中铜的氧化酸浸：

$$\text{赤铜矿}\ 2Cu_2O+8H^++O_2 \longrightarrow 4Cu^{2+}+4H_2O \qquad (4-21)$$

$$\text{辉铜矿}\ 2Cu_2S+8H^++O_2 \longrightarrow 4Cu^{2+}+2H_2S+2H_2O \qquad (4-22)$$

热的浓硫酸为强氧化酸，可将大部分的金属硫化物转变为相应的硫酸盐，其反应式为：

$$MeS+2H_2SO_4 \xrightarrow{\triangle} MeSO_4+SO_2+S+2H_2O \qquad (4-23)$$

3. 还原酸浸

还原酸浸主要用于浸出变价金属的高价金属氧化物和氢氧化物，其还原酸浸反应式如下：

$$Me_xO_y(Me(OH)_y)+H^++\text{还原剂} \longrightarrow Me^{n+}+H_2O \qquad (4-24)$$

如有色金属冶炼过程产出的镍渣、锰渣、钴渣等可进行还原酸浸，其反应式如下：

$$MnO_2+2Fe^{2+}+4H^+ \longrightarrow Mn^{2+}+2Fe^{3+}+2H_2O \qquad (4-25)$$

$$3MnO_2+2Fe+12H^+ \longrightarrow 3Mn^{2+}+2Fe^{3+}+6H_2O \qquad (4-26)$$

$$2Co(OH)_3+SO_2+2H^+ \longrightarrow 2Co^{2+}+SO_4^{2+}+4H_2O \qquad (4-27)$$

$$2Ni(OH)_3+SO_2+2H^+ \longrightarrow 2Ni^{2+}+SO_4^{2-}+4H_2O \qquad (4-28)$$

(三) 碱性溶剂浸出

碱性溶剂浸出(简称碱浸)过程选择性高，可获得较纯净的浸出液，且设备防腐问题较易解决。常用的碱浸药剂包括碳酸铵和氨水、碳酸钠、氢氧化钠、硫化钠等，相应的浸出方法包括碳酸钠溶液浸出、氨浸、氢氧化钠溶液浸出和硫化钠溶液浸出等。

1. 碳酸钠溶液浸出

凡是能与碳酸钠反应生成可溶性钠盐的废物，都可采用碳酸钠溶液浸出的方法来提取其中的有价金属，特别是碳酸盐含量较高的废物更适宜采用这种浸出方法。如经焙烧过的钨矿和钨锰铁矿中的钨可用 Na_2CO_3浸出，生成可溶性的钨酸钠。

$$CaWO_4+Na_2CO_3 \longrightarrow Na_2WO_4+CaCO_3 \tag{4-29}$$

2. 氨浸

在碱性溶液浸出中，氨浸是含 Cu、Ni、Co 固体废物的浸出中应用较多的方法。Cu、Ni、Co 能与氨生成稳定的络合物，而其他金属或不生成络合物，或只生成不稳定的络合物。因此氨浸对 Cu、Ni、Co 具有较高的选择性，而且对设备的腐蚀性小。

工业实践中，浸出剂往往是用 NH_4OH 和$(NH_4)_2CO_3$混合液：

$$CuO+2NH_4OH+(NH_4)_2CO_3 \longrightarrow Cu(NH_3)_4CO_3+3H_2O \tag{4-30}$$

$$Cu(NH_3)_4CO_3+Cu \longrightarrow Cu_2(NH_3)_4CO_3 \tag{4-31}$$

$$Cu_2(NH_3)_4CO_3+(NH_4)_2CO_3+2NH_4OH+\frac{1}{2}O_2 \longrightarrow 2Cu(NH_3)_4CO_3+3H_2O \tag{4-32}$$

浸出液经固液分离得到含铜的氨浸液进行蒸馏，氧化铜以沉淀析出，NH_3和 CO_2冷凝吸收得$(NH_4)_2CO_3$和 $NH_3 \cdot H_2O$ 返回浸出作业再利用。

三、影响浸出的主要因素

浸出操作要保证有较高的浸出率，浸出率是目的溶质进入溶液的百分含量。浸出过程的主要影响因素有物料粒度及其特性、浸出温度、浸出压力、搅拌速度和溶剂浓度等，在渗滤浸出中还有物料层的空隙率等。

（一）物料粒度及其特性

一般来说，粒度细、比表面积大、结构疏松、组成简单、裂隙和空隙发达、亲水性强的物料浸出率高。例如，含铜废渣酸浸时，粒度由 150 mm 磨细到 0.2 mm，完全浸出时间由 4~6 年减少到 4~6 h，浸出速度提高近万倍。但浸出粒度也不宜过细，渗滤池浸出粒度以 0.5~1.0 cm 为宜，搅拌浸出粒度要求粒径小于 0.74 mm 的物料占 30%~90%即可，过细则粉磨费用太高，浸出后固液分离困难，浸出率提高也不显著。

（二）浸出温度

大部分浸出化学反应和扩散速度随温度升高而加快，因为此时大量的颗粒积存了大量的热能，以破坏或削弱原物质中的化学键，同时浸出料浆的流体力学性质，如粒度、流态等的变化发生有利于浸出。温度升高，化学反应速度会快于扩散速度，常使反应从动力区转入扩散区，但温度升高受到浸出溶剂沸点和技术经济条件限制。

（三）浸出压力

浸出操作压力增大可显著改善浸出过程传质效果。浸出速度随着压力增加而加快。

（四）搅拌速度

扩散层厚度在温度升高时变动比较小，更有效的办法是加强搅拌。搅拌的目的是减小扩散层厚度，但不能消除扩散层。当搅拌速度达到一定值时，进一步提高搅拌速度并不能加速离子或分子的扩散，因为此时反应已不受扩散条件限制，而是受到反应动力学因素限制。所以适宜的搅拌速度应通过试验确定。

（五）其他因素的影响

溶剂浓度越大，固体的溶解速度和溶解程度都随之增加，但溶剂浓度过高，不仅不经济，而且杂质进入溶液的量增多，设备腐蚀程度也增大。恰当的溶剂浓度应通过试验确定。固液比是溶解条件的重要特性，在浸出一定的固体物质时，固液比小，溶剂的绝对量增加，黏度下降（对微细颗粒和胶粒,若存在絮凝条件,则不利于浸出）。固液比应通过实验求定。浸出料浆中的氧分压具有很大意义，升高温度会使氧溶解度减小。料浆中气体可以加强溶解氧的化学作用，也会促使或阻碍固体物质被水润湿的程度，因此必须充分注意。

通过以上因素的有效控制，固体废物中目的组分浸出进入了浸出液，再通过离子沉淀、置换沉淀、电沉积、离子交换、溶剂萃取等方法可从浸出液中提取或分离目的组分。

四、动力学过程

浸出反应的进行在很大程度上取决于动力学过程。浸出过程大多取决于两个阶段——溶剂向反应区的迁移和界面上的化学反应。浸出过程大致可分成以下几个阶段。

（1）外扩散：即溶剂分子向颗粒表面和孔隙扩散。浸出的物料一般颗粒较细，或经前处理之后变得疏松多孔，加上溶剂的浸润作用，所以内扩散显得不那么明显。一般来说，外扩散可使溶剂扩散到表面或孔隙内部反应带。

（2）化学反应：即溶剂达到反应带之后与颗粒中的某些组分发生反应生成可溶性化合物。

（3）解吸：即可溶性化合物在颗粒表面解吸，其中包括颗粒内部孔隙的可溶性化合物的解吸。

（4）反扩散（为区别于外扩散,称之为反扩散）：即可溶性化合物在固体表面解吸之后，向液相扩散，由于搅拌等外界因素及表面上可溶性化合物浓度降低，颗粒的内外形成浓度差，也是一种使孔隙内部可溶性化合物向表面扩散的推动力。

由于上述 4 个过程，物料中目的组分不断进入液相，最后做固液分离，即可使目的组分全部或大部分转入液相，再从液相中回收利用。

根据菲克（Fick）第一定律，溶剂向颗粒表面扩散速度 v_D 可用下式表示：

$$v_D=-\frac{dc}{dt}=\frac{D}{\delta}(c-c_s)=K_D(c-c_s) \tag{4-33}$$

式中：v_D——扩散速度，即单位时间内溶剂向颗粒单位表面迁移而引起的浓度变化；

c——溶液中溶剂的浓度；

c_s——溶剂在颗粒表面上的浓度；

δ——扩散层的厚度；

D——扩散系数；

K_D——扩散或传质速度常数，$K_D=\frac{D}{\delta}$。

根据质量作用定律，溶剂在颗粒表面上的化学反应速度：

$$v_k = -\frac{dc}{dt} = K_k c_s^n \tag{4-34}$$

式中：v_k——化学反应速度，即单位时间内溶剂由于在颗粒表面上发生化学反应而引起的浓度降低；

K_k——吸附-化学反应动力学阶段的速度常数；

n——反应级数；

c_s——溶剂在颗粒表面上的浓度。

对于大多数浸出过程来说，反应服从一级反应，即 $n=1$，经过一段时间之后，当扩散速度和化学反应速度达到动态平衡时，则过程宏观速度：

$$v = v_k = v_D = -\frac{dc}{dt} \quad 当 n=1 时$$

或

$$v = K_D(c-c_s) = K_k c_s^n = K_k c_s \tag{4-35}$$

变换上式，则得：

$$c_s = \frac{K_D}{K_D+K_K}c \tag{4-36}$$

将式(4-35)代入式(4-36)，得：

$$v = \frac{K_D K_K}{K_D+K_K}c \tag{4-37}$$

当 $K_K >> K_D$ 时，即动力学区域的速度常数远远大于扩散区域常数时，分母中 K_D忽略不计，则式(4-37)变为：$v=K_D c$。即当溶剂浓度 c 一定时，反应速度被物质迁移(扩散)所限制，在扩散区域内物质服从扩散(传质)规律。

当 $K_K << K_D$ 时，则式(4-37)中分母 K_K可忽略不计，式(4-37)变为：$v=K_K c$，即当溶剂浓度 c 一定时，$v \propto K_K$，反应速度被化学反应控制，在动力学区域内，过程的速度服从化学反应规律。

五、浸出工艺

依浸出剂与被浸废料的相对运动方向的不同浸出分为顺流浸出、错流浸出和逆流浸出三种。浸出剂与被浸废料的运动方向相同的浸出为顺流浸出；浸出剂与被浸废料的运动方向相错的浸出为错流浸出；浸出剂与被浸废料的运动方向相反的浸出为逆流浸出。

依浸出过程废物的运动方式，浸出分为渗滤浸出和搅拌浸出。前者多用于大规模矿业废物，如尾矿的浸出；后者用于各种数量较少的工业废物，如各种冶金、化工废渣等的浸出。

(一) 渗滤浸出

渗滤浸出是使浸出剂溶液通过物料层而实现的，按溶液流向分为上升流和下降流浸出。其中包括就地浸出、堆浸和槽浸三种方法。就地浸出就是将已堆存多年的废物原地进行浸出；若堆积场底部渗漏则必须重新选择不渗漏(或人工防渗)的场地进行堆浸或槽浸。

(二) 搅拌浸出

搅拌浸出与渗滤浸出不同，浸出时物料和浸出剂同时流动，在机械、空气或其联合搅拌下进行。因此，必须先将物料磨细，再配成 20%～50% 的料浆，它具有浸出速度快、浸出率高、生产能力大、连续方便等优点。浆料搅拌有常压和高压操作之分，高压浸出设备是高压釜。

浸出系统由数个浸出设备组成，浆料逆向连续通过各浸出槽多段浸出，以提高浸出效果。机械搅拌和高压釜可采用化工生产类似设备。

空气搅拌浸出与机械搅拌浸出比较，具有充气性好、搅拌能力强、避免机械搅拌部件腐蚀和磨损等优点。生产中究竟采用哪种工艺和设备，取决于浸出物料品位、回收有用组分的价值、反应所需条件等因素。

例如，采用连二硫酸钙法浸出含锰多金属氧化物，并从中综合回收 Ag、Pb、Zn 等金属的工艺流程(见图 4-15)。其流程主要作业简述如下。

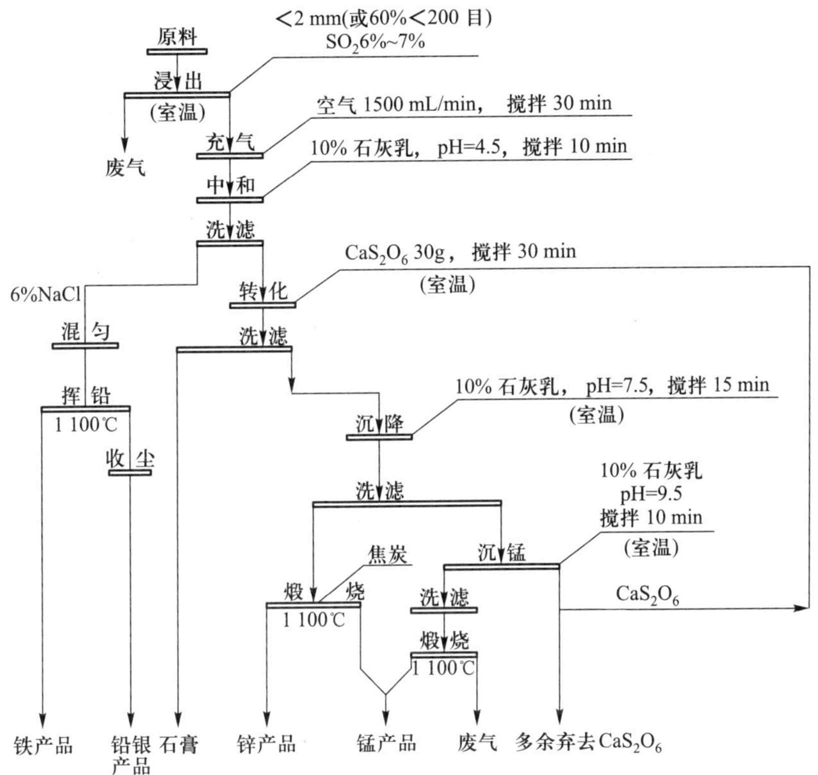

图 4-15　含锰、锌渣溶剂浸出工艺流程图

1. 浸出作业

通入的 SO_2 气体与锰作用生成硫酸锰及部分连二硫酸锰。

$$SO_2+H_2O+\frac{1}{2}O_2 \longrightarrow H_2SO_4+229\ kJ \tag{4-38}$$

$$2SO_2+H_2O+\frac{1}{2}O_2 \longrightarrow H_2S_2O_6+519\ kJ \tag{4-39}$$

$$MnO_2+SO_2 \longrightarrow MnSO_4+224\ kJ \tag{4-40}$$

$$2MnO+2SO_2+O_2 \longrightarrow 2MnSO_4 \tag{4-41}$$

$$Mn_3O_4+2SO_4+2H_2SO_4 \longrightarrow 2MnSO_4+MnS_2O_6+2H_2O \tag{4-42}$$

2. 转化作业

在空气中和除铁后富含 $MnSO_4$ 的滤液中加入 CaS_2O_6，发生以下反应：

$$MnSO_4+CaS_2O_6 \longrightarrow MnS_2O_6+CaSO_4-225\ kJ \tag{4-43}$$

由于 $MnSO_4$ 浓度高而纯净，反应相当完全。生成的 MnS_2O_6 纯度很高，过滤后得到洁白的合成石膏，这不但可将通用流程中沉淀于浸渣中的 CaS_2O_6 分离成单一副产品，而且使浸渣量大大减少，有利于浸渣综合利用。

3. 沉锰作业

在过滤除了 $CaSO_4$ 后富含 MnS_2O_6 的溶液中加入石灰乳。

$$MnS_2O_6+Ca(OH)_2 \longrightarrow Mn(OH)_2+CaS_2O_6 \tag{4-44}$$

生成的 CaS_2O_6 除循环用量之外，还有所积累。

4. 煅烧作业

过滤得到 $Mn(OH)_2$ 经高温煅烧，得到氧化亚锰。

$$Mn(OH)_2 \xrightarrow{1\ 100\ ℃} MnO+H_2O\uparrow \tag{4-45}$$

浸出过程为放热反应，转化过程为吸热反应，该反应过程不受温度影响，因此，不需要控制反应温度。

六、浸出设备

常用的浸出设备主要有渗滤浸出槽(池)、机械搅拌浸出槽、空气搅拌浸出槽、流态化逆流浸出塔和高压釜等五类。

(一) 渗滤浸出槽(池)

图 4-16 为渗滤浸出槽结构示意图。处理量大小不同，槽体所采用的材质不同。处理量小时，可用碳钢槽或木桶。处理量大时，可用混凝土结构。内衬为一定厚度的防腐层(瓷板、塑料、环氧树脂等)。渗浸槽应能承压、不漏液、耐腐蚀，底部略向出液口方向倾斜并装有假底。底部做成多坡倾斜出液口式。装料前先装假底，关闭浸液出口，然后用人工或机械方法将破碎好的废物(粒度一般小于 10 mm)均匀地装入槽内。物料装至规定高度后，表面平和，加入浸出剂至浸没废料，浸泡数小时或几昼夜后再放液，放液速度一般由试验决定。

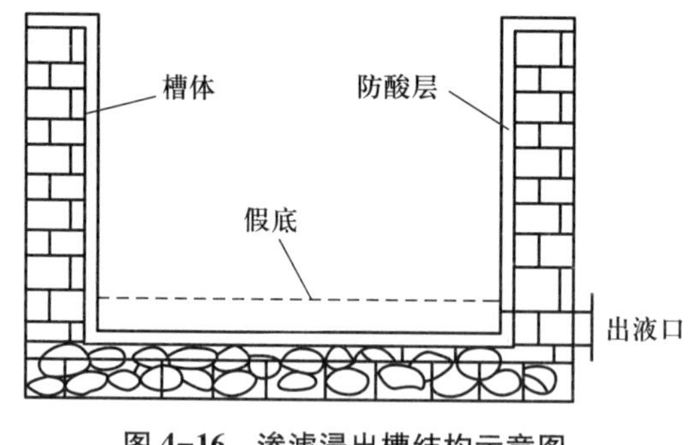

图 4-16 渗滤浸出槽结构示意图

渗滤槽浸的主要操作参数为浸出剂浓度、停留时间、放液速度、浸出液中剩余浸出剂浓度和目的组分含量等，当浸出液中剩余浸出剂浓度高时，可将其返回进行循环浸出。当浸出液中目的组分含量降至某一定值时，可认为浸出已达终点，用清水洗涤后排除浸渣，重新装料进行渗浸。

(二) 机械搅拌浸出槽

根据物料的搅拌方法可分为机械搅拌浸出和压缩空气搅拌浸出。图 4-17 为机械搅拌浸出槽结构示意图。

机械搅拌浸出槽分为单桨和多桨搅拌两种。搅拌器可采用不同的形状，有桨叶式、旋桨式、锚式和涡轮式等，浸出槽一般采用桨叶式和旋桨式。桨叶式搅拌器利用径向方向的速度差使物料混合，在轴向则无法产生满意的搅拌作用。旋桨式搅拌器由于是沿全长逐渐倾斜，高速旋转时形成轴向液流，在桨叶外加装循环筒以加强轴向液流而增强搅拌作用。锚式和涡轮式搅拌器常用于固体含量大、相对密度差大、黏度大的料浆的搅拌。涡轮式搅拌器旋转时可产生负压，有吸气的作用。

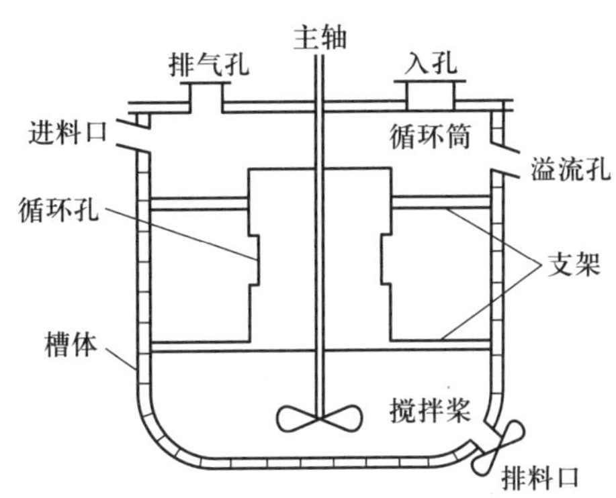

图 4-17　机械搅拌浸出槽结构示意图

（三）空气搅拌浸出槽

空气搅拌浸出槽常称为泊秋克槽或布朗空气搅拌浸出槽，图 4-18 为结构示意图，又称为空气搅拌浸出塔。操作时，料浆和浸出剂由进料口进入浸出塔，压缩空气由底部小管进入中心循环筒。由于压缩空气的冲力和稀释作用，料浆在循环筒内上升，通过循环孔而进入外环室。外环室的料浆下降进入循环筒内，从而使循环筒内外的料浆产生强烈的对流作用，使料浆上下反复循环。调节压缩空气的压力和流量可控制料浆的搅拌强度。在连续进料的条件下，循环筒内有一部分料浆被空气提升至溢流槽流出。空气搅拌浸出塔一般用于处理量较大的废物处理厂。

（四）流态化逆流浸出槽

图 4-19 为流态化逆流浸出塔结构示意图。塔的上部为浓缩扩大室，中部为圆柱体，底部为圆锥体。塔顶有排气孔及观察孔。

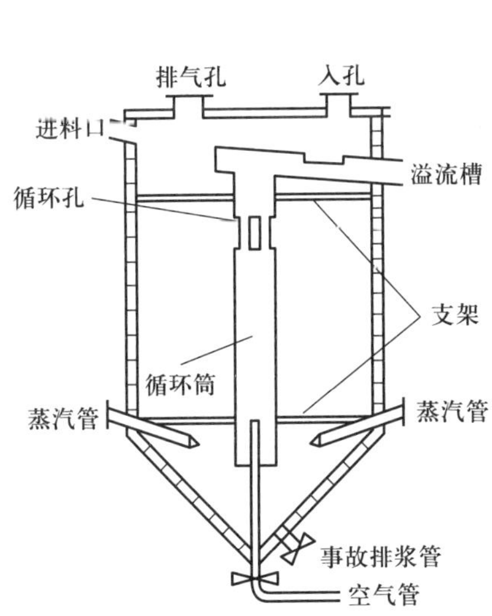

图 4-18　空气搅拌浸出槽结构示意图

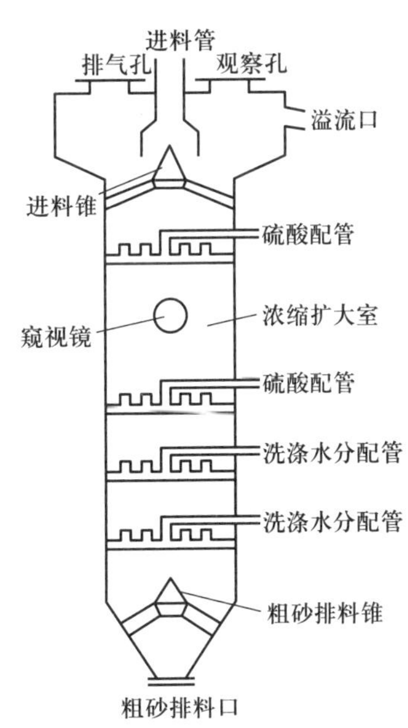

图 4-19　流态化逆流浸出塔结构示意图

自下而上流动的浸出剂对悬浮于其中并下沉的废物颗粒进行流态化浸出，被浸料浆由上部经给料管进入塔内，浸出剂和洗涤水分别由塔的中下部进入塔内，废物颗粒与浸出剂及洗涤水在塔内呈逆流运动。操作时，被浸料浆经进料管沿倒锥表面均匀地流向塔内，经浓缩扩大室浓缩后，含微细颗粒的浸出液经溢流口流出，浓缩后的料浆与上升的浸出剂和洗涤水逆流下沉，经稀相段下沉至固体浓度较高的浓相段，浓相段下部终止于洗涤水的最下部布液装置。操作正常时，进入塔内的浸出剂和洗涤水大部分向上流动，对下沉的颗粒进行浸出和洗涤。在稀相段和浓相段之间有一明显的“界面”。浓相段下部颗粒呈流动床下降，料浆进一步增浓，经浸出和洗涤后的粗砂经排料倒锥均匀地由底部排料口排出。经溢流堰流出的含细粒的浸出料浆不含粗砂，可减少固液分离的处理量。流态化逆流浸出全部以流体形式操作，连续逆向运行，可在同一设备中建立浓度梯度，具有设备体积小、占地面积小、便于自动化等优点。但操作较复杂，须严格控制进料、排料、浸出剂和洗涤水的流量及界面位置，才能保证浸出时间，获得较理想的浸出率、分级效率及洗涤效率。

（五）高压釜

高压釜也称为压煮器，用于热压浸出，其搅拌方法可分为机械搅拌、气流(蒸汽或空气)搅拌和气流-机械混合搅拌三种，依外形可分为立式和卧式两种。

图 4-20 为立式高压釜结构示意图。被浸料浆由釜的下端进入，与压缩空气混合后经旋涡哨从喷嘴进入釜内，呈紊流状态在塔内上升，然后经出料管排出。采用与料浆呈逆流的蒸汽夹套加热或水冷却的方式使料浆加热或冷却。釜内装有事故排料管，经高压釜浸出后的料浆必须将压力降至常压后才能送后续工序处理。为了维持釜内压力，常采用自蒸发器减压。

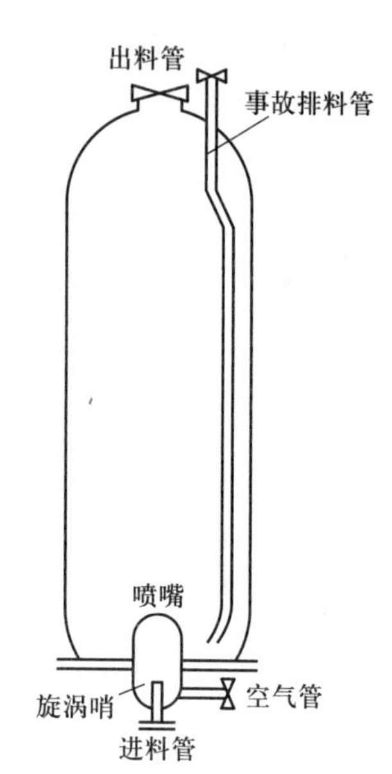

图 4-20 立式高压釜结构示意图

图 4-21 为卧式高压釜结构示意图。釜内分四个室，室间有隔板，隔板上部中心有溢流板，以保持各室液面有一定位差。料浆依次通过各室，最后通过自动控制气动薄膜调节阀减压后排出釜外，送后续工序处理。各室均有机械搅拌器，空气由位于搅拌器下部的鼓风分配支管送入。

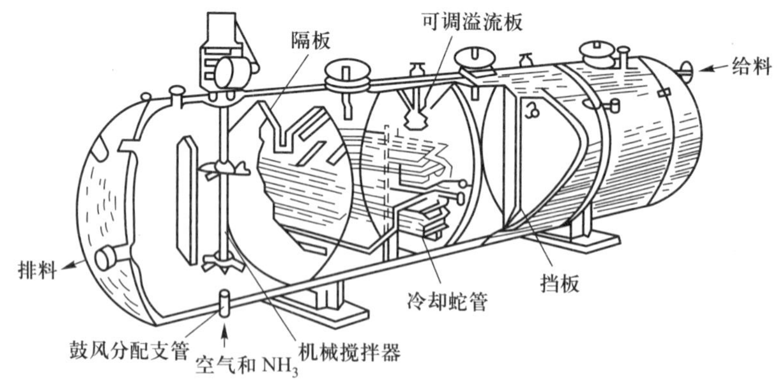

图 4-21 卧式高压釜结构示意图

第四节 蒸馏与蒸发结晶

一、蒸馏

（一）蒸馏分类

蒸馏是热力学分离工艺的一种，它利用混合液体或液-固体系中各组分沸点不同，使低沸点组分蒸发，再冷凝以分离整个组分，是蒸发和冷凝两种单元操作的组合。与其他的分离手段如萃取、吸附等相比，其优点在于无须使用系统组分以外的其他溶剂，不会引入新的杂质或污染。

蒸馏按方式可分为简单蒸馏、平衡蒸馏、精馏、特殊精馏；按照操作压力可分为常压蒸馏、加压蒸馏、减压蒸馏；按照混合物中组分可分为双组分蒸馏和多组分蒸馏；按照操作方式可分为间歇蒸馏和连续蒸馏。

（二）分子蒸馏

1. 分子蒸馏原理

分子蒸馏是一种在高真空(0.1~10 Pa)条件下操作的液-液分离方法，又称为短程蒸馏。蒸馏过程中蒸气分子的平均自由程大于蒸发表面与冷凝表面之间的距离，从而可利用料液中各组分蒸发速率的差异，对液体混合物进行分离。适用于高沸点、热敏性及易氧化物系的分离，能解决大量常规蒸馏技术所不能解决的问题。分子蒸馏原理见图 4-22。

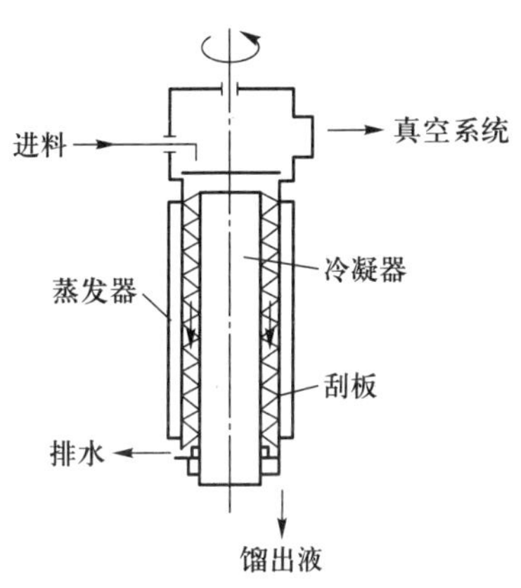

图 4-22 分子蒸馏原理示意图

分子蒸馏过程一般为：① 分子从液相主体向蒸发表面扩散。通常，液相中的扩散速度是控制分子蒸馏速度的主要因素，所以应尽量减薄液层厚度及强化液层的流动。② 分子在液层表面上的自由蒸发。蒸发速度随着温度的升高而上升，但分离因素有时却随着温度的升高而降低，因此应以被加工物质的热稳定性为前提，选择经济合理的蒸馏温度。③ 分子从蒸发表面向冷凝面飞射。蒸气分子在从蒸发面向冷凝面飞射的过程中，可能彼此相互碰撞，也可能和残存于两面之间的空气分子发生碰撞。由于蒸发分子重于空气分子，且大都具有相同的运动方向，因此它们自身碰撞对飞射方向和蒸发速度影响不大。而残气分子在两面间呈杂乱无章的热运动状态，故残气分子数目的多少是影响飞射方向和蒸发速度的主要因素。④ 分子在冷凝面上冷凝。只要保证冷热两面间有足够的温度差(一般为 70~100 ℃)，冷凝表面的形式合理且光滑，则认为冷凝步骤可以在瞬间完成，所以选择合理的冷凝器形式很重要。

2. 分子蒸馏的条件

分子蒸馏的条件为：① 残余气体的分压必须很低，使残余气体的平均自由程长度是蒸馏器和冷凝器表面之间距离的倍数；② 在饱和压力下，蒸气分子的平均自由程长度必须与蒸发器和冷凝器表面之间距离具有相同的数量级。

在此理想条件下，蒸发在没有任何障碍的情况下从残余气体分子中发生。所有蒸气分子不会遇到其他分子而且在返回到液体过程中到达冷凝器表面。蒸发速度在所处的温度下达到可能的最大值。蒸发速度与压力成正比，因而，分子蒸馏的馏出液量相对比较小。

分子蒸馏具有蒸馏温度低、真空度高、物料受热时间短、分离程度高等特点，且分离过程为不可逆过程，不存在沸腾和鼓泡现象，因而适合于高沸点、热敏性和易氧化物质的分离。

3. 分子蒸馏设备

一套完整的分子蒸馏设备主要由脱气系统、进料系统、分子蒸馏器、馏分收集系统、加热系统、冷却系统、真空系统和控制系统等部分组成。脱气的目的是排除物料中所溶解的挥发性组分，以免蒸馏过程中发生爆沸。真空系统是保证分子蒸馏过程进行的前提，合适的真空设备和严格的密封性才能保证所需要的真空度，是分子蒸馏装置的一个技术关键。一般采用二级或二级以上的真空泵联用，并设液氮冷阱以保护真空泵。

根据形成蒸发液膜的不同，分子蒸馏器可分为圆筒式分子蒸馏器、降膜式分子蒸馏器、内循环式薄膜分子蒸馏器、刮膜式分子蒸馏器和离心式分子蒸馏器。由于降膜式的传热、传质效率差，已逐渐被淘汰，代之以刮膜式或离心式。由于离心力能强化成膜，物料停留时间短且液膜薄而均匀，降低了传质阻力，且加热和冷却大多为内置式，因此，离心式分子蒸馏器的分离效率及生产能力较高，但其结构复杂、投资相对比较大。而转子刮膜式结构相对较为简单，操作参数容易控制，且价格相对低廉，因此，现在的实验室及工业生产中，大部分都采用该装置。代表性分子蒸馏设备结构如图 4-23～图 4-26。

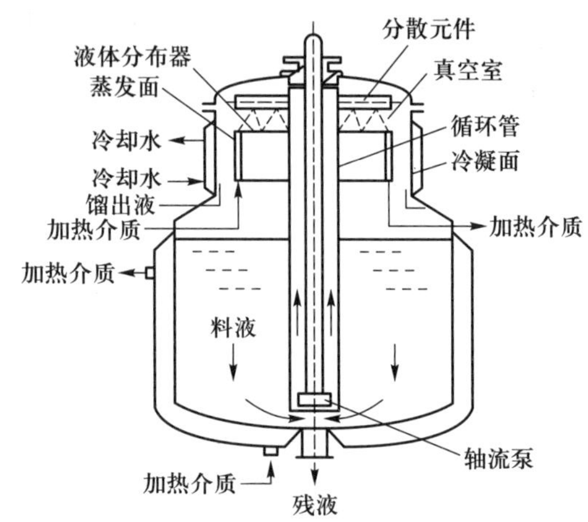

图 4-23　内循环薄膜分子蒸馏器结构示意图

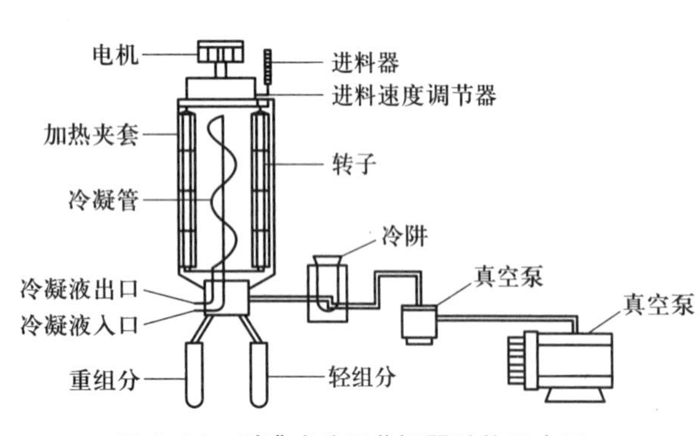

图 4-24　刮膜式分子蒸馏器结构示意图

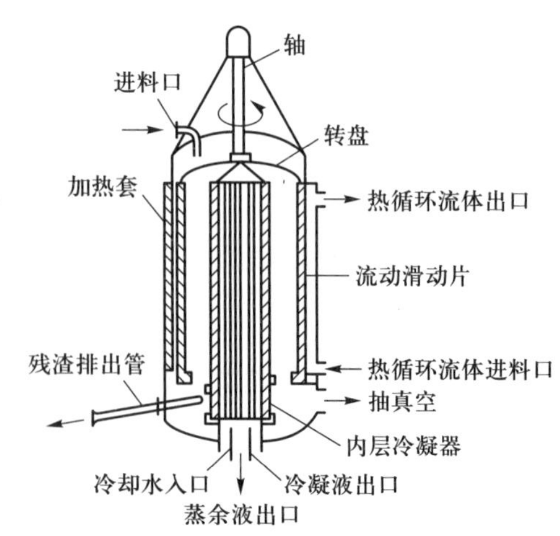

图 4-25　刮膜式分子蒸馏器结构示意图

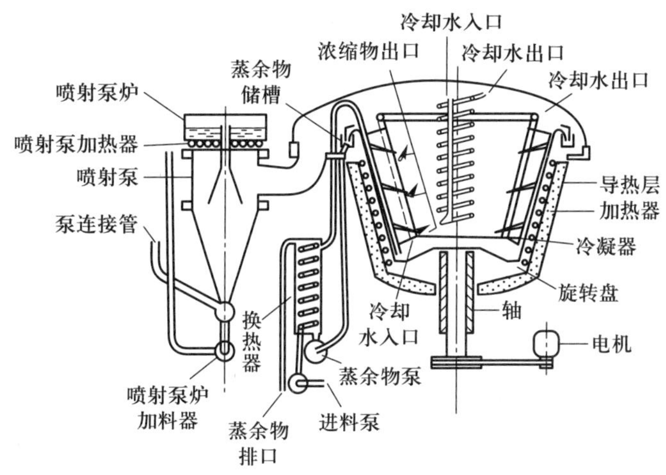

图 4-26　立式离心式分子蒸馏器结构示意图

（三）蒸馏工艺的应用

蒸馏工艺主要用于化工行业有机溶剂的回收、废液的浓缩等处理、废矿物油的回收处理、高盐度废液处理和挥发性有机物废液回收、预处理等，以便实现物质的回收再利用和减量化。废矿物油属于危险废物，但废矿物油具有资源性，利用价值较大，应回收再利用。废矿物油的处理、再生目前应用的主要工艺涉及蒸馏的有：蒸馏+酸洗+白土精制；沉降+酸洗+白土蒸馏；沉降+蒸馏+酸洗+钙土精制；蒸馏+乙醇抽提+白土精制；蒸馏+糠醛精制+白土精制等。

二、蒸发结晶

（一）蒸发

蒸发是化工单元操作之一，即用加热的方法使溶液中的部分溶剂汽化并去除，以提高溶液的浓度，或为溶质析出创造条件。蒸发浓缩用于液态废物的预处理，可实现废物的减量化，便于后续处理工艺的运行。

1. 蒸发流程

当液体受热时，靠近加热面的分子不断地获得动能，当一些分子的动能大于液体分子之间的引力时，这些分子便会从液体表面逸出而成为自由分子，此即分子的汽化，因此溶液的蒸发需要不断地向溶液提供热能，以维持分子的连续汽化；另外，液面上方的蒸气必须及时移除，否则蒸气与溶液将逐渐趋于平衡，汽化将不能连续进行。

图 4-27 所示是一类典型的单效蒸发操作装置流程，其主体设备蒸发器由加热室和分离室两部分组成。它的下部是由若干加热管组成的加热室，加热蒸气在管间(壳方)被冷凝，它所释放出来的冷凝潜热通过管壁传给被加热的料液，使溶液沸腾汽化。在沸腾汽化过程中，将不可避免地夹带一部分液体，为此，在蒸发器的上部设置了一个称为分离室的分离空间，并在其出口处装有除沫装置，以便将夹带的液体分离开，蒸气则进入冷凝器内，被冷却水冷凝后排出。在加热室管内的溶液中，随着溶剂的汽化，溶液浓度得到提高，浓缩以后的完成液从蒸发器的底部出料口排

出。对于沸点较高溶液的蒸发，可采用高温载热体如导热油、熔盐等作为加热介质。

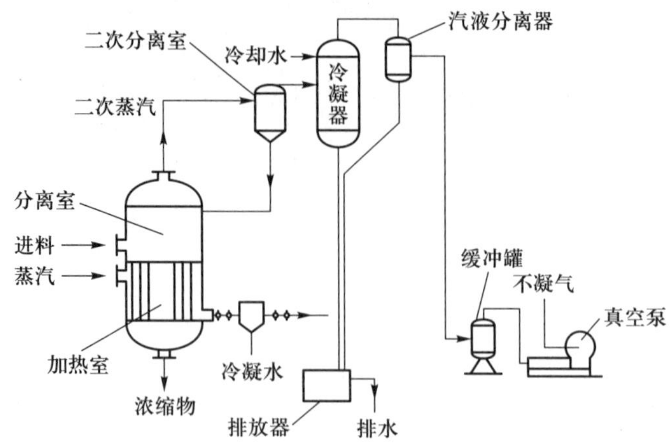

图 4-27　单效蒸发操作装置流程图

蒸发操作可以在常压、加压或减压下进行，上述流程一般采用减压蒸发操作来完成。

2. 蒸发的工艺类型

按蒸发操作压力的不同，可将蒸发过程分为加压蒸发、常压蒸发和减压(真空)蒸发。对于大多数无特殊要求的溶液，采用加压、常压或减压操作均可。但对于处理量大、对热敏感的料液等的蒸发，需要在减压条件下进行。减压蒸发的优点有：① 在加热蒸汽压力相同的情况下，减压蒸发时溶液的沸点低，传热温差可以增大，当传热量一定时，蒸发器的传热面积可以相应地减小；② 可以蒸发不耐高温的溶液；③ 可以利用低压蒸汽或废气作为加热剂；④ 操作温度低，损失于外界的热量也相应地减小。但减压蒸发也有不利方面，由于沸点降低，溶液的黏度大，蒸发的传热系数减小；同时，减压蒸发时，产生真空需要增加设备和动力。

根据二次蒸汽是否用作另一蒸发器的加热蒸汽，可将蒸发过程分为单效蒸发和多效蒸发。若二次蒸汽直接冷凝而不再利用，称为单效蒸发。若将二次蒸汽引至下一蒸发器作为加热蒸汽，将多个蒸发器串联，使加热蒸汽多次利用的蒸发过程称为多效蒸发。在实际生产中，三效蒸发器使用较多，可应用于处理化工生产、食品加工、医药生产、石油和天然气采集加工等企业在工艺生产过程中产生的高含盐废水，适宜处理含盐量为 3.5% ~25%的废水。三效蒸发器主要由相互串联的三组蒸发器、冷凝器、盐分离器和辅助设备等组成。三组蒸发器以串联的形式运行，组成三效蒸发器。整套蒸发系统采用连续进料、连续出料的生产方式。根据加料方式的不同，三效蒸发操作的流程可分为 3 种，即并流、逆流和平流。根据设备的具体形式，可以分为三效降膜蒸发器、三效浓缩器、三效强制循环蒸发器、三效强制循环蒸发结晶器等。

根据蒸发的过程模式，可将其分为间歇蒸发和连续蒸发。间歇蒸发系指分批进料或出料的蒸发操作。间歇操作的特点是：在整个过程中，蒸发器内溶液的浓度和沸点随时间改变，故间歇蒸发为非稳态操作。通常间歇蒸发适合于小规模多物质的场合，而连续蒸发适合于大规模的生产过程。

常用的多效蒸发器的效数为 2~3 效，可根据蒸发水量的多少来选择。当蒸发水量为 500 kg/h以下时，可选用单效蒸发器；蒸发水量为 500~1 500 kg/h 时应选用双效蒸发器；蒸发水量大于 1 500 kg/h 时则选用三效蒸发器。

三效蒸发应用实例：高含盐废水的主要成分为 15%氯化钠溶液，pH 为 6~8，COD 为

50 000 mg/L，处理量为 3 t/h。根据高含盐废水的特性，三效蒸发器的主要技术参数为：蒸发量 Q=3 000 kg/h；蒸气耗量 Q_1=1 200 kg/h(进气压力为 0.3~ 0.4 MPa)；一效蒸发器换热面积 S_1=80 m^2，真空度 P_1= −0.03 MPa；二效蒸发器换热面积 S_2=80 m^2，真空度 P_2= −0.06 MPa；三效蒸发器换热面积 S_3=80 m^2，真空度 P_3=−0.085 MPa；循环冷却水耗量 Q_2=40 t/h；机组总功率 N=25 kW；机组占地面积为长 10 m×宽 5 m。蒸发器本体选择碳钢重防腐，可耐 120 ℃以内酸、碱、盐溶液的腐蚀；加热器为钛管。

3. 蒸发操作应考虑的因素

蒸发操作是从溶液中分离出部分溶剂，而溶液中所含溶质的数量不变，因此蒸发是个热量传递过程，其传热速率是蒸发过程的控制因素。蒸发所用的设备属于热交换设备，但与一般的传热过程比较，蒸发过程又具有其自身的特点，主要表现在以下三个方面。

（1）溶液沸点升高

被蒸发的料液是含有非挥发性溶质的溶液，由拉乌尔定律可知，在相同的温度下，溶液的蒸气压低于纯溶剂的蒸气压。换言之，在相同压力下，溶液的沸点高于纯溶剂的沸点。因此，当加热蒸汽温度一定，蒸发溶液时的传热温度差要小于蒸发溶剂时的温度差。溶液的浓度越高，这种影响也越显著。在进行蒸发设备的计算时，必须考虑溶液沸点上升的这种影响。

（2）物料的工艺特性

蒸发过程中，溶液的某些性质随着溶液的浓缩而改变。有些物料在浓缩过程中可能结垢、析出结晶或产生泡沫；有些物料是热敏性的，在高温下易变性或分解；有些物料具有较大的腐蚀性或较高的黏度等。因此在选择蒸发的方法和设备时，必须考虑物料的这些工艺特性。

（3）能量利用与回收

蒸发时需消耗大量的加热蒸汽。而溶液汽化又产生大量的二次蒸汽，如何充分利用二次蒸汽的潜热，提高加热蒸汽的经济程度，也是蒸发器设计中的重要问题。

4. 蒸发设备

常用蒸发器主要由加热室和分离室两部分组成。加热室的型式有多种，最初采用夹套式或蛇管式加热装置，其后则有横卧式短管加热室和竖式短管加热室。继而又发明了竖式长管液膜蒸发器和刮板式薄膜蒸发器等。根据溶液在蒸发器中流动的情况，大致可将工业上常用的间接加热蒸发器分为循环型与单程型两类。典型蒸发器结构如图 4−28~图 4−34 所示。

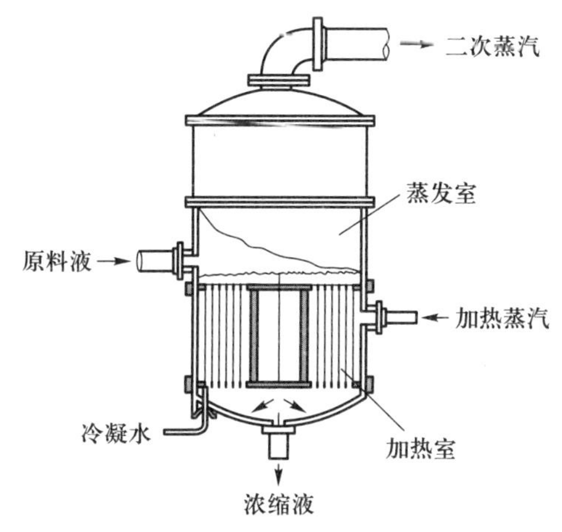

图 4−28　中央循环管式蒸发器结构示意图

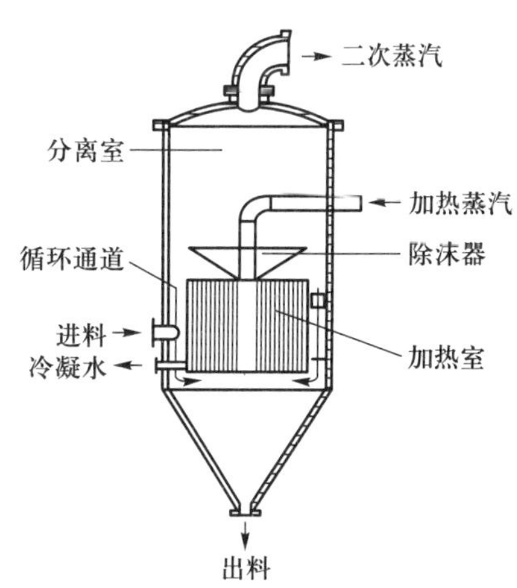

图 4−29　悬筐式蒸发器结构示意图

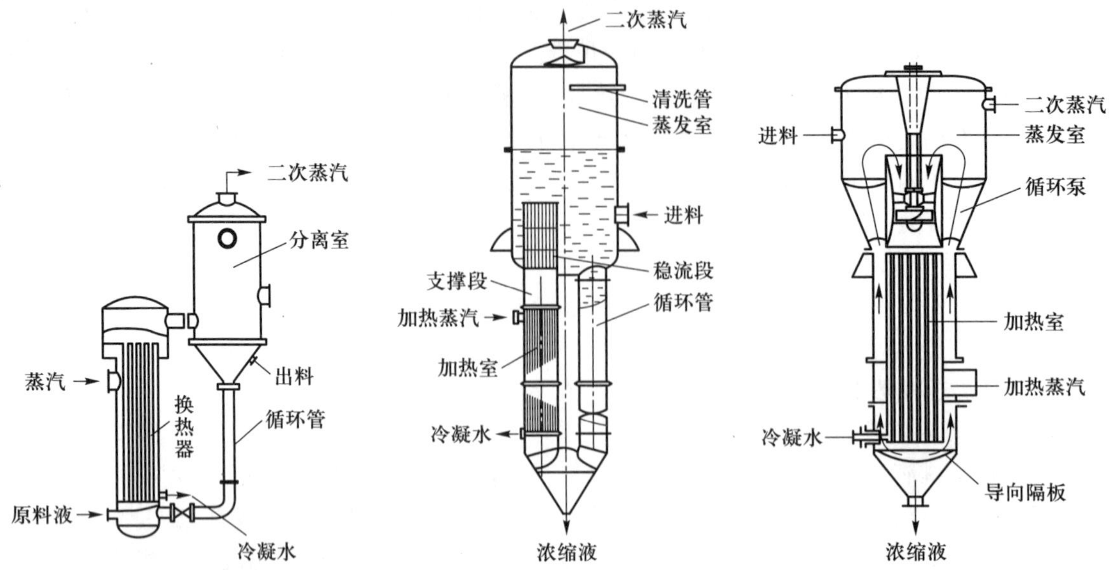

图 4-30 外热式蒸发器结构示意图　图 4-31 列文蒸发器结构示意图　图 4-32 强制循环蒸发器结构示意图

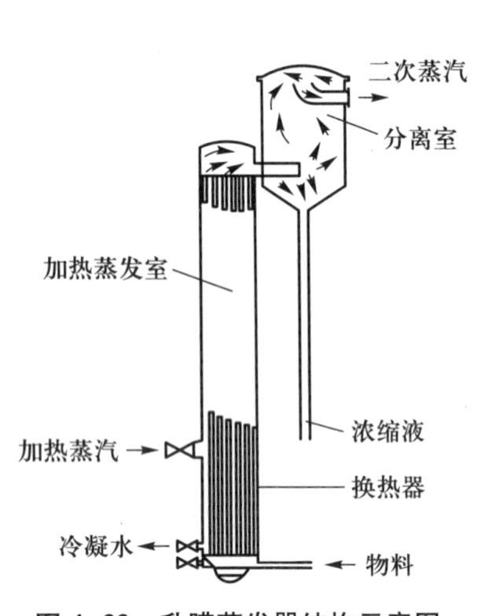

图 4-33 升膜蒸发器结构示意图

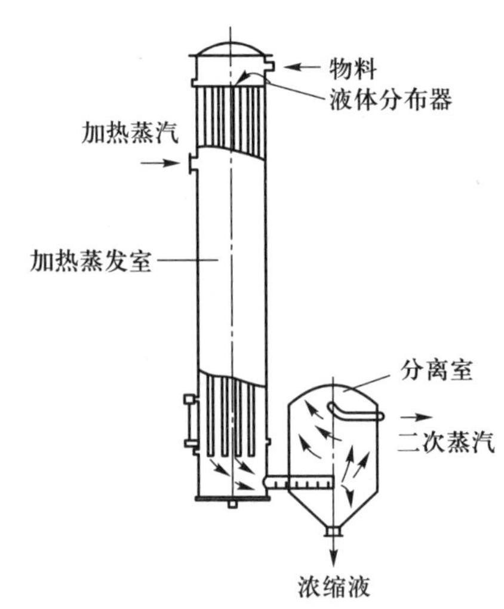

图 4-34 降膜蒸发器结构示意图

5. MVR 蒸发器

在 MVR 蒸发器系统内，在一定的压力下，蒸发器采用压缩机把电能转换成热能，提高二次蒸汽的能量，重新作为热源回到蒸发器里加热需要蒸发的物料。新鲜蒸汽仅用于补充热损失和补充进出料热焓，可大幅度减低蒸发器对新鲜蒸汽的消耗。在国外，较早有其使用的报道。MVR 系统的主要组成有：① 蒸发器，包括加热器、分离器、循环泵。② 压缩机系统，类型有：罗茨式压缩机，适合蒸发量小但沸点升高较大的情况；低速离心压缩机，适合蒸发量大，但基本无沸点升高的情况；单级离心高速压缩机，其适用范围广。③ 预热器，利用余热提高进料的温度。④ 真空系统，其作用是从装置中抽出部分不凝气，维持整个蒸发器的真空度，使系统蒸发状态稳定。⑤ 清洗系统。⑥ 控制系统。

(二) 结晶

结晶是溶质从溶液中析出的过程，分为晶核生成(成核)和晶体生长两个阶段，两个阶段的驱动力均是溶液的过饱和度，结晶过程只能在过饱和溶液里发生。在实际工业操作中，改变溶液的 pH 也是常见的结晶方法。

固体废物的结晶处理方法包括蒸发溶剂法、冷却热饱和溶液方法等。蒸发法适用于可溶于溶剂的物质，将其从溶剂中分离出来，蒸发结晶适用于水溶液或有机溶液的蒸发浓缩处理，尤其是热敏性废物；冷却热饱和溶液方法则比较适用于溶解度受温度影响大的物质分离及对晶体粒度要求高且产量较大的固体废物的分离。

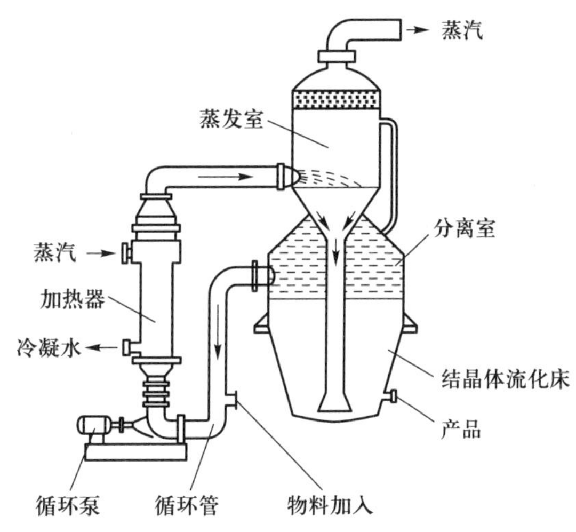

图 4-35 Oslo 型结晶器结构示意图

常用结晶设备种类繁多，比较重要的设备有奥斯陆(Oslo)型结晶器(见图 4-35)、DTB 型结晶器、DP 型结晶器等，可通用于各种不同的结晶方法。

Oslo 结晶器分为蒸发式和冷却式两大类。蒸发式 Oslo 结晶器是由外部加热器对循环料液加热进入真空闪蒸室蒸发，达到过饱和后再通过垂直管道进入悬浮床使晶体得以成长，由于 Oslo 结晶器的特殊结构，体积较大的颗粒首先接触过饱和的溶液优先生长，依次是体积较小的颗粒。冷却式 Oslo 结晶器冷却器是由外部冷却器对饱和料液冷却达到过饱和，因此 Oslo 结晶器生产出的晶体具有体积大、颗粒均匀的特点。

DTB 型结晶器即导流筒-挡板蒸发结晶器，属于循环式结晶器的一种，由三段不同直径的筒体组成，其三个功能区分别为蒸发室、结晶室、淘析室，DTB 型结晶器构造示意图见图 4-36。

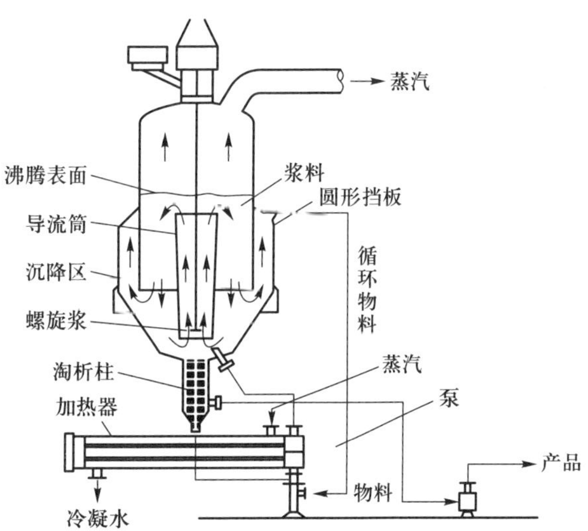

图 4- 36 DTB 型结晶器构造示意图

结晶处理前应明确废物特性，进行必要的预处理以保证废物的均匀性。蒸发设备必须具备观察孔、视镜、清洗和排净孔，必须对温度、液位、压力等参数进行实时监控，受压容器(包括蒸发器、预热器等)不应超温、超压、超液位运行。不应在蒸发结晶器运行时用水冲洗目镜或带压紧目镜螺丝。更换目镜应在蒸发结晶器内压力降至常压后进行。应在运行 3~6 个月或蒸发效能下降时对蒸发器进行碱洗或酸洗除垢。清洗完的酸性(碱性)废水应倒入稀酸(碱)槽，经处理后循环利用。必须排放时，应满足相关排放标准的要求。

固体废物蒸发结晶过程如产生有害气体，应采用密闭装置（留有泄气孔）和气体收集设施，废气应进行必要的处理后满足相关排放标准。

第五节 萃取、吸附与膜分离

一、萃取分离

（一）萃取分类

萃取是指利用物质在两种互不相溶（或微溶）的溶剂中溶解度或分配系数的不同，使物质从一种溶剂转移到另一种溶剂中，经过反复多次萃取，将绝大部分的物质提取出来的方法。

以液体为萃取剂的，如果含有目标产物的原料也为液体，则称为液液萃取；在液液萃取中，根据萃取剂的种类和形式的不同又分为有机溶剂萃取、双水相萃取、液膜萃取和反胶束萃取等。如果含有目标产物的原料为固体，则称液固萃取，也称为浸出；以超临界流体为萃取剂时，含有目标产物的原料可以是液体，也可以是固体，称此操作为超临界流体萃取。

在萃取操作中，萃取剂与溶质之间不发生化学反应的萃取称为物理萃取；萃取剂和溶质之间发生化学反应的萃取称为化学萃取。化学萃取是伴有化学反应的传质过程，根据溶质与萃取剂之间发生的化学反应机理，大致可分为五类，即络合反应萃取、阳离子交换反应萃取、离子缔合反应萃取、加合反应萃取（协同萃取）和带同萃取反应。

1. 络合反应萃取

在此萃取反应中，溶质和萃取剂都是中性分子，两者通过络合反应结合成为中性溶剂络合物后进入有机相。进行络合反应的萃取剂主要是中性含磷萃取剂、中性含硫萃取剂和中性含氧萃取剂。其中应用最广的为磷酸三丁酯［$(C_4H_9O)_3PO$］。

2. 阳离子交换反应萃取

此类萃取反应中萃取剂为一元弱酸性有机化合物，溶质在水相中以络离子形式存在。萃取时，水相中溶质的阳离子取代出萃取剂中的氢离子，故称为阳离子交换反应萃取。其中最重要的为一元酸，如萃取剂二(2-乙基己基)磷酸酯以及异辛基膦酸单异辛酯。

3. 离子缔合反应萃取

这类萃取有两种情况：一是溶质离子在水相中形成络阴离子，萃取剂与氢离子结合成阳离子，两者通过离子缔合反应构成离子缔合物而进入有机相，称为阴离子萃取；二是溶质的阳离子与螯合性萃取剂结合成螯合阳离子，然后与水相中存在的较大阴离子通过离子缔合反应构成离子缔合物而进入有机相，称为阳离子萃取。

4. 加合反应萃取（协同萃取）

萃取体系中含有两种或两种以上萃取剂，如被萃取组分的分配系数显著大于每一萃取剂（浓度及其他条件都相同）单独使用时的分配系数之和，即为加合反应萃取。

5. 带同萃取反应

某一溶质不被萃取或很少被萃取，但当其与另一溶质同时被萃取时，这种溶质却能被萃取或者分配系数显著增大，这种现象称为带同萃取。

另外，根据操作方式，萃取可分为分批式萃取和连续式萃取；根据萃取流程，可分为单级萃取和多级萃取，其中多级萃取又分为多级错流萃取、多级逆流萃取和微分萃取。

萃取目前广泛用于废有机溶剂回收及污染土壤的修复；也有采用溶剂萃取法回收利用冶金和化工工业生产中的废硫酸液，如从废旧锂离子电池中回收有价金属及废弃含能材料(废弃炸药)。

(二) 萃取剂的选择

萃取剂按萃取性能大致可分为六类。

(1) 中性萃取剂

如苯、醇、酮、醚、醛及烃类。它们能够直接溶解被萃取组分(如四氯化碳用以萃取碘)；或先与被萃取组分生成溶剂络合物(如用磷酸三丁酯萃取硝酸双氧铀)。

(2) 酸性萃取剂

如羧酸、酸性磷酸酯等。萃取时萃取剂将自身的氢离子置换料液中的金属阳离子，如用双-(2-乙基己基)磷酸酯萃取铟。有时先将萃取剂中的氢离子换成适当的金属离子，可避免萃余液酸度增高而影响萃取平衡关系。

(3) 螯合萃取剂

也是酸性的萃取剂。有两个官能团参与反应，与被萃离子生成具有螯环的化合物，并释放出氢离子。这类萃取剂的选择性较好，如用 LIX63(芳基羟肟类化合物)萃取铜。

(4) 胺类萃取剂

主要用叔胺和季铵盐。前者与料液中的游离酸结合而实现萃取，如用三辛胺萃取铬酸；后者以自身的阴离子换取料液中的阴离子而萃取。

(5) 特殊萃取剂

特殊情况下，液化的氨、丙烷和二氧化硫及熔融的盐类等也可用作萃取剂。

(6) 反萃剂

对有机萃取液的反萃，通常用纯水及酸、碱、盐的水溶液。

因此，萃取法使用的萃取剂必须具有良好的热稳定性和化学稳定性，也不能对萃取塔等设备产生腐蚀作用，同时还要易于回收和再利用；萃取剂要具有良好的选择性，即对废物中的特定污染物具有较好的分离能力，而且萃取剂与废液的密度差越大越好，这样有利于萃取剂萃取污染物后能实现迅速分离；萃取剂的表面张力要适中。

要提高萃取的速度和效果，必须设法增大两相接触面积、提高传质系数、加大传质动力。

(三) 萃取法的适用性

萃取法适用于① 形成共沸点的恒沸化合物，而且不能用蒸馏、蒸发方法分离回收的组分。② 热敏感性物质，在蒸馏和蒸发的高温条件下，易发生化学变化或易燃易爆的物质。③ 难挥发性物质，用蒸发法需要消耗大量热能或需要高真空蒸馏，例如含乙酸、苯甲酸和多元酚废液。④ 对某些含金属离子的污水，如含铀和钒的洗矿水和含铜的冶炼污水，可以用有机溶剂萃取、分离和回收。

（四）萃取的操作

实际应用中，萃取操作包括三个步骤：① 混合，料液和萃取剂充分混合形成乳浊液；② 分离，将乳浊液分成萃取相和萃余相；③ 溶媒回收。混合通常在搅拌罐中进行，也可以将料液和萃取剂以很高的速度在管道内混合，湍流程度很高，称为管道萃取；也有利用在喷射泵内的涡流混合进行萃取的，称为喷射萃取。分离通常利用离心机（碟片式或管式），近来也有将混合和分离同时放在一个设备内完成的，如波德皮尔尼克萃取机、阿法拉伐萃取机等各种萃取设备。对于利用混合+分离器的萃取过程，按其操作方式分类，可以分为单级萃取和多级萃取，后者又可以分为错流萃取和逆流萃取，还可以将错流和逆流结合起来操作。

（五）萃取设备

萃取设备包括混合、分离设备与兼有混合和分离两种功能的设备。

传统的混合设备是搅拌罐，利用搅拌将料液和萃取剂混合，其缺点为间歇操作、停留时间较长、传质效率较低，但由于其装置简单、操作方便，仍广泛应用于工业中。较新的混合设备有三种：① 管式混合器，其工作原理是使液体在一定流速下在管道中形成湍流状态。湍流时，各点的运动方向是不规则的，易于达到混合。一般来说，管道萃取的效率比搅拌罐萃取高，且为连续操作。② 喷嘴式混合器，是利用工作流体在一定压力下经过喷嘴高速射出，当流体流至喷嘴时速度增大，压力降低产生真空，这样就将第二种液体吸入达到混合目的。喷嘴式混合器的优点是体积小、结构简单、使用方便，但由于其产生的压力差小、功率低、还会使液体稀释等缺点，所以在应用方面受到一定限制。③ 气流搅拌混合罐，是将空气通入液体介质，借鼓泡作用发生搅拌。这种搅拌方法，特别适用于化学腐蚀性强的液体，但不适于搅拌挥发性强的液体。

液液萃取分离主要依靠两相液体的密度不同，在离心力的作用下将液体分离。离心分离机可分为高速离心机和超速离心机两种。高速离心机一般指碟片式，如苏联的 Cak-3 和美国的 Delaval 等设备，其转速为 4 000~6 000 r/min，适用于分离乳浊液或含少量固体的乳浊液。超速离心机的转速在 10 000 r/min 以上，一般为管式离心机。根据离心力与转鼓半径和转速的平方都成正比的关系，要提高离心力可以增加转速，但转鼓所受的离心应力大大增加。为了避免转鼓所受的应力增加过大，保证设备的坚固性，只有适当地减少转鼓半径，如果鼓径由100 mm减到 10 mm，其转速可由 1 500 r/min 增加到 50 000 r/min。管式离心机就是根据上述原理制成的，适于分离颗粒微细的乳浊液。超速离心机具有构造简单、紧凑和维修方便等优点，缺点是生产能力小。当参与萃取的两液体密度差很小，或界面张力甚小而易乳化，或黏度很大时，两相的接触状况不佳，特别是很难靠重力使萃取相与萃余相分离，这时可以利用比重力大得多的离心力（如使用离心萃取机）来完成萃取所需的混合和澄清两个过程。

（六）萃取/加氢回收废油

萃取/加氢回收废油是以萃取为主要工序的废油再生方法，关键技术是萃取剂的选择。其工艺流程为废油经加温沉降、预闪蒸脱水后和丙烷一起送入丙烷接触沉降塔，使废油中的金属盐、胶质、沥青质、分散剂等形成残渣与油分离。得到的油通过两次闪蒸去除丙烷后，送入糠醛提取塔，将油中的剩余氧化物、胶质、芳烃及氨氧化物溶于糠醛中除去，所得到的油经过加氢精制得到再生油。萃取部分操作条件见表 4-3。

表 4-3　溶剂混合萃取部分操作条件

项目	温度/℃	压力/MPa
沉降塔	86(顶)/100(底)	4.4
丙烷第一回收塔	97±1	4.2
丙烷第二回收塔	150	2.0
萃取油汽提塔	150	0.2
沥青蒸发塔	210	0.2
沥青汽提塔	200	0.2
溶剂比(体积比)	丙烷：润滑油=6.3：1	

二、吸附分离

(一) 吸附原理

当流体(气体或液体)与多孔的固体表面接触时，由于气体或液体分子与固体表面分子之间的相互作用，流体分子会停留在固体表面上，这种使流体分子在固体表面上浓度增大的现象称为固体表面的吸附现象。

根据吸附剂表面与吸附质之间作用力的不同，吸附可分为物理吸附与化学吸附。物理吸附是指流体中吸附质分子与固体吸附剂表面分子间的作用力为分子间吸引力，即范德瓦耳斯力所造成的；化学吸附类似于化学反应。吸附时，吸附剂表面的未饱和化学键与吸附质之间发生电子的转移及重新分布，在吸附剂的表面形成一个单分子层的表面化合物。化学吸附具有选择性，它仅发生在吸附剂表面的某些活化中心，且吸附速度较慢。

物理吸附和化学吸附并非不相容，而且随着条件的变化可以相伴发生，但在一个系统中，可能某一种吸附是主要的。在污水处理中，多数情况下，往往是几种吸附的综合结果。

(二) 吸附剂类型与应用

吸附法主要用于废液中低浓度重金属及有机物的处置。危险废物处理中常用的吸附剂有：活性炭类(颗粒活性炭、粉状活性炭、活性炭纤维、碳分子筛、含碳的纳米材料)，金属氧化物(氧化铁、氧化镁、氧化铝等)，天然材料(锯末、沙、泥炭等)，矿物吸附剂(沸石、黏土、粉煤灰、海泡石、蛭石、蛇纹石、高岭土、伊利石等)，人工材料(飞灰、活性氧化铝、有机聚合物、大孔树脂吸附剂等)。

1. 活性炭类吸附剂

在早期的吸附分离过程中，活性炭是最常用的吸附剂，但随着吸附分离技术的发展，颗粒活性炭、粉状活性炭、活性炭纤维、碳分子筛、含碳的纳米材料相继出现。活性炭对于液相中溶液的吸附主要靠表面的空隙结构，吸附过程属于物理吸附。活性炭的孔径大小可分为三种，即微孔（直径小于 15 nm）、中孔（直径在 15~1 000 nm）和大孔（直径在 1 000 nm 以上）。许多实践证明，当活性炭的孔隙直径比被吸附分子大 3~4 倍时，最容易吸附。活性炭纤维是新一代高活性吸附材料和环境保护功能材料，是活性炭的更新换代产品，它可使吸附装置小型化，吸附层薄层化，吸附漏损小、效率高，可以完成颗粒活性炭无法实现的工作，但其价格昂贵，使其应用受到很大限制。

2. 矿物吸附剂

（1）沸石

沸石是最早用于重金属污染治理的矿物材料，斜发沸石是天然沸石中储量最丰富的一种，廉价易得。沸石的吸附特性源于它们的离子交换能力。沸石的三维结构使之具有很大的空隙，由于四面体中 Al^{3+} 取代 Si^{4+} 而使局部带负电荷，Na^{+}、Ca^{2+}、K^{+} 和其他带正电荷的可交换离子占据了结构中的空隙，并可被 Pb^{2+} 替代。研究表明，多孔质沸石处理废水后，废水中 Pb^{2+}、Cu^{2+}、Zn^{2+} 的含量低于国家排放标准。

（2）黏土

黏土矿物具有比表面积大、空隙率高、极性强等特征，对水中各种类型的污染物质有良好的吸附性能。黏土对重金属的吸附能力归因于细粒的硅酸盐矿物的净负电荷结构：负电荷吸附正电荷被中和，使得黏土具备了吸引并容纳阳离子的能力。黏土的比表面积很大（800 m^2/g），这也有利于增强其吸附能力。通过对黏土进行改进处理，可提高它的吸附能力，如用简单的酸、碱处理，热处理活化。改进或交联也可以提高黏土的吸附能力。黏土因其储量丰富、成本低、易获取，而且吸附能力强，能替代活性炭作为 Pb^{2+} 的吸附剂。但是由于黏土的弱渗透性，使用前需要造粒。

另外，粉煤灰、海泡石、蛭石、蛇纹石、高岭土、伊利石等矿物材料也有吸附重金属的能力，其吸附机理与沸石、黏土的吸附机理类似。

（3）高分子吸附剂

高分子吸附剂是指一类多孔性的、交联的高分子聚合物。这类高分子材料有比较大的比表面积和适当的孔径，可以从液相、气相中吸附某些物质。

根据吸附性高分子材料的性质和用途，可将其分为以下几类：① 非离子型高分子吸附树脂。该材料对非极性和弱极性有机物具有特殊的吸附作用，可应用于分析化学和环境保护领域中，用于吸附和分离处在气相和液相（主要是水相）中的有机分子；② 亲水性高分子吸水剂。具有亲水性分子结构，可以被水以较大倍数溶胀，广泛用于土壤保湿和生理卫生用品等方面；③ 金属阳离子配位型吸附剂。这种高分子材料的骨架上带有配位原子或配位基团，能与特定金属离子进行络合反应，生成配位键而结合。这种材料也称为高分子螯合剂，多用于吸附和分离水相中的各种金属离子；④ 离子型高分子吸附树脂。当高分子骨架中含有某些酸性或碱性基团时，在溶液中解离后具有与一些阳离子或阴离子相互以静电引力生成盐的趋势，因而产生吸附作用。

根据使用条件和外观形态，最常见的离子交换树脂主要分为以下 4 类，它们被广泛地用来富集和分离各种阴离子和阳离子。① 微孔型吸附树脂。微孔型吸附树脂外观呈颗粒状，在干燥状态下树脂内的微孔很小，当作为吸附剂使用时，必须用一定的溶剂进行溶胀，溶胀后树脂的三维网状结构被扩展，内部空间被溶剂填充形成凝胶，因此也称为凝胶型树脂；② 大孔型吸附树脂。大孔型吸附树脂特点是在干燥状态下树脂内部就有较高的孔隙率、大量的孔洞和较大的孔径。这种树脂不仅可以在溶胀状态下使用，也可在非溶胀状态下使用。因这种树脂具有足够的比表面积，其孔洞是永久性的；③ 米花状吸附树脂。米花状吸附树脂外观为白色透明颗粒，具有多孔性、不溶解性和较低的体积密度。由于这种树脂在大多数溶剂中不溶解、不溶胀，因此，只能在非溶胀的条件下使用，树脂中存在的微孔可允许小分子通过；④ 交联网状吸附树脂。交联网状吸附树脂外观呈颗粒状，是三维交联的网状聚合物。由于网状结构，其机械稳定性较差，使用受到一定限制。交联网状吸附树脂是通过制备线型聚合物，引入所需的功能基团，然后加入交联剂进行交联反应制得。

三、膜分离

膜分离是指利用膜的选择透过性能将离子或分子或某些微粒从水中分离出来的过程。用膜分离溶液时，使溶质通过膜的方法称为渗析，使溶剂通过膜的方法称为渗透。膜分离技术可分为微滤（MF）、超滤（UF）、纳滤（NF）、反渗透（RO）、渗析（D）、电渗析（ED）、气体分离（GS）、渗透蒸发（PV）及乳化液膜等分离方法，表 4-4 列出了常用膜分离过程的分类和基本特性。以下讨论固体废物处理与处置的三种膜分离技术：电渗析、反渗透和超滤。

（一）电渗析

电渗析包括使用直流电场从水中分离不同离子。电渗析中使用的离子选择性膜（阳离子和阴离子交换膜）允许阳离子通过阳离子交换膜，阴离子通过阴离子交换膜，典型的电渗析单元在压力为 276~414 kPa 条件下运行。以电渗析废弃盐溶液使其再生过程为例解释电渗析过程，电渗析再生盐溶液过程示意图见图 4-37。

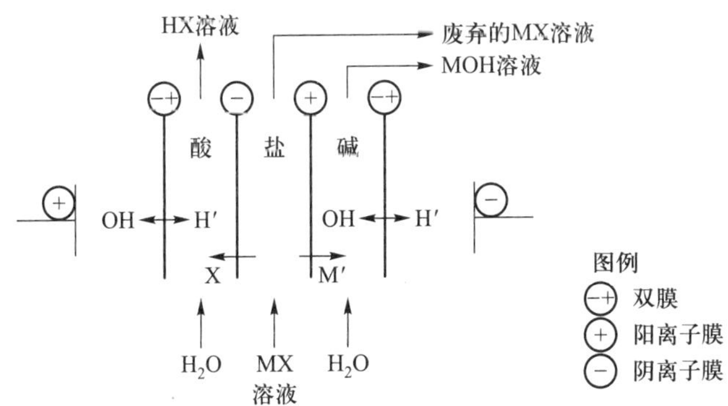

图 4-37　电渗析废弃盐溶液过程示意图

表 4-4 常用膜分离过程的分类和基本特性

过程	分离目的	透过组分	截留组分	料液组成	推动力	传递机理	膜类型	进料状态	简图
微滤（MF）	溶液、气体脱粒子	溶液、气体	0. 02~10 μm 粒子	大量溶剂及少量小分子溶质和大分子溶质	压力差约 100 kPa	筛分	多孔膜	液气	进料；滤液
超滤（UF）	溶液脱大分子、大分子溶液脱小分子、大分子分级	小分子溶液	1~20 nm 大分子溶质	大量溶剂，少量小分子溶质	压力差 100~1 000 kPa	筛分	非对称膜	液	进料；浓缩液；滤液
纳滤（NF）	溶剂脱有机组分、脱高价离子、软化、脱色、浓缩、分离	溶剂、低价小分子溶质	1 nm 以上溶质	大量溶剂，低价小分子溶质	压力差 500~1 500 kPa	溶解扩散 Donnan 效应	不对称膜	液	进料；高价离子 溶质(盐)；溶剂(水) 低价离子
反渗透（RO）	溶剂脱溶质、含小分子溶质溶液浓缩	溶剂	0. 1~1 nm 小分子溶质	大量溶剂	压力差 100~10 000 kPa	优先吸附毛细孔流动，溶解-扩散	不对称膜	液	进料；溶质(盐)；溶剂(水)
渗析（D）	大分子溶质脱小分子	小分子溶质或较小的溶质	>0. 02 μm 截留	分子量较小组分或溶剂	浓度差	等分微孔膜内的受阻扩散	非对称膜或离子交换膜	液	进料；扩散液；净化液；接受液

续表

过程	分离目的	透过组分	截留组分	料液组成	推动力	传递机理	膜类型	进料状态	简图
电渗析（ED）	溶液脱小离子、小离子溶质浓缩、小离子分级	小离子组分	司名离子、大离子和水	少量离子组分、大量水	电化学势	反离子经离子交换膜的迁移	离子交换膜	液	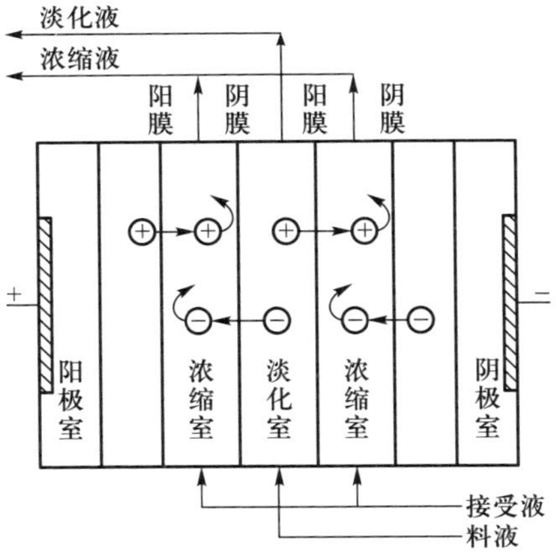 淡化液 浓缩液 阳膜 阴膜 阳膜 阴膜 + 阳极室 浓缩室 淡化室 浓缩室 阴极室 − 接受液 料液
气体分离（GS）	气体混合物分离、富集或特殊组分脱除	气体、较小组分或膜中易溶组分	二者都有	少量气体混合物（或特殊组分）、大量气体	压力差 100~1 000 kPa 浓度差（分压差）	分子筛分、溶解扩散、努森扩散	均质膜、不对称膜、多孔膜	气	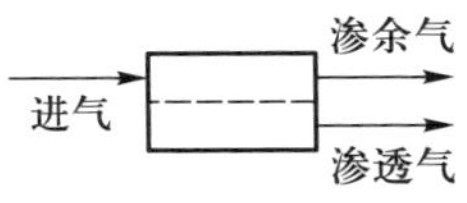 进气 渗余气 渗透气
渗透蒸发（PV）	挥发性液体混合物分离	膜内易溶或易挥发组分	难溶或难挥发组分	少量组分	分压差	溶解-扩散	均质膜，不对称膜	液	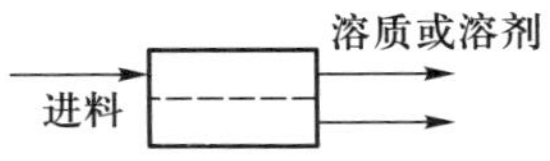 进料 溶质或溶剂
乳化液膜	液体或气体混合物分离、富集	高溶解度组分或能反应组分	难溶解组分	少量或大量组分	浓度差 pH 差	促进传递和溶解扩散传递	液膜	液气	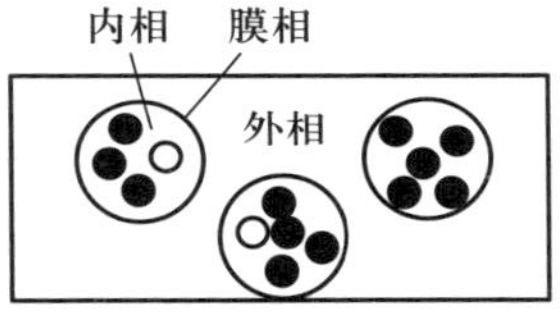 内相 膜相 外相

盐溶液 MX（M 为阳离子，X 为阴离子）进入中心单元区，被电能分为酸（HX）流和碱（MOH）流。两极膜是由界面分开的阴离子选择性膜和阳离子选择性膜组成的，同时界面中的水也被电解为 H^+ 和 OH^-。为防止在阴极产生氢气，在阳极产生氧气或氯气，在电渗析过程中电极必须连续冲洗。

电渗析过程中存在浓差极化的主要原因有：一是没有离子把电流转移到膜边界，二是过量电流被用来电离水，使水分解为 H^+ 和 OH^-，导致在膜浓缩一边，OH^- 浓度增加（pH 增加），使 pH 敏感物质（如碳酸钙）沉淀。

在电镀工业中也常用电渗析回收金属和纯化水。由于一次通过电渗析一般仅去除 30%～60%的金属，因此需要不断地回收所产生的盐水，直到进水口的金属浓度达到规定要求。这些盐水返回电镀池，同时处理水返回清洗容器。

（二）反渗透

反渗透通过使用比渗透压大的压力使溶质从溶液中分离，然后促进溶剂通过半透膜。溶液通过渗透流到半渗透膜的推动力为溶液在流动方向上的化学势梯度，有研究表明反渗透单元一般在 0.69～2.07 MPa 运行。通过膜产生渗透压 π，可由范德瓦耳斯方程计算：

$$\pi = \Phi_c N c_s R T \tag{4-46}$$

式中：Φ_c——渗透压系数；

N——溶质分子电离形成的离子数；

c_s——浓度，mol/L；

R——摩尔气体常数；

T——热力学温度，K。

以盐溶液反渗透为例（反渗透过程见图4-38）。纯水在图左边，盐溶液在图右边，盐溶液浓度比左边的水高，在无外加压力情况下，水将从纯水一边流到含盐溶液一边，半透膜允许水分子通过，但仅有一小部分盐分子能通过。当施加超过渗透压的外部巨大压力于盐溶液中，反渗透（RO）发生，水便从盐溶液通过半透膜转移到纯水中。

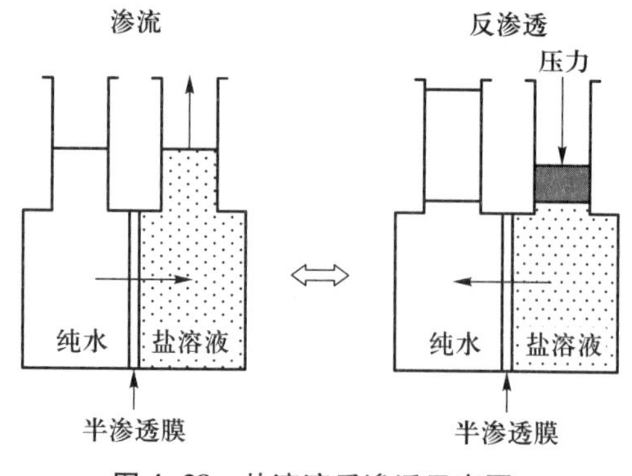

图 4-38 盐溶液反渗透示意图

在反渗透中，由于溶质堆积在膜给料边，因此超过一般浓度时也发生浓差极化。因此，局部的渗透压增加，需要更高的系统压力来产生相同的水回收率，溶质通过膜的迁移也增加，使产生的水更不纯。通过给料的预处理可降低膜的损坏，包括过滤、软化、吸附、pH 控制，添加分散剂或表面活性剂以防止膜变形，还可加入油乳化剂润湿膜以降低膜的损坏。

反渗透已经应用于有机和无机危险废物处理中，而实际应用中不可能从溶液中完全分离溶质，因此反渗透应认真考虑渗透液和浓缩液的处理、回收和再利用问题。

（三）超滤

超滤，即让溶液通过两边压力不同的膜，根据分子大小和形状从溶液中分离溶质的方法。分子量为500~500 000的溶质可从溶液中分离。分子量超过上限的溶质不能再使用超滤，而是要用常规过滤分离。为防止产生水垢，溶液应以极高速率通过膜，使小规模分离更有效。

由于超滤过程中较大分子量溶质的渗透压比较低，且膜孔隙更大，溶剂转移一般是以平流(或对流)形式进行的，运行压力差比反渗透时的压力差小，数量级为35~690 kPa。如图4-39所示，超滤可以批量超滤、单级连续或者多级连续方式运行。

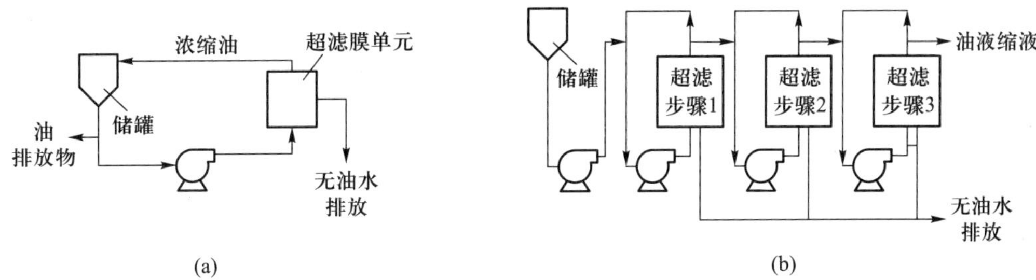

图4-39 超滤工艺简图

(a)批量超滤；(b)连续超滤

由于大分子溶质在膜表面的堆积，在超滤中也发生浓差极化。这些大分子溶质具有很低的扩散系数，因此其扩散进入溶液的速率很慢。最终，在膜给料面形成一层凝胶，使超滤过程变为受物质迁移控制，而独立于所应用的压力。通过在一定范围内调整运行温度和pH等，可缓解超滤过程中的浓差极化。温度的增加导致通过膜的水流量增加，溶质去除率不变。然而高给料温度和pH可能导致膜水解，从而降低性能。

超滤单元已经在重复利用电泳油漆、从废水中去除淀粉和酶、纺织工业中聚乙烯醇循环使用和油水乳状波分离等方面得到了应用。在大多数应用中，水和溶质都得到了再利用。

习题与思考题

1. 固体废物中的水分主要包含几类？各采用什么方法脱除？

2. 名词解释：液液萃取、浸出、捕捉剂、起泡剂、调整剂、吸收剂、吸附剂、电渗析。

3. 浮选过程中使用的浮选药剂主要有哪些？各种药剂在浮选过程中起什么作用？浮选效果较好的捕捉剂应具备哪些必需的条件？为改善粗颗粒浮选效果可以采取哪些措施？

4. 黄药主要用于浮选哪几类矿物？使用黄药时应注意哪些问题？浮选机叶轮及叶轮上的盖板有哪些作用？

5. 在什么情况下应用溶剂浸出，有哪几种浸出方法？溶剂浸出工艺的动力学过程包括哪些阶段？影响溶剂浸出的主要因素有哪些？如何选择浸出剂？衡量固体废物化学浸出效果的主要指标有哪些？

6. 分析浓缩脱水、蒸发结晶及蒸馏处理的区别与联系。

7. 良好的萃取剂应具备哪些特性？良好的吸附剂应具备哪些特征？良好的膜材料应具备哪些特征？

8. 固体废物物理化学分离的方法有哪些？各分离方法适用对象及优缺点是什么？

9. 某污泥含水率从97.6%降至94%，求污泥体积的变化。

10. 当温度为298 K时，反应 $Fe^{3+}+Ag \xlongequal{} Fe^{2+}+Ag^{+}$ 的平衡常数 $K=0.531$，$\phi^{0}_{Fe^{3+}/Fe^{2+}}=0.771$ V，试求 $\phi^{0}_{Ag^{+}/Ag}$？

11. 苯(A)与甲苯(B)的饱和蒸气压和温度的关系数据如表4-5所示。试利用拉乌尔定律和相对挥发度，分别计算苯-甲苯混合液在总压 P 为101.33 kPa下的气液平衡数据，并作出温度-组成图(该溶液可视为理想溶液)。

表 4-5 苯与甲苯的饱和蒸气压和温度的关系数据表

温度/℃	80.1	85	90	95	100	105	110.6
P_A^0/kPa	101.33	116.9	135.5	155.7	179.2	204.2	240.0
P_B^0/kPa	40.0	46.0	54.0	63.3	74.3	86.0	101.33

12. 对某两组分理想溶液进行简单蒸馏，已知 $X_F=0.5$(摩尔分率)，若汽化率为 60%，试求釜残液组成和馏出液平均组成。已知常压下该混合液的平均相对挥发度为 2.16。

13. 每小时将 15 000 kg 含苯 40%(质量%，下同)和甲苯 60%的溶液，在连续精馏塔中进行分离，要求釜残液中含苯不高于 2%，塔顶馏出液中苯的回收率为 97.1%。试求馏出液和釜残液的流量及组成，以摩尔流量和摩尔分率表示。

14. 在常压连续提馏塔中，分离两组分理想溶液，该物系平均相对挥发度为 2.0。原料液流量为 100 kmol/h，进料热状态参数 q 为 0.8，馏出液流量为 60 kmol/h，釜残液组成为 0.01(易挥发组分摩尔分率)，试求：

(1) 操作线方程；

(2) 由塔内最下一层理论板下流的液相组成 x_N。

15. 在单效蒸发器内，将 10%NaOH 水溶液浓缩到 25%，分离室绝对压强为 15 kPa，求溶液的沸点和溶质引起的沸点升高值。

16. 在单效蒸发器顶用饱和水蒸气加热浓缩溶液，加热水蒸气的用量为 2 100 $kg \cdot h^{-1}$，加热水蒸气的温度为 120 ℃，其汽化热为 2 205 $kJ \cdot kg^{-1}$，已知蒸发器内二次蒸气温度为 81 ℃，因为溶质和液柱惹起的沸点升高值为 9 ℃，饱和水蒸气冷凝的传热膜系数为 8 000 $W \cdot m^{-2} \cdot k^{-1}$，沸腾溶液的传热膜系数为 3 500 $W \cdot m^{-2} \cdot k^{-1}$，求蒸发器的传热面积。(忽略换热器管壁和污垢层热阻，蒸发器的热损失忽略不计)

17. 用双效蒸发器，浓缩浓度为 5%(质量分率)的水溶液，沸点进料，进料量为 2 000 $kg \cdot h^{-1}$，经第一效浓缩到 10%。第一、二效的溶液沸点分别为 95 ℃和 75 ℃。蒸发器耗费水蒸气量为 800 $kg \cdot h^{-1}$，各温度下水蒸气的汽化潜热均可取为 2 280 $kJ \cdot kg^{-1}$。忽略热损失，求蒸发水量。

18. 将 20 ℃时的饱和 $CuSO_4$溶液 200 g 蒸发掉 50 g 水后，仍降温到 20 ℃，析出的$CuSO_4 \cdot 5H_2O$晶体质量是多少?

19. 用一单级接触式萃取器以 S 为溶剂，由 A、B 溶液中萃取出 A。若原料液的质量组成为 45%，质量为 120 kg，萃取后所得萃余相中 A 的含量为 10%(质量百分比)，求：(1)所得萃取剂用量；(2)所得萃取相、萃余相的质量和组成。

20. 现采用活性炭吸附对某有机废水进行处理，对两种活性炭的吸附试验平衡数据如下：

平衡浓度 COD/(mg . L^{-1})	100	500	1 000	1 500	2 000	2 500	30 000
A 吸附量/ [mg · g(活性炭)$^{-1}$]	55.6	192.3	227.8	326.1	357.1	378.8	394.7
B 吸附量/ [mg · g(活性炭)$^{-1}$]	47.6	181.8	294.1	357.3	398.4	434.8	476.2

试判断吸附类型，计算吸附常数，并比较两种活性炭的优劣。

21. 试分别求出含 NaCl 3.5%的海水和含 NaCl 0.1%的苦咸水在 25 ℃时的理想渗透压。若用反渗透法处理这两种水，并要求水的回收率为 50%，渗透压各为多少？哪种水需要的操作压力高(理想溶液渗透压可用范托夫定律计算)？

22. 含盐量为 10 000 mg(NaCl)/L 的苦咸水，采用有效面积为 10 cm^2的醋酸纤维素膜，在压力 6.0 MPa 下进行反渗透试验。在水温为 25 ℃、水流量 Q_p为 0.01 cm^2/s 时，透过液溶质浓度为 400 mg/L，试计算水力渗透系数 L_p，溶质透过系数 B 以及脱盐率 R(溶质渗透压系数 Φ_c 与溶质的种类及浓度有关，本题取 $\Phi_c=2$)。

第五章　固体废物的生物处理

固体废物的生物处理是指直接或间接利用微生物或生物机能，对固体废物的某些组分进行转化以降低或消除污染物的处理工艺，或者能够高效净化环境污染，同时又生产有用物质的工程技术。采用生物处理技术，利用微生物（细菌、放线菌、真菌）、动物（蚯蚓等）或植物的新陈代谢作用，固体废物可通过各种工艺转换成有用的物质和能源（如提取有价金属、生产肥料、产生沼气、生产单细胞蛋白等），既能实现减量化、资源化和无害化，又能解决环境污染问题。因此，在废物排放量大，且资源和能源短缺普遍存在情况下固体废物生物处理技术的应用具有深远的意义。

第一节　固体废物的厌氧消化处理

厌氧消化又称厌氧发酵，是一种普遍存在于自然界的微生物过程。凡是存在有机物和一定水分的地方，只要供氧条件差和有机物含量多，都会发生厌氧消化现象，有机物经厌氧分解产生 CH_4、CO_2和 H_2S 等气体。由于厌氧消化可以产生以 CH_4为主要成分的沼气，故又称为甲烷发酵。厌氧消化可以去除废物中 30%~50%的有机物并使之稳定化。由于能源危机和石油价格的上涨，许多国家开始寻找新的替代能源，使得厌氧消化技术更具优势。

厌氧消化技术具有以下特点：① 降解过程可控性好、生产过程全封闭；② 资源化效果好，可将潜在于废弃有机物中的低品位生物能转化为可以直接利用的高品位沼气；③ 易操作，与好氧处理相比，厌氧消化处理不需要通风动力，设施简单，运行成本低；④ 产物可再利用，经厌氧消化后的废物基本得到稳定，可作农肥、饲料或堆肥化原料；⑤ 厌氧过程中会产生 H_2S 等恶臭气体；⑥ 厌氧微生物的生长速率慢，常规方法的处理效率低，设备体积大。

一、厌氧消化原理

参与厌氧分解的微生物可以分为两类，第一类是一个十分复杂的混合发酵微生物菌群，它们将复杂的有机物水解，并进一步分解为以有机酸为主的简单产物，通常称之为水解菌。在中温沼气发酵中，水解菌主要属于厌氧细菌，包括梭菌属、拟杆菌属、真细菌属、双歧杆菌属等。在高温厌氧发酵中，有梭菌属、无芽孢的革兰式阴性杆菌、链球菌和肠道菌等兼性厌氧细菌。第二类微生物为绝对厌氧细菌，其功能是将有机酸转变为甲烷，称为产甲烷菌。产甲烷菌的繁殖速率相当缓慢，且对于温度、抑制物的存在等外界条件的变化非常敏感。产甲烷阶段在厌氧消化过程中是十分重要的环节，产甲烷菌除了产生甲烷外，还起到分解脂肪酸调节 pH 的作用。同时，通过将氢气转化为甲烷，可以减小氢的分压，有利于产酸菌的活动。

有机物厌氧消化的生物化学反应过程与堆肥过程同样都是非常复杂的，中间反应及中间产物有数百种，每种反应都是在酶或其他物质的催化下进行的，总的反应式为

$$有机物+H_2O+营养物 \xrightarrow{厌氧微生物} 细胞质+CH_4+CO_2+NH_3+H_2+H_2S+\cdots+抗性物质+热量 \quad (5-1)$$

有机废物厌氧消化的工艺原理如图5-1所示。厌氧消化是有机物在无氧条件下被微生物分解、转化成甲烷和二氧化碳等，并合成自身细胞物质的生物学过程。由于厌氧消化的原料来源复杂，参加反应的微生物种类繁多，厌氧发酵过程变得非常复杂。一些学者对厌氧消化过程中物质的代谢、转化和各种菌群的作用等进行了大量的研究，但仍有许多问题有待进一步的探讨。目前，对厌氧消化的生化过程有两段理论、三段理论和四段理论。这里主要介绍三段理论和两段理论。

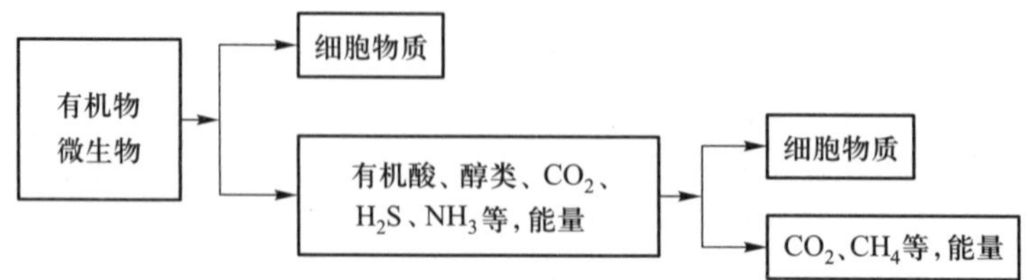

图5-1 有机废物厌氧消化的工艺原理

（一）三段理论

厌氧消化分为三个阶段，即水解阶段、产氢产乙酸阶段和产甲烷阶段，每一阶段各有其独特的微生物类群起作用。水解产酸阶段起作用的细菌称为水解细菌，包括纤维素分解菌、蛋白质水解菌。产氢产乙酸阶段起作用的细菌是产氢产乙酸分解菌。这两个阶段起作用的细菌统称为不产甲烷菌。产甲烷阶段起作用的细菌是产甲烷菌。有机物的厌氧消化过程如图5-2所示。

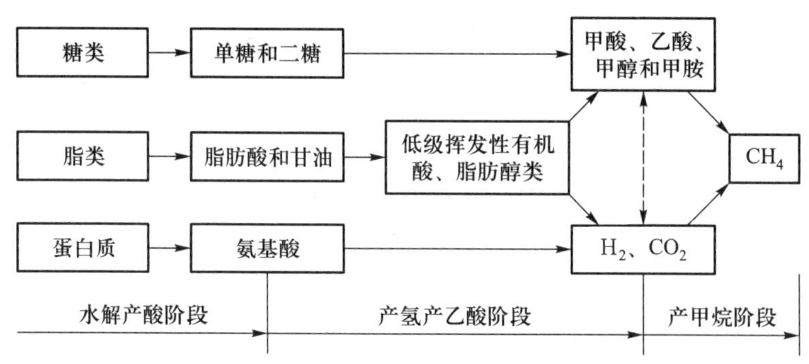

图5-2 有机物的厌氧消化过程(三段理论)

1. 水解产酸阶段

水解细菌利用胞外酶对有机物进行体外酶解，使固体物质变成可溶于水的物质。然后，细菌再吸收可溶于水的物质，并将其酵解成为不同产物。高分子有机物的水解速率很慢，它取决于物料的性质、微生物的浓度，以及温度、pH等环境条件。纤维素、淀粉等糖类水解成单糖类，蛋白质水解成氨基酸，再经脱氨基作用形成有机酸和氨，脂肪水解后形成甘油和脂肪酸。

2. 产氢产乙酸阶段

水解产酸阶段产生的简单的可溶性有机物在产氢和产酸细菌的作用下，进一步分解成挥发性脂肪酸(如丙酸、乙酸、丁酸等短链脂肪酸)、醇、酮、醛、二氧化碳和氢气等。

3. 产甲烷阶段

产甲烷菌将第二阶段的产物进一步降解成甲烷和二氧化碳，同时利用产酸阶段所产生的氢气将二氧化碳再转变为甲烷。产甲烷阶段的生化反应相当复杂，其中72%的甲烷来自乙酸，目前已经得到验证的主要反应有：

$$CH_3COOH \longrightarrow CH_4+CO_2 \tag{5-2}$$

$$4H_2+CO_2 \longrightarrow CH_4+2H_2O \tag{5-3}$$

$$4HCOOH \longrightarrow CH_4+3CO_2+2H_2O \tag{5-4}$$

$$4CH_3OH \longrightarrow 3CH_4+CO_2+2H_2O \tag{5-5}$$

$$4(CH_3)_3N+6H_2O \longrightarrow 9CH_4+3CO_2+4NH_3 \tag{5-6}$$

$$4CO+2H_2O \longrightarrow CH_4+3CO_2 \tag{5-7}$$

由式中可见，除乙酸外，二氧化碳和氢气的反应也能产生一部分甲烷，少量甲烷来自其他一些物质的转化。产甲烷菌的活性大小取决于在水解产酸和产氢产乙酸阶段所提供的营养物质。对于以可溶性有机物为主的有机废水来说，由于产甲烷菌的生长速度慢，对环境和底物要求苛刻，产甲烷阶段是整个厌氧消化过程的控制步骤；而对于以不溶性高分子有机物为主的污泥、垃圾等废物，水解产酸阶段是整个厌氧消化过程的控制步骤。

（二）两段理论

厌氧发酵的两段理论较为简单、清楚，被人们普遍接受。两段理论将厌氧消化过程分成两个阶段，即酸性发酵阶段和碱性发酵阶段(图5-3)。在分解初期，产酸菌的活动占主导地位，有机物被分解成有机酸、醇、二氧化碳、氨、硫化氢等，由于有机酸大量积累，pH随之下降，故把这一阶段称作酸性发酵阶段。在分解后期，产甲烷菌占主导作用，在酸性发酵阶段产生的有机酸和醇等被甲烷菌进一步分解产生甲烷和二氧化碳等。由于有机酸的分解和所产生的氨的中和作用，使得pH迅速上升，发酵从而进入第二个阶段——碱性发酵阶段。到碱性发酵后期，可降解有机物大都已经被分解，消化过程也就趋于完成。

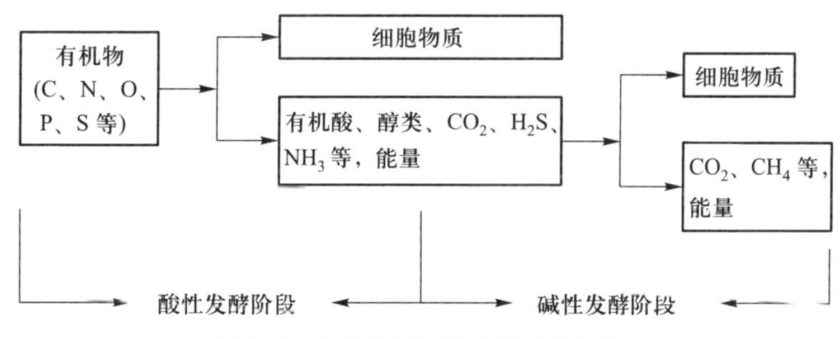

图5-3　有机物厌氧发酵的两段理论

二、厌氧消化的影响因素

（一）厌氧条件

厌氧消化最显著的一个特点是有机物在无氧的条件下被某些微生物分解，最终转化成甲烷和二氧化碳。产酸阶段微生物大多数是厌氧菌，需要在厌氧条件下才能把复杂的有机质分解成简单的有机酸等。而产气阶段的细菌是专性厌氧菌，氧对产甲烷菌有毒害作用，因而需要严格的厌氧环境。判断厌氧程度可用氧化还原电位(E_h)表示。当厌氧消化正常进行时，E_h 应维持在-300 mV 左右。

（二）原料配比

厌氧消化原料的碳氮比以(20~30)：1 为宜。碳氮比过小，细菌增殖量降低，氮不能被充分利用，过剩的氮变成游离的 NH_3，抑制了产甲烷菌的活动，厌氧消化不易进行。但碳氮比过高，反应速率降低，产气量明显下降。磷含量(以磷酸盐计)一般为有机物量的 1/1 000 为宜。

（三）温度

温度是影响产气量的重要因素，主要通过影响酶活性而影响微生物的生长速率与对基质的代谢速率。厌氧消化可在较为广泛的温度范围内(30~65 ℃)进行。温度过低，厌氧消化的速率低、产气量低，不易达到杀灭病原菌的目的；温度过高，微生物处于休眠状态，不利于消化。研究发现，厌氧微生物的代谢速率在 35~38 ℃和 50~65 ℃时各有一个峰值。因此，一般厌氧消化常把温度控制在这两个范围内，以获得尽可能高的消化效率和降解速率。

（四）pH

产甲烷菌细胞内的细胞质 pH 一般呈中性。但对于产甲烷菌来说，维持弱碱性环境是十分必要的，当 pH 低于 6.2 时，它就会失去活性。因此，在产酸菌和产甲烷菌共存的厌氧消化过程中，系统的 pH 应控制在 6.5~7.5，最佳 pH 范围是 6.8~7.2。为提高系统对 pH 的缓冲能力，需要维持一定的碱度，可通过投加石灰或含氮物料进行调节。

（五）添加物和抑制物

在发酵液中添加少量的硫酸锌、磷矿粉、炼钢渣、碳酸钙、炉灰等，有助于促进厌氧发酵，提高产气量和原料利用率，其中以添加磷矿粉的效果最佳。同时添加少量钾、钠、镁、锌、磷等元素也能提高产气率。但是也有些化学物质能抑制发酵微生物的生命活力，当原料中含氮化合物，如蛋白质、氨基酸、尿素等过多时，会被分解成铵盐，从而抑制甲烷发酵。因此当原料中含氮化合物比较高的时候应适当添加碳源，调节 C/N 在(20~30)：1 范围内。此外，如铜、锌、铬等重金属及氰化物等含量过高时，也会不同程度地抑制厌氧消化。因此在厌氧消化过程中应尽量避免这些物质的混入。

（六）接种物

厌氧消化中细菌数量和种群直接影响甲烷的生成。不同来源的厌氧发酵接种物，对产气数量和质量有不同的影响。添加接种物可有效提高消化液中微生物的种类和数量，从而提高反应器的消化处理能力，加快有机物的分解速率，提高产气量，还可使开始产气的时间提前。用添加接种物的方法，开始发酵时，一般要求菌种量达到料液量的 5%以上。

（七）搅拌

搅拌可使消化原料分布均匀，增加微生物与消化基质的接触，使系统内的物料和温度均匀分布，也可防止局部出现酸积累，排除抑制厌氧菌活动的气体，从而提高产气量。

三、厌氧消化工艺

完整的厌氧消化系统包括预处理、消化反应器、消化气净化与贮存、沼液沼渣固液分离等。厌氧消化工艺类型较多，按消化温度、消化方式、消化级差的不同有不同分类。通常按消化温度划分厌氧消化工艺类型。

（一）根据消化温度划分的工艺类型

根据消化温度，厌氧消化工艺可分为高温消化工艺和自然消化工艺两种。

1. 高温消化工艺

高温消化工艺的最佳温度范围是 47~55 ℃，此时有机物分解迅速，消化快，物料在厌氧池内停留时间短，非常适用于城市垃圾、粪便和有机污泥的处理。其程序包括如下四阶段。

（1）高温消化菌的培养

高温消化菌种的来源一般是将污水池或地下水道有气泡产生的中性偏碱的污泥加到备好的培养基上，进行逐级扩大培养，直到消化稳定后即可为接种用的菌种。

（2）高温的维持

通常是在消化池内布设盘管，通入蒸汽加热料浆。我国有城市利用余热和废热作为高温消化的热源，是一种技术上十分经济的方法。

（3）原料投入与排出

在高温消化过程中，原料的消化速率快，要求连续投入新料与排出消化液。

（4）消化物料的搅拌

高温厌氧消化过程要求对物料进行搅拌，以迅速消除邻近蒸汽管道区域的高温状态和保持全池温度的均一。

2. 自然消化工艺

自然消化是指在自然温度影响下消化物料发生转化的发酵过程。目前我国农村都采用这种消化类型，其工艺流程如图 5-4 所示。

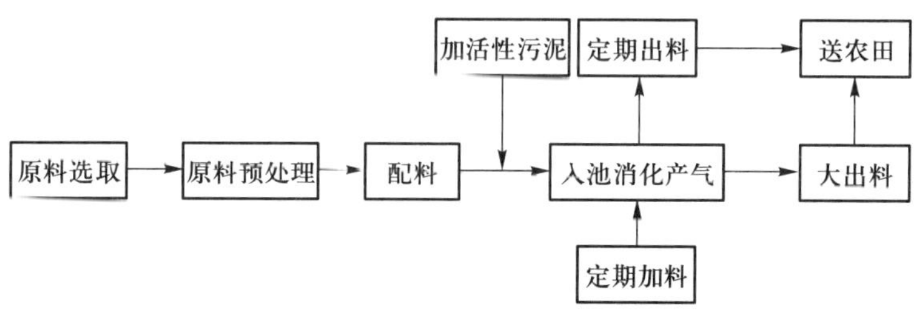

图 5-4 自然温度半批量投料沼气消化工艺流程

这种工艺的消化池结构简单、成本低廉、施工容易、便于推广。但该工艺的消化温度不受人为控制，基本上随气温变化而不断变化，通常夏季产气率较高，冬季产气率较低，故其消化周期须视季节和地区的不同加以控制。

（二）根据投料运转方式划分的工艺类型

根据投料运转方式，厌氧消化可分为连续消化、半连续消化、两步消化等。

1. 连续消化工艺

连续消化工艺从投料启动后，经过一段时间的消化产气，随时连续定量地添加消化原料和排出旧料，其消化时间能够长期连续进行。此消化工艺易于控制，能保持稳定的有机物消化速率和产气率，但该工艺要求较低的原料固形物浓度。其工艺流程见图 5-5。

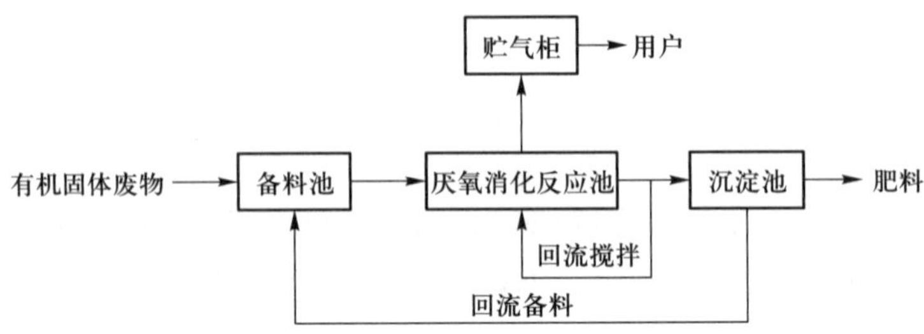

图 5-5 固体废物连续消化工艺

2. 半连续消化工艺

半连续消化工艺的特点是：启动时一次性投入较多的消化原料，当产气量趋于下降时，开始定期添加新料和排出旧料，以维持比较稳定的产气率。由于我国广大农村的原料特点和农村用肥集中等原因，该工艺在农村沼气池的应用已比较成熟。半连续消化工艺是固体有机原料沼气消化最常采用的消化工艺。图 5-6 所示为固体废物半连续消化工艺。

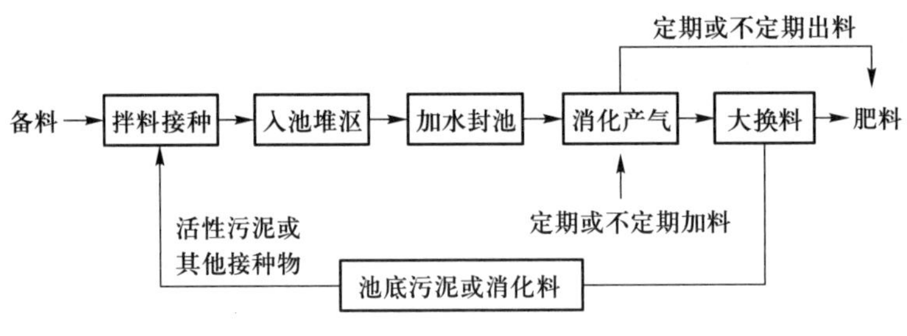

图 5-6 固体废物半连续消化工艺

3. 两步消化工艺

两步消化工艺根据沼气消化过程分为产酸和产甲烷两个阶段，其工艺特点是将沼气消化全过程分成两个阶段，在两个反应器中进行。第一个反应器的功能是：水解固态有机物为有机酸；缓冲和稀释负荷冲击与有害物质，并截留难降解的固体物质。第二个反应器的功能是：保持严格的厌氧条件和 pH，以利于产甲烷菌的生长；消化、降解来自前段反应器的产物，把它们转化成甲烷含量较高的消化气，并截留悬浮固体、改善出料性质。两步消化工艺，可大幅度提高产气率，气体中甲烷含量也有所提高；同时实现渣和液的分离，把高效厌氧反应器引入固体废物处理中。两步反应系统主要的优势在于生物稳定性，它可以处理降解迅速的垃圾，如水果和蔬菜。

四、厌氧消化装置

厌氧消化池亦称厌氧消化器。消化罐是整套装置的核心部分，附属设备有气压表、导气管、出料机、预处理设备(粉碎、升温、预处理池等)、搅拌器等。附属设备可以进行原料的处理，产气的控制、监测，以提高沼气的质量。

厌氧消化池的种类很多，按消化间的结构形式，分为圆形池、长方形池；按贮气方式分为气袋式、水压式和浮罩式。

(一) 水压式沼气池

水压式沼气池产气时，沼气将消化料液压向水压箱，使水压箱内液面升高；用气时，料液压沼气供气。产气、用气循环工作，依靠水压箱内料液的自动提升使气室内的水压自动调节。水压式沼气池的结构与工作原理如图 5-7 所示。水压式沼气池具有结构简单、造价低、施工方便等优势，但由于温度不稳定，产气量不稳定，因此原料的利用率低。

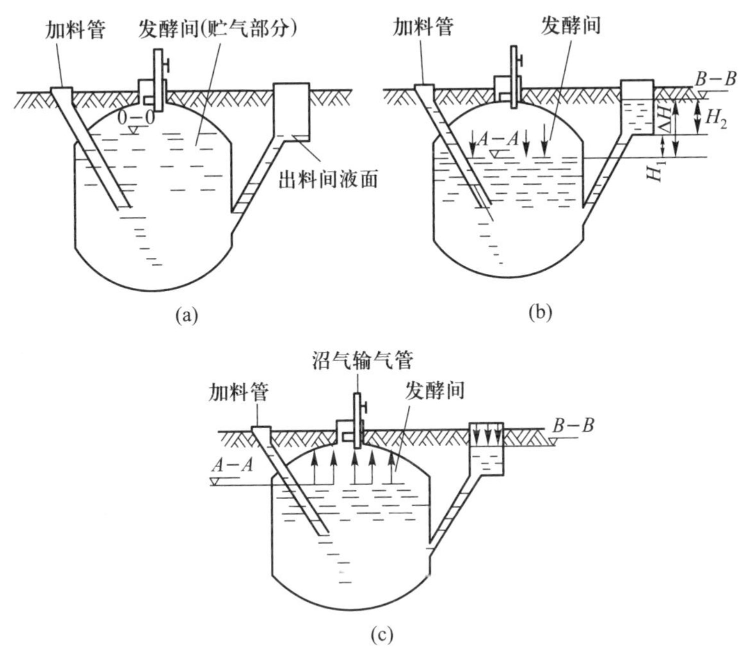

图 5-7 水压式沼气池的结构与工作原理

(a)启动前状态；(b)启动后状态；(c)使用状态

(二) 长方形(或方形)甲烷消化池

这种消化池的结构由消化室、气体储藏室、贮水库、进料口和出料口、搅拌器、导气喇叭口等部分组成。长方形(或方形)甲烷消化池结构如图 5-8 所示。

长方形(或方形)甲烷消化池的主要特点是：气体储藏室与消化室相通，位于消化室的上方，设一储水库来调节气体储藏室的压力。若室内气压很高时，就可将消化室内经消化的废液

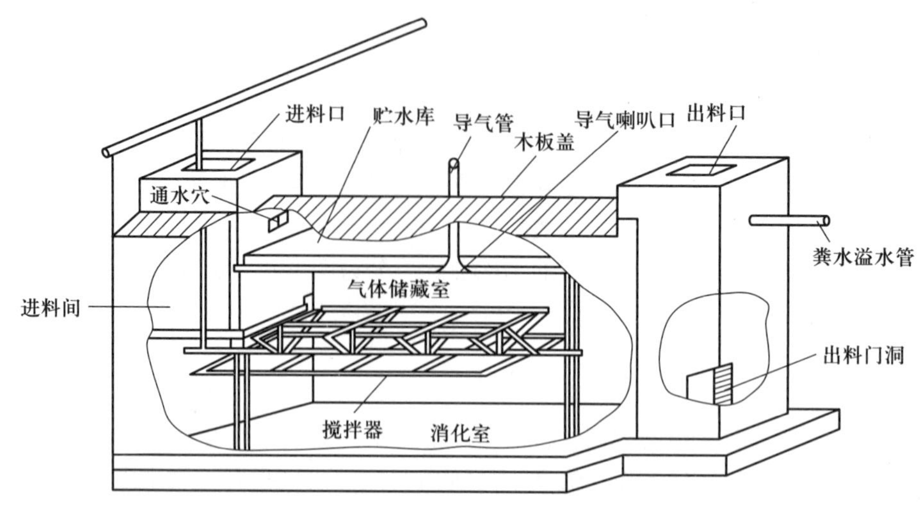

图 5-8 长方形(或方形)甲烷消化池结构

通过进料间的通水穴压入贮水库内。相反，若气体储藏室内压力不足时，贮水库内的水由于自重便流入消化室，这样通过水量调节气体储藏室的空间，使气压相对稳定。搅拌器加速消化进程，产生的气体通过导气喇叭口输送到外面导气管。

(三) 红泥塑料沼气池

红泥塑料沼气池是一种用红泥塑料(一种红泥-聚氯乙烯复合材料)做池盖或池体材料的沼气池，该工艺多采用批量进料方式。红泥塑料沼气池有半塑式沼气池、二块模式全塑沼气池、袋式全塑沼气池以及干湿交替消化沼气池等。

1. 半塑式沼气池

半塑式沼气池由水泥料池和红泥塑料气罩两大部分组成，如图 5-9 所示。料池上沿布设水封池，用来密封气罩与料池的结合处。这种消化池适宜于高浓度料液或干发酵，成批进料，不设进、出料间。

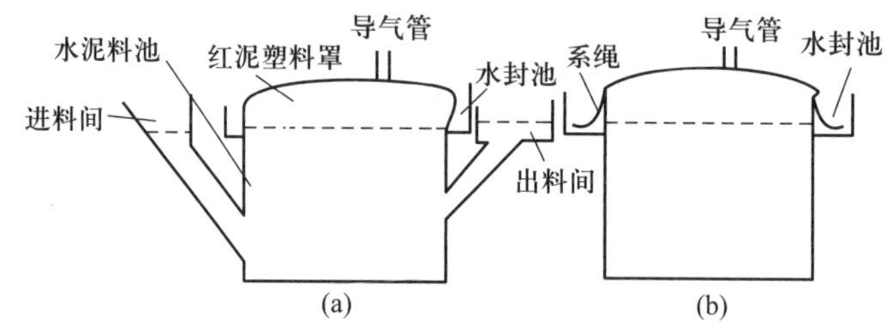

图 5-9 半塑式沼气池

(a)设进出料间；(b)不设进出料间

2. 二块模式全塑沼气池

二块模式全塑沼气池的池体与池盖由两块红泥塑料膜组成。它仅需挖一个浅土坑，压平整成形后即可安装。安装时，先铺上池底膜，然后装料，再将池盖膜覆上，把池盖膜的边沿和池底膜的边沿对齐，以便黏合紧密。待合拢后向上翻折数卷，卷紧后用砖或泥把卷进处压在池沿边上，其加料液面应高于两块膜黏合处，这样可以防止漏气，如图 5-10 所示。

3. 袋式全塑沼气池

袋式全塑沼气池的整个池体由红泥塑料膜热合加工制成，设进料口和出料口，安装时需建槽，主要用于牲畜粪便沼气发酵，是半连续进料，如图 5-11 所示。

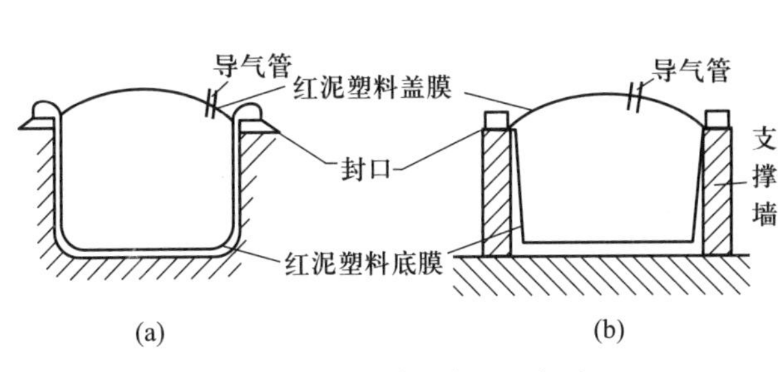

图 5-10　二块模式全塑沼气池

(a)地下式；(b)地上式

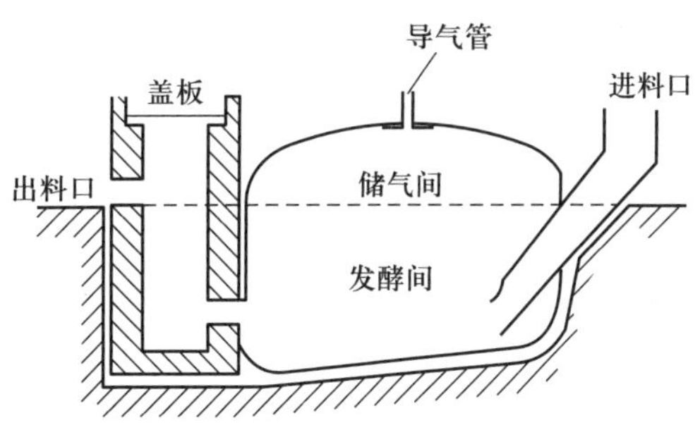

图 5-11　袋式全塑沼气池

4. 干湿交替消化沼气池

干湿交替消化沼气池设有两个消化室，上消化室用来进行批量投料、干消化，所产沼气由红泥塑料气罩收集，如图 5-12 所示。下消化室用来半连续进料、湿消化，所产沼气贮存在消化室的气室内。下消化室中的气室是处在上消化室料液的覆盖下，密封性好。上、下消化室之间有连通管，在产气和用气过程中，两个消化室的料液可随着压力的变化而上下流动。下消化室产气时，一部分料液通过连通管压入上消化室浸泡干消化料。用气时，进入上消化室的浸泡液又流入下消化室。

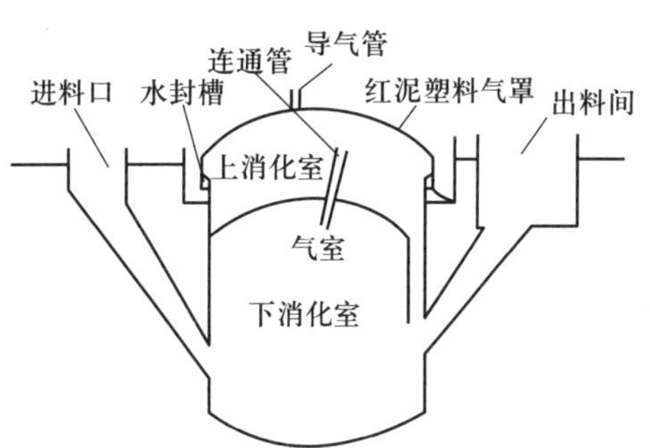

图 5-12　干湿交替消化沼气池

为了适应污水处理厂及城市垃圾处理与处置的需求，提高沼气产量与质量，并缩短消化周期，实现沼气消化系统化与自动化管理，国内外开发了现代化大型工业化消化设备。目前常用的集中消化罐有欧美型、经典型、蛋型以及欧洲平底型，见图 5-13。这些消化罐采用钢筋混凝土浇筑，并配备循环装置，使反应物处于不断的循环状态。

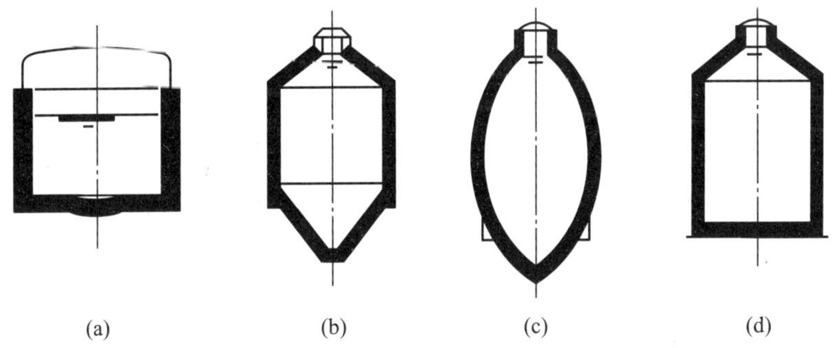

图 5-13　现代集中消化设备外形特征

(a)欧美型；(b)经典型；(c)蛋型；(d)欧洲平底型

为了实现循环，消化罐的外部通常设置动力泵。循环用的混合器是一种专门制作的一级或二级螺旋转轮，既起到混合作用又能达到搅拌效果。在污泥的厌氧消化中，沼气在气体压缩泵的作用下进入消化罐底部并形成气泡，气泡在上升的过程中带动消化液向上运动，完成循环和搅拌。

五、沼液与沼渣的利用

各种农业废物和人畜粪便等有机物质经过沼气发酵后，除碳、氢、氧组成沼气外，其他有利于农作物的元素，如氮、磷、钾几乎没有损失。发酵残余物是一种优质的有机肥，通常称为沼气肥。其中沼液称为沼气水肥，沼渣称为沼气渣肥。沼气肥和其他有机肥的主要成分比较如表 5-1。

表 5-1 沼气肥和其他有机肥的主要成分比较

肥料	有机质/%	腐殖酸/%	全氮/%	全磷/%	全钾/%
沼气水肥	—	—	0.03~0.08	0.02~0.06	0.05~0.1
沼气渣肥	30~50	10~20	0.8~1.5	0.4~0.6	0.6~1.20
人粪尿	5~10	—	0.5~0.8	0.2~0.4	0.2~0.3
猪粪	15	—	0.56	0.4	0.44

沼气肥的有机质含量比人粪尿高 5~6 倍，氮素比例也略高。沼气水肥中可溶性养分多，但含量较低。沼气渣肥的养分含量高，含有丰富的有机质和较多的腐殖酸。沼气肥具有原料来源广、成本低、养分全、肥效长、能改良土壤等特点。

沼液是一种速效肥料，适于菜田或有灌溉条件的旱田作追肥使用。长期施用沼液可促进土壤团粒结构的形成，使土壤疏松，增强土壤保肥保水能力，改善土壤理化性状，可以使土壤有机质、全氮、全磷及有效磷等养分有不同程度的提高，对农作物有明显的增肥效果。

用沼液进行根外追肥，或进行叶面喷施，其营养成分可直接被作物茎叶吸收，参与光合作用，从而增加产量，提高品质，同时增强抗病和防冻能力。对防治作物病虫害很有益，若将沼液和农药配合使用，会大大超过单施农药的治虫效果。

沼渣含有较全面的养分和丰富的有机物，是一种缓释并改良土壤功效的优质肥料。连年施用沼渣的试验表明，使用沼渣的土壤中，有机质与氮磷含量都比未施沼渣的土壤有所增加，而土壤容重下降，孔隙度增加，土壤的理化性状得到改善，保水保肥能力增强。将沼渣作为基肥施用，效果良好；若与沼液浸种、根外追肥相结合，效果更为明显，还可使作物和果树在整个生育期内基本不发生病虫害，减少化肥和农药的施用量。

将沼渣用在水稻上的效果好于旱地作物，沼液用在旱地作物上的效果好于水田。沼气肥与化肥配合施用，增产效果优于单用。有机肥是迟效肥，而化肥则是速效肥，二者配合使用能相互取长补短，既能保证较快较高的肥效，又能避免连续大量施用化肥破坏土壤结构及降低土壤肥力。

第二节　固体废物的好氧堆肥化处理

堆肥化(composting)就是在人工控制的条件下，依靠自然界中广泛分布的细菌、放线菌、真菌等微生物，人为地促进可生物降解的有机物向稳定的腐殖质转化的微生物过程。堆肥化的产物称为堆肥(compost)，也可以说堆肥即人工腐殖质。

随着人类生产和实践的进步，堆肥化对象不仅局限于低含水率的固态或半固态的有机废物，还扩大到了高含水率的有机物，高含水率自热好氧发酵也逐渐兴起。根据微生物生长的环境可以将堆肥化分为好氧堆肥化和厌氧堆肥化两种。通常所说的堆肥化一般是指好氧堆肥化，这是因为厌氧微生物对有机物分解速率缓慢，处理效率低，容易产生恶臭，其工艺条件也较难控制。

一、堆肥化原理与影响因素

(一) 原理

依据堆肥化过程中微生物对氧气的不同需求情况，堆肥化分为好氧堆肥化和厌氧堆肥化。

1. 好氧堆肥化的基本原理

好氧堆肥化是好氧微生物在与空气充分接触的条件下，堆肥原料中的有机物发生一系列放热分解反应，最终使有机物转化为简单而稳定的腐殖质的过程。在好氧堆肥化过程中，微生物通过同化和异化作用，把一部分有机物氧化成简单的无机物，并释放出能量；把另一部分有机物转化合成新的细胞物质，供微生物生长繁殖。如图 5-14 所示。

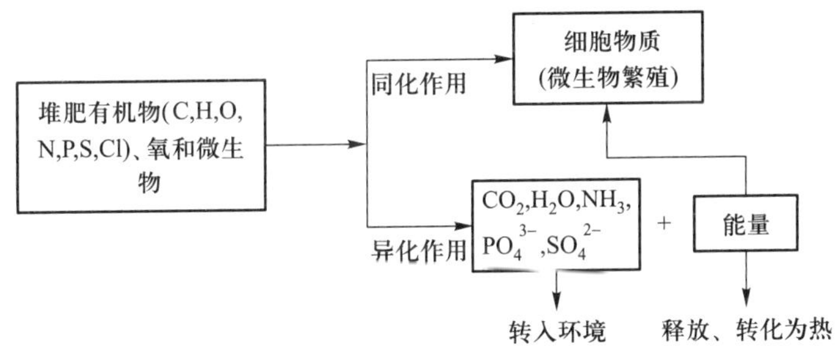

图 5-14　好氧堆肥化基本原理示意图

堆肥化过程中有机物氧化分解总的关系可用下式表示：

$$C_sH_tN_uO_v \cdot aH_2O+bO_2 \longrightarrow C_wH_xN_yO_z \cdot cH_2O+dH_2O(g)+eH_2O(l)+fCO_2+gNH_3+\text{能量} \quad (5-8)$$

通常情况下，堆肥化产品 $C_wH_xN_yO_z \cdot cH_2O$ 与堆肥化原料 $C_sH_tN_uO_v \cdot aH_2O$ 之比为 0.3～0.5，即这是氧化分解后减量化的结果。w、x、y、z 可取值范围为 $w=5\sim10$，$x=7\sim17$，$y=1$，$z=2\sim8$。

下列方程式反映了堆肥化过程中有机物的氧化和合成。

（1）有机物的氧化

不含氮有机物（$C_xH_yO_z$）的氧化

$$C_xH_yO_z+\left(x+\frac{1}{4}y-\frac{1}{2}z\right)O_2 \longrightarrow xCO_2+\frac{1}{2}yH_2O+\text{能量} \tag{5-9}$$

含氮有机物（$C_sH_tN_uO_v\cdot aH_2O$）的氧化

$$C_sH_tN_uO_v\cdot aH_2O+bO_2 \longrightarrow C_wH_xN_yO_z\cdot cH_2O+dH_2O(g)+eH_2O(l)+fCO_2+gNH_3+\text{能量} \tag{5-10}$$

（2）细胞物质的合成（包括有机物的氧化，并以 NH_3 为氮源）

$$nC_xH_yO_z+NH_3+\left(nx+\frac{ny}{4}-\frac{nz}{2}-5x\right)O_2 \longrightarrow C_5H_7NO_2(\text{细胞质})+(nx-5)CO_2+\frac{1}{2}(ny-4)H_2O+\text{能量} \tag{5-11}$$

（3）细胞物质的氧化

$$C_5H_7NO_2(\text{细胞质})+5O_2 \longrightarrow 5CO_2+2H_2O+NH_3+\text{能量} \tag{5-12}$$

以纤维素为例，好氧堆肥化中纤维素的分解反应如下：

$$(C_6H_{10}O_5)_n+nH_2O \xrightarrow{\text{纤维素酶}} nC_6H_{12}O_6(\text{葡萄糖}) \tag{5-13}$$

$$n(C_6H_{10}O_5)+6nO_2 \xrightarrow{\text{微生物}} 6nH_2O+6nCO_2+\text{能量} \tag{5-14}$$

或

$$(C_6H_{10}O_4)n+nH_2O+6nO_2 \xrightarrow{\text{微生物}} 6nH_2O+6nCO_2+\text{能量} \tag{5-15}$$

2. 好氧堆肥化过程

好氧堆肥化是一系列微生物活动的复杂过程，包含着堆肥原料的矿质化和腐殖化过程。在该过程中，堆肥内的有机物、无机物发生着复杂的分解与合成变化，微生物的组成也发生着相应的变化。

好氧堆肥化从废物堆积到腐熟的微生物生化过程比较复杂，可以分为如图 5-15 所示的几个阶段。

（1）潜伏阶段（亦称驯化阶段）

这是指堆肥化开始时微生物适应新环境的过程，即驯化过程。

（2）中温阶段（亦称产热阶段）

在此阶段，嗜温性细菌、酵母菌和放线菌等嗜温性微生物利用堆肥中最容易分解的可溶性物质，如淀粉、糖类等迅速增殖，并释放热量，使堆体温度不断升高。当堆体温度升到 45 ℃以上时，即进入高温阶段。

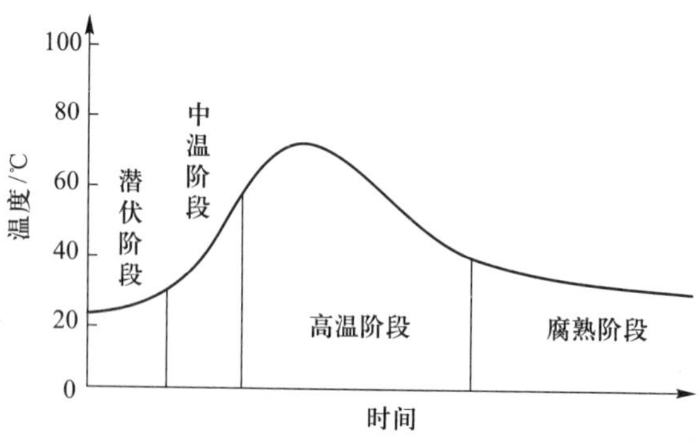

图 5-15　堆肥过程中温度的变化

（3）高温阶段

在此阶段，嗜热性微生物逐渐代替了嗜温性微生物的活动，堆肥中残留和新形成的可溶性有机物质继续分解转化，复杂的有机化合物如半纤维素、纤维素和蛋白质等开始被强烈分解。通常，在 50 ℃左右进行活动的主要是嗜热性真菌和放线菌；温度上升到 60 ℃时，真菌几乎完全停止活动，仅有嗜热性放线菌与细菌活动；温度升到 70 ℃以上时，对大多数嗜热性微生物已不适宜，微生物大量死亡或进入休眠状态。

(4) 腐熟阶段

当高温持续一段时间后，易分解的有机物(包括纤维素等)已大部分分解，只剩下部分较难分解的有机物和新形成的腐殖质，此时微生物活性下降，发热量减少，堆体温度下降。在此阶段嗜温性微生物又占优势，对残余的较难分解的有机物做进一步分解，腐殖质不断增多且稳定化，此时堆肥即进入腐熟阶段，堆肥可施用。

(二) 影响因素

1. 供氧量

氧气是堆肥化过程有机物降解和微生物生长所必需的物质。因此，保证较好的通风条件，提供充足的氧气是好氧堆肥化过程正常运行的基本保证。通风可使堆体内的水分以水蒸气的形式散失掉，达到调节堆体温度和堆内水分含量的双重目的，可避免后期堆肥温度过高。但在高温堆肥化后期，主发酵排出的废气温度较高，会从堆肥中带走大量水分，从而使物料干化，因此需考虑通风与干化间的关系。

2. 含水率

水分是维持微生物生长代谢活动的基本条件之一，水分适当与否直接影响堆肥发酵速度和腐熟程度，是影响好氧堆肥化的关键因素之一。固体废物的含水率主要取决于其组分的化学成分。固体废物堆肥化含水率的规律为，当固体废物中的有机物含量达到60%时，最适宜的含水率为60%；当固体废物中的有机物含量<50%时，最适宜的含水率为45%~50%；当固体废物中的无机物灰分较多时，即物料含水率<30%时，微生物繁殖变得缓慢；当物料含水率<12%时，微生物繁殖就会停止。考虑到微生物的活性和保持空隙率与透气性，堆肥原料最适合的含水率为45%~60%，以55%为最佳；当含水率超过65%时，水分将充满物料颗粒的空隙，使得空气含量下降，堆肥化将由好氧向厌氧转化，温度也将急剧下降，最终形成发臭的中间产物如硫化氢、硫醇和氨等。

3. 温度和有机物含量

温度是堆肥化得以顺利进行的重要因素。堆肥化初期，堆体温度一般与环境温度相一致，经过中温菌的作用，堆体温度逐渐上升。随着堆体温度的升高，它一方面加速分解消化过程；另一方面也可杀灭虫卵、致病菌及杂草籽等，使得堆肥产品可以安全地用于农田。堆体最佳温度为55~60 ℃。

有机质含量小于20%时，分解产生的热量不足以维持堆肥化所需要的温度，会影响无害化处理，且产生的堆肥产品由于肥效低而影响其使用价值。如果有机质含量大于80%时，则给通风供氧带来困难，有可能产生厌氧状态。

4. 颗粒度

堆肥化过程中供给的氧气是通过颗粒间的空隙分布到物料内部的，因此，颗粒度的大小对通风供氧有重要影响。从理论上说，堆肥物料颗粒应尽可能小，才能使空气有较大的接触面积，并使得好氧微生物更易更快将其分解。但如果太小，就容易造成厌氧条件，不利于好氧微生物的生长繁殖。因此，堆肥化前需要通过破碎、分选等方法去除不利于好氧发酵的物质，从而使堆肥物料粒度达到一定程度的均匀化。

5. C/N 和 C/P

堆肥原料中的 C/N 是影响堆肥微生物对有机物分解的最重要因子之一。碳是堆肥化反应的能量来源，是生物发酵过程中的动力和热源；氮是微生物的营养来源，主要用于合成微生物体，是控制生物合成的重要因素，也是反应速率的控制因素。如果 C/N 值过小，容易引起菌体衰老和自溶，造成氮源浪费和酶产量下降；如果 C/N 值过高，容易引起杂菌感染，同时由于没有足够量的微生物来产酶，会造成碳源浪费和酶产量下降，也会导致成品堆肥的 C/N 值过高，这样堆肥施入土壤后，将夺取土壤中的氮素，使土壤陷入“氮饥饿”状态，影响作物生长。因此，应根据各种微生物的特性，恰当地选择适宜的 C/N 值。调整的方法是加入人粪尿、牲畜粪尿及城市污泥等。常见有机废物的 C/N 值见表 5-2。

表 5-2　常见有机废物的 C/N 值

有机废物	C/N 值	有机废物	C/N 值
稻草、麦秆	70～100	猪粪	7～15
木屑	200～1 700	鸡粪	5～10
稻壳	70～100	污泥	6～12
树皮	100～350	杂草	12～19
牛粪	8～26	厨余	20～25
人粪	6～10	活性污泥	5～8

除碳和氮之外，磷也是微生物必需的营养之一，它是磷酸和细胞核的必要组成元素，也是生物能 ATP 的重要组成部分，对微生物的生长有重要的影响。有时，在垃圾中会添加一些污泥进行混合堆肥化，就是利用污泥中丰富的磷来调整堆肥化原料的 C/P 值。一般要求堆肥化原料的 C/P 值为 75～150。

6. pH

pH 是微生物生长的一个重要环境条件。一般情况下，在堆肥化过程中，发酵系统对 pH 有足够的缓冲作用，能使 pH 稳定在可以保证好氧分解的酸碱度水平。适宜的 pH 可使微生物发挥有效作用，一般来说，pH 为 7.5～8.5，可获得最佳的堆肥化效果。当堆料的 pH 不在此范围时，可添加其他物料予以调节，如当 pH<7.5 时，可添加石灰。pH 在堆肥化过程中随着时间和温度的变化而变化。

二、好氧堆肥化工艺

传统堆肥化技术采用厌氧无序堆置法，这种方法占地面积大、周期长。现代化的堆肥生产一般采用好氧堆肥化工艺，通常由预处理、主发酵(亦称一级发酵或初级发酵)、后发酵(亦称二级发酵或次级发酵)、后处理、脱臭及贮存等工序组成，如图 5-16 所示。

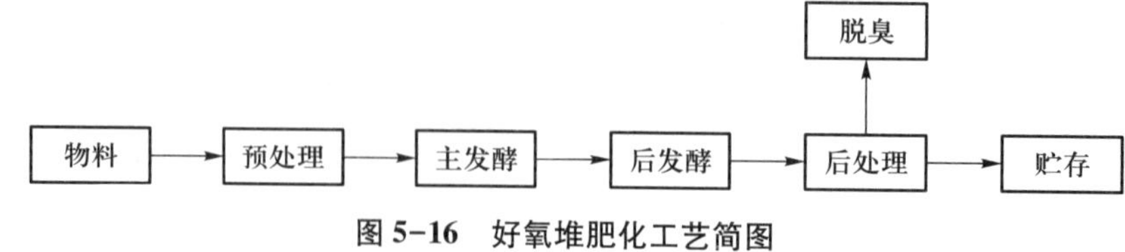

图 5-16　好氧堆肥化工艺简图

（一）预处理

预处理往往包括分选、破碎、筛分和混合等工序。主要是去除大块和非堆肥化物料如石块、金属物等。这些物质的存在会影响堆肥化处理机械的正常运行，并降低发酵仓的有效容积，使堆体温度不易达到无害化的要求，从而影响堆肥产品的质量。此外，预处理还应包括养分和水分的调节，如添加氮、磷以调节 C/N 值和 C/P 值。

在预处理时应注意：① 在调节堆肥物料颗粒度时，颗粒不能太小，否则会影响通气性。一般适宜的粒径是 12~60 mm，最佳粒径随物料物理特性的变化而变化，如果堆肥物质坚固、不易挤压，则粒径应小些，否则，粒径应大些。② 用含水率较高的固体废物（如污水污泥、人畜粪便等）为主要原料时，预处理的主要任务是调整水分和 C/N 值，有时需要添加菌种和酶制剂，以使发酵过程正常进行。

（二）主发酵

主发酵主要在发酵仓内进行，也可露天堆积，靠强制通风或翻堆搅拌来供给氧气。堆肥化时，由于原料和土壤中存在的微生物作用开始发酵，首先是易分解的物质分解，产生二氧化碳和水，同时产生热量，使堆体温度上升。微生物吸收有机物的碳、氮营养成分，在细菌自身繁殖的同时，将细胞中吸收的物质分解而产生热量。

发酵初期物质的分解作用是靠中温菌（也称嗜温菌）进行的。随着堆温的升高，最适宜温度为 45~60 ℃的高温菌（也称嗜热菌）代替了中温菌，在 60~70 ℃或更高温度下能进行高效率的分解。然后将进入降温阶段，通常将温度升高到开始降低为止的阶段，称为主发酵期。以生活垃圾和家禽粪尿为主体的好氧堆肥化，主发酵期为 4~12 d。我国现有的发酵系统进料设备主要有装载机、抓斗、皮带机等；出料设备有抓斗、装载机、螺杆、皮带机等。无论哪一种类型的发酵设施都必须具有良好的防雨、隔声、除臭功能及良好的现场工作环境。

（三）后发酵

后发酵是将主发酵工序尚未分解的易分解有机物和较难分解的有机物进一步分解，使之变成腐殖酸、氨基酸等比较稳定的有机物，得到完全腐熟的堆肥制品。后发酵可在封闭的反应器内进行，但在敞开的场地、料仓内进行的较多。此时，通常采用条堆或静态堆放的方式，物料堆积高度一般为 1~2 m。有时还需要翻堆或通气，但通常每周进行一次翻堆。后发酵时间的长短取决于堆肥的使用情况，通常为 20~30 d。

（四）后处理

经过后发酵的物料中，几乎所有的有机物都被稳定化和减量化。但在前处理工序中还没有完全去除的塑料、玻璃、金属、小石块等杂物还要经过一道分选工序去除。可以用回转式振动筛、磁选机、风选机等预处理设备分离去除上述杂质，并根据需要进行再破碎（如生产精肥）。也可根据土壤的情况，在散装堆肥中加入 N、P、K 等添加剂后生产复合肥。

（五）脱臭

在堆肥化工艺过程中，微生物的分解，会产生臭味，必须进行脱臭处理。常见的产生臭味的物质有氨、硫化氢、甲基硫醇、胺类等。去除臭气的方法主要有化学除臭剂除臭、碱和水溶液过滤、熟堆肥或活性炭、沸石等吸附剂吸附法等。其中，经济而实用的方法是熟堆肥吸附的生物除臭法。

（六）贮存

堆肥一般在春秋两季使用，在夏冬两季就需贮存，所以一般的堆肥化工厂有必要设置至少能容纳 6 个月产量的贮存设备。堆肥可直接堆存在发酵池中或装袋，要求干燥透气，闭气和受潮会影响堆肥产品的质量。

三、堆肥化设备

好氧堆肥化设备是好氧堆肥化工艺的重心，而必要的辅助机械和设施也是必不可少的。好氧堆肥化设备依据功能的不同通常可区分为计量设备、进料供料设备、预处理设备、发酵设备、后处理设备及其他辅助处理设备，其基本工作流程如图 5-17 所示。堆肥物料在经计量设备称量后，通过进料供料设备进入预处理装置，完成破碎、分选与混合等工艺；接着送入一次发酵设备，将发酵过程控制在适当的温度和通气量等条件下，使物料达到基本无害化和资源化的要求；物料经一次熟化后送至二次发酵设备中进行完全发酵，并通过后处理设备对其进行更细致的筛分，以去除杂质；最后烘干、造粒并压实，形成最终堆肥产品包装运出。在堆肥化整个过程中易产生多种二次污染，如臭气、噪声和污水等，需采用相应的辅助设备予以去除，以达到保护环境的目的。

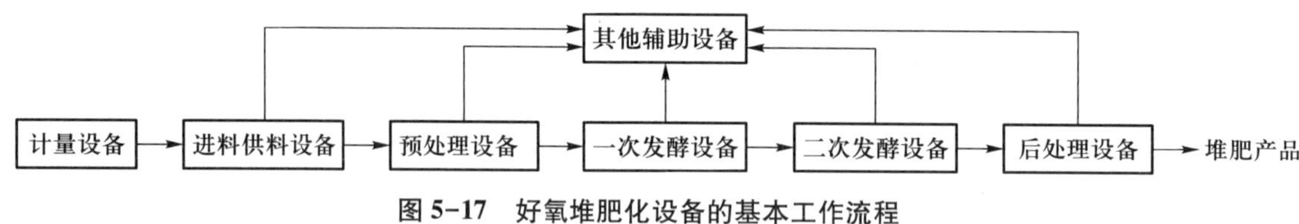

图 5-17 好氧堆肥化设备的基本工作流程

好氧堆肥化设备是指堆肥物料进行堆肥化反应的装置，是整个堆肥化系统的核心。堆肥化发酵设备须具有改善和促进微生物新陈代谢的功能。通过运用翻堆、供氧、搅拌、混合和协助通风等设备来控制温度和含水率，并解决自动移动、出料等问题，最终达到提高发酵速率、缩短发酵周期的目的。发酵设备种类繁多，主要差别在于搅拌发酵物料的翻堆机不同和发酵装置的结构不同(表 5-3)。下面主要介绍常用的条垛式发酵设备、筒仓式堆肥发酵仓、卧式堆肥发酵滚筒和立式多层堆肥发酵塔、槽式堆肥系统等类型。

（一）条垛式发酵设备

条垛式发酵设备是堆肥化系统中最简单、最古老的一种。在露天或棚架下，将堆肥物料以长条状、条垛或条堆堆放，在好氧条件下进行发酵。垛的断面可以是梯形、不规则四边形或三角形。条垛式发酵的特点是通过定期翻堆或强制通风来实现堆体处于有氧状态，能更有效地确保高温和病原菌灭活。依据堆料供氧方式不同，条垛式发酵设备又分为搅拌式(或翻堆式)堆肥化系统和固定堆强制通风堆肥化系统。条垛式发酵设备常见于较大型的生活垃圾堆肥厂、污泥堆肥厂等，其特点是设备投资相对较低，工艺简单，操作简便易行，温度及通风条件得到更好控制，处理容量大。但其属敞开式堆肥化，故在冬季低温条件下，堆体不易升温和保温，通常占地较大，堆肥化时间比发酵仓的要长，臭味控制相对较难。

表 5-3　堆肥化设备分类

设备	装置	设备	装置
塔式和条垛式发酵设备	立式多阶段发酵塔 立式多层发酵塔 多层桨式发酵塔 活动层多阶段发酵塔 直落式发酵塔	水平式发酵滚筒	达诺式发酵滚筒 单元式发酵滚筒 圆鼓形发酵滚筒
箱式发酵池(仓)	犁式翻堆机 搅拌式发酵装置 吊斗式翻堆机 桨式翻堆机	条垛式发酵设备	皮带式条垛翻堆机 履带式条垛翻堆机
筒仓式堆肥发酵仓	筒仓式静态发酵仓 筒仓式动态发酵仓	组合型发酵系统	达诺式滚筒，多段立式发酵机 桨式、犁式、吊斗式翻堆机
箱式发酵池(仓)	犁式翻堆机 搅拌式发酵装置 吊斗式翻堆机 桨式翻堆机	熟化设备	带式熟化发酵仓 板式熟化发酵仓 其他熟化发酵设备

1. 搅拌式堆肥化

采用定期翻堆，使物料均匀，并提供充足的氧气，有时还辅以强制通气，如图 5-18 所示。翻堆作业通常采用翻堆机进行，常见的翻堆机有条垛式翻堆机，它可在驾驶行进过程中对通过旋转桨状、棒状装置的条垛堆肥翻堆，达到搅匀、通气的目的。而且机械在行进过程中，堆肥物料自然形成梯形断面，主要用于一些大规模堆肥厂。

图 5-18　搅拌式堆肥化系统

翻堆是用人工或机械方法进行堆肥物料的翻转和重堆。翻堆过程既可以在原地进行，又可将物料从原地移至附近或更远的地方重堆。翻堆操作见图 5-19。由于通风是翻堆的主要目的，因此翻堆次数取决于条堆中微生物的耗氧量。因此，翻堆的频率在堆肥初期应显著高于堆肥后期。翻堆的频率还受其他因素限制，如腐熟程度、翻堆设备类型、防止臭味产生、占地空间的需求及各种经济因素的变化。因此，设计和配置翻堆设备时，都应保证一天一次的翻堆能力。条垛堆肥翻堆机工作示意见图 5-20。

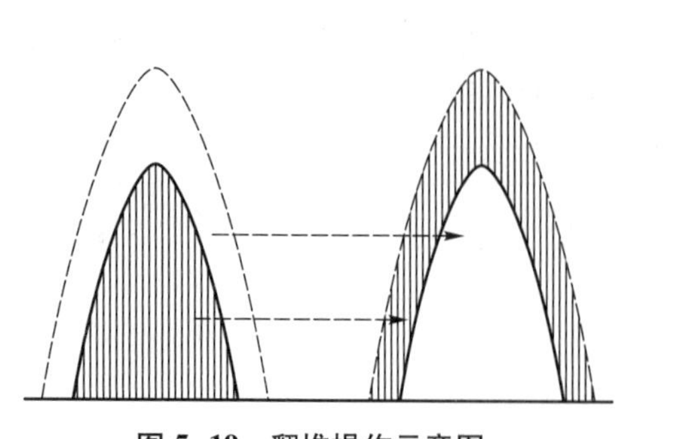

图 5-19 翻堆操作示意图

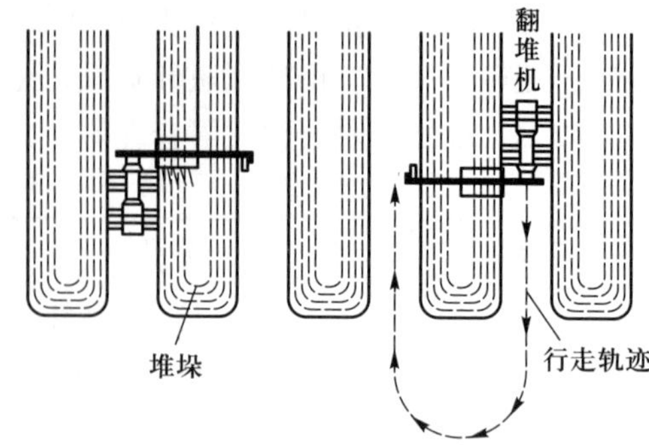

图 5-20 条垛堆肥翻堆机工作示意图

2. 固定堆强制通风堆肥化

利用鼓风机或空气压缩机强行鼓风或抽风供氧，鼓风或抽风可用定时器或在肥堆内安置的温度或氧气浓度自动反馈装置来间断性进行。自然通风堆肥化腐熟时间通常较长，而固定堆强制通风堆肥化则比较快，在 3~5 周内能完成整个堆肥化周期。图 5-21 为用于庭院废物堆肥化的静态强制通风垛示意图。

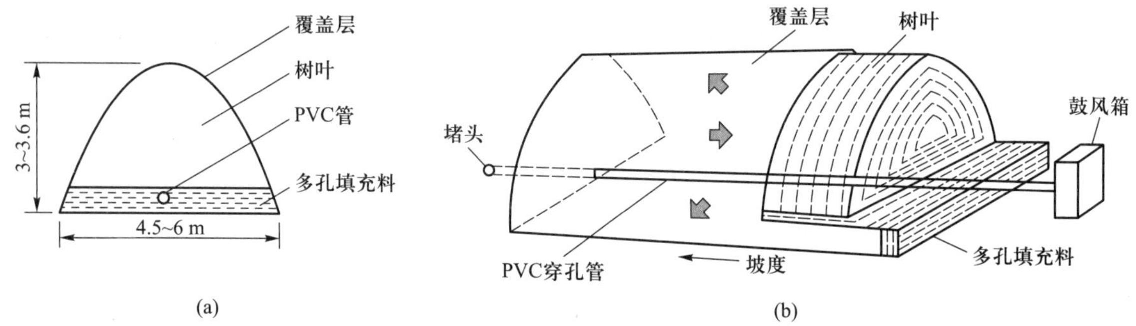

图 5-21 用于庭院废物堆肥化的静态强制通风垛示意图

(a)横断面；(b)系统图

强制通风堆肥系统需要在地面下设置通风沟，在通风沟内埋设通风管(通风管上开有许多通风用的小孔)，通风管一端封闭，一端与风机相连(图 5-22)。通风方式可采用正压鼓风或负压抽风，也可用由正压鼓风与负压抽风组成的混合通风。

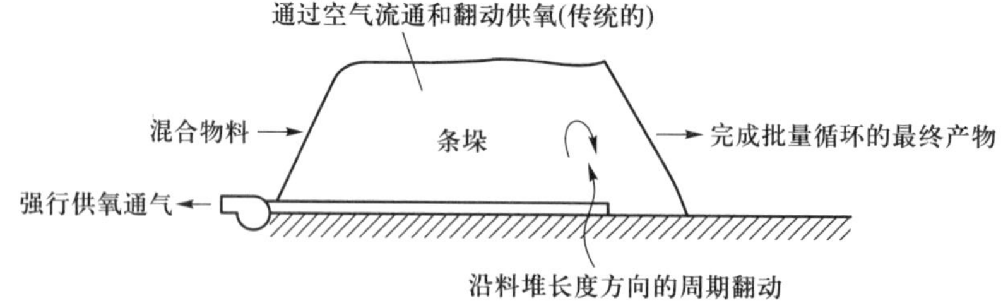

图 5-22 固定堆强制通风堆肥工艺

(二) 筒仓式堆肥发酵仓

筒仓式堆肥发酵仓的结构相对来说比较简单，为单层圆筒状(或矩形状)，发酵仓深度为

4~5 m，大多采用钢筋混凝土构筑。其上部有进料口和散刮装置，下部有螺杆出料机。为维持仓内良好的发酵条件，发酵仓内的供氧均采用高压离心风机强制鼓风，空气一般通过布置在仓底的蜂窝状散气管进入发酵仓。堆肥化原料由仓顶进入，其好氧发酵的时间一般是 6~12 d，初步腐熟的堆肥由仓底通过出料机出料。根据堆肥在筒仓内的运动形式不同，筒仓式发酵仓可分为静态与动态两种，分别见图 5-23 与图 5-24。

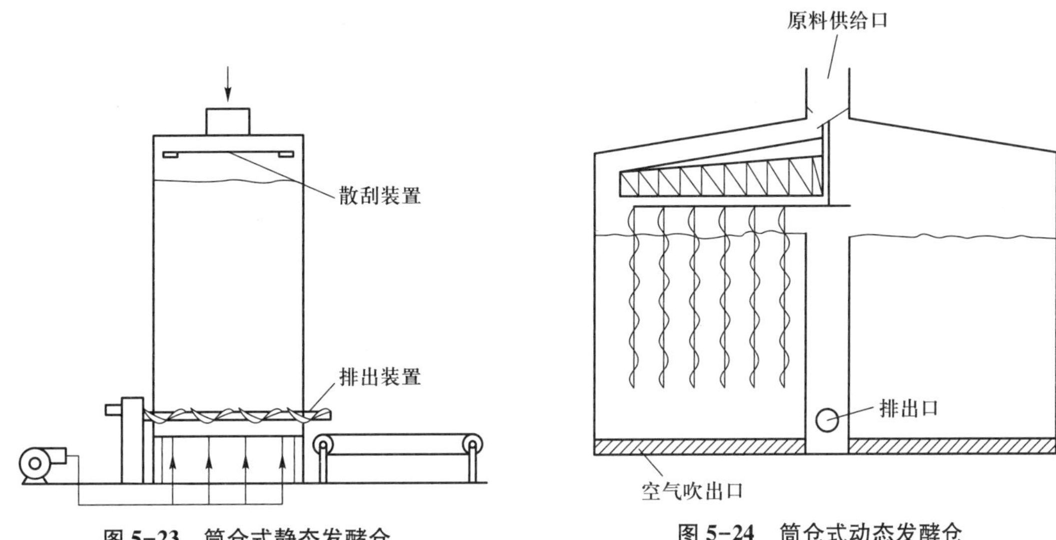

图 5-23　筒仓式静态发酵仓　　图 5-24　筒仓式动态发酵仓

筒仓式动态发酵仓呈单层圆筒形。堆肥物料经过预处理工序分选破碎后，被输送机传送至池顶中央，然后由布料机均匀地向池内布料。物料在其停留时间内受到位于旋转层的螺旋桨的搅拌，这样的操作可以防止沟槽的形成，并且螺旋钻的形状和排列能经常保持空气的均匀分布。物料受到重复切断后送到槽中心部位的排出口排出。筒仓式动态发酵工艺的特点为：发酵仓每天顶部进料一层，底部出料一层，顶部输入的为经过预处理的新物料，而底部排出的是已经发酵完全的熟化物料。根据间歇式动态发酵工艺要求，进料层和出料层均为一定高度的均匀等厚层，实现这一工艺的关键技术是发酵仓底部的等厚分层出料螺杆的设计。

利用筒仓式动态发酵仓进行一次发酵的周期为 5~7 d。相对于静态发酵仓，筒仓式动态发酵仓具有发酵周期短、排出口的高度和原料的滞留时间均可调节等优点，因而可提高处理率、降低处理费用。但使用该装置在堆肥化过程中，螺旋叶片重复切断原料，原料被压在螺旋面上，容易产生压实块状，所以通气性能不太好。此外，它还有原料滞留时间不均匀、产品呈不均质状、不易密闭等缺点。筒仓式堆肥的机械化程度高，堆肥时间短，占地面积小，环境条件好，堆肥质量可控可调，适用于大规模工业化生产，但投资与运行费用较高。

（三）卧式堆肥发酵滚筒

卧式堆肥发酵滚筒又称为达诺式发酵滚筒（图 5-25），此设备结构简单，可采用较大粒度的物料，应用范围较广，生产效率相当高，发达国家常采用它与立式堆肥

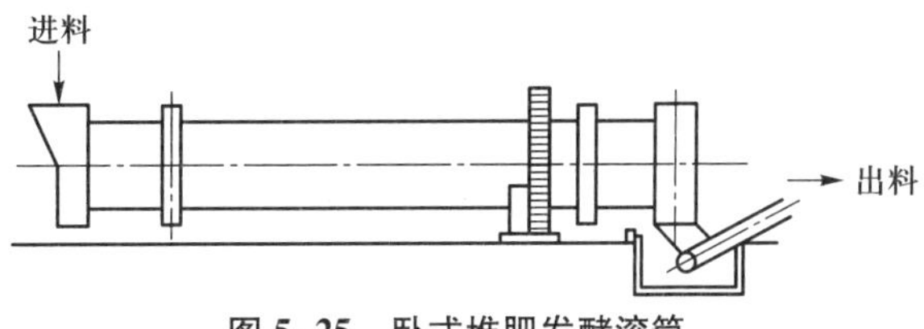

图 5-25　卧式堆肥发酵滚筒

发酵塔组合应用，高速完成发酵任务，实现自动化生产。

在卧式堆肥发酵滚筒装置中，废物在筒体内表面的摩擦力作用下，沿旋转方向提升，再借助自重落下，通过如此反复升高、跌落，可充分调整物料的温度、水分，同时废物被均匀地翻倒而与供入的空气接触达到与曝气同样的效果。物料在翻转的同时在微生物作用下进行发酵，而随着螺旋板的拨动及筒体倾斜，滚筒中的旋转物料又不断由入口端向出口端移动，物料随滚筒旋转而不断地塌落，以致新鲜空气不断进入，臭气不断被抽走，充分保证了微生物好氧分解的条件。最后经双层金属网筛的分选，得到一次发酵的粗堆肥。因此，卧式堆肥发酵滚筒具有自动稳定地供料、传送并排出堆肥物料的功能。

该装置的工作参数如下：直径 2.5~3.5 m，长度 20~40 m，内搅拌的旋转速度应以 0.2~3.0 r/min为宜；通风空气温度保持常温，对 24 h 连续操作的装置，通风量为 0.1 $m^3/(m^3 \cdot min)$。空气从筒的原料排出口进入，并从进料口排出。如果发酵全过程都在此装置中完成，停留时间应为 2~5 d。筒内废物量一般不能超过筒容量的 80%。当以该装置作全程发酵时，发酵过程中堆肥物料的平均温度为 50~60 ℃，最高温度可达 70~80 ℃；当以该装置作一次发酵时，则平均温度为 35~45 ℃，最高温度可达 60 ℃左右。

（四）立式多层堆肥发酵塔

立式多层堆肥发酵塔通常由 5~8 层组成，内外层均由水泥或钢板制成。经分选后的堆肥物料由塔顶进入塔内，在塔内堆肥物料通过不同形式的搅拌翻动，逐层由塔顶向塔底移动，最后由最底层出料。一般经过 5~8 d 的好氧发酵，堆肥物料即由塔顶移动至塔底而完成一次发酵。塔内温度分布从上层至下层逐渐升高，最高温度在最下层。通常以风机强制通风对塔内进行供氧，通过安装在塔身一侧不同高度的通风口将空气定量地通入塔内以满足微生物对氧的需求。立式堆肥发酵塔通常为密闭结构，堆肥时产生的臭气能较好地进行收集处理，因此其环境条件比较好。此外，立式堆肥设备具有处理量大、占地面积小等优点，但其一次性投资较高。

立式堆肥发酵塔通常包括立式多层圆筒式（图 5-26）、立式多层板闭合门式（图 5-27）、立式多层桨叶刮板式（图 5-28）和立式多层移动床式（图 5-29）等。

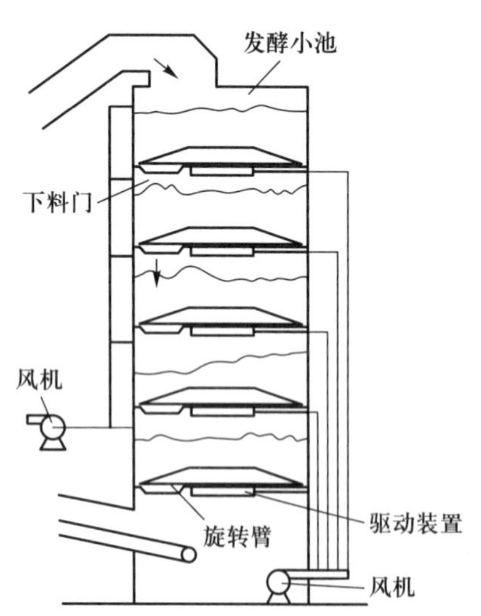

图 5-26 立式多层圆筒式堆肥发酵塔

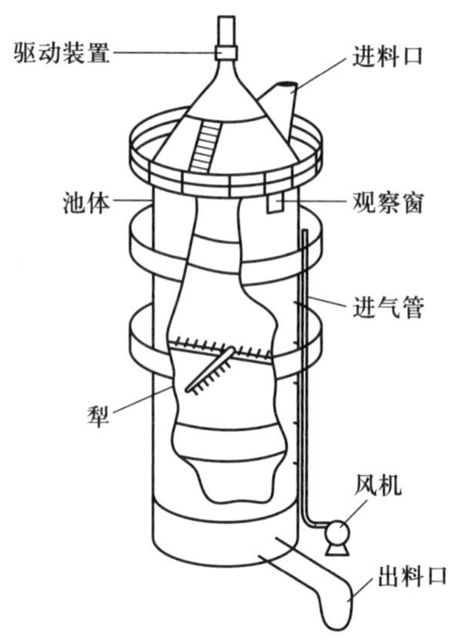

图 5-27 立式多层板闭合门式堆肥发酵塔

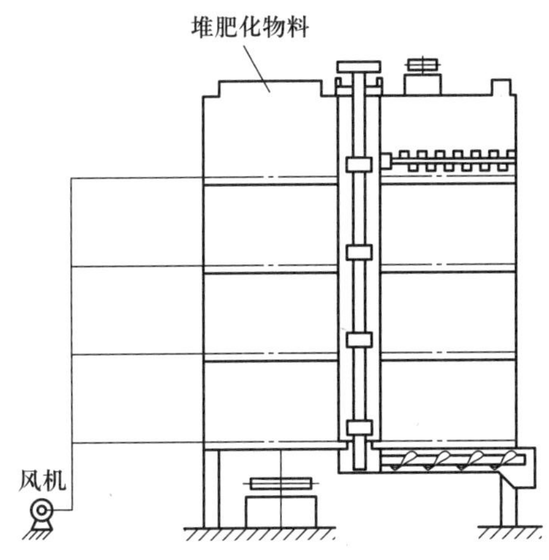

图 5-28　立式多层桨叶刮板式堆肥发酵塔

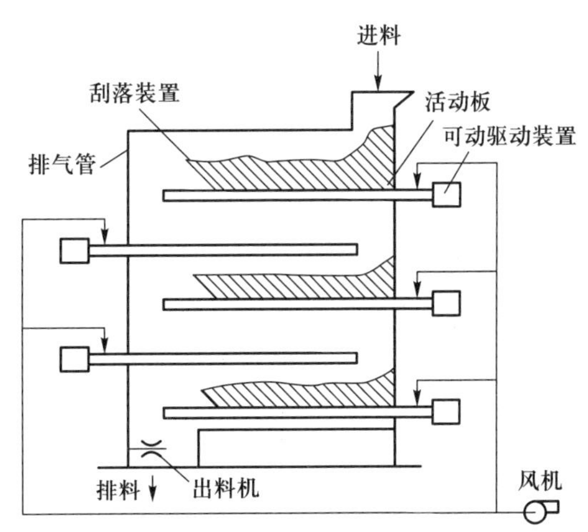

图 5-29　立式多层移动床式堆肥发酵塔

（五）槽式堆肥系统

对于畜禽粪便堆肥，较多的是采用槽式堆肥系统（图 5-30）。发酵槽的宽度为 2.0~6.0 m，深度为 0.3~2.0 m，长度为 20~60 m。这种堆肥方式的一次发酵时间一般为 15~25 d，然后再将完成一次发酵的堆肥送入二次发酵场地进行后熟发酵。发酵槽上方常设置密封的塑料大棚，以防臭气外逸，并加上抽气装置，抽出的气体多数采用人工土壤除臭法处理。

图 5-30　槽式堆肥系统

槽式堆肥常见的翻堆机多数为铲式或旋转式翻堆机。铲式翻堆机是将一些三角形挡板均匀地固定在两根链条上面，这些挡板在随链条转动过程中将前面的物料搅动并将其带至上方，然后从转动装置的上方落下（前进方向的后方）。这样每搅拌一次就将原料向出口（前进方向的相反方向）搬运一定的距离。旋转式翻堆机的主要部件是一个装有许多搅拌棒的旋转轴。翻堆机在沿着发酵槽侧壁上的轨道运行的过程中，通过旋转轴的转动来带动翻堆棒对堆肥物料进行翻堆，同时将物料向后方拨动一定的距离（前进方向的相反方向）。由于这种翻堆是通过翻堆棒来实现的，翻堆机宽度一般与发酵槽宽度相同。一次翻堆结束后也将旋转轴升起并返回到出发点。

（六）熟化设备

只有经过二次发酵后的熟化堆肥才是有价值的产品，才能被植物吸收，变成有用的养料，而且熟化堆肥能够有效地防止二次污染，不再分解释放出臭气及产生污水。因此堆肥的熟化也相当重要。熟化的工艺方法及设备也是多种多样。因熟化过程中微生物的代谢不像一次发酵那样激烈，可以采用静态条垛式堆放，一般 3 m 高，可以适当给予通风。有条件考虑大规模生产的地区，可以采用多层式或立式多层发酵塔、立式桨式发酵塔、水平桨式翻堆机等分解设备，较多情况是采用仓式熟化设备。

1. 皮带式熟化仓

生堆肥经桥式布料机送进料仓，桥式布料机在料仓的顶部轨道上移动，物料随布料机的纵横移动均匀而等高地布置在料仓内，高度通常为2.5~3 m，熟化时间为20~ 30 d。

2. 板式熟化仓

经过分选和破碎后的物料被送进旋转发酵装置内，破碎、搅拌后形成均质的生堆肥，然后物料又被送进平板发酵仓内，发酵时间为7~10 d，经过发酵和精处理后制成堆肥。发酵系统主要由内单平板叶片组成，它由齿轮齿条驱动。这个单叶片通过从左向右旋转来搅拌物料，又从右到左空载回位，然后往复。发酵仓是封闭型的并带负压，因此，它可防止臭气泄漏。发酵仓内配有通气装置，以便保持好氧条件，并配有水龙头和排水装置来控制水分。

四、堆肥质量评价

腐熟度是衡量堆肥化进行程度的指标。堆肥腐熟度是指堆肥中的有机质经过矿化、腐殖化过程最后达到稳定的程度。评价指标一般可分为物理学指标、化学指标、生物学指标及工艺指标。

（一）物理学指标

物理学指标随堆肥化过程的变化比较直观，且易于监测，常用以定性描述堆肥化过程所处的状态，但不能定量说明堆肥的腐熟程度。

（1）气味

堆肥化过程中，臭味逐渐减弱并在堆肥化结束后消失，此时也就不再吸引蚊虫。

（2）粒度

腐熟后的堆肥产品呈现疏松的团粒结构。

（3）色度

堆肥的色度受其原料成分的影响很大，很难建立统一的色度标准以判别各种堆肥的腐熟程度。一般堆肥化过程中堆料逐渐变黑，腐熟后的堆肥化产品呈深褐色或黑色。

（4）吸光度

对不同时间的堆肥的水萃取物在波长280 nm、465 nm和665 nm的光学性质研究表明，由于个别有机成分的少量存在，抑制了对短波的吸收，而对665 nm波长的可见光影响较少，由此通过检测堆肥萃取物在波长665 nm下的吸光度变化可反映堆肥腐熟度。

（二）化学指标

由于物理指标只能直观反映堆肥化过程，因此常通过分析堆肥化过程中堆料的化学成分或性质的变化以评价腐熟度。

（1）pH

pH随堆肥化的进行而变化，可作为评价腐熟程度的一个指标。通常来讲，发酵初期的pH为6.5~7.5，腐熟的堆肥pH为8.0~9.0。

（2）有机质变化指标

反映有机质变化的指标有化学需氧量(COD)、生化需氧量(BOD)、挥发性固体(VS)。在堆肥化过程中，随着有机物的降解，物料中的含量会有所变化，因而可用BOD、COD、VS来反映堆肥有机物降解和稳定化的程度。

（3）碳氮比

固相C/N值是最常用的堆肥腐熟度评估方法之一。当C/N值下降至(10~20)∶1时，可认为堆肥达到腐熟。

（4）含氮化合物

堆肥中含有大量的有机氮化合物，而在堆肥化过程中伴随着明显的硝化反应过程；在堆肥化后期，部分氨态氮可被氧化成硝态氮或亚硝态氮。因此，氨态氮、硝态氮及亚硝态氮的浓度变化，也是堆肥腐熟度评价的常用参数。

（5）腐殖酸

随着堆肥腐熟化过程的进行，腐殖酸的含量上升。因此，腐殖酸含量是一个相对有效的反映堆肥质量的参数。

（6）阳离子交换量

当阳离子交换量(cation exchange capacity,CEC)大于60 mmol时，可作为城市垃圾堆肥腐熟的指标，但C/N值较低的废物，CEC波动大，不能用来评价腐熟度。

（7）物质结构

波谱分析法可以从物质结构的角度认识堆肥化过程和腐熟度问题，迄今为止较多使用的是^{13}C-核磁共振法和红外光谱法，红外光谱法可以辨别化合物的特征官能团，核磁共振法可提供有机分子的骨架信息。

（三）生物学指标

对堆肥化产品仅用物理方法和化学分析方法评价腐熟度是不够的，必须结合生物学方法才可靠。生物学方法是检验堆肥化过程中有机质腐熟度最精确和最有效的方法，主要有植物毒性法和微生物评价法。

1. 植物毒性法

在植物毒性法中，常采用种子发芽指数(GI)作为评价指标，可表示为

$$\mathrm{GI}(\%)=\frac{\text{堆肥处理的种子发芽率}\times\text{处理种子的根长}}{\text{去离子水处理的种子发芽率}\times\text{去离子水中种子的根长}}\times 100\% \tag{5-16}$$

实际过程中，当GI大于50%时，就可认为堆肥已腐熟，并达到无毒性要求。

2. 微生物评价法

堆肥化过程中存在着各种各样的微生物群落，这些微生物群落在堆肥化的不同阶段，其结构也随之相应变化。在堆肥化初期(升温阶段)，嗜温菌较活跃并大量繁殖，主要是蛋白质分解细菌和产氨细菌数量迅速增加，在15 d内达到最多，然后迅速下降，在30 d内完成其代谢活动，在60 d时降到检测限以下；堆肥化达到高温阶段时，嗜温菌受到抑制甚至死亡，嗜热菌则大量繁殖，其间堆肥中的寄生虫、病原菌被杀死，腐殖质开始形成，堆肥达到初步腐熟；在堆肥化的降温阶段(腐熟期)主要以放线菌为主。因此，堆肥化过程中微生物群落的演替能很好地指示堆肥的腐熟程度。

（四）工艺指标

在堆肥化过程中，堆肥物料堆的温度先后经历升温、高温到降温的三个阶段。物料堆的温度升高是因为有机物分解时释放热量。根据堆肥的升温、高温和降温三个阶段的特点，监测温度的变化，就可以判断有机物降解及稳定化(腐熟)的情况。

另外，不同腐熟度的堆肥耗氧速率、释放二氧化碳的速率、肥效等皆有区别，利用这些特征也可对堆肥的腐熟度作出判断。

第三节 有机固体废物的基质化处理

一、有机废物制作营养土

“基质化”通常是泛指将固体废物加工成适合植物、微生物或动物生长繁殖的营养环境基体的过程，其在土肥领域多指将有机废物制备成播种、育苗、花卉栽培时使用的基质土(即营养土)的过程。有机营养土是为了满足幼苗生长发育需要而专门配制的，其有机质含量高、养分全、土壤结构合理。有机营养土一般根据养分要求由固体营养物料与土壤以一定的比例混合而成。

良好的有机营养土应具备以下条件：① 浇水后不板结，能迅速排出多余水；② 持水、保水和保肥性能良好，通气性好；③ 不带草种、害虫、病原体；④ pH、水解氮、速效磷、脲酶、磷酸酶活性等符合植物生长要求；⑤ 含盐量低，重金属含量和毒性在安全限度内；⑥ 化学性质稳定，肥效性好，无二次污染。

通过质量评价后的有机营养土，主要应用于农业生产、果蔬育苗、城市园林栽培、土壤改良等。因含有大量发酵后的营养物料，营养土中有机质含量比普通土壤高，对作物根系生长及吸收有明显的促进作用。除了含大量供给作物生长所需的营养外，有机营养土容重低、结构疏松、团粒结构和孔隙度较大、通气性较好，长期施用有明显的培土改土作用。

（一）有机营养土配制的主要原料

有机营养土的配制无统一模式和规定，通常在满足营养土必备条件的基础上将几种材料按一定的比例混合。有机营养土配制所需有机废物的来源有：① 农林废物，如秸秆、稻草、畜禽粪便、杂草、木屑、下脚料、加工残渣等农、林、牧、渔各业生产加工及农民日常生活过程中产生的废物；② 生活废物，如居民生活垃圾、餐饮垃圾、污泥、绿植等；③ 加工业有机废物，如废渣、酒精废液、味精废液、滤泥等。除有机物质以外，还常用到泥炭、蛭石、珍珠岩、腐殖土、黄心土、未耕种的山地土、河沙、磷石膏、炉渣、钢渣、铬渣、粉煤灰、煤矸石等工矿业中的无机固体废物为作物提供所需元素并改良营养土理化性质，提高植物的吸收能力。有机营养土制作过程中还常常加入生物炭、无机肥料等。配制有机营养土常见材料养分如表 5-4 所示。

表 5-4 配制有机营养土常见材料养分表

项目	有机质/%	pH	总氮/%	总磷/%	总钾/%	有效氮/(mg·kg^{-1})	有效磷/(mg·kg^{-1})	有效钾/(mg·kg^{-1})
污泥	38	6.5~8.0	2.03	3.78	0.79	1 104.6	1 553.6	1 665.9
粪便	59	7.6	5.60	1.21	1.58	—	—	—
农用垃圾	30	8.7	1.60	0.27	2.20	—	—	—
腐质土	23	—	0.87	0.09	1.66	405.0	15.3	210.0
火山灰	20	—	0.78	0.18	0.85	335.9	3.4	90.0
红土	4	5.6	0.15	0.11	0.86	172.4	2.0	14.0

(二) 有机营养土配制方法

1. 利用农林废物配制有机营养土

农林废物分为两类：一类是秸秆、稻草、杂草、木屑等，需要粉碎和腐熟后配制成有机营养土；另一类是下脚料、加工残渣、畜禽粪便等发酵剩余物。

将粉碎混匀后的秸秆、稻草等物料与微生物菌种混合，然后加入水搅拌混匀制成堆体，发酵完成后摊开堆体，自然干燥后即得到腐熟物料。将腐熟物料与一定比例的园土、干草、草木灰以及骨粉等辅助成分混合，形成的有机营养土富含丰富的氮、磷、钾等营养成分，具有良好的保水和保肥性能，并且营养土的土质疏松、透气，适合多种植物的生长发育。

将发酵后的残余物与腐叶土、园土、蛭石等以一定比例制成生态有机营养土。通过向沼渣中添加锯末、骨粉等有机物料和泥土，可制备富含速效和缓效氮、磷、钾等养分的复合高效保肥营养土。好氧和厌氧发酵后的沼渣，养分含量都有所提高，总体来说，厌氧发酵条件下营养土中各养分的含量要高于好氧发酵，浓沼液高于稀沼液。以沼液、沼渣、垃圾渗滤液、吸附材料和表层土壤为原料制备而成复合保肥营养土，能促进植物根部呼吸和养分的吸收，其成本低廉，工艺简单。

2. 利用城市垃圾配制有机营养土

城市垃圾主要有生活垃圾、污泥以及其他废物。生活垃圾主要包括厨余物、废纸、废织物、废旧塑料制品及畜禽粪便等，其中厨余物占比较大。污泥中含有大量的有机物，氮、磷、钾等营养元素以及各种微量元素如 Ca、Cu、Zn 等。其中畜禽粪便主要成分和城市污泥典型肥分如表 5-5 和表 5-6 所示。

表 5-5 禽畜粪便主要成分

项目	干物质				新鲜
	有机质/%	全氮(N)/%	全磷(P_2O_5)/%	全钾(K_2O)/%	水分/%
鸡粪	30.1	2.43	0.929	1.61	52.0
猪粪	41.4	2.09	0.896	1.12	68.7
羊粪	33.6	2.01	0.496	1.32	50.7

续表

项目	干物质				新鲜
	有机质/%	全氮(N)/%	全磷(P_2O_5)/%	全钾(K_2O)/%	水分/%
牛粪	36.8	1.67	0.429	0.948	75.0
鸭粪	26.2	1.66	0.885	1.373	51.0

表 5-6 我国城市污泥典型肥分

污泥类别	总氮/%	磷(P_2O_5)/%	钾(K_2O)/%	有机物/%
初沉污泥	2~3	1~3	0.1~0.5	50~60
活性污泥	3.3~7.7	0.78~4.3	0.22~0.44	60~70
消化污泥	1.6~3.4	0.6~0.8	—	25~30

污泥配制有机营养土有好氧堆肥和厌氧发酵两种方式。将污泥、秸秆类、生物炭与腐殖酸、木屑、无机肥料混合作为发酵原料进行好氧堆肥化，经干燥、消毒、筛分得到固体营养物料，固体营养物料与土壤按一定比例混合即可得到有机营养土。将进行重金属检测后的污泥料投入到发酵设施中，顺序加入生石灰、调理剂和复合菌种，然后进行发酵，发酵完成后进行干化脱水，在粉碎后的干化污泥中加入脱硫石膏、褐煤等工业废物混合制成有机营养土。

对生活垃圾、绿植等有机废物粉碎后进行发酵取得有机物质，将有机物质与草炭和肥土等混匀，然后加水和微生物制成堆体，发酵得到腐熟物。在制得腐熟物的过程中，可以加入污水污泥来提升养分，再根据应用要求，将腐熟物与其他辅助物料按一定比例配制成有机营养土。

3. 利用工业有机废物配制有机营养土

向工业有机废渣、废液和粉碎的农作物秸秆、粪便、杂草、麦皮等混合物中加入酵素菌、钾细菌等菌种进行发酵得到固体营养物料，再配入适量的氮、磷、钾等元素，所制得的有机营养土增效较好。

(三) 有机营养土标准

根据上述技术制得的有机营养土必须符合相关标准才能投入使用。不同类型的肥料其对应的项目和指标不同，下面列出了市场上常见的有机营养土的指标要求，如表 5-7—表 5-10 所示。

表 5-7 有机无机复混肥料的技术指标要求(GB/T 18877—2020)

项目		指标		
		Ⅰ型	Ⅱ型	Ⅲ型
有机质含量/%	≥	20	15	10
总养分($N+P_2O_5+K_2O$)含量/%	≥	15	25	35
水分(H_2O)/%	≤	12	12	10
酸碱度(pH)		5.5~8.5		5.0~8.5

续表

<table>
<tr><th colspan="3" rowspan="2">项目</th><th colspan="3">指标</th></tr>
<tr><th>Ⅰ型</th><th>Ⅱ型</th><th>Ⅲ型</th></tr>
<tr><td colspan="2">粒度(1.00 mm~4.75 mm 或 3.35 mm~5.60 mm)/%</td><td>≥</td><td colspan="3">70</td></tr>
<tr><td colspan="2">蛔虫卵死亡率/%</td><td>≥</td><td colspan="3">95</td></tr>
<tr><td colspan="2">粪大肠菌群数/(个/g)</td><td>≤</td><td colspan="3">100</td></tr>
<tr><td colspan="2">砷及其化合物含量(以 As 计)/($mg \cdot kg^{-1}$)</td><td>≤</td><td colspan="3">50</td></tr>
<tr><td colspan="2">镉及其化合物含量(以 Cd 计)/($mg \cdot kg^{-1}$)</td><td>≤</td><td colspan="3">10</td></tr>
<tr><td colspan="2">铅及其化合物含量(以 Pb 计)/($mg \cdot kg^{-1}$)</td><td>≤</td><td colspan="3">150</td></tr>
<tr><td colspan="2">铬及其化合物含量(以 Cr 计)/($mg \cdot kg^{-1}$)</td><td>≤</td><td colspan="3">500</td></tr>
<tr><td colspan="2">汞及其化合物含量(以 Hg 计)/($mg \cdot kg^{-1}$)</td><td>≤</td><td colspan="3">5</td></tr>
<tr><td colspan="2">钠离子含量/%</td><td>≤</td><td colspan="3">3</td></tr>
<tr><td rowspan="3">氯离子含量/%</td><td>未标“含氯”的产品</td><td>≤</td><td colspan="3">3</td></tr>
<tr><td>标明“含氯(低氯)”的产品</td><td>≤</td><td colspan="3">15</td></tr>
<tr><td>标明“含氯(中氯)”的产品</td><td>≤</td><td colspan="3">30</td></tr>
<tr><td colspan="2">缩二脲含量/%</td><td>≤</td><td colspan="3">0.8</td></tr>
</table>

表 5-8　有机肥料的技术指标要求(NY 525—2012)

项目	指标
有机质的质量分数(以烘干基计)/%	≥45
总养分($N+P_2O_5+K_2O$)的质量分数(以烘干基计)/%	≥5
水分(鲜样)的质量分数/%	≤30
酸碱度(pH)	5.5~8.5
蛔虫卵死亡率/%	≥95
粪大肠菌群数/(个 · g^{-1})	≤100
总砷(As)(以烘干基计)/($mg \cdot kg^{-1}$)	≤15
总汞(Hg)(以烘干基计)/($mg \cdot kg^{-1}$)	≤2
总铅(Pb)(以烘干基计)/($mg \cdot kg^{-1}$)	≤50
总镉(Cd)(以烘干基计)/($mg \cdot kg^{-1}$)	≤3
总铬(Cr)(以烘干基计)/($mg \cdot kg^{-1}$)	≤150

表 5-9 复合微生物肥料的技术指标要求(NY/T 798—2015)

项目	指标	
	液体	固体
有效活菌数/[(亿·g^{-1}),亿·mL^{-1}]	≥0.5	≥0.2
有机质的质量分数(以烘干基计)/%	—	≥20
总养分($N+P_2O_5+K_2O$)的质量分数(以烘干基计)/%	6~20	8~25
杂菌率/%	≤15	≤30
酸碱度(pH)	5.5~8.5	
蛔虫卵死亡率/%	≥95	
粪大肠菌群数/(个·g^{-1})	≤100	
总砷(As)(以烘干基计)/(mg·kg^{-1})	≤15	
总镉(Cd)(以烘干基计)/(mg·kg^{-1})	≤3	
总铅(Pb)(以烘干基计)/(mg·kg^{-1})	≤50	
总铬(Cr)(以烘干基计)/(mg·kg^{-1})	≤150	
总汞(Hg)(以烘干基计)/(mg·kg^{-1})	≤2	

表 5-10 水溶肥料汞、砷、镉、铅、铬的限量要求(NY 1110—2010)

项目	指标
汞(Hg)(以元素计)/(mg·kg^{-1})	≤5
砷(As)(以元素计)/(mg·kg^{-1})	≤10
镉(Cd)(以元素计)/(mg·kg^{-1})	≤10
铅(Pb)(以元素计)/(mg·kg^{-1})	≤50
铬(Cr)(以元素计)/(mg·kg^{-1})	≤50

二、有机废物的蚯蚓生物处理

蚯蚓生物处理是利用蚯蚓和微生物的协同降解作用将有机物快速分解、转化为动物蛋白或复合有机肥的技术。该技术从有机废物利用角度看,就是将有机固体废物转化成蚯蚓生长繁殖的基质的过程。

蚯蚓是杂食性动物,喜欢吞食腐烂的落叶、枯草、蔬菜碎屑、作物秸秆、畜禽粪及居民的生活垃圾。蚯蚓消化力极强,它的消化道分泌蛋白酶、脂肪分解酶、纤维素酶、甲壳酶、淀粉酶等,除金属、玻璃、塑料及橡胶外,几乎所有的有机物质都可被它消化。

蚯蚓生物处理技术可用于处理生活垃圾、污泥、动物粪便、食品加工残渣、植物秸秆等有机废物。由于利用蚯蚓处理有机废物技术简单,操作方便,费用低廉,无污染排放,能获得优质有机肥料和高级蛋白原料,从 20 世纪 70 年代起,逐渐发展出全球性蚯蚓养殖业。

应用蚯蚓处理有机废物有多种方法,既有相对简单的大田养殖处理,也有全自动化连续系统。按处理规模可分为大型、中型和小型三类;按形式可分为条垛式处理系统、多层立体系统、标准化蚯蚓床(worm bed)、精美养殖箱(worm bin)和自动化连续反应器(continuous flow vermi-composting reactor)等；按照反应器的结构特征及规模大小可分为分批式反应箱、叠放盘式反应箱、活动底层式反应箱、立体自动化薄层处理床及大型连续自动化蚯蚓处理系统等。

蚯蚓生物处理技术最核心的要素是蚯蚓。蚯蚓在分类上属于环节动物门(*Annelida*)寡毛纲(*Oligochaeta*)，目前全世界记录的蚯蚓种数已超过 3 000 种，我国有数百种。

如图 5-31 所示，蚯蚓身体结构较为简单，可看成是一条被充满液体的体腔包被的消化管。在蚯蚓身体的最前端是口前叶，它包被着口腔，用来压迫土壤挖掘洞穴。蚯蚓的脑处于口前叶与咽之间。小的颗粒经过口腔和咽，沿着消化道自前向后运动。在食道部位附有含钙腺，通过分泌碳酸钙来降低饲料的酸度。集中于蚯蚓嗉囊中的食物受碳酸钙、酶和细菌作用而溶解，为在砂囊中的进一步处理做准备。砂囊由强有力的肌肉所组成，其中的消化液、小石头颗粒和矿物颗粒共同作用把它磨至能够适于通过肠道。消化的小颗粒食物经过肠道壁的吸收进入毛细血管，未经消化的较大食物颗粒经过肠道到达肛门以含氮废物的形式排出体外。

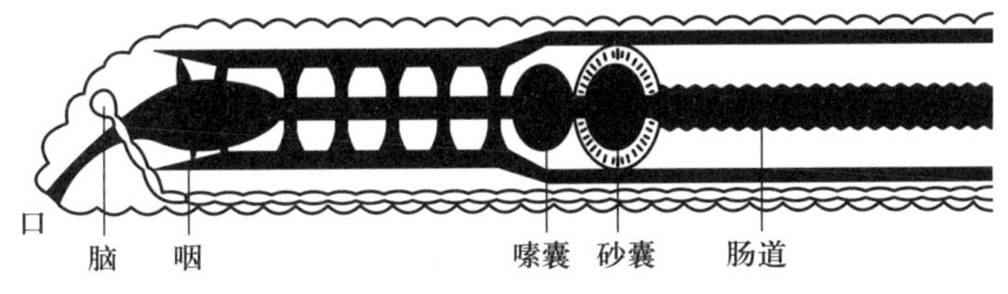

图 5-31 蚯蚓身体结构

蚯蚓属腐食性动物，怕光、怕水浸、怕震动、怕高温、怕严寒，喜欢栖息在温暖、潮湿、阴暗、通气、富含大量有机质的土壤里，难以在一般耕地、红壤中见到。蚓床基料适宜含水量为 30%~50%，适宜 pH 为 6~8。

蚯蚓生物处理技术主要的生态影响因子有温度、湿度、酸碱度、C/N 值、盐度等。蚯蚓处理固体废物的最佳环境因子如表 5-11 所示，最适温度如图 5-32 所示。

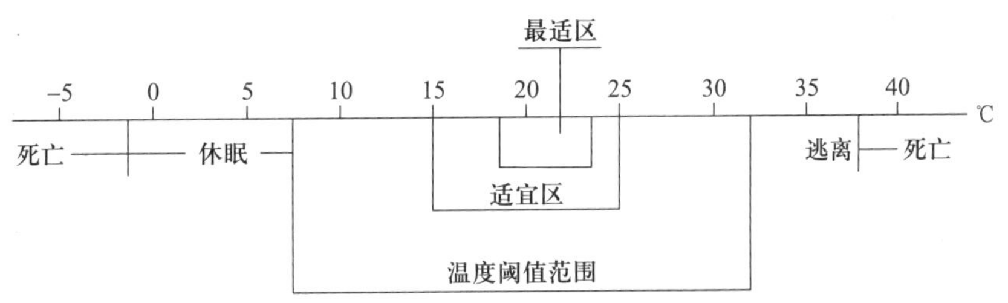

图 5-32 蚯蚓对温度的适应范围

表 5-11 蚯蚓处理固体废物的最佳环境因子

环境因子	范围	最佳条件	环境因子	范围	最佳条件
pH	5~9	6.8	氨/(mg·kg^{-1})	<0.5	—
温度/℃	15~30	23	盐分/%	<0.5	—
湿度/%	60~70	65	蚯蚓密度/(kg·m^{-3})	>40	25
C/N 值	15~30	20	加料厚度/cm	4~10	5

通过蚯蚓消化有机废物生产的蚯蚓粪便为小而均匀的颗粒状，其营养价值比处理前提高20%~30%，同时含有益微生物和酶类，作为肥料用时集营养、防病、刺激植物生长等功能于一体，是生产有机食品的优质肥料。蚯蚓粪的组成特征如表 5-12 所示。

表 5-12 蚯蚓粪的组成特征分析表

成分		含量	成分		含量
化学物质	水	36.1%	氨基酸	丝氨酸	0.20%
	TN	2.15%		脯氨酸	0.12%
	总 P_2O_5	2.76%		丙氨酸	0.52%
	K_2O	1.61%		缬氨酸	0.54%
	总 Ca	8.60%		异亮氨酸	0.34%
	总 Mn	2.51%		酪氨酸	0.28%
	总 C	16.78%		赖氨酸	0.54%
	Na	3.03%		精氨酸	0.33%
	Fe	910 mg/kg		苏氨酸	0.28%
	Mn	218 mg/kg		谷氨酸	1.14%
	Cu	7.2 mg/kg		甘氨酸	0.52%
	B	0.35 mg/kg		胱氨酸	0.18%
	Zn	68.36 mg/kg		蛋氨酸	0.11%
微生物/(个 · g^{-1})	细菌	1.8×10^{8}		亮氨酸	0.52%
	放线菌	2.8×10^{6}		苯丙氨酸	0.44%
	真菌	2.0×10^{5}		组氨酸	0.40%
植物生长调节剂/(μg · g^{-1})	赤霉素	2.75		天冬氨酸	0.71%
	细胞分素	1.05			
	生长素	3.80			

注：pH 为 6.5。

(一) 生活垃圾蚯蚓处理技术

生活垃圾蚯蚓处理技术是指将生活垃圾经过分选，除去垃圾中的金属、玻璃、塑料、橡胶等物质后，经初步破碎、喷湿、堆沤、发酵等处理，再经过蚯蚓吞食加工制成有机复合肥料的过程。从收集垃圾到蚯蚓处理获得最终肥料产品的工艺流程如图 5-33 所示。

① 垃圾的预处理：主要是将垃圾粉碎，以利于分离。

② 垃圾的分离：把金属、玻璃、塑料和橡胶等分离除去，再进一步粉碎，以增加微生物的接触表面积，利于微生物与蚯蚓共同作用。

③ 垃圾的堆放：将处理后的垃圾进行分堆，堆的宽度为 180~200 cm，长度按需要而定，高度为 40~50 cm。

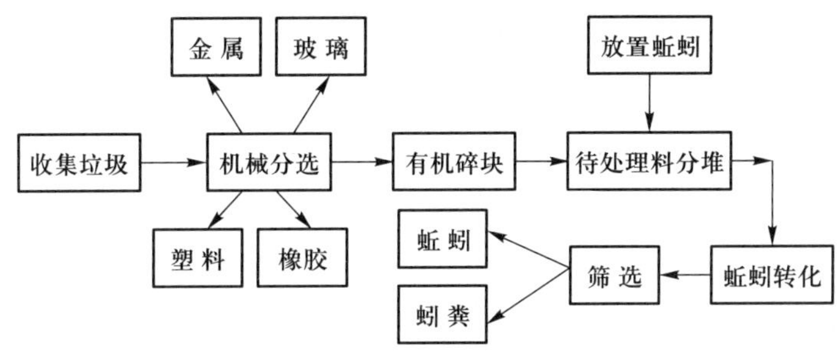

图 5-33　蚯蚓处理垃圾的工艺流程

④ 放置蚯蚓：垃圾发酵熟化后达到蚯蚓生长的最佳条件时，在分堆 10~20 d 后，就可以放置蚯蚓，开始转化垃圾。

⑤ 检查正在转化的料堆状况：要定期检测，修正可能发生变化的所有参数，如温度、湿度和酸碱度，保证蚯蚓迅速繁殖，加快垃圾的转化。

⑥ 收集堆料和最终产品的处理：在垃圾完全转化后，需将堆体表面 5~6 cm 的肥料层收集起来，剩下的蚯蚓粪经过筛分、干燥、装袋，即得有机复合肥料。

⑦ 添加有益微生物：适量的微生物将有利于堆肥化快速而有效地进行，蚯蚓常以真菌为食，故在垃圾处理过程中应有选择地添加真菌群落。

城市生活垃圾的特点是有机物含量高，最高可超过 80%，最低为 30%左右。由于蚯蚓是利用垃圾中腐烂的有机物质为食，垃圾中有机物质含量的多少直接关系蚯蚓的生长繁殖是否正常。但许多实验研究表明，当城市生活垃圾中有机成分比例小于 40%时，就会影响蚯蚓的正常生存和繁殖。因此，为了保证蚯蚓的正常生存和快速繁殖，用于蚯蚓处理的城市生活垃圾中的有机成分的含量需大于 40%。

（二）农业废物蚯蚓处理技术

农业废物主要是指各种农作物的秸秆、牧草残渣、树叶、花卉残枝、蔬菜瓜果等。农业废物的主要成分有纤维素、半纤维素、木质素、戊聚素等，此外还含有一定量的粗蛋白、粗脂肪等。例如，作物残体一般含纤维素 30%~45%，半纤维素 16%~27%，木质素 3%~13%。因此，农业废物都能被蚯蚓分解转化，形成优质有机肥料。

1. 农业废物的蚯蚓处理发酵腐熟

（1）废物的预处理

将杂草、树叶、稻草、麦秆、玉米秸秆、高粱秸秆等铡切、粉碎成 1 cm 左右；蔬菜瓜果、禽畜下脚料要切剁成小块，以利于发酵腐烂。

（2）发酵腐熟废物的条件

发酵腐熟废物的条件包括：良好的通气条件；适当的水分；微生物所需要的营养；料堆内的温度；料堆的酸碱度。

（3）堆制发酵

① 预湿，将植物秸秆浸泡吸足水分，预堆 10~20 h。干畜禽粪同时淋水调湿、预堆。② 建堆，原料为植物秸秆 40%、粪料 60%和适量的土。先在地面上按 2 m 宽铺一层 20~30 cm 的湿植物秸秆，接着铺一层 3~6 cm 的湿畜禽粪，然后再铺厚 6~9 cm 的植物秸秆、3~6 cm 的

湿畜禽粪。这样按植物秸秆、粪料交替铺放，直至铺完为止。堆料时，边堆料边分层浇水，下层少浇，上层多浇，直到堆底出水为止。料堆应松散，不要压实，料堆高度 1 m 左右。料堆呈梯形、龟背形或圆锥形，最后堆外面用塘泥封好或用塑料薄膜覆盖，以保温保湿。③ 翻堆，堆制后第二天堆温开始上升，4~5 d 后堆内温度可达 60~70 ℃。待温度开始下降时，要翻堆以便进行二次发酵。翻堆时要求把底部的料翻到上部，边缘的料翻到中间，中间的料翻到边缘，同时充分拌松、拌和，适量淋水，使其干湿均匀。第一次翻堆 7 d 后，再进行第二次翻堆，以后隔 6 d、4 d 各翻堆一次，共翻堆 3~4 次。

2. 发酵腐熟料的蚯蚓分解转化

(1) 物料腐熟程度的鉴定

废物堆沤发酵 30 d 左右，需要鉴定物料的腐熟程度，发酵腐熟的物料应无臭味、无酸味，色泽为茶褐色，手抓有弹性，用力一拉即断，有一种特殊的香味。

(2) 投喂前腐熟料的处理

将发酵好的物料摊开混合均匀，然后堆积压实，用清水从料堆顶部喷淋冲洗，直到堆底有水流出；检查物料的酸碱度是否合适，一般 pH 在 6.5~8.0 都可以使用，过酸可添加适量石灰，碱度过大用水淋洗；含水量需要控制在 37%~40%，即用手抓一把物料挤捏，指缝间有水即可。

(3) 蚯蚓对腐熟料的分解转化

经过上述处理的物料先用少量蚯蚓进行饲养试验，经 1~2 d 后，如果有大量蚯蚓自由进入栖息、取食，无任何异常反应，即可大量正式喂养。

(4) 蚯蚓和蚯蚓粪的分离

在蚯蚓处理过程中要定期清理蚯蚓粪并将蚯蚓分离出来，这是促进蚯蚓正常生长的重要环节。

(三) 城市污泥蚯蚓处理技术

我国城市污泥的日产量超过 7.1 万 t，年湿泥产量(按 365 d 计算)为 2 591.5 万 t。污泥中不仅含有氮、磷、钾、有机物等植物营养成分，还含有重金属离子、病原微生物、寄生虫卵等有毒有害物质。污泥若未经妥善处理，极易对地下水、土壤等造成二次污染，如何有效地处理处置污泥已成为一个亟待解决的问题。利用蚯蚓处理城市污泥，可实现污泥的稳定化、减量化、无害化、资源化。典型的蚯蚓堆肥化处理污泥流程如图 5-34 所示。

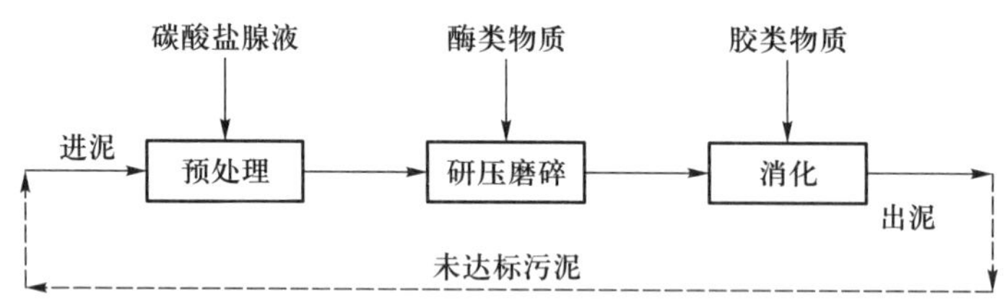

图 5-34 蚯蚓堆肥化处理污泥流程图

1. 蚯蚓处理污泥的工艺条件

适宜的生长繁殖条件可以有效提高蚯蚓的污泥分解处理能力。研究表明，污泥与牛粪的混合物中，污泥所占比例较大时，蚯蚓增重较多；污泥所占比例较小时，则较利于蚯蚓繁殖。这说明污泥可以为蚯蚓提供生长繁殖的营养元素，但对其繁殖存在一定的限制因素，蚯蚓在一定的条件下能适应污泥环境，可以用于污泥的处理。

温度会影响蚯蚓的体温和活动，同时也影响新陈代谢的强度以及呼吸、消化、生长发育、繁殖等生理机能。蚯蚓一般在 5~30 ℃温度范围内活动，最适温度为 20 ℃左右，温度过高或过低都不利于蚯蚓的生长和繁殖。研究表明，赤子爱胜蚓在 10~30 ℃内，呼吸强度随温度的升高而呈现增强趋势，在 30 ℃以上时呼吸强度急剧下降，且在 20~25 ℃范围内呼吸强度变化最大。

2. 蚯蚓处理对污泥的分解转化

经蚯蚓处理后的城市生活污泥中氮、磷、钾含量增加，为植物生长提供必要的营养元素；EC(electrical conductivity,表征溶液中可溶盐浓度)增加，C/N 值、pH、VS 及 TOC 均显著下降，EC 的增加是由于蚯蚓和体内的微生物活动，使有机物分解后释放出的矿物盐(如磷、铵、钾)等所致；处理后的污泥更接近于中性，有利于作物的生长和土壤微生物的生命活动。

3. 蚯蚓处理对污泥重金属的吸收和富集

污泥中所含的重金属是限制其农用的主要因素。蚯蚓体内的黄色细胞具有富集某些重金属的作用。目前的研究发现，随着重金属污染程度的增加，蚯蚓体内重金属元素富集量显著增加，其富集量顺序为 Cd>Hg>As>Zn>Cu>Pb，尤其是对 Cd 的富集，浓度高达土壤含量的 1~5 倍。与此同时，蚯蚓粪中各种重金属的浓度均明显高于蚯蚓体，这说明蚯蚓对这些重金属并不能持续地吸收积累，当蚯蚓体内重金属元素的浓度超过蚯蚓的耐受极限时，它会通过排粪或其他方法排出体外。

影响蚯蚓对重金属富集作用的主要原因可能是体内酶的作用，不同重金属可以从多方面干扰动物机体内的生理生化功能。由于蚓粪中的重金属含量仍然较高，如果农用可能引起植物和土壤的毒性反应，抑制土壤中微生物的新陈代谢，甚至通过食物链富集作用危害人类，则蚓粪还需要进一步处理。

(四) 利用蚯蚓处理固体废物的优势及局限性

(1) 优势

蚯蚓处理的优势包括：① 对有机物消化完全彻底，其最终产物较单纯堆肥具有更高的肥效；② 避免了资源浪费，使养殖业和种植业产生的副产物得到合理利用；③ 减容作用更明显，单纯堆肥法减容效果一般为 15%~20%，经蚯蚓处理后，其减容效果可超过 30%；④ 除获得大量高效优质有机肥外，还可以获得大量蚓体。

(2) 局限性

蚯蚓处理的局限性包括：① 环境温度要求高。在利用蚯蚓处理废物中，通常选用那些喜有机物质和能忍受较高温度的蚯蚓种类，以获得最好的处理效果。但即使是最耐热的蚯蚓种类，温度也不宜超过 30 ℃，否则蚯蚓不能生存。② 环境湿度要求高。蚯蚓的生存需要一个较为潮湿的环境，理想的湿度为 60%~70%。因此，在利用蚯蚓处理固体废物时，应该从技术上考虑避免不利于蚯蚓生长的因素，才能获得最佳的生态效益和经济效益。

三、有机固体废物生产单细胞蛋白

在诸多途径中，有机固体废物基质化利用生产单细胞蛋白(single cell protein,SCP)受到越来越多的关注。单细胞蛋白，又称为微生物菌体蛋白，是通过人工培养包括细菌、酵母菌、霉菌、放线菌中的非病源菌和藻类等在内的单细胞生物而获得的生物体蛋白质。它不是一种纯蛋白质，其化学组成以蛋白质、脂肪为主，蛋白质含量通常在 40%以上，且氨基酸含量齐全，还含有丰富的维生素和其他因子。

(一) 生产单细胞蛋白的原料

生产单细胞蛋白的原料来源十分广泛(见表5-13)，一般有以下四类。

表5-13 不同行业有机废物生产的单细胞蛋白产物及用途

行业		主要底物	微生物	最终产物	用途
乳品业		乳糖	保加利亚乳酸杆菌	乳酸氨、SCP	牲畜饲料
			脆壁酵母	SCP、酒精	饲料、食品、能源
			多孢丝孢酵母，假丝酵母	SCP、油	食品、饲料
			脆壁克鲁维酵母	SCP、酒、醋	食品
			球拟酵母	伏特加、香槟	食品
			酶	糖浆	啤酒、白酒
		乳糖+蔗糖	酿酒酵母	酒	食品
食品加工业	麦片、食糖	混合糖类	季也蒙假丝酵母、克洛德巴利酵母	SCP	食品
			汉逊酵母、酿酒酵母	SCP	食品
		蔗糖和葡萄糖	产朊假丝酵母	SCP	食品、饲料
		蔗糖、葡萄糖、果糖和棉子糖	酿酒酵母，产朊假丝酵母 曲霉、头孢霉、根霉	酵母	食品
		淀粉	青霉、曲霉、木霉、地霉	SCP、葡萄糖	食品、饲料
	水果与蔬菜	混合糖类	胚芽乳酸杆菌、保加利亚乳酸杆菌	乳酸	饲料
		混合糖类及乳酸	脆壁克鲁维酵母、酿酒酵母、产朊假丝酵母	SCP、蔗糖酶	食品、饲料
			产朊假丝酵母	SCP	
		葡萄糖、果糖和蔗糖	毕赤酵母	SCP	食品、饲料
		葡萄糖、果糖、蔗糖和山梨糖醇	脆壁克鲁维酵母	SCP	食品、饲料
		葡萄糖和果糖	酿酒酵母、产朊假丝酵母、鲁氏酵母	SCP	食品、饲料
		还原糖、粗蛋白和渣淀粉	二孢酵母、粗柄羊肚菌	蘑菇	食品
			臭曲霉	SCP、淀粉酶	食品、饲料
			保加利亚乳酸杆菌、嗜热乳酸杆菌、嗜酸乳酸杆菌	乳酸铵、SCP	牲畜饲料
			扣囊拟内孢霉、绿色木霉、产朊假丝酵母、融粘帚霉	SCP	食品、饲料
		混合糖类	混合乳酸菌、链孢霉	SCP	饲料
	肉类	胶原蛋白	巨大芽孢杆菌	SCP	饲料
酿酒业		还原糖	黑曲霉	SCP、柠檬酸	饲料
			产朊假丝酵母、酿酒酵母、二孢酵母、羊肚菌	SCP、蘑菇	饲料
			产朊假丝酵母、红酵母	SCP	食品、饲料
纸浆和造纸业		纤维素	纤维杆菌粉状侧孢霉	SCP	饲料
			绿色木霉、酿酒酵母	酒精、SCP	饲料
			绿色木霉	SCP	饲料
农业		纤维素和半纤维素	溶纤维素毛壳霉	SCP	食品、饲料

工业废液：包括造纸废液、味精废液、淀粉废液、生产柠檬酸废液、甘蔗糖蜜废液、木材水解废液、豆制品废液、啤酒混合废液等食品、发酵工业中排出的含糖有机废水、亚硫酸纸浆废液等。

工农业糟渣：包括酒糟、醋糟、酱油糟、豆渣、玉米淀粉渣、药渣、甜菜渣、甘蔗渣、果渣等含纤维素的废料。

化工产品：包括石油、石蜡、柴油、天然气、正烷烃、甲醇、乙醇、乙酸等。

其他包括农作物秸秆、畜禽粪便、有机垃圾、秕壳、饼粕类、风化煤等。

这些原料易于被微生物降解、重金属含量低，质量稳定且可预测，能常年可靠供应，贮存安全、运输经济。

（二）生产单细胞蛋白的菌种

用于生产单细胞蛋白的菌种类别很多，包括细菌、放线菌、酵母菌、霉菌和微藻。这些微生物菌种对培养条件要求简单，能够很好地同化基质碳源和无机氮源，生长繁殖速度快；所生产的蛋白质等营养物质含量高，无毒性无致病性；菌种性状稳定，可维持较好的生化和生理特性，不易发生变异。

目前用于生产单细胞蛋白的菌种有热带假丝酵母菌、白地霉菌、黑曲霉糖化酶、产朊假丝酵母、绿色木霉、酿酒酵母等，其中使用最广的是酵母菌。

（三）生产单细胞蛋白的影响因素

1. 营养条件

除了微生物生长所必需的碳氢外，还需要适宜的 C : N : P 和微量元素，氮源的种类和含量对蛋白质产量影响较大。

2. 发酵时间

发酵时间与产量有关。从工业生产的角度来说，生产时间越短，可以获得的经济效益越好。

3. pH

生产过程中，pH 对微生物的生命活动有显著影响。根据微生物适应的环境，常设定的 pH 为 4~8。

4. 温度

温度影响微生物及酶的活性，从而对产量间接产生影响。

（四）单细胞蛋白生产工艺

微生物在体内酶的作用下将含氮物质降解为氨，氨在酶的催化作用下进一步被转化为氨基酸，多种氨基酸作为蛋白质合成的前体物质在蛋白质合成酶的催化下合成微生物菌体蛋白。

目前微生物生产单细胞蛋白的方法主要包括固态、液态、固液态结合以及固定化细胞培养等方法。在实际的生产中应根据所用原料、菌种、设备及所需产品和技术等选择合适的工艺。

生产单细胞蛋白的工艺流程如图 5-35 所示。

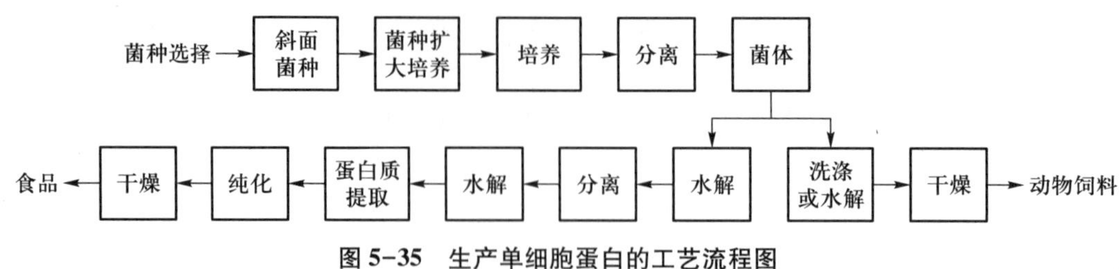

图 5-35 生产单细胞蛋白的工艺流程图

① 菌种选择：按照单细胞蛋白菌种要求选取，或对菌株诱变育种，获取优质高效的菌种。

② 斜面菌种：固体培养基定量分装于试管中并凝固成斜面，用于菌种扩培及菌种冷藏。

③ 菌种扩大培养：在无菌环境中接种原种后，转入斜面培养基上培养，再逐步转到三角瓶、小种子罐、大种子罐中培养。培养基中含碳源、氮源、矿物质，也可添加一些有利于菌体生长的生长素。

④ 灭菌：所用的培养液及所提供的空气都必须灭菌。

⑤ 培养：在温度和 pH 均适宜的条件下，通风供氧、搅拌或翻滚料，并注意监测糖浓度。

⑥ 分离过滤：冷却后用高速离心机或滤布过滤。将部分营养液连续送入分离器，使培养液中的养分得到充分利用。分离后的上清液回到发酵罐中循环使用。较难分离的菌种可加入絮凝剂，提高其凝聚力便于分离。

⑦ 干燥：若作为动物饲料，把离心收集的菌种经洗涤或水解就可以进行喷雾干燥或滚筒干燥；若作为人类食品，则需在纯化后再干燥。

⑧ 分离纯化：关键有两点，一是破除菌体细胞壁溶解蛋白质和 RNA 等，二是蛋白质和 RNA 分离，降低单细胞蛋白产品 RNA 含量。

（五）生产单细胞蛋白工艺举例

［例 5-1］ 淀粉工业废物生产单细胞蛋白

淀粉质不能直接被酵母菌利用，需要有较强淀粉酶类活力的黑曲霉、根霉等与之混合培养。以淀粉质原料生产单细胞蛋白主要有三条途径：① 在化学分解或酶解底物基础上培养单细胞蛋白生产酵母菌；② 单独培养能够同化淀粉的生产菌株；③ 对淀粉分解活力高的酵母或霉菌与快速生长的酵母菌混合培养，这是目前最佳的方法。淀粉工业副产物经预处理后生产单细胞蛋白的主要工艺流程如图 5-36。

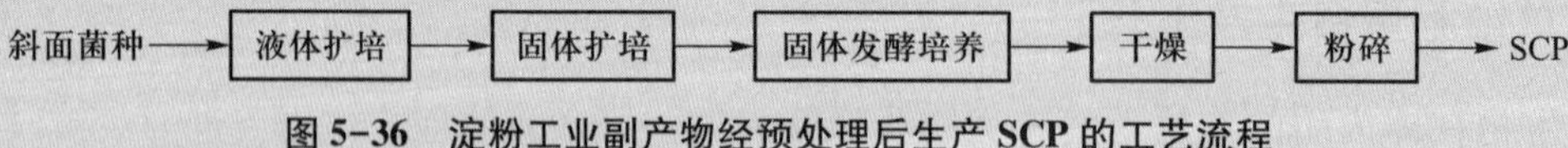

图 5-36 淀粉工业副产物经预处理后生产 SCP 的工艺流程

［例 5-2］ 酒类工业废物生产单细胞蛋白

酒糟中含有大量的淀粉、糖类等营养物质，非常适合微生物的生长。采用固态发酵技术，把酒糟变成高级单细胞蛋白饲料是解决酒糟出路的重要途径之一。以酒糟为原料接种酵母菌生产单细胞蛋白的工艺流程如图 5-37。

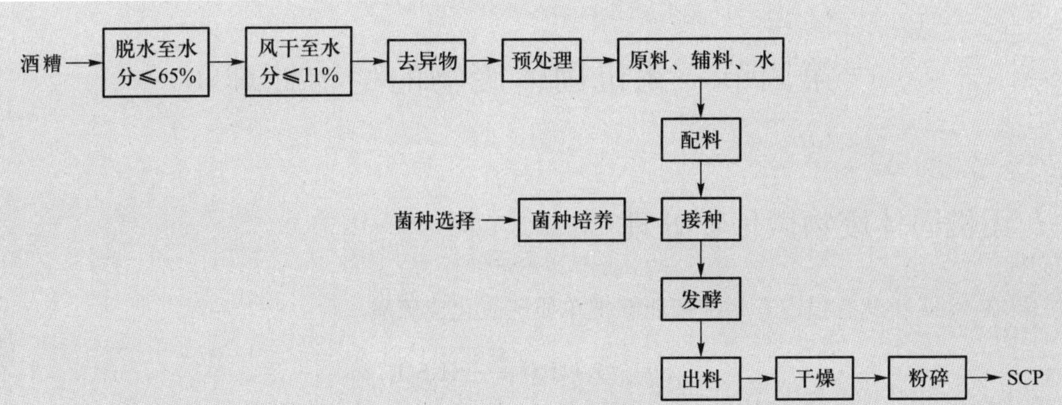

图 5-37　以酒糟为原料接种酵母菌生产 SCP 的工艺流程图

[例 5-3]　制糖工业废物生产单细胞蛋白

制糖工业废物主要为废粕和废糖蜜。酵母菌和霉菌能分解废粕中果胶和纤维质，用固态发酵工艺生产 SCP 工艺流程如图 5-38。以废糖蜜为原料生产 SCP 采用液体深层发酵法，其工艺流程如图 5-39 所示。

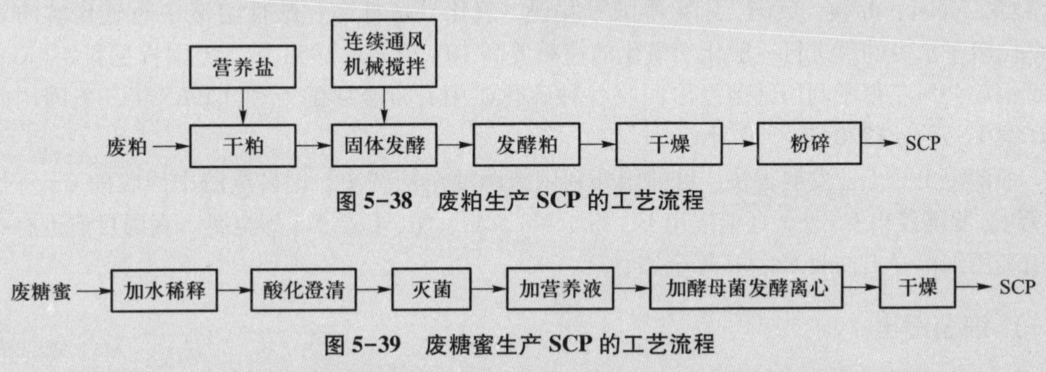

图 5-38　废粕生产 SCP 的工艺流程

图 5-39　废糖蜜生产 SCP 的工艺流程

[例 5-4]　农业废物生产单细胞蛋白

农业废物有两类，一是以甘薯和马铃薯等淀粉质、甜菜和甘蔗制糖的糖蜜为代表的农产品，二是以农作物秸秆、林业剩余物、木材加工剩余物和甘蔗渣为代表的木质生物质。

木质生物质是发酵生产单细胞蛋白的潜在资源，然而微生物只能转化利用木质生物质中的纤维素和半纤维素两种成分，而且纤维素蛋白质含量较低，另外一种主要成分木质素则不能被利用，通常在生物转化前需要对生物质预处理。以秸秆为原料发酵生产单细胞蛋白的工艺流程如图 5-40 所示。

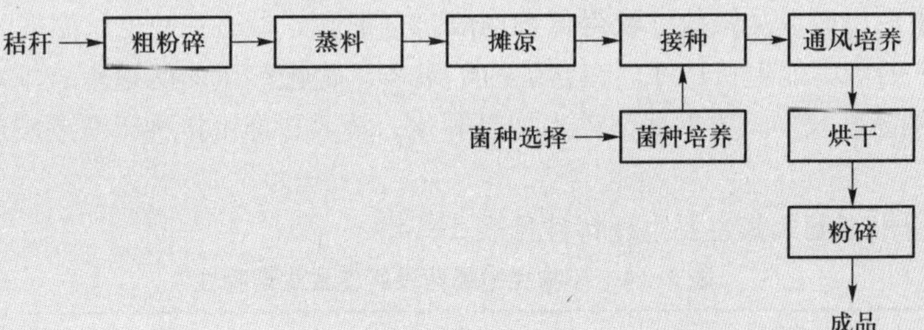

图 5-40　以秸秆为原料发酵生产单细胞蛋白的工艺流程

第四节 无机固体废物的生物处理

一、无机固体废物微生物处理

早在1887年就有报道有些细菌能够把单质硫氧化成硫酸。

$$S+\frac{3}{2}O_2+H_2O \xrightarrow{\text{细菌}} H_2SO_4 \tag{5-17}$$

之后于1922年有人成功地利用细菌氧化浸出ZnS。1947年美国的Colmer等人发现矿井酸性水中有一种细菌，能把水里的Fe^{2+}氧化成Fe^{3+}，还有一种细菌能把S或还原性硫化物氧化为硫酸取得能源，从空气中摄取二氧化碳、氧以及水中其他微量元素(如N、P等)来合成细胞组织，到1951年人们才研究出这些细菌属于硫杆菌属的一个新种，并命名为氧化铁硫杆菌。1954年，美国、苏联、英国、刚果等国家发现，氧化铁硫杆菌在酸性溶液中对硫化矿的氧化速率比溶于水中的氧进行一般化学氧化的速率要高10~20倍。1958年，美国肯尼科特(Kennecott)铜矿公司获得了利用细菌浸出回收各种硫化矿中有价金属的专利。1965年，美国用此法生产铜13万t，1970年达20万t。

细菌浸出的工业发展很快，目前国外利用新菌浸出从贫矿、尾矿废渣中回收的Cu每年达40万t。除能浸出Cu外，还能浸出U、Zn、Mn、As、Ni、Co、Mo等金属。我国目前也有一些矿山利用细菌浸出回收Cu、U等金属。

(一) 细菌浸出

1. 矿物浸出细菌

自1951年Colmer等人指出能浸出硫化矿中有价金属的细菌为硫杆菌属的一个新种以来，人们又进行了大量的研究，现在一般认为主要能浸出金属的细菌有：氧化硫硫杆菌(*Thiobacillus concretivorus*)、氧化铁杆菌(*Ferrobacillus ferrooxidans*)、氧化亚铁硫杆菌(*Thiobacillus ferrooxidans*)等。它们都属自养菌，经扫描电镜观察外形为短杆状和球状，它们能生长在普通微生物难以生存的较强的酸性介质里，通过对S、Fe、N等无机化合物的氧化获得能量，从CO_2中取得碳、从铵盐中取得氮来构成自身细胞。最适宜的生长温度为25~35 ℃，在pH为2.5~4.0的范围能生长良好。在含硫的矿泉水、硫化矿床的坑道水、下水道及某些沼泽地里都有这类细菌生长。只要取回某种水加以驯化、培养，即可接种于所要浸出的废渣中进行细菌浸出。

常见矿物浸出细菌及其主要生理特性见表5-14。

表5-14 矿物浸出细菌及其主要生理特性

菌种	主要生理特性	最佳pH
氧化亚铁硫杆菌	$Fe^{2+}\rightarrow Fe^{3+}$、$S_2O_3^{2-}\rightarrow SO_4^{2-}$	2.5~5.3
氧化铁杆菌	$Fe^{2+}\rightarrow Fe^{3+}$	3.5

续表

菌种	主要生理特性	最佳 pH
氧化硫铁杆菌	$S \rightarrow SO_4^{2-}$、$Fe^{2+} \rightarrow Fe^{3+}$	2.8
氧化亚硫杆菌	$S \rightarrow SO_4^{2-}$、$S_2O_3^{2-} \rightarrow SO_4^{2-}$	2.0~3.5
聚生硫杆菌	$S \rightarrow SO_4^{2-}$、$H_2S \rightarrow SO_4^{2-}$	2.0~4.0

2. 浸出机理

目前细菌浸出机理有两种学说，即化学反应说和直接作用说。

（1）化学反应说

化学反应说认为，废料中所含金属硫化物(如 FeS_2)先被水中的氧氧化成 $FeSO_4$，细菌的作用仅在于把 $FeSO_4$ 氧化成 $Fe_2(SO_4)_3$，把浸出金属硫化物生成的硫黄(S)氧化成 H_2SO_4，即

$$2FeS_2+7O_2+2H_2O \xrightarrow{\text{氧化硫硫杆菌}} 2FeSO_4+2H_2SO_4 \tag{5-18}$$

$$2S+3O_2+2H_2O \xrightarrow{\text{氧化硫硫杆菌}} 2H_2SO_4 \tag{5-19}$$

$$4FeSO_4+2H_2SO_4+O_2 \xrightarrow{\text{氧化铁(铁硫)杆菌}} 2Fe_2(SO_4)_3+2H_2O \tag{5-20}$$

换言之，认为细菌的作用仅在于生产优良浸出剂 H_2SO_4 和 $Fe_2(SO_4)_3$，而金属的溶解浸出则是纯化学反应过程。至少 Cu_2S、CuS、Cu_2O、UO_2、MnS 等化合物的细菌浸出确认为化学反应过程。即

$$Cu_2S+Fe_2(SO_4)_3 \longrightarrow CuSO_4+2FeSO_4+CuS \tag{5-21}$$

$$CuS+Fe_2(SO_4)_3 \longrightarrow CuSO_4+2FeSO_4+S \tag{5-22}$$

$$Cu_2O+Fe_2(SO_4)_3+H_2SO_4 \longrightarrow 2CuSO_4+2FeSO_4+H_2O \tag{5-23}$$

$$UO_2+Fe_2(SO_4)_3 \longrightarrow UO_2SO_4+2FeSO_4 \tag{5-24}$$

$$MnS+Fe_2(SO_4)_3 \longrightarrow MnSO_4+2FeSO_4+S \tag{5-25}$$

通过纯化学反应浸出过程，$Fe_2(SO_4)_3$ 转化为 $FeSO_4$，$FeSO_4$ 再通过细菌转化成 $Fe_2(SO_4)_3$，而生成的 S 通过细菌转化生成 H_2SO_4，这些反应反复发生，浸出作业则不断进行，从而将废渣尾矿中的重金属硫化物转化成可溶解的硫酸盐而进入液相。

（2）直接作用说

直接作用说认为，附着于矿物表面的细菌能通过酶活性直接催化矿物而使矿物氧化分解，并从中得到能源和其他矿物营养元素以满足自身生长需要。据研究，细菌能直接利用铜的硫化物($CuFeS_2$、CuS)中低价铁和硫的还原能力，导致矿物结晶晶格结构破坏，从而易于氧化溶解，其可能的反应如下：

$$CuFeS_2+4O_2 \xrightarrow{\text{细菌}} CuSO_4+FeSO_4 \tag{5-26}$$

$$Cu_2S+H_2SO_4+\frac{5}{2}O_2 \xrightarrow{\text{细菌}} 2CuSO_4+H_2O \tag{5-27}$$

关于细菌直接作用说，国内外还在进一步研究。

（二）细菌浸出工艺

细菌浸出通常采用就地浸出、堆浸和槽浸。它主要包括浸出、金属回收和细菌再生三个过

程。图 5-41 为含铜废渣细菌浸出的工艺流程。

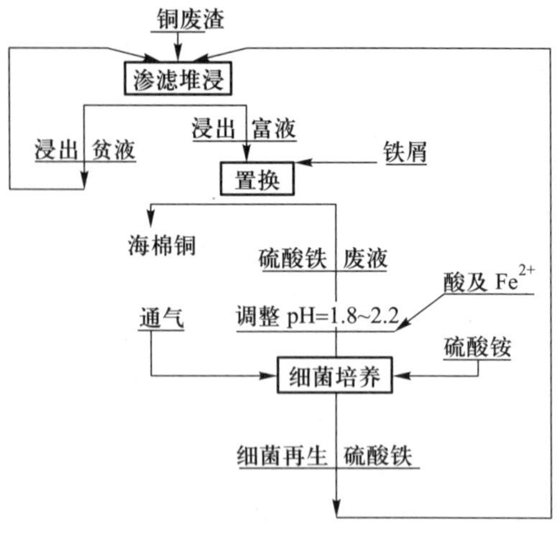

图 5-41　细菌渗滤浸出工艺流程

1. 浸出

废渣堆积可选择不渗透的山谷，利用自然坡度收集浸出液，也可选在微倾斜的平地，开出沟槽并铺上防渗材料，利用沟槽来收集浸出液。每堆质量为数十万至数百万吨，用推土机推平即成浸出场。

2. 布液方法

可以用喷洒法、灌溉法和垂直管法进行布液，应根据当地气候条件、堆高和表面积、操作周期、浸出物料组成和浸出要求等进行选择。

（1）喷洒法：通常用多孔熟料管将浸出液均匀地淋洒于堆表面，这样做的优点是浸出液分布均匀；缺点是浸出液蒸发损失大，干旱地区可达 60%。

（2）灌溉法：用推土机或挖沟机在堆表面挖掘沟、槽、渠或浅塘，然后用灌溉法或浅塘法将浸出液分布于堆表面。

（3）垂直管法：浸出液通过多孔塑料流入堆内深部，在 30 m 间距管交点上用钢绳冲击钻打直径 15 cm 的钻孔，并在堆高 2/3 的深度上加套管。钻孔间距由 30 m×30 m 至 15 m×7. 5 m 管网不等，浸出液由高位槽注入。沿管网线挖有沟槽，浸出液沿沟槽流入垂直管内。此法的优点是有利于浸出液和空气在堆内均匀分布。

3. 操作控制

浸出液在堆内的均匀分布往往造成堆内粗细颗粒产生自然分级，因为卡车卸料置堆时，大块沿坡滚落下来，推土机平整时形成分层，使得堆内出现粗细物料层交替，浸出液总是沿阻力小的路径流过，容易从周边而不是从堆底流出。必须在支堆时注意使物料分布均匀。

操作过程应对 pH 进行控制。当 pH 大于 3 时，铁盐等许多化合物会产生沉淀，形成不透水层，妨碍浸出液在堆内流动，管道也容易堵塞，使浸出效果不好。所以要控制 pH 在 2 以下，要经常取样化验其中的金属含量和测试溶液的 pH，随时加以调整。

4. 金属回收

经过一定时间的循环浸出后，废料中的铜含量降低，浸出液中的铜含量增高，一般可达 1 g/L，即可采用常规的铁屑置换法或萃取电积法回收铜。同时要注意废料中的其他金属，如镍、钴等在浸出液中有一定浓度时也要加以综合回收。

5. 细菌再生

一般有两种方法进行细菌再生：一是将贫液和回收金属之后的废液调节 pH 后直接送矿堆，让它在渗滤过程中自行氧化再生；二是将这些溶液放在专门的细菌再生池中培养，除了调节 pH 外，还要加入营养液，鼓空气及控制 Fe^{3+} 的含量，培养好后再送去做浸出液。

（三）细菌浸出处理放射性废渣

在整个核燃料的循环过程中，包括核燃料（主要指铀矿）的开采、提炼、净化、转化，^{235}U 的浓缩，核燃料的制备、加工，核燃料的燃烧，废料的运输、后处理和回收，以及肥料的储存和处理等整个过程都要产生废水、废气、废渣，如果处理不当，就会导致环境的严重污染。放射性物质对人体的危害主要是射线的电离辐射(外照射和内照射)引起人类各种疾病甚至死亡，还可以引起基因突变和染色体畸变，影响人类的生存和发展。

人们对矿产的开采利用是随着科学技术的发展，逐步向低品位、多元素的复合矿、共生矿过渡的，过去认为含铀 0.1%的矿才能开采利用，而现在含铀 0.05% 的矿也要开采利用了，甚至把边界品位降至 0.03%，过去对铀含量较高的废渣，多采用深海和海洋投弃处理，先进的采用固化处理，但对那些铀含量较低、数量较大的尾矿、废石、冶炼渣等大多还是采取露天堆放、回填坑道等办法来处理。

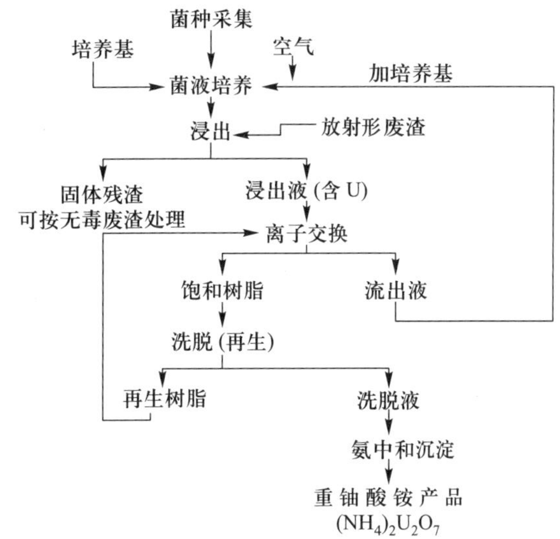

图 5-42　细菌浸出处理放射性废渣流程

近年来，许多国家采用细菌浸出处理这些放射性废渣，取得了较大的进展，主要还是利用氧化硫硫杆菌、氧化铁杆菌和氧化亚铁硫杆菌来处理，处理流程如图 5-42 所示。这些硫杆菌在自然界分布很广，只要有硫或 H_2S 并且有水的地方就有这种细菌。如含硫矿泉水、含硫化矿坑道水、下水道和沼泽地里就有可能存在。一般用“选种—驯化—扩大”几个步骤制取所需的大量浸出液来浸出废渣。浸出过程中硫杆菌能把元素硫氧化成 H_2SO_4。

$$2S+3O_2+2H_2O \xrightarrow{\text{硫杆菌}} 2H_2SO_4 \tag{5-28}$$

同时，

$$2FeS_2+7O_2+2H_2O \xrightarrow{\text{硫杆菌}} 2FeSO_4+2H_2SO_4 \tag{5-29}$$

而氧化铁杆菌和氧化硫硫杆菌则以氧化 Fe^{2+}来作为能源在含有矿物盐类的酸性介质中生长：

$$4FeSO_4+2H_2SO_4+O_2 \xrightarrow{\text{铁(铁硫)杆菌}} 2Fe_2(SO_4)_3+2H_2O \tag{5-30}$$

然后是对废渣中铀的浸出：

$$UO_2+Fe_2(SO_4)_3 \longrightarrow UO_2SO_4+2FeSO_4 \tag{5-31}$$

$$3U_3O_8+9H_2SO_4+\frac{3}{2}O_2 \longrightarrow 9UO_2SO_4+9H_2O \tag{5-32}$$

因此，上述反应不断发生，浸出作业不断进行。浸出液即可按常规离子交换沉淀方法制取重铀酸铵产品。

二、超富集植物与植物修复

植物修复(phytoremediation)是利用绿色植物来转移、容纳或转化污染物使其对环境无害的技术。植物修复的对象是重金属、有机物或放射性元素污染的土壤和水体。它是直接利用植物把受污染土地或地下水中的污染物(重金属、有机物等)移除、分解或围堵的过程。

能有效清除重金属污染的植物，须有下列特征：生长快速、根系能深植土壤、容易收割、能够容忍并累积多样化重金属。通过植物的吸收、挥发、根滤、降解、稳定等作用，可以净化土壤或水体中的污染物，达到净化环境的目的，因而植物修复是一种很有潜力、正在发展的清除环境污染的绿色技术。

植物修复过程可以具体分为：植物提取(phytoextraction)、植物固定(phytostabilization)、植物挥发(phytovolatilization)、植物过滤(phytoinfiltration)或根滤作用(rhizofiltration)、植物转化(phytotransformation)和植物加强的降解作用(phyto-enhanced degradation)。所谓超富集植物(hyperaccumulator)是指能从固体废物或土壤中超量富集重金属并能转移到地上部的植物，吸收量要超过一般植物的100倍以上且不影响其正常生理活动。表5-15对比了植物修复的四种技术。表5-16列出了几种典型重金属超富集植物及其相应的金属最大含量。表5-17、表5-18及表5-19分别列出常见重金属超富集植物分布区域、目前发现的重金属超富集植物数量，以及重金属超富集植物分布的科及其种属数。

表5-15 植物修复的四种技术

类别	功能	污染物	媒介	植物
植物提取	重金属和有机物积累在植物体内，然后去除	Cd、Pd、Zn、As，烃类、石油、放射性物质	土壤水	宝山堇菜(*Viola baoshanensis*)，东南景天(*Sedum alfredii*)，酸模(*Rumex crispus*)
植物转化	植物吸收和降解有机物	农药、杀虫剂等	土壤	美人蕉(*Canna indica*)
植物降解	植物与微生物协同降解有机物	DDT、爆炸物、硝酸盐	地下水	伊乐藻(*Elodea canadensis*)，葛属植物(*Pueraria*)
植物过滤	根系吸收来自水体的重金属	Cd、Pb、Zn、As	地下水	芥菜(*Brassica juncea*)

表5-16 几种典型重金属超富集植物及其相应的金属最大含量

重金属	植物	含量/$(g\cdot kg^{-1})$*	重金属	植物	含量/$(g\cdot kg^{-1})$*
As	蜈蚣草(*Pteris vittata*)	22.6	Pb	圆叶遏蓝菜(*Thlaspi rotundifolium*)	0.13~8.2
Cd	遏蓝菜(*Thlaspi caerulescens*)	10.0	Mn	商陆(*Phytolacca acinosa*)	19.3
Cr	俄国蓟(*Salsola kali*)	2.9	Ni	庭荠(*Alyssum betolonni*)	>10.0
Co	裂风菜(*Haumaniastrum robertii*)	10.2	Se	芥菜(*Brassica juncea*)	2.0
Cu	牵牛花(*Ipomea alpina*)	12.3	Zn	遏蓝菜(*Thlaspi caerulescens*)	30.0

注：*以干物质计。

表 5-17　常见重金属超富集植物分布区域（李坤陶，2007）

金属元素	植物种	金属含量/(mg·kg^{-1})	产地	金属元素	植物种	金属含量/(mg·kg^{-1})	产地
Cu	甘薯属高山薯	12 300	刚果（金）加丹加	Cr	线蓬	2 400	津巴布韦
	异叶柔花	13 700	刚果（金）加丹加		尼科菊	1 500	津巴布韦
	星香草	2 070	刚果（金）加丹加	Zn	遏蓝菜属遏蓝菜	51 600	英国德比郡
Cd	遏蓝菜属遏蓝菜	1 800	英国德比郡		铜钱属白铜钱	30 000	刚果（金）加丹加
	宝山堇菜	1 168	中国湖南		景天叶遏蓝菜	17 300	奥地利、意大利
Co	星香草	10 200	刚果（金）加丹加		遏蓝菜属短瓣遏蓝菜	15 300	法国
	异叶柔花	2 820	刚果（金）加丹加		芥菜属巴丽芥菜	13 600	德国
Pb	高山漆姑草属高山漆姑草	11 400	欧洲南部		堇菜属芦苇堇菜	10 000	比利时、德国
					景天属东南景天	19 674	中国浙江
	遏蓝菜属圆叶遏蓝菜	8 500	欧洲中部	Ni	九节属套哇九节	47 500	新喀里多尼亚
Mn	澳洲坚果属脉叶坚果	51 800	新喀里多尼亚		叶下珠属葡萄叶下珠	38 100	新喀里多尼亚
	串珠藤属红茎串珠藤	11 500	新喀里多尼亚		庭花菜	31 200	希腊
	商陆	19 300	中国湖南		庭芥属贝托庭芥	13 400	意大利
Se	黄芪属总状黄芪	14 900	美国、加拿大		多花鼠鞭草	9 800	澳大利亚
	猴子罐属猴锅树	18 200	委内瑞拉	As	凤尾蕨属蜈蚣草	5 000	中国湖南
					凤尾蕨属大叶井口边草	694	中国湖南

表 5-18　目前发现的重金属超富集植物数量

金属	As	Cd	Co	Cu	Pb	Mn	Ni	Zn
种	1	1	26	24	5	8	329	18
属	1	1	12	11	3	5	36	5

表 5-19　重金属超富集植物分布的科及其种属数

元素	主要分布植物的科[①]	总科数	种属数
Ni[②]	爵床科（6）、菊科（27）、十字花科（82）、黄杨科（17）、库诺尼科（8）、大戟科（83）、大风子科（19）、桃金娘科（6）、茜草科（12）、椴树科（6）、堇菜科（9）	38	329
Cu	苋科（4）、菊科（3）、石竹科（2）、鸭跖草科（1）、旋花科（2）、莎草科（3）、大戟科（2）、豆科（1）、鸢尾科（1）、唇形科（7）、松科（3）、禾本科（2）、凤尾蕨科（2）、玄参科（2）、椴树科（2）	15	37
Co	苋科（1）、菊科（2）、鸭跖草科（1）、景天科（2）、莎草科（2）、大戟科（1）、豆科（1）、唇形科（9）、锦葵科（1）、玄参科（7）、椴树科（1）、翡若翠科（1）	12	29

续表

元素	主要分布植物的科①	总科数	种属数
Zn	十字花科(14)、石竹科(2)、景天科(1)、毒鼠子科(1)、唇形科(1)、蓼科(1)、堇菜科(1)	7	21
Pb	槭树科(1)、十字花科(6)、景天科(1)、石竹科(2)、半日花科(1)、白花丹科(1)、禾本科(4)、蓼科(1)	8	17
Mn	夹竹桃科(1)、卫矛科(3)、金丝桃科(1)、桃金娘科(3)、山龙眼科(3)、毛茛科(1)、商陆科(1)	7	13
As	凤尾蕨科(4)、裸子蕨科(1)	2	5
Se	菊科(6)、十字花科(2)、藜科(1)、玉蕊科(1)、豆科(8)、茜草科(1)、玄参科(1)	7	20
Cd	十字花科(2)、堇菜科(1)	2	3
Cr	菊科(1)、玄参科(1)	2	2
Tl	十字花科(1)	1	1
稀土元素	百里科(1)	1	1

注：① 括号内为种属数；② 只列出 6 种以上的科。

习题与思考题

1. 固体废物生物处理的意义何在？

2. 什么是固体废物厌氧消化？厌氧消化技术有哪些主要特点？厌氧消化残余物如何利用？

3. 分析厌氧消化的三阶段理论和两阶段理论的异同点。

4. 影响厌氧消化的因素有哪些？在进行厌氧发酵工艺设计时应考虑哪些问题？厌氧消化装置有哪些类型？试比较它们的优、缺点。

5. 简述固体废物堆肥化的定义，并分析固体废物堆肥化的意义和作用。

6. 分析好氧堆肥化的基本原理，好氧堆肥化的微生物生化过程是什么？

7. 简述好氧堆肥化的基本工艺过程，探讨影响固体废物堆肥化的主要因素。

8. 如何评价堆肥的腐熟程度？堆肥化过程的臭气如何控制和处理？

9. 如何控制堆肥化过程中的含水率？堆肥化过程中的碳氮比如何控制？堆肥化过程中的通风操作具体有哪些作用？简述堆肥化面临的问题和对策。

10. 简述蚯蚓处理生活垃圾的工艺流程。分析蚯蚓处理固体废物的优点及局限性。

11. 猪粪、人粪各有 100 kg，各自的总固体量均为 20%；落叶 90 kg，总固体含量 80%。将其配成总固体含量为 8%的发酵料浆，需要加多少水？

12. 用一种成分为 $C_{31}H_{50}NO_{26}$ 的堆肥物料进行实验室规模的好氧堆肥化试验。试验结果为：每 1 000 kg 堆料在完成堆肥化后仅剩下 198 kg，测定产品成分为 $C_{11}H_{14}NO_4$，试求每 1 000 kg 物料的理论化学需氧量。

13. 废物混合最适宜的 C/N 值计算：树叶的 C/N 值为 50，与来自污水处理厂的活性污泥混合，活性污泥的 C/N 值为 6.3。计算各组分的比例使混合 C/N 值达到 25。(假定条件如下：污泥含水率为 76%；树叶含水率为 52%；污泥含氮率为 5.6%；树叶含氮率为 0.7%)

14. 设污泥中加入回流堆肥和调理剂以控制湿度。选用的有机调理剂为锯末，其固体含量 $S_c=70\%$，脱水泥饼和回流堆肥中分别含 25%和 60%的固体。污泥饼、堆肥和调理剂比例按1∶0.5∶0.5湿重混合。试求：

（1）混合物的固体含量（质量分数）；

（2）若不用回流堆肥，要得到相同的混合物固体含量，所需调理剂的量为多少？

15. 拟采用堆肥化方法处理脱水污泥滤饼，其固体含量 S_c 为 30%，每天处理量为 10 t（以干物料基计算），采用回流堆肥（其 $S_r=70\%$）起干化物料作用，要求混合物 S_m 为 40%。试用两种基准计算回流比率，并求出每天需要处理的物料总量为多少吨。

16. 使用一台封闭式发酵仓设备，以固体含量为 50%的垃圾生产堆肥，待干至含 90%固体后用调节剂，环境空气温度为 20 ℃，饱和湿度（水/干空气）为 0.015，相对湿度为75%。试估计使用环境空气进行干化时的空气需要量。如将空气预热到 60 ℃（饱和湿度为 0.152）又会如何？

17. 请计算 100 t 有机废物（设组成为 $C_{50}H_{100}O_{40}N$），在厌氧分解消化过程中理论上可产生多少沼气（CH_4）和二氧化碳（已知沼气和二氧化碳的密度分别为 0.72 kg/m^3 和 1.98 kg/m^3）？

18. 计算 500 kg 有机废物（$[C_6H_7O_2OH_3]_5$）进行通气式堆肥化，若已知腐熟后成品（$[C_6H_7O_2OH_3]_2$）240 kg，求其理论需要的供气量（设 O_2 质量占空气的 23%，且空气密度为 1.292 kg/m^3）？

19. 某生活垃圾内含 30%的水分，设固形体中 95%为挥发性固体，且其中含 55%可完全生物转化的可分解成分（化学式为 $C_{60}H_{110}O_{52}N$），若以通气式堆肥化处理此生活垃圾，请计算每吨生活垃圾堆肥化的理论空气需求量？（设 O_2 质量占空气的 23%，且空气密度为 1.292 kg/m^3）若堆肥化时间为 7 d，设平均供给所需空气，则其供气速率为多少（m^3/min）？

20. 某有机废物 500 kg，分析得知含氮量为 0.8%（干基），水分含量为 50%，C/N=60，现欲加入某污水处理厂污泥以混合起来做堆肥化处理，污泥的含氮量为 6%，水分含量65%，且 C/N=7.0，若混合废物的 C/N 值希望控制在 30，则污泥的用量应为多少？

第六章　固体废物的热处理

固体废物处理利用的热处理法，包括焙烧、炭热还原、热解、焚烧等。本章重点介绍焙烧、热解和焚烧。

第一节　焙烧与炭热还原处理

一、固体废物的焙烧

焙烧是在低于熔点的温度下热处理废物的过程，目的是改变废物的化学性质和物理性质，以便于后续的资源化利用。焙烧后的产品称为焙砂。根据焙烧过程主要化学反应类型，固体废物的焙烧大致有烧结焙烧、分解焙烧、氧化焙烧、还原焙烧、硫酸化焙烧、氯化焙烧、离析焙烧、钠化焙烧等。

（一）烧结焙烧

烧结焙烧的目的是将粉末或粒状物料在高温下烧成块状或球团状物料，提高物料密度和机械强度，便于下一步作业的进行。有时要加入石灰石或其他辅助原料一块烧结。烧结过程也会发生某些物理化学变化，但烧结成块是主要目的。化学反应往往是伴随发生。

（二）分解焙烧

物料在高温下发生分解反应的过程，也有叫煅烧，如：

$$CaCO_3 \longrightarrow CaO+CO_2 \tag{6-1}$$

$$Al_2O_3 \cdot 2SiO_2 \cdot 2H_2O \longrightarrow Al_2O_3+2SiO_2+2H_2O \tag{6-2}$$

$$3FeCO_3 \longrightarrow Fe_3O_4+2CO_2+CO \tag{6-3}$$

煅烧主要是为了脱除 CO_2 及结合水，使物料中某些成分发生分解。

（三）氧化焙烧

氧化焙烧主要用于脱硫，适用于对硫化物的氧化，它必须在氧化气氛下进行，如硫铁矿的氧化焙烧：

$$7FeS_2+6O_2 \longrightarrow Fe_7S_8+6SO_2 \tag{6-4}$$

此时硫铁矿变成磁黄铁矿，Fe_7S_8 带磁性。

延长焙烧时间，继续脱硫，则磁黄铁矿变成磁铁矿：

$$3Fe_7S_8+38O_2 \longrightarrow 7Fe_3O_4+24SO_2 \tag{6-5}$$

焙烧的产物，SO_2 可以转化为 SO_3 回收制硫酸。Fe_3O_4 通过磁选可获得铁精矿供冶炼厂作原料。

(四) 还原焙烧

还原焙烧必须在还原气氛中进行，还原剂有 C、CO、H_2 等。常用焦炭、重油、煤气、水煤气等作还原物质。典型例子是 Fe_3O_4 的还原焙烧。

$$3Fe_2O_3+C \longrightarrow 2Fe_3O_4+CO \tag{6-6}$$

$$3Fe_2O_3+CO \longrightarrow 2Fe_3O_4+CO_2 \tag{6-7}$$

$$3Fe_2O_3+H_2 \longrightarrow 2Fe_3O_4+H_2O \tag{6-8}$$

焙烧产物如果放入水中冷却，获得人工磁选矿 Fe_3O_4。如果放在 350 ℃下的空气中冷却，则可以生成强磁性的 $\gamma-Fe_2O_3$。

$$4Fe_3O_4+O_2 \xrightarrow{350\ ℃} 6\gamma-Fe_2O_3+4\ 397\ J \tag{6-9}$$

$\gamma-Fe_2O_3$ 比 Fe_3O_4 磁性更强，更易于用磁性分离获得铁精矿。

因此又把氧化焙烧和还原焙烧等能产生磁性氧化铁的焙烧，叫作磁化焙烧。磁化焙烧不仅对氧化铁回收有意义，对于那些与 Fe_2O_3 共生或吸附在 Fe_2O_3 晶格中的某些难于分离和富集的重金属和稀有金属，如 Cu、Ni、Co、Au、Ag 等往往通过磁化焙烧，使 Fe_2O_3 具有磁性；然后用磁选分离，将它们分离出来。磁化焙烧可起到间接富集作用。

(五) 硫酸化焙烧

在工业中，往往用沸腾炉对 CuS 矿进行硫酸化焙烧，获得可溶性的 $CuSO_4$，然后用水浸出回收 $CuSO_4$。

其反应机理有两种观点：

① $CuS+2O_2 \longrightarrow CuSO_4$ 即 CuS 直接转化为 $CuSO_4$。

② 先氧化脱硫，SO_2 转化成 SO_3，再与 CuO 作用生成 $CuSO_4$ 反应如下：

$$CuS+\frac{3}{2}O_2 \longrightarrow CuO+SO_2 \tag{6-10}$$

$$SO_2+\frac{1}{2}O_2 \longrightarrow SO_3 \tag{6-11}$$

$$CuO+SO_3 \longrightarrow CuSO_4 \tag{6-12}$$

到底是哪种理论，还是兼而有之，尚无定论。

(六) 氯化焙烧

一些熔点较高的金属，如 Ti、Mg 等，较难分离，但它们的氯化物都具有较高的挥发性，工业上就用氯化焙烧，使其生成氯化物挥发，然后从烟尘里加以回收，使其获得富集。一般采用 Cl_2、NaCl、$CaCl_2$等作氯化剂，而最常用的是 NaCl，以 Ti、Mg 为例，氯化反应由两阶段构成。

在有水分存在时，氯化剂与硅铝氧化物反应生成 HCl，主要反应方程为

$$2NaCl+SiO_2+H_2O \longrightarrow Na_2SiO_3+2HCl \tag{6-13}$$

$$4NaCl+Al_2O_3 \cdot 2SiO_2 \cdot 2H_2O \longrightarrow 4HCl+2Na_2O \cdot Al_2O_3 \cdot 2SiO_2 \tag{6-14}$$

生成的 HCl 与废渣中的金属氧化物反应生成氯化物，主要反应方程式为

$$TiO_2+4HCl \longrightarrow TiCl_4+2H_2O \tag{6-15}$$

$$MgO+2HCl \longrightarrow MgCl_2+H_2O \tag{6-16}$$

挥发物在烟道中冷却，即可从烟尘中回收 $TiCl_4$ 和 $MgCl_2$；获得较纯净的 $TiCl_4$、$MgCl_2$ 后，可以用熔融电解法直接获得金属 Ti 或 Mg。

（七）离析焙烧

离析焙烧是氯化焙烧的发展，它是在有还原剂存在并以高于氯化焙烧温度条件下进行的，生成的挥发性氯化物再被还原剂还原成金属，“离析”到还原剂表面上，然后用浮选的方法回收金属，离析焙烧在 Cu、Ni、Au 等金属生产中获得了工业应用。

离析焙烧按 3 个步骤进行(以 CuO 为例)：

① $2NaCl+SiO_2+H_2O \longrightarrow 2HCl+Na_2SiO_3$

② $2CuO+2HCl \longrightarrow \frac{2}{3}Cu_3Cl_3+H_2O+O_2$

或 $Cu_2O+2HCl \longrightarrow \frac{2}{3}Cu_3Cl_3+H_2O$

由于 CuCl 的蒸气压很低，750 ℃和 825 ℃时，其蒸气压分别为 2 266 Pa 和5 332 Pa，在高温下，它不是以单聚化合物状态存在，而是以三聚状态 Cu_3Cl_3 存在。

③ 氯化亚铜的还原。实践表明，最有效的还原剂是炭粒，但 Cu_3Cl_3 并不是被炭粒直接还原，而是在有水蒸气存在下被炭粒周围的 H_2 还原，被 H_2 还原的金属覆盖在炭粒表面上。

$$Cu_3Cl_3+\frac{3}{2}H_2 \longrightarrow 3Cu+3HCl \tag{6-17}$$

炭粒表面被一层金属 Cu 的薄膜包围，炭粒较轻，再用浮选法分离出炭粒，则金属铜也被富集或直接回收了。

虽然 H_2 是 Cu_3Cl_3 有效的还原剂，但是，如果直接用 H_2 还原 Cu_3Cl_3 的话，则生成的 Cu 是细粒状，遍布于脉石或炉壁上，难以回收，达不到富集目的。所以铜的离析需要一种固体还原剂，作为金属 Cu 沉积和发育的核心，沉积的铜生成一种薄膜包围炭粒。

（八）钠化焙烧

多数酸性氧化物如 V_2O_5、Cr_2O_3、WO_3、MoO_3 等在高温下与 Na_2CO_3 能形成溶于水或水解成氢氧化物和钠盐，然后加以回收。以 V_2O_5 为例，反应方程式为

$$V_2O_5+3Na_2CO_3 \longrightarrow 3Na_2O \cdot V_2O_5+3CO_2 \tag{6-18}$$

生成的 $Na_2O \cdot V_2O_5$ 溶于水，再用水浸出，水解转变成焦钒酸钠。

$$2Na_3VO_4+H_2O \longrightarrow Na_4V_2O_7+2NaOH \tag{6-19}$$

然后用 NH_4Cl 沉淀出无色结晶的偏钒酸铵。

$$Na_4V_2O_7+4NH_4Cl \longrightarrow 2NH_4VO_3+2NH_3+H_2O+4NaCl \tag{6-20}$$

偏钒酸铵焙烧即得 V_2O_5。

$$2NH_4VO_3 \longrightarrow 2NH_3+V_2O_5+H_2O \tag{6-21}$$

值得注意的是，在离析焙烧中，SiO_2 是必不可少的，因为有它才能有 HCl 产生，而在钠化焙烧中 SiO_2 是有害成分。

$$Na_2CO_3+SiO_2 \longrightarrow Na_2O \cdot SiO_2+CO_2$$

这样白白消耗了 Na_2CO_3，所以一般在较低温度下进行钠化焙烧，以减少 $Na_2O \cdot SiO_2$ 的生成。

常用的焙烧设备有沸腾焙烧炉、竖炉、回转窑等。硫铁矿烧渣磁化焙烧通常采用沸腾焙烧炉。不同焙烧方法有不同焙烧工艺，但可大致分为以下步骤：配料混合—焙烧—冷却—浸出—净化。如果是挥发性焙烧，则是挥发气体收集—洗涤—净化。图 6-1 是含钴烧渣中温氯化焙烧工艺流程。焙烧冷却后喷水预浸出是为了润湿焙烧产物，使部分硫酸盐结晶。焙烧形成的颗粒及颗粒间的空隙，可以提高透气性，加快浸出液通过焙烧产物的速度。

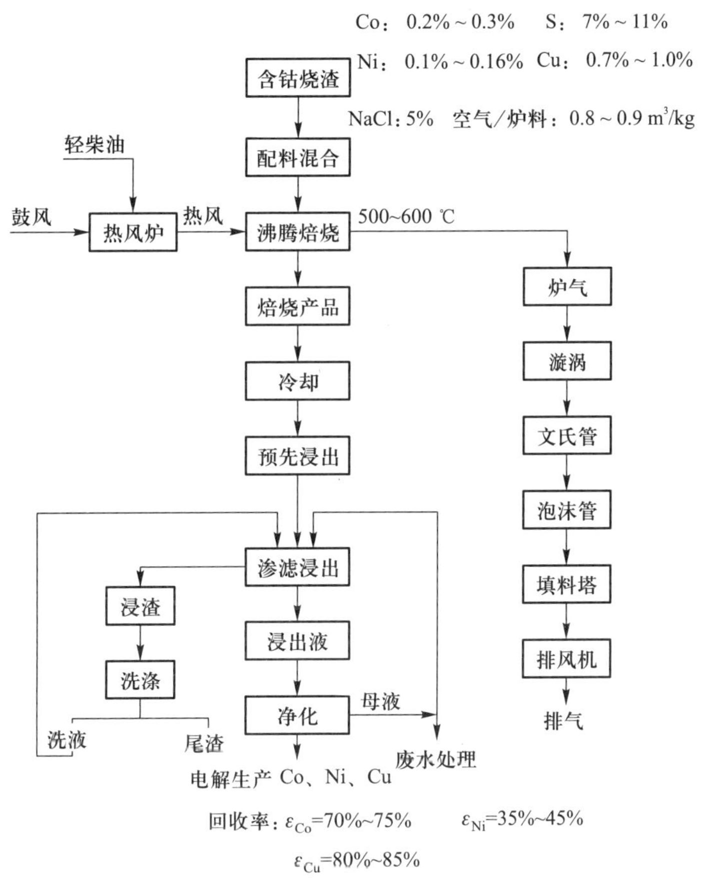

图 6-1 含钴烧渣中温氯化焙烧工艺流程

跟焙烧较为相近的方法是烧成。烧成是指在远高于废物热分解温度下进行的高温煅烧，也称重烧。目的是稳定废物中氧化物或硅酸盐矿物的物理状态，变为稳定的固相材料（惰性材料）。为了促进变化的进行，有时也使用矿化剂或稳定剂。这个稳定化过程，从现象上看有再结晶作用，使之变为稳定型变体以及使高密度矿物高压稳定化等作用。

二、炭热还原

为解决含金属固体废物的环境污染和资源综合利用等问题，国内外正积极开发以此类废物为原料的金属回收工艺与设备。炭热还原炉是一种依靠电极的埋弧电热和炉内物料的电阻电热来熔炼物料的一种电炉，也称为矿热炉，主要用于难熔矿的冶炼、熔体的保温和炉渣的贫化。在有色冶炼中矿热炉多用于铜、镍等难熔精矿的熔炼，锡、铅、锌精矿的还原熔炼，钛铁矿的还原熔炼及从烟尘中回收、提取有价金属。含金属固体废物中的金属元素主要以氧化物形态存在，矿热炉的高温还原气氛可实现其中金属元素的回收，金属元素之外的有毒有机物或者不参与反应的无机物，均可经过高温(1 000 ℃以上)处理，使之最终进入烟气或者炉渣中。因此，采用矿热炉处理含金属固体废物是较为理想的选择。

矿热炉生产的基本原理是基于选择性氧化还原反应，其本质是所需元素的氧化物与还原剂反应生成所需元素和还原剂中主要元素的氧化物，可用一通式表达：

$$y\mathrm{Me}_m\mathrm{O}_x+nx\mathrm{M}=my\mathrm{Me}+x\mathrm{M}_n\mathrm{O}_y \tag{6-22}$$

式中：$\mathrm{Me}_m\mathrm{O}_x$——矿石中含所需元素的氧化物；

M——所用的还原剂；

Me——所需提取的元素；

$\mathrm{M}_n\mathrm{O}_y$——还原剂被氧化后所生成的新氧化物。

（一）矿热炉的结构

现代矿热炉向着大型、密闭、炉体旋转、进料自动化和智能控制方向发展，从原料的称量、输送装料到矿热炉的操作和烟气的处理等都实现了集中控制。矿热炉冶炼系统是成套的设备，即由许多设备组合的生产系统。炉体是构筑体，是主体设备，电极是其中的重要部件。另一部分是与炉体配套的附属机电设备，如变压器、短网、电极夹持与升降装置，进出料机械等。第三部分是相关设备，如变电所、供水系统、排烟除尘装置等。矿热炉的基本结构如图 6-2所示。

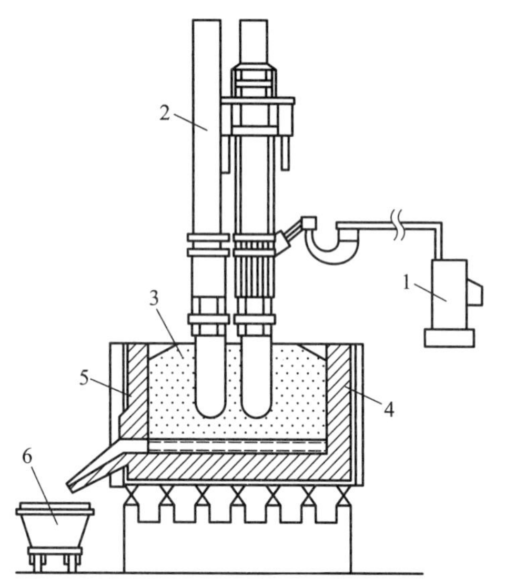

1-变压器；2-电极；3-炉料；
4-炉壳；5-耐火材料；6-铁罐
图 6-2 矿热炉基本结构

（二）还原剂的选择

根据金属氧化物的埃林厄姆图，如图 6-3，图中下面的元素可以作为还原剂来还原上面的金属氧化物，可以此来作为选择还原剂的依据。矿热炉冶炼生产中，用得最多、最广且价格最便宜的还原剂是碳质还原剂，主要有冶金焦、气煤焦、石油焦、沥青焦、半焦、烟煤和木炭等。碳质还原剂的质量和性能直接影响冶炼操作。

碳质还原剂在矿热炉中作为固态还原剂参与还原反应，反应主要在炉子中下部的高温区进

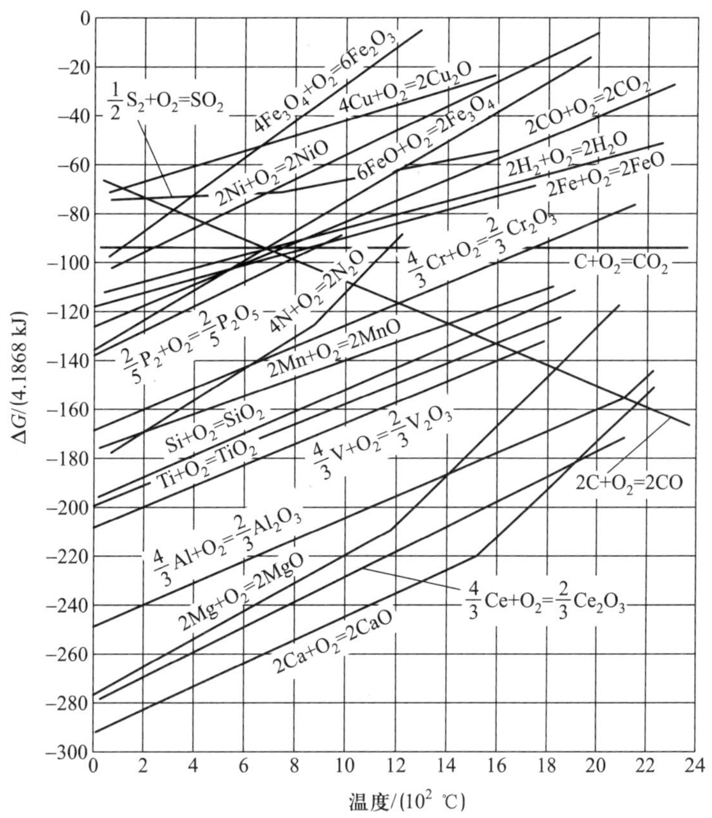

图 6-3　金属氧化物的埃林厄姆图

行。随着反应的进行，碳质还原剂中的固定碳不断消耗，主要以 CO 形式从炉顶逸出；灰分中的 Al_2O_3、FeO、CaO、MgO 等，部分或大部分被还原进入产品中，未参加反应的部分进入炉渣。对碳质还原剂物理性能的基本要求是：反应活性好、电阻率高，不易发生石墨化，粒度适宜且有一定的强度。几种常用碳质还原剂的主要物理性能见表 6-1。

对碳质还原剂化学成分的基本要求是：除固定碳和灰分含量外，对杂质如硫、磷、钛和五害元素铅、锡、铋、砷、锑的含量有较严格的要求，具体如下：① 固定碳含量要高，一般冶金焦的固定碳含量应大于 84%。② 灰分含量要低，合金中的杂质（Al、P）主要来自灰分，一般要求 $w(Al_2O_3)<12\%$、$w(P_2O_5)<0.04\%$。③ 挥发分含量不限制。挥发分含量高时，一般电阻率高，机械强度低。④ 水分含量要低。水分含量波动是造成炉况波动和恶化的重要原因，要求水分含量要稳定，以小于 6% 为好。

表 6-1　几种常用碳质还原剂的主要物理性能

碳质还原剂	常温电阻率/(Ω·m)	高温电阻率/(Ω·m)	CO_2 反应性/%	孔隙率/%
木炭	>3	>1.2	—	—
气煤焦	2~3	0.8~1.0	50~70	—
冶金焦	<1.5	<0.8	30~50	30~40

（三）矿热炉处理含金属固体废物回收有价金属的工艺

矿热炉具有熔池温度高、烟气量低及热效率高等优点，而含金属固体废物中的有价金属通常以氧化物形态存在，因此矿热炉炉内的高温还原环境可实现其中金属资源的高效回收，且固体废物中的有害成分进入烟气或炉渣中，二次污染小。因此，目前利用矿热炉处理含金属固体废物回收有价金属是一种已被证实可行的较为理想的选择，并逐渐受到人们的关注。

目前矿热炉处理含金属固体废物的主要应用有：① 还原熔炼各种有色金属冶炼渣回收其中的金属元素；② 对赤泥进行还原熔炼可回收大量铁；③ 对城市垃圾焚烧飞灰进行处理可回收其中如铅、锌等众多金属元素，且由于矿热炉内的高温环境，垃圾焚烧飞灰中 99.9%的二噁英将被分解；④ 对不锈钢废物进行还原熔炼可回收镍铬铁合金；⑤ 对废旧干电池进行还原熔炼可回收其中如锰、锌、铁、汞等大量金属元素。

虽然含金属固废种类繁多，成分复杂，冶炼所需的条件存在差异，但其工艺流程基本一致，大体可概括为：

矿热炉回收含金属固体废物中的有价金属就是利用适当的还原剂，在一定温度范围内，从含有所需元素氧化物的固体废物中还原出所需元素的氧化还原过程。其基本的工艺原则流程如下：

① 原料预处理：将固体废物、还原剂及炉渣调节剂进行破碎、研磨、预热、烘干等预处理操作。② 配料：将预处理后的固体废物和还原剂通过造球等方式均匀混合。③ 还原熔炼：将混合好的配料加入矿热炉中熔炼，熔炼完成后，熔池内的液态金属熔渣从出炉口放出。④ 金属回收：将还原熔炼后的液态金属熔渣浇筑后得到合金产品或返回冶金系统回收有价金属。⑤ 炉渣处理：炉渣进行磨碎、粒化处理后可用于制作耐火材料，或稳定化处理后制作建筑材料。⑥ 除尘处理：冶炼还原过程产生的大量 CO 和浓度很高的炉气及大量的粉尘通过烟罩、接入除尘器进行除尘。除尘后的炉气通过净化后可回收 CO 作煤气，除尘灰则收集后进行回收。

第二节 有机固体废物的热解处理

一、热解原理

（一）热解的定义和特点

所谓热解（pyrolysis），是将有机物在无氧或缺氧状态下加热，使之成为气态、液态或固态可燃物质的化学分解过程。

固体废物热解的主要特点是：

① 可将固体废物中的有机物转化为以燃料气、燃料油和炭黑为主的储存性能源；

② 由于是缺氧分解，排气量少，因此，采用热解工艺有利于减轻对大气环境的二次

污染；

③ 废物中的硫、重金属等有害成分大部分被固定在炭黑中；

④ 由于保持还原条件，Cr(Ⅲ)不会转化为Cr(Ⅵ)；

⑤ NO_x 的产生量少。

（二）热解的产物

废物热解是一个非常复杂且连续的物理化学反应过程，不同的温度区间进行的反应过程有所不同，生成的产物组成也不相同。在这个反应中将出现有机物断链、异构等反应。其热解的中间产物一方面进行大分子裂解成小分子直至气体的过程，另一方面又使小分子聚合成较大的分子。

热解反应过程可用下述通式表示：

有机固体废物⟶气体(H_2、CH_4 等)+有机液体(有机酸、焦油等)+ 固体(炭黑等)

固体废物热解能否获得高能量产物，主要取决于废物中氢转化为可燃气体与水的比例(不同固体燃料及固体废物的 $C_6H_xO_y$ 组成及 H/C 值如表 6-2 所示)。对一般固体燃料，H/C 值为 0~0.5。但由于热解残留物中含有 H、O 和其他元素，同时热解过程还会发生一氧化碳、二氧化碳等生成反应，因此碳的含量大小视不同的热解过程而定，不能简单地以 H/C 值来评价热解效果。如果热解的残留物中含有卤素、硫、氮等，随着温度升高，这些成分更趋于表现为挥发份，使固体废物热解产生更多的挥发性物质；反之，降低温度则会增加碳分的比例。且当有机物的成分不同时，整个热解过程的起始温度也不同。例如，纤维素热解的温度一般在 180~200 ℃，而煤热解的起始温度随煤质的不同一般在 200~400 ℃。

表 6-2　不同固体燃料及固体废物的 $C_6H_xO_y$ 组成及 H/C 值

固体燃料	$C_6H_xO_y$	H/C 值	$H_2+1/2O_2\longrightarrow H_2O$ 完全反应后的 H/C 值	固体废物	$C_6H_xO_y$	H/C 值	$H_2+1/2O_2\longrightarrow H_2O$ 完全反应后的 H/C 值
纤维素	$C_6H_{10}O_5$	1.67	0.0/6=0.00	城市垃圾	$C_6H_{9.64}O_{3.75}$	1.61	2.14/6=0.36
木材	$C_6H_{8.6}O_4$	1.43	0.6/6=0.10	新闻纸	$C_6H_{9.12}O_{3.75}$	1.52	1.2/6=0.20
泥炭	$C_6H_{7.2}O_{2.6}$	1.20	2.0/6=0.33	塑料薄膜	$C_6H_{10.4}O_{1.06}$	1.73	8.28/6=1.38
褐煤	$C_6H_{6.7}O_2$	1.10	2.7/6=0.45	厨余物	$C_6H_{9.93}O_{2.97}$	1.66	4.0/6=0.67
烟煤	$C_6H_4O_{0.53}$	0.67	2.94/6=0.49				
无烟煤	$C_6H_{1.5}O_{0.07}$	0.25	1.4/6=0.23				

（三）有机固体废物热解基本过程

有机可燃物的热解反应可以描述为

$$\text{A(固)}\longrightarrow\text{B(固)}+\text{C(气)}$$

根据质量作用定律：

$$\frac{\mathrm{d}\alpha}{\mathrm{d}t}=kf(\alpha)=k(1-\alpha)^n \tag{6-23}$$

式中：k——反应速度常数；

α——反应过程中的失重率；

n——反应级数；

t——反应时间。

假设其服从阿伦尼乌斯方程，则 $k=Ae^{-\frac{E}{RT}}$

故

$$d\alpha/dt=Ae\hat{}(-E/RT)(1-\alpha)\hat{}n \tag{6-24}$$

式中：A——频率因子，min^{-1}；

E——活化能，kJ/mol；

R——气体常数，8.314 $J\cdot mol^{-1}\cdot K^{-1}$；

T——反应温度，K。

实验为恒速升温，升温速率 $\phi=\frac{dT}{dt}$

代入上式，转化后得

$$\ln\left[\frac{d\alpha/dT}{(1-\alpha)^n}\right]=\ln\frac{A}{\phi}-\frac{E}{RT} \tag{6-25}$$

用 $\ln\left[\frac{d\alpha/dT}{(1-\alpha)^n}\right]$ 对 $1/T$ 作图，取 n 为 1，发现所获得的直线效果很好，由此可燃物的热解行为可用一级反应进行描述，通过直线斜率和截距可得到动力学参数 E 和 A。

对大部分生活垃圾而言，用一个一级反应就可很好地描述其热解过程，但对厨余废物来讲，不同的失重过程，对应不同的热解区，须采用不同区段的一级反应来描述其热解过程。

二、热解动力学模型及工艺

目前通用的热解动力学分析方法为：根据原料样本热重-差热分析可获得样品热失重过程的 TG、DTG 曲线，通过建立热解动力学模型，可在此基础上计算表观活化能、指前因子等动力学参数。

（一）热解动力学方程

在无限短的时间间隔内，非等温过程可看作等温过程，固体废物的总体热解速率可以表示如下：

$$d\alpha/dt=k(T)f(\alpha) \tag{6-26}$$

式中：α——为 t 时刻物质转化率,%；

k——反应速率常数，s^{-1}；

$f(\alpha)$——动力学机理函数，表示固体反应物中未反应产物与反应速率关系；

T——温度，K。

其积分形式可以表示为：

$$G(\alpha)=k(T)t \tag{6-27}$$

其中两者的关系为：

$$G(\alpha)=\int_0^{\alpha}\frac{d(\alpha)}{f(\alpha)} \tag{6-28}$$

反应速率常数 k 与温度有非常密切的关系，阿伦尼乌斯通过模拟平衡常数-温度关系的形式提出的速率常数-温度关系式，是目前最常用的计算反应速率常数 k 的公式：

$$k=A\exp\left(-\frac{E}{RT}\right) \tag{6-29}$$

式中：A——前因子，s^{-1}；

E——活化能，J/mol；

R——摩尔气体常数，8. 314 $J\cdot mol^{-1}\cdot K^{-1}$；

T——热力学温度，K。

一般垃圾热解为非等温过程，设实验过程中加入速率为 β(K/min)，则当前温度：

$$T=T_0+\beta t \tag{6-30}$$

将反应速率常数公式代入并积分可得：

$$G(\alpha)=\int_0^{\alpha}\frac{d(\alpha)}{f(\alpha)}=\frac{A}{\beta}\int_{T_0}^{T}\exp\left(-\frac{E}{RT}\right)dT \tag{6-31}$$

由于初始温度 T_0 较低，热解反应可以忽略不计，则可将积分区间调至 $0\sim T$，

$$G(\alpha)=\int_0^{\alpha}\frac{d(\alpha)}{f(\alpha)}=\frac{A}{\beta}\int_0^{T}\exp\left(-\frac{E}{RT}\right)dT=\frac{A}{\beta}\Lambda(T) \tag{6-32}$$

$$\Lambda(T)=\int_0^{T}\exp\left(-\frac{E}{RT}\right)dT \tag{6-33}$$

此式在数学上无解析解，只能求其近似解或数值解。

其中近似解析解令：$\mu=\frac{E}{RT}$，则 $T=\frac{E}{R\mu}$

可得

$$dT=-\frac{E}{R\mu^2}d\mu$$

代入方程可得

$$G(\alpha)=\int_0^{\alpha}\frac{d(\alpha)}{f(\alpha)}=\frac{A}{\beta}\int_0^{T}\exp\left(-\frac{E}{RT}\right)dT=\frac{AE}{\beta R}\int_{\infty}^{\mu}\frac{-e^{-\mu}}{\mu^2}d\mu=\frac{AE}{\beta R}\cdot P(\mu) \tag{6-34}$$

式中：E/R 为常数，求解温度问题就变为寻找函数

$$\begin{aligned}P(\mu)&=\int_{\infty}^{\mu}\frac{-e^{-\mu}}{\mu^2}d\mu=\int_{\infty}^{\mu}\frac{1}{\mu^2}de^{-\mu}\\&=\frac{e^{-\mu}}{\mu^2}-\int_{\infty}^{\mu}2\mu^{-3}de^{-\mu}\\&=\frac{e^{-\mu}}{\mu^2}\left(1-\frac{2!}{\mu}+\frac{3!}{\mu^2}-\frac{4!}{\mu^3}+\cdots\right)\end{aligned}$$

由此可得

$$\int_0^{T}\exp\left(-\frac{E}{RT}\right)dT=\frac{E}{R}\frac{e^{-\mu}}{\mu^2}\left(1-\frac{2!}{\mu}+\frac{3!}{\mu^2}-\frac{4!}{\mu^3}+\cdots\right) \tag{6-35}$$

根据 Coats-Redfern 近似式，取括号内前两项作为 $P(\mu)$ 的近似表达式，则有

$$\int_0^T \exp\left(-\frac{E}{RT}\right)\mathrm{d}T=\frac{E}{R}\frac{\mathrm{e}^{-\mu}}{\mu^2}\left(1-\frac{2}{\mu}\right)=\frac{ET^2}{R}\left(1-\frac{2RT}{E}\right)\exp\left(-\frac{E}{RT}\right) \tag{6-36}$$

设动力学机理函数：$f(\alpha)=(1-\alpha)^n$

则有

$$\int_0^\alpha \frac{\mathrm{d}\alpha}{(1-\alpha)^n}=\frac{ART^2}{\beta E}\left(1-\frac{2RT}{E}\right)\exp\left(-\frac{E}{RT}\right) \tag{6-37}$$

两边取对数整理得

当 $n\neq1$ 时，

$$\ln\left[\frac{1-(1-\alpha)^{1-n}}{T^2(1-n)}\right]=\ln\left[\frac{AR}{\beta E}\left(1-\frac{2RT}{E}\right)\right]-\frac{E}{RT} \tag{6-38}$$

当 $n=1$ 时，

$$\ln\left[\frac{-\ln(1-\alpha)}{T^2}\right]=\ln\left[\frac{AR}{\beta E}\left(1-\frac{2RT}{E}\right)\right]-\frac{E}{RT} \tag{6-39}$$

在常规反应温区，E/RT 远远大于 1，故 $1-\frac{2RT}{E}\approx1$，故

$$\ln\left[\frac{G(\alpha)}{T^2}\right]=\ln\left(\frac{AR}{\beta E}\right)-\frac{E}{RT} \tag{6-40}$$

$G(\alpha)$ 和 $1/T$ 为线性关系，斜率为 $-E/R$，截距为 $\ln\left(\frac{AR}{\beta E}\right)$。

（二）热解工艺分类

固体废物的热解过程，由于供热方式、产品状态、热解炉结构等方面的不同，其热解方式也各不相同。

热解工艺的主要分类方法如下。

① 按供热方式分：直接加热法、间接加热法。

直接加热法：热解反应所需的热量是被热解物直接燃烧或向热解反应器提供的补充燃料燃烧产生的热。间接加热法：将被热解物料与直接供热介质在热解反应器中分离开的一种热解方法。

② 按热解温度的不同分：高温热解、中温热解、低温热解。

高温热解：热解温度一般在 1 000 ℃以上，其加热方式一般采用直接加热法。中温热解：其热解温度一般在 600~700 ℃，主要用在比较单一的物料进行能源和资源回收的工艺上，如废橡胶、废塑料热解为类重油物质的工艺。低温热解：热解温度一般在 600 ℃以下，农林产品加工后的废物生产低硫低灰炭时就可采用这种方法，其产品可用作不同等级的活性炭和水煤气原料。

③ 按热解炉的结构分：固定床、移动床、流化床和旋转炉等。

④ 按热解产物的物理形态分：气化方式、液化方式和炭化方式。

⑤ 按热分解与燃烧反应是否在同一设备中进行分：单塔式和双塔式。

⑥ 按热解过程是否生成炉渣分：造渣型和非造渣型。

三、典型有机固体废物的热解

（一）生物质的热解

1. 生物质固体废物的概述

所谓生物质，可以理解为由光合作用产生的所有生物有机体的总称，包括植物、农作物、林产物、海产物（各种海草）和城市垃圾（纸张、天然纤维）等。生物质能是一种清洁的可再生能源，随着化石能源的枯竭，它将在我国的能源结构中占据越来越重要的地位，因此对生物质能源的开发和研究日益受到各方关注。

将生物质转换成更有价值或更方便的产品，其基本热化学过程是高温分解，包括热解气化和热解制油。生物质热解气化可以把农林废物转化为可燃气体进行发电或者作为燃料替代品。根据技术路线的不同，可以是低热值气，也可以是中热值气。它的主要优点是生物质转化为可燃气体后，利用效率较高，而且用途广泛，如可用作生活煤气，也可用于烧锅炉或直接发电。目前生物质热解气化技术受到世界各国的重点关注，各国都在努力寻找这方面的突破。热解制油是通过热化学方法把生物质转化为液体燃料的技术，它的主要优点是可以把生物质制成油品燃料，作为石油产品替代品，用途和附加值大大提高，主要缺点是技术复杂，目前的运行成本依然较高。

生物质主要由纤维素、半纤维素和木质素组成，它的热解实际上是三组分裂解的综合结果。纤维素是D-葡萄糖通过羧基和羰基的作用，在分子内形成半缩醛结构而构成环状D-吡喃葡萄糖，后者由糖苷键连接成线性大分子，在250～400 ℃的温度区域，纤维素中的C—和C—C键断裂而发生裂解；半纤维素是由葡萄酐和脱水五碳糖不规则连接形成的，由于其结构无定形以及分子链较小而热稳定性差，因此在225～350 ℃基本降解完成。木质素是苯丙烷单体通过醚键和C—C键连接而成的无定形的芳香族聚合物，它在200～500 ℃甚至更高的温度区域发生热解，低温时脂肪族的—OH键以及苯丙烷上的苯基C—C键的断裂就析出了大量含氧化合物，高温时木质素的芳香环重整而释放出氢气并生成碳。各个组分的化学结构以及热稳定性的差异使得它们对热解产物的贡献不一，纤维素主要生成焦油和气体，而半纤维素则主要对气体和少量的焦油的生成起作用，木质素的分解速率最慢，其对炭生成的贡献最大。

2. 农作物秸秆热解产物及其影响因素

农作物秸秆是农业生产的副产品，也是我国农村的传统燃料。表6-3是几种农作物秸秆中的有机成分，主要是糖类，其中C、O、H的总含量达70%～90%，之外还含有丰富的N、P、S、Si等常量元素，以及多种微量元素，属于典型的有机物质。从组成化合物来看，这几种农作物秸秆均不同程度地含有纤维素、木质素、蛋白质等成分，以及生物碱、单宁质、胶质和蜡质、酚基和醛基化合物等生物有机体，在灰分中含有大量无机矿物。干燥后的农业废料具有较好的可燃性，热值一般为12 000～16 000 kJ/kg。

表 6-3 几种农作物秸秆中的有机成分

种类	灰分/%	纤维素/%	脂肪/%	蛋白质/%	木质素/%
水稻	17.8	35.0	3.82	3.28	7.95
冬小麦	4.3	34.3	0.67	3.00	21.2
燕麦	4.8	35.4	2.02	4.70	20.4

生物质热解是一个非常复杂的热化学过程。农作物秸秆是生物质中的一类，可以认为是由纤维素、半纤维素和木质素三种主要组成物的混合物，生物质的热解主要可归结于纤维素、半纤维素和木质素三种主要高聚物的热解。三种主要成分在不同种类生物质中存在的形态也各不相同，而且各组分在生物质内的交错连接加剧了生物质总体结构的不确定性。生物质快速热解的产物有生物油、生物炭和 CO_2、CO、H_2、CH_4 等。

温度是生物质热解的一个非常重要的影响因素，实验表明，同种物料在不同温度下热解后产物色谱峰的分布基本相似，主要物质的保留时间相似，但温度对热解产物成分以及含量影响较大。由于温度越高更有利于热化学反应的进行，随着温度的升高，裂解产物成分种类增加。

升温速率也是影响热解产物的重要因素。由于较高的升温速率能够更快地升到热解终温，在高温区停留时间较长，物料热解更充分，随着升温速率的升高，鉴定出的产物逐渐增加，主要为苯酚类化合物。当升温速率不同时，各种裂解产物总的相对含量有明显差异。同时随着升温速率的升高，酯类逐渐减少，酮类逐渐增加，酸酐和醛类化合物先增加后减少。有实验表明：随着升温速率提高，油菜秆快速热解，反应移向高温区，出峰时间提前，对各产物含量有较大影响，但是对热解产物成分影响不大。因此，通过调节升温速率可以选择性优化特定物质产量。

3. 农林废物生产草煤气

热解原理：在烟气供应不足的情况下，在较低温度下燃烧农林废物，可生成以一氧化碳和氢气为主要成分的可燃气体，俗称草煤气。

草煤气发生炉工作原理如图 6-4 所示。当空气从炉栅进入炉内后，首先与有机废物燃烧生成 CO_2，CO_2 随气流进入还原层被还原成 CO，所含的水分也被还原成 H_2 和 CO。在干馏层，有机废物被热气体干馏，分解为 CH_4、C_2H_4 等挥发性气体，与 H_2 和 CO 一道进入干燥层，最终形成由 CO、H_2、CH_4、C_2H_4 与水蒸气、氮气组成的混合气体，其热值一般为 6 281~7 118 kJ/m³。

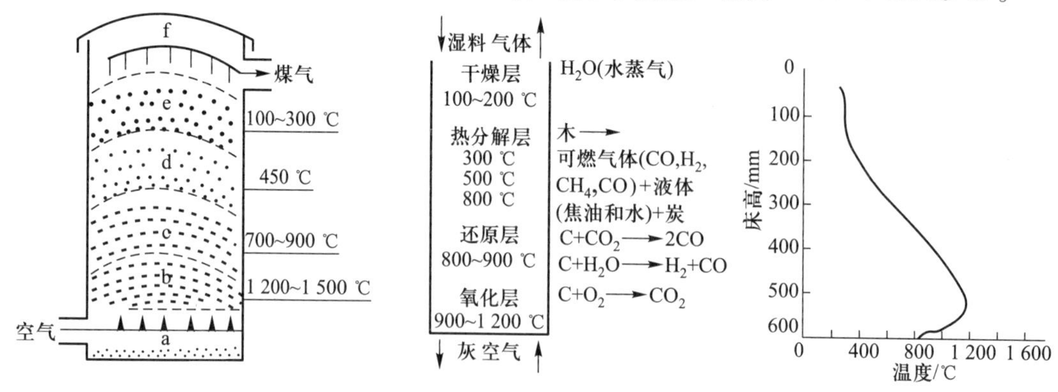

图 6-4 草煤气发生炉工作原理示意图

常用气化炉的结构和性能特点：目前常用的气化炉主要有固定床(上吸式、下吸式、层式下吸式等)气化炉及循环流化床气化炉等，如图 6-5 所示。

(1) 上吸式气化炉

上吸式气化炉在运行过程中，湿物料从顶部加入后，被上升热气流干燥并将水蒸气排出，干燥后的物料下降时被热气流加热并热分解，释放出挥发组分。剩余的炭继续下降，并与上升的 CO 和水蒸气反应，还原成 CO、H_2 及有机可燃气体，余下的炭继续下行，在炉底被进入的空气氧化，产生的燃烧热为整个气化过程提供热量。

改进型上吸式气化炉热解气值在 5 000 kJ/m^3 左右，气化效率约 75%，气体中焦油含量小于 25 g/m^3，炭转换率达 99%，物料适应性广，含水率在 15%~45%均可稳定运行。

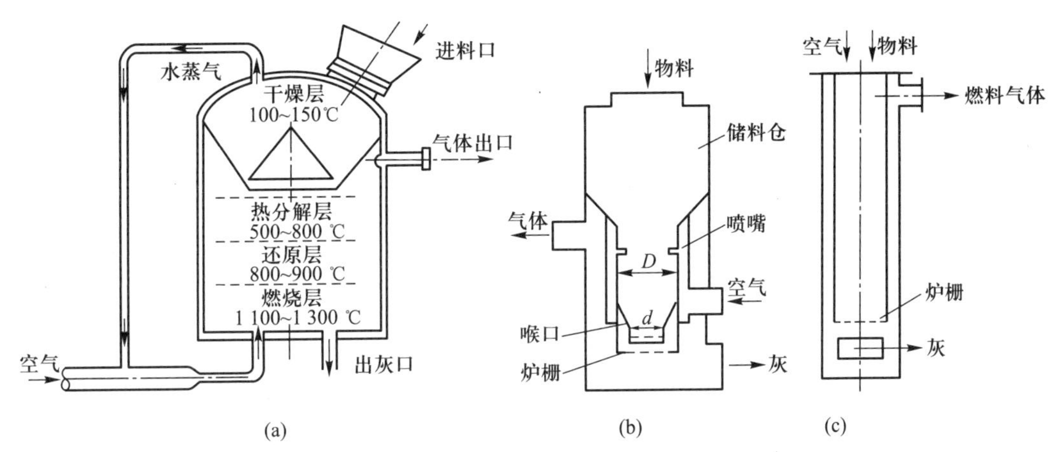

图 6-5　固定床气化炉结构形式

(a)上吸式气化炉；(b)下吸式气化炉；(c)层式下吸式气化炉

上吸式气化炉的优点是炭转换率高、原料适应性强、炉体结构简单、制造容易等。缺点是物料中的水分不能参加反应，减少了产品气中 H_2 和碳氢化合物的含量且原料热解温度低(250~400 ℃)，气体质量差(CO_2 含量高)，焦油含量高。

(2) 下吸式气化炉

下吸式气化炉一般用于农村供气系统，利用当地的农作物废物(如玉米秆、麦秆、稻壳等)为原料，热解气则作为当地居民生活用气。其特点是物料与气体同向流动，物料由上部储料仓向下移动，同时进行干燥与热分解过程；空气由喷嘴进入，与下移的物料发生燃烧反应；生成的气体与炭一起经缩口排出。

该炉型的特点是焦油经高温区裂解，使气体中的焦油含量减少。同时由于物料中的水分参加了还原反应，使气体中的 H_2 含量增加。这种炉型要求原料中的水分含量不大于 20%，否则会使炉温降低，气体质量变差。

(3) 层式下吸式气化炉

其特点是上部敞口，加料操作简单，容易实现连续加料；炉身为筒状，使结构大为简化。其性能特点是：空气从敞口顶部均匀流过反应区整个截面，使截面温度分布均匀；氧化与热解在同一区域内同时进行，是整个反应过程的最高温度区，所以气体中焦油含量较低。该炉在固定床气化炉中生产强度最高。

层式下吸式气化炉已成功应用于小规模生物质气化发电系统，装机有 2.5 kW、60 kW 和 160 kW 等，特别适用于稻壳气化发电装置。

（4）循环流化床气化炉

气化过程由燃烧、还原和热分解三个过程组成，而热分解是其中最主要的一个反应过程。一般有 70%~75%的物料在热分解过程转换为气体燃料，剩余 25%~30%的炭；其中 15%左右的炭在燃烧过程被烧掉，放出的燃烧热为气化过程供热，10%左右的炭在还原过程被气化。在三个反应过程中，热分解过程最快，燃烧反应其次，而还原反应最慢。

图 6-6 为循环流化床系统示意图。循环流化床是一种较为理想的气化反应器，其生产强度约为固定式气化床的 8 倍左右，气体热值可达 7 000 kJ/m^3 左右，比固定式气化床提高了约 40%。

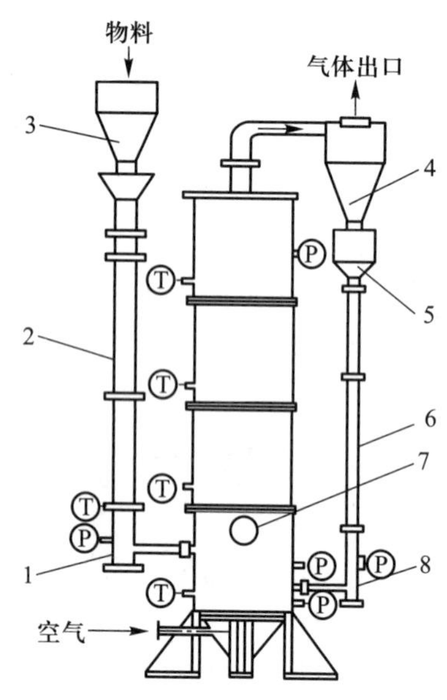

1、8-L 阀；2-下料直管；3-原料缓冲罐；4-旋风分离器；5-炭受槽；6-循环管；7-气化炉；P-测压点；T-测温点

图 6-6　循环流化床系统示意图

（二）废塑料的热解

废塑料热解是近年来国内外非常注重研究的一种能源回收方法，目前被认为是一种最有效、最科学的回收废塑料的途径。

1. 废塑料热解的特点

废塑料热解的原理类似于城市垃圾的热解。与城市垃圾相比，区别在于废塑料的加工性能以及加工中得到的产品形式。对于城市垃圾，具有商业利用价值的产品主要是低热值的燃气，而废塑料热解的主要产物则是燃料油或化工原料等。

2. 热解温度和催化剂

废塑料种类繁多，不同废塑料的热解过程和生成物因废塑料的种类不同而有较大差异。有研究发现，对 PE、PP、PS、PVC 四种塑料进行直接热解，在 500 ℃左右可获得较高比率的液态烃或苯乙烯单体，而低于或高于该温度会发生分解不完全或液态烃产生率低的现象。

催化剂也是影响热解的关键因素，绝大多数废塑料的热解过程均加入了催化剂。目前使用的催化剂种类主要有硅铝类化合物和 H-Y、ZSM-5、REY、Ni/REY 等各种沸石催化剂。

3. 热解设备

国内外废塑料热解反应器种类较多，主要有槽式（聚合浴、分解槽）、管式（管式蒸馏、螺旋式）、流化床式等。

槽式反应器的特点是在槽内的分解过程中进行混合搅拌，物料混合均匀，采用外部加热，靠温度来控制成油形状。该法物料的停留时间较长，加热管表面析出炭后会造成传热不良，须定期清理排出。

管式反应器也采用外加热方式。管式蒸馏先用重油溶解或分解废塑料，然后再进入分解炉；螺旋式反应器则采用螺旋搅拌，传热均匀，分解速度快，但对分解速度较慢的聚合物不能完全实现轻质化。

流化床反应器一般是通过螺旋加料器定量加入废塑料，使其与固体小颗粒热载体(如石英砂)和下部进入的流化气体(如空气)混合在一起形成流态化，分解成分与上升气流一起导出反应器，经除尘冷却后制成燃料油。此类反应器采用部分塑料燃烧的内部加热方式，具有不需熔融原料、热效率高、分解速度快等优点。

4. 废塑料热解工艺

废塑料热解的基本工艺有两种，一种是将废塑料加热熔融，通过热解生成简单的碳氢化合物，然后在催化剂的作用下生成可燃油品。另一种则将热解与催化热解分为两段。一般而言，废塑料热解工艺主要由前处理—熔融—热分解—油品回收—残渣处理—中和处理—排气处理等七道工序组成。其中合理确定废塑料热解温度范围是工艺设计的关键。

德国汉堡大学应用化学研究所在20世纪70年代就开始研究采用热分解方法裂解聚苯乙烯提取可燃油、气，采用的反应器为流化床。只是这项研究仅限于实验室，一直未投入实际应用。日本则后来居上，研究了多种不同的塑料热分解方法，且多数已商业化。下面主要介绍日本开发的一些废塑料热分解技术。

(1) 管式蒸馏法热分解技术

日挥公司开发的管式蒸馏法发热分解工艺如图6-7所示，用蒸馏法可以比较简单地把废聚苯乙烯(PS)制成液状单体，而且用于回收单体的分解设备、反应温度和停留时间均可随意控制。

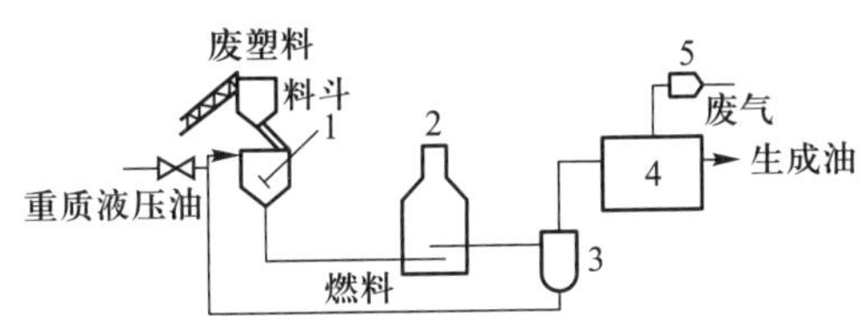

1-溶解槽；2-管式分解炉；
3-分离槽；4-油品回收系统；5-补燃器

图6-7　管式蒸馏法发热分解工艺流程图

(2) 螺旋式热分解系统

日本三洋电机研究所开发的螺旋式热分解系统的工艺处理量为100 kg/h，其塑料加热分为两段，先以微波加热熔融，然后送入温度更高的螺旋反应器中进行分解，最后分别回收油品。

该系统存在的主要问题是：① 由于抽料泵会造成减压，物料在分解管内停留时间不稳定。② 高温分解时气化率高。③ 分解速度慢的聚合物不能完全实现轻质化。④ 由于是外部加热，因此能耗比较大。

(3) 流化床热分解系统

废塑料在流化床内加热熔融成液体，分散于呈流态化的热载体颗粒表面进行传热和分解。分解温度在450 ℃以上，与加热面接触的部分塑料产生炭化现象，并附于热载体表面。这些炭化物质与流化床下部进入的空气接触后发生燃烧反应，被加热的颗粒与气体使塑料分解，被上升气体排出反应器，经过冷却、分离、精制而成为优质油品。如果回收的废塑料是较纯的聚苯乙烯塑料，可以得到高达76%的回收率。如果是混合废塑料，生成的将不是轻质油，而是蜡状或润滑油状的黏糊物质，须进一步进行提炼。

目前，流化床热分解技术有待解决的问题是：热解原料的分散不够均匀，颗粒与气体的热交换效率低，管线容易结焦等。

(三) 污泥的热解

1. 污泥热解的特点

与目前常用的污泥焚烧工艺相比，污泥热解的主要优点是操作系统封闭，污泥减容率高，无污染气体排放，几乎所有的重金属颗粒都残留在固体剩余物中，在热解的同时还可实现能量的自给和资源的回收，因而是一种非常有前途的污泥处理方法和资源化技术。

将干燥污泥放入保持一定温度的反应管中，最终可得到可燃性气体、常温下为液态的燃料油和焦油、包括炭黑在内的残渣等。污泥热解温度与产物生成率的关系如图 6-8 所示。从图中可以看出，随着热解温度的提高，污泥转化为气态物质的比率在上升，而固态残渣则相应降低。实验表明，在无氧状态下将污泥加热至 800 ℃以上高温后，其中的可燃成分几乎可以全量分解气化，这对于污泥的能量回收和减量化非常有利。

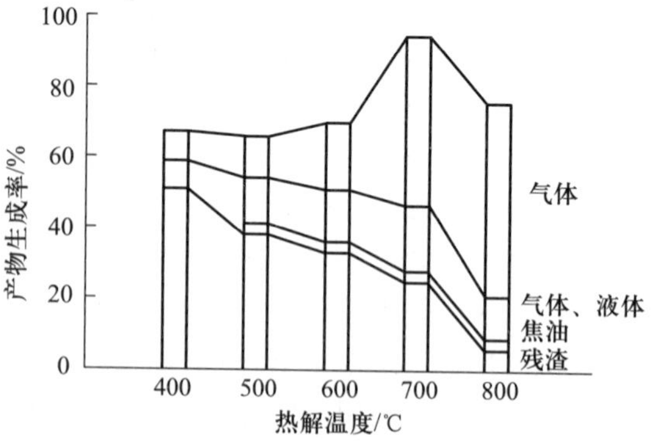

图 6-8 污泥热解温度与产物生成率的关系

2. 污泥热解工艺

污泥热解的炉型通常采用竖式多段炉，为了提高热解炉的热效率，在能够控制二次污染物（Cr^{6+}、NO_x）的产生的范围内，尽可能采用较高的燃烧率（空气比为 0.6~0.8）。此外，热解产生的可燃气体及 NH_3、HCN 等有害气体组分必须经过二次燃烧以实现无害化。对二燃室排放的高温气体还应进行预热回收，回收的热量应主要用于脱水泥饼的干燥。

污泥热解的主要工序包括：污泥脱水—干燥—热解—炭灰分离—油气冷凝—热量回收—二次污染防治等过程。图 6-9 所示为污泥干燥-热解系统示意图。在该系统中，泥饼首先通过蒸汽干燥装置将含水率降至 30%，然后直接投入竖式多段热解炉内，通过控制助燃空气量（部分燃烧方式），使污泥发生热解反应。将热解产生的可燃气体和干燥器排气混合后进入二燃室高温燃烧，使二燃室后部的余热锅炉产生蒸汽，作为泥饼干燥的热源。该系统对含水率 75% 的泥饼的处理能力可达 5 t/d。

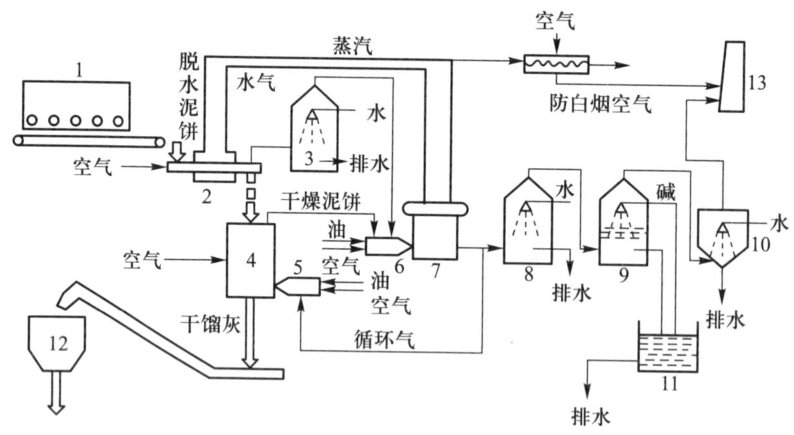

1-定量进料器；2-蒸汽干燥器；3-1 号水洗塔；4-热解炉；
5-热风炉；6-燃烧室；7-余热锅炉；8-2 号水洗塔；9-吸水塔；
10-湿式电除尘器；11-碱循环槽；12-灰槽；13-烟囱

图 6-9 污泥干燥-热解系统示意图

3. 污泥的低温热解

目前正在发展一种新的热能利用技术——低温热解，即在 400~500 ℃、常压和缺氧条件下，借助污泥中所含的硅酸铝和重金属(尤其是铜)的催化作用，将污泥中的脂类和蛋白质转变成碳氢化合物，最终产物为燃料油、气和炭。热解生成的油还可用来发电。第一座工业规模的污泥炼油厂建于澳大利亚的柏斯，处理干污泥量可达 25 t/d。根据污泥低温热解的工艺要求和热解过程的技术特性，一般的生产流程如图 6-10 所示。

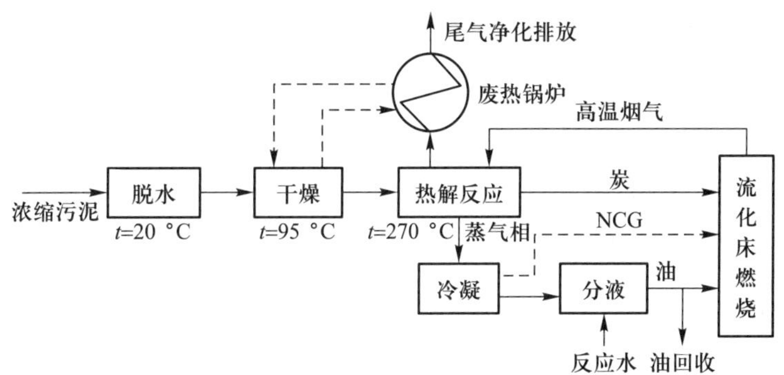

图 6-10　污泥低温热解工艺流程

4. 污泥与垃圾联合热解

将污泥与城市垃圾和工业废物混合起来进行热解，充分利用其热能，是固体废物热处理的另外一个发展方向。20 世纪 70 年代以来，西欧各国相继建成了一些联合处理装置。在联邦德国建设的两套工业规模的综合废水处理厂联合热解处理设施，其处理规模已分别达到了 3 170 t/d 和 1 680 t/d。该系统采用水墙式焚烧炉，脱水污泥用焚烧炉烟道气在干燥室进行干燥，将污泥含水率降至 10%左右。干燥后的污泥用烟道气将其吹入焚烧炉进行焚烧。产生的蒸汽除用于污泥处理外，还可供局部加热使用。

(四) 废橡胶的高温热解

1. 废橡胶概况

近年来，由于汽车工业的快速发展，导致机动车数量猛增，而产生的废旧轮胎也逐年增加，随之带来的环境污染问题日益突出。目前，废旧轮胎已经被称为“黑色污染”，成为除汽车尾气排放之外的第二大污染源。废旧轮胎作为固体废物，会占据大量土地。废旧轮胎中含有大量的可燃有机物成分，长期堆积容易造成火灾，燃烧过程中会产生大量的颗粒物和对人身体有害的物质，如 $PM_{2.5}$、多环芳烃等，会对大气环境产生严重污染。

轮胎的主要组分为橡胶(包括天然橡胶、合成橡胶)、填充炭黑以及多种增塑剂、防老剂、硫黄和氧化锌等，普通轮胎胎面胶中橡胶的含量在 57%左右，而炭黑的含量在 30%左右，有机助剂的含量在 7%左右，而无机助剂含量相对较少，在 5%左右，废旧轮胎中大部分物质具有回收价值，例如橡胶和填充炭黑等。

废旧轮胎热解产物主要由热解油品、热解气体和热解炭组成。根据所需要的产物不同，废旧轮胎热解研究也分为油品、气体和热解炭三个方向进行。

2. 橡胶热解的基本过程

废橡胶的热解依靠外部加热打开化学键，使有机物分解气化和液化。橡胶的热解温度一般在 250~500 ℃。当温度高于 250 ℃后，废橡胶分解出的液态油和气体随温度的升高而增加；温度超过 400 ℃后，根据热解方法的不同，液态油和固态炭黑逐步减少，而气态物质则逐步增加。

典型废轮胎的热解工艺如下：轮胎破碎—分(磁)选—干燥预热—橡胶热解—油气冷凝—热量回收—废气净化。

废橡胶(如废轮胎)的热解产物非常复杂，轮胎热解得到的产物(按质量计)中，气体占 22%、液体占 27%、炭灰占 39%、钢丝占 12%。热解气体组成中主要为甲烷、乙烷、乙烯、丙烯、一氧化碳，水、二氧化碳、氢气和丁二烯也占一定比例。液体组成中主要是苯、甲苯和其他芳香族化合物。在气体和液体中还有微量的硫化氢和噻吩，但硫含量都低于标准。热解产品组成随热解温度的不同而略有变化，温度增加时，气体和固态炭含量增加，而油品则逐步减少。热解油品含有的物质主要包括烯烃、烷烃两类物质，且含有少量的醛类、苯酚类和酮类物质，分子量为 112~241。

3. 废橡胶的热解工艺

目前各国在废橡胶热解方面的研究很多，也取得了一定的进展，但真正有可靠的工艺流程、完善的技术装备、可观的经济效益的示范工程却很少见，大多仍处于实验室研究阶段。下面介绍部分国外的研究进展。

日本 NIS 公司，先将废轮胎切割成几十毫米的小块，然后置于浓度为 4%的苛性碱溶液中，在 40 个大气压下加热至 400 ℃，15 min 后，轮胎橡胶就转化为油状高分子碳氢化合物溶液，从中可提炼出化工产品。

美国 ECO 公司，首先把旧轮胎粉碎成一英寸大小的颗粒，用磁铁除钢，再用其他技术萃取废金属增强纤维，最后剩下一种叫作粒状生胶的产物，然后将其送入热解管中，在 194.4 ℃且无空气、氧气的条件下热解，得到高质量的炭黑和清纯的油。

除此之外，我国也相继建成了类似的联合热解处理装置。

(五) 电子废弃物的热解

1. 电子废弃物概述

随着电子信息技术的迅猛发展，电子类相关产品的生产数量快速增长，而且更新换代的周期不断缩短，这就造成了数量庞大的电子垃圾。电子废弃物(waste from electrical and electronic equipment, WEEE)也被称作电子垃圾(electronic waste)，主要包括废旧电脑、通信器材、电视机和电冰箱等家用电器以及废弃的工业电子仪表等。

印刷电路板(printed circuit board, PCB)是电子产品的重要组成部分，其材料组成和结合方式非常复杂。由于解离粒度比较小，不易实现分离；另外，印刷电路板的化学组分种类繁多，其中的非金属主要为热固性塑料，如果能够得到有效处理，则能够取得经济与环境的双收益，若处理不当就会对环境产生危害。除此之外，印刷电路板中还含有众多可回收利用的金属成分。研究显示，1 t 废弃印刷电路板中，经过物化处理后，大约可以分离出 132 kg 铜、0.5 kg 黄金、20 kg 锡。因此，废弃印刷电路板中蕴藏着巨大的经济效益，如果能够有效提取出其中的贵重金属，如：金、银、铜、铬、锡、铂、钯等，将有一笔可观的财富。与此同时，回收的这些材料将成为未来社会生产的宝贵资源，能有效避免一些稀有资源的枯竭，同时还能避免有些重金属污染环境。

从电子产品的基本组成可以知道，电子废弃物质量的30%为树脂和塑料等高分子物质，具有较高的热值。利用这些高分子物质一方面可以制造能源，另一方面还可生产化学原料，具有经济和环境的双重价值。但采用冶金法等传统处理方式不能有效回收该类成分，如果采取填埋处理又会造成资源流失和环境污染。采用焚烧法处理既增加处理的难度和成本，又将大量污染物释放到环境中，进而造成环境污染，不符合固体废物处理的初衷。

2. 废旧电路板的主要热解工艺

根据反应气氛、反应压力、反应介质及催化剂的不同可将热解反应划分为常压惰性气体热解、真空热解、熔融盐热解。

(1) 常压惰性气体热解

废旧印刷电路板热解的反应气氛为惰性气体，该技术主要是采用固定床热解反应器。将一定流速的惰性气体作为载气，把热解过程中的热解气体产物带出反应器，以有利于热解反应后续进行。该技术主要应用于热解反应动力学、热解机理、热解影响因素及热解产物分析等方面。研究发现，快速加热方式下的焦油产率要比慢速加热方式下高。快速加热使电路板中的高分子在极短时间内迅速获得大量热能而使其分解的较多，所以焦油产率相对较高。

(2) 真空热解

真空热解，即废旧印刷电路板在真空密闭环境中进行热解反应，该技术在废轮胎热解处理中的应用较为完善和成熟。相关研究表明：真空可以明显降低废旧电路板热解的表观活化能，进而加速了热解反应的进程，减少了二次裂解反应的发生，因而真空有利于提高热解液态产物的产率。

(3) 熔融盐热解

熔融盐热解处理技术是通过利用熔融盐作为传热介质，增强高分子有机物的氧化性和热传导率，使得废物发生快速裂解。该技术在国外的研究比较多，以熔融盐为传热媒介和催化剂，在热解过程中可以高效裂解有机废物，并且热解反应中产生的 HBr、H_2S 等有害气体可以被熔融盐吸收，它还可以将其他无机物和金属保留在熔盐内。因此，该热解方式是解决印刷电路板中对环境危害严重的含溴阻燃剂分解和重金属污染问题的一条有效途径。

(六) 城市生活垃圾的热解

1. 城市生活垃圾的组成及处理

城市生活垃圾主要包括厨余物、废纸、废塑料、废织物、废金属、废玻璃陶瓷碎片、砖瓦渣土、废旧电池、废旧家用电器等，主要来自城市居民家庭、城市商业、餐饮业、旅馆业、旅游业、服务业、市政环卫业、交通运输业、街道打扫垃圾、建筑遗留垃圾、文教卫生业和行政事业单位、工业企业单位、水处理污泥和其他零散垃圾等。

我国生活垃圾的主要成分是：① 有机物。餐厨垃圾约占50%；纸类垃圾约占15%；橡塑垃圾约占10%；竹木垃圾约占5%；纤维约占4%。② 无机物。玻璃、金属、灰尘等约占4%。

城市生活垃圾的组成十分复杂，目前处理方式主要有卫生填埋、堆肥化和热解等。这些垃圾处理方式的比例，因地理环境、垃圾成分、经济发展水平等因素不同而有所区别。

卫生填埋由于具有技术成熟、处理费用低等优点，是目前我国城市垃圾集中处置的主要方式。这种处理方式投资较少、工艺简单、处理量大，并较好地实现了地表的无害化。但是，填埋的垃圾并没有进行无害化处理，残留着大量的细菌、病毒；还潜伏着沼气、重金属污染等隐患；其垃圾渗漏液还会长久地污染地下水资源，所以，这种方法存在着极大危害，会给子孙后代带来无穷的后患。

堆肥技术对垃圾中的部分组分进行资源利用，且处理相同质量的垃圾投资比单纯的焚烧处理大大降低。但该技术的缺点是不能处理不可腐烂的有机物(例如橡胶、塑料等)，减容、减量及无害化程度低。因此仅仅依靠堆肥化处理仍然不能彻底解决垃圾问题。鉴于此，生活垃圾热解仍然可以在该领域发挥重要作用。

2. 城市垃圾热解技术的主要类型

目前，用于城市垃圾的热解技术主要有：移动床熔融炉方式、回转窑方式、流化床方式、多段炉方式及 Flush Pyrolysis 方式等。

在这些热解方式中，回转窑方式和 Flush Pyrolysis 方式是最早开发的城市垃圾热解技术，代表性的系统有 Landgard 系统和 Occidental 系统。多段炉方式主要用于含水率较高的有机污泥的处理。流化床方式有单塔式和双塔式两种，其中双塔式流化床已经达到了工业化生产的规模。

在上述热解方式中，移动床熔融炉方式是城市垃圾热及技术中最成熟的方法，其代表性系统有新日铁系统、Purox 系统和 Landgard 系统。

3. 城市垃圾主要热解技术简介

(1) 新日铁系统

新日铁系统实际上是一种热解和熔融为一体的复合处理工艺，通过控制炉温及供氧条件，使垃圾在同一炉内完成干燥、热解、燃烧和熔融。炉内干燥段温度约为 300 ℃；热解段温度为 300~1 000 ℃；熔融段温度为 1 700~1 800 ℃。其工艺流程见图 6-11。

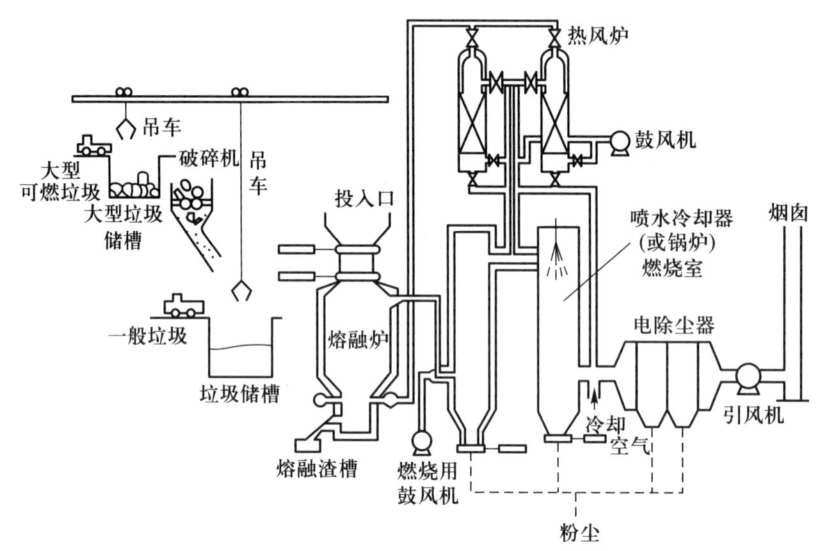

图 6-11 新日铁系统垃圾热解熔融处理工艺流程

系统工作时，垃圾由炉顶投料口加入炉内，投料口采用双重密封结构，以防止空气和热解气的漏入和逸出。炉体采用竖式结构，垃圾依自重在炉内由上而下移动，与上升的高温气体进行换热。在下移的干燥段脱去水分；热解段生成燃气和灰渣；灰残渣中的炭黑在燃烧段与下部通入的空气进行燃烧；随着温度的提高，燃烧后的剩余残渣在熔融段形成玻璃体和铁，将重金属等有害物质固化在固相中，因而可直接填埋或用作建材。热解得到的可燃气体的热值为 6 276~10 460 kJ/m^3，一般用于二次燃烧产生热能发电。

（2）Purox 系统

Purox 系统又称 U. C. C 纯氧高温热分解法，是由美国联合碳化公司(Union Carbide)开发的城市垃圾热解工艺，于 1974 年在西弗吉尼亚州建成了处理能力为 180 t/d 的生产装置。该系统工艺流程如图 6-12 所示，系统也采用熔融炉，其工作原理与新日铁系统类似。纯氧由炉底送入燃烧区，参与垃圾燃烧。熔融渣由熔融炉底部连续排出，经水冷后形成坚硬的颗粒状物质。热解气以 90 ℃的温度从炉顶排出，经洗涤去除其中的灰分和焦油后回收利用。净化后的热解气中含有约 75%的 CO 和 H_2，其比例约为 2∶1，其他气体组分(包括 CO_2、CH_4、N_2 和其他低分子碳氢化合物)约占 25%。气体的热值约为 11 168 kJ/m^3。

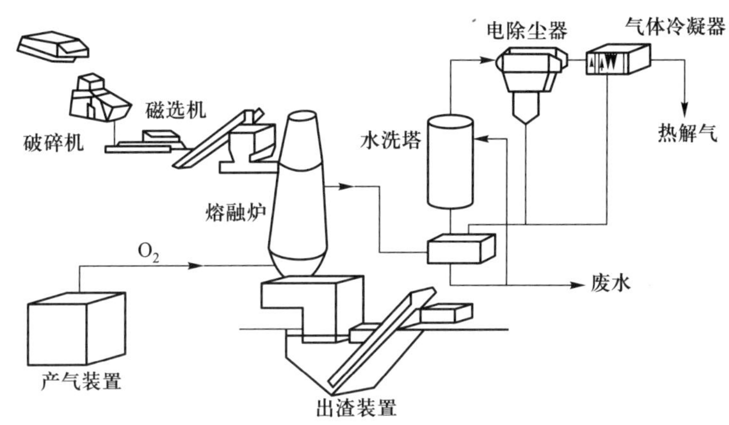

图 6-12　Purox 系统工艺流程

Purox 系统的能量消耗主要用在垃圾的破碎和垃圾热解所需助燃氧气的制造上。该系统每处理一千克垃圾可产生热值为 11 168 kJ/m^3 的可燃性气体约 0.712 m^3，用于回收热量的余热锅炉的热效率为 90%，系统总体热效率为 58%。

（3）Landgard 系统

Landgard 系统采用的是回转窑处理方式，图 6-13 为 Monsanto 公司开发的 Landgard 系统原理图。

系统工作时，从运输车上卸下的废物首先被送入破碎机，破碎后进入储料仓。加工处理后的废料从储料仓被连续送入回转窑进行热解。窑内气体与固体的运动方向刚好相反，废物被燃烧气体加热分解产生可燃气体。固体废物逐渐移向回转窑高温端，燃烧后的渣滓从炉内排出并进入分离室，在那里按黑色金属、玻璃体和炭进行分类。热解产生的气体在后燃室完全燃烧，或者与油、煤或天然气一起用作锅炉燃料。

采用 Landgard 工艺流程，每千克垃圾产生约1.5 Nm^3 可燃气体，其热值为 4 600~5 000 kJ/Nm^3。热值的大小与垃圾的组成有关。

该热分解工艺由于前处理简单，对垃圾组成的适应性强，装置构造简单，操作可靠性高。

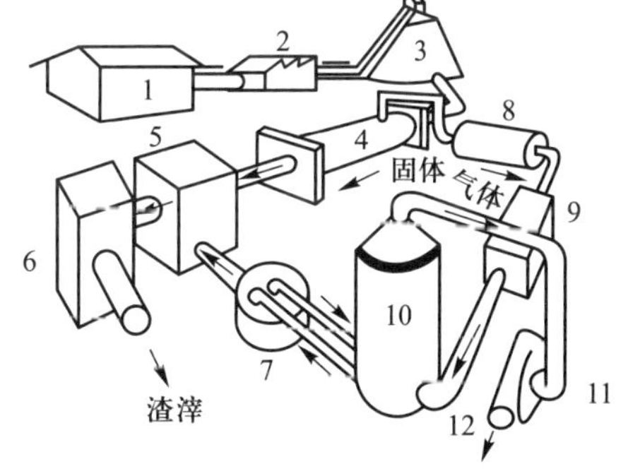

1-收料库；2-破碎机；3-储料仓；4-回转窑；5-冷却装置；6-磁体；7-循环水；8-气体净化装置；9-热交换器；10-气体洗涤器；11-风机；12-排气管

图 6-13　Monsanto 公司开发的 Landgard 系统原理图

第三节 有机固体废物焚烧处理

一、概述

固体废物焚烧处理就是将固体废物进行高温分解和深度氧化的处理过程。在燃烧过程中，具有强烈的放热效应，有基态和激发态自由基生成，并伴随着光辐射。由于焚烧法处理固体废物，具有减量化效果显著、无害化程度彻底等优点，焚烧处理早已成为城市生活垃圾和危险废物处理的基本方法，同时在对其他固体废物的处理中，也得到了越来越广泛的应用。

对生活垃圾和危险废物进行焚烧处理，始于19世纪中后期。当时主要是为了公共卫生和安全，焚毁传染病疫区可能带有诸如霍乱、伤寒、疟疾、猩红热等传染性病毒和病菌的垃圾，以控制这些对人体健康有巨大危险的传染性疾病的扩散和传播。在某种意义上讲，这是世界上最早出现的危险废物和生活垃圾焚烧处理工程。在此之后，英国、美国、法国、德国等国家，先后开展了大量有关垃圾焚烧的研究和试验，并相继建成了一批用于处理生活垃圾的焚烧炉，如英国的双层垃圾焚烧炉、可混烧垃圾和粪便的弗赖斯焚烧炉、美国的史密斯·比巴特斯焚烧炉、安德森焚烧炉、纳依焚烧炉等。这些焚烧炉设备简陋，没有烟气净化处理设施，基本采用间歇操作、人工加料和人工排渣，不仅焚烧效率低、残渣量大，在焚烧过程中存在着明显的黑烟和臭味，也基本未对焚烧残渣进行专门处理或处置，污染治理水平十分低下。

进入20世纪以来，由于科学技术的不断进步，人们在总结过去成功经验和失败教训的基础上，垃圾焚烧技术有了新的发展，相继出现了机械化操作的连续垃圾焚烧炉。焚烧炉设置了必要的旋风收尘等烟气净化处理装置。在垃圾处理能力、焚烧效果和污染治理水平等方面，都有了长足进步，焚烧炉技术也有了明显进步。到了20世纪60年代，世界发达国家的垃圾焚烧技术已初具现代化。出现了连续运行的大型机械化炉排和由机械除尘、静电收尘和洗涤等技术构成的较高处理效率的烟气净化系统。焚烧炉炉型向多样化、自动化方向发展，焚烧效率和污染治理水平也进一步提高。特别是，在20世纪70至90年代期间，由于不断出现的能源危机、土地价格上涨和越来越严格的环境保护污染排放限制，以及计算机自动化控制等技术的发展和进步，使固体废物焚烧技术得到了空前快速发展和广泛应用。生活垃圾和危险废物焚烧技术日趋完善，移动式机械炉排焚烧炉已成为应用最多的主流炉型，针对不同的技术经济要求，出现了多种类型的焚烧炉，如水平机械焚烧炉、倾斜机械焚烧炉、硫化床焚烧炉、回转式焚烧炉、熔融焚烧炉、等离子体焚烧炉、热解焚烧炉等。焚烧温度也提高到850~1 100 ℃，甚至更高。

现代固体废物焚烧技术，大大强化了焚烧效率和焚烧烟气的净化处理。在固体废物焚烧系统中，普遍在原有除尘处理的基础上，进一步发展了湿式洗涤、半湿式洗涤、袋式过滤、吸附等颗粒状污染物和气态污染物（如HCl、HF、SO_2、NO_x、二噁英等）的净化处理。特别是90年代以来，一些国家在焚烧烟气处理系统中，除了使用机械除尘、静电除尘、洗涤除尘和袋式过滤外，甚至还配置了催化脱硝、脱硫设施。如由静电除尘—半干式洗涤—袋式过滤—催化脱硝、静电除尘—湿洗涤—袋式过滤—催化脱硝—活性炭喷雾吸附等技术组成的烟气处理工艺，取得了非常好的治理效果。同时焚烧烟气处理系统投资也大幅度增加，通常可达整个焚烧系统总投资的1/2~2/3，甚至更高。

随着科学技术的不断进步、环境保护和安全的要求的进一步提高，固体废物焚烧处理技术正向资源化、智能化、多功能、综合性方向发展。高温焚烧已发展成为一种应用最广、最有前途的生活垃圾和危险废物的处理方法。焚烧处理早已从过去的单纯处理废物，发展为集焚烧、发电、供热、环境美化等功能为一体的自动化控制、全天候运行的综合性系统工程。

近十多年来，世界各国的焚烧技术有了空前快速的发展。如日本，目前约有数千座垃圾焚烧炉、数百座垃圾发电站，垃圾发电容量达到2 000 MW以上，其中，垃圾处理能力为1 000 t/d以上(最大为1 800 t/d)的垃圾发电站8座。美国的垃圾焚烧率也高达40%以上，垃圾发电容量也达2 000 MW以上，近年建设的垃圾电站，垃圾处理能力为2 000 t/d，蒸汽温度达430~450 ℃，发电量高达85 MW。英国最大的垃圾电站位于伦敦，有5台滚动炉排式焚烧炉，年处理垃圾40万t。法国现有垃圾焚烧炉300多台，可处理40%以上城市垃圾。德国建有世界上最高效率的垃圾发电厂。新加坡垃圾100%进行高温焚烧处理。

根据《固体废物污染环境防治法》和联合国环境规划署(UNEP)《巴塞尔公约》规定，有关危险废物，包括如新冠病毒感染等传染病医疗废物的收集、贮存、运输、处置，均必须严格全程纳入国家有关危险废物管理程序。焚烧法是高温分解和深度氧化的综合过程，通过焚烧可以使危险废物中的病毒、有害微生物、污染物充分杀灭、氧化、分解，达到有效减少容积，去除毒性，回收能量及副产品的目的。一般来说，所有有机性危险废物都可用焚烧法处理，而且焚烧法很可能是最理想的处理选择。

我国生活垃圾和危险废物焚烧技术的研究和应用，开始于20世纪80年代，虽然受技术、经济、垃圾性质等因素的影响，起步较晚，但发展却非常迅速。目前全国主要城市均已建设了生活垃圾焚烧处理场。许多小城镇、医院等，也建有相应的固体废物焚烧处理设施。现在我国生活垃圾虽然仍以卫生填埋为主，但生活垃圾的焚烧处理呈快速增长的良好发展势头。可以推断，焚烧技术也必将会成为我国生活垃圾、危险废物处理的最主要方法之一。

热解与焚烧二者的区别是：焚烧是需氧氧化反应过程，热解是无氧或缺氧反应过程；焚烧是放热的，热解是吸热的；焚烧的主要产物是二氧化碳和水，热解的产物主要是可燃的低分子化合物；焚烧产生的热能一般就近直接利用，而热解生成的产物诸如可燃气、油及炭黑等则可以储存及远距离输送。

二、焚烧原理

(一) 燃烧

通常把具有强烈放热效应、有基态和电子激发态的自由基出现并伴有光辐射的化学反应现象称为燃烧。燃烧过程可以产生火焰，而燃烧火焰又能在一定条件和适当可燃介质中自行传播。人们常说的燃烧一般都是指这种有焰燃烧。生活垃圾和危险废物的燃烧处理，即焚烧，是包括蒸发、挥发、分解、烧结、熔融和氧化还原等一系列复杂的物理变化和化学反应，以及相应传质和传热的综合过程。

进行燃烧必须满足三个基本条件：可燃物质、助燃物质和引燃火源，并在着火条件和温度下才会着火燃烧。着火是可燃物质与助燃物质由缓慢放热反应转变为强烈放热反应的过程，也就是可燃物质与助燃物质从缓慢的无焰反应变为剧烈的有焰氧化反应的过程。反之，从剧烈的有焰氧化反应向无反应状态过渡的过程就叫熄火。可燃物质着火必须满足一定的初始条件或边界条件，即着火条件。可燃物质着火实际是燃烧系统的热力学、动力学、流体力学等有关的各种因素共同作用的综合结果。

常见的燃烧着火方式有化学自燃燃烧、热燃烧、强迫点燃燃烧三种。生活垃圾和危险废物的焚烧处理，属于强迫点燃燃烧。当焚烧炉在启动点火时，可用电火花、火焰、炽热物体或热气流等引燃炉内的可燃物质。而在正常焚烧过程中，高温炉料和火焰自行传播就可正常点燃可燃物质，维持正常燃烧过程。

（二）燃烧机理

可燃物质燃烧，特别是生活垃圾的焚烧过程，是一系列十分复杂的物理变化和化学反应过程，通常可将焚烧过程划分为干燥、热分解、燃烧三个阶段。焚烧过程实际上是干燥脱水、热化学分解、氧化还原反应的综合作用过程。

1. 干燥

干燥是利用焚烧系统热能，使入炉固体废物水分汽化、蒸发的过程。按热量传递的方式，可将干燥分为传导干燥、对流干燥和辐射干燥三种方式。进入焚烧炉的固体废物，通过高温烟气、火焰、高温炉料的热辐射、热传导，首先进行加温蒸发、干燥脱水，以改善固体废物的着火条件和燃烧效果。因此，干燥过程需要消耗较多的热能。固体废物含水率的高低，决定了干燥阶段所需时间的长短，这在很大程度上也影响着固体废物焚烧过程。对于高水分固体废物，特别是污泥、废水等，为了蒸发、干燥、脱水和保证焚烧过程的正常运行，常常不得不加入辅助燃料。

2. 热分解

热分解是固体废物中的有机可燃物质，在高温作用下进行化学分解和聚合反应的过程。热分解既有放热反应，也可能有吸热反应。热分解的转化率，取决于热分解反应的热力学特性和动力学行为。通常热分解的温度越高，有机可燃物质的热分解越彻底，热分解速度就越快。热分解动力学服从阿伦尼乌斯规律。

3. 燃烧

燃烧是可燃物质的快速分解和高温氧化过程。根据可燃物质种类和性质的不同，燃烧过程亦不同，一般可划分为蒸发燃烧、分解燃烧和表面燃烧三种机理。当可燃物质受热融化、形成蒸气后进行燃烧反应，就属于蒸发燃烧；若可燃物质中的碳氢化合物等，受热分解、挥发为较小分子可燃气体后再进行燃烧，就是分解燃烧；而当可燃物质在未发生明显的蒸发、分解反应时，与空气接触就直接进行燃烧反应，这种燃烧则称为表面燃烧。在生活垃圾焚烧过程中，垃圾中的纸、木材类固体废物的燃烧属于较典型的分解燃烧过程；腊质类固体废物的燃烧可视为蒸发燃烧过程；而垃圾中的木炭、焦炭类物质燃烧，则属于较典型的表面燃烧机理。

完全燃烧或理论燃烧反应，可用如下反应式表示：

$$C_xH_yO_zN_uS_vCl_w+(x+v+y/4-w/4-z/2)O_2 \longrightarrow xCO_2+wHCl+0.5uN_2+vSO_2+(y-w)/2H_2O \tag{6-41}$$

式中：$C_xH_yO_zN_uS_vCl_w$ 为可燃物质化学组成式。

经过焚烧处理，生活垃圾、危险废物和辅助燃料中的碳、氢、氧、氮、硫、氯等元素，分别转化成为碳氧化物、氮氧化物、硫氧化物、氯化物及水等物质组成的烟，不可燃物质、灰分等成为炉渣。

焚烧炉烟气和残渣是固体废物焚烧处理的最主要污染物。焚烧炉烟气由颗粒污染物和气态污染物组成。颗粒污染物主要是由于燃烧气体带出的颗粒物和不完全燃烧形成的灰分颗粒，包括粉尘和烟雾；粉尘是悬浮于气体介质中的微小固体颗粒、黑烟颗粒（煤花）等，粒径多为1~200 mm；烟雾是指粒径为0.01~1 μm的气溶胶。吸入的细小粉尘会深入人体肺部，引起各种肺部疾病。尤其是具有很大表面积和吸附活性的黑烟颗粒、微细颗粒等，吸附有苯并芘等高毒性、强致癌物质，对人体健康具有的很大危害性。

焚烧炉烟气的气态污染物种类很多，如 SO_x、CO_x、NO_x、HCl、HF、二噁英（PCDDs）类物质等。其中，SO_x 主要来源于废纸和厨余垃圾，HCl 主要来源于废塑料。烟气中一部分 NO_x（热力型 NO_x）主要来源于空气中的氮，另一部分 NO_x（燃料型 NO_x）主要来源于厨余垃圾。而二噁英类物质，可能来源于固体废物中的废塑料、废药品等，或由其前驱体物质在焚烧炉内焚烧过程中生成，也可能在特定条件下于炉外生成。

固体废物焚烧处理的产渣量及残渣性质，与固体废物种类、焚烧技术、管理水平等有关。通常固体废物焚烧处理的产渣量较小，如生活垃圾焚烧处理产渣率一般为7%~15%。固体废物焚烧残渣的化学组成主要是钙、硅、铁、铝、镁氧化物及重金属氧化物，物理性质和化学性质较为稳定。

（三）燃烧技术

1. 层状燃烧技术

层状燃烧技术是一种最基本的焚烧技术。层状燃烧过程稳定，技术较为成熟，应用非常广泛，许多焚烧系统都采用了层状燃烧技术。应用层状燃烧技术包括固定炉排焚烧炉、水平机械焚烧炉、倾斜机械焚烧炉等。垃圾在炉排上着火燃烧，热量来自上方的辐射、烟气的对流以及垃圾层内部。在炉排上已着火的垃圾在炉排和气流的翻动或搅动作用下，使垃圾层松动，不断地推动下落，引起垃圾底部也开始着火。连续的翻转和搅动，明显改善了物料的透气性，强化了垃圾的着火和燃烧。合理的炉形设计和配风设计，能有效地有利用火焰下空气、火焰上空气的机械作用和高温烟气的热辐射，确保炉排上垃圾的预热、干燥和燃烧、燃烬有效进行。

2. 流化燃烧技术

流化燃烧技术也是一种较为成熟的固体废物焚烧技术，它是利用空气流和烟气流的快速运动，使媒介料和固体废物在焚烧过程中处于流态化状态，并在流态化状态下进行固体废物的干燥、燃烧、燃烬。流化燃烧技术的设备是流化床焚烧炉。为了使物料能够实现流态化，该技术对入炉固体废物的尺寸有较为严格的要求，需要对固体废物进行一系列筛分及粉碎等处理，使固体废物均匀化、细小化。流化燃烧技术由于具有热强度高的特点，较适宜焚烧处理低热值、高水分固体废物。

3. 旋转燃烧技术

旋转燃烧技术的主要设备是回转窑焚烧炉。回转窑焚烧炉是一可旋转的倾斜钢制圆筒，筒内加装耐火衬里或由冷却水管和有孔钢板焊接成的内筒。在进行固体废物焚烧时，固体废物从加料端送入，随着炉体滚筒缓慢转动，内壁耐高温抄板将固体废物由筒体下部在筒体滚动时带到筒体上部，然后靠固体废物自重落下，使固体废物由加料端向出料口翻滚、向下移动，同时进行固体废物热烟干燥、燃烧、燃烬过程。

（四）主要影响因素

固体废物焚烧处理过程是一个包括一系列物理变化和化学反应的过程，是一个复杂的系统工程。固体废物的焚烧效果，受许多因素的影响，如焚烧炉类型、固体废物性质、焚烧温度、物料停留时间、供氧量、物料混合程度等。其中停留时间、温度、湍流度和空气过剩率就是人们常说的“3T-1E”，它们既是影响固体废物焚烧效果的主要因素，也是反映焚烧炉工况的重要技术指标。

1. 固体废物性质

在很大程度上，固体废物性质是影响其是否适合于进行焚烧处理以及焚烧处理效果好坏的决定性因素。如固体废物中可燃成分、有毒害物质、水分等物质的种类和含量，决定这种固体废物的热值、可燃性和焚烧污染物治理的难易程度，也就决定了这种固体废物焚烧处理的技术经济可行性。

进行固体废物焚烧处理，要求固体废物具有一定热值。固体废物热值越高，就越有利于焚烧过程的进行，越有利于回收利用固体废物焚烧热能或进行发电。生产实践表明，当生活垃圾的低位发热值≤3 350 kJ/kg 时，焚烧过程通常需要辅助燃料，如掺煤或喷油助燃。

一般城市生活垃圾的含水量≤50%，低位发热值多在 3 350～8 374 kJ/kg 范围。生活垃圾的组成具有非均质性和多变性，不同地区、不同季节、不同能源结构、不同经济发展水平等条件下，其生活垃圾的组成和性质有很大差异，这就给生活垃圾的焚烧处理造成一定困难。此外，固体废物的尺寸、形状、均匀程度等，在焚烧时也会表现出不同的热力学、动力学、物理变化和化学反应行为，对焚烧过程产生重要影响。

2. 焚烧温度

焚烧温度对焚烧处理的减量化程度和无害化程度有决定性的影响。焚烧温度对焚烧处理的影响，主要表现在温度的高低和焚烧炉内温度分布的均匀程度。在焚烧炉里的不同位置、不同高度，温度也可能不同。所以固体废物的焚烧效果也有差异。固体废物中的不少有毒、有害物质，必须在一定温度以上才能有效地进行分解、焚毁。焚烧温度越高，越有利于固体废物中有机污染物的分解和破坏，焚烧速度也就越快。因此，随着环境保护排放要求的提高，近年来固体废物的焚烧温度也有明显提高。

目前一般要求生活垃圾焚烧温度在 850～950 ℃，医疗垃圾、危险固体废物的焚烧温度要达到 1 150 ℃。而对于危险废物中的某些较难氧化分解的物质，甚至需要在更高温度和催化剂作用下进行焚烧。

3. 物料停留时间

物料停留时间主要是指固体废物在焚烧炉内的停留时间和烟气在焚烧炉内的停留时间。固体废物停留时间取决于固体废物在焚烧过程中蒸发、热分解、化学反应速率的大小。烟气停留时间取决于烟气中颗粒状污染物和气态分子的分解、化学反应速率。当然在其他条件不变时，固体废物和烟气的停留时间越长，焚烧反应越彻底，焚烧效果就越好。但停留时间过长会使焚烧炉处理量减少，在经济上也不合理。反之，停留时间过短会造成固体废物和其他可燃成分的不完全燃烧。进行生活垃圾焚烧处理时，通常要求垃圾停留时间达到 2 h 以上，烟气停留时间达到 2 s 以上。

4. 供氧量和物料混合程度

焚烧过程的氧气是由空气提供的。空气不仅能够起到助燃的作用，同时也起到冷却炉排、搅动炉气以及控制焚烧炉气氛等作用。显然，供给焚烧系统的空气越多，越有利于提高炉内氧气的浓度，越有利于炉排的冷却、炉内烟气的湍流混合。但控制过大的过剩空气系数，可能会导致炉温降低、烟气量增大，对焚烧过程产生副作用，给烟气的净化处理带来不利影响，最终会提高固体废物焚烧处理的运行成本。

除固体废物性质、物料停留时间、焚烧温度、供氧量、物料的混合、炉气的湍流程度外，诸如固体废物料层厚度、运动方式、空气预热温度、进气方式、燃烧器性能、烟气净化系统阻力等，也会影响固体废物焚烧过程的进行，也是在实际生产中必须严格控制的基本工艺参数。

三、热平衡和烟气分析

（一）固体废物热值

固体废物热值是指单位质量固体废物在完全燃烧时释放出来的热量。热值有两种表示方式，即高位热值(粗热值)和低位热值(净热值)。若热值包含烟气中水的潜热，则该热值是高位热值(粗热值)。反之，若热值不包括烟气中水的潜热，则该热值就是低位热值(净热值)。

要使固体废物能维持正常焚烧过程，就要求其具有足够的热值。即在进行焚烧时，固体废物释放出来的热量足以加热垃圾，并使之到达燃烧所需要的温度或者发生燃烧所必需的活化能。否则，便需要添加辅助燃料才能维持正常燃烧。

计算热值有许多方法，如热量衡算法(精确法)、工程算法、经验公式法、半经验公式法。工程上常用下列公式近似计算燃烧物料的热值：

Dulong 公式：

$$\mathrm{HHV}=34\ 000w_{\mathrm{C}}+143\ 000\left(w_{\mathrm{H}}-\frac{1}{8}w_{\mathrm{O}}\right)+10\ 500w_{\mathrm{S}} \tag{6-42}$$

$$\mathrm{LHV}=2.32\left[14\ 000x_{\mathrm{C}}+45\ 000\left(x_{\mathrm{H}}-\frac{1}{8}x_{\mathrm{O}}\right)-760x_{\mathrm{Cl}}+4\ 500x_{\mathrm{S}}\right] \tag{6-43}$$

Steuer 公式：

$$\mathrm{HHV}=34\ 000\left(w_{\mathrm{C}}-\frac{3}{8}w_{\mathrm{O}}\right)+23\ 800\times\frac{3}{8}w_{\mathrm{O}}+144\ 200\left(w_{\mathrm{H}}-\frac{1}{16}w_{\mathrm{O}}\right)+10\ 500w_{\mathrm{S}} \tag{6-44}$$

化学工业便览公式：

$$\mathrm{LHV}=34\ 000w_{\mathrm{C}}+143\ 000\left(w_{\mathrm{H}}-\frac{w_{\mathrm{O}}}{2}\right)+9\ 300w_{\mathrm{S}} \tag{6-45}$$

式中： HHV——可燃物质的高位热值，kJ/kg；

LHV——可燃物质的低位热值，kJ/kg；

w_{C}、w_{H}、w_{S}、w_{O}——分别为可燃物质中元素碳、氢、硫、氧的质量分数；

x_{C}、x_{S}、x_{O}、x_{H}、x_{Cl}——分别表示可燃物质中元素碳、硫、氧、氢、氯的摩尔分数。

高位热值(粗热值)、低位热值(净热值)的相互关系，可用以下公式表示和近似计算：

$$\mathrm{HHV} = \mathrm{LHV}+Q_s \tag{6-46}$$

$$\mathrm{LHV}=\mathrm{HHV}-2\ 420\left[w_{H_2O}+9\left(w_H-\frac{w_{Cl}}{35.5}-\frac{w_F}{19}\right)\right] \tag{6-47}$$

式中：Q_s——烟气中水的潜热，kJ/kg(水)；

w_{H_2O}——可燃物质中水的质量分数；

w_{Cl}——可燃物质中 Cl 的质量分数；

w_F——可燃物质中元素氟的质量分数。

干基热值、高位热值与低位热值之间的相互关系可用如下公式进行计算：

$$\mathrm{HHV}_{(湿)}=\mathrm{HHV}_{(干)}\times\frac{100-w_{H_2O}}{100} \tag{6-48}$$

$$\mathrm{LHV}_{(湿)}=\mathrm{HHV}_{(湿)}-24.4\left[w_{H_O}+9w_{H(干)}\times\frac{100-w_{H_2O}}{100}\right] \tag{6-49}$$

式中：$\mathrm{HHV}_{(干)}$——可燃物质的干基高位热值，kJ/kg；

$\mathrm{HHV}_{(湿)}$——可燃物质的湿基高位热值，kJ/kg；

$\mathrm{LHV}_{(干)}$——可燃物质的干基低位热值，kJ/kg；

$\mathrm{LHV}_{(湿)}$——可燃物质的湿基低位热值，kJ/kg；

$w_{H(干)}$——干基物料中元素氢的质量分数。

焚烧过程进行着一系列能量转换和能量传递，是一个热能和化学能的转换过程。固体废物和辅助燃料的热值、燃烧效率、机械热损失及各物料的潜热和显热等，决定了系统的有用热，最终也决定了焚烧炉的火焰温度和烟气温度。

在整个焚烧系统中，能量是守恒的，即

$$Q_w+Q_f+Q_a=Q_1+Q_2+Q_3+Q_4+Q_5 \tag{6-50}$$

式中：Q_w——固体废物的热量，kJ；

Q_f——辅助燃料的热量，kJ；

Q_a——助燃空气的热量，kJ；

Q_1——有用热量，kJ；

Q_2——化学不完全燃烧热损失，kJ；

Q_3——机械热损失，kJ；

Q_4—— 烟气显热(含热量)，kJ；

Q_5——灰渣显热(含热量)，kJ。

理论上，若固体废物的水分含量越高，则其热值将越低，焚烧时亦浪费燃料，低位热值若在 3 300 kJ/kg 以上，则就适合焚烧处理。例如某类固体废物经成分分析得到可燃分 55%、水分 35%、灰分 10%(在图 6-14 中 A 点)，则该类固体废物可以用焚烧方式处理。

(二) 焚烧温度

许多有毒、有害可燃污染物质，只有在高温和一定条件下才能有效分解和破坏。维持足够高的焚烧温度和时间是确保固体废物焚烧减量化和无害化的基本前提。假如焚烧系统处于恒压、绝热状态，则焚烧系统所有能量都用于提高系统温度和物料的含热。该系统的最终温度称

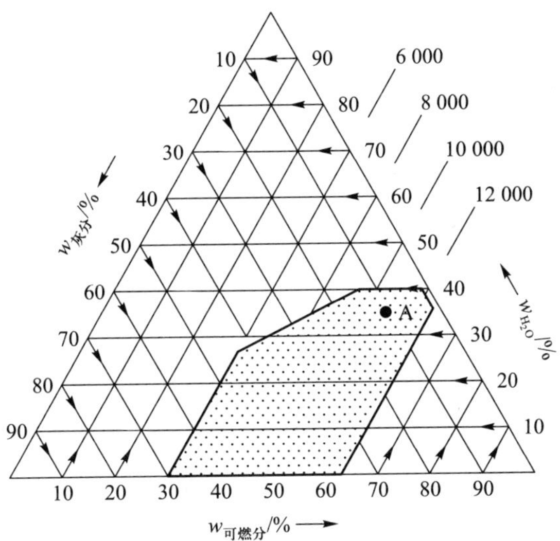

图 6-14　典型焚烧炉的操作范围

为理论燃烧温度或绝热燃烧温度。

实际燃烧温度可以通过系统能量平衡精确计算，也可利用经验公式进行近似计算：

$$\begin{aligned} Q_1 &= \sum_n \int_{T_1}^{T_2} m_i C_{pi} dT \\ &\approx \sum_n m_i (T_2 - T_1) \end{aligned} \tag{6-51}$$

式中：Q_1——系统的有用热量，kJ；

T_1——室温，K；

T_2——焚烧炉火焰温度，K；

m_i——烟气中第 i 种成分的质量分数；

C_{pi}——烟气各成分质量定压热容，kJ/(kg · K)。

烟气组成往往十分复杂，给上式的应用造成困难。若以烃类化合物替代固体废物，并设 25 ℃烃类化合物燃烧时每产生 4. 18 kJ 低位热值约需 1. 5×10^{-3} kg 理论空气，则

$$\begin{aligned} m_{理空} &= 1.5\times10^{-3}\times\frac{LHV}{4.18} \\ &= 3.59\times10^{-4}LHV \end{aligned} \tag{6-52}$$

式中：$m_{理空}$——理论空气量，kg。

如果烃类化合物和辅助燃料完全燃烧，总量以 1 kg 计。烟气各组成成分在燃烧温度范围内的质量定压热容均为 1. 254 kJ/(kg · K)，并且假设低位热值就等于有用热量。则低位热值与焚烧火焰温度之间的关系可进行简化为：

$$LHV = m_{烟} C_p (T_2 - T_1) \tag{6-53}$$

或

$$LHV = m_{理烟} C_p (T_2 - T_1) + m_{过空} C_p (T_2 - T_1) \tag{6-54}$$

式中：$m_{烟}$——烟气摩尔质量，kg；

$m_{理烟}$——理论烟气摩尔质量，kg；

C_p——近似质量定压热容，4. 18 kJ/(kg · K)；

$m_{过空}$——过剩空气摩尔质量，kg。

如果空气过剩率为 EA = $m_{过空}/m_{理空}$，即可用下式近似计算焚烧炉火焰温度 T：

$$T=\frac{\text{LHV}}{1.254\left[1+3.59\times10^{-4}\text{LHV}(1+\text{EA})\right]}+298 \tag{6-55}$$

(三) 空气量和烟气量计算

1. 空气量

空气中氧是助燃物质，它与固体废物中可燃成分反应后形成烟气。完成燃烧反应的最少空气量就是理论空气量，即化学计量的空气量。计算理论空气量和实际空气量有许多公式，如先利用可燃物料中碳、氢、硫、氧等元素的含量来计算焚烧需要的理论空气量，然后再通过空气过剩系数计算出实际空气量，即空气量。计算公式如下：

$$V_{理氧}=1.866w_{C}+5.56w_{H}+0.7w_{S}-0.7w_{O} \tag{6-56}$$

$$V_{理空}=\frac{V_{理氧}}{0.21}=8.89w_{C}+26.5w_{H}+3.33w_{S}-3.33w_{O} \tag{6-57}$$

式中： $V_{理氧}$——焚烧理论氧气量，m^3/kg；

$V_{理空}$——焚烧理论空气(干)量，m^3/kg；

w_C, w_H, w_S, w_O——分别为 C、H、S、O 元素在可燃物料中的质量分数。

若过剩空气系数为：$\lambda=V_{空}/V_{理空}$，

则实际空气量为：$V_{空}=\lambda\cdot V_{理空}$

2. 烟气量

计算焚烧烟气量，常常是首先利用烟气的成分和经验公式计算出理论烟气量，然后再通过过剩空气系数计算烟气量。计算公式如下：

$$V_{理烟}=V_{CO_2}+V_{SO_2}+V_{N_2}+V_{H_2O} \tag{6-58}$$

式中：$V_{CO_2}=0.001\,866w_{C}$

$V_{SO_2}=0.007w_{S}$

$V_{N_2}=0.79V_{理空}+0.008w_{N}$

$V_{H_2O}=0.111w_{H}+0.012\,4w_{H_2O}+0.016\,1V_{理空}$

式中：V_{CO_2}——烟气 CO_2 的理论量，m^3/kg；

V_{SO_2}——烟气 SO_2 的理论量，m^3/kg；

V_{N_2}——烟气 N_2 的理论量，m^3/kg；

V_{H_2O}——烟气 H_2O 的理论量，m^3/kg；

w_N——烟气中 N 元素的质量分数；

w_{H_2O}——烟气中 H_2O 的质量分数。

由理论烟气量和过剩空气系数可求得烟气量：

$$V=(\lambda-0.21)V_{理空}+1.866w_{C}+11.1w_{H}+0.7w_{S}+0.8w_{N}+1.244w_{H_2O} \tag{6-59}$$

或

$$V=V_{理烟}+(\lambda-1)V_{理空}+0.016(\lambda-1)V_{理空} \tag{6-60}$$

式中：V——湿烟气量，m^3/kg；

$V_{理空}$——理论烟气量，m^3/kg；

λ——过剩空气系数，$\lambda=V_{空}/V_{理空}$。

四、焚烧工艺

（一）概述

就不同时期、不同炉型，以及不同的固体废物种类和处理要求而言，固体废物焚烧技术和工艺流程也各不相同，如间歇焚烧、连续焚烧、固定炉排焚烧、流化床焚烧、回转窑焚烧、机械炉排焚烧、单室焚烧、多室焚烧等。不同焚烧技术和工艺流程，有着各自不同的特点。

目前大型现代化生活垃圾焚烧技术的基本过程大体相同，如图 6-15 所示，现代化生活垃圾焚烧工艺流程主要由前处理系统、进料系统、焚烧炉系统、空气系统、烟气系统、灰渣系统、余热利用系统及自动化控制系统组成。

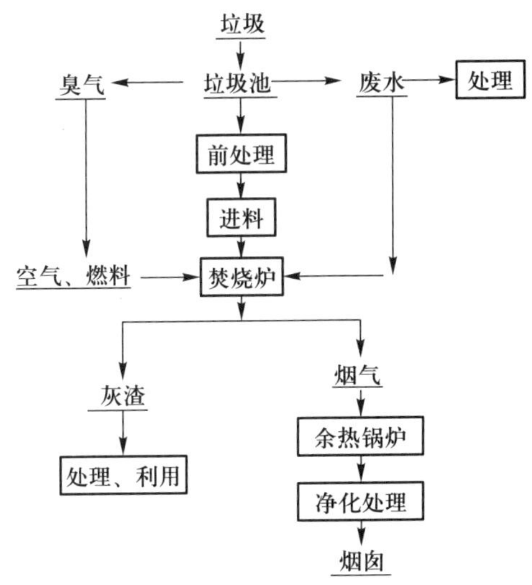

图 6-15　生活垃圾焚烧工艺流程图

（二）工艺过程

1. 前处理系统

固体废物焚烧的前处理系统，主要包括固体废物的接受、贮存、分选或破碎，如固体废物运输、计量、登记、进场、卸料、混料、破碎、手选、磁选、筛分等。由于垃圾的成分十分复杂，既有坚硬的金属类废物和砖石、又有韧性很强的条带类物质。这就要求破碎和筛分设备既要有足够的抗缠绕、剪切能力，又要能够击碎坚硬的金属和砖石固体废物。前处理系统，特别是对于我国非常普遍的混装生活垃圾的破碎和筛分处理过程，在某种意义上往往是整个工艺系统关键步骤。

前处理系统的设备、设施和构筑物，主要包括车辆、地衡、控制间、垃圾池、吊车、抓斗、破碎和筛分设备、磁选机，以及臭气和渗滤液收集、处理设施等。

2. 进料系统

进料系统的主要作用是向焚烧炉定量给料，同时要将垃圾池中的垃圾与焚烧炉的高温火焰和高温烟气隔开、密闭，以防止焚烧炉火焰通过进料口向垃圾池垃圾反烧和高温烟气反窜。

目前应用较广的进料方法有炉排进料、螺旋给料、推料器给料几种形式。

3. 焚烧热反应系统

焚烧热反应系统是整个工艺系统的核心系统，是固体废物进行蒸发、干燥、热分解和燃烧的场所。焚烧反应系统的核心装置就是焚烧炉。焚烧炉有多种炉型，如固定炉排焚烧炉、水平链条炉排焚烧炉、倾斜机械炉排焚烧炉、回转式焚烧炉、流化床焚烧炉、立式焚烧炉、气化热解炉、气化熔融炉、电子束焚烧炉、离子焚烧炉、催化焚烧炉等。

在现代生活垃圾焚烧工艺中，应用最多的是水平链条炉排焚烧炉和倾斜机械炉排焚烧炉。

焚烧炉炉排有效面积和燃烧室有效容积可分别按以下公式计算：

$$A=\max\left\{\frac{Q}{Q_{热}},\ \frac{W}{Q_{质}}\right\} \tag{6-61}$$

$$V=\max\left\{\frac{Q}{Q_{体热}},\ q_V\theta_{烟}\right\} \tag{6-62}$$

式中：A——炉排有效面积，m^2；

$Q_{质}$——炉排机械负荷，$kg/(m^2\cdot h)$；

$Q_{热}$——炉排热力负荷，$kJ/(m^2\cdot h)$；

Q——单位时间固体废物和燃料热值，kJ/h；

$Q_{体热}$——燃烧室容积热力负荷，$kJ/(m^3\cdot h)$；

W——单位时间垃圾和燃料重量，kg/h；

V——燃烧室有效容积，m^3；

G——烟气体积流量，$q_V=rW/(3\,600\rho)$，m^3/s（其中：r 为烟气产率，kg/kg，ρ 为烟气密度，kg/m^3；$\theta_{烟}$——烟气停留时间，s）。

焚烧炉系统的固体废物和烟气停留时间，可用下式计算：

$$\theta_{烟}=\int_0^V \mathrm{d}\left(\frac{V}{q_{V,空}}\right) \tag{6-63}$$

$$\theta_{固}=\frac{Q'm}{Q_{体热}V} \tag{6-64}$$

式中：Q'——单位质量固体废物和燃料热值，kJ/kg；

$q_{V,空}$——空气量，m^3/s；

m——垃圾和燃料重量，kg；

$\theta_{固}$——固体停留时间，$\theta_{固}\geqslant 1.5\sim 2$ h；

$\theta_{烟}$——烟气停留时间，$\theta_{烟}\geqslant 2$ s。

不同类型生活垃圾焚烧炉的典型热负荷及过剩空气系数，可参见表 6-4。

现代生活垃圾焚烧工艺的焚烧炉火焰温度一般为 850～1 050 ℃（其中危险废物焚烧炉火焰温度不低于 1 100 ℃），焚烧炉炉排的机械负荷和热负荷分别在 150～400 $kg/(m^2\cdot h)$ 和 $(1.25\sim 3.75)\times 10^6$ $kJ/(m^2\cdot h)$，焚烧炉允许的负荷变化范围一般为 60%～110%，燃烧室出口烟气 CO 浓度小于 60 mg/Nm^3，燃烧室出口烟气 O_2 的体积分数为 8%～16%。

表 6-4　焚烧炉典型热负荷及过剩空气系数

炉型	热负荷	过剩空气系数/%
机械炉	150 000～400 000 $kJ/(m^2\cdot h)$	150～200
硫化床炉	350 000～500 000 $kJ/(m^2\cdot h)$	40～60
气体废物	3 000 000～10 000 000 $kJ/(m^3\cdot h)$	10～15
液体废物	1 000 000～3 000 000 $kJ/(m^3\cdot h)$	15～30
多室焚烧炉	300 000～400 000 $kJ/(m^3\cdot h)$	100～200
滚筒炉	500 000～1 500 000 $kJ/(m^3\cdot h)$	100

4. 空气系统

空气系统，即助燃空气系统，是焚烧炉非常重要的组成部分。空气系统除了为固体废物的正常焚烧提供必需的助燃氧气外，还有冷却炉排、混合炉料和控制烟气气流等作用。

助燃空气可分为一次助燃空气和二次助燃空气。一次助燃空气是指由炉排下送入焚烧炉的助燃空气，即火焰下空气。一次助燃空气占助燃空气总量的60%~80%，主要起助燃、冷却炉排搅动炉料的作用。一次助燃空气分别从炉排的干燥段(着火段)、燃烧段(主燃烧段)和燃烬段(后燃烧段)送入炉内，气量分配约为15%、75%和10%。火焰上空气和二次燃烧室的空气属于二次助燃空气。二次助燃空气主要是为了助燃和控制气量的湍流程度。二次助燃空气一般为助燃空气总量的20%~40%。

部分一次助燃空气可从垃圾池上方抽取，以防止垃圾池臭气对环境的污染。为了提高助燃空气的温度，常常将助燃空气通过设置在余热锅炉之后的换热器进行预热。预热助燃空气不仅能够改善焚烧效果，而且能够提高焚烧系统的有用热，有利于系统的余热回收。预热空气温度的高低主要取决于生活垃圾的热值和烟气余热利用的要求，通常要求预热空气的温度为200~280 ℃。

空气系统的主要设施是通风管道、进气系统、风机和空气预热器等。

5. 烟气系统

焚烧炉烟气是固体废物焚烧炉系统的主要污染源。焚烧炉烟气含有大量颗粒状污染物质和气态污染物质。设置烟气系统的目的就是去除烟气中的这些污染物质，并使之达到国家有关排放标准的要求，最终排入大气。

烟气中的颗粒状污染物质，即各种烟尘，主要可通过重力沉降、离心分离、静电除尘、袋式过滤等技术手段去除；而烟气中的气态污染物质，如SO_x、NO_x、HCl及有机气体物质等，则主要是利用吸收、吸附、氧化还原等技术途径净化。

烟气净化处理是防治固体废物焚烧二次环境污染的关键。国家现行有关标准对焚烧烟气烟尘、林格曼黑度、CO、NO_x、SO_2、HCl、二噁英、汞、铅、镉等污染物的排放作出了明确规定。

氯化物、硫氧化物、氟化氢的去除工艺可分为干法、半干法和湿法工艺三类。干法工艺是将石灰粉喷入烟气净化反应器，使之与氯化物、硫氧化物、氟化氢等酸性气体接触反应而生成固态物质，干法工艺对氯化氢的去除率一般为80%~90%。半干法工艺是将限量的一定浓度的石灰浆喷入烟气净化反应器，使之与酸性气体接触反应而去除，同时石灰浆的水分被烟气加热蒸发，该法对氯化氢的去除率可高达98%~99%。而湿法工艺是将过量的石灰浆喷入烟气净化反应器，净化烟气中酸性气体。湿法工艺通常对烟气中污染物有很高的去除率，但经过湿法处理的烟气往往温度较低、湿度较高，这可能会给后续的布袋过滤处理造成困难。此外，湿法净化工艺不可避免地存在废水处理问题。目前，由于半干法烟气净化工艺具有对酸性气体去除率高、系统简单、设备成熟、零废水排放等特点，在生活垃圾焚烧处理中得到了广泛应用。

二噁英类物质(PCDDs)是已知的毒性最大的一类物质之一。二噁英类物质主要有两类：第一类是氯苯并二噁英(TCDDs)，有75种化合物，其中毒性最大的是2，3，7，8-四氯二苯并二噁英(2,3,7,8-TCDDs)；第二类是二苯呋喃类物质(PCDFs)，共有135种物质。在生活垃圾焚烧过程中，特定条件下有可能生成二噁英类物质，对大气环境造成污染。

虽然二噁英类物质生成的机理非常复杂，但就生活垃圾焚烧而言，二噁英类物质生成的可能途径主要有三种：第一种是在生活垃圾中可能含有微量二噁英类物质或其前驱体物质，当焚烧不完全时这些物质会进入焚烧烟气；第二种在垃圾焚烧过程中，一些二噁英类物质前驱体物质等可能会反应生成二噁英类物质，在焚烧不完全时进入烟气；第三种可能的途径就是炉外生成二噁英类物质，即二噁英类物质前驱体物质和分解的二噁英类物质的化合物，在适当温度(300~500 ℃)和催化剂(如烟尘中的铜等过渡金属物质)存在的条件下，可能会重新反应合成二噁英类物质。

根据二噁英类物质生成的机理和可能途径，通常控制二噁英类物质可采用以下三个措施：一是严格控制焚烧炉燃烧室温度和固体废物、烟气的停留时间，确保固体废物及烟气中有机气体，包括二噁英类物质前驱体物质的有效焚毁率；二是减少烟气在200~500 ℃温度段的停留时间，以避免或减少二噁英类物质的炉外生成；三是对烟气进行有效的净化处理，以去除可能存在的微量二噁英类物质，如利用活性炭或多孔性吸附剂等净化去除二噁英类物质。

根据焚烧炉烟气成分和处理要求，常用的烟气处理技术有旋风除尘、静电除尘、湿式洗涤、半干式洗涤、干式洗涤、布袋过滤、活性炭吸附等。有时还设有催化脱硝、烟气再加热和设备减振降噪等设施。

焚烧炉烟气处理系统的主要设备和设施有沉降室、旋风除尘器、静电除尘器、洗涤塔、布袋过滤器等。

6. 其他工艺系统

除以上工艺系统外，固体废物焚烧系统还包括灰渣系统、废水处理系统、余热系统、发电系统、自动化控制系统等。其中，灰渣系统的典型工艺流程如图 6-16 所示。

灰渣 → 收集 → 冷却 → 输送 → 渣池 → 抓吊 → 处理或外运

图 6-16 灰渣系统的典型工艺流程

灰渣系统的主要内容有灰渣收集、冷却、加湿处理、贮运、处理处置和资源化。灰渣系统的主要设备、设施有灰渣漏斗、渣池、排渣机械、滑槽、水池或喷水器、抓提设备、输送机械、磁选机等。

五、焚烧炉系统

焚烧炉系统的主体设备是焚烧炉，包括受料斗、饲料器、炉体、炉排、助燃器、出渣和进风装置等设备、设施。目前在垃圾焚烧中应用最广的生活垃圾焚烧炉，主要有机械炉排焚烧炉、流化床焚烧炉和回转窑焚烧炉三种类型。

(一) 焚烧炉

1. 机械炉排焚烧炉

机械炉排焚烧炉可分为水平链条机械炉排焚烧炉和倾斜机械炉排焚烧炉。倾斜机械炉排多为多级阶梯式炉排，有多种类型，其代表性炉排有并列摇动式、台阶式、往复移动式、倾斜履带式、滚筒式等(如图 6-17、图 6-18 和图 6-19 所示)。层状燃烧技术的关键是炉排，机械焚烧炉炉排通常可分为三个区或三个段：预热干燥区(干燥段)、燃烧区(主燃段)和燃烬区(后燃段)。

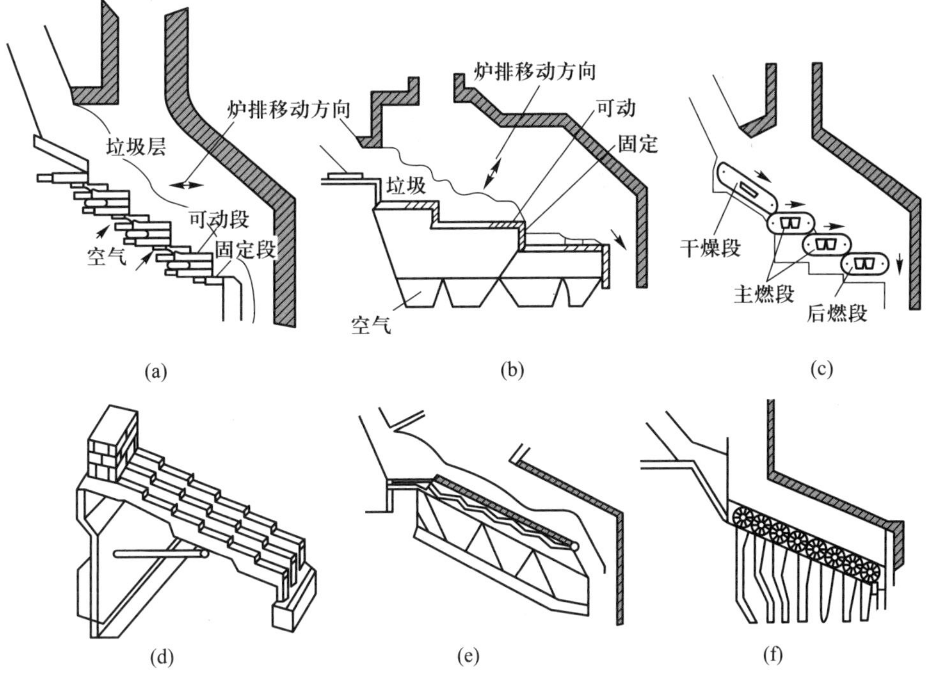

图 6-17 机械炉排焚烧炉示意图

(a)台阶式炉排；(b)往复移动式炉排；(c)倾斜履带式炉排；(d)摇动式炉排；(e)逆动式炉排；(f)滚筒式炉排

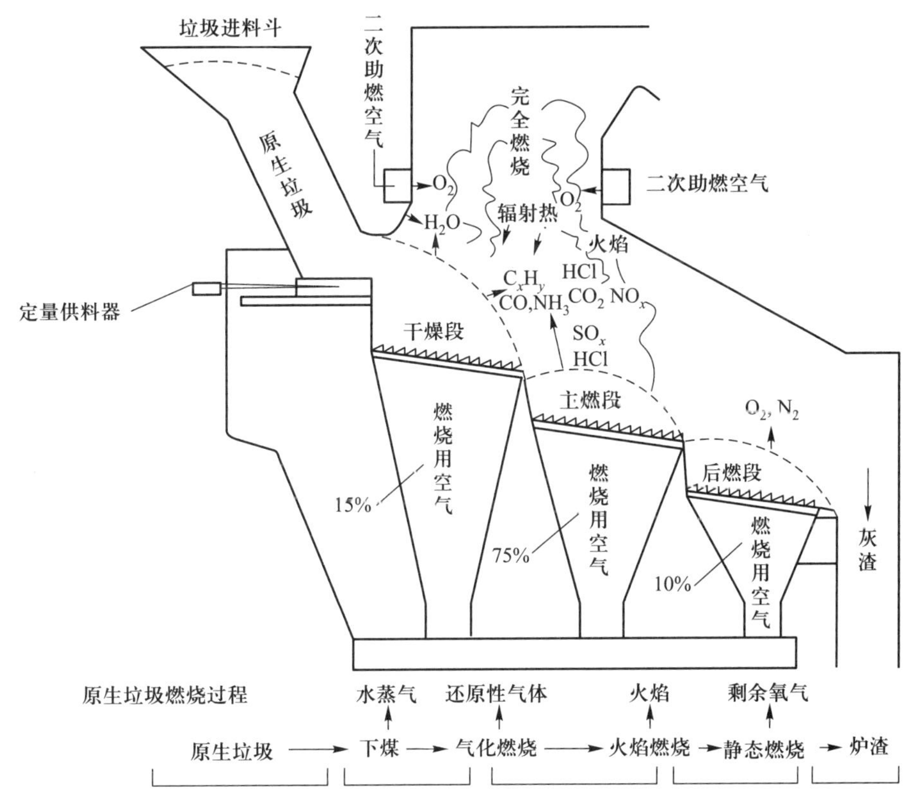

图 6-18 倾斜机械炉排焚烧炉焚烧示意图

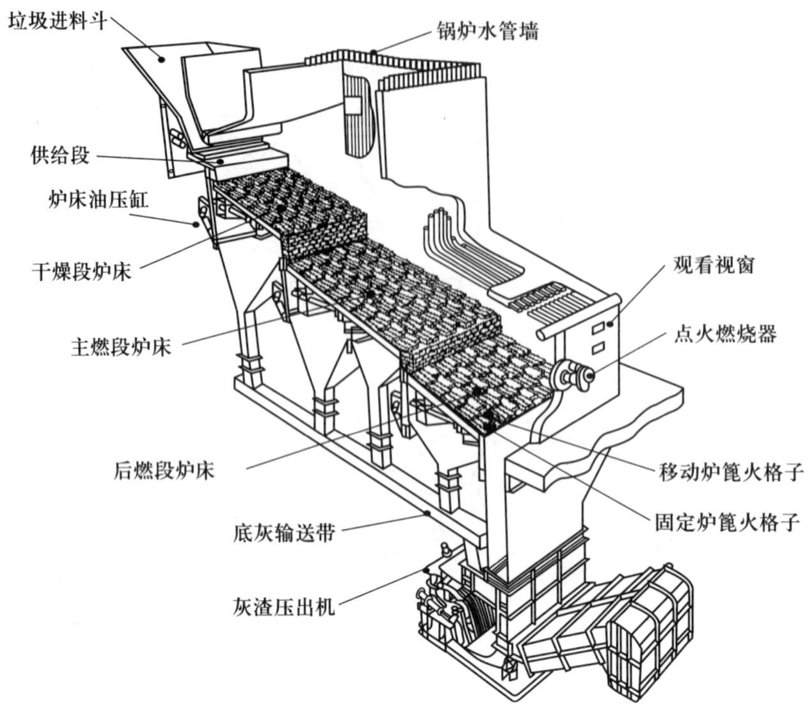

图 6-19 倾斜机械炉排焚烧炉构造示意图

在入炉固体废物从进料端(干燥段)向出料端(后燃段)移动的过程中，分别进行固体废物蒸发、干燥、热分解及燃烧反应，同时松散和翻动料层，并从炉排缝隙中漏出灰渣。大型倾斜机械炉排焚烧炉，如马丁炉等，具有工艺先进、技术可靠、焚烧效率和热回收效率高、对垃圾适应性强等优点，在国外应用较为广泛。但这种炉排对材质要求高，而且炉排加工、制造复杂，设备造价昂贵，一次性投资大，因而在某种程度上不适合经济不发达地区和中小城镇的垃圾处理。

2. 流化床焚烧炉

流化床焚烧炉是一种相对较新的清洁燃烧技术，其基本特征是炉膛内装有布风板、导流板、载热媒介惰性颗粒，在焚烧运行时物料呈沸腾状态。流化床焚烧炉传热和传质速率高，物料几乎呈完全混合状态，能迅速分散均匀。载热体贮存大量的热量，床层的温度保持均匀，避免了局部过热，温度易于控制。流化床焚烧炉具有固体废物焚烧效率高、负荷调节范围宽、污染物排放少、热强度高、适合燃烧低热值物料等优点。流化床焚烧炉在中小城镇较有发展前景，尤其对于热值相对偏低的垃圾的焚烧，流化床焚烧技术不失为一种较佳选择。

3. 回转窑焚烧炉

回转窑焚烧炉是一可旋转的倾斜钢制圆筒，筒内加装耐火衬里或由冷却水管和有孔钢板焊接成的内筒。炉体向下方倾斜，分成干燥、燃烧及燃烬三段，并由前后两端滚轮支撑和电机链轮驱动装置驱动。固体废物在窑内由进到出的移动过程中，完成干燥、焚烧及燃烬过程。冷却后的灰渣由炉窑下方末端排出。在进行固体废物焚烧时，随着回转窑焚烧炉的缓慢转动，固体废物获得良好的翻搅及向前输送，预热空气由底部穿过有孔钢板至窑内，使垃圾能完全燃烧。回转窑焚烧炉通常在窑尾设置一个二次燃烧室，使烟中可燃成分在二次燃烧室得到充分燃烧。

回转窑焚烧炉具有对固体废物适应性广、故障少、效率高、可连续运行等特点。回转窑焚烧炉不仅能焚烧固体废物，还可焚烧液体废物、气体废物。但回转窑焚烧炉存在窑身较长、占地面积较大、热效率低、成本高、价格较贵等缺点。

（二）焚烧炉比较

除上述机械炉排焚烧炉、流化床焚烧炉和回转窑焚烧炉外，还有多种不同种类的其他焚烧炉，如：液体喷注式焚烧炉、多炉床式焚烧炉、垃圾衍生燃料焚烧炉等，适合于处理不同性质的固体废物和满足不同的技术、经济要求，都有其各自不同特点。

部分焚烧炉的优、缺点比较如表 6-5 所示。

表 6-5 部分焚烧炉的优、缺点比较

炉型	优点	缺点
机械炉排焚烧炉	容量大(单炉容量 100~500 t/d)、效率高、焚烧彻底、公害易处理、燃烧稳定、控管容易、余热利用高	造价高、技术复杂、维修费高，需连续运转、运行管理要求高
回转窑焚烧炉	垃圾搅拌及干燥性好、可适用中小容量(单炉容量 100~400 t/d)、可高温安全燃烧，残灰颗粒小	连续传动装置复杂、炉内的耐火材料易损坏
控气式焚烧炉	适用中小容量(单炉容量 150 t/d)、构造简单、装置可移动、机动性强	燃烧不完全、燃烧效率低、使用年限短、平均建造成本较高
流化床焚烧炉	容量适中(单炉容量 50~200 t/d)、燃烧温度较低(750~850 ℃)、热传导好、公害低、烧效率高	操作技术高、燃料种类受到限制、进料颗粒较小、单位处理量所需动力高、炉床材料易冲蚀损坏
垃圾衍生燃料焚烧炉	适用大容量(单炉容量 200~750 t/d)焚烧、余热利用率高、可资源回收	造价昂贵、设备构造复杂、技术复杂、不适合高水分垃圾

（三）焚烧效果

在实际固体废物焚烧处理过程中，焚烧效果是否达到设计要求和有关规定要求，是人们最关心的问题。因此，焚烧效果是焚烧处理的最基本、最重要的技术指标之一。

评价焚烧效果的方法很多，如目测法、热灼减量法、二氧化碳法及有害有机物破坏去除率等。

1. 目测法

目测法就是肉眼观测法。通过肉眼直接观测固体废物焚烧烟气的颜色，如黑度等，来判断固体废物的焚烧效果。通常如果固体废物焚烧炉烟气越黑、气量越大，往往表明固体废物焚烧的效果可能就越差。

2. 热灼减量法

在固体废物焚烧过程中，可燃物质氧化、焚毁越彻底，焚烧灰渣中残留的可燃成分也就会越少，即灰渣的热灼减量就越小。因此，可以用焚烧灰渣的热灼减量来评价固体废物焚烧效果：

$$\mathrm{MRC}=\frac{m-m_{灰}}{m-m_{渣}} \tag{6-65}$$

或

$$R_c=(m_{渣}-m_{灰})/m_{渣}\times100\% \tag{6-66}$$

式中：MRC——热灼减量比；

R_c——热灼减量率，%；

m——固体废物的质量，kg；

$m_{灰}$——固体废物焚烧灰渣经(600±25)℃灼烧 3 h 后的质量，kg；

$m_{渣}$——固体废物焚烧灰渣的质量，kg。

通常，生活垃圾焚烧炉设计时的炉渣热灼减量为 5%以下，大型连续化作业机械焚烧炉的炉渣热灼减量设计为 3%以下。

3. 二氧化碳法

在固体废物焚烧烟气中，物料中的碳会转化为一氧化碳或二氧化碳。固体废物焚烧的越完全、二氧化碳的相对浓度就越高，即焚烧效率就越高。因此，可以利用一氧化碳和二氧化碳浓度或分压的相对比例，反映固体废物中可燃物质在焚烧过程的氧化、焚毁程度：

$$E=\frac{c_{CO_2}}{c_{CO_2}+c_{CO}}\times100\% \tag{6-67}$$

式中：E——焚烧效率；

c_{CO}、c_{CO_2}——分别为焚烧烟气中 CO、CO_2 含量。

4. 有害有机物破坏去除率

对于生活垃圾和危险废物的焚烧处理，也可以用烟气、灰渣中的有害有机物含量的多少来评价焚烧效果，如有害有机物破坏去除率：

$$DRE=\frac{m_{in}-m_{out}}{m_{in}}\times100\% \tag{6-68}$$

式中：DRE——有害有机物破坏去除率，%；

m_{in}——固体废物中某种有害有机物的质量，kg；

m_{out}——焚烧灰渣中某种有害有机物的质量，kg。

5. 污染物浓度

由于危险废物的物理性质和化学性质比较复杂，对于同一批危险废物，其组成、热值、形状和燃烧状态都会随着时间与燃烧区域的不同而有较大的变化，同时燃烧后所产生的废气组成也复杂多变。危险废物焚烧处理烟气中污染物浓度就是焚烧处理的基本技术指标，如烟尘、黑度、CO、SO_2、HF、HCl、二噁英、重金属等，同时焚烧炉的燃烧效率不低于 99.9%，焚毁去除率不低于 99.9%(多氯联苯焚毁去除率不低于 99.9%)，焚烧残渣热灼减率小于 5%。其中危险废物焚烧炉大气污染物排放浓度必须符合国家标准的限值要求：

$$c=[10/(21-w_{O_s})]\times c_s \quad (以\ 11\%O_2\ 干气为换算标准) \tag{6-69}$$

式中：c——标准状态下被测污染物经换算后的浓度，mg/m^3；

w_{O_s}——排气氧气的浓度，%；

c_s——标准状态下被测污染物的浓度，mg/m^3。

焚烧法是高温分解和深度氧化的综合过程，通过焚烧可以使危险废物中的病毒、有害微生物、污染物充分杀灭、氧化、分解，达到有效减少容积，去除毒性，回收能量及副产品的目的。

习题与思考题

1. 固体废物有哪些焚烧方法？焚烧在固体废物处理与处置中的作用是什么？

2. 何谓固体废物的热解？热解与焚烧的区别是什么？固体废物热解的特点有哪些？固体废物的热解工艺是如何分类的？

3. 与普通生活垃圾相比，废塑料热解的产物有什么不同？常用热解工艺有哪些？

4. 垃圾热解的基本原理及特点是什么？垃圾热解法的优点是什么？城市垃圾用热分解法处理的难点是什么？

5. 影响固体废物焚烧处理的主要因素有哪些？这些因素对固体废物焚烧处理有何重要影响？为什么？

6. 在进行生活垃圾焚烧处理过程中，对空气进行预热有何实际意义？预热空气的温度对焚烧处理过程的技术经济性有什么影响？

7. 在垃圾焚烧处理过程中，二噁英的产生途径有哪些？如何控制二噁英类物质(PCDDs)对大气环境的污染？什么是3T-1E原则？

8. 试分析生活垃圾中的硫、氮、氯、废塑料、水分等成分，在垃圾焚烧处理过程中可能发生的物理化学变化，它们对垃圾焚烧效果及烟气治理的有何影响？

9. 目前，固体废物焚烧炉有哪些主要炉型？它们各有何特点？

10. 与污泥焚烧工艺相比，污泥热解的特点是什么？

11. 适合采用焚烧技术处理的固体废物有哪些？废物在焚烧炉内的燃烧方式有哪几种？

12. 垃圾焚烧飞灰的综合利用需要几个因素？

13. 请简述去除尾气中重金属污染物质的机理。

14. 请简述一座大型的垃圾焚烧厂通常包括几个系统。

15. 若甲苯燃烧反应的活化能和频率因子分别为$E=236.17$ kJ/mol和$A=2.28\times10^{13}\ s^{-1}$，焚烧温度为1 000 ℃，试计算需要焚烧多长时间才能使甲苯焚烧破坏率达99.99%以上？

16. 在900 ℃和1 atm条件下，半径为1 mm的球形碳颗粒在含10%氧气的静止气体中燃烧。试计算完全燃烧所需的时间，并确定过程的控制步骤。若颗粒的半径改为0.1 mm，其他条件不变时，结果会有何变化？

17. 欲焚烧一种热值为4 500 kJ/kg的固体废物，已知进料量为25 t/d，焚烧炉燃烧室体积热负荷为2×10^5 kJ/(m^3·h)，求焚烧炉燃烧室体积(有效)。

18. 假设在一内径为8.0 cm的管式焚烧炉中，于温度225 ℃分解醇二乙基过氧化物，进入炉中的流速为12.1 L/s，225 ℃时的速率常数为38.3 s^{-1}. 求当二乙基过氧化物的分解率达到99.95%时，焚烧炉的长度应为多少？

19. 某连续式焚化炉每天处理掉500 t市镇垃圾，其湿基低发热值为2 100 kcal/kg，此垃圾焚化炉所需容积和炉床面积各为多少？

20. 某容量为200 t/d的连续式焚化炉用来处理焚化LHV=1 000 kcal/kg的垃圾，用200 ℃空气预热，烧灼损失率为7%，且其燃烧室负荷设为12×10^4 kcal/(m^3·h)。请计算该机械式连续焚化炉的炉床面积、燃烧室体积和炉床高度各为多少？

21. 已知二甲苯燃烧反应的活化能和频率因子分别为$E=318.52$ kJ/mol和$A=5.00\times10^{13}\ s^{-1}$，若要在焚烧过程中使二甲苯焚烧破坏率达99.999%以上，求焚烧温度需要多少？

22. 已知某垃圾的成分为：$w_C=50.4\%$，$w_H=3.5\%$，$w_O=14.0\%$，$w_N=1.4\%$，$w_S=0.7\%$，w_A(灰分)=10%，$w_{H_2O}=20\%$。求该固体废物完全燃烧时的理论空气量、烟气量及密度(已知$G^C_{H_2O}=18.9\ g\cdot m^{-3}$)。

23. 某社区的废弃物经分类、烘干取得其物理组成、灰分、发热值测定相关数据，如表6-6所示，已知水分和氢元素组成各占41%和3.5%，且测定发热值的热当量为2 400 cal/kg，求① 干、湿基灰分和可燃分；② 干、湿基高发热值和湿基低发热值。

表 6-6 某社区的废弃物相关数据(干基)

类别	物理组成/%	灰分测定		发热值测定	
		样品重/g	残留灰重/g	样品重/g	温度上升/℃
纸类	26.15	2.05	0.19	1.05	2.3
塑胶	19.55	1.9	0.3	0.4	3.4
其他可燃类	18.7	2.15	0.4	1.25	1.6
不可燃类	35.6	—	—	—	—

24. 有 100 kg 混合垃圾，其物理组成是食品垃圾 25 kg、废纸 40 kg、废塑料 13 kg、破布 5 kg、废木材 2 kg，其余为土、灰、砖等。求混合垃圾的热值。(食品垃圾热值:4 650 kJ/kg; 废纸热值:16 750 kJ/kg; 废塑料热值:32 570 kJ/kg; 破布热值:17 450 kJ/kg; 废木材热值:18 610 kJ/kg;土、灰、砖热值:6 980 kJ/kg)

25. 某固体废物含可燃物 60%、水分 20%、惰性物 20%，固体废物的元素组成为碳 28%、氢 4%、氧 23%、氮 4%、硫 1%、水分 20%、灰分 20%。假设① 固体废物的热值为 11 630 kJ/kg; ② 炉栅残渣含碳量 5%; ③ 空气进入炉膛的温度为 65℃，离开炉栅残渣的温度为 650 ℃; ④ 残渣的比热为 0.323 kJ/(kg·℃); ⑤ 水的汽化潜热为 2 420 kJ/kg; ⑥ 辐射损失为总炉膛输入热量的 0.6%; ⑦ 碳的热值为 32 564 kJ/kg。试计算这种废物燃烧后可利用的热值。

26. 0.1 m^3 的垃圾采样盆盛装垃圾后重 31.49 kg，空盒重为 7.51 kg，另外此采样盒取 20.51 kg 的垃圾经 80 ℃烘干 3~5 天后得质量 7 500 g，此烘干后样品可分类成各种可燃分(1、2、3、4、5、6、11)和不可燃分(7、8、9、10)，其重量、灰分及发热值测定的相关资料如表 6-7 所示，已知 H% = 3.6%且热值当量为 2 200 cal/kg，试求:

(1) 垃圾的密度(单位溶剂重);

(2) 垃圾的水分;

(3) 干基的物理组成;

(4) 干、湿基的灰分和可燃分;

(5) 干、湿基的高发热值; 湿基的低发热值。

表 6-7 某垃圾采样相关数据(干基)

类别		烘干后重/g	样品重/g	残留灰分/g	发热值测定	
					样品重/g	温度上升/℃
可燃分	1	1 180	2.3	0.25	1.2	3.9
	2	1 155	2.5	0.40	1.05	2.8
	3	905	1.2	0.07	1.1	3.1
	4	1 580	3.5	1.0	0.95	2.15
	5	500	0.6	0.02	0.36	4.15
	6	100	0.75	0.15	0.80	2.9
	11	608	3.0	1.6	1.5	1.7
不可燃分	7	535				
	8	405				
	9	245				
	10	287				
合计		7 500				

27. 设某地垃圾主要构成元素为 C、H、O 和 S，其组成各占 32%、5%、8%和 2%，而水分已知为 40%，试求垃圾焚化时的理论供气量(m^3/kg)。以 Dulong 公式求湿基低发热值，并以罗辛公式估算其理论供气量。

28. 某废物进入焚化炉的速率为 5 000 kg/h，其组成元素分析如表 6-8，过剩空气 150%，求实际空气供应量为多少(m^3/h)？又可生成多少废气量(m^3/h)？若缺表 6-8 元素组成资料，设只知可燃分占 48.5%，求其理论供气量。(设 $\alpha=1.2$)

表 6-8　废 物 组 成

成分	wt%	成分	wt%
碳	21.4	硫	1.4
氢	3.3	氯	9.2
氧	11.8	水分	20.3
氮	2.3	灰分	20.3

29. 某大型焚化炉(700 t/d)产生的灰渣经洒水烘干(105 ℃)并以 10 mm 筛网筛除其大型不燃性灰渣(占 15.5%)后，以四分法缩分并取 21.52 g 的灰渣样品，经置入 600 ℃加热 3 h 后冷却至室温得质量 19.89 g，求其烧灼损失率(Ⅰ%)为多少？

30. 某焚化炉被用来处理 100 t/d 的有害废物，经监测其排烟和残渣可得到下列数据：

① 进料中有害废物含量 10%(质量)；② 排烟中有害废物 0.002 kg/h；③ 灰渣中有害废物 0.01 kg/h；④ 烟气中 CO_2 含量 10%(体积)；⑤ CO_2 含量：150×10^{-6}。

求此焚化炉的燃烧率 CE 和 DRE 值各为多少？

31. 某固体废物元素组成和三成分组成如表 6-9 所示，若已知空气中含 2.0%的水蒸气且焚化在过剩空气比为 2.3 的条件下进行，求：

(1) 完全燃烧 1 kg 此种废物所需空气量为多少？

(2) 废气排放总量。

(3) 废气中 SO_2 和 HCl 的浓度各为多少(10^{-6})？

表 6-9　某固体废物组成

水分/%	灰分/%	碳/%	氢/%	氧/%	氮/%	氯/%	硫/%
60.0	15.0	12.72	2.97	8.52	0.44	0.3	0.05

注：氧全部为水的状态

32. 某塑料类废弃物的化学式组成为 C_2H_3Cl，则其在过量空气比 2.3 条件下焚化，其烟气总排放量和废气中 HCl 的浓度各为多少？

33. 设某一焚化炉的炉壁由耐火砖和隔热砖组合而成，其耐火砖厚 25 cm，k 值为0.95 kcal/(m·h·℃)，而外层的隔热砖的厚度为 15 cm，其 k 值为 0.25 kcal/(m·h·c)，焚化炉内焚化气体平均温度为 900 ℃，其传热系数为 25 kcal/(m·h·℃)，炉外大气温度设为 25 ℃，且热传系数为 6.5 kcal/(m·h·℃)，忽略接触热阻，假设稳态，求：

(1) 此焚化炉壁的热损失为多少 kcal/(m^2·h)？

(2) 炉体外壁温度为多少？

第七章　固体废物的稳定化及固化处理

从固体废物物质循环的角度看，固体废物作为植物生长土壤组分的土壤化循环及制备成固化体作为工程或建筑材料使用的材料化循环是不可忽视的两种方式。但近年来，诸多大宗固体废物如尾矿、废石膏、电石渣、粉煤灰、建筑废渣土，甚至养殖粪便等固体废物可能含有的重金属、POPs 等污染物受到了普遍关注，这些大宗固体废物在实施常规的土地处理、制备建筑材料等消纳处理时，为保障其物质的生物地球化学循环过程中的生态环境安全，需要经过可靠的二次污染防控处理及生态风险评估。另外，环境污染控制过程产生的固体废物，如固液分离后的河湖底泥、污水处理厂污泥、厌氧发酵的沼液沼渣、浸出操作后的浸出渣、焚烧飞灰等也同样面临重金属或二噁英等二次污染威胁，如果直接引入地球环境的物质循环，其中的有毒有害组分往往会对生态环境及人体健康构成威胁，因此需对这些固体废物进行解毒或固化稳定化处理，以保障其在环境介质中的清洁循环或减小其最终归宿对环境产生的危害效应。

第一节　固体废物的稳定化处理

一、固体废物污染及污染物

15 世纪毒物(理)学的先驱学者 Paracelsus 有句名言“所有物质皆有其毒性，剂量大小决定其是毒物或是良药”。

而时至今日，作为地球物质循环(参见图 7-1 和图 7-2)及环境健康“毒药”的关键物质——固体废物污染物，还没有得到明确界定，但这不影响固体废物的稳定化。物质清洁循环作为一个不可回避的问题，需形成系统的理论和方法指导实践。

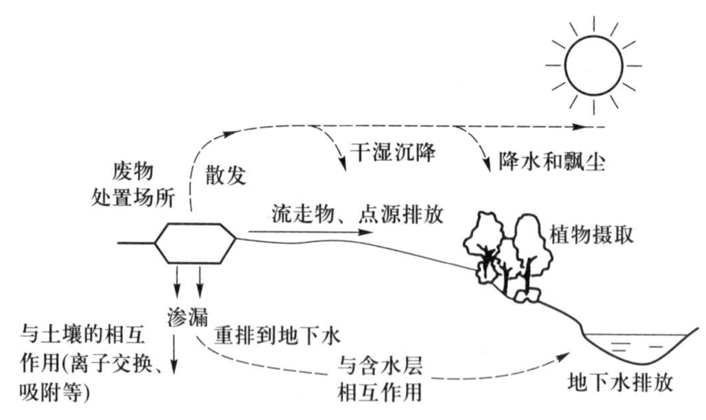

图 7-1　地下水及大气环境中的物质循环

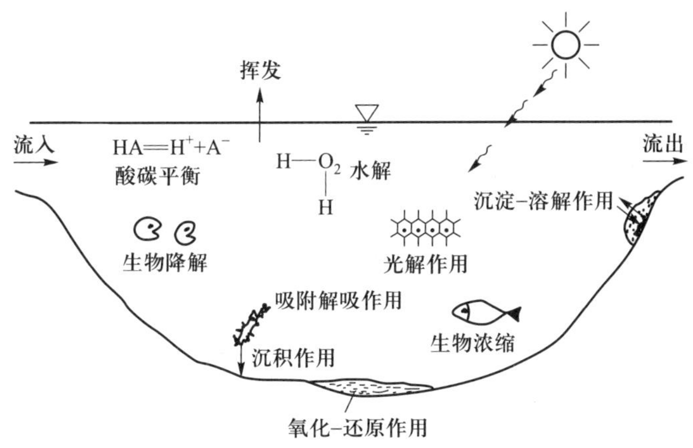

图 7-2　水土环境中的物质循环

基于固体废物特殊的源和宿双重身份，固体废物对环境的危害通过污染物迁移转化进入大气、水体、土壤等环境，进而改变这些环境介质的性质与功能。因此地表水、地下水、土壤及大气中存在的污染物，同样也可能会在固体废物中存在。

固体废物中可能存在的有毒有害物质都是固体废物污染物。固体废物中的主要有毒有害物质有铬(Cr)、镉(Cd)、汞(Hg)、铅(Pb)、铜(Cu)、锌(Zn)等重金属，砷(As)、硫(S)、氰(CN)、氟(F)等非金属，放射性元素和有机物(含氯的挥发性有机物、硫醇、酚类等)。可将固体废物二次污染控制需重点关注的污染物分为两大类：重金属类及持久性有机污染物。

(一) 重金属

常见的重金属污染物种类、主要来源及危害见表 7-1。当重金属随固体废物排入环境中时，重金属在自然环境中会随着时间和介质条件的变化而发生空间位置和赋存形态的变化。固体废物中的重金属易在大气、水体及土壤中发生迁移转化，能通过风力迁移使重金属进入大气并扩散，然后通过干湿作用在土壤和水体中富集，并通过食物链危害人类健康。进入土壤中的重金属难以被生物降解，通过胶体吸附、离子配位作用、沉淀和溶解作用、生物富集发生迁移转化。进入水体中的重金属通过机械迁移、物理化学迁移和生物迁移在水体中流通，并通过氧化还原、络合水解和生物降解发生转化。

表 7-1　一些重金属污染物种类、主要来源及危害

种类	主要来源	主要毒(危)害
汞	电镀、仪表等	水俣病
镉	制革、染(涂)料等	痛痛病
铬	表面处理、铬黄等	铬性鼻炎、铬性皮肤溃疡
铅	电池、油漆、合金、水管等 促黄剂(砷酸铅)、地下水、农药等	贫血、铅脑症、腕垂症等 膀胱癌、乌脚病
砷	电池、容器、催化剂、水管等	致癌(肺、鼻咽)，四羰基镍急毒性大，造成肺炎、纤维化、肺水肿

（二）持久性有机污染物

部分有机物由于辛醇-水分配系数（K_{OW}）特殊，能在河川底泥、土壤等环境中持久存在，且具有生物放大作用。联合国环境规划署（UNEP）将艾氏剂（aldrin）、狄氏剂（dieldrin）、呋喃（furan）、灭蚁灵（mirex）、氯丹（chlordane）、二噁英（dioxins）、七氯（heptachlor）、多氯联苯（polychlorinated biphenyls）、DDT、异狄氏剂（endrin）、六氯苯（hexachlorobenzene）、毒杀芬（toxaphene）12类有机物列为重点关注的持久性有机污染物（persistent organic pollutants, POPs）。其中二噁英在土壤中的半衰期可达10~15 a。

（三）POPs的自然生物降解

POPs的迁移转化主要取决于污染物本身性质和环境条件，一般通过吸附作用、挥发作用、水解作用、光解作用、生物富集和生物降解等过程进行迁移转化。土壤及水体中绝大多数有机物质通过天然生物新陈代谢而引起氧化和还原作用，从而转化为小分子，该转化过程称为生物降解。尽管厌氧生物降解速率一般很慢，但其有利于含氯化合物的脱卤。在厌氧条件下，四氯乙烯（PCE）可经脱卤降解为三氯乙烯（TCE）、二氯乙烯（主要是顺-1,2-二氯乙烯，DCE）、氯乙烯（VC）、乙烯（ETH）和乙烷（ETHA）（如图7-3所示）。当前许多研究表明PCE脱卤到TCE的生物脱卤可在自然条件下发生，自然衰减作为修复氯乙烯污染的潜在技术，已经越来越受到关注。然而现场数据显示，存在脱卤不完全的情况，且脱卤过程的产物DCE和VC更具持久性。

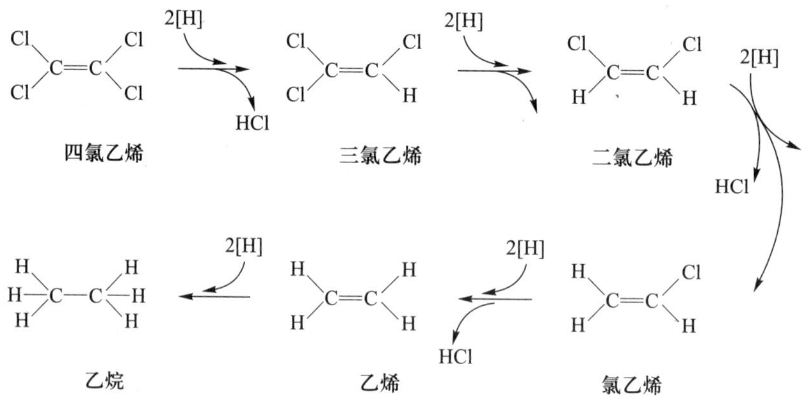

图7-3 含氯化合物厌氧生物脱卤路径示意图

二、重金属的稳定化

重金属的稳定化处理是从改变重金属的有效性出发，将其转化为不易溶解、迁移能力或毒性更小的赋存形态的过程，目前采用的稳定化技术主要是重金属的化学稳定化技术和有机污染物的氧化解毒技术。药剂稳定化技术又称为化学钝化修复，是以降低风险为目的，利用化学药剂发生化学反应使有毒有害物质转变为低溶解性、低迁移性及低毒性物质的过程。化学药剂可分为无机药剂和有机药剂。根据重金属的种类，可采用的稳定化药剂有石膏、氢氧化钠、硫酸亚铁、硫化钠、氯化铁和高分子有机稳定剂等。稳定化技术与其他方法（如封闭与隔离）相比，效果相对持久。因此，利用稳定化技术可有效地防止污染物的扩散。

重金属离子的稳定化技术主要有化学方法(中和法、氧化还原法、溶出法、化学沉淀法等)和物理化学方法(吸附法和离子交换法等)。

(一) 中和法

在化工、冶金、电镀、表面处理等工业生产过程中经常产生含重金属的酸、碱性泥渣，由于它们对土壤和水体的强危害性，因此须先进行中和处理，使其达到化学中性以便于后续处理处置。固体废物的中和处理根据废物的酸碱性质、含量及废物的量与性状等特性，选择适宜的中和剂，确定其投加量和投加方式，并设计处理工艺与设备。对于酸性泥渣，常用石灰石、石灰、氢氧化钠或碳酸钠等碱性物质作中和剂；对于碱性泥渣，常用硫酸或盐酸作中和剂。中和剂的选择除应考虑废物的酸碱性外，还要特别考虑药剂的来源与处理费用等因素。在多数情况下，在同一地区往往既有产生酸性泥渣的企业，又有产生碱性泥渣的企业，在设计处理工艺时，应尽量使酸性、碱性废物互为中和剂，以达到经济有效的中和处理效果。中和法的设备有罐式机械搅拌和池式人工搅拌设备两种，前者多用于大规模的中和处理，而后者常用于少量泥渣的处理。

(二) 吸附法

吸附法是利用吸附剂的独特结构去除重金属离子的一种有效方法。吸附法处理重金属废物的常用吸附剂有活性炭、黏土、金属氧化物(氧化铁、氧化镁、氧化铝等)、天然材料(锯末、沙、泥炭、沸石、软锰矿、磁铁矿、硫铁矿、磁黄铁矿等)、人工材料(飞灰、粉煤灰、高炉渣、活性氧化铝、有机聚合物等)。研究发现，一种吸附剂往往只对某一种或某几种污染物具有优良的吸附性能，而对其他污染成分却效果不佳。例如，活性炭吸附有机物最有效，活性氧化铝对镍离子的吸附能力较强，而其他吸附剂对这种金属离子却表现出无能为力。

(三) 离子交换法

离子交换法是利用离子交换剂分离废水中有害物质的方法，最常见的离子交换剂是有机离子交换树脂、天然或人工合成的沸石、硅胶、蛭石、高岭石[3～15 meq/(100 g)]、伊利石[10～40 meq/(100 g)]、蒙脱石[80～150 meq/(100 g)] 和坡缕石[20～30 meq/(100g)]等。在离子交换过程中，阳离子在交换位置发生竞争并取代吸附的阳离子，称为阳离子交换。通常置换的阳离子为钠离子和钙离子，而离子交换亲合力取决于分子结构、结合半径和电荷。一般地，阳离子以下列次序被取代：$Na^{+}<Li^{+}<K^{+}<Rb^{+}<Cs^{+}<Mg^{2+}<Ca^{2+}<Ba^{2+}<Cu^{2+}<Al^{3+}<Fe^{3+}<Th^{4+}$。另外，还需注意的是，离子交换与吸附都可能是可逆的过程，吸附容量会受溶液中阳离子浓度、pH、温度等因素影响，如果逆反应发生的条件得到满足，污染物将会重新逸出。

(四) 氧化还原法

氧化还原法包括化学还原法、铁氧体法和电解法，与废水处理中氧化还原法相似，氧化还原解毒法是通过氧化或还原化学处理，将固体废物中可以发生价态变化的某些有毒有害组分转化为无毒或低毒的化学性质稳定的组分，以便于资源化利用或无害化处置。通常一些变价元素的高价态离子，如六价铬等具有毒性，而其低价态离子 Cr^{3+} 等则无毒或毒性更低。当废物中含有这些高价态物质时，在处置前须用还原剂将它们还原为最有利于沉淀的低价态，以转变为无毒或低毒性实现稳定化。常用的还原剂有硫酸亚铁、硫代硫酸钠、亚硫酸氢钠、二氧化硫、煤炭、纸浆废液、锯木屑、谷壳等。有些金属氧化还原过程中可促进沉淀形成(如铁溶质的氧化将生成溶解度更低的形态)。这个规律也有例外，如五价砷的价态虽高于三价砷，但其毒性则相反，三价砷所体现的毒性远大于五价砷。

(五) 化学沉淀法

向含有重金属污染物的废物中投加化学药剂，与重金属发生化学反应，使其形成难溶沉淀物的方法称为化学沉淀法。根据所用沉淀剂的种类不同，化学沉淀方法主要有氢氧化物沉淀法、硫化物沉淀法、硅酸盐沉淀法、碳酸盐沉淀法、铁氧体沉淀法、无机及有机螯合物沉淀法等。

1. 氢氧化物沉淀法

氢氧化物沉淀法是在废物中投加碱性物质，如石灰、氢氧化钠、碳酸钠等强碱性物质，与废物中的重金属离子发生化学反应，使其生成氢氧化物沉淀，从而实现稳定化。金属氢氧化物的生成和存在状态与pH直接相关。图7-4为金属氢氧化物溶解度-PH曲线。因此，采用氢氧化物沉淀法稳定化处理废物中的重金属离子(如镍、汞、铬、铅等)时，调节好pH是操作的重要条件，pH过低过高都会使稳定化过程失败。只有将废物的pH调至重金属离子具有最小溶解度的范围时才能实现其稳定化。此外，大部分固化基材，如硅酸盐水泥、石灰窑灰渣、硅酸钠等碱性物质在固化过程中也有调节pH的作用，在固化废物的过程中可用石灰和一些黏土作为pH缓冲剂。

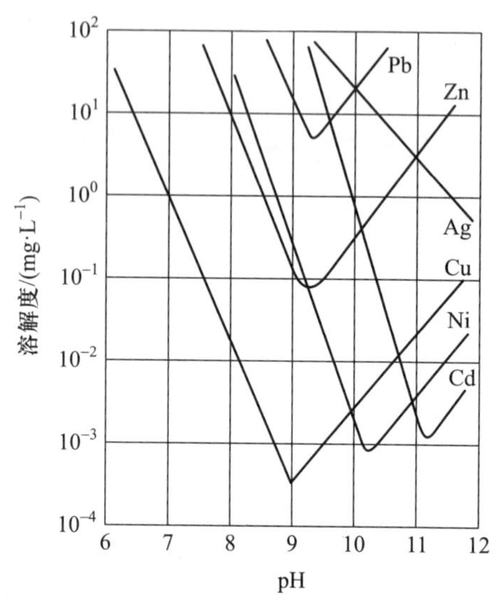

图7-4 金属氢氧化物溶解度-pH曲线

2. 硫化物沉淀法

硫化物沉淀法是利用硫化物沉淀剂使废物中的重金属生成稳定的硫化物沉淀的方法。大多数金属硫化物的溶解度比其氢氧化物要小得多，因此，采用硫化物沉淀法可使重金属的稳定化效果更好。在固体废物重金属稳定化技术中常用的硫化物沉淀剂有可溶性无机硫化物沉淀剂、不可溶性无机硫化物沉淀剂和有机硫化物沉淀剂三类。

(1) 无机硫化物沉淀：除了氢氧化物沉淀法，无机硫化物沉淀可能是目前应用最广泛的一种重金属药剂稳定化方法。与前者相比，其优势在于大多数重金属硫化物在所有pH下的溶解度都大大低于其氢氧化物。但是，为了防止H_2S的逸出和沉淀物的再溶解，仍需要将pH保持在8以上。另外，由于易与硫离子反应的金属种类很多，硫化物的添加量应根据所需达到的要求由实验确定，而且硫化物应在固化基材的添加之前加入，因为基材中的钙、铁、镁等会与重金属争夺硫离子。

(2) 有机硫化物沉淀：由于有机硫化物普遍具有较高的分子量，因而与重金属形成的不可溶性沉淀具有相当好的工艺性能，易于沉降、脱水和过滤，可以将废水或固体废物中的重金属浓度降至很低，并且适应的pH范围也较大。这种稳定剂主要用于处理含汞废物和含重金属的粉尘(焚烧灰及飞灰等)。

3. 硅酸盐沉淀法

溶液中的重金属离子与硅酸根之间的反应并不是按单一的比例形成晶态的硅酸盐，而是生成一种可以看作由水合金属离子与二氧化硅或硅胶按不同比例结合而成的混合物。这种硅酸盐沉淀在较宽的 pH 范围内（2~11）有较低的溶解度。这种方法在实际处理中尚未得到广泛应用。

4. 碳酸盐沉淀法

一些重金属，如钡（Ba）、镉（Cd）、铅（Pd）的碳酸盐的溶解度低于其氢氧化物，但碳酸盐沉淀法并没有得到广泛应用。因为当 pH 低时，会逸出二氧化碳，即使最终的 pH 很高，最终产物也只能是氢氧化物而不是碳酸盐沉淀。

5. 铁氧体沉淀法

在非铁二价重金属离子（M^{2+}）与亚铁离子 Fe^{2+} 共存的溶液中，投加适量的碱调节 pH 时，则发生反应（7-1）：

$$xM^{2+}+(3-x)Fe^{2+}+6OH^- \longrightarrow M_xFe_{3-x}(OH)_6 \tag{7-1}$$

反应生成暗绿色的混合氢氧化物，再用空气氧化使之再溶解，反应为

$$2M_xFe_{3-x}(OH)_6+O_2 \longrightarrow 2M_xFe_{3-x}O_4+6H_2O \tag{7-2}$$

经配位反应生成黑色的尖晶石型化合物铁氧体 $M_xFe_{3-x}O_4$。其中的三价铁离子和二价金属离子（包括亚铁离子）的比例为 2∶1，故可试以铁氧体的形式投加到含有 Mn^{2+}、Zn^{2+}、Ni^{2+}、Mg^{2+}、Cu^{2+} 的废物中。

例如，对于含 Cd^{2+} 的废水，可投加硫酸亚铁和氢氧化钠，并通入空气氧化，这时 Cd^{2+} 就和 Fe^{2+}、Fe^{3+} 发生共沉淀而包含于铁氧体中，因而可被永久磁铁吸住，这就克服了氢氧化物胶体粒子难以过滤的问题。把 Cd^{2+} 集聚于铁氧体中，使之有可能被永久磁铁吸住，这就是共沉淀法捕集废物中 Cd^{2+} 的原理。

实际上，要去除可参与形成铁氧体的重金属离子，Fe^{2+} 的浓度不必那么高。但要去除 Sn^{2+}、Pb^{2+} 等较难去除的金属离子，Fe^{2+} 的浓度必须足够高。Fe^{3+} 会生成 $Fe(OH)_3$，同时 Fe^{2+} 也易被氧化生成 $Fe(OH)_3$。在此过程中，重金属离子可被捕捉于 $Fe(OH)_3$ 沉淀的晶体内或被吸附于表面，因此，可得到比单纯的氢氧化物沉淀法更好的效果。研究结果表明，Fe^{2+} 与 Fe^{3+} 的比例在 1∶1 到 1∶2 时共沉淀的效果最好。另外，除了 $Fe(OH)_3$ 外，其他沉淀物如碳酸钙也可以产生共沉淀。

6. 无机及有机螯合物沉淀

螯合物是指多齿配体以两个或两个以上配位原子同时和一个中心原子配位所形成的具有环状结构的配合物。如乙二胺与 Cu^{2+} 反应得到的产物即为螯合物。若废物中含有配合剂，如磷酸酯、柠檬酸盐、葡萄糖酸、氨基已酸、EDTA 许多天然有机酸，它们将与重金属离子配位可形成非常稳定的可溶性螯合物。由于这些螯合物不易发生化学反应，很难通过一般的方法去除。这个问题的解决办法有三种：加入强氧化剂，在较高温度下破坏螯合物，使金属离子释放出来；由于一些螯合物在高 pH 条件下易被破坏，还可以用碱性的 Na_2S 去除重金属；使用含有高分子有机硫稳定剂，由于它们与重金属形成更稳定的螯合物，因而可以从配合物中夺取重金属并进行沉淀。

螯环的形成使螯合物比相应的非螯合配合物具有更高的稳定性，这种效应称为螯合效应，对 Pb^{2+}、Cd^{2+}、Ag^+、Ni^{2+} 和 Cu^{2+} 5 种重金属离子都有非常好的捕集效果，去除率均达到 98%以上。对 Co^{2+} 和 Cr^{3+} 的捕集效果较差，但去除率也在 85%以上。稳定化处理效果优于无机硫沉淀

剂 Na_2S 的处理效果，和使用 Na_2S 相比得到的产物能在更宽的 pH 范围内保持稳定，且从有效溶出量实验的结果来看，具有更好的长期稳定性。

可以大规模应用的重金属稳定化方法是比较有限的，但由于重金属在废物中的存在形态千差万别，具体到某一种废物，需根据所要达到的处理效果对处理方法和实施工艺进行有合理选择并加强研究。

三、污染物的解毒

（一）吸收

吸收是污染物进入吸收剂的过程，与海绵吸水很相似。在稳定化应用时，吸收要求添加固体材料(吸收剂)吸收固体废物中的自由液体以提高废物的处理特性，使废物固化。对于许多普通的吸收剂受到压力的作用，液体会自由地从材料中挤出。因此，吸收只能作为一种提高处理特性的临时手段来考虑。常见的吸收剂包括：土壤、飞灰、水泥窑粉尘、石灰窑粉尘、黏土矿物(包括斑脱土、高岭石、蛭石、沸石等)、锯木屑、干草或稻草。

（二）微囊化和巨囊化

根据美国国家环境保护局(USEPA)的定义，固定化和稳定化具有不同的含义。固定化技术指将污染物囊封入惰性基材中，或在污染物外面加上低渗透性材料，通过减少污染物暴露的淋滤面积达到限制污染物迁移的目的。微囊也称微球，是用高分子材料(简称囊材)把分散的固态、液态等物质(简称囊心物)包埋成的微小密闭物。也就是将粒径细小的污染物固定化过程称为微囊化，将粒径较大的污染物固定化过程称为巨囊化。制备微囊的技术称为微囊化技术，制备巨囊的技术称为巨囊化技术，常用的囊封惰性材料有沥青、塑料、玻璃等。

（三）化学氧化解毒

向废物中投加某种(如双氧水、臭氧等)强氧化剂，可以将有机污染物转化为 CO_2 和 H_2O，或转化为毒性很小的中间有机物，以达到稳定化目的。所产生的中间有机物可以用生物方法做进一步处理。用化学氧化法处理危险废物，可以破坏多种有机分子，包括含氯的挥发性有机物、硫醇、酚类及某些无机化合物，如氰化物等。常用的氧化剂有臭氧、过氧化氢、氯气、漂白粉等。使用臭氧和过氧化氢处理含氯挥发性有机物时，经常用紫外线来加速氧化过程。氧化反应仅取决于氧化还原电位，与参与反应的物质的性质无关，因而当废物中同时存在多种有机污染物且各自的浓度较低时，采用氧化解毒稳定法比较经济。

对于液态废物，如高浓度废水或危险废物填埋场渗滤液的氧化过程，可利用槽式反应器或柱塞流反应器进行，氧化剂可以在含污染物的废水流入反应器之前加入废水中，也可以按计量直接加入槽中。在这两种情况下，废水与氧化剂都必须充分混合以保证两者有足够充分的接触时间以充分利用药剂。

1. 臭氧氧化解毒

臭氧利用电能将大气中的氧分子分裂为两个自由基，而每个自由基再和一个氧分子结合成一个臭氧分子。由于臭氧具有很高的自由能，是一种强氧化剂，与有机物的反应可以进行得比较完全，它甚至可以嵌入到苯环中破坏其双键，并氧化醇类，产生醛和酮。臭氧可以和很多种有机物发生反应。如臭氧与醇反应时生成有机酸：

$$3RCH_2OH+2O_3 \longrightarrow 3RCOOH+3H_2O \tag{7-3}$$

用臭氧处理氰化物时发生下列反应：

$$NaCN+O_3 \longrightarrow NaCNO+O_2 \tag{7-4}$$

当反应的同时用紫外线照射，可以大大缩短反应时间。臭氧与紫外线结合处理有机物时发生下列反应：

$$CH_3CHO+O_3 \xrightarrow{\text{紫外线}} CH_3COOH+O_2 \tag{7-5}$$

用臭氧处理有机污染物的主要缺点是费用高，且理论上每千瓦时电力可生产 1 058 g 臭氧，但实际上仅能生产 150~300 g。另外，臭氧在大气中极易自行解离为氧气，而且这种解离作用可以与废物处理过程中发生的任何氧化反应相竞争，所以臭氧必须在处理现场生产并立即使用。

2. 过氧化氢氧化解毒

过氧化氢处理固体废物中的有机污染物时，其作用机理与臭氧相似，当存在铁作为催化剂时，反应也产生羟基自由基·OH。此自由基与有机物反应后产生一个活性有机基团 R·：

$$\cdot OH+RH \longrightarrow R\cdot +H_2O \tag{7-6}$$

此有机基团可以再次与过氧化氢反应生成另一个羟基自由基：

$$R\cdot +H_2O_2 \longrightarrow \cdot OH+ROH \tag{7-7}$$

用过氧化氢处理氰化物时发生下列反应：

$$NaCN+H_2O_2 \longrightarrow NaCNO+H_2O \tag{7-8}$$

用过氧化氢处理硫化物时发生下列反应：

$$H_2S+H_2O_2 \longrightarrow S+2H_2O \tag{7-9}$$

$$S+4H_2O_2 \longrightarrow SO_4^{2-}+4H_2O \tag{7-10}$$

当过氧化氢结合紫外线处理有机物时发生下列反应：

$$CH_2Cl_2+2H_2O_2 \xrightarrow{\text{紫外线}} CO_2+2H_2O+2HCl \tag{7-11}$$

过氧化氢通常以 35%~50%浓度的水溶液形式保存，当和紫外线结合使用时，可以极大地减小反应设备的容量，所需紫外线的功率约为 500 W/L。

用过氧化氢在现场处理被五氯酚污染的土壤是很有效的，可以使 99.9%的五氯酚得到降解，并可有效地去除总有机碳。

3. 氯氧化解毒

在废物处理中经常使用氯和含氯化合物，如漂白粉[有效成分为 $Ca(ClO)_2$]作为氧化剂。如果废物是液态的，则可以将氯气直接通入其中发生水解反应生成次氯酸：

$$Cl_2+H_2O \longrightarrow HClO+H^++Cl^- \tag{7-12}$$

次氯酸 HClO 是一种弱酸，又进而在瞬间离解：

$$HClO \longrightarrow H^++ClO^- \tag{7-13}$$

很明显，这个离解过程的进行与 pH 密切相关，当 pH 增高时，氧化能力也提高。在 pH 高于 7.5 时，ClO^-则为主要存在形式。

用氯的氧化作用来破坏剧毒的氰化物是一种经典方法，在处理过程中发生一系列化学反应。首先，在碱性条件下，氯与氰化物反应生成毒性较小的氰酸盐：

$$CN^- + ClO^- \longrightarrow CNO^- + Cl^- \tag{7-14}$$

此反应必须在 pH 大于 10 的条件下进行，以防止生成有毒气体氯化氰：

$$NaCN + Cl_2 \longrightarrow CNCl + NaCl \tag{7-15}$$

在碱性条件下，氯化氰会进一步反应转化成氰酸钠：

$$CNCl + 2NaOH \longrightarrow NaCNO + H_2O + NaCl \tag{7-16}$$

然后氰酸钠进一步和氯和碱发生反应而最终被破坏：

$$2NaCNO + 3Cl_2 + 4NaOH \longrightarrow N_2 + 2CO_2 + 6NaCl + 2H_2O \tag{7-17}$$

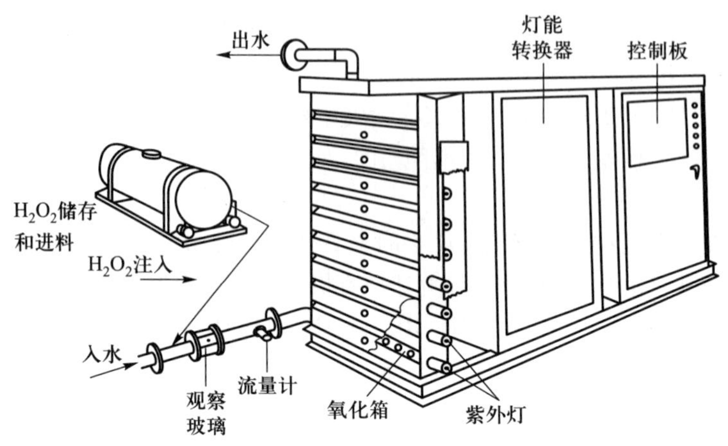

图 7-5 典型 H_2O_2/UV 系统装置示意图

在实际应用过程中必须加入过量的氯，以防止产生有毒的氯化氰。虽然化学氧化技术一般用于治理液态危险废物和受污染地下水，但也适用于污染土壤处理，即挖掘出被污染土壤，在反应容器中以淤泥的形式处理。

一般 H_2O_2 和 UV 结合使用，典型的装置如图 7-5 所示。过氧化氢宜以 35%～50%(体积分数)溶液储存。H_2O_2 在水中的高度溶解，免除了使用混合设备，减少了系统中的活动部分。通过使用高能量的 UV 灯，传递 500 W/L 能量，H_2O_2 和 UV 结合系统的尺寸可显著降低。一些典型的氧化还原解毒反应如表 7-2 所示。

表 7-2 一些典型的氧化还原解毒反应

药剂	产物	反应	注解
		氧化	
臭氧	氰化物氧化	$NaCN + O_3 \longrightarrow NaCNO + O_2$	
	苯酚氧化	见图 7-7	
过氧化氢	氰化物氧化 硫化物氧化	$NaCN + H_2O_2 \longrightarrow NaCNO + H_2O$ $H_2O_2 + H_2S \longrightarrow 2H_2O + S$ $4H_2O_2 + S^{2-} \longrightarrow SO_4^{2-} + 4H_2O$	pH 9.5～10.5
氯	氯化亚铁至氯化铁	$2Fe^{2+} + HOCl + 5H_2O \longrightarrow 2Fe(OH)_3 + Cl^- + 5H^+$	
	氰化物至氰酸盐	$NaCN + Cl_2 \longrightarrow CNCl + NaCl$ $CNCl + 2NaOH \longrightarrow NaCNO + H_2O + NaCl$	CNCl 为有毒气体
	氰酸盐至 CO_2 和 N_2	$2NaCNO + 3Cl_2 + 4NaOH \longrightarrow N_2 + 2CO_2 + 6NaCl + 2H_2O$	

续表

药剂	产物	反应	注解
二氧化氯	锰离子至二氧化锰	$Cl_2+2NaClO_2 \longrightarrow 2ClO_2+2NaCl$ $Mn(NO_3)_2+2e^- \longrightarrow MnO_2+2NO_3^-$	MnO_2 不溶
臭氧/紫外线	乙醛	$CH_3CHO+O_3 \longrightarrow CH_3COOH+O_2$	形成 H_2O_2
紫外线/过氧化氢	二氯甲烷	$CH_2Cl_2+2H_2O_2 \longrightarrow CO_2+2H_2O+2HCl$	
氧	甲醛	$CH_2O+O_2 \longrightarrow CO_2+H_2O$	
	氰化物	$2CN^-+O_2 \longrightarrow 2CNO^-$ $CNO^-+2H_2O+2H^+ \longrightarrow CO_2+NH_4^++H_2O$	需要活性炭和铜催化
		还原	
二氧化硫	铬	$3SO_2+3H_2O \longrightarrow 3H_2SO_3$ $2CrO_3+3H_2SO_3 \longrightarrow Cr_2(SO_4)_3+3H_2O$	Cr^{3+} 通过加入石灰生成 $Cr(OH)_3$ 沉淀
硫化铁	铬	$2CrO_3+6FeSO_4+6H_2SO_4 \longrightarrow 3Fe_2(SO_4)_3+$ $Cr_2(SO_4)_3+6H_2O$	
硼氢化钠	铜	$NaBH_4+8Cu^++2H_2O \longrightarrow 8Cu+NaBO_2+8H^+$	

氧化还原反应受环境影响较大。在危险废物处理中量化效果的参数为反应的自由能和氧化还原电势(ORP)。温度、pH、催化剂和其他反应物的浓度等因素将影响氧化剂的选择，并决定处理的成本是否可行。试剂的氧化和还原能力通过测量电极电势表征。图 7-6、图 7-7 是 O_3 对不同类型物质的作用示意图。

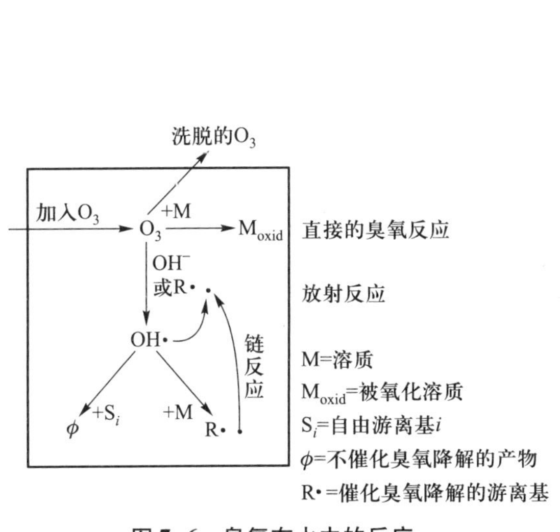

图 7-6 臭氧在水中的反应

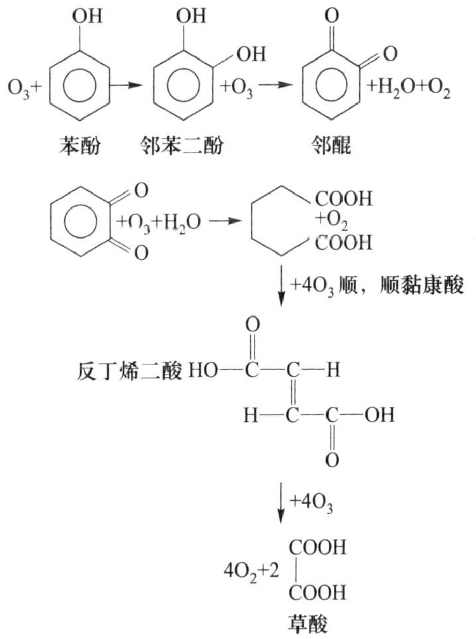

O_3+ 苯酘 → 邻苯二酚 $+O_3$ → 邻醌 $+H_2O+O_2$

苯酚 邻苯二酚 邻醌

邻醌 $+O_3+H_2O$ → (COOH, COOH) $+O_2$

↓ $+4O_3$ 顺，顺黏康酸

反丁烯二酸 HO—C(=O)—C—H=H—C—C(=O)—OH

↓ $+4O_3$

$4O_2+2$ COOH—COOH

草酸

图 7-7 臭氧降解苯酚示意图

(四) 超临界流体解毒

超临界流体(supercritical fluid,SCF)萃取和超临界水氧化(supercritical water oxidation,SCWO)是危险废物处理的新技术。超临界流体是指在高温和高压下具有介于气体和液体之间的临界性质的物质(见表7-3、图7-10至图7-13)。SCF萃取就是使土壤、沉积物或水中的有机物溶解在高温高压的流体中,并在较低温度和压力的SCF中释放。在超临界水氧化中,空气和污染水同时达到水的临界点以上,此时有机组分完全氧化的速率很快。在超临界水氧化中,含有机污染物的加压加热水(在超临界状态)在反应器(氧化器)中与压缩气体混合。表7-4展示了SCF氧化的扩大实验评估测试结果。许多有机污染物在SCF反应器中的氧化在极短的时间内完成,据报道,在600~650 ℃(1 112 ~ 1 202 ℉)停留时间不超过1 min,有99.999 9%的去除效果。从氧化器开始,混合物通过固体分离器(当水处于临界状态时,无机化合物在水中的溶解度降低3~4个数量级),并且通过高压和低压两种蒸气分离器,从排出水中分离气体(主要是CO_2和N_2)。从高压分离器中回收的一部分能量可用来压缩流入的空气。图7-8为CO_2萃取有机化合物的SCF工艺示意图,图7-9为SCF氧化废水工艺示意图。

表7-3 临界参数

溶剂	温度/℃	压力/atm	密度/($g\cdot cm^{-3}$)
二氧化碳	31.1	73.0	0.460
水	374.15	218.4	0.323
氨水	132.4	111.5	0.235
苯	288.5	47.7	0.304
甲苯	320.6	41.6	0.292
环己烷	281.0	40.4	0.270

注:1 atm≈101 325 Pa。

表7-4 SCF氧化的扩大实验评估测试结果

化合物	温度/℃	时间/min	破坏率/%	化合物	温度/℃	时间/min	破坏率/%
脂肪烃				4,4-二氯联苯	500	4.4	99.993
环己烷	445	7	99.97	DDT	505	3.7	99.997
芳香烃				PCB 1234	510	3.7	99.99
联苯	450	7	99.97	PCB 1254	510	3.7	99.99
对二甲苯	495	3.6	99.93	氧化物			
卤化脂肪烃				丁酮	460	3.2	99.96
1,1,1-三氯乙烷	495		99.99	丁酮	505	3.7	99.993
1,2-二氯乙烯	495		99.99	葡萄糖	440	7	99.6
四氯乙烯	495		99.99	有机氮化物			
卤化芳香烃				2,4-二硝基甲苯	457	0.5	99.7
邻氯甲苯	495	3.6	99.99	2,4-二硝基甲苯	513	0.5	99.992
六氯联苯	488	3.5	99.99	2,4-二硝基甲苯	574	0.5	99.999 8
1,2,4-三氯苯	495	3.6	99.99				

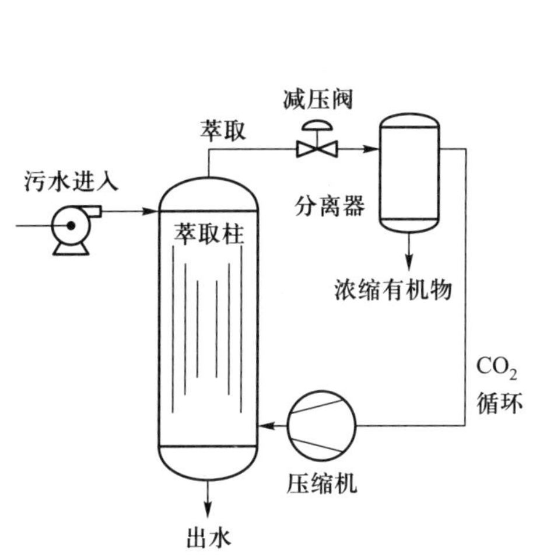

图 7-8　CO_2 萃取有机化合物的 SCF 工艺示意图

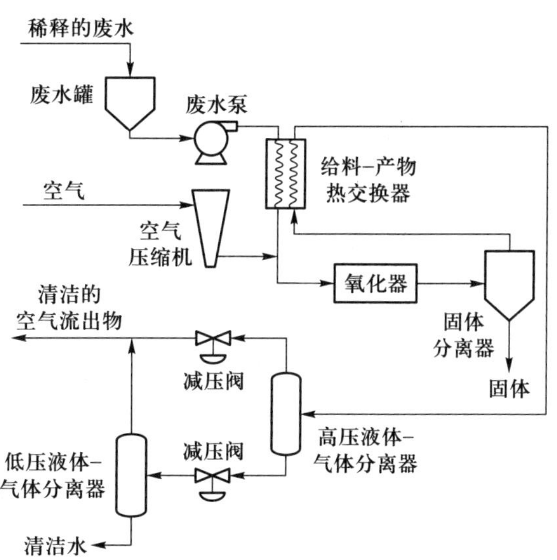

图 7-9　SCF 氧化废水工艺示意图

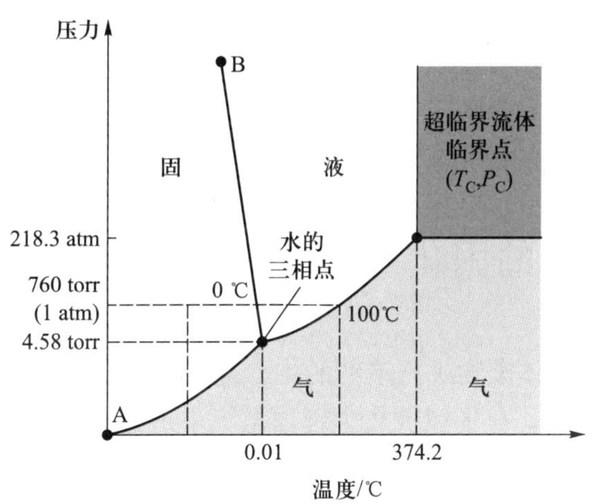

图 7-10　水的压力-温度相变化示意图

注：1 atm = 101. 325 N/m^2 = 101. 3 kPa

= 1. 033 kgf/cm^2 = 10. 33 mH_2O

= 760 mmHg;

1 torr = 1 mmHg

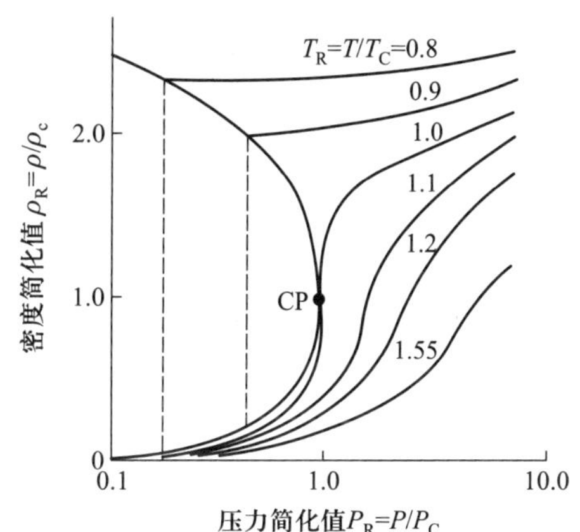

图 7-11　纯化合物临界点附近黏度的简化规律

Treybal 提出了分配系数、密度、毒性、表面张力等选择萃取溶剂的决定性因素。另外还需考虑的因素包括废物的压缩性、烧焦的可能性、除去产生的固相的可能性。如果废物为固体、泥浆或悬浮液，固体颗粒直径必须减小到 100 μm 以下，这也是高压泵所限定的颗粒直径范围，当有机物被缓慢加热到临界状态时，可能发生烧焦现象。由于烧焦物氧化速率明显低于溶解有机物，需要在反应器中滞留更长时间，因此烧焦现象是不利的。在工艺运行时，无机盐沉淀的分离也可能是个问题。

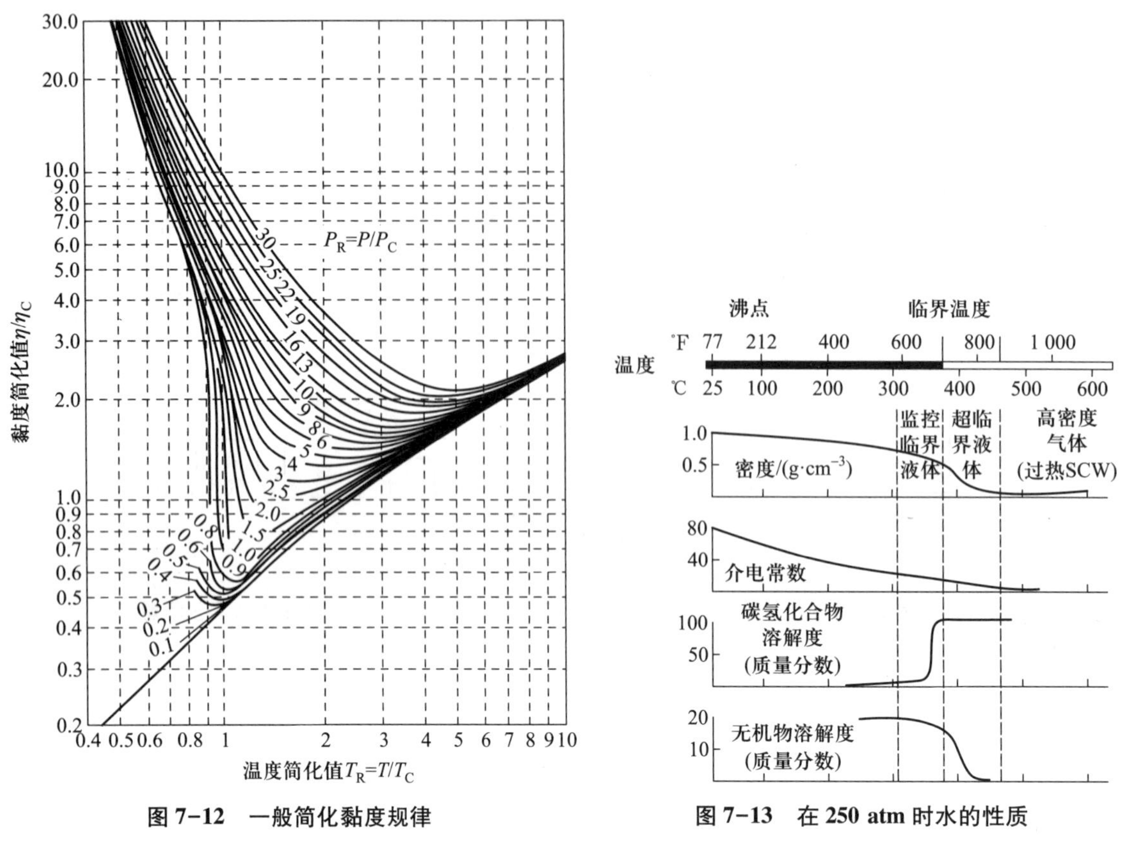

图 7-12 一般简化黏度规律

图 7-13 在 250 atm 时水的性质

第二节 固体废物的固化处理

固化处理不仅是制备建筑或工程材料对大宗固体废物进行消纳的主要途径，更是处理含重金属废物和其他非金属有害固体废物的重要手段，在区域性集中管理系统中占有重要的地位。固化处理作为有害固体废物最终处置的预处理技术在国内外广泛应用于以下几个方面：① 对具有毒性或强反应性等危险性质的废物进行处理，使得其满足后续处理或填埋处置的要求。例如，在填埋处置液态或泥状的危险废物时，由于液态物质的迁移特性，在使用液体吸收剂处理液体时，当填埋场处于很大的外加负荷时，被吸收的液体很容易被重新释放出来。② 对其他处理过程所产生的残渣进行无害化处理。例如，焚烧过程虽然可以有效地破坏有机毒性物质，并具有很大的减容效果。但是，同时也必然会在此过程产生的灰渣中富集某些化学成分，甚至富集放射性物质，所以要对焚烧过程产生的灰渣进行无害化处理。另外，锌铅的冶炼过程产生含有较高浓度砷的废渣，这些废渣大量堆积，会严重威胁地下水的质量，因此也必须对此废渣进行固化稳定化处理。③ 对污染物含量低的大宗固体废物，进行固化处理形成具有优良机械性能和环境友好的块体，通过环境风险评估的可作为建筑或工程材料使用。

一、固化处理概述

有害固体废物固化处理的目的是使有害固体废物中的所有污染组分呈现化学惰性或被包容起来，便于运输、利用和处置，减小它在贮存或填埋处置过程中污染环境的潜在危险。通常有害固体废物固化处理的途径包括将污染物通过化学转变，引入某种稳定固体物质的晶格中去，以及通过物理过程把污染物直接掺入惰性基材中去。此技术所涉及的主要过程和技术术语有：固化是指在危险废物中添加固化剂，使其转变为不可流动固体或形成紧密固体的过程。固化的产物是结构完整的整块密实固体，这种固体可以方便地按尺寸大小进行运输，而无须任何辅助容器。限定化是指将有毒化合物固定在固体粒子表面的过程。包容化是指用稳定剂/固化剂凝聚，将有毒物质或有害固体废物颗粒包容或覆盖的过程。

二、固化处理技术

根据固化基材及固化过程，目前常用的固化处理方法主要包括：水泥固化、石灰固化、塑性材料固化、有机聚合物固化、自胶结固化、熔融固化（玻璃固化）和陶瓷固化等。但现所采用的各种固化处理往往只能适用于一种或几种类型的废物。已应用该技术处理的废物包括金属表面加工废物、电镀及铅冶炼酸性废物、尾矿、废水处理污泥、焚烧、炉灰、食品生产污泥等，并非所有的有害固体废物都适用于固化处理，并且某些废物对不同固化处理技术的适应性也有差别（见表 7-5）。根据固化处理的对象可将固化处理分为无机废物固化法和有机废物包封法，各自的优缺点见表 7-6。

表 7-5　某些废物对不同固化处理技术的适应性

废物成分		处理技术			
		水泥固化	石灰等材料固化	热塑性微包容法	大型包容法
有机物	有机溶剂和油	影响凝固，有机气体挥发	影响凝固，有机气体挥发	加热时有机气体会逸出	先用固体基料吸附
	固态有机物（如塑料、树脂、沥青）	可适应，能提高固化体的耐久性	可适应，能提高固化体的耐久性	有可能作为凝结剂来使用	可适应，可作为包容材料使用
无机物	酸性废物	水泥可中和酸	可适应，能中和酸	应先进行中和处理	应先进行中和处理
	氧化剂	可适应	可适应	会引起基料的破坏甚至燃烧	会破坏包容材料
	硫酸盐	影响凝固，除非使用特殊材料，否则引起表面剥落	可适应	会发生脱水反应和再水合反应而引起泄漏	可适应
	卤化物	很容易从水泥中浸出，妨碍凝固	妨碍凝固，会从水泥中浸出	会发生脱水反应和再水合反应	可适应
	重金属盐	可适应	可适应	可适应	可适应
	放射性废物	可适应	可适应	可适应	可适应

表 7-6 无机废物固化法和有机废物包封法的优缺点

	无机废物固化法	有机废物包封法
优点	① 设备投资费用及日常运行费用低； ② 所需材料比较便宜而丰富； ③ 处理技术已比较成熟； ④ 材料的天然碱性有助于中和废水的酸度； ⑤ 由于材料可在一定的含水量范围内使用，不需要彻底的脱水过程； ⑥ 借助于有选择地改变处理剂的比例，处理后产物的物理性质可从软的黏土一直变化到整块石料； ⑦ 用石灰为基质的方法可在一个单一的过程中处置两种废物； ⑧ 用黏土为基质可用于处理某些有机废物	① 污染物迁移率一般要比无机固化法低； ② 与无机固化法相比，需要的固定程度低； ③ 处理后材料的密度较低，从而可以降低运输成本； ④ 有机材料可在废物与浸出液之间形成一层不透水的边界层； ⑤ 此法可包封较大范围的废物； ⑥ 对大型包封法而言，可直接应用现代化的设备喷涂树脂，无须其他能量开支
缺点	① 需要大量原料； ② 原料(特别是水泥)是高能耗产品； ③ 某些飞灰如那些含有有机物的废物在固化时会有一些困难； ④ 处理后产物的质量和体积都有较多增加； ⑤ 处理后产物容易被浸出，尤其容易被稀酸浸出，因此可能需要额外的密封材料； ⑥ 稳定化的机理尚未了解	① 所用的材料较昂贵； ② 用热塑性及热固性包封法时，干燥、熔化及聚合化过程中能源消耗大； ③ 某些有机聚合物是易燃的； ④ 除大型包封法外，各种方法均需要熟练的技术工人及昂贵的设备； ⑤ 材料是可降解的，易于被有机溶剂腐蚀； ⑥ 某些这类材料在聚合不完全时自身会造成污染

(一) 水泥固化

1. 基本理论

水泥固化是以水泥为固化剂将有害固体废物进行固化的一种处理方法。在用水泥固化处理时，废物被掺入水泥的基质中，水泥与废物中的水分或另外添加的水分，发生水化反应后生成坚硬的水泥固化体。

20 世纪 30 年代，美国 Purdon 在研究波特兰水泥(普通硅酸盐水泥)的硬化机理时发现，少量的 NaOH 在水泥硬化过程中可以起催化剂的作用，使得水泥中的硅、铝化合物比较容易溶解而形成硅酸钠和偏铝酸钠，再进一步与 $Ca(OH)_2$ 反应形成硅酸钙和铝酸钙矿物，使水泥硬化并且重新生成 NaOH 再催化下一轮反应，因此他提出了所谓的碱激活理论。苏联的相关研究发现除了氢氧化钠以外，碱金属的氢氧化物、碳酸盐、硫酸盐、磷酸盐、氟化物、硅酸盐和铝硅酸盐等都可以作为反应的激活剂，较大程度地丰富了碱激活剂的种类，J. Davidovits 以硅铝比(Si/Al)为依据，将地聚物材料的结构大致分为三类：PS(Si/Al=1)、PSS(Si/Al=2)和 PSDS(Si/Al = 3)。世界上有许多专门研究机构如法国的“Geopolymer Institute”和美国的

“Waterways Experiment Station” 等和许多其他科学家们在致力于地聚物材料的研究工作。其中，法国 J. Davidovits 提出了解聚和缩聚的理论。他认为地聚物材料的凝结硬化过程就是原材料中硅氧键和铝氧键在碱性催化剂作用下断裂后再重组的反应过程。J. Davidovits 在研究中假设铝硅酸盐的聚合过程是通过一些假设基团逐步发生缩聚过程，这些假设的组成单元进一步缩聚形成三维大分子结构。他将这些低分子量单元(单体、二聚体、三聚体等)称为低聚物。低聚硅铝酸盐指的是单体正硅铝酸盐、二聚体二硅铝酸盐等；类似地，也有低聚硅铝酸盐-硅氧体和低聚硅铝酸盐-二硅氧体。J. Davidovits 提出的聚合物反应表述为：① 铝硅酸盐原料在碱性溶液(NaOH、KOH)中的溶解；② 溶解的铝硅配合物由固体颗粒表面向颗粒间隙的扩散；③ 凝胶相 $M\{—(SiO_2)z—AlO_2\}n \cdot wH_2O$ 的形成，导致在碱硅酸盐溶液和铝硅配合物之间发生聚合作用；④ 凝胶相逐渐排除剩余的水分，固结硬化成矿物聚合材料块体。对于不同原料成分、不同用途的地聚合物材料，其具体反应机理不完全相同，但主要反应为上述过程。

2. 水泥固化基材及添加剂

水泥是一种无机胶结材料，其主要成分为 SiO_2、CaO、Al_2O_3 和 Fe_2O_3(反应机理如图 7-14 所示)，水化反应后可形成坚硬的水泥石块，从而把分散的固体添料(如砂石)牢固地黏结为一个整体。水泥的品种很多，如普通硅酸盐水泥、矿渣硅酸盐水泥、火山灰硅酸盐水泥、矾土水泥、沸石水泥等都可以作为废物固化处理的基材。

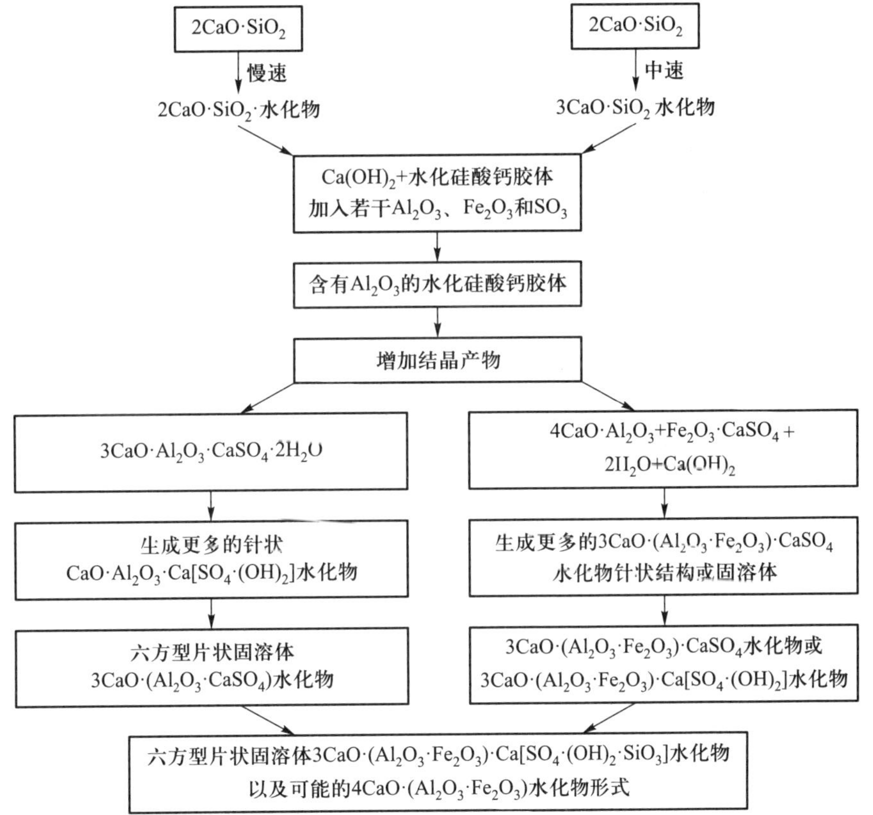

图 7-14 硅酸盐水泥的反应过程

为了改善固化产品的性能，根据废物的性质和对产品质量的要求，添加适量的添加剂。添加剂分为无机添加剂和有机添加剂两大类，其中无机添加剂包括蛭石、沸石、多种黏土矿物、水玻璃、无机缓凝剂、无机速凝剂和骨料等；有机添加剂包括硬脂肪酸丁酯、δ-葡萄糖酸内酯、柠檬酸等。

3. 水泥固化的化学反应

水泥固化过程所发生的水合反应主要有四类。

① 硅酸三钙的水合反应：

$$3CaO \cdot SiO_2+xH_2O \longrightarrow 2CaO \cdot SiO_2 \cdot yH_2O+Ca(OH)_2 \longrightarrow CaO \cdot SiO_2 \cdot mH_2O+2Ca(OH)_2 \quad (7-18)$$

$$2(3CaO \cdot SiO_2)+xH_2O \longrightarrow 3CaO \cdot 2SiO_2 \cdot yH_2O+3Ca(OH)_2 \longrightarrow 2(CaO \cdot SiO_2 \cdot mH_2O)+4Ca(OH)_2 \quad (7-19)$$

② 硅酸二钙的水合反应：

$$2CaO \cdot SiO_2+xH_2O \longrightarrow 2CaO \cdot SiO_2 \cdot xH_2O \longrightarrow CaO \cdot SiO_2 \cdot mH_2O+Ca(OH)_2 \quad (7-20)$$

$$2(2CaO \cdot SiO_2)+xH_2O \longrightarrow 3CaO \cdot 2SiO_2 \cdot yH_2O+Ca(OH)_2 \longrightarrow 2(CaO \cdot SiO_2 \cdot mH_2O)+2Ca(OH)_2 \quad (7-21)$$

③ 铝酸三钙的水合反应：

$$3CaO \cdot Al_2O_3+xH_2O \longrightarrow 3CaO \cdot Al_2O_3 \cdot xH_2O \longrightarrow CaO \cdot Al_2O_3 \cdot mH_2O+Ca(OH)_2 \quad (7-22)$$

如有氢氧化钙[$Ca(OH)_2$]存在，则变为：

$$3CaO \cdot Al_2O_3+xH_2O+Ca(OH)_2 \longrightarrow 4CaO \cdot Al_2O_3+mH_2O \quad (7-23)$$

④ 铝酸四钙的水合反应：

$$4CaO \cdot Al_2O_3+Fe_2O_3+xH_2O \longrightarrow 3CaO \cdot Al_2O_3 \cdot mH_2O+CaO \cdot Fe_2O_3 \cdot nH_2O \quad (7-24)$$

4. 水泥固化工艺及其影响因素

水泥固化工艺通常是把有害固体废物、水泥和其他添加剂一起与水混合，经过一定的养护时间而形成坚硬的固化体。固化工艺的配方是根据水泥的种类处理要求以及废物的处理要求制定的。影响水泥固化的因素主要有：

（1）pH

pH 对于金属离子的固定有显著的影响。当 pH 较高时，许多金属离子会形成氢氧化物沉淀，并且水中的碳酸盐浓度也会较高，有利于生成碳酸盐沉淀。另外，pH 过高时，会形成带负电荷的羟基络合物，溶解度反而升高。如对于 Cu，当 pH 大于 9 时；对于 Zn，当 pH 大于 9.3 时；对于 Cd，当 pH 大于 11.1 时，都会形成金属络合物，溶解度增加。

（2）水、水泥和固体废物的质量比

水分过少，不能保证水泥的充分水合作用；水分过大，则会出现泌水现象，影响固化块的强度。

（3）凝固时间

必须适当控制初凝时间和终凝时间，以确保水泥废物浆料能够在混合以后有足够的时间进行输送、装桶或者浇注。一般，初凝时间大于 2 h，终凝时间在 48 h 以内。通过投加促凝剂、缓凝剂来控制凝结时间。

(4) 添加剂

常常根据废物的性质掺入适量的添加剂，就是为了改善固化条件，提高固化体质量。常用的添加剂有吸附剂，如投加适量的沸石或蛭石于含有大量硫酸盐的废物中，可以防止硫酸盐与水泥成分发生化学反应，生成水化硫酸铝钙而导致固化体膨胀和破裂。采用蛭石作添加剂，还可以起到骨料和吸收的作用。

5. 应用及特点

水泥固化处理技术适用于多种类型的废物，如多氯联苯、油和油泥、含有氯乙烯和二氯乙烷的废物、硫化物等，尤其是含有重金属污染物的无机废物(如电镀污泥、砷渣、汞渣、氰渣、镉渣及铬渣等)，也被应用于低、中放射性物质以及垃圾焚烧厂产生的焚烧飞灰等危险废物的固化处理。

(1) 电镀污泥水泥固化处理

电镀污泥水泥固化处理时，采用400~500号硅酸盐水泥为固化剂。电镀干污泥、水泥和水的配比为(1~2)：20：(6~10)。其水泥固化体的抗压强度可达10~20 MPa。浸出试验表明，重金属的浸出浓度：汞小于0.000 2 mg/L(原污泥含汞0.13~1.25 mg/L)；镉小于0.002 mg/L(原污泥含镉1.0~80.6 mg/L)；铅小于0.002 mg/L(原污泥含铅165~243 mg/L)；六价铬小于0.02 mg/L(原污泥含六价铬0.3~0.4 mg/L)；砷小于0.01 mg/L(原污泥含砷8.14~11.0 mg/L)。电镀污泥水泥固化处理工艺流程如图7-15所示。

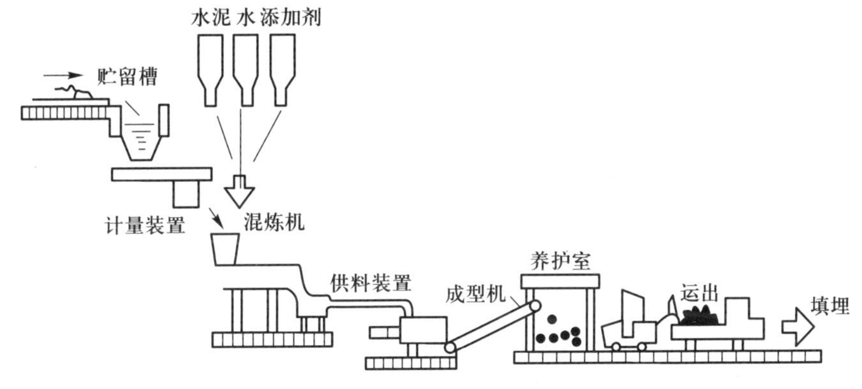

图7-15　电镀污泥水泥固化处理工艺流程

(2) 含汞泥渣的水泥固化处理

汞渣水泥固化处理时，汞渣与水泥的配比为1：(3~8)，加水混合均匀后送入模具振捣成型，然后再送入蒸汽养护室，在60~70 ℃下养护24 h，凝结硬化即形成固化体，可做深埋处置。

水泥固化具有以下优点：① 设备和工艺过程简单，无须特殊的设备，设备投资、动力消耗和运行费用都比较低；② 水泥和添加剂价廉易得；③ 对含水率较低的废物可直接固化，无须前处理；④ 在常温下就可操作；⑤ 处理技术已相当成熟，对放射性固体废物的固化容易实现安全运输和自动控制等。

水泥固化也存在一些缺点：① 水泥固化体的浸出速率较高，通常为10^{-4}~10^{-5} g/(cm^2·d)，主要是由于它的孔隙率较高，因此需做涂覆处理；② 水泥固化体的增容比较高，达 1.5~2；③ 有的废物需进行预处理和投加添加剂，使处理费用增高；④ 水泥的碱性易使铵离子转变为氨气逸出；⑤ 处理化学泥渣时，由于生成胶状物，使混合器的排料较困难，需加入适量的锯末予以克服。

（二）沥青固化

1. 原理

沥青固化是以沥青类材料作为固化剂，与有害固体废物在一定的温度、配料比、碱度和搅拌作用下发生皂化反应，使有害物质包容在沥青中并形成稳定固化体的过程。沥青属于憎水性物质，具有良好的黏结性和化学稳定性，而且对于大多数酸和碱有较高的耐腐蚀性。目前我国所使用的沥青大部分来自石油蒸馏的残渣，其化学成分包括沥青质、油分、游离碳、胶质、沥青酸和石蜡等。从固化的要求出发，较理想的沥青组分是含有较高的沥青质和胶质以及较低的石蜡性物质。完整的沥青固化体具有优良的防水性能。

2. 沥青固化工艺

沥青固化工艺主要包括三个部分，即固体废物的预处理、废物与沥青的热混合以及二次蒸汽的净化处理，其中关键的部分为热混合环节。

放射性废物沥青固化的基本方法有高温熔化混合蒸发法、暂时乳化法和化学乳化法。

（1）高温熔化混合蒸发法

高温熔化混合蒸发法（如图 7-16 所示）是将废物加入预先熔化的沥青中，在 150~230 ℃下搅拌混合蒸发，待水分和其他挥发组分排出后，将混合物排至贮存器或处置容器中。

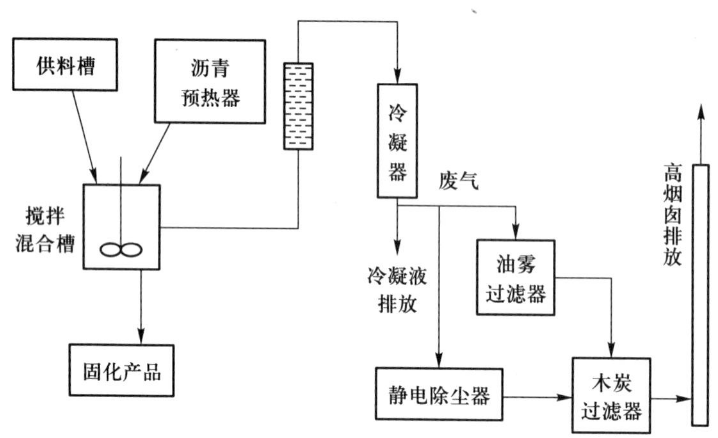

图 7-16 高温熔化混合蒸发法

（2）暂时乳化法

放射性泥浆的暂时乳化法沥青固化主要分三个步骤，首先是将污泥浆、沥青与表面活性剂搅拌混合，然后分离除去大部分水分，再进一步升温干燥，使混合物脱水，其主要设备是双螺杆挤压机。

(3) 化学乳化法

化学乳化法的操作分三个步骤，首先将放射性废物在常温下与乳化沥青混合，然后将混合物加热，脱去水分，接着将脱水干燥后的混合物排入废物容器，待冷却硬化后形成沥青固化体。

3. 应用及特点

沥青固化一般被用来处理中、低放射性蒸发残液、废水化学处理产生的污泥、焚烧炉产生的灰分，以及毒性较大的电镀污泥和砷渣等有害固体废物。

沥青固化与水泥固化技术相比较，二者所处理的废物对象基本上相同，除可处理低、中放射性废物外，还可以处理浓缩废液或污泥、焚烧炉的残渣、废离子交换树脂等。但在固化技术方面，沥青固化具有三个特点：① 固化体的孔隙率和固化体中污染物的浸出速率均大大降低。另外，由于固化过程中干废物与固化剂之间的质量比通常为 1∶1~2∶1，因而固化体的增容较小。② 固化剂具有一定的有害性，固化过程中容易造成二次污染，需采取措施加以避免。另外，对于含有大量水分的废物，由于沥青不具备水泥的水化作用和吸水性，所以需预先对废物进行浓缩脱水处理。因此，沥青固化工艺流程和装置往往较为复杂，一次性投资与运行费用均高于水泥固化法。③ 固化操作需在高温下完成，不宜处理在高温下易分解的废物、有机溶剂以及强氧化性废物。

(三) 塑性材料固化

1. 原理

塑性材料固化是以塑料为固化剂，与有害固体废物按一定的比例配料，并加入适量催化剂和填料进行搅拌混合，使其共聚合固化，将有害固体废物包容形成具有一定强度和稳定性固化体的过程。根据所用材料的性能不同可以分为热固性塑料固化和热塑性材料固化两种方法。

(1) 热固性塑料固化

热固性塑料固化法是用热固性有机单体(如脲醛)和已经过粉碎处理的固体废物充分地混合，在助凝剂和催化剂的作用下产生聚合海绵状的聚合物，从而在每个废物颗粒的周围形成一层不透水的保护膜。但是经常有一部分液体废物遗留下来，所以一般在最终处置以前还需干化。目前使用较多的材料是脲醛树脂、聚酯和聚丁二烯等，有时也可使用酚醛树脂或环氧树脂。由于在绝大多数这种过程中废物与包封材料之间不进行化学反应，因此包封的效果取决于废物自身的形态(颗粒度、含水量等)以及进行聚合的条件。

(2) 热塑性材料固化

热塑性材料固化是用熔融的热塑性物质在高温下与有害固体废物混合，以达到废物稳定化的目的。可使用的热塑性物质如沥青、石蜡、聚乙烯、聚丙烯等。在操作时，通常是先将废物干燥脱水，然后将聚合物与废物在适当的高温下混合，并在升温的条件下将水分蒸发掉，最后合成了稳定的热塑性材料固化体。

2. 应用及特点

热固性塑料固化法在过去曾是固化低水平有机放射性废物(如放射性离子交换树脂)的重要方法之一，同时也可用于稳定非蒸发性的、液体状态的有机有害固体废物。由于需要对所有废物颗粒进行包封，在适当选择包容物质的条件下，可以达到十分理想的包容效果。该法的主要优点是引入的物质密度较低，所需要的添加剂数量也较少，固化体密度小；主要缺点是操作过程复杂，热固性材料自身价格高昂。由于操作中有机物的挥发，容易引起燃烧起火，因此通常不能在现场大规模应用。

热塑性材料固化与水泥等无机材料的固化工艺相比，污染物的浸出速率低得多，由于需要的包容材料少，又在高温下蒸发了大量的水分，它的增容率也就较低。该法的主要缺点是在高温下进行操作，耗能较多；操作时会产生大量的挥发性物质，其中有些是有害的物质；有时在废物中含有热塑性物质或者某些溶剂，影响稳定剂和最终稳定效果。

(四) 玻璃固化

玻璃固化是以玻璃原料为固化剂，将其与有害固体废物以一定的配料比混合后，在 1 000～1 500 ℃的高温下熔融，经退火后形成稳定的玻璃固化体。

玻璃固化主要用于高放射性废物的固化处理。尽管可用于玻璃固化的玻璃种类繁多，但是，普通钠钾玻璃在水中的溶解度较高，不能用于高放射性废液的固化；硅酸盐玻璃熔点高，但制造困难，也难以使用。通常，采用较多的是磷酸盐玻璃和硼酸盐玻璃。

磷酸盐玻璃固化法最适于处理含盐量低、放射性极高的有害固体废物，如普雷克斯(Purex process)废液。其工艺流程如图 7-17 所示。

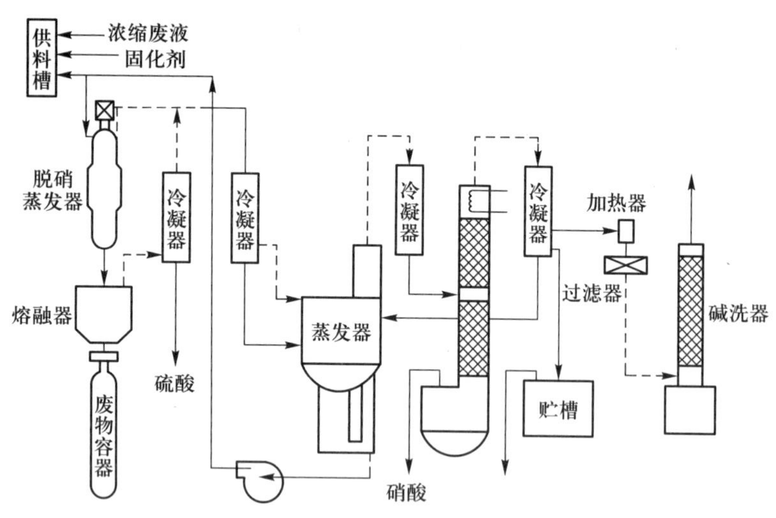

图 7-17 磷酸盐玻璃固化工艺流程

硼酸盐玻璃固化法是半连续操作。将高放射性废物液与固化剂(硼硅玻璃原料)以一定的配料比混合后，加入装有感应炉装置的金属固化罐中加热煅烧至干，然后升温至 1 100～1 150 ℃，保温数小时。熔融玻璃从玻璃固化罐流入接收容器，经退火后便得到含有高放射性废物的玻璃固化体。工艺流程如图 7-18 所示。

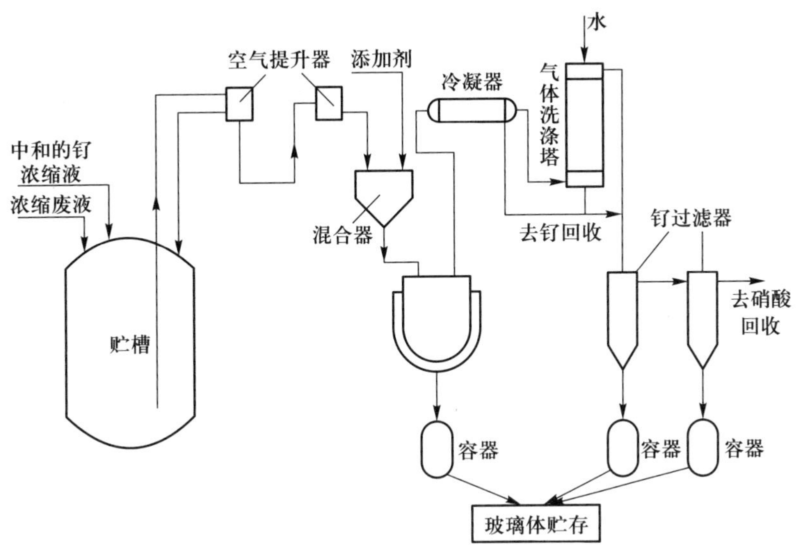

图 7-18　硼酸盐玻璃固化工艺流程

近年来，重金属污泥的玻璃固化处理也逐步引起重视和研究。许多试验表明，在含有各种重金属的电镀污泥中添加锌和二氧化硅进行玻璃固化处理时，不但可以抑制铬的析出，其他金属也不会溶出。

玻璃固化法在所有固化方法中效果最好，固化体中有害组分的浸出速率最低，固化体的增容比最小；但由于烧结过程需要在 1 200 ℃左右的高温下进行，会有大量有害气体产生，其中不乏挥发性金属元素，因此要求配备尾气处理系统。同时，由于在高温下操作，会给工艺带来一系列困难，增加处理成本。另外，由于玻璃是非晶态物质，稳定性和耐久性较差，经一定时间会发霉长花、晶化，特别是含硼玻璃易被微生物降解。

（五）石灰固化

1. 原理

石灰固化法是指以石灰和具有火山灰活性的物质（如粉煤灰、垃圾焚烧灰渣、水泥窑灰等）为固化基材对有害固体废物进行稳定化与固化处理的方法。在有水存在的条件下，这些基材物质发生反应，将污泥中的重金属成分吸附于所产生的胶状微晶中。而石灰与凝硬性物料结合会产生能在化学及物理上将废物包裹起来的黏结性物质。石灰固化利用一些很少有或者没有商业价值的废物对废物处理者来说是非常有利的，因为两种废物可以同时得到处理。

石灰固化法常以加入氢氧化钙（熟石灰）的方法稳定污泥。石灰中的钙与废物中的硅铝酸根会产生硅酸钙、铝酸钙的水化物或者硅铝酸钙。为了使固化体更稳定，可以同时投加少量的添加剂。

2. 应用及特点

石灰固化法适用于稳定石油炼制污泥、重金属污泥、氧化物、废酸等废物。总的来说，石灰固化方法简单，物料来源方便，操作不需特殊设备及技术，成本比水泥固化法更低，并在适当的处置环境中，可维持波索来反应(Pozzolanic reaction)的持续进行。但石灰固化处理得到固化体的强度较低，所需养护时间较长，并且体积膨胀较大，增加了清运和处置的困难，因而较少单独使用。

(六) 自胶结固化

1. 原理

自胶结固化法是利用废物自身的胶结特性来达到固化目的的方法。该技术主要用来处理含有大量硫酸钙和亚硫酸钙的固体废物，如磷石膏、烟道气脱硫废渣等。

将含有大量硫酸钙和亚硫酸钙的废物在控制的温度下煅烧，然后与特制的添加剂和填料混合成为稀浆，经过凝结硬化过程即可形成自胶结固化体。其原理是废物中的硫酸钙与亚硫酸钙均以二水化物($CaSO_4 \cdot 2H_2O$ 与 $CaSO_3 \cdot 2H_2O$)的形式存在。将它们加热到脱水温度(107~170 ℃)时，二水化物会脱水而逐渐生成具有自胶结作用的硫酸钙和亚硫酸钙的半水化物($CaSO_4 \cdot \frac{1}{2}H_2O$ 和 $CaSO_3 \cdot \frac{1}{2}H_2O$)，当它们遇到水以后，会重新恢复成为二水化物，并迅速凝固和硬化。

2. 应用及特点

自胶结固化法的主要优点为工艺简单，不需要加入大量添加剂，废物也不需要完全脱水。固化体化学性质稳定，具有抗渗透性高、抗微生物降解和污染物浸出速率低的特点，并且结构强度高。缺点是这种方法只限于含有大量硫酸钙的废物，应用面较为狭窄。此外还要求熟练的操作和比较复杂的设备，煅烧泥渣也需要消耗一定的热量。

自胶结固化法已在美国大规模应用。美国泥渣固化技术公司(SFT)开发了一种名为 Terra-Crete 的技术(见图 7-19)，用以处理烟道气脱硫泥渣。

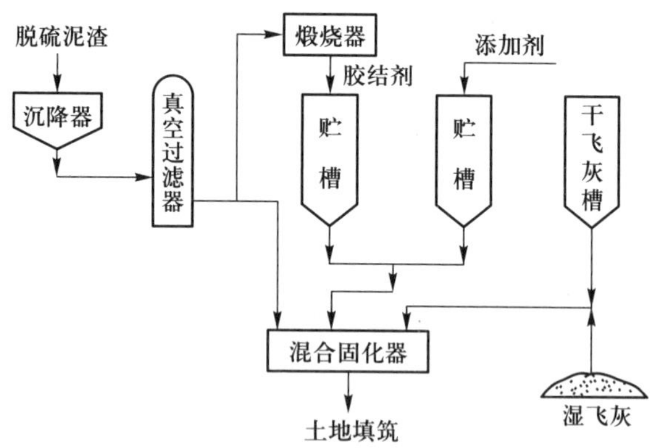

图 7-19 烟道气脱硫泥渣自胶结固化流程

上述为常用有害固体废物固化处理技术，其适用对象、主要优缺点见表 7-7。

表 7-7　各种固化处理技术的适用对象和优缺点

技术	适用对象	主要优点	主要缺点
水泥固化	重金属、氧化物、废酸	① 水泥搅拌，处理技术已相当成熟；② 对废物中化学性质变动承受力强；③ 可由水泥与废物的比例来控制固化体的结构缺点与防水性；④ 无须特殊的设备，处理成本低；⑤ 废物可直接处理，无须前处理	① 废物如含特殊的盐类，会造成固化体破裂；② 有机物的分解造成裂隙，增加渗透性，降低结构强度；③ 大量水泥的使用可增加固化体的体积和质量
石灰固化	重金属、氧化物、废酸	① 所用物料来源方便，价格便宜；② 操作不需特殊设备及技术；③ 产品通常便于装卸，渗透性有所降低	① 固化体强度较低，养护时间长；② 有较大的体积膨胀，增加清运和处置的成本
沥青固化	重金属、氧化物、废酸	① 固化体空隙率和污染物浸出速率均大大降低；② 固化体的增容较小	① 需高温操作，安全性较差；② 一次性投资及运行费用高；③ 有时需要预先脱水或浓缩
塑性材料固化	部分非极性有机物、氧化物、废酸	① 固化体的渗透性较其他固化法低；② 对水溶液有良好的阻隔性；③ 接触液损失率远低于水泥固化与石灰固化	① 需特殊设备和专业操作人员；② 废物如含氧化剂或挥发性物质，加热时可能会着火或逸散，在操作前先对废物干燥、破碎
玻璃固化	不挥发的高危害性废物，核能废料	① 固化体可长期稳定；② 可利用废玻璃屑作为固化材料；③ 对核能废料处理已有相当成功的技术	① 不适用于可燃或挥发性的废物；② 高温热融需消耗大量能源；③ 需要特殊设备及专业人员
自胶结固化	含硫酸钙和亚硫酸钙的废物	① 烧结体的性质稳定，结构强度高；② 烧结体不具生物反应性和着火性	① 应用面较狭窄；② 需要特殊设备及专业人员

第三节　固化体材料性能评价

一、固化体性能评价

为使有害固体废物稳定化和固化处理产物达到无害化，其必须具备一定的性能，即① 抗浸出性；② 抗干湿性、抗冻融性；③ 耐腐蚀性、不可燃性；④ 抗渗透性(固化产物)；⑤ 足够的机械强度(固化产物)。而有害固体废物稳定化和固化处理产物是否真正达到了标准，需要对其进行物理、化学和工程方面有效的测试，以检验经过稳定化的废物是否会再次污染环境，或者固化以后的材料是否能够用作建筑材料等。

为评价废物稳定化的效果，各国的环境保护部门都制定了一系列的测试方法。每种测试得到的结果只能说明某种技术对于特定废物的某些污染特性的稳定效果。所选择的测试技术以及对测试结果的解释，取决于对有害固体废物进行稳定化处理的具体目的。预测稳定化处理产物的长期性能，是更加困难的任务。我国目前尚需完善针对稳定化废物质量进行全面控制的测试标准和测试方法。

二、稳定化及固化处理效果的评价指标

衡量稳定化及固化处理效果主要采用的是固化体的浸出速率、浸出毒性、增容比和抗压强度等物理、化学指标。

1. 浸出速率

浸出速率是指固化体浸于水或其他溶液中时，其中有害物质的浸出速度。国际原子能机构(IAEA)将其表示为标准比表面积的样品每日浸出放射性(即污染物质量)，即

$$R_n=\frac{a_n/A_0}{(F/V)t_n} \tag{7-25}$$

式中：R_n——浸出速率，cm/d；

a_n——第 n 个浸提剂更换期内浸出的污染物质量，g；

A_0——样品中原有的污染物质量，g；

F——样品暴露出来的表面积，cm^2；

V——样品的体积，cm^3；

t_n——第 n 个浸提剂更换期的时间历时，d。

固体废物在浸泡时的溶解性能，是鉴别固体废物环境安全性能的最重要的一项指标。

R_n 实际上是“递减浸出速率”，它反映固体废物中污染物质的浸出速率，通常不是恒定的。通常固体废物开始与水接触时浸出速率最大，然后逐渐降低，最后几乎趋于恒定。

评价固体废物浸出速率主要有两个目的：一是通过对实验室或不同的研究单位之间的固体废物污染物难溶性程度比较，可以对固体废物处理与处置方法及工艺条件进行比较、改进或选择；二是有助于预测各类型固体废物暴露在不同环境时的性能，在有害固体废物固化体贮存或运输条件下，用以估计其与水(或其他溶液)接触所引起的危险或风险。

2. 浸出毒性

浸出毒性通常指固体废物稳定化或固化处理后的产物遇水浸沥，浸出的有害物质迁移转化，污染环境的强度。浸出毒性作为固体废物或固化体环境安全性判断的主要依据，测定的指标包括无机元素及化合物，如镉(Cd)、铅(Pd)、汞(Hg)、砷(As)、六价铬、氰化物等；有机农药类，如滴滴涕、六六六、对硫磷等；非挥发性有机化合物，如硝基苯、苯酚、多氯联苯；挥发性有机物，如苯、甲苯、四氯化碳等。

我国规定的浸出毒性测定项目有：汞、镉、砷、铬、铅、铜、锌、镍、锑、铍、氟化物、氰

化物、硫化物、硝基苯类化合物。浸出方法有水平振荡法和翻转法。

3. 增容比

增容比，也称体积变化因数，是指有害固体废物在稳定化或固化处理前后的体积比，即

$$C_R = \frac{V_1}{V_2} \tag{7-26}$$

式中：C_R——体积变化因数；

V_1——固化处理前有害固体废物的体积；

V_2——固化处理后有害废物的体积。

体积变化因数(C_R)是评价稳定化与固化处理方法好坏和衡量最终处置成本的一项重要指标，它的大小实际上取决于掺入固体废物中的盐量和可接受的有毒有害物质的水平。因此，也常用掺入盐量的百分数来鉴别稳定化效果；对于放射性废物，C_R 还受辐照稳定性和热稳定性的限制。

4. 抗压强度

有害固体废物固化体必须具有一定的抗压强度，才能安全贮存；否则一旦其出现破碎和散裂，就会增加暴露的表面积和污染环境的可能性。

当有害固体废物固化体采用不同处置或利用方式时，对其抗压强度的要求也不同。如装桶贮存或进行处置，其抗压强度控制在 0.1~0.5 MPa 即可；如用作建筑材料，其抗压强度应大于 10 MPa。放射性废物固化体的抗压强度，苏联要求大于 5 MPa，英国要求达到 20 MPa。

三、材料环境影响生命周期评价

当固体废物被制作成材料后，下一个要解决的问题就是这些材料使用过程是否安全，是否会对生态环境造成不良影响，如何消除材料使用者的顾虑，这就不得不考虑材料的环境影响评价问题。早期多采用单因子评价材料的环境影响，但材料的单因子评价不能反映其对环境的综合影响，如全球温室效应、能耗、资源效率等。而且，用多个单项指标比较起来也太麻烦，甚至有些指标还无法进行平行比较。

20 世纪 90 年代初，专家针对此问题提出了一个综合的、被称为生命周期评价(life cycle assessment,LCA)的方法。LCA 方法现已基本被科学工作者所接受，成为一种全世界通行的材料环境影响评价方法，并在 ISO 14000 国际环境认证标准中规范化，是 ISO 14000 的系列标准之一。

(一) LCA 的定义

生命周期评价是一种评价某一过程、产品或事件从原料投入、加工制备、使用到废弃的整个生态循环过程中环境负荷的定量方法。具体地说，LCA 是指用数学物理方法结合实验分析对某一过程、产品或事件的资源、能源消耗，废物排放，环境吸收和消化能力等环境负担性进行评价，定量确定该过程、产品或事件的环境合理性及环境负荷量的大小。对于材料的生产和使用过程，采用 LCA 来评价其对环境的影响是全面的综合的。

（二）LCA 的技术框架及评价过程

LCA 评价方法的技术框架一般包括：目标和范围定义、编目分析、环境影响评价以及结果解释四部分。

1. 目标和范围定义

对某一过程、产品或事件，在开始应用 LCA 评价其环境影响之前，必须确定其评价目标和评价范围，以界定该过程、产品或事件对环境影响的大小。需要定义的 LCA 评价目标包括界定评价对象、实施 LCA 评价的原因以及评价结果的输出方式；LCA 的评价范围一般包括评价功能单元定义、评价边界定义、系统输入输出分配方法、环境影响评价的数学模型及其解释方法、数据要求、审核方法以及评价报告的类型和格式等。

2. 编目分析

根据评价的目标和范围定义，针对评价对象收集定量或定性的输入输出数据，并对这些数据进行分类整理和计算的过程叫作编目分析。即对产品整个生命周期中消耗的原材料、能源以及固态废物、大气污染物、水质污染物等，根据物质平衡和能量平衡进行正确的调查获取数据的过程。在编目分析中通常包括以下步骤：系统和系统边界定义、系统内部流程、编目数据的收集与处理。

3. 环境影响评价

环境影响评价建立在编目分析的基础上，其目的是为了更好地理解编目分析数据与环境的相关性，评价各种环境损害造成的总环境影响的严重程度。即采用定量调查所得的环境负荷数据定量分析对人体健康、生态环境、自然环境的影响及其相互关系，并根据这种分析结果再借助其他评价方法对环境进行综合的评价。环境影响评价的方法有很多，但基本上都包含四个步骤：分类、表征、归一化和评价四个环节。

4. 结果解释

结果解释是基于清单分析和影响评价的结果识别出产品和生命周期中的重大问题，并对结果进行评估，包括完整性、敏感性和一致性检查，进而给出结论、局限和建议。

（三）常用的评价模型

在 LCA 评价过程中，常需要用到一定的数学模型和数学方法，简称为 LCA 评价模型。到目前为止，LCA 评价模型可分为精确方法和近似方法。前者有输入输出法，后者有线性规划法、层次分析法等。

（四）材料的环境性能数据库

从 LCA 评价工程可知，用 LCA 评价环境影响评价主要是一个数据处理过程。用计算机进行评价可以进行批量处理和重复进行，更进一步建立 LCA 评价数据库则可以将评价结果进行平行比较。

1. 建立材料环境性能数据库的基本原则

为了使建立的材料环境性能数据能够在广泛意义上被应用和运行，需要确定一些材料环境性能数据库的基本原则：① 数据库要有一定的通用性。② 数据库要具有可比性。③ 数据库应具有服务性的功能。④ 数据库应具有预测性的功能。

2. 常用环境数据库介绍

由于LCA数据库具有很强的地域性，几乎各个国家和地区都需要建立自己的环境影响数据库。图7-20所示是一种材料的环境影响数据库框架示意图。可见该数据库包括两部分，一部分是LCA评价软件，由数据输入、评价、输出、打印组成。另一部分是材料的表面处理、涂料、建筑材料、稀土及其他各种材料的环境影响数据。

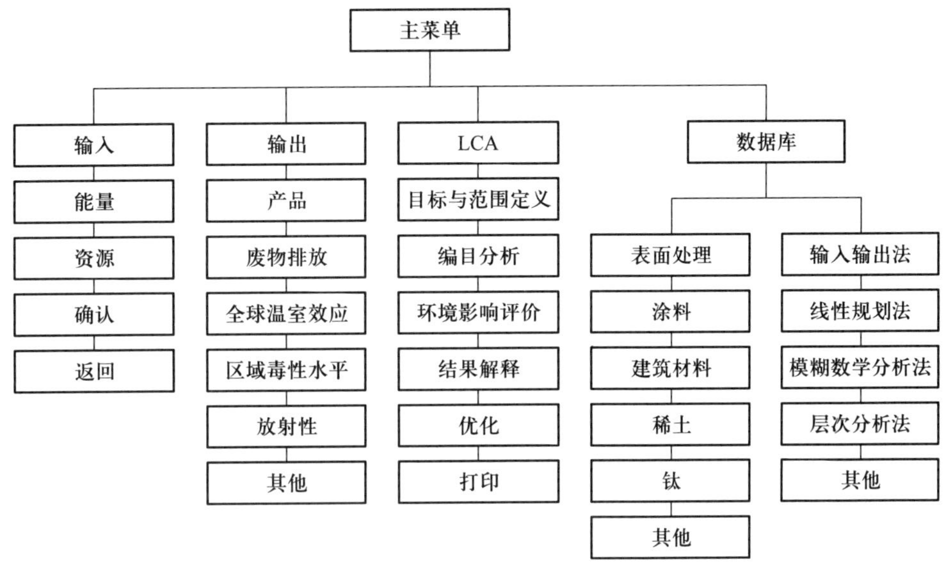

图7-20 一种材料的环境影响数据库框架示意图

不同的材料种类具有不同流程，同一材料也有不同生产工艺，其环境影响性也有不同，通用数据库必须包含不同材料、不同性能、不同环境影响等。如何合理制定数据库框架，编制数据库软件是一个基本问题。为了便于LCA数据的交流和使用，国际LCA发展组织(SPOLD)提出了一种统一的编目数据格式，即SPOLD格式。

习题与思考题

1. 试述重金属在环境中的迁移转化行为。
2. 简述有机污染物在土壤中的解毒机理。
3. 简述固体废物中重金属稳定化处理的方法及原理。
4. 什么是土壤健康？评价土壤健康的指标有哪些？试述如何保持土壤健康。
5. 大宗固体废物土壤化利用的条件是什么？如何评价其土壤化利用的可行性？
6. 试述理想土壤的组成及其所起的重要作用。
7. 何为废物的固化和稳定化，试比较它们的异同点，并举例说明有哪些方面的应用。

8. 目前常用的有害固体废物稳定化/固化处理技术有哪些？它们的适用对象和特点分别是什么？

9. 试述水泥固化、沥青固化和自胶结固化的基本要求是什么。

10. 简要评价稳定化/固化处理效果的指标。

11. 什么是 LCA？简述 LCA 的定义和评定过程。

12. 试述 LCA 方法的局限性和困难。

13. 试述大宗固体废物的含义，以及与工业固体废物的区别。

14. 土壤中的哪些特性可以减少土壤中所含铝进入地下水层里？并比较汞、镉、铬、铅、砷在土壤中各有何不同的行为表现？

15. 化学氧化废水中 CN^- 的日含量为 85 kg/d，求所需要的氯和 NaOH 的化学计量：① 氰化物氧化为氰酸盐。② 氰化物氧化为 N_2(不考虑其他副反应)，保持溶液 pH = 10. 0 所需要的 NaOH。

16. 某厂采用硫化物处理含铜废水，废水含铜 80 mg/L，处理后要求铜<1 mg/L，假定形成的 CuS 完全可以在沉淀及过滤中去除，市售 Na_2S 纯度为 60%，则实际需要投加的 Na_2S 量是多少？

17. 已知某材料的密度为 2. 50 g/cm^3，视密度为 2. 20 g/cm^3，表观密度为 2. 00 g/cm^3。试求该材料的孔隙率、开口孔隙率和闭口孔隙率。

18. 已知某尾矿砂作为混凝土掺和料的施工配合比为 1 : 240 : 4. 40 : 0. 45，且实测混凝土拌合物的表观密度为 2 400 kg/m^3，现场砂的含水率为 2. 5%，石子的含水率为 1%，试计算其实验室配合比(以 1 m^3 混凝土中各材料的用量表示,准至 1 kg)。

19. 用苯芴酮比色法测定番茄中锡含量，用 10 g 番茄样品进行消化后，用 100 mL 定容。取 5 mL 测定，其吸光度为 0. 311，同时用标准溶液(10 μg/mL)做标准曲线，其数据如下：

标准溶液浓度/($\mu g \cdot mL^{-1}$)	10	20	30	40	50
吸光度 A	0. 311	0. 200	0. 304	0. 408	0. 510

求番茄样品中锡含量为多少？

第八章　固体废物的填埋处置

通常固体废物经减量化和资源化处理后剩余下来的残渣，往往存在较大的环境风险，需要对其进行最终处置。固体废物处置的基本方法是通过多重屏障（如天然屏障或人工屏障）实现有害物质同生物圈的隔离。

概括来说，固体废物的处置可分为海洋处置和陆地处置两大类。海洋处置是利用海洋具有的巨大稀释能力，在海洋上选择适宜的洋面作为固体废物处置场所的处理方法。其主要包括传统的海洋倾倒和随后发展起来的远洋焚烧；而陆地处置根据废物的种类及其处置底层位置（地上、地表、地下和深底层），可分为土地耕作、工程库、土地填埋（卫生土地填埋和安全土地填埋）、浅地层埋藏以及深井灌注处置等几种。

土地填埋处置具有工艺简单、成本较低、适于处理多种类型固体废物的优点。目前，土地填埋处置已经成为固体废物最终处置的一种主要方法。

第一节　填埋场的规划和设计

一、填埋场概述

填埋处置是进行固体废物最终处置较为理想的方法。它是由传统的废物堆放和填地处理发展起来的一种固体废物处置技术。经过长期的改良，废物填埋已演变成一种系统而成熟的科学工程方法，即现代（卫生）填埋法。该法是利用工程手段，采取防渗、雨污分流、压实、覆盖等工程措施，并对渗滤液、填埋气及臭味等进行控制的垃圾填埋方法。

从不同的角度，可将填埋场分为不同的种类。如根据结构形式，可将其分为衰竭型和封闭型填埋场；按不同的填埋方式，又可分为山谷型、坑洼型和平原型填埋场；根据填埋场中废物的降解机理，还可将其分为好氧、准好氧和厌氧型填埋场等。目前我国普遍采用的是厌氧型填埋场。现代填埋场的基本构成是填埋单元，它是按单位时间或单位作业区域划分的由废物层和覆土层或覆盖材料共同组成的单元。具有类似高度的一系列相互衔接的填埋单元构成一个填埋层，填埋场通常就是由若干填埋层组成。由于填埋场为城市化的社会发展提供了城市固体废物出路的有力保证，同时还为开发利用其生物能源带来相当的经济效益，故无论是从社会、环境还是从经济角度，现代填埋场的兴建都是必要的。与其他处理方法相比，它的主要优点是：① 一次性投资较低，运行也较为经济；② 适应性广，对生活废物的种类、性质和数量均无苛刻的要求；③ 是一种完全、彻底的最终处理方式；④ 运行管理相对简单。

废物填埋场规划是在城市发展总体规划的基础上，根据城市废物处置规划制定的。填埋场规划的主要内容有：填埋场选址、计划填埋量、计划填埋年限、场址开发利用规划等。

二、填埋场选址

填埋场址选择是其设计和建设的第一步。它涉及诸如政策、法规、经济、环境、工程和社会等因素，必须慎之又慎。通常废物填埋场的选址需要满足以下基本条件。

1. 应服从城市发展总体规划和城市环境卫生专业规划

现代填埋场尤其是城市生活垃圾填埋场是城市环境卫生基础设施的重要组成部分，其建设规模应与城市化的进程和经济发展水平相符。只有在填埋场场址选择服从城市发展总体规划的前提下，方不致影响城市总体布局和城市用地性质，才能真正发挥填埋场为城市服务的基本功能，使其获得良好的社会效益和环境效益。

2. 场址应有足够的库容量

现代填埋场建设必须满足一定的服务年限，否则其单位库容的投资将大大增高，造成经济上的不合理。通常填埋场的合理使用年限应在 10 年以上，特殊情况下也不应低于 8 年。

3. 场址应具有良好的自然条件

良好的自然条件包括：① 场地的地质条件要稳定，应尽量避开构造断裂带、塌陷带、地下岩溶发育带、滑坡、泥石流、崩塌等不良地质地带，同时场地地基要有一定承载力(通常不低于 0.15 MPa)；② 场址的竖向标高应不低于城市防排洪标准，使其免受洪涝灾害的威胁；③ 场区周围 500 m 范围内应无居(村)民居住点，以避免因填埋场诱发的安全事故和传染疾病的发生以及恶臭的影响；④ 场址应位于城市常年主导风的下风向和城市取水水源的下游，以减轻可能出现的大气污染危害以及避免对城市给水系统造成的潜在威胁；⑤ 场址就近宜有相当数量的覆土土源，以用于填埋场的日覆土、中间覆土和终场覆土。

4. 场址运距应适中

尽量缩短废物的运输距离对降低其处置费用有举足轻重的作用。通常认为较经济的废物运输距离不宜超过 20 km。然而由于城市化进程的加快，大城市的废物运输距离越来越远，为避免废物运输中的“虚载”问题，应增设废物压缩转运站或提倡使用压缩废物运输车，以提高单位车辆的运输效率，降低运输成本。

5. 场址应具有较好的外部建设条件

为了降低填埋场辅助工程的投资，加快填埋场的建设进程和提高填埋场的环境效益和经济效益，在选择的场址附近若拥有方便的外部交通、可靠的供电电源、充足的供水条件将是十分有利的。

选择一个自然条件优越的场址将会大大减少填埋场的工程建设投资和运行费用，因此在填埋场的建设周期内，应高度重视场址选择工作。填埋场场址的科学确定应遵循以下几个步骤。

首先根据有效的运输距离确定选址区域，然后与当地有关主管部门(国土、规划、环境保护等)调查与分析可能的场址名单，提出初选场址名单(3~5个)；对初选场址进行踏勘，并通过对场地自然环境、地质-水文地质、交通运输、覆土来源、人居分布等的分析对比，确定2个或2个以上的备选场址；在对备选场址进行初步勘探基础上，对其进行技术、经济社会和环境方面的综合比较，提出首选方案，完成选址报告，提交政府主管部门决策。根据这一报告，有关决策部门在专家论证的基础上，最终确定填埋场场址。

三、填埋场的环境影响评价

填埋场作为城市建设环境保护基础设施，在其可行性研究阶段即应进行环境影响评价。主要根据收集、调查和监测的资料，对填埋场建设期、运行期和封场后场地维护期间的产污环节进行分析，对各个环境影响要素进行预测评价，并将预测结果与环境保护标准进行对比，提出污染防治的措施，最终从环境保护角度判断拟建工程的可行性，为填埋场建设的行政主管部门提供决策参考。

(一) 评价程序

环境影响评价是填埋场地全面规划和建设的重要组成部分，只有在进行全面细致的环境评价之后，才可能使填埋场场址选择合理，填埋工艺技术可行，污染防治措施有效。开展环境影响评价时，应结合场地的适宜性进行深入的现场调查，在此基础上，确定环境要素及施工和运行时的影响因素，按环境保护要求和标准逐一进行分析和评价。

(二) 评价目的与内容

填埋场环境影响评价旨在论述填埋场建设的环境可行性，重点应回答与项目决策相关的如下问题：① 填埋场选址的环境合理性；② 填埋场设计与清洁生产的符合性；③ 拟定的污染控制方案的经济合理性和技术可行性；④ 填埋场的总量控制指标。

对拟建填埋场的环境影响评价除应包括“基本建设项目环境保护设计规定”所涉及的内容外，还应包括场址选择、渗滤液产生量及影响、噪声源及影响范围、恶臭及填埋气体的产生及扩散范围、污染防治措施及其有效性等问题的分析和评述，具体应包括以下内容：① 填埋场四周的自然环境和社会环境状况的调查与评价；② 地表水、地下水、大气、噪声、土壤等环境现状监测与评价；③ 填埋场的工程概况与分析。主要有填埋场的构成、场址分析、日处理量、库容和服务年限确定、废物运输路由及进场路线分析、渗滤液产生量和调节量计算、填埋工艺分析、废气和噪声污染源分析。④ 填埋场环境影响预测与分析。应根据环境条件和污染源特征，采用适当的模型，重点预测废物渗滤液和填埋气体对周围地表水、地下水、大气和土壤等环境要素可能产生的污染程度及范围。地表水环境的主要预测因子为COD、BOD_5、NH_3-N；大气环境影响的预测因子为NH_3、H_2S和恶臭。⑤ 结合环境影响预测与分析结果，给出填埋场污染物的允许排放量，即总量控制指标，并提出切实可行的污染防治措施。

此外，施工期和维护监管期的生态变化、土地利用性质的变化和水土流失的防治等也是环境影响评价应加以分析的内容。

四、计划填埋量与填埋年限

拟填埋的废物总量与使用的覆土量之和即为计划填埋量。对城市固体废物而言，填埋量既受填埋场库容条件和填埋作业设备的制约，也受到因城市经济的发展和居民生活水平提高而造成废物成分和性质变化的影响。通常计划填埋量是填埋场的理论容量，较之废物的实际填埋量一般要大10%以上。填埋场的理论容量可根据加和各个填埋层体积(每个填埋层的平均面积与该填埋层高度之乘积)进行估算。填埋场的总填埋容量(V_t)可按填埋场服务区域内的预测人口(P)与人均废物产量(W)和填埋年限(t)与垃圾清运率(λ)的乘积除以废物最终压实容重(D)再加上覆土量(V_s)来计算确定，即：

$$V_t = 365 \times WPt\lambda / D + V_s \tag{8-1}$$

通常我国人均城市固体废物产量可按0.8~1.2 kg/(人·d)考虑。

计划填埋场的填埋年限在受到场址特性、压实作业机械、服务区域MSW产量和组分以及覆盖材料数量和性质制约的同时，对废物填埋场的投资效率和建设规模有明显的影响。填埋场年限过短，将增大单位填埋投资，减小投资效率；而填埋年限过长，势必导致一次投资过高，设施维护和保养费用加大。一般情况下，填埋年限以10~20年为宜。

覆土是卫生填埋场填埋作业的必要步骤，虽不可避免地会占用有效的填埋容积，但有助于改善景观、减少气味和风扬碎片、防止疾病传播等。覆土可分为日覆土、中间覆土和最终覆土，以日覆土的用土量为最。通常填埋场的覆土量占填埋总体积的10%~25%，因而在考虑填埋总容积时不能忽略覆土所占体积。近些年来，为增大填埋场有效容量，国内外已开始尝试采用可重复利用的塑料膜来替代日覆土。

五、场址开发利用规划

在填埋场运行结束后的长期维护监管中，事先制订一个周密而清晰的场址开发利用规划(含封场计划)是十分必要的。该规划应包括最终覆盖层的设计和封场后场址的景观设计；地表径流与侵蚀的控制与管理、填埋气和渗滤液的收集与处理、填埋场稳定化评价以及环境监测计划；填埋场土地利用规划等。在部分发达国家，由于与填埋场有关的法规愈来愈严格，填埋场的开发利用规划已被强制要求作为场址审批内容的一部分。

在填埋场服务期结束后，需要对整个填埋场进行最终覆盖，以将填埋废物与环境隔离，减轻感官上的不良印象，控制填埋气体的扩散迁移和最大限度减少渗滤液的产生量，防止疾病传播，为植被和景观重建提供土壤等条件。管理者则更关注填埋场的稳定问题。加快填埋废物的分解速度，促进填埋场的稳定化进程，不仅可尽早重新开发这一土地资源，提高土地的附加值，而且有助于尽快恢复当地的生态环境。因此在设计、施工和运营时均应考虑加快填埋废物的稳定，比如采用准好氧填埋构造和渗滤液回灌加快有机物分解、对废物进行破碎后填埋、采用废物分区填埋等，都是行之有效的措施。

填埋场址的开发利用形式多种多样。目前国外的做法是将封场后的场址辟为公园、运动娱乐场所、植物园、甚至仓储设施等。近十年来，部分发达国家为满足其城市扩张对土地日益增长的需求和废物资源化的要求，开始尝试填埋场开采及稳定废物的开发利用等实践，并取得了良好的社会效益和经济效益。然而，填埋场的开发利用往往受多种因素制约，其中填埋场稳定时间和程度是最主要的因素，而它们又因填埋废物的种类和数量以及是否进行压缩或破碎等预处理、覆土材料和量(厚度)、填埋方式及废物压实程度、填埋场地形条件等的不同而产生很大差异，因而对不同的填埋场，其开发利用方式也就不尽相同。通常场址的开发利用应具备以下基本条件：① 填埋废物下沉量逐渐变小，直至停止；② 场地具有一定的承载力；③ 无坡面下滑破坏的可能；④ 无可燃气体、恶臭产生或影响非常小；⑤ 渗滤液达到直排要求，对土壤和地下水不构成污染；⑥ 不会对建筑物基础造成不良影响；⑦ 适于植物生长。

然而任何一个场址要完全满足上述条件几乎是不可能的，这就需要根据具体的场址利用规划要求确定场址安全利用的条件。

第二节 填埋场的防渗

填埋场的防渗是现代填埋场区别于简易填埋场和堆放场的重要标志之一，也是选址、设计、施工、运行管理和终场维护中至关重要的内容。填埋场防渗的主要目的，是阻止渗滤液和填埋气体外泄污染周围的土壤和地下水，同时还要防止外来水，包括地下水、地表水和降水等大量进入填埋场，增大渗滤液产生量。

一、防渗方式

按照填埋场防渗设施铺设时间的不同，可分为场区防渗(含场底和边坡防渗)和终场防渗。场区防渗是填埋场运行作业前施作的主体工程之一，根据防渗设施设置方向的不同，又可分为水平防渗和垂直防渗。终场防渗是指当填埋场的填埋容量使用完毕后，对整个填埋场进行的最终覆盖，故亦称其为终场覆盖。

① 水平防渗：指防渗层向水平方向铺设，防止渗滤液向周围及垂直方向渗透而污染土壤和地下水，根据所用防渗材料的来源不同又可分为自然防渗和人工防渗两种。

② 垂直防渗：指防渗层竖向布置，防止废物渗滤液横向渗透迁移污染周围土壤和地下水。因垂直防渗单独应用相对有限，通常是作为辅助防渗措施，故本节仅论述水平防渗和终场防渗。

二、防渗材料

大量资料表明，绝大多数国家和地区对填埋场衬里材料的防渗性能要求基本一致。我国批准颁布的《生活垃圾卫生填埋处理技术规范》(GB 50869—2013)中规定，天然黏土类防渗衬里，其场底及四壁衬里厚度要大于2 m，渗透系数小于1×10^{-7} cm/s；改良土衬里的防渗性能应达到黏土类防渗性能。

(一) 天然防渗材料

天然防渗材料主要有黏土、亚黏土、膨润土等。因其渗透性低、较经济，过去曾被视为填埋场唯一可供选择的防渗材料，目前仍被一些国家或地区广泛采用。它们是岩石风化后产生的次生矿物，颗粒极小，多由蒙脱石、伊利石和高岭石组成。作为防渗材料，一般应满足以下条件：① 分布均匀，厚度至少大于2 m，其渗透系数不大于1×10^{-7} cm/s；② 要求其颗粒的30%能通过200目的筛子，液限大于30%，塑性大于1.5，pH大于7；③ 能抵抗渗滤液的侵蚀，不因渗滤液的接触而使其渗透性增加。

在天然防渗中，黏土使用最多，可分自然黏土衬里和人工压实黏土衬里。但不论哪种类型，都必须满足渗透系数不大于1×10^{-7} cm/s的基本要求。部分国家或地区对填埋场采用黏土衬里的有关规定如表8-1所示。从该表中可知，各国对黏土衬里的渗透率的要求基本相同，但是对厚度要求却不尽一致。

天然防渗衬里的主要优点是其造价低廉，施工简单，我国目前仅有少部分小城镇的垃圾填埋场和部分工业固体废物填埋场仍采用当地天然黏土或改性土壤作为防渗衬里。由于土地资源的日益紧缺和防渗要求的不断提高，天然衬里的使用受到了很大限制。

(二) 改良型衬里

改良型衬里是指将性能不达标的亚黏土、亚沙土等天然地质材料通过人工添加物质改善其性质，以达到防渗要求的衬里。人工改性的添加剂分为有机、无机两种。无机添加剂相对而言费用较低、效果好，比较适合发展中国家推广应用。常用的两种改良型衬里如下：

① 黏土-膨润土改良型衬里：在天然黏土中添加适量(如3%~15%)膨润土矿物，使改良后的黏土达到防渗材料的要求。已有的研究成果和工程应用实践表明，膨润土因其具有吸水膨胀和巨大的阳离子交换容量，添加在黏土中，不仅可以减少黏土的孔隙，降低其渗透性，而且能增强衬里吸附污染物的能力，同时还可以大幅度提高衬里的力学强度，因此，在填埋场防渗工程中具有广阔的推广前景。

表8-1 部分国家或地区对填埋场采用黏土衬里的有关规定

国家或地区	渗透系数/($cm\cdot s^{-1}$)	衬里厚度/m
美国	$\leqslant1\times10^{-7}$	>0.6
加拿大不列颠哥伦比亚省	$\leqslant1\times10^{-7}$	>1

续表

国家或地区	渗透系数/(cm·s^{-1})	衬里厚度/m
澳大利亚	≤1×10^{-7}	>0.9
新西兰	≤1×10^{-7}	>0.6
德国	≤5×10^{-7}	>1.5
法国	≤1×10^{-7}	>5
丹麦	≤1×10^{-7}	>0.5
意大利	≤1×10^{-7}	>2
奥地利	≤1×10^{-7}	0.5~0.7
俄罗斯	1×10^{-7}~1×10^{-8}	0.5~0.8
克罗地亚	1×10^{-7}~1×10^{-8}	>1
其他发展中国家(世界银行建议)	≤1×10^{-7}	>0.6
中国	≤1×10^{-7}	>2
中国香港	≤1×10^{-7}	—
中国台湾	≤5×10^{-7}	>0.6

② 黏土-石灰、水泥改良型衬里：在天然黏土中添加适量的石灰、水泥改善黏土性质，从而大大提高黏土的吸附能力、酸碱缓冲能力。掺和添加剂再经压实，黏土的孔隙明显减小，抗渗能力增强。改良后黏土的渗透系数可以达到 1×10^{-9} cm/s，完全符合填埋场衬里对防渗性能的要求。

(三) 人工合成膜防渗膜

严格地说，黏土型防渗衬里并不能完全阻止渗滤液向地下渗透，除非黏土的渗透性极低且厚度足够大。此外优质黏土的形成有一定的地质要求，不是每个场址都具有这种得天独厚的条件。因此，开发出可以替代并且优于黏土型衬里的人工合成有机材料是十分必要的。

人工衬里材料通常要满足以下要求：① 须与渗滤液不相容，不因与渗滤液的接触而使其结构完整性和渗透性发生变化；② 渗透系数小于 1×10^{-7} cm/s；具有适宜的强度和厚度，可铺设在稳定的基础之上；③ 抗臭氧、紫外线、土壤细菌及真菌的侵蚀；④ 具有适当的耐候性，能承受急剧的冷热变化；⑤ 具有足够的抗拉强度，能够经得起填埋体的压力和填埋机械与设备的压力；⑥ 有一定的抗尖锐物质的刺破、刺划和磨损力；厚薄均匀，无薄点、气泡及裂痕；⑦ 便于施工及维护。

常用人工合成防渗膜的性能如表 8-2 所示。其中 HDPE 因其耐化学腐蚀能力强、制造工艺成熟、易于现场焊接，并积累了比较成熟的工程施工经验，而被广泛应用于填埋场的水平防渗中。

表 8-2 常用人工合成防渗膜的性能

材料名称	合成方法及价格	优点	缺点
高密度聚乙烯(HDPE)	由聚乙烯树脂聚合而成，价格中等	·好的防渗性能 ·对大部分化学物质具有抗腐能力 ·良好的机械和焊接性能 ·低温下具有良好的工作特性 ·可制成 0.5~3 mm 不等的各种厚度 ·不易老化	·耐不均匀沉降能力较差 ·耐穿刺性能力较差
聚氯乙烯(PVC)	聚乙烯单体聚合物，热塑性塑料，价格低	·耐无机物腐蚀 ·良好可塑性 ·高强度，尤其抗穿刺能力强 ·易焊接	·易被许多有机物腐蚀 ·耐紫外辐射能力差 ·气候适应性不强 ·易受微生物侵蚀
氯化聚乙烯(CPE)	由氯气与高密度聚乙烯经化学反应而成，热塑性合成橡胶，价格中等	·良好的强度特性 ·易焊接 ·对紫外线和气候因素有较强的适应性 ·低温下良好工作特性 ·耐渗性能好	·耐有机物腐蚀能力差 ·焊接质量不强 ·易老化
异丁橡胶(EDPM)	异丁烯与少量的异戊二烯共聚而成，合成橡胶，价格中等	·耐高低温 ·耐紫外辐射能力强 ·氧化性和极性溶剂略有影响 ·胀缩性强	·对碳氢化合物抵抗能力差 ·接缝难 ·强度不高
氯磺化聚乙烯(CSPE)	由聚乙烯、氯气、二氧化硫反应生成的聚合物，热塑性合成橡胶，价格中等	·防渗性能好 ·耐化学腐蚀能力强 ·耐紫外辐射及适应气候变化能力强 ·耐细菌能力强 ·易焊接	·易受油污染 ·强度较低
乙丙橡胶(EPDM)	乙烯、丙烯和二烯烃的三元共聚物，合成橡胶，价格中等	·防渗性能好 ·耐紫外辐射 ·气候适应能力强	·强度较低 ·耐油、耐卤代溶剂腐蚀能力差 ·焊接质量不高
氯丁橡胶(CDR)	以氯丁二烯为基础的合成橡胶，价格较高	·防渗性能好 ·耐紫外辐射 ·耐油腐蚀、耐老化 ·耐磨损、不易穿孔	·难焊接和修补
热塑性合成橡胶	畸形范围从极性到无极性的新型聚合物，价格中等	·防渗性能好 ·耐紫外辐射 ·耐油腐蚀、耐老化 ·拉伸强度高	·焊接质量仍需提高

续表

材料名称	合成方法及价格	优点	缺点
氯醇橡胶	饱和的强极性聚醚型橡胶，价格中等	·耐拉伸强度较高 ·热稳定性好 ·耐老化 ·不受烃类溶剂、燃料、油类等影响	·难于现场焊接和修补

三、防渗结构

（一）水平防渗系统

根据填埋场场区的地形、地质及水文地质条件和填埋废物的性质特征以及填埋场渗滤液收集系统、保护层和过滤层的不同组合，填埋场的水平防渗系统结构可以分为单层衬里、单复合衬里、双层衬里、双复合衬里防渗系统，如图 8-1~图 8-4 所示。

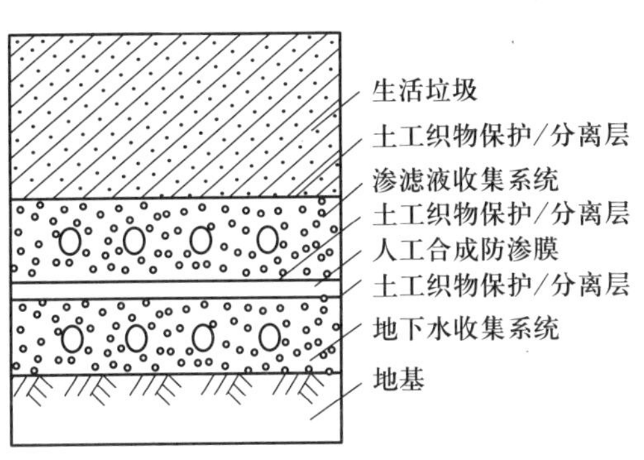

图 8-1　单层衬里防渗系统

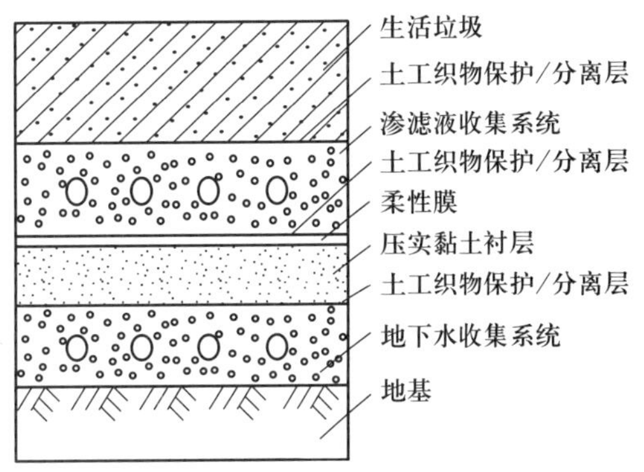

图 8-2　单复合衬里防渗系统

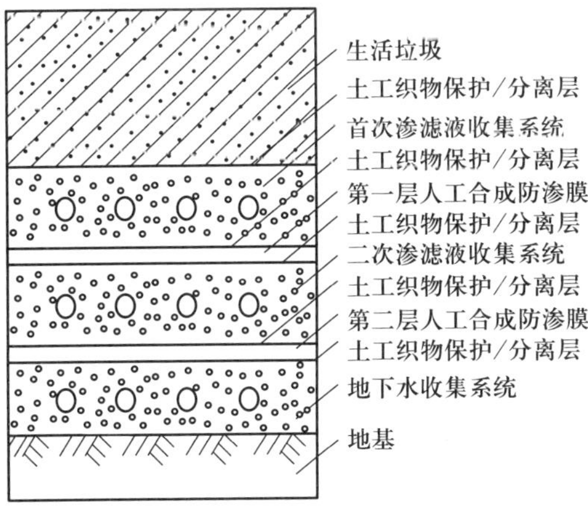

图 8-3　双层衬里防渗系统

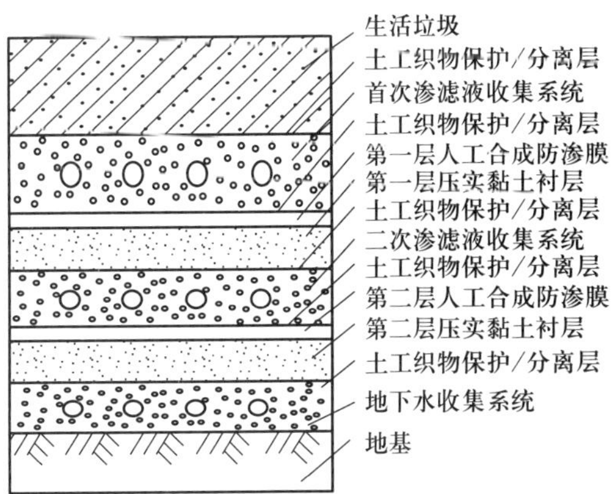

图 8-4　双复合衬里防渗系统

1. 结构类型

(1) 单层衬里防渗系统

此种防渗系统只有一层防渗层，可由黏土或HDPE膜构成，其上是渗滤液收集系统和保护层，必要时其下有一个地下水收集系统和保护层。该系统适用于抗损性低、场址区地质条件良好、渗透性差，地下水较贫乏的条件。

(2) 单复合衬里防渗系统

此种防渗系统的防渗层由两种防渗材料相互紧密贴合而成，提供综合防渗效力。较典型的单复合结构是上层为柔性膜(HDPE膜)，其下为低渗透性的黏土矿物。该系统的其余部分与单层衬里系统类同。单复合衬里防渗系统综合了两种材料的优点，具有很好的防渗效果，多用于抗损性较高、地下水位高、水量较丰富的条件。其使用的关键是使柔性膜与黏土衬层紧密贴合，以保证当柔性膜破损时渗滤液不会沿两者的结合面移动。

(3) 双层衬里防渗系统

此种衬里防渗系统有两层防渗衬里，上衬里之上为渗滤液收集系统，下衬里之下为地下水收集系统。两衬里之间是排水层(次要)，以控制并收集通过上衬里渗漏下来的渗滤液。该系统在防渗的可靠性上优于单层衬里系统，但在施工和衬里的坚固性及防渗效果等方面不如单复合衬里系统，其适用条件类同于单复合衬里系统。

(4) 双复合衬里防渗系统

与双层衬里系统的结构类似，仅其上衬里采用的是单复合衬里。该系统综合了单复合衬里防渗系统和双层衬里防渗系统的优点，具有抗损害能力强、坚固性好、防渗可靠性高等特点，但其造价高昂。双复合衬里防渗系统适用于废物危险性大、对环境质量要求很高的条件。

2. 水平防渗系统的选择

填埋场场区水平防渗系统的选择应根据环境标准要求、场址的地质、水文地质与工程地质条件、衬里材料来源、填埋废物性质及其与衬里兼容性、施工条件、经济可行性等因素进行综合考虑。

一般而言，天然防渗系统造价较人工防渗系统低，单层衬里、单复合衬里、双层衬里、双复合衬里防渗系统的造价依次递增。因此，若在场区及其就近有合乎要求的黏土，宜使用黏土作衬里系统的防渗垫层及保护层，以降低工程投资；若无高质量的黏土，但有粉质黏土，可考虑采用优质膨润土对粉质黏土进行人工改性，以使衬里达到防渗设计要求；若场址区不具备天然防渗的条件，则应采用柔性膜或天然与人工材料组成的人工防渗系统。

如果场址区地下水贫乏，且底部高于地下水水位或虽低于地下水位，但地下水的水头压力尚不致破坏衬里时，可采用单层衬里防渗系统；如果填埋场的水文地质和工程地质条件不理想，且对场区周边环境质量要求严格，应选择复合衬里防渗系统或双层衬里防渗系统。双复合衬里防渗系统则多用于填埋废物危害性更大、环境质量要求更苛刻的安全填埋场。目前，我国大部分地区的城市固体废物卫生填埋场多采用人工单层防渗衬里和单复合衬里防渗系统。

(二) 终场防渗系统

1. 系统的功能

终场防渗系统是指当填埋场的填埋容量用尽、运行终止后，对整个填埋场进行的最终覆盖，故又称最终覆盖系统。其主要功能是削减渗滤液的产生量；控制填埋气体从填埋场上部的无序释放；避免废物的扩散，抑制病原菌的繁殖以及提供一个可供景观美化和填埋土地再用的表面等。我国过去大多数已停运的填埋场，其终场防渗系统的设计和施工过于粗略，往往都是简单覆盖一层土层，这既给填埋场底部防渗及渗滤液的处理带来极大的压力，又难以有效保护周围公众健康和生态环境，进而引发社会矛盾。

2. 系统的构成与设计

一个完整的填埋场终场防渗系统由多层组成，可分为大两部分：第一部分是土地恢复层；第二部分是密封层（系统），从上至下由表土层、保护层、排水层、防渗层和调节层（或排气层）组成（图 8-5）。其中防渗层和表土层是该系统的基本组成，其余层宜视废物的性质和填埋场所在地的气候等条件考虑增减。

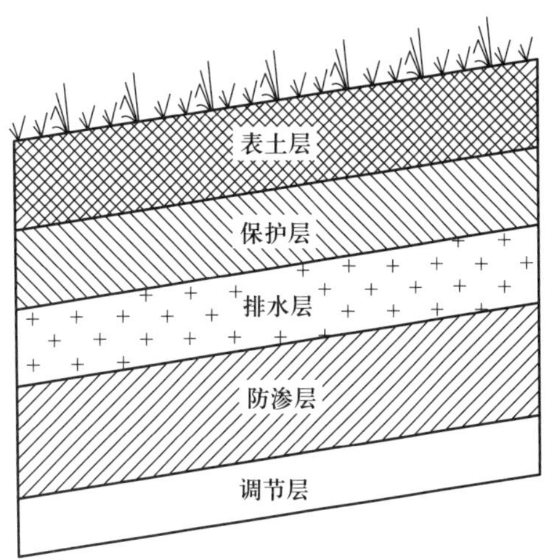

图 8-5　终场防渗系统的构成

表土层的设计取决于填埋场封场后的土地利用规划，通常要能生长植物。表层土壤层的厚度要保证植物根系不造成下部密封层的破坏。此外，在冻结区表层土壤层的厚度必须保证防渗层位于霜冻带以下。表土层的厚度不应小于 30 cm。

保护层的设置是为了防止上部植物根系以及挖洞动物对下层的破坏，保护防渗层不受干燥收缩、冻结解冻等的破坏，防止排水层的堵塞，维持稳定等，厚度多介于 20~30 cm。在《生活垃圾卫生填埋场封场技术规范》（GB 51220—2017）中，将其与表土层归为绿化土层。

排水层的设置旨在排泄通过保护层的降雨下渗水等，降低入渗水对下部防渗层的水压力。当通过保护层入渗的水量过多，对防渗层构成较大渗透压力时，该层的设置才是必要的。排水层设计的最小渗透系数为 10^{-3} cm/s，坡度一般≥3%，多由 2~4 cm 的卵砾石组成，厚度不小于 30 cm。一般宜在其上部铺设一层 200 g/m^2 的土工滤网。

防渗层是终场覆盖系统中最为重要的部分。其主要功能是阻止入渗水进入填埋废物中，防止填埋气体逸出填埋场。防渗材料有压实黏土、土工膜、人工改性防渗材料和复合材料等。防渗层的渗诱系数 K 要求≤10^{-7} cm/s，铺设坡度≥2%。目前多采用 1.0~1.5 mm 的高密度聚乙烯（HDPE）或线形低密度聚乙烯（LLDPE）土工膜作为终场覆盖系统的防渗层。

调节层用于控制填埋气体，将其导入填埋气体收集设施进行处理或者利用，同时也起到支撑上述各层的作用。通常是在填埋废物降解产生较大量的填埋气体时才需要。

覆盖材料包括自然土、工业渣土、建筑渣土和矿化垃圾等。自然土是最常用的覆盖材料，它的渗透系数小，能较好地阻止渗滤液和填埋气体的扩散，但除了掘埋法外，其他类型的填埋场都存在着大量取土而导致的占地和破坏植被问题。工业渣土和建筑渣土作为覆盖，不仅能解决自然土取用问题，而且能为废弃渣土的处理提供出路。矿化垃圾筛分后的细小颗粒作为覆盖土也能有效地延长填埋场的使用年限，增加填埋容量，因此矿化垃圾可以作为废物填埋覆盖材料的来源。

现代填埋场终场防渗系统设计中各层的主要功能、常用材料等归纳于表 8-3 中。

表 8-3 填埋场终场防渗系统

结构层	主要功能	常用材料	备注
表土层	能生长植物并保证植物根系不破坏下伏保护层和排水层，具抗侵蚀能力，可能需要地表排水设施	可生长植物的土壤以及其他天然土壤	系统必需的基本层
保护层	防止上部植物根系及挖洞动物对下层的破坏，减小或避免排水层的阻塞，维持稳定	细粒土等	保护层也可与表土层归并，统称绿化土层
排水层	疏排下渗水，减小其对下部防渗层的水压力	砂砾石、土工网格、土工合成材料、土工布等	非系统的基本层，当下渗水量多、渗透压力大时才考虑
防渗层	阻止下渗水进入填埋废物中，防止填埋气体逸出	压实黏土、柔性膜、人工改性防渗材料和复合材料	系统必需的基本层
调节层	控制填埋气体将其导入收集设施进行处理或利用，同时可作支撑面。	粗粒物质等	非系统的基本层，可在废物产生大量填埋气体时才考虑

第三节 渗滤液的收集与处理

一、渗滤液的产生及其特征

垃圾渗滤液是指废物在填埋或堆放过程中因其有机物分解产生的水或废物中的游离水、降水、径流及地下水入渗而淋滤废物形成的成分复杂的高浓度有机废水。大量资料表明，降水、地表径流和地下水入渗是废物渗滤液产生的主要原因。渗滤液的水质取决于废物组分、气候条件、水文地质、填埋时间及填埋方式等因素。表 8-4 给出了生活垃圾渗滤液的主要污染物浓度范围。

表 8-4 生活垃圾渗滤液的主要污染物浓度范围

范围项目	深圳		上海	
	前 5 年	5 年后	初期	10 年后
$COD_{Cr}/(g \cdot L^{-1})$	20~60	3~20	10~32	0.5~1.5
$BOD_5/(g \cdot L^{-1})$	10~36	1~10	3~16	0.1~0.2

续表

范围项目	深圳		上海	
	前5年	5年后	初期	10年后
NH_3-N/($mg \cdot L^{-1}$)	400~1 500	500~1 000	400~2 000	700~2 200
TP/($mg \cdot L^{-1}$)	10~70	10~30		
SS/($mg \cdot L^{-1}$)	1 000~6 000	100~3 000	750~3 500	150~2 000
pH	5.6~7	6.5~7.5	6.8~7.7	7.3~8.2
BOD_5/COD_{Cr}(典型值之比)	0.43	0.04	0.40	0.15

由该表并结合其他资料可知，渗滤液具有以下基本特征：① 有机污染物浓度高，尤以5年内的“年轻”填埋场的渗滤液为最；② 氨氮含量较高，在“中老年”填埋场渗滤液中尤为突出；③ 磷含量普遍偏低，尤其是溶解性的磷酸盐含量更低；④ 金属离子含量较高，其含量与所填埋的废物组分及时间密切相关；⑤ 溶解性固体含量较高，在填埋初期(0.5~2.5年)呈上升趋势，直至达到峰值，然后随填埋时间增加逐年下降直至最终稳定；⑥ 色度高，以淡茶色、暗褐色或黑色为主，具较浓的腐败臭味；⑦ 水质历时变化大，废物填埋初期，其渗滤液的pH较低，而COD、BOD_5、TOC、SS、硬度、金属离子含量较高；而后期，上述组分浓度则明显下降。

二、渗滤液产量估算

目前常用的渗滤液产量估算方法有以下两种：

(一) 经验公式法

1. 日本的填埋场设计指南推荐的主因素相关法：

$$Q=(C_1 \cdot A_1+C_2 \cdot A_2) \cdot I\times10^{-3} \tag{8-2}$$

式中：Q——渗滤液产生量，m^3/d；

A_1、A_2——分别为正在填埋区和已完成填埋区的面积，m^2；

C_1、C_2——分别为正在填埋区和已完成填埋区的浸出系数，其值一般在0.2~0.8，且$C_1>C_2$；

I——填埋场所在区域的最大年或月降水量的日换算值，mm/d。

2. 我国规范要求的计算方法

渗滤液最大日产生量、日平均产生量及逐月平均产生量宜按下式计算，其中浸出系数应结合填埋场实际情况选取。

$$Q=I\times(C_1A_1+C_2A_2+C_3A_3+C_4A_4)/1\ 000 \tag{8-3}$$

式中：Q——渗滤液产生量，m^3/d；

I——降水量，mm/d，当计算渗滤液最大日产生量时，取历史最大日降水量；当计算渗滤液日平均产生量时，取多年平均日降水量；当计算渗滤液逐月平均产生量时，取多年逐月平均降雨量。数据充足时，宜按20年的数据计取；数据不足20年时，可按现有全部年数据计取；

C_1——正在填埋作业区浸出系数，宜取 0.4~1.0，具体取值可参考相关标准；

A_1——正在填埋作业区汇水面积，m^2；

C_2——已终场覆盖区浸出系数，当采用膜覆盖时宜取(0.2~0.3)C_1，而采用土覆盖时宜取(0.4~0.6)C_1；

A_2——已终场覆盖区汇水面积，m^2；

C_3——已终场覆盖区浸出系数，宜取 0.1~0.2；

A_3——已终场覆盖区汇水面积，m^2；

C_4——调节池浸出系数，取 0 或 1(若调节池设置有覆盖系统取 0,若无则取 1)；

A_4——调节池汇水面积，m^2。

（二）水量均衡法

以填埋场为主体，根据进出水量平衡原理，可得渗滤液产量的估算式：

$$Q=P+W+Q_1+Q_2-E_1-E_2-Q_3-Q_4-H \tag{8-4}$$

式中：Q——渗滤液产生量；

P——填埋场作业区域的降水量；

W——废物中的含水量；

Q_1——作业区域的地下水入渗量；

Q_2——地表径流流入量；

E_1——填埋场地表自然蒸发量；

E_2——填埋场地表植被叶面蒸发量；

Q_3——填埋场地表流失量；

Q_4——作业单元底部衬层渗出量；

H——填埋场持水量。

上述各项指标中，降水量和蒸发量可以从当地气象部门获得；外部渗入的水和从填埋场地表流失的水可以通过径流系数来计算。

对多数设计完善的填埋场而言，场外地表径流和地下水对渗滤液的增加量以及渗滤液穿透衬层的外泄量和填埋场地表流失量均可忽略不计，即 $Q_1=Q_2=Q_3=Q_4=0$，则

$$Q\approx P+W-E_1-E_2-H \tag{8-5}$$

对一些特定气象条件下的填埋场和填埋废物而言，相对于降雨量(P)和蒸发量(E_1)，废物中的含水量和填埋场持水量是很小的，故上式还可进一步简化为

$$Q\approx P-E_1 \tag{8-6}$$

水量均衡法和经验公式法的主要区别在于对降水量的不同处理上。从气象部门获得的一年中最大月降水量，其平均日降水量远比最大日降水量小得多，因此从理论上用多项代数和来估算渗滤液产量，会使暴雨期间渗滤液大量积存，影响填埋场的正常运行。当然，由于设计流量减少，渗滤液处理设施环节相应减少，使得基建投资降低。因此，若在处理设施前有足够大体积的调节池调节容纳暴雨期间的渗滤液，就会避免积水问题，同时也降低了造价。

三、渗滤液的收集系统

(一) 收集系统的功能

渗滤液收集系统的主要功能是将填埋场内产生的渗滤液迅速汇聚收集，并通过输水管、集水池等输送至渗滤液处理站的调节池，避免渗滤液在填埋场内的长时间蓄积。

渗滤液在填埋场衬里上的蓄积可能引起以下问题：

① 场内水位升高会使更多废物浸在水中，导致有害物质更强烈地浸出，从而增加渗滤液净化处理的难度；

② 场内壅水会使底部衬里之上的静水压力增加，增大水平防渗系统失效和渗滤液下渗污染土壤和地下水的风险；

③ 场内废物含水过量，影响填埋场的稳定性。

正因如此，美国在填埋场的有关规范中明确规定，填埋场衬里或场底以上渗滤液水位不得超过 30 cm。我国颁布的《生活垃圾填埋场污染控制标准》(GB 16889—2008)也明确要求渗滤液导排系统应确保在填埋场的运行期内防渗衬里上的渗滤液深度不大于 30 cm。

(二) 收集系统的构成

渗滤液收集系统主要由汇流系统和输送系统两部分组成。汇流系统的主体是位于场底防渗衬层上的、由砾卵石或碎(渣)石构成的导流层。该层内设有导流沟和穿孔收集管等。导流层设置的目的是把场内的渗滤液通畅、及时地导入导流沟内的收集管中。渗滤液的输送系统多由集水槽(池)、提升多孔管、潜水泵、输送管道和调节池等组成。有条件时(如山谷型填埋场)，可利用地形条件以重力流形式让渗滤液自流到储存或处理设施，可省掉集液池和提升系统。典型的填埋场渗滤液收集系统由以下几部分构成。

1. 导流(排水)层

导流(排水)层的厚度应大于或等于 30 cm，主要由粗沙砾或卵石组成，需覆盖整个填埋场底部衬里上，其水平渗透系数应大于 1×10^{-3} cm/s，纵、横坡度大于 2%。导流层与废物之间宜设土工织物等人工过滤层，以免细粒物质堵塞导流层，影响其正常排水功能的发挥。

2. 导流(盲)沟与导流管

导流(盲)沟设置在导流层的底部，并贯穿整个场底，其断面常为等腰梯形。山谷型填埋场有主、支沟之分，位于场底中轴线上的为主沟，在主沟上按间距 30~50 m 设置支沟，两者夹角多采用 15°的倍数(60°为佳)。盲沟中填充卵砾石或碎石，粒径上大下小形成反滤，通常颗粒粒径上部为 40~60 mm，下部为 25~40 mm。导流管按照敷设位置分为干管和支管，分别埋设在导流盲沟的主沟和支沟中。导流管的管径需根据填埋场的具体条件按水力学计算确定，通常主管管径不应小于 315 mm，支管管径不应小于 200 mm；管材目前多采用高密度聚乙烯(HDPE)。导流管须预先制孔，孔径 15~20 mm，孔距 50~100 mm，开孔率应保证其刚度和强度要求，一般为 2%~5%。同时在管道安装和初期填埋作业时，应注意避免管道受到挤压破坏。典型的渗滤液导流系统断面如图 8-6 所示。

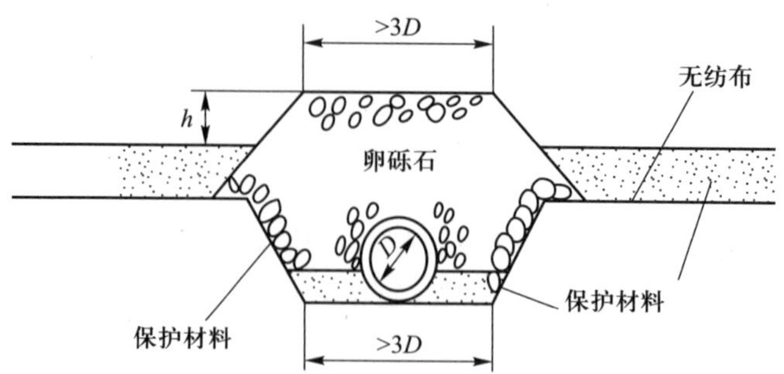

图 8-6　典型的渗滤液导流系统断面

3. 集液池及提升系统

平原型填埋场因渗滤液无法借助重力流从场内导出，需采用集液池和提升系统。集液池多在废物坝前最低洼处下凹形成，其容积视对应的填埋单元面积而定，一般为 5 m×5 m×1.5 m，集液池池坡为 1∶2，池内用卵砾石堆填以支撑上覆废物等荷载，卵砾石的孔隙率介于 30%~40%。提升系统包括提升多孔管和提升泵。提升管按安装形式可分为竖管和斜管，后者因能大大减小负摩擦力的作用，且可避免竖管带来的诸多操作问题，故采用较普遍。斜管常采用高密度聚乙烯管，半圆开孔，管径一般为 800 mm，以便于潜水泵的放入和取出。潜水泵通过提升斜管安放于贴近池底部位，其作用是将渗滤液抽送入调节池。典型斜管提升系统断面见图 8-7。

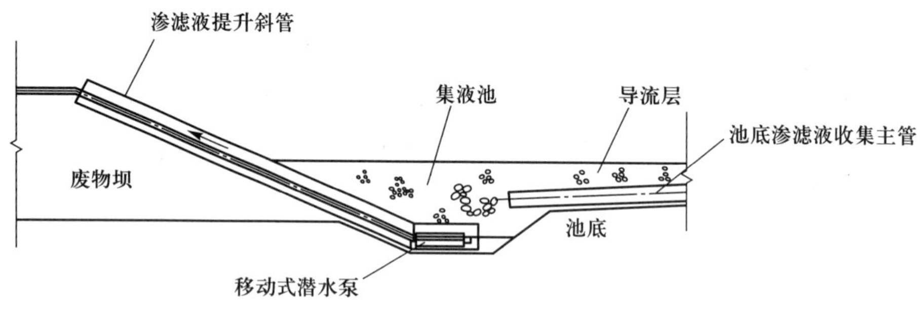

图 8-7　典型斜管提升系统断面

对于山谷型填埋场，通常可利用自然地形坡降采用渗滤液收集管直接穿过废物坝的方式将渗滤液导出坝外，此时可将集液池和提升系统省略。

4. 调节池

调节池是渗滤液收集系统的最后一个环节。它既可作为渗滤液的初步处理设施，又起到渗滤液调节水质和水量的作用，从而保证渗滤液后续处理设施的稳定运行和减小暴雨期间渗滤液外泄污染环境的风险。调节池常采用地下式或半地下式，其池底和池壁多用 HDPE 膜进行防渗，膜上采用预制混凝土板保护。调节池容积可按以下步骤确定：

① 求每月渗滤液产量，按下式计算

$$q_m = I_i \times C \times A / 1\,000 \tag{8-7}$$

式中：q_m——渗滤液月产量，m^3/月；

I_i——多年(一般为20年)逐月平均降雨量，mm；

C——浸出系数，其值随填埋场覆土性质及坡度不同而异，一般为0.2~0.8，运行的填埋场(区)C值常取0.35~0.5，而封场的填埋场(区)可取0.1~0.3；

A——填埋场汇水面积，m^2。

② 求每月渗滤液剩余量，按下式计算

$$q_r = q_m - q_t \tag{8-8}$$

式中：q_r——每月渗滤液剩余量，m^3/月；

q_t——渗滤液的月处理量，m^3/月。

③ 求需调节的渗滤液体积V_a，可将每月渗滤液剩余量为正值者(多在6—9月的雨季)求和，即

$$V_a = \sum q_r \tag{8-9}$$

为设计的安全起见，可选择多年(如20年)降雨资料中最大暴雨的降雨季节，用上述方法计算出该期间需调节的渗滤液体积V_s。则调节池的容积V可通过V_a与V_s比较确定，取大者设计。

四、渗滤液的处理

由于渗滤液的水量水质波动大、组分复杂和污染强度高等特点，渗滤液处理一直是填埋场运行管理最突出的难题，也是制约卫生填埋场进一步推广应用的重要因素之一。要解决渗滤液的达标处理问题，既要保证在技术上可行，又得考虑经济方面的合理性和环境的承载能力。

归纳起来，国内外渗滤液处理的主要工艺方案有二：合并处理和单独处理。

(一) 合并处理

合并处理是指将渗滤液直接或预处理后引入填埋场就近的城市生活污水厂进行处理。该方案利用了污水厂对渗滤液的缓冲、稀释和调节营养等作用，可以减少填埋场投资和运行费用，最具经济性。但该方案的应用有一定的前提条件：一是必须有城市生活污水厂，且距填埋场较近，否则，由于填埋场远离污水处理厂，渗滤液的输送将造成较大的经济负担；二是由于渗滤液特有的水质及其变化特点，如果不加控制地采用此法，易造成对污水处理厂的冲击负荷，影响污水处理厂的正常运行。国内研究认为加入渗滤液的体积不超过生活污水厂处理量的0.5%是比较安全的，而国外研究表明视不同的渗滤液浓度，该比例可以提高到4%~10%。

(二) 单独处理

2008年我国颁布的《生活垃圾填埋场污染控制标准》(GB 16889—2008)中明确要求，自2011年7月1日起，现有的全部生活垃圾填埋场应自行处理生活垃圾渗滤液并执行相关规定的排放标准。这意味着填埋场渗滤液必须就地单独处理后达标排放。

渗滤液单独处理方案按工艺又可分为预处理、生物处理和深度处理三种。一般很少用单一工艺进行渗滤液处理，而是按渗滤液的进水水质、水量及排放要求选取“预处理+生物处理+

深度处理”组合工艺或“预处理+深度处理”组合工艺或“生物处理+深度处理”组合工艺等上述三种工艺组合方式中的一种进行渗滤液处理。目前组合工艺第一种应用较广，大多数填埋场是采用该组合工艺将渗滤液处理达标后直接排放。

预处理工艺目前采用较多的是厌氧法，如厌氧滤池（AF）、升流式厌氧污泥床反应器（UASB）、折流板厌氧反应器（ABR）等，其最大优点是有机负荷比较高和处理单元占地面积较小。除此而外，也有采用化学法，以改善渗滤液的可生化性。

生物处理工艺主要是去除渗滤液中的有机污染物、氮、磷等。常用的工艺有活性污泥法（包括膜生物反应器法、氧化沟活性污泥法、纯氧曝气法等）和生物膜法（接触氧化法、生物转盘法等）。好氧生物处理法可有效地降低 BOD、COD 和氨氮，还可除去铁、锰等金属，因而在渗滤液处理中得到较多的应用，尤以膜生物反应器法（MBR）为最。

深度处理工艺一般采用膜分离（纳滤和/或反渗透）法，也可采用吸附、过滤等方法。处理对象主要是渗滤液中的溶解物、悬浮物和胶体等。膜分离尤其是反渗透（RO）分离技术能有效截流渗滤液中的溶解态有机物和无机物，其对渗滤液中成分浓度的变化具有高度灵活的抗变能力，而且该法的启动和关闭可用开关操作，且可通过电导率测定实现可靠控制，因而其运行的稳定性和安全性较高。

填埋场渗滤液就地单独处理的另一种方式是土地处理法。该法是人类最早采用的污水处理技术，其原理是利用土壤中的微生物降解作用使渗滤液中的有机物和氨氮发生转化，通过土壤中有机物和无机胶体的吸附、络合、螯合、颗粒的过滤、离子交换吸附和沉淀等作用去除渗滤液中悬浮固体和溶解成分，通过蒸发作用减少渗滤液处理量。用于渗滤液处理的土地法主要有填埋场回灌（喷）处理系统和土壤植物处理（S-P）系统两种形式。

废物填埋场渗滤液的回灌（喷）处理是主要利用填埋废物层类似于“生物滤床”的吸附、降解作用以及填埋场覆盖层的土壤净化作用、最终覆盖后填埋场地表植物的吸收作用和蒸发作用将渗滤液减质减量化。回灌（喷）法的主要优点是能减少渗滤液的处理量、降低其污染物浓度；加速填埋场的稳定化进程、缩短其维护监管期，并能产生明显的环境效益和较大的间接经济效益，尤其适用于蒸发量显著大于降水量的干旱和半干旱等地区。据估计，英国约 50%的填埋场进行了回灌处理。但回灌法在蒸发量不是足够大的前提下往往不能完全消除渗滤液，通常只能作为预处理方式与其他处理方式相结合。此外，反复回灌易造成厌氧填埋场渗滤液中氨氮的不断积累，影响其后续处理。一般只有在特殊的气候条件下，即蒸发量达到降水量两倍以上的情况下，通过优化回灌（喷）的时间、方式、速率，才有可能做到年内填埋场渗滤液的完全消纳。

近年来土壤植物处理系统发展迅速，其处理过程和机理有三：① 通过吸附、离子交换和沉淀等作用，土壤颗粒从渗滤液中将悬浮固体过滤掉，并将溶解性固体组分吸附在颗粒上；② 土壤中微生物将渗滤液中的有机物转化和稳定，并转化有机氮；③ 植物利用渗滤液的各种营养物生长，以保持和增加土壤的渗入容量，并通过蒸腾作用减少渗滤液量。

瑞典某填埋场在现场建立了大规模的 S-P 系统进行试验。该系统占用填埋场面积 4 hm^2，其中 1.2 hm^2 种植柳树，2.8 hm^2 种植各种草本植物，渗滤液从收集池经过喷水器提升到土壤植物处理系统中。试验表明，该法不仅能减少渗滤液量，而且能降低渗滤液的浓度，例如氨氮浓度平均下降了 57%，从 194 mg/L 降低到 83 mg/L。

第四节 垃圾填埋气体的收集与利用

一、垃圾填埋气体的产生及其环境影响

（一）垃圾填埋气体的产生过程

垃圾填埋气体又称填埋气。填埋气的产生过程是一个复杂的生物、化学、物理的综合过程，其中生物降解是最重要的。目前普遍认为填埋气的产生过程可分为以下五个阶段，见图8-8。

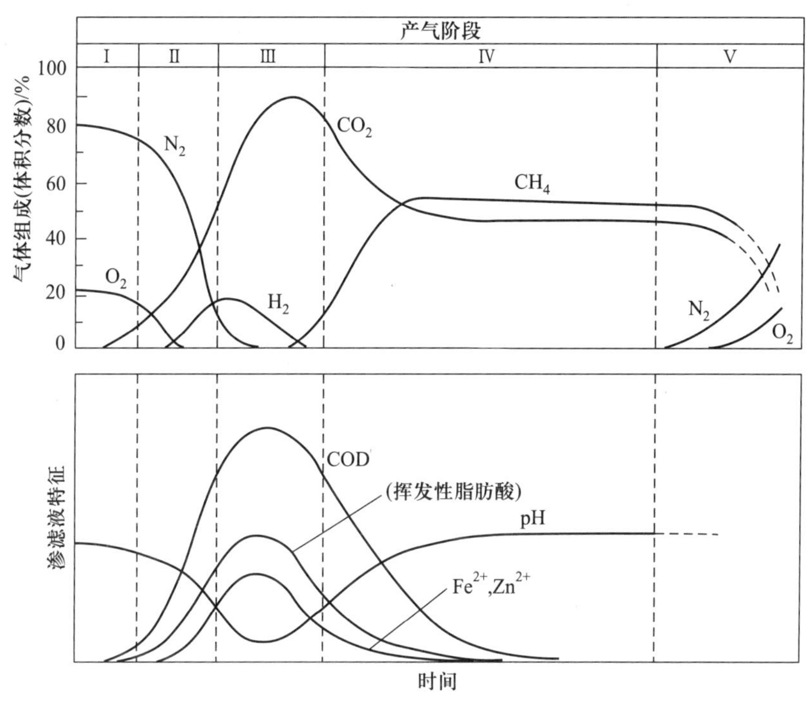

图8-8 填埋气的产生过程

1. 第一阶段——好氧分解阶段

废物进入填埋场后首先经历好氧分解阶段，它的持续时间比较短。复杂的有机物通过微生物胞外酶分解成简单有机物，并进一步转化为小分子物质和CO_2。这一阶段由于微生物进行好氧呼吸、有机质被彻底氧化分解而释放热能，垃圾的温度可能升高10~15 ℃。

2. 第二阶段——好氧至厌氧的过渡阶段

这一阶段，随着氧气的逐渐消耗，厌氧条件逐步形成。作为电子受体的硝酸盐和硫酸盐开始被还原为氮气和硫化氢。

3. 第三阶段——酸发酵阶段

复杂有机物，如糖类、脂肪、蛋白质等在微生物作用下水解至基本结构单位(比如单糖、氨基酸)，并进一步在产酸细菌的作用下转化成挥发性脂肪酸(VFA)和醇。

4. 第四阶段——产甲烷阶段

在产甲烷细菌的作用下，VFA 转化成 CH_4 和 CO_2。该阶段是能源回用的黄金时期。一般废物填埋 180~500 d 后进入稳定产甲烷阶段。该阶段的主要特征是：① 产生大量的 CH_4；② H_2 和CO_2 的量逐渐减少；③ 渗滤液 COD 下降，pH 维持在 6.8~8.0。

5. 第五阶段——填埋场稳定阶段

当第四阶段中大部分可降解有机物转化成 CH_4 和 CO_2 后，填埋场释放气体的速率显著减小，填埋场处于相对稳定阶段。该阶段几乎没有气体产生，渗滤液及废物的性质稳定。

干填埋气由 CH_4、CO_2、N_2、O_2、NH_3、H_2、CO 组成，见表 8-5。通常 CH_4 的比例为 45%~60%，CO_2 的比例为 40%~50%。此外还有不少于 1%的其他挥发性有机物，主要是包括烷烃、环烷烃、芳烃、卤代化合物等。填埋气体是在多种微生物代谢作用下形成的，因而不同的填埋场构造、不同的填埋废物和气候条件，所产生的释放气体的组成也会有一定的差别。

表 8-5 干填埋气组成

组分	浓度(V%)	组分	浓度(V%)	组分	浓度(V%)
CH_4	45~60	O_2	0~2	H_2	0~0.2
CO_2	40~50	硫化物	0~1	CO	0~0.2
N_2	0~10	NH_3	0.1~1.0	微量化合物	0.01~0.6

(二) 垃圾填埋气体对环境的影响

如果不采用适当的方式进行填埋气的收集，填埋气则会在填埋场中累积并透过覆土层和侧壁向场外释放，可能造成以下危害。

1. 爆炸和火灾

甲烷是一种无色、无味、相对密度较轻的气体，在其向大气逸散过程中，容易在低洼处或建筑物内聚集。在有氧气存在的条件下，甲烷的爆炸极限是 5%~15%，最强烈的爆炸发生在 9.5%左右。1995 年发生在北京市昌平县(现昌平区)阳坊镇的填埋沼气爆炸事件就是典型的代表，此外我国的上海、重庆、岳阳等城市都发生过填埋气体爆炸和火灾事故。

2. 对水环境的影响

在填埋场内部压力作用下填埋气迁移透过垃圾层和土壤层进入地下水中，其中二氧化碳极易溶解于地下水，造成地下水 pH 下降，导致周围岩层中更多的盐类溶入地下水，从而使地下水的含盐量升高。

3. 对大气环境的影响

填埋气中的 CH_4 是一种温室气体，其对温室效应的贡献相当于相同质量的二氧化碳的 21 倍。而城市垃圾产生的甲烷排放量占全球甲烷排放量的 6%~18%，在控制全球性气候变暖的过程中是一个不容忽视的污染源。垃圾填埋场还会产生氨、硫化氢等恶臭气体和其他挥发性有害气体。

此外，填埋气中的一氯甲烷、四氯化碳、氯仿、二氯乙烯等微量气体会对人体的肾、肝、肺和中枢神经系统造成损害。

二、填埋气产生量的预测

根据产气模型建立的基础不同，可以把产气模型分为三类：动力学模型、统计学模型和经验模型。动力学模型是按照甲烷产生机理进行预测，原理上符合产气规律，但主要参数均是由垃圾成分的理论值得出，往往偏大，不能代表实际产气情况。统计学模型则一般需要大量的监测数据，运用时简便快捷。经验模型相对符合实际情况。下面介绍政府间气候变化专门委员会(Intergovernmental Panel on Climate Change,IPCC)推荐的统计模型、生物降解理论最大产气量模型和 Marticorena 经验模型。

1. IPCC 的统计模型

IPCC 在 1995 年推荐使用的估计垃圾产气量的经验模型为：

$$V_{CH_4}=MSW\times H\times DOC\times r\times\frac{16}{12}\times 0.5 \qquad (8-10)$$

式中：V_{CH_4}——垃圾填埋场的甲烷排放量，Nm^3；

MSW——城市垃圾量，t；

H——城市垃圾填埋率；

DOC——垃圾中可降解有机碳的质量分数，IPCC 推荐值为：发展中国家 15%，发达国家 22%；

r——垃圾中可降解有机碳的分解率，IPCC 推荐值为 77%(定为常数)。

$\frac{16}{12}$为 CH_4 和 C 之间的转换系数；0.5 为甲烷中的碳与总碳的比率。

运用该模型计算产气量方便快捷，通过生活垃圾的总量以及填埋率就可以估计出产气量，但统计模型无法给出在垃圾产气周期中甲烷排放量的分布。此外，由于没有考虑垃圾产气规律及其影响因素，计算往往过于粗略，仅适合于估算较大规模的产气量。

2. 生物降解理论最大产气量模型

该模型是一个基于垃圾组分降解的半经验模型，形式为：

$$C=\sum_{i=1}^{n}KP_i(1-M_i)V_iE_i \qquad (8-11)$$

式中：C——单位重量垃圾产生的甲烷量，L(CH_4)/kg(湿垃圾)；

K——经验常数，单位质量的挥发性固体物质标准状态下产生的甲烷量，526.5 L(CH_4)/kg；

P_i——某垃圾组分占单位质量垃圾的湿重质量分数；

M_i——某有机组分的含水率；

V_i——某有机组分的挥发性固体干重含量；

E_i——某有机组分中挥发性固体的可降解物的含量。

该方法利用了有机物的可生物降解特性，能较为准确地反映出垃圾中产生甲烷气体的主要成分，公式中的 E_i 需要通过生化实验测定。该公式是在考虑有机物的生物降解性的前提下各垃圾组分的产气之和，但最终结果往往偏高。

3. Marticorena 模型

该模型是针对具体的垃圾填埋场提出的，其前提假设是垃圾按年份分层填埋的。认为各处填埋气体的产生具有等同性和可累加性，在以年为单位的时间尺度上，一个地区的垃圾也可认为是分层分块填埋于不同处，所以将该预测模型应用于区域填埋气体产生量的预测是可行的。

该模型推导如下：

$$MP=MP_0\exp\left(-\frac{t}{t_d}\right) \tag{8-12}$$

$$D=-\frac{dMP}{dt}\Rightarrow D=\frac{MP_0}{t_d}\exp\left(-\frac{t}{t_d}\right) \tag{8-13}$$

$$F=\sum_i^n m_iD_i\Rightarrow F=\sum_i^n m_i\left[\frac{MP_0}{t_d}\exp\left(-\frac{t}{t_d}\right)\right] \tag{8-14}$$

式中：MP——时间为 t 的垃圾的特定产甲烷潜能，Nm^3/t；

MP_0——新鲜垃圾的特定产甲烷潜能，Nm^3/t；

t——时间，a；

t_d——垃圾生命持续时间，a；

D——某一层垃圾的特定年甲烷产率，$Nm^3/(t\cdot a)$；

F——整个填埋场的甲烷产率，Nm^3/a 或 Nm^3/h；

m_i——第 i 层中废物的质量，t。

新鲜垃圾的最大产甲烷潜能 MP_0 是一个代表垃圾自身特性的常数，它可以实验测定，也可以采用垃圾的总碳含量或纤维素的含量来决定理论产甲烷量。各国研究者就 MP_0 进行过大量研究，确定该值的方法有现场实验法、实验室实验法、理论计算法等，所得 MP_0 的范围从 20~200 Nm^3/t。填埋场中生活垃圾的生命持续时间 t_d 代表了填埋场中的所有生活垃圾完全分解所需的时间，它取决于垃圾本身的性质，如产气能力和填埋场的运行条件，如垃圾的压实度等。m_i 通过调查填埋运行的状况即可获得。

三、填埋气的收集

为了控制填埋气对环境的不利影响并对其进行资源化利用，需要改变填埋气的散排状态并加以人为收集。填埋气体的收集系统分为被动收集系统和主动收集系统两种。前者是在填埋场内靠填埋气体自身的压力沿着设计的管道流动而收集，而后者是利用抽真空的办法来收集气体。填埋气体的被动收集系统适用于垃圾填埋量不大、填埋深度浅、产气量较低的小型城市垃圾填埋场（容积<40 000 m^3），被动收集系统包括被动排放井和管道、水泥墙和截留管等。在大型填埋场中往往采用主动收集系统来收集填埋气体，系统包括抽气井、集气/输送管道、抽风机、冷凝液收集装置、气体净化设备及填埋气利用系统（如发电系统）。

（一）集气系统

通常填埋气收集系统有两类：竖井集气系统和水平集气系统。图 8-9 为竖井集气系统示意图，一般垃圾厚度大于3 m时，竖井间距为30~70 m，一般选择50 m。竖井分边井和中部井两大类，边井井间距较小，而中部井井间距适当大一些。一般认为，距填埋区边缘20 m以内的井为边井。边井的主要作用在于控制沼气不外溢，以保护环境为主，因而抽气量较大，填埋气中的甲烷含量较低。从纵面上，中部井也分为浅层和深层井，浅层井的作用和边井相同，用以控制边层填埋气的扩散，深层竖井的气体质量较边井和浅层井好，甲烷含量较高。这样分区、分层的设置将产生富甲烷填埋气和贫甲烷填埋气。利用集气管道收集后，送往不同的利用系统。

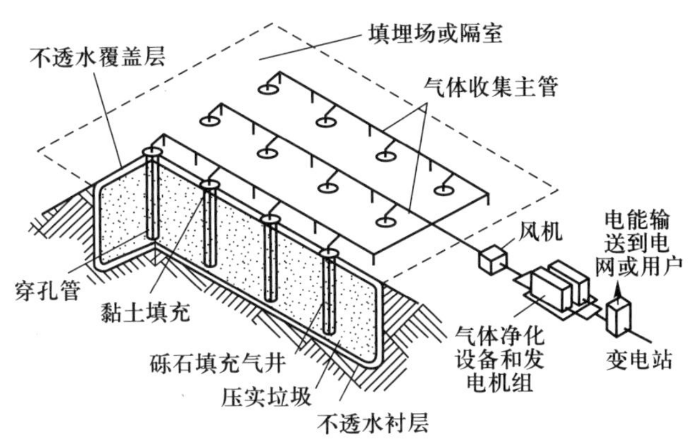

图 8-9　竖井集气系统示意图

为了优化竖井的布置和确定有效的产气范围，抽气井按照等边三角形的形式来布置，井间距离要根据抽气井的影响半径(R)按照相互重叠的原则设计，即其间隔要使其影响区相互交叠。即

$$D=2R\cos30^\circ=\sqrt{3}R \tag{8-15}$$

式中：D——三角形布局的井间距离，m；

R——抽气井的影响半径，m。

影响半径与填埋垃圾的类型、压实程度、填埋深度和覆盖层类型等因素有关，应该通过现场试验来确定。在缺少实验数据的情况下，影响半径可以采用45 m。对于深度大并有人工薄膜的混合覆盖层的填埋场，常用的井距为45~60 m；对于使用黏土和天然土壤作为覆盖层材料的填埋场，可以采用较小的井间距，如30 m，来防止空气抽进填埋场系统。

水平集气系统主要适用于新建的和正在运行的垃圾填埋场，其特点是填埋垃圾的同时收集沼气。适用于垃圾的有机物是以易降解成分为主的填埋场。水平集气系统的集气速率是竖井的5~35倍，由于采用边填埋边集气，因而水平集气系统的收集效率较竖井的高。但垃圾腐熟造成的不均匀沉降对集气系统影响较大。美国洛杉矶市卫生局在20世纪80年代初率先采用水平集气系统，Puente Hills填埋场就是其中的典型代表，见图8-10，相应的填埋场集气系统断面见图8-11。在填埋2层垃圾后开始安装水平集气管，各个集气支管之间在垂直方向相距24.4 m，在水平方向相距61 m。

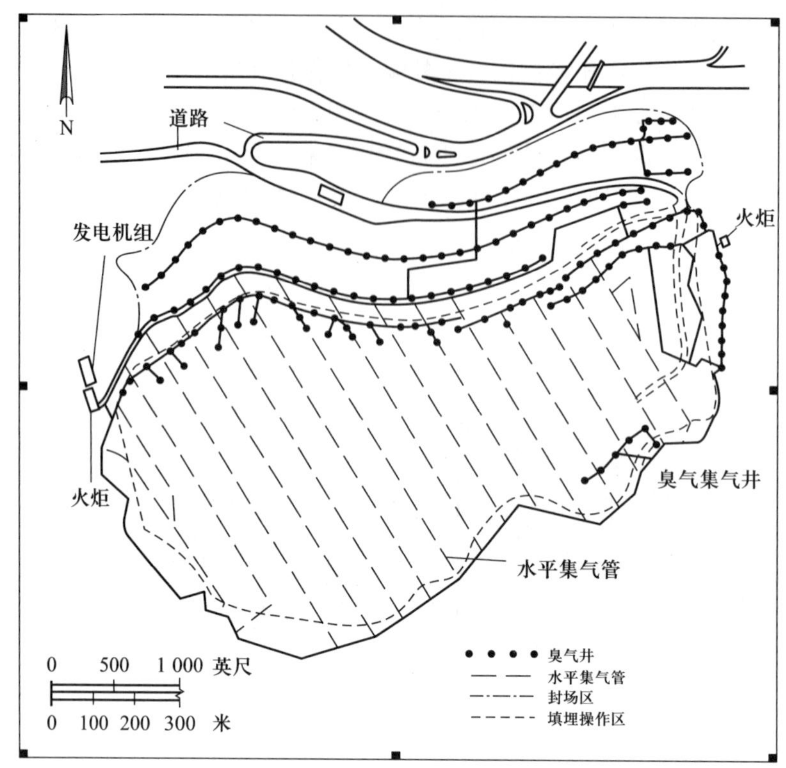

图 8-10　Puente Hills 填埋场水平集气系统平面图

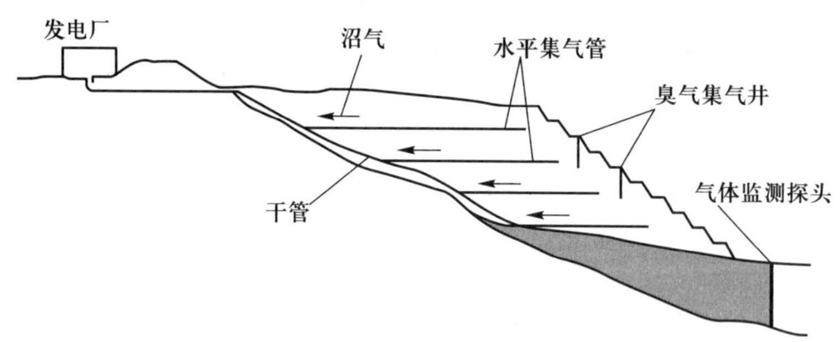

图 8-11　Puente Hills 填埋场集气系统断面图

水平管网采用分层设置，集气管设置在 50 mm×2 mm 的盲沟中，从而得到有效保护。水平集气管有两种：一种是穿孔管；另一种是套管。后者由于采用不同管径 PVC 管互相嵌套，对垃圾的不均匀沉降适应能力较强且不易脱落，因此应用较多。水平集气管的施工示意图参见图 8-12。

（二）输送系统

为了使填埋气收集系统达到稳定运行状态，管道布置通常采用干路和支路的形式，干路互相联系或形成一个“闭合回路”，从而可以得到一个比较均匀的真空分布和剩余真空分布，使

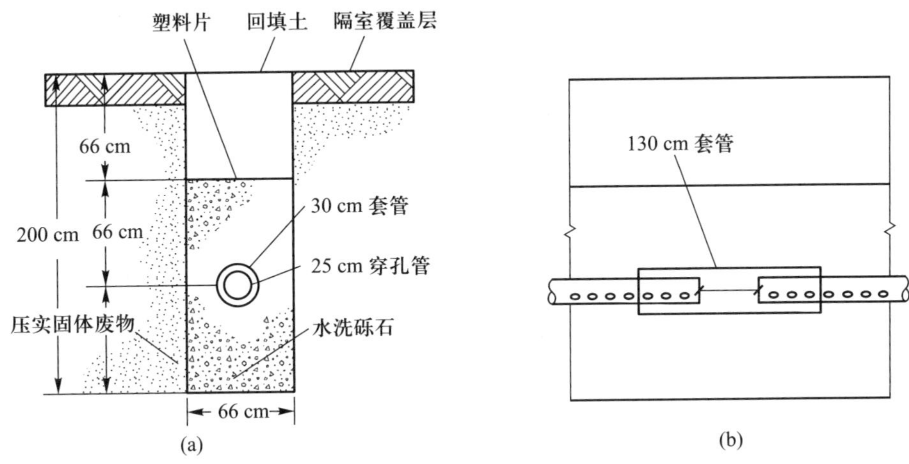

图 8-12　水平集气管的施工示意图

(a) 管沟断面；(b) 侧视图

系统运行更加容易、灵活。通常用 $\phi150\sim200$ mm 的 PVC 管(或 PE 管)将抽气井与引风机连接起来，管道的铺设应有沉降，在填埋场的沉降比率应该大于 1∶40，以适应不同的沉降变化。应控制管道大小以保证填埋气速度小于 6 m/s。这样可防止冷凝水被带走，允许冷凝水沿管道回流，返回井里。此外还减少管内摩擦损失，降低对风机功率的要求，以节约能源。

由于垃圾填埋场内部的填埋气的温度通常在 16~52 ℃变化，集气管道内的填埋气温度接近周围的环境温度。在输送过程中，填埋气会逐渐变凉而冷凝。因此冷凝液的收集和排放是填埋气输送系统设计时考虑的重点。为了排除冷凝液，集气管的安装应该保持一定的坡度(一般大于 5%)，并在集气管道的最低处安装冷凝液收集排放装置。冷凝液收集器包括分离器、冷凝管、泵站和贮存罐。典型的冷凝液收集装置见图 8-13(a)。冷凝液可以返回填埋场，也可以先用贮槽来贮存[图 8-13(b)]，再排入排水系统。

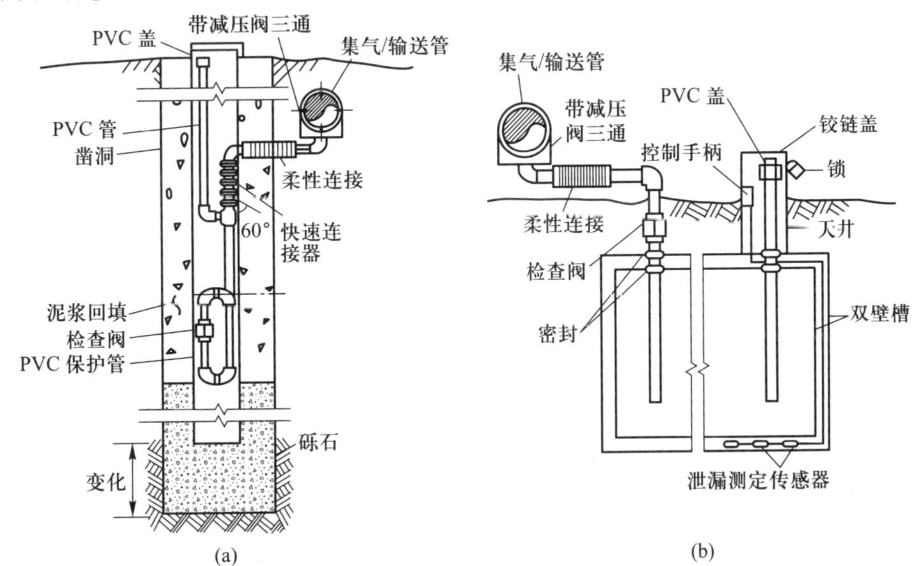

图 8-13　冷凝液的收集/排放装置

(a) 冷凝液返回填埋场；(b) 冷凝液存放在贮槽

输送管道的末端需要安装风机来保证集气系统和输送系统压力的相对稳定和填埋气流量的相对恒定。在选择风机时，首先要根据预期的最坏的操作条件来确定系统需要的总压力差(最大吸力容积与排放压力)。风机功率大小需要根据总的负压头和填埋气体积来设计。目前填埋场中最常采用离心式引风机。在运行过程中，要求风机具有良好的密封性能，尤其是风机的轴，如果密封类型不适当或者效果不佳，填埋气会泄漏到空气中从而引起异味，并产生安全隐患。

四、填埋气的净化

自由排放的填埋气体会对环境和人类健康造成危害，若能加以收集则可以作为能源来利用。填埋气的热值与城市煤气的热值接近，每 1 m^3 填埋气的能量相当于 0.45 L 柴油或 0.6 L 汽油的能量，热值为 18 810~22 990 kJ/Nm^3。然而填埋场所收集的填埋气组分复杂，在利用之前需要进行净化预处理。填埋气中主要含有 CH_4、CO_2、N_2、O_2、NH_3、H_2、CO 等组分。在对填埋气利用之前尽可能提高甲烷的含量，增加气体的热值，并降低微量气体比例以防止危害。近年来气体分离技术发展很快，尤其是吸收、吸附和膜分离技术越来越得到广泛应用。气体分离技术发展现状见图 8-14。

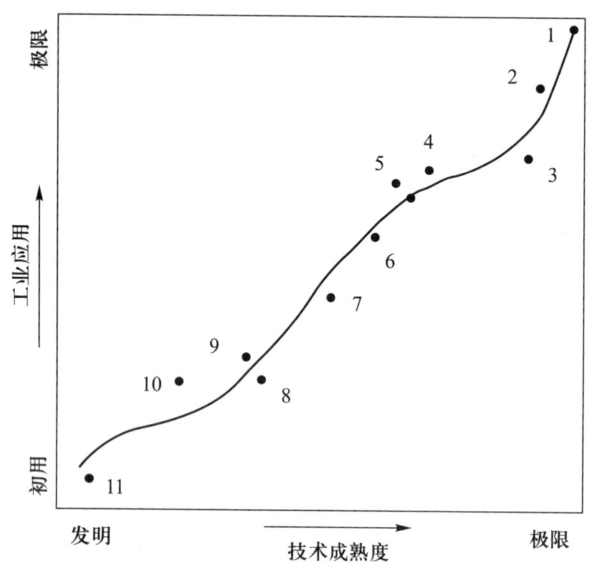

1-蒸馏；2-吸收；3-萃取/共沸蒸馏；4-结晶；5-离子交换；6-吸附(气相)；7-液相吸附；8-膜(液体)；9-膜(气体)；10-超临界萃取；11-亲和分离

图 8-14 气体分离技术发展现状

就实际的填埋气而言，由于填埋场中的填埋气温度较高，水蒸气接近饱和，压力略高于大气压。因此，当气体被抽吸到收集站后，在填埋气体输送和利用前必须进行脱水处理。一般采用冷凝器、沉降器、旋风分离或过滤器等物理单元来除掉气体中的水分和颗粒物。也可以通过分子筛吸附、低温冷冻、脱水剂二甘醇等进行脱水，使填埋气体中水分含量小于后续操作条件的露点以下。在实际脱水过程中，低温冷冻比较常用。脱水后的填埋气的热值提高 10%左右。填埋气还含有少量的 H_2S，容易引起工程设备腐蚀，因此需要去除填埋气中的 H_2S。尤其当垃圾含有石膏板之类的建筑材料和硫酸盐污泥时，填埋气体中的 H_2S 会大量增加。脱硫技术主要有湿式吸收工艺和吸附工艺两大类，包括催化吸收法、链烷醇胺选择吸收法、碱液吸收法、活性炭吸附和海绵铁吸附法，其中活性炭吸附法最常用。

CH_4、CO_2、N_2 和 O_2 是填埋气体中四种最主要的组分，其中 CH_4 和 CO_2 共占了填埋气体体积百分比的90%以上，因此填埋气体的提纯是 CH_4、CO_2、N_2 和 O_2 的混合气体的分离过程，而关键则是 CH_4 和 CO_2 的气体分离。目前分离 CO_2 的主要方法有：吸收分离、吸附分离和膜分离。

（一）吸收分离

CH_4、CO_2、N_2 和 O_2 四种主要组分中，CO_2 是弱酸性气体，采用碱性溶液为吸收剂的吸收分离可以去除填埋气体中的大部分 CO_2，但是 N_2 和 O_2 在溶液中的溶解度很小。CH_4 与 CO_2 吸收分离中采用甲乙醇胺(MEA)或N-甲基二乙醇胺(MDEA)溶液作 CO_2 的吸收剂，当气液比为1∶3时，CO_2 去除率大于95%，CH_4 回收率为90%~95%，产品气中 CH_4 含量大于80%，CO_2 含量小于5%。美国Fresh Kills垃圾填埋场已用这种分离方法成功地去除填埋气中的 CO_2，并入天然气管网进行发电。

（二）吸附分离

根据吸附后吸附剂再生方法的不同，吸附分离可以分为变温吸附(temperature swing adsorption,TSA)和变压吸附(presure swing adsorption,PSA)。在变温吸附中，吸附剂通过加热实现再生，而变压吸附是通过降低压力来实现吸附剂的再生。由于变温吸附需要加热，因此能耗较多，而且完成一个循环的时间较长，一般适于小规模的工业应用。变压吸附则具有循环时间短、产量大等优点而在空分制氮、天然气净化等方面得到了广泛的应用。

PSA甲烷浓缩装置工艺流程见图8-15。填埋气加压至0.8 MPa后进入PSA系统，填埋气体自下而上通过以碳分子筛为主要吸附剂组成的吸附床，水分被下层活性氧化铝吸附，CO_2 被分子筛吸附，CH_4 在压力下输出至储气罐。当吸附剂达到一定饱和度时，进气阀门关闭，解吸阀打开，吸附塔进入排空再生阶段。然后关闭解吸阀，打开吹洗阀，一部分产品气返回抽空的吸附塔进行均压。两个塔分别处于不同的阶段，当A塔产气时，B塔排空充压。如此交替、反复，连续产生富集 CH_4 气体。PSA工艺相对简捷，在填埋场自身条件变化的情况下，可以维持预处理后的填埋气体，CH_4 浓度相对稳定。在保证甲烷回收率为98%时，产品气的 CH_4 浓度可达到85%以上。

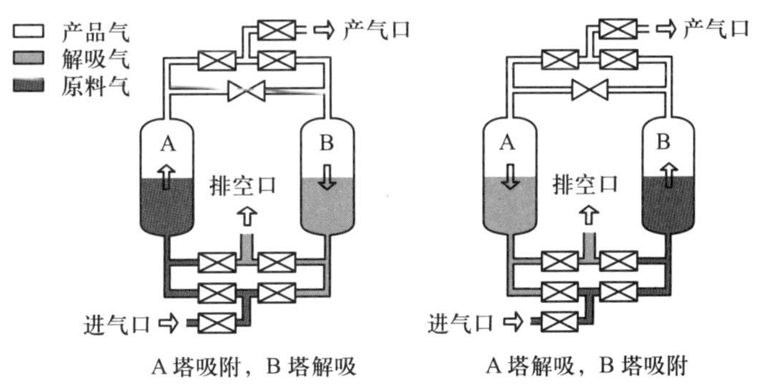

图8-15　PSA甲烷浓缩装置工艺流程图

（三）膜分离

气体膜分离是利用特殊制造的膜与原料气接触，在膜的两侧压力差驱动下，气体分子透过膜的现象。由于不同的气体分子透过膜的速率不同，渗透速率快的气体在渗透侧富集，而渗透速率慢的气体则在原料侧富集。气体膜分离正是利用分子的渗透速率差使不同气体在膜两侧富集而实现分离。

膜分离的主要特点是能耗低，装置规模可以根据处理量要求调整大小，设备简单，操作方便，运行可靠。膜组件可以分为中空纤维膜、卷式膜、平板膜。从材料来看，醋酸纤维素膜、聚酰亚胺膜用于 CO_2/CH_4 的分离比较多。Envirogenics 公司利用醋酸纤维素卷式膜对沼气中的 CO_2 进行了分离，气体的相对渗透速率见表 8-6。可见 CH_4 和 CO_2 的渗透速率相差 30 倍，可以利用 CO_2 和 CH_4 在膜中的不同渗透性来实现 CO_2 与 CH_4 高效快速分离。然而由于 CH_4 和 N_2 的渗透速率很接近，因此这种膜难以对填埋气中的 N_2 和 CH_4 进行分离。

表 8-6 各气体组分透过膜的相对渗透速率

气体组分	相对渗透速率	气体组分	相对渗透速率
H_2O	100	O_2	1
NH_3	15	CO	0. 3
H_2	12	CH_4	0. 2
H_2S	10	N_2	0. 18
CO_2	6	C_2H_6	0. 1

此外，日本 UBE 公司的聚酰亚胺膜也广泛用于 CO_2 的分离。美国在洛杉矶的 Puente Hills 填埋场采用了 UBE 公司的分离膜，产气品中 CH_4 含量可达 96% 以上，CH_4 回收率为70%~95%。

五、填埋气的利用

对填埋气进行收集控制和资源化利用，已成为城市垃圾填埋处置的重要部分。1977 年世界第一个垃圾填埋气回收系统在美国加利福尼亚南部建立，填埋气作为燃料用于锅炉燃烧。目前填埋气体的主要利用方式包括：直接燃烧产生蒸汽，用于生活或工业供热；通过内燃机燃烧发电；作为运输工具（如汽车）的动力燃料；经脱水净化处理后用作城市民用管道燃气；燃料电池；用作 CO_2 和甲醇工业的原料。

（一）发电

填埋气发电是比较成熟的能源回收方式，所发电力可以并入当地电网，不受当地用户条件的限制。由于填埋气体中 CH_4 含量一般在 50%以上，属中等热值燃气，只需经过脱水、脱硫等预处理便可送至锅炉或内燃机燃烧进行发电和供热。一般来说，垃圾填埋量在 100 万 t 以上、占地面积 10 hm^2 以上、填埋高度 10 m 以上的填埋场利用填埋气发电具有较好的投资回报率。

我国杭州天子岭、广州大田山和南京水阁垃圾填埋场已经建成了填埋气发电示范工程。杭州天子岭垃圾填埋场占地 16 万 m^2，设计填埋能力为 600 万 m^3。该工程由加拿大设计，利用燃气轮机来发电，装机总容量为 1 520 kW，采取 24 h 连续运行方式，运行时间占全年时间的 95%，年发电量可达 1 270 万 kW · h。杭州天子岭的填埋气预处理技术单元主要是冷凝、过滤，系统工艺流程见图 8-16 所示。

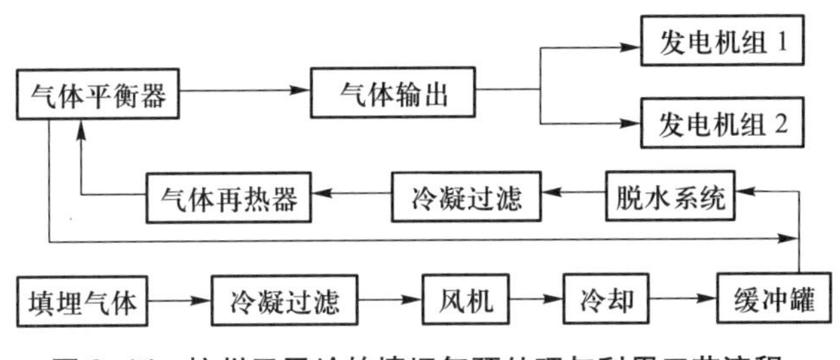

图 8-16　杭州天子岭的填埋气预处理与利用工艺流程

在填埋气发电系统中，核心设备是燃气轮机。由于填埋气的甲烷含量比天然气的低，燃烧速度慢。这会使发动机的动力性和燃料经济性降低，排气温度升高，引起气门过度磨损，降低发动机的可靠性和使用寿命。因此，如何提高燃烧速度就成了垃圾填埋气发动机的重要问题。此外多数发动机耐受 H_2S 的极限为 200 mg/L，需要防止 H_2S 引起的机件腐蚀。此外，还需要保证电力输出稳定性以便入网。

（二）作为汽车燃料

填埋气与天然气的微量组分含量相近，只是填埋气中含有大量的 CO_2，从填埋气净化技术的角度来看，通过对填埋气进行预处理，可以保证填埋气组分与天然气相同。当处理后的压缩填埋气达到《车用压缩天然气》(GB 18047—2017)标准后(表 8-7)后，就可以作为双燃料汽车的气体燃料。而且其生产成本远低于压缩天然气的市场售价，相对于市场销售的燃油和压缩天然气具有明显的竞争优势。此外，在国内已经推广车用压缩天然气的城市，其加气系统的主流正在向子母站系统发展，这一点也为填埋气产品进入汽车燃料市场创造条件。

表 8-7　车用压缩天然气技术要求

项目	质量指标	实验方法
高位发热量/($MJ \cdot m^{-3}$)	>31.4	GB/T 11062—2020
硫化氢含量/($mg \cdot m^{-3}$)	<15	GB/T 11060.1—2010 或 GB/T 11060.2—2008
总硫(以硫计)含量/($mg \cdot m^{-3}$)	<100	GB/T 11060.4—2010
二氧化碳含量(V/V)/%	<3.0	SY/T 7506—1996
水露点	低于最高操作压力下最低环境温度5℃	SY/T 7507—2016(计算确定)

注：1. 为确保压缩天然气的使用安全，压缩天然气应有特殊气味，必要时加入适量加臭剂，保证天然气的浓度在空气中达到爆炸下限的 20% 前能被察觉；

2. 气体体积为在 101.325KPa，20℃状态下的体积。

国内外资料表明，填埋气车成本低廉，具有较强的市场竞争力。作为汽车燃料时，要求将填埋气除湿、脱除硫化物和微量物质后，再分离 CO_2 将 CH_4 的浓度提高到 85% 以上，然后加压至 5 MPa，装入贮罐作为汽车燃料。美国洛杉矶卫生局筹建的填埋气制取汽车清洁燃料示范工程于 1993 年建成，该工程规模约为 1 000 m^3/d。填埋气经二级压缩冷凝后再利用活性炭吸附处理，最后利用膜分离得到汽车燃料气，其填埋气的预处理和利用工艺流程见图 8-17。

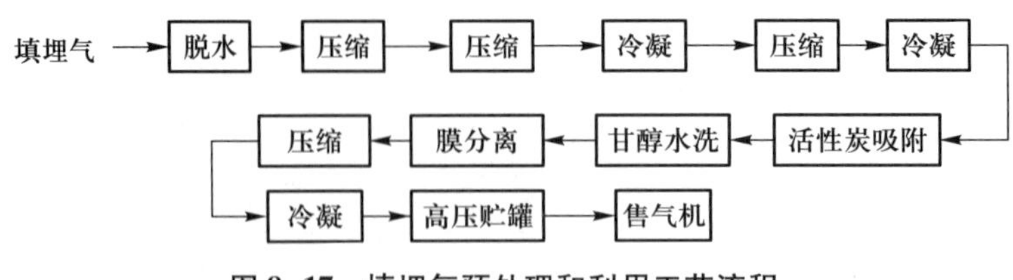

图 8-17 填埋气预处理和利用工艺流程

(三) 作为城市民用燃气

城市燃气是由若干种气体组成的混合气体，其中主要组分是一些可燃气体，如 CH_4 等烃类、H_2 和 CO，另外也含一些不可燃的气体组分，如 CO_2、N_2 和 O_2 等。城市燃气按气源可分为：天然气、人工煤气、液化石油气和生物气等。其中天然气作为民用燃气的技术要求见表 8-8。

表 8-8 天然气作为民用燃气的技术要求

项目	一类	二类	三类
高位发热量/($MJ \cdot m^{-3}$)	>31.4		
总硫(以硫计)/($mg \cdot m^{-3}$)	≤100	≤200	≤460
硫化氢/($mg \cdot m^{-3}$)	≤6	≤20	≤460
二氧化碳体积分数/%	≤3.0		—
水露点/℃	在天然气交接点的压力和温度条件下，天然气的水露点应比最低环境温度低 5 ℃		

填埋气作为民用燃气已有应用，例如美国伊利诺伊州填埋场的填埋气经过除湿、除 H_2S 并分离出 CO_2 后，并入民用燃气系统，其热值为 37.2 MJ/Nm^3。然而，填埋场沼气毕竟是从垃圾中产生的，可能会存在一些尚未被人们认识到的有毒、有害物质。特别是没有经过分类、分拣的垃圾，有毒有害物质进入填埋场后，易于进入填埋气，这种有毒有害物质对人造成潜在危害。此外，填埋气需要净化至民用天然气质量，意味着 CH_4 含量要从 50% 提纯至 98% 以上，相应的处理成本较高。因此，我国对于填埋气作为城市民用燃料比较慎重，目前暂不主张直接作为民用燃料使用。

(四) 作为燃料电池的燃料

燃料电池是一种将化学能直接转换为电能的发电装置，它所用的“燃料”并不燃烧，而是通过氧化还原反应直接产生电能。其优点主要是能量转换效率高、污染小、噪音低。燃料电池既可以独立单元发电，也可以串联或并列组成大型发电站，可以根据需要安装在指定地点。1991 年美国国际燃料电池公司(IFC)在美国国家环境保护局的支持下进行填埋气燃料电池的应用研究。在1995年首次开发了型号为PC25的商业化填埋气燃料电池。该燃料电池的最大供电能力为200 kW，其工艺流程见图8-18。美国根据天然气转换计划还进行了1 000 kW级磷酸型燃料电池(PAFC)的试验，而日本也在引进美国的技术后开展了100 kW级PAFC的试验。

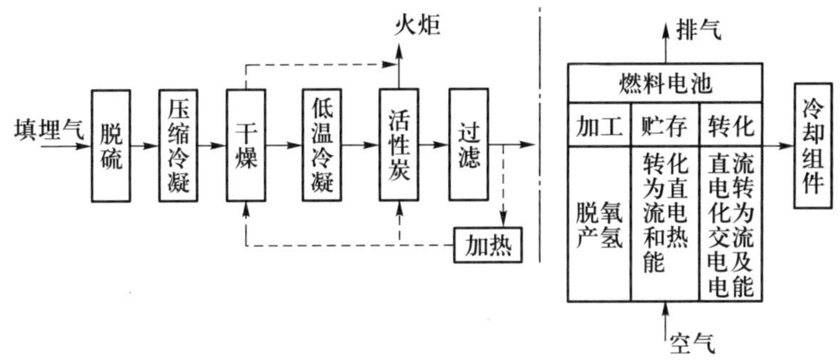

图8-18 填埋气作为燃料电池燃料的预处理工艺流程

磷酸燃料电池发展较快，由于电解质是酸，因此电解质不会因CO_2气体引起变质，因而燃料可以直接用天然气等矿物燃料改性得到H_2，不需要经过提纯工序除去CO_2。

在填埋气资源化利用方式中，我国填埋气发电已经有了一定的商业化应用基础，而其他填埋气利用技术的研究则处于起步阶段。美国则将填埋气用作汽车及燃料电池的燃料作为今后应用的重点。

习题与思考题

1. 填埋场选址总的原则是什么？选址时主要考虑哪些因素？现代填埋场的建造及运行包括哪些具体步骤？请尝试绘出生活垃圾卫生填埋场典型工艺流程。

2. 填埋场有哪些类型与基本构造？填埋场水平防渗系统有哪些类型？填埋场终场防渗系统有什么层结构特征及各层有什么作用？

3. 填埋场库容的确定需要考虑哪些因素？

4. 填埋场渗滤液组成特征有哪些？渗滤液水质特征主要受哪些因素影响？控制渗滤液产生的工程措施有哪些，其作用如何？填埋场渗滤液收集系统由哪几部分构成？处理渗滤液的基本方法有哪些，各自的特点是什么？

5. 分析填埋气体的产生过程，该过程可分为哪几个阶段？画出各阶段气体组成的曲线图，并指出各阶段填埋气体有哪些组成特征，填埋气如何在填埋场迁移和运动，填埋气体收集系统包括哪几种。

6. 试述卫生填埋场与安全填埋场的区别。

7. 一个10万人口的城市，平均每人每天产生垃圾2.0 kg，如果采用卫生土地填埋处置，覆土与垃圾之比为1∶4，填埋后废物压实密度为600 kg/m^3，试求1年填埋废物的体积。如果填埋高度为7.5 m，一个服务期为20年的填埋场占地面积为多少？总容量为多少？

8. 某填埋场总面积为5.0 hm^2，分三个区进行填埋。目前已有两个区填埋完毕，其面积为3.0 hm^2，浸出系数0.2。另有一个区正在进行填埋施工，填埋面积为2.0 hm^2，浸出系数0.6。当地的年平均降雨量为3.3 mm/d，最大月降雨量的日换算值为6.5 mm/d。求该填埋场污水处理设施的处理能力。

9. 某卫生填埋场设置有功能完善的排水设施。填埋场总面积为3×10^5 m^2，其中已封顶的填埋区面积为2.0×10^5 m^2，填埋操作区面积为5.0×10^4 m^2。假定填埋场所在地的年平均降雨量为1 200 mm，降雨量成为渗滤液的份额在已封顶填埋区和填埋操作区分别占30%和50%，问：① 该填埋场渗滤液的产生量有多少？② 可能的渗滤液处理方案有哪些？你认为何种方案最佳，为什么？

10. 对人口为5万人的某服务区的垃圾进行可燃垃圾和不可燃垃圾分类收集，可燃垃圾用60 t/d的焚烧设施焚烧，不可燃垃圾用20 t/d的破碎设施处理；焚烧残渣(可燃垃圾的10%)和破碎不可燃垃圾(不可燃垃圾的40%)填埋；用破碎分选出30%的可燃垃圾和30%的资源垃圾。已知每人每天的平均排出量为800 g/(人·d)，其中可燃垃圾600 g/(人·d)，不可燃垃圾200 g/(人·d)；直接运入垃圾量为4 t/d，其中可燃垃圾3 t/d，不可燃垃圾1 t/d。求该服务区使用15年的垃圾填埋场的容量。

11. 某填埋场底部黏土衬层厚度为1.0 cm，$C_s=1\times10^{-7}$ cm/s，计算渗滤液穿透防渗层所需的时间。若采用膨润土改性黏土防渗，设防渗层的空隙率 $\eta_e=6\%$，防渗层上渗滤液积水厚度不超过1 m，膨润土改性黏土 $C_s=5\times10^{-9}$ cm/s，计算渗滤液穿透防渗层所需的时间。

12. 一填埋场中某污染物的COD为10 000 mg/L，该污染物的迁移速度为 3×10^{-2} cm/s，降解速度常数为 6.4×10^{-4} s^{-1}。试求当污染物的浓度降到1 000 mg/L时，地质层介质的厚度应为多少？污染物通过该介质层所需的时间为多少？

13. 某生活垃圾其有机化学结构式(组成)可表示为 $C_{72}H_{114}O_{45}N$，若废物中有机质部分占72%，它含有18%的水分(主要在有机质内)，设有机质中仍有3%为生物无法分解的灰分。求此每单位质量(Ib)的干基垃圾厌氧消化(卫生填埋)时可产生 CH_4 和 CO_2 各有多少？

14. 某垃圾填埋场总面积6 000 m^2，其填埋区占一半，其中有地表水排水渠者又占一半($A_2=1\ 500$ m^2，浸出系数0.25)。填埋区地表水无排水渠参数取0.45，若其降雨量为45 mm/d，求其渗滤液量。

15. 若某垃圾填埋场底部有完善的阻水设施，其面积为6 000 m^2，年平均降雨量为2 600 mm，设每年平均蒸发水量550 mm，径流系数为0.12，求此填埋场的理论渗出水量为多少？

16. 某填埋场可保持50 cm的渗出水高差，若欲设置一定厚度的黏土层(渗水系数 $K=5\times10^{-7}$ cm/s)，以使其渗出水量控制在 1.5×10^{-3} m^3/d以下，求此黏土层厚度至少应为多少？

17. 某有害固体废物的填埋场底部铺设A、B、C三层不透水防漏层，其厚度分别为5 m、8 m和10 m，而浸出系数各为：$C_{pA}=1.5\times10^{-7}$ cm/s，$C_{pB}=2.1\times10^{-4}$ cm/s，$C_{pC}=5.8\times10^{-6}$ cm/s，求渗出水渗出的时间为多少？

18. 某都市填埋场内每层压实厚为2.5 m共三层的垃圾，其上覆土30 cm，最上面为1.0 m的表面覆土，填埋场下以黏土层为不透水层，$\varepsilon=0.5$，$C_p=1\times10^{-7}$ cm/s，地下水位在填埋场下1.8 m处，则：① 求渗出水穿透污染到地下水位所需时间？② 若不透水层的 $C_p=1\times10^{-6}$ cm/s，则渗出水污染到地下水位所需时间为多少？③ 若填埋场积水严重，甚至由表土溢出，则其渗出至地下水位所需时间各为多少？

19. 某填埋场容许的渗出水通量为0.001 7 $m^3/(m^2\cdot d)$，若以 1×10^{-6} cm/s渗出系数的黏土为不透水层，设填埋场底部积水不超过80 cm。求在实际操作时，此不透水黏土层的厚度至少应为多少？

20. 25 ℃定温下，某卫生填埋场每年平均填埋100 t的废弃物，已知其总有机碳值为250 kg/t，且 $C=0.007\ 5$，求其① 填埋3年后的总沼气量；② 填埋后第3年的沼气量；③ 若填埋较密实($C=0.05$)，则填埋后第3年的沼气产量和总产量各为多少？

第九章　危险废物及放射性废物管理

危险废物是指列入《国家危险废物名录》或者根据国家规定的危险废物鉴别标准和鉴别方法认定的具有危险特性的废物。根据《固体废物污染环境防治法》的有关规定，制订了《国家危险废物名录》，规定具有毒性、腐蚀性、易燃性、反应性或感染性等一种或者几种危险特性的属于危险废物；不排除具有危险特性，可能对生态环境或者人体健康造成有害影响，需要按照危险废物进行管理的；医疗废物、列入《危险化学品目录》的化学品废弃后属于危险废物。危险废物常用的处理方法包括物理处理技术、物理化学处理技术和生物处理技术等，而固化/稳定化技术是最常用的物理化学技术之一，安全填埋是危险废物的最终处置方式。

放射性废物是指含有放射性核素或者被放射性核素污染，其放射性核素浓度或者比活度大于国家确定的清洁解控水平，预期不再使用的废物。环境中的放射性污染源主要来自核武器实验、核设施事故、放射性三废泄出和城市放射性废物等。放射性废物可通过不同途径进入人体造成放射性危害。放射性污染效应是隐蔽和潜存的，只能靠其自然衰变而减弱。放射性废物处理通过净化、浓缩、固化、压缩和包装等手段，改变放射性废物的属性、形态和体积。放射性废物处置是将废旧放射源和其他放射性固体废物最终放置于专门建造的设施内并不再回取。

危险废物和放射性固体废物的管理是指以具体的废物为管理对象，运用法律、行政、经济和技术等手段防止废物污染环境或危害人类。放射性废物的安全管理应当坚持减量化、无害化和妥善处置、永久安全的原则。

第一节　危险废物的全流程管理

一、危险废物管理设施

根据危险废物危险特性不同，危险废物管理存在多种方式，目前至少有50种得到商业检验的危险废物回收和处理技术。一种危险废物处理设施可仅采用一种处理技术，为多个废物产生者提供服务的商业处理设施可以采用多种技术处理不同的危险废物。从处理技术和设施特征方面分析，危险废物处理设施主要有：① 回收/再循环：回收材料，使之作为可再销售产品(典型的如溶剂、油、酸或有价金属)；利用废物，以回收能源(例如水泥窑协同处理)；② 稳定化或解毒处理：使用各种物理、化学、热力学或生物方法，改变危险废物物理或化学特性，使之降解或破坏其组成；③ 土地处置：把废物(尤其已经过处理后、满足土地处置限制标准的废物)永久地安置在土壤表面或土壤下。危险废物理想管理流程及管理设施分别见图9－1和图9－2。

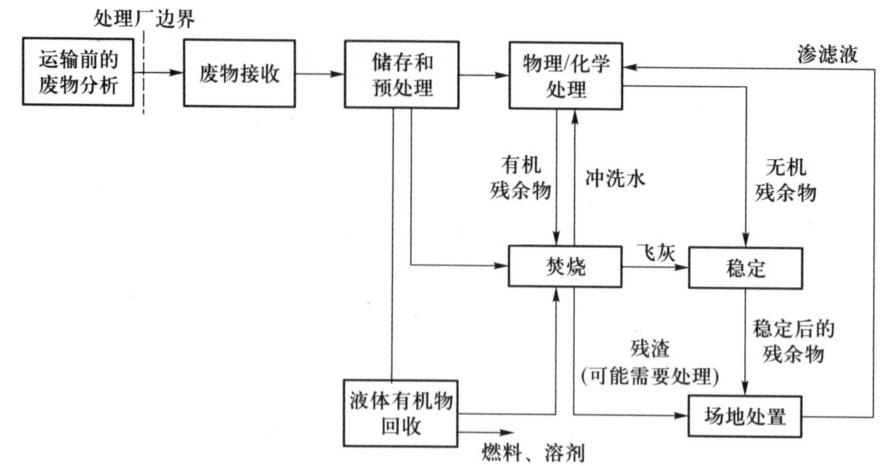

图 9-1　危险废物理想管理流程

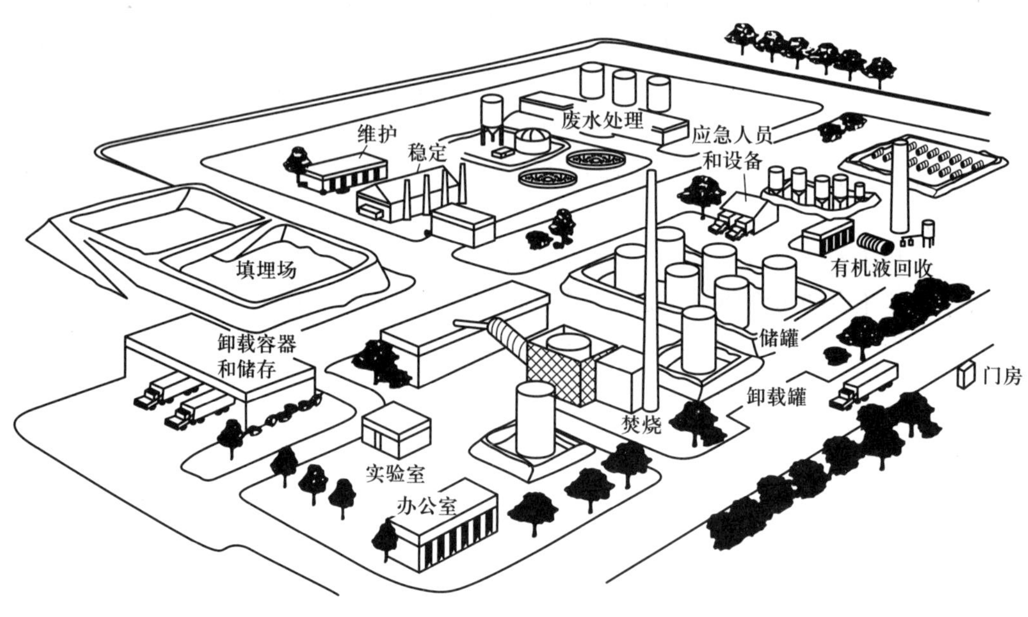

图 9-2　危险废物理想管理设施

二、危险废物处理技术体系

危险废物的处理过程通常是由各个分离的子处理单元合成一个整体、多步的系统，可以更有效地处理危险废物（见图 9-3）。然而大多数废物处理厂仅包括图中所列部分子处理单元。

各种废物处理方法一般都会产生二次污染，即产生废气、废水或残渣，或造成物理性污染。尤其在危险废物处理过程中，需特别注重二次污染的防控。例如，危险废物经焚烧后会产

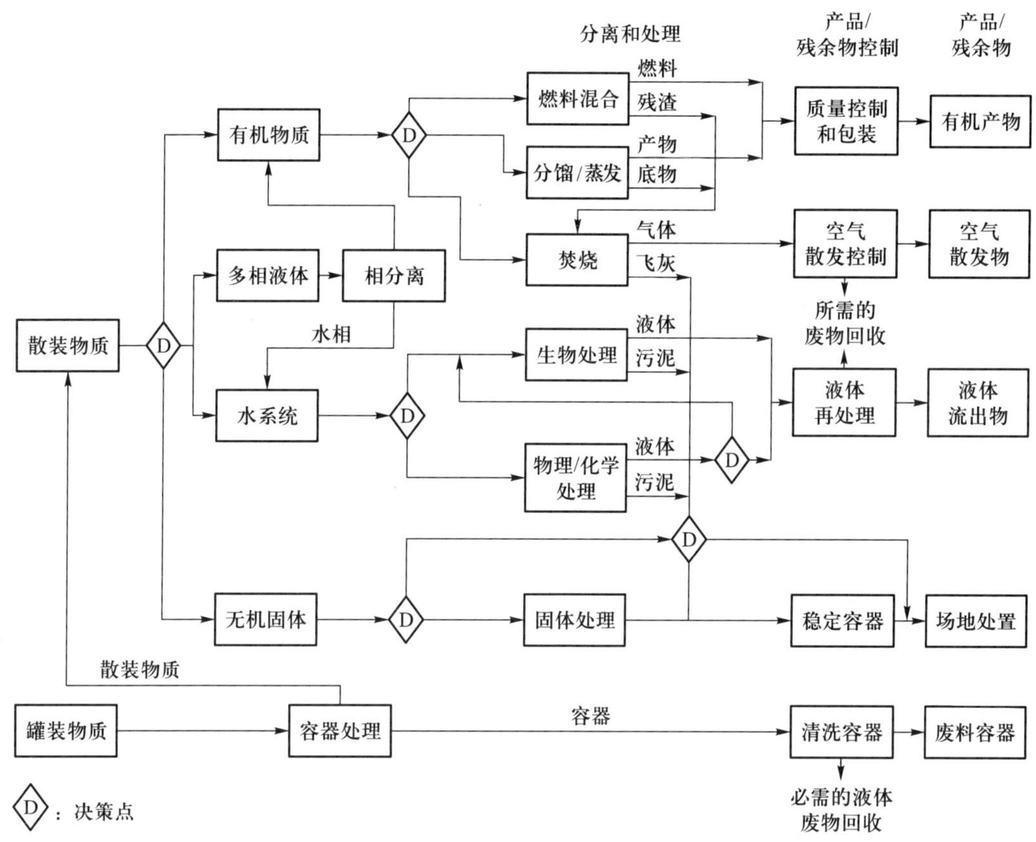

图 9-3　危险废物综合处理过程

生燃料气体，清洗此气体，会产生需要处理的废酸；也会产生需要处置的飞灰和炉底残渣。废物贮存区域的泄漏也需要处理。对于敞开的容器，需要在负压条件下收集产生的烟气并进行处理。全业务的处置场所必须对残渣进行管理。这些残渣要储存在特殊的贮存设施内，并把它们作为危险废物运输到具有处理能力的处理场所。

废物处理操作可以采用连续进料和间歇进料的方式进行，采用仪器、人力观察和化学分析的方法，对废物处理设施的进料操作进行详细的监测，以保证此操作可以达到预期效果。通常使用计算机、图表记录或定期的工作日志，以全面地完成此过程的数据记录。

危险废物处理可以采用多种经济、有效的处理方法。这些处理方法一般分为四大类：相分离（例如沉淀、汽提）、组分分离（例如离子交换法和电解法）、化学转化（例如化学氧化法和焚烧法）和生物转变（例如好氧固定生物膜处理）。废物处理方法的选择，不仅取决于待处理废物的类型，也取决于废物的物理、化学性质及其他特殊性质。图 9-4 说明了废物的基本性质影响废物的处理方法。但实际上，废物处理方法的选择不仅取决于废物的基本性质（如有机物、固体总量和水所占的百分比），还需要考虑许多因素。

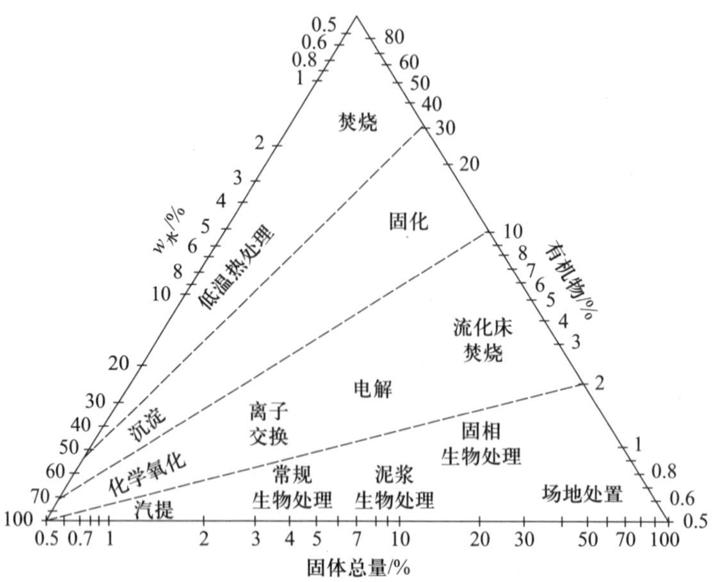

图 9-4 不同处理方法对废物物理和化学特征的一般适用性

第二节 危险废物的安全处置

危险废物填埋处置可以实现危险废物的安全处置，属于最终处置方式，适用于不能回收利用其组分和能量的危险废物，包括焚烧过程飞灰等。

一、危险废物填埋场结构形式

危险废物填埋场是处置危险废物的一种陆地处置设施，它由若干个处置单元和构筑物组成，主要包括废物预处理设施、填埋处置设施、渗滤液处理系统、封场覆盖系统、环境监测系统等。在进行填埋场设计时，填埋场设计寿命期的确定要充分考虑填埋场施工、运行维护等情况下确定的丧失填埋场具有的阻隔废物与环境介质联系功能的预期时间，以将危险废物安全保存相当长的一段时间。全封闭型危险废物填埋场剖面见图 9-5。危险废物填埋场必须设置满足要求的防渗层，防止造成二次污染；要严格按照作业规程进行单元式作业，做好压实和覆盖；必须做好清、污水分流，减少渗滤液产生量，设置渗滤液收集和导排系统、环境监测系统和处理系统；对易产生气体的危险废物填埋场，应设置一定数量的排气孔、气体收集系统、净化系统和报警系统；填埋场运行管理单位应自行或委托其他单位对填埋场地下水、地表水、大气等进行定期监测；还要认真执行封场及其管理，从而达到使处置的危险废物与环境隔绝的目的。

危险废物填埋场按其防渗阻隔结构的不同，分为柔性填埋场和刚性填埋场，柔性填埋场是指采用双人工复合衬层作为防渗层的填埋处置设施；刚性填埋场(见图 9-6)是指采用钢筋混凝土作为防渗阻隔结构的填埋处置设施。填埋场按其场地特征，可分为平地型填埋场和山谷型填埋场；按其填埋坑基底标高，又可分为地上填埋场和凹坑填埋场。填埋场的类型应根据当地特点，优先选择渗滤液可以根据天然坡度排出、填埋量足够大的填埋场类型。

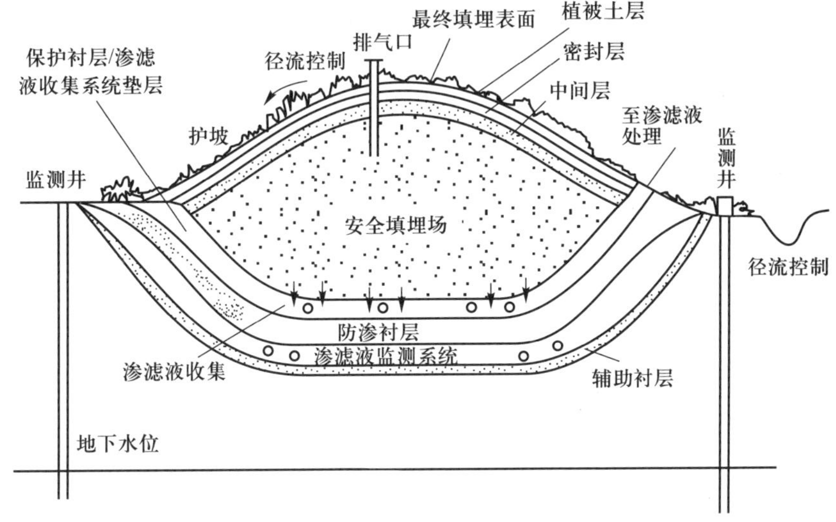

图 9-5　全封闭型危险废物填埋场剖面图

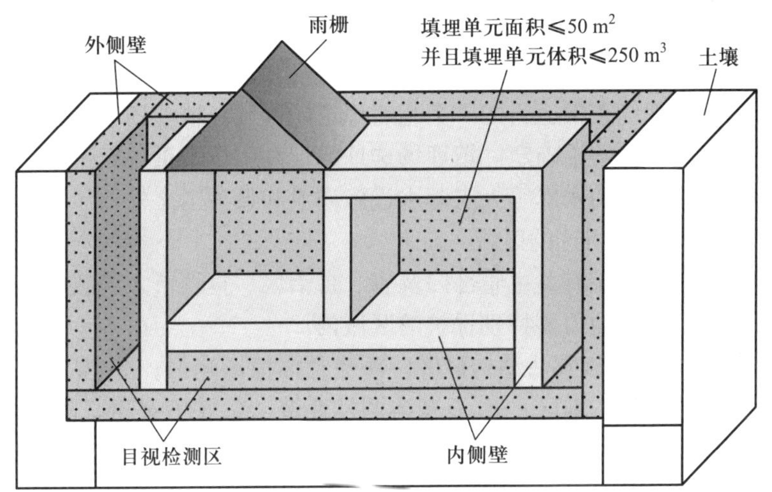

图 9-6　地下刚性填埋场示意图

二、危险废物的填埋处置技术

目前常用的危险废物填埋处置技术主要包括有控共处置、单组分处置、多组分处置和预处理后再处置四种。

1. 有控共处置

有控共处置就是将难以处置的危险废物有意识地与生活垃圾或同类废物一起填埋。主要目的就是利用生活垃圾或同类废物的特性，以减弱所处置危险废物组分的污染性和潜在危害性，达到环境可承受的程度。但是，目前在城市垃圾填埋场，与危险废物共同处置已被许多国家禁止。我国城市垃圾卫生填埋标准中也明确规定危险废物不能进入生活垃圾。

2. 单组分处置

单组分处置是指采用填埋场处置物理、化学形态相同的废物。废物处置后可以不保持原有的物理形态。

3. 多组分处置

多组分处置是指处置混合废物时，应确保废物之间不发生反应，从而不会产生毒性更强的废物，或造成更严重的污染。其类型主要有：① 将被处置的混合废物转化成较为单一的无毒废物，一般用于化学性质相异而物理状态相似的废物处置；② 将难以处置废物混在惰性工业固体废物中处置；③ 将所接受的各种废物在各自区域内进行填埋处置。

4. 预处理后再处置

预处理后再处置就是将某些物理、化学性质不适于直接填埋处置的危险废物，先进行预处理，使其达到入场要求后再进行填埋处置。现预处理的方法有脱水、固化、稳定化技术等。

三、危险废物填埋场的基本要求

（一）填埋场场址选择

填埋场场址应选在交通方便、运输距离较短，建造和运行费用低，不会因自然或人为的因素而受到破坏，保证填埋场正常运行的一个相对稳定的区域。填埋场场址的位置及与周围人群的距离应依据环境影响评价结论确定。填埋场选址的标高应位于重现期不小于 100 年一遇的洪水位之上，并在长远规划中的水库等人工蓄水设施淹没和保护区之外。

1. 填埋场场址不应或不得选的区域

不应选在国务院和国务院有关主管部门及省、自治区、直辖市人民政府划定的生态保护红线区域、永久基本农田和其他需要特别保护的区域内。

不得选在：① 破坏性地震及活动构造区，海啸及涌浪影响区；② 湿地；③地应力高度集中，地面抬升或沉降速率快的地区；④ 石灰溶洞发育带；⑤ 废弃矿区、塌陷区；⑥ 崩塌、岩堆、滑坡区；⑦ 山洪、泥石流影响地区；⑧ 活动沙丘区；⑨ 尚未稳定的冲积扇、冲沟地区及其他可能危及填埋场安全的区域。

除刚性填埋场选址外，不应选在高压缩性淤泥、泥炭及软土区域。

2. 填埋场场址地质条件要求(刚性填埋场除外)

地质条件要求包括：① 场区的区域稳定性和岩土体稳定性良好，渗透性低，没有泉水出露。② 填埋场防渗结构底部应与地下水有记录以来的最高水位保持 3 m 以上的距离。③ 天然基础层的饱和渗透系数不应大于 1.0×10^{-5} cm/s，厚度不应小于 2 m。

（二）填埋废物入场要求

1. 禁止填埋的废物

禁止填埋的废物包括：① 医疗废物；② 与衬层具有不相容性反应的废物；③ 液态废物。

2. 可进入柔性填埋场的废物

废物或经过预处理后的废物满足下列条件，可进入柔性填埋场：① 根据《固体废物　浸出毒性浸出方法　硫酸硝酸法》(HJ/T 299—2007)制备的浸出液有害成分浓度不超过表 9-1 中允许填埋的控制限值的废物；② 根据《固体废物 腐蚀性测定 玻璃电极法》(GB/T 15555.12—1995)测得浸出液 pH 在 7.0~12.0 的废物；③ 含水率低于 60%的废物；④ 水溶性盐总量小于 10%的废物；⑤ 有机质含量小于 5%的废物；⑥ 不再具有反应性、易燃性的废物。

表 9-1　危险废物允许填埋的控制限值

序号	项目	稳定化控制限值/($mg\cdot L^{-1}$)	序号	项目	稳定化控制限值/($mg\cdot L^{-1}$)
1	烷基汞	不得检出	8	锌(以总锌计)	120
2	汞(以总汞计)	0.12	9	铍(以总铍计)	0.2
3	铅(以总铅计)	1.2	10	钡(以总钡计)	85
4	镉(以总镉计)	0.6	11	镍(以总镍计)	2
5	总铬	15	12	砷(以总砷计)	1.2
6	六价铬	6	13	无机氟化物(不包括氟化钙)	120
7	铜(以总铜计)	120	14	氰化物(以 CN^- 计)	6

3. 可进入刚性填埋场的废物

可进入刚性填埋场的废物包括：① 本身或经预处理后不具有反应性、易燃性的废物；② 砷含量大于 5%的废物。

(三) 填埋场运行管理要求

在填埋场投入运行之前，企业应制订一套运行计划和突发环境事件应急预案。其中突发环境事件应急预案应说明各种可能发生的突发环境事件情景及应急处置措施。

填埋场运行管理要满足：① 填埋场运行管理人员应参加企业的岗位培训，合格后上岗。② 为防止局部应力集中对填埋结构造成破坏，应根据废物的力学性质，合理选择填埋单元。③ 做好运行记录(包括设备工艺控制参数,入场废物来源、种类和数量,废物填埋位置等信息)，柔性填埋场还应当记录渗滤液产生量和渗漏检测层流出量等。④ 建立有关填埋场的全部档案。档案应包括入场废物特性、填埋区域、场址选择、勘察、征地、设计、施工、验收、运行管理、封场及封场后管理、监测以及应急处置等全过程所形成的一切文件资料；必须按国家档案管理等法律法规进行整理与归档，并永久保存。⑤ 定期对填埋场环境安全性能进行评估。主要应根据渗滤液水位、产生量、组分和浓度、渗漏检测层渗漏量、地下水监测结果等数据进行。根据评估结果，确定是否对填埋场后续运行计划进行修订以及采取必要的应急处置措施。填埋场各阶段评估频次见表 9-2。

表 9-2　填埋场各阶段评估频次

不同阶段	运行期间	封场至设计寿命期	设计寿命期后
评估频次(不得低于)	两年一次	三年一次	一年一次

此外，柔性填埋场运行管理还应满足以下要求：① 应根据分区填埋原则，进行日常填埋操作；为方便及时得到覆盖，填埋工作面应尽可能小。填埋堆体的边坡坡度应符合堆体稳定性验算的要求。③ 根据填埋场边坡稳定性要求，应控制填埋废物的含水量和力学参数，避免出现连通的滑动面。④ 日常运行要采取措施保障填埋场稳定性，并根据《生活垃圾卫生填埋场岩土工程技术规范》(CJJ 176—2012)的要求，分析填埋堆体和边坡的稳定性。⑤ 运行过程中，应严格禁止外部雨水进入。每日工作结束时及填埋完毕后的区域，必须采用人工材料覆盖。除非设有完备的雨棚，雨天不宜开展填埋作业。

(四) 填埋场污染控制要求

1. 废水污染物排放控制要求

(1) 填埋场产生的渗滤液等污水必须经过处理，符合《危险废物填埋污染控制标准》(GB 18598—2019)规定的污染物排放控制要求，禁止渗滤液回灌。

(2) 危险废物填埋场废水污染物排放执行表 9-3 规定的限值。

2. 填埋场有组织气体和无组织气体排放应满足《大气污染物综合排放标准》(GB 16297—1996)和《挥发性有机物无组织排放控制标准》(GB 37822—2019)的规定。根据填埋废物的特性，企业从上述 2 个标准的污染物控制项目中确定监测因子，并征得当地生态环境主管部门同意。

3. 填埋场不应对地下水造成污染。填埋场地下水质量评价按照《地下水质量标准》(GB/T 14848—2017)执行。根据填埋废物特性和填埋场所处区域水文地质条件，确定地下水监测因子和地下水监测层位。监测因子必须是具有代表性且能表示废物特性的参数，并征得当地生态环境主管部门同意。常规测定项目包括浑浊度、pH、溶解性总固体、氯化物、硝酸盐和亚硝酸盐(以 N 计)。

表 9-3 危险废物填埋场废水污染物排放限值 单位：$mg \cdot L^{-1}$

序号	污染物项目	直接排放	间接排放(1)	污染物排放监控位置	序号	污染物项目	排放限值	污染物排放监控位置
1	pH	6~9	6~9	危险废物填埋场废水总排放口	14	总汞	0.001	渗滤液调节池废水排放口
2	生化需氧量(BOD_5)	4	50		15	烷基汞	不得检出	
3	化学需氧量(COD_{Cr})	20	200		16	总砷	0.05	
4	总有机碳(TOC)	8	30		17	总镉	0.01	
5	悬浮物(SS)	10	1 000		18	总铬	0.1	
6	氨氮	1	30		19	六价铬	0.05	
7	总氮	1	50		20	总铅	0.05	
8	总铜	0.5	0.5		21	总铍	0.002	
9	总锌	1	1		22	总镍	0.05	
10	总钡	1	1		23	总银	0.5	
11	氰化物(以 CN^- 计)	0.2	0.2		24	苯并(*a*)芘	0.000 03	
12	总磷(TP,以 P 计)	0.3	3					
13	氟化物(以 F^- 计)	1	1					

注：(1)工业园区和危险废物集中处置设施内的危险废物填埋场向污水处理系统排放废水时执行间接排放限制。

（五）封场及封场后维护管理

1. 柔性填埋场封场

当柔性填埋场填埋作业达到设计容量后，应及时进行封场覆盖，其封场结构自下而上包括导气层、防渗层、排水层和植被层。每层的组成和要求：① 导气层由砂砾组成，其渗透系数应大于 0.01 cm/s，厚度不小于 30 cm；② 防渗层可采用厚度为 1.5 mm 以上的糙面高密度聚乙烯防渗膜或线性低密度聚乙烯防渗膜；或采用厚度不小于 30 cm、饱和渗透系数小于 1.0×10^{-7} cm/s 的黏土；③ 排水层应与填埋库区四周的排水沟相连，其渗透系数不应小于0.1 cm/s，边坡应采用土工复合排水网；④ 植被层由营养植被层和覆盖支持土层组成，前者厚度应大于 15 cm，后者由压实土层构成，厚度应大于 45 cm。

2. 刚性填埋场封场

刚性填埋场填埋单元填满后，应及时对该单元进行封场，封场结构包括 1.5 mm 以上的高密度聚乙烯防渗膜及抗渗混凝土。

3. 应急封场

当发现渗漏事故及发生不可预见的自然灾害，使填埋场不能继续运行时，应启动应急预案，实行应急封场。应急封场措施包括相应的防渗衬层破损修补、渗漏控制、防止污染扩散，及必要时的废物挖掘后异位处置等。

4. 封场后维护

填埋场封场后，除绿化和场区开挖回取废物进行利用外，禁止在原场地进行开发用作其他用途。填埋场在封场后到达设计寿命期的期间内必须进行长期维护，其内容包括：① 维护最终覆盖层的完整性和有效性；② 继续进行渗滤液的收集和处理；③ 继续监测地下水水质的变化。

四、危险废物填埋场系统组成

危险废物填埋场主要包括废物接收与贮存设施、分析与鉴别系统、预处理设施、填埋处置设施（防渗系统、渗滤液收集和导排系统、填埋气体控制设施）、环境监测系统（人工合成材料衬层渗漏检测、地下水监测、稳定性监测和大气与地表水等的环境监测）、渗滤液和废水处理系统、封场覆盖系统（填埋封场阶段）、应急设施及其他公用工程和配套设施等。填埋场应建设封闭性的围墙或栅栏等隔离设施、安全防护和监控设施，专人管理大门，在入口处标识填埋场的主要建设内容和环境管理制度。填埋场处置不相容的废物应设置不同的填埋区，分区设计要有利于以后可能的废物回取操作。

（一）接收及贮存系统

危险废物接收应认真执行危险废物转移联单制度。在现场交接时，要认真核对危险废物的名称、来源、数量、种类和标识等，确认与危险废物转移联单是否相符，并对接收的废物及时登记。废物接受区应放置放射性废物快速检测报警系统，避免放射性废物入场。并设初检室，对废物进行物理化学分类。填埋场计量设施宜置于填埋场入口附近，以满足运输废物计量要求。

危险废物贮存设施是指按规定设计、建造或改建的用于专门存放危险废物的设施。其建设应符合《危险废物贮存污染控制标准》（GB 18597—2001）的要求。在贮存设施内应分区设置，将已经过检测和未经过检测的废物分区存放，其中经过检测的废物应按物理、化学性质分区存放，而不相容危险废物应分区存放并设有隔离间隔断。盛装危险废物的容器应当符合标准，完好无损，其材质和衬里要与危险废物相容，且容器及其材质要满足相应的强度要求。装载液体、半固体危险废物的容器内须留足够空间，容器顶部与液体表面之间保留100 mm以上的空间。医院产生的临床废物，必须当日消毒后装入容器；常温下贮存期不得超过 1 d，冷藏保存不得超过 7 d。无法装入常用容器的危险废物可用防漏胶袋等盛装。另外，填埋场应设包装容器专用的清洗设施，单独设置剧毒危险废物贮存设施及酸、碱、表面处理废液等废物的贮罐，且各贮存设施应有抗震、消防、防盗、换气、空气净化等措施，并配备相应的应急安全设备。

（二）分析和鉴别系统

填埋场必须自设分析实验室，对入场的危险废物进行分析和鉴别。自设的分析实验室按有毒化学品分析实验室的建设标准建设，分析项目应满足填埋场运行要求，至少应具备 Hg、Pb、Cr、Cu、Zn、Be、Ni 等重金属及无机氟化物、氰化物等项目的检测能力，及进行废物间相容性实验的能力。除了配备主要设备和仪器外，还需配备快速定性或半定量的分析手段。超出自设分析实验室检测能力以外的分析项目，可采用社会化协作方式解决。此外，还应建立危险废物数据库对有关数据进行系统管理。

（三）预处理系统

填埋场应设预处理站，预处理站包括废物临时堆放、分拣破碎、减容减量处理和稳定化养护等设施。对不能直接入场填埋的危险废物必须在填埋前进行固化/稳定化处理。焚烧飞灰可采用重金属稳定剂或水泥进行固化/稳定化处理；重金属类废物在确定重金属的种类后，采用硫代硫酸钠、硫化钠或重金属稳定剂进行稳定化处理，并酌情加入一定比例的水泥进行固化；酸碱污泥可采用中和法进行稳定化处理；含氰污泥可采用稳定化剂或氧化剂进行稳定化处理；散落的石棉废物可采用水泥进行固化；大量的有包装的石棉废物可采用聚合物包裹的方法处理。

（四）填埋处置设施

1. 渗滤液收集和导排系统

渗滤液收集和导排系统是渗滤液控制系统的主要组成部分，主要作用是排除产生的渗滤液，以减小渗滤液对衬层的压力。柔性填埋场应设置渗滤液收集和导排系统，设在双衬层系统的上衬层之上，其设施应分区设置。它包括渗滤液导排层、导排管道和集水井。一般渗滤液导排层坡度不宜小于 2%。渗滤液导排系统的导排效果要保证人工衬层之上的渗滤液深度不大于 30 cm，且满足：① 渗滤液导排层采用石料时应采用卵石，初始渗透系数应不小于 0.1 cm/s，碳酸钙含量应不大于 5%；② 渗滤液导排层与填埋废物之间应设置反滤层，以防止导排层淤堵；③ 渗滤液导排管出口应设置端头井等反冲洗装置，定期冲洗管道，以维持导排管道通畅。集水井的作用是收集来自导排管道的渗滤液。

2. 防渗系统

防渗系统是危险废物填埋场必不可少的设施。防渗衬层是设置于危险废物填埋场底部及边坡的、由黏土衬层和人工合成材料衬层组成的防止渗滤液进入地下水的阻隔层，包括衬层材料、衬层设计和相配套的系统。填埋场所选用的材料应与所接触的废物相容，并考虑其抗腐蚀特性。柔性填埋场防渗层应采用双人工复合衬层，它是由两层人工合成材料衬层与黏土衬层组成的防渗衬层，其构成见图 9-7。其中人工合成材料采用高密度聚乙烯膜(HDPE)时应满足《垃圾填埋场用高密度聚乙烯土工膜》(CJ/T 234—2006)规定的技术指标要求，厚度不小 2.0 mm；黏土衬层包括主衬层和次衬层，对应厚度分别不小于 0.3 m 和 0.5 m，且其被压实、人工改性等措施后的饱和渗透系数小于 1.0×10^{-7} cm/s。

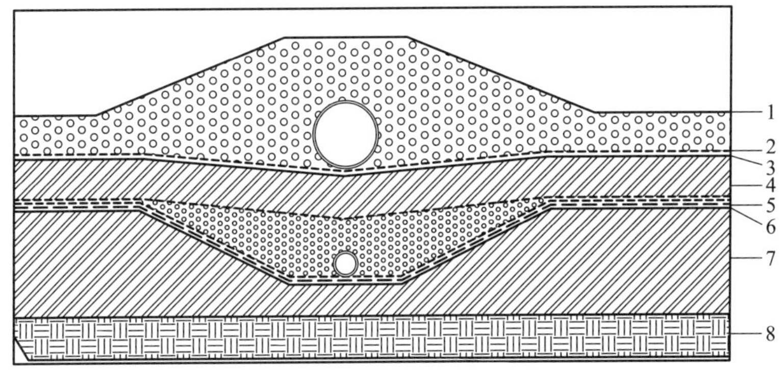

1-渗滤液导排层；2-保护层；3-主人工衬层(HDPE)；4-压实黏土衬层；
5-渗漏检测层；6-次人工衬层(HDPE)；7-压实黏土衬层；8-基础层

图 9-7 双人工复合衬层系统

目视检测 HDPE 防渗膜，确保没有质量瑕疵。在 HDPE 防渗膜铺设过程中，要目视检测膜下介质，确保其平整、没有遗留尖锐物质与材料；在 HDPE 防渗膜焊接过程中，应满足《生活垃圾卫生填埋场防渗系统工程技术规范》(CJJ 113—2007)相关技术要求；填埋区施工完毕后，要对 HDPE 防渗膜进行完整性检测。

黏土衬层施工过程应充分考虑压实度与含水率对其饱和渗透系数的影响，施工不应对渗滤液收集和导排系统、人工合成材料衬层和渗漏检测层造成破坏，且要满足：① 每平方米黏土层高度差不得大于 2 cm；② 黏土中不应含有粒径大于 5 mm 的尖锐颗粒物，细粒含量(粒径小于 0.075 mm)应大于 20%，塑性指数应大于 10%。

3. 渗漏检测层

柔性填埋场应设置渗漏检测层，其位于双人工复合衬层之间，以收集、排出并检测液体通过主防渗层的渗漏液体，渗透系数应大于 0.1 cm/s。它包括双人工复合衬层之间的导排介质、集排水管道和集水井，应分区设置。

衬层之下的地基或基础必须能够为衬层提供足够的承载力，使衬层在沉降、受压或上扬的情况下能够抵抗其上下的压力梯度而不发生破坏。另外，衬垫材料的稳定性对填埋是极为重要的。

(五) 环境监测系统

填埋场应设置环境监测系统，以满足运行期、封场期及设计寿命期内与设计寿命期后对渗滤液、地下水、地表水和大气等的监测要求，以反馈填埋场设计和运行中的问题。并可以根据监测数据，判断填埋场是否按设计要求正常运行，是否需要修正设计和运行参数，以确保填埋场符合所有管理标准。

按照有关法律和排污单位自行监测技术指南等规定，填埋场应建立企业监测制度，制定监测方案，对污染物排放状况及其对周边环境质量的影响开展自行监测，保存原始监测记录，并公布监测结果。按有关法律和《污染源自动监控管理办法》的规定，企业安装污染物排放自动监控设备；按照环境监测管理规定和技术规范的要求，设计、建设、维护永久性采样口、采样测试平台和排污口标志。

1. 接纳废物分析

填埋场对所接纳废物进行检查和分析，以保证执行废物处置许可证的要求，保障作业人员的健康和安全，证实所选用的处置方法是否适用。一般对所接纳的废物应按规定进行监测和取样，分析项目有废物来源、数量、物理性质、化学成分和生物毒性等。为防止废物之间发生化学反应，以免发生火灾和爆炸、产生有毒或易燃气体、重金属再溶解等现象，必须采取一定的具体措施：对所接纳废物进行现场分析；不相容的废物必须分开处置；严格监测废物的排放等。另外，还必须对负荷量进行监测和控制。对于接收限定范围的难处置废物（如尘状废物、废石棉、恶臭性废物和桶装废物等），要进行外观、气味、pH、可燃性、爆炸性和相对密度等测试，经预处理后方能入场填埋。

2. 柔性填埋场渗漏检测层监测

可通过自流方式或设置排水泵，将渗漏检测层集水池渗出液排出。排水泵的运行水位需保证集水池不会因为水位过高而回流至检测层。

运行期间，每天应收集和计量渗漏检测层产生的液体；监测通过主防渗层的渗滤液渗漏速率（根据公式 9-1 计算），至少一星期一次。

$$\mathrm{LR}=\frac{\sum_{i=1}^{7}Q_i}{7} \tag{9-1}$$

式中：LR——主防渗层渗漏速率，L/d；

Q_i——第 i 天的渗漏检测层液体产生量，L。

封场后，每天应继续收集和计量渗漏检测层产生的液体；监测通过主防渗层的渗滤液渗漏速率，至少一月一次。当发现渗漏检测层集水池水位高于排水泵的运行水位时或填埋场到达设计寿命期后，监测频率需提高至一周一次。

当监测到的渗滤液渗漏速率大于可接受渗漏速率限值时，应启动应急预案，实行应急封场。主防渗层的可接受渗漏速率根据公式 9-2 计算。

$$\mathrm{ALR}=100\times A_{\mathrm{u}} \tag{9-2}$$

式中：ALR——可接受渗漏速率，L/d；

100——每万 m^2 库底面积可接受渗漏速率，L/(d · 万 m^2)；

A_{u}——填埋场的库底面积，万 m^2。

当填埋场分区设计时，ALR 指不同分区的可接受渗漏速率，对应的 A_{u} 为不同分区的库底面积。

分区设置的填埋场，应分别监测各分区的渗滤液渗漏速率，并与各分区的可接受渗漏速率进行比较。

此外，在柔性填埋场运行期间，应定期评估防渗层的有效性；根据填埋运行的情况，监测填埋场的稳定性，监测方法和频率按照《生活垃圾卫生填埋场岩土工程技术规范》（CJJ 176—2012）要求执行。还应长期监测填埋场内的渗滤液水位，至少每月一次；定期检测渗滤液导排管道，并清淤，至少每半年一次。

3. 水污染物监测

填埋场水污染物监测的采样点设置与采样方法按《地表水和污水监测技术规范》(HJ/T 91.2—2002)的规定执行。根据填埋废物特性、覆盖层和降水等条件，确定排放废水污染物的监测频次，应至少每月一次。排放废水污染物浓度的测定方法采用《危险废物填埋污染控制标准》(GB 18598—2019)所列的方法标准；如国家发布新的监测方法标准且适用性满足要求，也适用。

渗滤液监测主要是测定填埋场渗滤液的初始水质和经污水处理设施处理后的排放水质，目的是掌握渗滤液水质与填埋年份的关系，及检查污水处理设施的处理效果和排放水质是否符合排放要求。主要是利用填埋场的每个集水井进行水位和水质监测，采样频率应根据填埋物特性、覆盖层和降水等条件确定，以充分反映填埋场渗滤液变化情况。

4. 地下水监测

危险废物填埋场渗滤液的渗漏会对地下水造成巨大的危害。因此，对地下水进行监测是十分必要的。首先填埋场投入使用之前，企业应监测地下水本底水平。

通常地下水监测系统由三种监测井组成：① 本底监测井，设置在填埋场以外的地下水上游。该监测井抽取的水样要代表该地区不受填埋场运营操作影响的地下水的背景值，并以此作为确定有害物质是否从场地渗漏并影响地下水的基准。② 污染监视井，在填埋场两侧各布置不少于 1 个的监测井。③ 污染扩散井，在填埋场下游至少设置 3 个监测井。

地下水监测井的布置要求包括：① 填埋场设置有地下水收集导排系统的，应在填埋场地下水主管出口处至少设置一眼取样井；② 监测井应设置在地下水上下游相同水力坡度上；③ 监测井深度应足以采取具有代表性的样品。

地下水监测频率的要求包括：① 运行期间，自行监测频率为每月至少一次；如周边存在环境敏感区的，应加大监测频次；② 封场后，应继续监测地下水，至少一季度一次；如监测结果出现异常，应及时重新监测，并根据实际情况增加监测项目，间隔时间不得超过 3 d。

5. 大气监测

填埋场的气体监测包括填埋场场区大气监测和填体内的气体浓度，目的是检验大气中是否存在有毒有害的气体污染物，以防止对填埋场工作人员和周围居民的健康造成不利影响。其采样点布设、采样及监测方法按照《大气污染物综合排放标准》(GB 16297—1996)的规定执行，污染源下风向为主要监测范围。填埋场运行期间，企业自行监测频率为每季度至少一次。如监测结果出现异常，应及时重新监测，间隔时间不得超过一周。

6. 其他监测

地表水监测：由于危险废物填埋场中的地表水排放方式不同，地表水的取样和监测方法也不同。连续式排放的监测可采用流量堰和自动取样器，非连续排放可用混合水样进行测定。地表水应从排洪沟和雨水管取样后与地下水同时监测，监测项目应与地下水相同；每年丰水期、平水期和枯水期各监测 1 次。

土壤监测：主要是对土壤的 pH 和可能进入食物链的有毒成分的浓度进行监测。

植被监测：主要是针对进入食物链的植物，监测内容主要是重金属和其他有害物质是否已在植物体内或体表富集。

最终覆盖层稳定性监测：针对最终覆盖层坡度较大的填埋场，以防止过度沉降导致合成膜的剪切断裂。

填埋场环境卫生监测：主要是针对填埋场场区周围的臭味、蝇、蛹指数，招引飞禽的种类和数量，以及对啮齿类动物滋生数进行监测，具体监测方法、监测指标参考相应的标准。

(六) 应急系统

填埋场应设置事故报警装置和紧急情况下的气体、液体快速检测设备；设置渗滤液渗漏应急池等应急预留场所和危险废物泄漏处置设备；设置全身防护、呼吸道防护等安全防护装备，并配备常见的救护急用物品和中毒急救药品等。

渗滤液处理系统属于填埋场必须自设的，以便处理收集和导排系统排出的渗滤液，严禁将其送至其他污水处理厂处理。渗滤液的处理方法和工艺取决于其数量和水质特性。一般对新近形成的渗滤液，最好的处理方法是好氧和厌氧生物处理方法；对于已稳定填埋场产生的渗滤液，最好的处理方法为物理-化学处理法。此外，还可选择回灌法、土地法、超滤方式、渗滤液再循环、渗滤液蒸发、反渗透等方法处理渗滤液。

第三节 放射性废物及其安全处置

一、放射性废物分类

根据《放射性废物分类》，其具体的分类体系主要适用于放射性固体废物。放射性废物分类体系概念示意图见图9-8。放射性废物分为极短寿命放射性废物、极低水平放射性废物、低水平放射性废物、中水平放射性废物和高水平放射性废物五类，其中极短寿命放射性废物和极低水平放射性废物属于低水平放射性废物范畴。各类放射性废物的特点、处置方式和常见废物见表9-4。

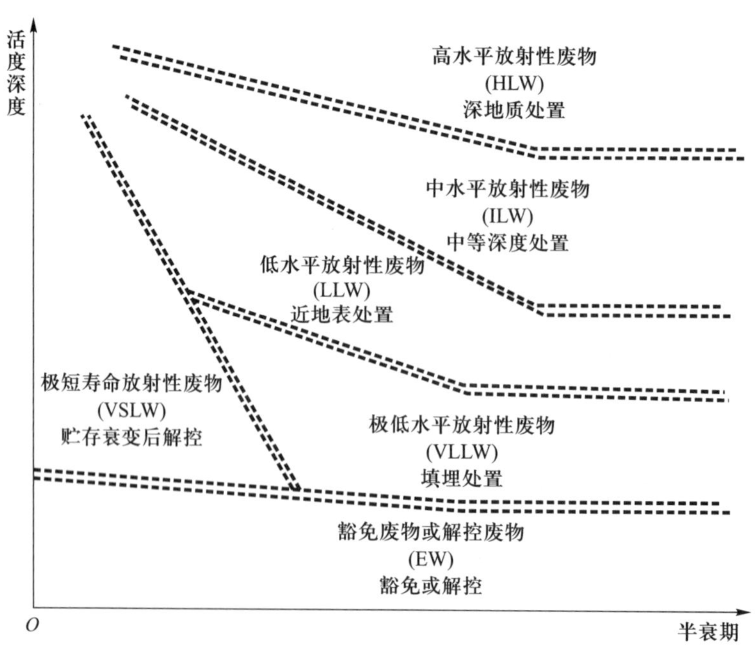

图9-8 放射性废物分类体系概念示意图

表 9-4　各类放射性废物的特点、处置方式和常见废物

<table>
<tr><th colspan="2">特点及处置方式</th><th>极短寿命放射性废物</th><th>极低水平放射性废物</th><th>低水平放射性废物</th><th>中水平放射性废物</th><th>高水平放射性废物</th></tr>
<tr><td colspan="2">废物中放射性核素的半衰期或活度浓度</td><td>主要放射性核素的半衰期很短(一般小于100 d)，长寿命放射性核素的活度浓度在解控水平以下</td><td>放射性核素活度浓度接近或者略高于豁免水平或解控水平，长寿命放射性核素的活度浓度应当非常有限</td><td>短寿命放射性核素活度浓度可以较高，长寿命放射性核素含量有限</td><td>含有相当数量的长寿命核素，特别是发射 α 粒子的放射性核素</td><td>放射性核素活度浓度很高，使得衰变过程中产生大量的热，或含有大量长寿命放射性核素</td></tr>
<tr><td rowspan="2">活动浓度</td><td>上限值</td><td>—</td><td>一般为解控水平的 10~100 倍</td><td>见表 9-5，未列出的放射性核素上限值为 4×10^{11} Bq/kg。含多种放射性核素废物的活度浓度上限值按式 9-3 计算</td><td>4×10^{11} Bq/kg，且释热率小于或等于2 kW/m^3</td><td>—</td></tr>
<tr><td>下限值</td><td>—</td><td>解控水平</td><td>一般为解控水平的 10~100 倍</td><td>低水平放射性废物活度浓度上限值</td><td>4×10^{11} Bq/kg，或释热率大于 2 kW/m^3</td></tr>
<tr><td colspan="2">处置方式</td><td>贮存(最多几年)衰变后解控</td><td>仅需采取有限的包容和隔离措施，可在地表填埋设施处置，或按照国家固体废物管理规定，在工业固体废物填埋场中处置</td><td>需几百年有效包容和隔离，可在具有工程屏障的近地表处置设施中处置(深度一般为地表到地下 30 m)</td><td>需采取比近地表处置更高程度的包容和隔离措施，处置深度通常为地下几十至几百米。一般情况下，其贮存和处置期间不需要提供散热措施</td><td>需更高程度的包容和隔离，需采取散热措施，应采取深地质处置</td></tr>
<tr><td colspan="2">常见废物</td><td>医疗使用碘-131 及其他极短寿命放射性核素时产生的废物</td><td>核设施退役过程中产生的污染土壤和建筑垃圾</td><td>来源广泛，如核电厂正常运行产生的离子交换树脂和放射性浓缩液的固化物</td><td>一般来源于含放射性核素钚-239 的物料操作过程、乏燃料后处理设施运行和退役过程等</td><td>乏燃料后处理设施运行产生的高放玻璃固化体和不进行后处理的乏燃料</td></tr>
</table>

表 9-5 低水平放射性废物活度浓度上限值

放射性核素	半衰期/a	活度浓度/($Bq \cdot kg^{-1}$)
碳-14	5.73×10^3	1×10^8
活化金属中的碳-14	5.73×10^3	5×10^8
活化金属中的镍-59	7.50×10^4	1×10^9
镍-63	96.0	1×10^{10}
活化金属中的镍-63	96.0	5×10^{10}
锶-90	29.1	1×10^9
活化金属中的铌-94	2.03×10^4	1×10^6
锝-99	2.13×10^5	1×10^7
碘-129	1.57×10^7	1×10^6
铯-137	30.0	1×10^9
半衰期大于 5 年发射 α 粒子的超铀核素	—	4×10^5(平均) 4×10^6(单个废物包)

含多种人工放射性核素的废物，每种放射性核素的活度浓度与其对应活度浓度上限值的比值之和不大于 1，即

$$\sum_{i=1}^{n}\frac{C_i}{C_{i0}}\leqslant 1 \tag{9-3}$$

式中：C_i——废物中第 i 种放射性核素的活度浓度；

C_{i0}——第 i 种放射性核素的活度浓度上限值；

n——废物中放射性核素种类的数目。

二、放射性废物处置的目标和基本要求

放射性废物处置的目标，是以妥善方式将废物与人类及其环境长期、安全地隔离，使其对人类环境的影响减少到可合理达到的尽量低的水平。处置的基本要求是：① 被处置的废物应是适宜处置的稳定的废物；② 不应给后代增加负担；③ 长期安全性不应依赖于人为的、能动的管理；④ 对后代个人的防护水平不应低于目前的规定；⑤ 处置设施的设计应贯彻多重屏障原则，并把多重屏障作为一个整体系统来看待，既不应因有其他屏障的存在而降低任一屏障的功能要求，又不应将整体安全性寄希望于某一屏障的功能；⑥ 低、中水平放射性废物可采用浅埋方式或在岩洞中进行处置，也可采用其他具有等效功能的处置方式，应采取区域处置方针，使其得到相对集中的处置；⑦ 高水平放射性废物实行集中的深地质处置；⑧ 禁止在内河水域和海洋上处置放射性废物；⑨ 处置库和处置场的选址的基本要素包括地质结构简单稳定；工程地质条件良好；岩性均匀、面积广、岩体厚；水文地质简单、地下水位较深；距地表水及饮用水源有一定距离；尽量远离人口稠密地区和水源保护区；没有重要的自然资源地区。另

外，由于废物隔离的长期性和不确定性，废物处置系统的设计应留有较大的安全裕度。废物处置系统应能提供足够长的安全隔离期，低、中水平放射性废物的隔离期不应少于300年；高水平放射性废物和超铀废物的隔离期不应少于10 000年。

《中华人民共和国放射性污染防治法》中规定，放射性废物处置费用收取和使用管理办法，由国务院财政部门、价格主管部门会同国务院环境保护行政主管部门规定。设立专门从事放射性废物贮存、处置的单位，必须经国务院环境保护行政主管部门审查批准，取得许可证。禁止未经许可或者不按照许可的有关规定从事贮存和处置放射性废物的活动；禁止将放射性废物提供或者委托给无许可证的单位贮存和处置。禁止将放射性废物和被放射性污染的物品输入中华人民共和国境内或者经中华人民共和国境内转移。

三、低、中水平放射性废物的处置

我国已颁布《低、中水平放射性固体废物包安全标准》（GB 12711—2018）标准，凡产生低、中水平放射性固体废物的单位应有安全、可靠、经济地包装放射性废物的措施，防止放射性物质以不可接受的量释放到环境中去，保证公众和工作人员受照剂量合理可达到的尽可能低的水平；对于表面剂量率超过限值的废物包，可采用外包装容器包装后实施搬运和（或）运输，以减少工作人员受照剂量。废物包装应采用标准系列容器。低、中水平放射性固体废物包装容器主要采用有关标准规定的钢桶（EJ 1042）、钢箱（EJ 1076）和混凝土容器（EJ 914），也可采用满足搬运（装卸）、运输、贮存和处置要求的其他材质和结构的容器，如高完整性容器、聚合物浸渍混凝土容器和铸铁容器，及用放射性污染废钢铁熔炼回收合格钢材制造的容器。其中高完整性容器是指在预期300年以上的使用寿命内，能有效包容其中盛装的低、中水平放射性固体废物的容器。我国已颁布了低、中水平放射性废物高完整容器系列标准，包括《低、中水平放射性废物高完整性容器——球墨铸铁容器》（GB 36900. 1—2018）、《低、中水平放射性废物高完整性容器——混凝土容器》（GB 36900. 2—2018）和《低、中水平放射性废物高完整性容器——交联高密度聚乙烯容器》（GB 36900. 3—2018）。我国也颁布和修订了《低、中水平放射性废物固化体性能要求——水泥固化体》（GB 14569. 1—2011）和《低、中水平放射性固体废物近地表处置安全规定》（GB 9132—2018）。

（一）低、中水平放射性废物近地表处置

废物处置应遵循纵深防御的原则，设置多重屏障，包括废物、包装容器、处置单元、地质体等，建立和维持对放射性危害的有效防御，保护人类与环境免受电离辐射的有害影响。处置场应包容放射性、隔离放射性废物、限制放射性核素向生物圈的释放，对低水平放射性废物的包容、隔离时间一般为300～500 a。处置系统应通过多重安全功能提供安全，其总体性能不得过分依赖于某个单一安全功能。

所谓近地表处置是指将放射性废物放置在地表面或地表面以下几十米深的设施中，并设置工程屏障。

1. 废物包入场要求

近地表处置场处置的废物体特性和废物包的要求见表9-6。

表 9-6 低、中水平放射性废物近地表处置场的入场要求

	入场要求
废物体特性	a. 放射性固体废物活度浓度应符合《放射性废物分类》的规定。 b. 固体废物中所含非腐蚀性的游离状态液体含量应尽量低，废物包内游离液体的体积应小于固体废物体积的 1%。 c. 水泥固化体的性能应满足《低、中水平放射性废物固化体性能要求水泥固化体》(GB 14569.1—2011)的要求，水泥固定废物体的性能应符合《放射性废物体和废物包的特性鉴定》(EJ 1186—2005)的相关要求。 d. 不应含有：①易爆或在常温常压下易于发生剧烈的分解或反应，或者与水或空气接触能产生猛烈反应的物质；②自燃、易燃物质；③强腐蚀性物质；④未经处理的动物尸体和含病原体物质；⑤非放射性剧毒物质；⑥含有或可能产生对运输、装卸或处置工作人员带来有害影响的有毒气体、蒸汽或烟雾
废物包	a. 包装容器应符合《低、中水平放射性固体废物包安全标准》(GB 12711—2018)和相关标准的规定，及满足装卸、运输和处置的要求。 b. 包装容器内盛装的废物应尽可能密实和充满容器。 c. 应具有稳定性，不会发生结构上的破坏，且不会因废物包塌陷、坍塌而影响处置场的总体稳定性。废物包的稳定性可通过将废物包整备成稳定的形式或将废物装入高整体容器中实现。 d. 废物包的标志和标识，应符合《低、中水平放射性固体废物包安全标准》(GB 12711—2018)的相关规定

2. 场址选择

近地表处置场的选址通常由规划选址、区域调查、场址特性评价和场址确定四个阶段组成。

(1) 规划选址阶段

此阶段目的是制定选址总体规划，建立选址原则，确定所需的场址特性。

(2) 区域调查阶段

此阶段目的是确定一处或几处可能建立处置场的区域，并对这些区域的地壳构造稳定性、地震、地质构造、工程地质、水文地质、气象条件和社会经济因素进行评价，确定可能场址，包括绘制区域地图(找出可能含有合适场址的地区)和筛选(选出供进一步评价的可能场址)两个阶段。

(3) 场址特性评价阶段

在区域调查的基础上通过现场踏勘、勘察和资料的分析研究，确定候选场址的具体场址特性，进行对比评价，以证明其能够满足安全和环境保护的要求，确定推荐候选场址。

(4) 场址确定阶段

对推荐场址进行详细的研究，论证此场址的适宜性，提供详细可行性研究、环境影响评价、设计及申请许可证所需要的补充场址资料，并向审管部门提出详细的报告，以便审管部门能够作出判断，批准所选择的场址。

选址准则和选址过程中所需的数据或资料(包括地质、水文地质、地球化学、构造和地震、地表作用、气象、人为事件、废物包运输、土地利用、人口分布和环境保护)的详细内容见《低、中水平放射性固体废物近地表处置安全规定》(GB 9132—2018)和《低、中水平放射性废物近地表处置设施的选址》(HJ/T 23—1998)。

3. 处置场的运行

处置场的运行包括废物包的接收、码放、处置单元的填充和封顶，并应遵守运行许可证的规定和相关监管的要求。处置场应制定废物包接收准则，以保证废物包能实现其预期的安全功能。当处置场建造和运行同时进行时，应确保相关建造活动不影响运行设施的安全。

(1) 废物包的接收

处置场应遵守废物包接收程序，核查所接收的废物包，以确认废物包是否符合入场废物体特性和废物包的要求；运输过程中有无损坏；是否与废物包档案相符。

处置场应监查废物产生单位的废物处理、整备工艺质量，必要时可对接收的废物包进行随机抽样检测，以保证送到处置场的废物包符合入场要求。还应监测废物包外表面的辐射剂量率和放射性表面污染水平，以保证废物包外表面的放射性污染水平满足监管部门批准的限值(见表 9-7)。

表 9-7 废物包外表面的放射性污染水平限值

核素发射体类型	β、γ 发射体，低毒性 α 发射体	其他 α 发射体
废物包外表面的放射性污染水平限值/($Bq \cdot cm^{-2}$)	4	0.4

(2) 废物包的码放

根据废物的类型和尺寸、表面剂量率等，制定废物包在处置单元内的码放方案，以实现废物包放置的最优化，以便占用最少的处置空间和产生最小的辐射影响。处置场宜采用远距离识别和遥控操作设备，以满足废物包的身份识别和处置操作要求。

(3) 处置单元的填充和封顶

应及时填充废物包之间的空隙。当处置单元填充完成后，为防止雨水的进入和包装容器的腐蚀，应及时浇注顶盖。

(4) 记录保存

废物处置运行中，应及时记录废物处置运行档案，内容包括废物处置的日期和位置、废物包档案及处置操作期间发生的问题和解决措施等。处置场应建立废物处置数字化信息管理系统。按规定长期保管运行档案，其副本送交有关部门保存。

(5) 异常情况

处置场应制定应急方案。当废物包档案不清楚、废物包不合格或破裂、废物散落、放射性物质非正常释放等非正常情况发生时，可采取应急措施和补救手段，以阻止或尽量减少放射性污染的扩散。一旦处置场发生可能引起放射性污染的事故时，填埋场应尽快确定污染的地点、核素、水平、范围及其发生原因，以决定应采取的应急措施。当事故严重到必须要打开处置单元时，应按事先制定的周密计划实施作业，采取必要的措施以限制空气、水和材料的放射性污染。

处置场运行单位应负责运行场内环境的日常监测，包括表面沾污的测量、地下水样品的分析测量、地表及一定深度岩土样品的分析测量、植物样品和空气样品的分析测量、辐射监测和处置单元顶部覆盖层完整性的定期检查。环境监测结果和评价应定期地报告给国家和地方生态环境主管部门，如发现不正常情况立即如实上报。

4. 处置场的关闭

处置场的关闭分为正常关闭和非正常关闭。前者是指处置场已经达到运行许可证允许处置的废物数量或放射性总活度限值时所进行的关闭；后者是指当发现处置场选址或设计有不可改正的严重错误，或发生严重事故，或发生不可预见的自然灾害时所进行的关闭，实施非正常关闭应得到监管部门的批准。

处置场关闭应遵守关闭许可文件的规定。处置场关闭后，填埋场不再接收任何外来废物包，继续做好处置单元覆盖层的维护和稳定化工作。于场区和处置单元附近的适当位置设立永久性标志，并标明废物埋藏的位置和有关事项。应对与有组织控制无关的地表设施进行去污和(或)拆除处理及环境修复。

处置场关闭前应制定监护计划，以保证安全屏障的完整性，且监护计划定期更新。根据处置场的类型及容纳废物的种类，确定关闭后监护的持续时间。处置场关闭后，监护控制可采取主动的(监测、监督和设施维护)或被动的(限制土地使用)控制。此外，可根据处置场的运行历史及关闭和稳定化情况，保留合适的环境监测功能，以保障处置场内放射性核素在其离开场址边界向场外释放前给出早期警报。

另外，在近地表处置场选址、建造、运行、关闭及其后整个过程中，都要进行安全全过程系统分析，依法依规开展相关安全和环境分析论证，编制各类技术文件。

(二) 低、中水平放射性废物的岩洞处置

低、中水平放射性废物岩洞处置是指废物在地表以下不同深度、不同地质建造和不同类型的岩洞(废矿井、现有人工洞室、天然洞、专为处置废物而挖掘的岩洞)中的处置。

岩洞处置的废物必须具有固定的形态，足够的化学、生物、热和辐射稳定性，在地下水中应具有低的溶解性和浸出性，不得含有自燃、易爆物质的性能要求。下面主要介绍废物岩洞处置的场址选择和关闭。

1. 场址选择

场址选择分为计划和一般研究、区域调查、场址初选和场址确定四个阶段。① 计划和一般研究阶段包括制订总体计划，确定区域调查大纲，收集区域调查资料。② 区域调查阶段是通过区测图件和矿山岩洞地质资料分析，确定可能作为合格场址的候选区域。③ 场址初选阶段要对候选区域进行地球科学(地质学、水文地质学、水文学和地球化学)研究，包括现场踏勘、钻探和采样及实验室研究；调查相关的采掘和工程技术方面的问题，详细调查有意义的现有洞穴和废矿井；估计各个场址的容量及现有洞穴和矿井的扩展前景；根据所得的地球科学资料和处置场概念进行设计，建立放射性核素迁移模型；同时进行一般的生态学和社会学研究。最后，对研究的场址进行一般的安全分析和环境影响评价，推荐一个或几个候选场址。④ 场址确定阶段要对初选推荐的候选场址及其环境进行详细研究，包括补充钻探、现场水文地质、岩土力学、地球化学研究和核素迁移试验及实验室研究，从而对处置场的工程提出详细的技术要求，同时进行详细的生态学和社会学研究。根据所取得的资料及处置场设计资料，初步评价场址的安全和环境影响，推荐最优场址，提交管理机构审批。

2. 处置场关闭

处置场关闭主要有四种情况：① 设计预见的关闭：处置场的处置容量已达到许可证规定

的限值；② 设计允许的关闭：废物产生量少于原设计处置量，在较长时间内没有废物可处置或已有更经济、更安全方便的处置方法；③ 推迟关闭；原设计在运行期间经成功地修改，可增加废物处置量并得到管理机构的许可；④ 设计中没有预料的关闭：由于一系列事故或天灾表明处置活动不能再继续进行所进行的关闭。

在处置运行停止以后，处置场关闭的主要步骤包括回填、入口封闭、退役、记录保存。主要操作包括：① 回填：废物处置后的剩余空间必须回填，以减少或延缓地下水侵入，阻滞放射性核素的迁移，防止坍塌。② 入口封闭：从处置场开始停止接受废物，到处置场移交给指定的监督机构为止，监测表明没有不可接受的放射性核素迁入人类环境，即可对处置场的所有巷道、竖井或斜井的入口进行封闭。③ 退役：处置场封闭完成后，对受到沾污的建筑物和设备进行去污，并退役和拆除长期不用的建筑物和辅助设施，将遗留的任务和责任从营运部门移交给政府部门指定的监督机构。④ 记录保存：处置场关闭后营运单位应提交详细描述封闭设施情况的报告，整理选址、设计、建造、调试和运行期间的所有文件资料，至少一式两份，由国家管理机构和监督机构分别保存。

四、高水平放射性废物的安全处置

高水平放射性废物(high level radioactive waste,HLW)(简称高放废物)属于特殊的污染物，具有放射性水平高、半衰期长、释热量大和生物毒性大等特点，如处置不当，将严重危及人类的生命和健康，制约核能事业的发展，所以高放废物的安全处置问题受到有核国家的高度重视。

高放废物安全处置的目的就是通过某种技术措施使高放废物与生物圈长期隔离，或使其放射性降低到对生物无害的程度。世界各国对高放废物处置曾提出多种处置的方案和设想，主要有深地质处置、宇宙处置、冰川处置、海洋处置、岩石熔融处置和分离与嬗变等。深地质处置是国际上公认的处置高放废物的合适方案，我国也在《中华人民共和国放射性污染防治法》中提出“高水平放射性固体废物实行集中的深地质处置”。

地质处置设施位于地下(通常在地表下数百米深)稳定的地质体中，是用于处置高水平放射性废物的设施。高水平放射性废物深地质处置一般采用“多重屏障系统”设计原理，即设置一系列天然屏障和工程屏障于高放废物与生物圈之间，在高放废物处置安全期内(地质处置设施关闭后至少 1 万年)，能有效隔离放射性核素。

(一) 工程屏障

工程屏障是指处置库的地下设施、废物容器及回填材料，与周围的地质介质一起阻滞核素迁移。工程屏障的作用和功能主要为：① 使大部分裂变产物在衰变到较低水平的相当长时期内能够得到有效包容；② 防止地下水接近废物，减少核素的衰变热对周围岩石的影响，防止和减缓玻璃固化体、岩石和地下水的相互作用；③ 尽可能延迟有害核素随地下水向周围岩体渗透和迁移。

高放废物固化的目的是借助于固化基材将废液或固体废物转变为性能指标满足处置要求的固化体，封闭隔离在稳定介质中，以阻止核素泄漏和迁移，使之适宜于处置，提供了限制核素释放率的直接屏障。固化体形式主要有玻璃固化体、陶瓷固化体、金属固化体和复合固化体。

废物容器的主要作用是阻滞水的穿透、侵蚀及提供合适的防止受蚀条件，是防止放射性核素从工程屏障中释放出去的第一道防线。其形状多为圆柱体，选用材料多为耐热性、抗腐蚀性能良好的不锈钢材料，陶瓷材料（如氧化锆）和其他合金材料也都有研究。

回填材料对地下处置系统的安全起着保护作用。将它充填于废物容器和围岩之间，也可用于封闭处置库，充填岩石的裂隙。

（二）天然屏障

天然屏障主要指地质介质，包括库区的围岩和周围地质环境。主要是因为深部地质介质具有长期圈闭的功能，其综合的几何、物理和化学特性应能在安全期内阻滞放射性核素从处置设施向环境中迁移。首先，地质介质本身就构成了阻滞核素迁移的天然屏障，既可有效地限制核素的迁移，又可避免人类的闯入；地质介质不仅是良好的物理屏障，也是有效的化学屏障，可通过吸附、离子交换、沉淀等作用，对高水平放射性废物向生物圈迁移起着滞留或阻滞作用。其次，深部地质介质的演化十分缓慢，但要避开现代火山地区和强烈构造活动地区等。另外，建造处置库所开凿的岩体体积只占整个岩体体积的很小部分，不会严重影响围岩的整体圈闭功能。处置库的围岩类型是关系到处置库能否长期安全运行及有效隔离核素物质的重要条件。选择高放废物处置库围岩要考虑的因素主要包括：① 围岩的矿物组成、化学成分和物理特征：必须有利于放射性核素的隔离，对放射性核素的吸附与离子交换能力较强；② 围岩的深度和体积：必须能够完全包容处置设施，满足处置设施的安全要求，尽量选择地质条件简单、岩性单一的地质体；③ 围岩的力学性质：应能确保处置设施的安全建设、运行和关闭，能确保处置设施周围天然屏障的长期稳定；④ 围岩的热学性质和热-力性质：应能满足处置发热废物的需求，还应考虑气体在天然屏障中的迁移性能。处置设施必须与地质体的不连续面（如裂隙密集带、断层等）保持足够的距离，避开断裂破碎带（能为放射性核素迁移提供快速通道的）。

经过多年的努力，许多国家已在高放废物深地质处置方面做了大量的研究工作，但迄今为止世界范围内尚未建成一座高放废物深地质处置库。瑞典、德国、法国、芬兰和美国等均提出了系统的处置库规划，少数国家已确定场址，如芬兰确定奥尔基洛托场址、美国确定尤卡山场址。德国的选址工作早在 20 世纪 60 年代就已开始，2020 年 9 月 28 日，德国专门负责放射性废物处置的 BGE 公司发布高放废物最终处置库候选场址清单，包括 90 个区域。我国高放废物地质处置规划研究的总体思路是“统筹规划、协调发展、分步决策、循序渐进”，规划于 21 世纪中叶建成我国高放废物地质处置库的目标。2019 年 5 月，国家国防科技工业局批复了中国北山高放废物地质处置地下实验室工程建设立项建议书，标志着我国高放废物地质处置正式进入地下实验室建设阶段。

习题与思考题

1. 试举例说明日常工作和生活中，都有哪些危险废物？有哪些危害？
2. 危险废物有哪些管理设施？
3. 主要有哪些危险废物处理技术？各技术有什么特殊要求？
4. 危险废物有哪些填埋处置技术？各技术有何特征？
5. 危险废物安全填埋场与生活垃圾卫生填埋场有什么区别？危险废物安全填埋场处理对象有哪些？安全填埋场对“三防”有什么特殊要求？
6. 放射性废物分哪些类别？各类放射性废物处置有什么要求？高水平放射性废物处置时有什么特殊要求？

7. 从铀矿石中分离提取 227Ac，235U 活度为 1 000 Bq，分离得到的 227Ac 经测定，其活度为 754 Bq，求其化学收率。

8. 在 Purex 流程中，已知初始铀活度为 5.5 Ci，钚的活度为 4.2×10^{6} Bq，铀中去钚后，铀活度为 5.487 Ci，钚的活度为 1.2×10^{3} Bq，求去污系数。

9. 用二(2-乙基己基)磷酸(HDEHP)萃取放射性废水中的^{90}Sr 时，已知相比 $R=0.2$，D 萃为 74.8，试求一次萃取的萃取率。如果要求^{90}Sr 的总萃取率达到 99.9%，试计算萃取次数。

10. 为了使^{226}Ra 的量衰变掉 1/100，需要多长时间？（$T_{\mathrm{Ra}}=1\ 602$ a）

11. 某环境样品，经分离得^{89}Sr、^{90}Sr 混合样，测定它们的总活度为 12 Bq，放置 10 d，分离出^{90}Y，化学收率为 85%，经测定^{90}Y 的活度为 5.5 Bq，问该环境样品中^{89}Sr、^{90}Sr 的活度各为多少？（已知^{90}Y 的 $T_{1/2}=64$ h）

第十章　典型固体废物的资源化与综合利用

随着世界工业化进程的加快，地球上的资源正在以惊人的速度被开发和消耗，有些资源已濒临枯竭。相对于自然资源而言，固体废物属于二次资源。尽管其一般不再具有原来的使用价值，但经过回收、处理等途径，往往又可作为其他产品的原料，成为新的可用资源。目前，固体废物资源化利用已成为包括我国在内的世界上很多国家控制固体废物污染、缓解自然资源紧张的重要国策之一。

根据固体废物的来源不同，固体废物可以分为工矿业固体废物、生活垃圾等，在这些固体废物中量最大的为采选矿过程中产生的矿业固体废物及工业生产过程中产生的固体废物。另外，生活垃圾中量较大的为城市生活垃圾及污水处理厂污泥。固体废物的来源不同，其资源化与综合利用方式也各不相同。

第一节　矿业固体废物的资源化与综合利用

世界上95%以上的能源和80%以上的工业原料来自矿产资源。所谓矿业固体废物，实际指的是在矿石开采和选矿过程中产生的围岩、废石和尾矿等。截至2020年，全国矿业固体废物堆积量有600亿t，主要包括废石和尾矿，其中废石堆积量超过341亿t，占矿业固体废物堆积量的56.8%。

一、矿业固体废物的种类与性质

矿业固体废物也称矿业废渣，有多种不同分类方法。

1. 矿业废渣的种类

① 按原矿的矿床学分类：根据矿体赋存的主岩及围岩类型，并考虑到矿业废渣的矿物组成情况，可将其分为基性岩浆岩、自变质花岗岩、金伯利岩、玄武-安山岩等28个基本类型。

② 按选矿工艺分类：根据选矿工艺的不同，矿业废渣可分为手选、重选、磁选、风选、电选及光电选、浮选、化学选矿等。

③ 按主要矿物成分分类：根据矿物成分的不同，矿业废渣可分成以石英为主的高硅型、以长石及石英为主的高硅型、以方解石为主的富钙型以及成分复杂的矿业废渣。

2. 矿业废渣的成分与性质

无论何种类型的矿业废渣，其主要化学组成元素是氧(O)、硅(Si)、铝(Al)、铁(Fe)、锰(Mn)、镁(Mg)、钙(Ca)、钠(Na)、钾(K)、磷(P)等；但在不同类型的矿业废渣中，含量差别较大，且具有不同的结晶化学行为。

矿业废渣的矿物成分一般以各矿物所占的质量分数表示，由于岩矿鉴定一般在显微镜下进行，不便于称量，因此，有时也采用在显微镜下统计矿物颗粒数目的方法，间接地推算各矿物的大致含量。

二、矿业固体废物的资源化与综合利用

冶金矿山固体废物(以下简称“矿物”)包括矿石开采过程中剥离的表土、围岩及产生的废石，选矿过程中排出的尾矿，采煤和洗煤过程中排出煤矸石等。

1. 路基材料的利用

矿山废料可用于各种矿山工程中，如铺路、筑尾矿坝、填露天采场、筑挡墙等，每年可消耗废石总量的20%~30%。

2. 建筑材料的利用

利用尾矿、废石以及煤矸石做建筑材料，既可防止因开发建筑材料而造成对土地的破坏，又可使矿物得到有效的利用，减少土地占用，消除对环境的危害。但用尾矿、废石以及煤矸石做建筑材料，要根据矿物的物理化学性质来决定其用途。

有色金属矿物按其主要成分可分为三类：① 以石英为主的尾矿。该类矿物可用于生产蒸压硅酸盐矿砖；石英含量达到99.9%，含铁(Fe)、铬(Cr)、钛(Ti)、氧化物(X_nO_m)等杂质低的矿物可用作生产玻璃、碳化硅等的原料。② 以含方解石、石灰石为主的矿物。该类尾矿主要用作生产水泥的原料。③ 以含氧化铝(Al_2O_3)为主的矿物。含二氧化硅和氧化铝高的矿物可用作耐火材料。

3. 从矿物中回收有价元素

近年来由于技术进步及普遍对综合回收利用资源的重视，各矿山开展了从矿物回收有价金属的实验研究工作，许多已在工业规模上得到了应用。

目前，从矿山矿物中回收的有价元素主要有：从锡尾矿中回收锡和铜及一些其他伴生元素；从铅锌尾矿中回收铅(Pb)、锌(Zn)、钨(W)、银(Ag)等元素；从铜矿中回收萤石精矿、硫铁精矿；从其他一些尾矿中回收锂云母和金等矿物和元素。

4. 其他利用

(1) 覆土造田

矿山的矿物属无机砂状物，不具备基本肥力。采取覆土、掺土、施肥等方法处理，可在其表面种植各种作物。这种与矿山开采相结合的覆土造田法，既解决了矿区剥离物的堆存占地问题，又可绿化矿区环境，尤其适用于露天矿的废渣处理。

另外，采用矿区的生活污水浇灌尾矿库，改造尾矿性质，提高尾矿肥力，变废料堆为良田，可谓一举两得。

(2) 井下回填

井下采矿后的采空区一般需要回填，避免造成地表塌陷、危害矿区工人的生命和建筑安全。

回填采空区有两种途径：一是直接回填法，即上部中段的废石直接倒入下部中段的采空区，这可节省大量的提升费用，但需对采空区有适当的加固措施；二是将废石提升到地面，进行适当破碎加工，再用废石、尾矿和水泥拌和后回填采空区。这种方法安全性好，又可减少废石占地，但处理成本较高。

井下矿物充填系统如图10-1所示，该系统包括废石、尾矿的分级和储存系统，料浆搅拌

装置，料浆的地面和井下输送系统，以及充填工作面的凝固等部分。

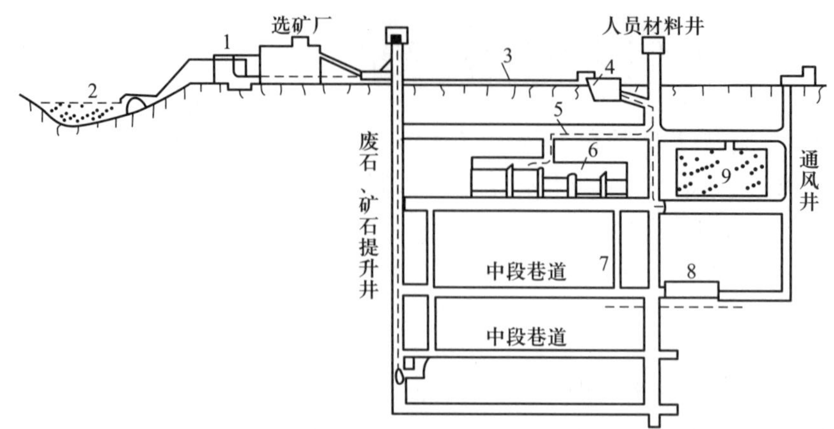

1-废石尾砂分级站；2-尾砂坝(堆存细粒级尾砂)；3-浆料输送管；4-料浆贮仓；5-井下充填管；6-充填工作面；7-导水钻孔；8-水池和水泵房；9-已充填工作面

图 10-1　井下矿物充填系统示意图

（3）制备复合材料

矿物中含有大量的二氧化硅(SiO_2)、氧化铝(Al_2O_3)等，可以作为复合材料的原料。例如金属基体复合材料、无机非金属基体复合材料、聚合物基复合材料等，通过矿物制备复合材料既可提高材料强度，又可降低材料成本。

（4）制备水处理材料

矿物制备水处理材料主要表现在以下两个方面：一是利用矿物制备吸附剂，吸附废水中的金属离子、有机物、氨氮、磷等污染物；二是利用矿物制备絮凝剂，主要有聚合氯化铝(PAC)、聚合氯化铝铁(PAFC)、聚硅酸铝(PSA)、聚合硅酸铝铁(PSAF)等来处理各种工业废水和生活污水等。

第二节　冶金与化工固体废物的资源化与综合利用

冶金与化工固体废物主要包括冶金、热电、化学、机械等工业生产部门的固体废物。

一、冶金及热电工业废渣的利用

（一）冶金及热电工业废渣种类及其性质

冶金及热电工业废渣是指在冶金和火力发电过程中产生的固体废物。其中，冶金工业废渣主要包括高炉矿渣、钢渣、铁合金渣、有色金属渣等固体废物；热电工业废渣则主要包括粉煤灰及燃煤炉渣等。

1. 高炉矿渣

高炉矿渣是指冶炼生铁时从高炉中排放出来的废物。

（1）高炉矿渣的分类

目前，高炉矿渣主要按下述两种方法进行分类。

① 按照冶炼生铁的品种分类：A. 铸造生铁矿渣，指冶炼铸造生铁时排出的矿渣；B. 炼钢生铁矿渣，指冶炼炼钢生铁时排出的矿渣。

② 按照矿渣的碱度进行分类。高炉矿渣的化学成分中，碱性氧化物与酸性氧化物质量分数的比值，称为高炉矿渣的碱度或碱性率，一般用 M_0 表示，如式(10-1)所示。

$$M_0=(w_{CaO}+w_{MgO})/(w_{SiO_2}+w_{Al_2O_3}) \tag{10-1}$$

在冶炼炼钢生铁和铸造生铁过程中，当炉渣中的氧化铝(Al_2O_3)和氧化镁(MgO)含量不大时，炉渣碱度用氧化钙(CaO)与二氧化硅(SiO_2)的质量分数比值表示，并将其表示为下述三类：

A. 碱性矿渣，Mo>1；B. 酸性矿渣，Mo<1；C. 中性矿渣，Mo =1。

（2）高炉矿渣的化学组成

高炉矿渣的化学成分包括二氧化硅(SiO_2)、氧化铝(Al_2O_3)、氧化钙(CaO)、氧化镁(MgO)、氧化锰(MnO)、氧化铁(Fe_2O_3)等十五种以上的化学成分。其中 SiO_2、Al_2O_3、CaO 占总质量分数的 90%以上。表 10-1 所示为我国高炉矿渣的化学成分统计表。

表 10-1　我国高炉矿渣的化学成分统计(质量分数/%)

名称	CaO	SiO_2	Al_2O_3	MgO	MnO	Fe_2O_3	TiO_2	V_2O_5	S	F
普通渣	38~49	26~42	6~17	1~13	0.1~1	0.15~2	—	—	0.2~1.5	—
高钛渣	23~46	20~35	9~15	2~10	<1	—	20~29	0.1~0.6	<1	—
锰钛渣	28~47	21~37	11~24	2~8	5~23	0.1~1.7	—	—	0.3~3	—
含氟渣	35~45	22~29	6~8	3~7.8	0.15~0.19	—	—	—	—	7~8

2. 钢渣

钢渣是炼钢过程中排出的废渣，主要由铁水和废钢中的元素氧化后生成的氧化物、金属炉料带入的杂质、加入的造渣剂和氧化剂、被侵蚀的炉衬及补炉材料等。钢渣的产生量一般占粗钢产量的 15%~20%。

（1）钢渣的分类

① 按炼钢炉型分：可分为转炉钢渣、平炉钢渣、电炉钢渣。

② 按生产阶段分：可分为电炉渣——氧化渣、还原渣；平炉渣——初期渣、后期渣。

③ 按化学性质分：可分为碱性渣、酸性渣。

（2）钢渣的化学及矿物组成

钢渣的化学成分主要为铁(Fe)、钙(Ca)、硅(Si)、镁(Mg)、铝(Al)、锰(Mn)、磷(P)等元素的氧化物，其中 Fe、Ca、Si 的氧化物占绝大部分。

钢渣呈黑色，外观像水泥熟料，其中夹带部分铁粒，硬度较大，密度为 1 700~2 000 kg/m^3，其成分组成基本稳定。钢渣的主要矿物组成为橄榄石($2FeO\cdot SiO_2$)、硅酸二钙($2CaO\cdot SiO_2$)、硅酸三钙($3CaO\cdot SiO_2$)、铁酸二钙($2CaO\cdot Fe_2O_3$)及游离氧化钙(fCaO)等。

（3）钢渣的主要化学性质

① 碱度(R)：指钢渣中 CaO 与 SiO_2 和 P_2O_5 的含量比，即 $R=w_{CaO}/(w_{SiO_2}+w_{P_2O_5})$。根据碱度的高低，可将钢渣分为低碱度渣($R=0.78\sim1.8$)，中碱度渣($R=1.8\sim2.5$)和高碱度渣

(R>2.5)。如表 10-2 所示，随着碱度的不同，钢渣中主体矿物相亦有差别。钢渣利用主要以中高碱度钢渣为主。

表 10-2 不同碱度钢渣的主体矿物相

碱度	主体矿物相	碱度	主体矿物相
0.9~1.4	钙镁橄榄石	1.6~2.4	硅酸二钙
1.4~1.6	镁辉石	>2.4	硅酸三钙

② 活性：指钢渣中 $3CaO\cdot SiO_2(C_3S)$、$2CaO\cdot SiO_2(C_2S)$ 等具有水硬胶凝性活性矿物的含量。当钢渣碱度 R 为 1.8~2.5 时，其中的 C_3S 和 C_2S 的含量之和为 60%~80%；R>2.5 时，钢渣中的主要矿物为 C_3S。但活性矿物的水硬性需很长时间才能表现出来，研究表明，由钢渣水泥制成的水泥或混凝土在几年、十几年甚至更长时间内其强度仍有较大幅度的增长。为利用钢渣的活性矿物，可采用细磨的方式降低其粒度，并采用外加剂激发其活性。

③ 稳定性：指钢渣中 fCaO、MgO、C_2S、C_3S 等不稳定组分的含量。这些组分在一定条件下都具有体积不稳定性，碱度高的熔融炉渣缓慢冷却时，C_3S 在 1 250~1 100 ℃温度区域会分解出 C_2S 和 fCaO；C_2S 在 675 ℃发生相变，由 $\beta-C_2S$ 转变为活性很低的 $\gamma-C_2S$，体积膨胀 10%；fCaO 水化消解为 $Ca(OH)_2$，体积成倍增大；MgO 消解为 $Mg(OH)_2$，体积膨胀 77%。只有等基本消解完毕后，体积才会趋于稳定。

④ 易磨性：钢渣的耐磨程度与其矿物组成和结构有关，钢渣结构致密，含铁量高，因此较耐磨。钢渣比矿渣耐磨，所以宜作路面材料。易磨性可用相对易磨系数表示，将物料与标准砂在相同条件下粉磨，所得比表面积之比即为相对易磨系数。

3. 铁合金渣

铁合金渣是冶炼铁合金过程中排出的废渣。由于铁合金产品种类很多，原料工艺各不相同，产生的铁合金渣也不同。

(1) 铁合金渣的分类

① 按冶炼工艺分：可分为火法冶炼废渣、浸出渣。

② 按铁合金品种分：可分为锰系铁合金渣、铬铁渣、硅铁渣、钨铁渣、钼铁渣、磷铁渣等。

(2) 铁合金渣的化学成分

我国一些铁合金渣的化学成分见表 10-3。

表 10-3 我国一些铁合金渣的化学成分(质量分数/%)

废渣名称	MnO	SiO_2	Cr_2O_3	CaO	MgO	Al_2O_3	FeO，Fe_2O_3	V_2O_5	TiO_2
高炉锰铁渣	5~10	25~30		33~37	2~7	1.4~1.9	1~2		
碳素锰铁渣	8~15	25~30		30~42	4~6	0.7~1	0.4~1.2		
硅锰合金渣	5~10	35~40		20~25	1.5~6	1~2	0.2~2		
碳素铬铁渣		27~30	3~24	2.5~3.5	26~46	1.6~0.8	0.5~1.2		
硅铁渣		30~35		11~16	1	13~30	3~7		
钨铁渣	20~25	35~50		5~16		5~15	3~9		

续表

废渣名称	MnO	SiO_2	Cr_2O_3	CaO	MgO	Al_2O_3	FeO，Fe_2O_3	V_2O_5	TiO_2
钼铁渣		48~60		6~7	2~4	10~13	13~15		
磷铁渣		37~40		37~44		2	1.2		
钒浸出渣	2~4	20~28		0.9~1.7	1.5~2.8	0.8~3	8~10	1.1~1.4	
钒铁冶炼渣		25~28		50~55	5~10	8~10		0.35~5	
金属铬浸出渣	Na_2CO_3 3.5~7	5~10	2~7	23~30	24~30	3.7~8			
金属铬冶炼渣	NaO 3~4	1.5~2.5	11~14	0~1	1.5~2.5	72~78			
钛铁渣	0.2~0.5	0~1		9.5~10.5	0.2~0.5	73~75	0~1		13~15
硼铁渣		1.13		4.63	17.09	65.35	0.24		

4. 有色金属渣

有色金属渣是指冶炼有色金属过程中产生的废渣。

（1）有色金属渣的分类

① 按生产工艺分：可分为火法冶炼形成的熔融矿渣；湿法冶炼生成的残渣；冶炼过程排出的烟尘和污泥。

② 按金属矿物的性质分：可分为重金属渣、轻金属渣和稀有金属渣。

（2）有色金属废渣的化学成分

国内几种有色金属废渣的化学成分见表 10-4。

表 10-4 国内几种有色金属废渣的化学成分(质量分数/%)

种类	SiO_2	CaO	MgO	Al_2O_3	Fe	Cu	Pb	Zn	Ag	Sb	As	Ge
铜渣	30~40	4~15	1~5	2~4	25~38	0.2~1	<2	2~3	0.5	0.2		
铅渣	20~30	14~22	1~5	10~24	20~40	0.3	0.2~0.4	2				
锌渣	12~14				33	0.7	0.5	2			0.03	0.004

5. 粉煤灰

粉煤灰是煤粉经高温燃烧后形成的一种类似火山灰质的混合材料，是冶炼、化工、燃煤电厂等企业排出的固体废物。现在我国每年粉煤灰的排放量已达到 1.6 亿 t，大量的粉煤灰长期堆放既占用农田又造成了大量的环境污染，粉煤灰的资源化已成为我国亟待解决的问题。

（1）粉煤灰的化学及矿物组成

粉煤灰的化学成分是评价粉煤灰质量优劣的重要技术基础。粉煤灰的化学组成与黏土类似，主要成分为 SiO_2(质量分数为 40%~60%)、Al_2O_3(质量分数为 17%~35%)、Fe_2O_3(质量分数为 2%~15%)、CaO(质量分数为 1%~10%)和未燃炭。其余为少量 K、P、S、Mg 等的化合物和 As、Cu、Zn 等微量元素。

粉煤灰的矿物组成非常复杂，主要有无定形相和结晶相两大类。无定形相主要为玻璃体，占粉煤灰总量的 50%~80%，此外，未燃尽的炭粒也属于无定形相。结晶相主要有石英、莫来石、云母、长石、赤铁矿等。

（2）物理性质

粉煤灰外观是灰色或灰白色的粉状物，含炭量大的粉煤灰呈灰黑色。粉煤灰颗粒多半呈玻璃状态，在形成过程中，由于表面张力的作用，部分呈球形，表面光滑，微孔较小。小部分因熔融状态下互相碰撞而粘连，形成表面粗糙、棱角较多的组合颗粒。

粉煤灰的密度与化学成分相关，低钙灰的密度一般为 1 800~2 800 kg/m^3，高钙灰一般为 2 500~2 800 kg/m^3。空隙率一般为 60%~75%；粒度一般为 45 μm；比表面积为 2 000~4 000 cm^2/g。

（3）活性

粉煤灰的活性是指粉煤灰与石灰、水混合后显示的凝结硬化性能。粉煤灰含有较多的活性氧化物，如 SiO_2、Al_2O_3 等。他们分别与氢氧化钙在常温下起化学反应生成较稳定的水化硅铝酸钙，与石灰、水泥熟料等碱性物质混合加水拌合后，能凝结、硬化并具有一定的强度。

粉煤灰的活性不仅取决于它的化学组成，而且与它的物相组成和结构特征有密切关系。高温熔融并经过骤冷的粉煤灰，含大量的表面光滑的玻璃微珠，具有较高的化学内能，是粉煤灰活性的主要来源。玻璃微珠中活性 SiO_2 和 Al_2O_3 含量越高，粉煤灰的活性越强。

（二）冶金及热电工业废渣的加工与处理

1. 高炉矿渣的加工处理

在利用高炉矿渣之前，需对其进行加工处理，用途不同，加工处理方法不同。我国通常把高炉矿渣加工成水渣、矿渣碎石等加以利用。

（1）高炉矿渣水淬处理工艺

高炉矿渣水淬处理工艺是将熔融状态的高炉矿渣置于水中急速冷却，限制其结晶，并使其粒化。目前常用的水淬方法有渣池水淬和炉前水淬两种。

① 渣池水淬是用渣罐将熔渣拉到距离高炉较远的地方，直接倒入水池中，熔渣遇水后急剧冷却成水渣。此法优点是节约用水，主要缺点是易产生大量渣棉和硫化氢气体，污染环境，属逐渐淘汰的处理工艺。

② 炉前水淬是利用高压水使高炉渣在炉前冲渣沟内淬冷成粒状，并输送到沉渣池形成水渣。根据过滤方式的不同，炉前水淬可分为炉前渣池式、炉前渣车式、水利输送式、沉淀池过滤式、旋转滚筒式及脱水仓式等。

（2）高炉重矿渣碎石工艺

高炉重矿渣碎石是高炉熔渣在渣坑或渣场自然冷却或淋水冷却，形成结构较为致密的矿渣后，经破碎、磁选、筛分等工序加工成的一种碎石材料。重矿渣碎石处理工艺主要有热泼法和渣场堆存开采法两种。

① 热泼法。热泼法有炉前热泼法和渣场热泼法两种形式。炉前热泼法是让熔渣经渣沟直接流到热泼坑，每泼一层熔渣便要淋一次水，促使其加速冷却和破裂。待泼到一定厚度后，便可进行挖掘，运至处理车间进行破碎、磁选和筛分，得到不同规格的碎石。目前国外多采用薄层多层热泼法，渣层薄，气体易析出，因此渣石密度大、强度高。渣场热泼法是将熔渣用渣罐

车运到渣场热泼，其后处理工艺同炉前热泼。该工艺的优点是工艺简单、处理量大、产品性能稳定。缺点是占地面积大。

② 渣场堆存开采法是用渣罐车将熔渣运至堆渣场，分层倾倒，形成渣山后，再进行开采。高炉重矿渣碎石工艺的优点是设备简单、投资少、生产成本低。一般情况下，建一条重矿渣碎石生产线的基建投资为建同等能力的天然石场的1/2~1/3，渣石成本为天然碎石的2/3~1/2。

(3) 膨胀矿渣珠(膨珠)生产工艺

膨珠生产工艺是20世纪70年代发展起来的高炉渣处理新技术。如图10-2所示，高温熔渣经渣沟流到膨胀槽上，与高压水接触后，即开始膨胀，并流至滚筒上，被高速旋转的滚筒击碎并抛甩出去，冷却成珠落入膨胀池内。膨珠具有多孔、质轻、表面光滑的特点，既可同水渣一样利用，又可作轻骨料。

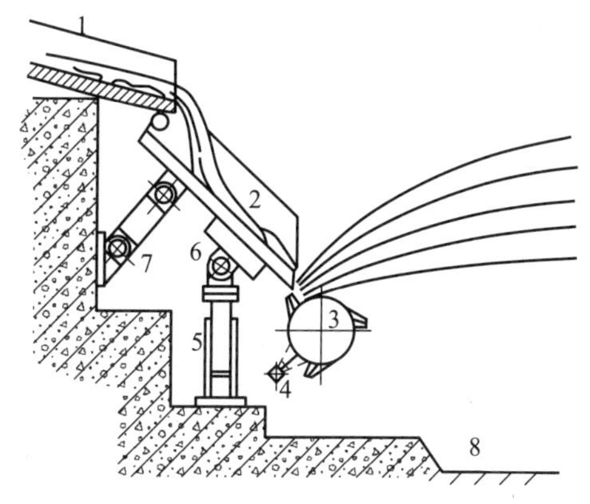

1-熔渣槽；2-膨胀槽；3-滚筒；4-冷却水管；5-升降装置；6、7-调节器；8-膨珠池

图 10-2　高炉渣膨珠生产工艺

该工艺的优点是比水淬法用水量少，环境污染小，可抑制 H_2S 气体的产生；比热泼法占地面积小，处理效率高；投资省，成本低。

2. 钢渣的加工处理

钢渣处理工艺主要有下列几种。

(1) 热泼法

热熔钢渣倒入渣罐后，用车辆运到钢渣热泼车间，利用吊车将渣罐的液态渣分层泼倒在渣床上(或渣坑内)，喷淋适量的水，使高温炉渣急冷碎裂并加速冷却，然后再运至弃渣场。需要加工利用的，则运至钢渣处理间进行粉碎、筛分、磁选等工艺处理。

(2) 盘泼水冷(ISC)法

在钢渣车间设置高架泼渣盘，利用吊车将渣罐内液态钢渣泼在渣盘内。渣层一般为30~120 mm厚，然后喷以适量的水促使急冷破裂。再将渣运卸至水池内进一步降温冷却。钢渣粒度一般为5~100 mm，最后送至钢渣处理车间，进行磁选、破碎、筛分、精加工。

(3) 水淬法

热熔钢渣在流出、下降过程中，被压力水分割、击碎，再加上熔渣遇水急冷收缩产生应力集中而破裂，使熔渣粒化。由于钢渣比高炉矿渣碱度高、黏度大，其水淬难度也大。为防止爆炸，有的采用渣罐打孔再水渣沟水淬的方法，并通过渣罐孔径限制最大渣流量。

(4) 风淬法

渣罐接渣后，运到风淬装置处，倾翻渣罐，熔渣经过中间罐流出，被一种特殊喷嘴喷出的空气吹散，破碎成微粒，在罩式锅炉内回收高温空气和微粒渣中所散发的热量并捕集渣粒。经过风淬而成微粒的转炉渣，可用作建筑材料。

(5) 粉化处理

由于钢渣中含有未化合的游离氧化钙(fCaO)，用压力0.2~0.3 MPa、100 ℃的蒸汽处理转炉钢渣时，其体积增加23%~87%，小于0.3 mm的钢渣粉化率达50%~80%。在钢渣主要矿物相组成基本不变的情况下，消除了 fCaO，提高了钢渣的稳定性。此种处理工艺可显著减少钢渣破碎加工量并减少设备磨损。

（三）冶金及热电工业废渣的应用

1. 高炉矿渣的综合利用

根据高炉矿渣的化学组成和矿物组成可知，高炉矿渣属硅酸盐材料的范畴，适于加工制作水泥、碎石、骨料等建筑材料。

（1）水淬矿渣作建筑材料

利用水淬矿渣作水泥混合材是国内外普遍采用的技术。我国 75%的水泥中掺有高炉水淬渣。在水泥生产中，高炉渣已成为改进性能、扩大品种、调节标号、增加产量和保证水泥安定性的重要原材料。目前使用最多的主要有以下几种。

① 矿渣硅酸盐水泥：简称矿渣水泥，是我国产量最大的水泥品种。它是用硅酸盐水泥熟料和粒化高炉渣加 3%~5%的石膏磨细制成的水硬性胶凝材料，水渣加入量一般为 20%~70%。

与普通硅酸盐水泥相比，矿渣水泥的主要特点是：具有较强的抗溶出性及抗硫酸盐侵蚀的性能，故可用于海上工程及地下工程等；水化热较低，可用于浇筑大体积混凝土工程；耐热性好，用于高温车间及容易受热的地方时，效果比普通水泥好。但在干湿、冷热变动较为频繁的场合，其性能不如普通硅酸盐水泥，故不宜用于水位经常变动的水工混凝土建筑中。

② 石膏矿渣水泥：由 80%左右的高炉渣，加 15%左右的石膏和少量硅酸盐水泥熟料或石灰，混合磨细后得到的水硬性胶凝材料。石膏矿渣水泥成本较低，有较好的抗硫酸盐侵蚀和抗渗透性能。但周期强度低，易风化起沙，一般适用于水工建筑混凝土和各种预制砌块。

③ 矿渣混凝土：以矿渣为原料，加入激发剂（水泥熟料、石灰、石膏等），加水碾磨后与骨料拌合。其配合比见表 10-5。

矿渣混凝土的各种物理性能，如抗拉强度，弹性模量、耐疲劳性能和钢筋的黏结力等均与普通混凝土相似，其优点在于具有良好的抗水渗透性能，可制成性能良好的防水混凝土；耐热性好，可用于工作温度在 600 ℃以下的热工工程，能制成强度达 50 MPa 的混凝土。

表 10-5 矿渣混凝土配合比

项目	不同标号混凝土配合比			
	C15	C20	C30	C40
水泥（32.5 级）			≤15	20
石灰	5~10	5~10	≤5	≤5
石膏	1~3	1~3	0~3	0~3
水	17~20	16~18	15~17	15~17
水灰比	0.5~0.6	0.45~0.55	0.35~0.45	0.35~0.4
浆：矿渣（质量比）	（1：1）~（1：1.2）	（1：0.75）~（1：1）	（1：0.75）~（1：1）	（1：0.5）~（1：1）

④ 矿渣砖：向水渣中加入适量水泥等胶凝材料，经过搅拌、轮碾、成型、蒸汽养护等工序而成。一般配比为水渣 85%~90%，磨细生石灰 10%~15%。矿渣砖的抗压强度一般可达 10 MPa 以上，适用于上下水或水中建筑，不适用于高于 250 ℃的环境。矿渣砖性能如表 10-6 所示。

表 10-6　矿渣砖性能

规格/mm	抗压强度/MPa	抗折强度/MPa	密度/($kg \cdot m^{-3}$)	吸水率/%	导热系数/($W \cdot m^{-1} \cdot K^{-1}$)	磨损系数
240×115×53	9. 8~19. 6	24~30	2 000~2 100	7~10	0. 5~0. 6	0. 94

（2）矿渣碎石做基建材料

未经水淬的矿渣碎石，其物理性能与天然岩石相近，其稳定性、坚固性、耐磨性及韧性等均满足基建工程的要求，在我国一般用于公路、机场、地基工程、铁路道渣、混凝土骨料和沥青路面等。

① 配制矿渣碎石混凝土：矿渣混凝土是指用矿渣碎石作为骨料配制的混凝土，其不仅具有与普通碎石混凝土相似的物理力学性能，而且还具有较好的保温、隔热、耐热、抗渗和耐久性能。现已广泛应用于500号以下的混凝土、钢筋混凝土及预应力混凝土工程中。

② 用于地基工程：矿渣碎石的极限抗压强度一般都超过了 50 MPa，因此完全满足地基处理的要求，一般可用高炉矿渣作为软弱地基的处理材料。

③ 修筑道路：矿渣碎石具有较为缓慢的水硬性，对光线的漫射性能好，摩擦系数大，适宜用作各种道路的基层和面层。实践表明，利用矿渣铺路，其路面强度、材料耐久性及耐磨性方面都有较好的效果。且矿渣碎石摩擦系数大，用其铺筑的矿渣沥青路面具有良好的防滑效果，可缩短车辆的制动距离。

④ 用作铁路道渣：高炉矿渣具有良好的坚固性、抗冲击性、抗冻性，且具有一定的减振和吸收噪声的功能。承受循环载荷的能力较强。目前各大钢铁公司几乎都在使用高炉矿渣作为专用铁路的道渣。

（3）膨珠作轻骨料

膨珠具有质轻、面光、自然级配好、吸音隔热性能强的特点。用作混凝土骨料可节省20%左右的水泥，一般用来制作内墙板、楼板等。

用膨珠配制的轻质混凝土容重为 1 400~2 000 kg/m^3，抗压强度为 9. 8~29. 4 MPa，导热系数为 0. 407~0. 582 W/(m · K)。具有良好的抗冻性、抗渗性和耐久性。

（4）高炉渣的其他应用

高炉矿渣除用于建材生产外，还可以用来生产一些具有特殊性能的矿渣产品，如矿渣棉、微晶玻璃、热铸矿渣及矿渣铸石等。

2. 钢渣的综合利用

钢渣利用的研究始于20世纪初，由于成分复杂多变，其利用率一直不高。20世纪70年代以后，随着资源的日趋紧张及炼钢和综合利用技术的日益发展，各国钢渣的利用率迅速提高。我国每年产生 1 000 多万 t 钢渣，利用率达 60%左右。目前钢渣利用的主要途径是用作冶金原料、建筑材料以及农业应用等。

（1）用作冶金原料

① 用作烧结熔剂：烧结矿的生产一般需加石灰作熔剂。转炉钢渣一般含 40%～50%的 CaO，1 t 钢渣相当于 0. 7~0. 75 t 石灰石。把钢渣加工到粒度小于 10 mm 的钢渣粉，便可替代部分石灰石直接作烧结配料用。钢渣作烧结熔剂不仅可回收利用钢渣中的钙、镁、锰、铁等元

素，还可提高烧结机的利用系数和烧结矿的质量，降低燃料消耗。

② 用作高炉炼铁溶剂：钢渣中除 CaO 外，还含有 10%~30%的 Fe，2%左右的 Mn，若将其直接返回高炉作熔剂，不仅可回收钢渣中的铁，还可把 CaO、MgO 等作为助熔剂，从而节省大量的石灰石、白云石资源。

③ 回收废钢铁：钢渣一般含有 7%~10%的废钢铁，加工磁选后，可回收其中约 90%的废钢铁。

（2）用作建筑材料

① 生产钢渣水泥。高碱度钢渣含有大量的 C_3S 和 C_2S 等活性矿物，水硬性好，因此可成为生产无熟料及少熟料水泥的原料，也可作为水泥掺合料。钢渣水泥具有水化热低、后期强度高、抗腐蚀、耐磨性好等特点，是理想的道路水泥和大坝水泥。且具有投资省、成本低、设备少、节省能源和生产简便等优点。缺点是早期强度低、性能不够稳定。

② 用作筑路及回填材料。钢渣碎石具有密度大、抗压强度高、稳定性好、表面粗糙、与沥青结合牢固等特点，因而广泛应用于铁路、公路及工程回填。因钢渣具有活性，易板结成大块，因此特别适宜于在沼泽、海滩筑路造地。钢渣用作公路碎石，能够耐磨防滑，且具有良好的渗水及排水性能。

但钢渣具有体积膨胀的特点，故必须陈化后才能使用，一般要洒水堆放半年，且粉化率不得超过 5%。要有合理级配，最大块直径不能超过 300 mm。最好与适量粉煤灰、炉渣或黏土混合使用，同时严禁将钢渣碎石用作混凝土骨料。

③ 生产建材制品。把具有活性的钢渣与粉煤灰或炉渣按一定比例混合、磨细、成型、养护，即可生产出不同规格的砖、瓦、砌块等建筑材料，其生产的钢渣砖与黏土制成的红砖的强度和质量差不多。但生产建材制品的钢渣一定要控制好 CaO 的含量和碱度。

（3）用于农业

钢渣是一种以钙、硅为主，含多种养分的、具有速效又有后劲的复合矿物质肥料。除硅、钙外，钢渣中还含有微量的锌、锰、铁、铜等元素，对作物生长起一定促进作用。由于在冶炼过程中经高温煅烧，其溶解度已大大改变，所含主要成分易溶量达全量的 1/3~1/2，容易被植物吸收。

① 用作钢渣磷肥。含 P_2O_5 超过 4%的钢渣，可直接作为低磷肥料用，相当于等量磷的效果。钢渣磷肥不仅适用于酸性土壤、在缺磷碱性土壤也可增产；实践表明，施加钢渣磷肥后，一般可增产 5%~10%。

② 用作硅肥。硅是水稻生产需求量较大的元素，含 SiO_2 超过 15%的钢渣，磨细至 60 目以下，即可作硅肥用于水稻田，一般每亩(1 亩≈667 m^2)使用 100 kg，可增产水稻 10%左右。

③ 用作土壤改良剂。钙、镁含量高的钢渣，磨细后，可作为酸性土壤改良剂，并且也利用了磷和其他微量元素。用于农业生产，还可增强农作物的抗病虫害能力。

3. 粉煤灰的综合利用

目前，我国粉煤灰的主要利用途径是生产建筑材料、筑路和回填；此外，还可用作农业肥料和土壤改良剂，回收工业原料和制作环境保护材料等。

（1）粉煤灰用作建筑材料

粉煤灰用作建筑材料，是我国粉煤灰的主要利用途径之一，包括配制水泥、混凝土、烧结砖、蒸养砖、砌块及陶粒等。

① 粉煤灰水泥：粉煤灰水泥是由硅酸盐水泥和粉煤灰加入适量的石膏磨细而成的水硬性胶凝材料。粉煤灰中含有大量的活性 Al_2O_3、SiO_2 及 CaO 等，当掺入少量生石灰或石膏时，可生产无熟料水泥，也可掺入不同比例熟料生产各种规格的水泥。粉煤灰水泥水化热低、抗渗和抗裂性能好。该水泥早期强度低，但后期强度高，能广泛应用于一般民用、工业建筑工程及水利工程和地下工程。

② 粉煤灰混凝土：粉煤灰混凝土是以硅酸盐水泥为胶结料，砂、石子等为骨料，并以粉煤灰取代部分水泥、加水拌和而成。实践表明，粉煤灰能减少水化热、改善和易性、提高强度、减少干缩率、有效改善混凝土的性能。

③ 粉煤灰制砖：粉煤灰的成分与黏土相似，可以替代黏土制砖，粉煤灰的加入量可达30%~80%。粉煤灰蒸养砖是以粉煤灰为主要原料，掺入适量骨料、生石灰及少量石膏，经碾磨、成型、蒸汽养护而成。粉煤灰的掺入量在65%左右，制成品一般可达100~150号，但抗折性能较差。

④ 粉煤灰陶粒：粉煤灰陶粒是用粉煤灰作主要原料，掺入少量黏结剂和固体燃料，经混合、成球、高温焙烧而制得的一种轻质骨料。粉煤灰陶粒主要特点是质量轻、强度高、热导率低、化学稳定性好等，比天然石料具有更为优良的物理力学性能。粉煤灰陶粒可用于配制各种用途的高强度混凝土、可用于工业与民用建筑、桥梁等许多方面。

（2）筑路回填

① 筑路。粉煤灰能代替砂石、黏土用于公路路基、修筑堤坝。目前我国常采用粉煤灰、黏土、石灰掺和作公路路基材料。掺入粉煤灰后路面隔热性能好，防水性和板体性也有提高，适于处理软弱地基。

② 回填。煤矿区采煤后易塌陷，形成洼地，利用粉煤灰对矿区的煤坑、洼地进行回填，既降低了塌陷程度、消化了大量的粉煤灰，还能复垦造田，减少农户搬迁，改善矿区生态。粉煤灰还可调节粗粒尾砂的级配，改善黏土质尾砂的通水通气性能。

（3）粉煤灰用于农业生产

① 用作土壤改良剂。粉煤灰具有良好的物理化学性能，可用于改造重黏土、生土、酸性土和盐碱土。这些土壤加入粉煤灰后，容重降低，孔隙率增加，通水透气性能得到明显改善，酸性得到中和，团粒结构得到改善，并具有抑制盐碱作用，从而有利于微生物生长繁殖，加速有机物的分解，提高土壤的有效养分含量和保温保水能力，增强作物的防病抗旱能力。

② 用作农业肥料。粉煤灰含有大量的易溶性硅、钙、镁、磷等农作物必需的营养元素，因此，可制成肥料使用。此外，粉煤灰中含有大量 SiO_2、CaO、MgO 及少量 P_2O_5、S、Fe、Mo、B、Zn 等有用成分，因而也被用作复合微量元素肥料。

（4）回收工业原料

① 回收煤炭。一般粉煤灰中含炭量为5%~16%。粉煤灰中含炭量太多，对粉煤灰建材（尤其蒸养制品）的质量和从粉煤灰中提取漂珠的质量有不良影响，同时也浪费了宝贵的炭资源。回收煤炭的方法主要有两种，一种是用浮选法回收湿排粉煤灰中的煤炭，回收率为85%~94%，尾灰含炭量小于5%。浮选回收的精煤灰具有一定的吸附性，可直接作吸附剂，也可用于制作粒状活性炭；另一种是干灰静电分选煤炭，静电分选工艺的炭回收率一般为85%~90%。

② 回收金属物质。粉煤灰中含有 Fe_2O_3、Al_2O_3 和大量稀有金属，在一定条件下，这些金属物质都可回收。粉煤灰中的 Fe_2O_3 含量一般为 4%～20%，最高达 43%。粉煤灰中的铁可通过磁选法进行回收，其回收率可达 40% 以上。粉煤灰中含 Al_2O_3 一般为 7%～35%，一般要求 Al_2O_3 含量大于 25% 时方可回收。目前铝回收的方法主要有高温熔融法、热酸淋洗法、直接熔解法等。

③ 分选空心微珠。空心微珠的密度一般只有粉煤灰的 1/3，粒径为 0.3～300 μm。目前，国内主要用干法机械分选和湿法分选两种方法来分选空心微珠。空心微珠具有质量小、强度高、耐高温和绝缘性能好等多种优异性能。现已成为一种多功能的无机材料，主要用作塑料的填料、轻质耐火材料、高效保温材料，以及石化工业的催化剂、填充剂、吸附剂和过滤剂等。

（5）用作环境保护材料

① 环境保护材料开发。粉煤灰因其独特的理化性能而被广泛用于环境保护产业，如用于垃圾卫生填埋填料，用于制造人造沸石和分子筛，利用粉煤灰制絮凝剂，另外用作吸附剂等。

② 用于废水处理。粉煤灰可用于处理含氟废水、电镀废水及含重金属离子废水和含油废水。粉煤灰中含沸石、莫来石、炭粒和硅胶等，具有无机离子交换特性和吸附脱色作用。粉煤灰处理电镀废水时，其对铬等重金属离子具有很好的去除效果。去除率一般在 90% 以上。若用 $FeSO_4$ 处理含铬废水，铬离子去除率可达 99% 以上。

二、化学工业废渣的处理与利用

（一）化学工业废渣的种类与特性

1. 化学工业废渣的分类

按行业和工艺过程：可分为无机盐工业废物（铬渣、氰渣、磷泥等）、氯碱工业废物（盐泥、电石渣等）、氮肥工业废物（主要是炉渣）、硫酸工业废物（主要是硫铁矿烧渣）、纯碱工业废物等。

按废物主要组成：可分为废催化剂、硫铁矿烧渣、铬渣、氰渣、盐泥、炉渣、各类炉渣、碱渣等。

2. 化学工业废渣的特性

化工废渣主要有如下特点。

① 固体废物产生量大。根据统计，一般每生产 1 t 化工产品便会产生 1～3 t 固体废物，有的产品甚至产生 8～12 t 固体废物。全国化工企业每年产生约 3.72×10^7 t 固体废物，约占全国工业固体废物产生量的 6.16%。因此，是一种较大的固体废物污染源。

② 危险废物种类多，有毒物质含量高，对人体健康和环境危害大。化工废渣中相当一部分具有急毒性、反应性及腐蚀性等特点，尤其是危险废物中有毒物质含量高，对人体和环境会造成较大危害。

③ 再生资源化潜力大。化工废渣中有相当一部分是反应的原料和反应副产品，而且部分废物中还含有金、银、铂等贵重金属。通过专门的回收加工工艺，可以将有价值的物质从废物中回收，以取得经济、环境双重效益。

(二) 化工废渣的处理与回收

1. 铬渣的综合利用

(1) 铬渣的来源与组成

铬渣即铬浸出渣，是冶金和化工企业在金属铬和铬盐生产过程中，由浸滤工序滤出的不溶于水的固体废物。

铬浸出渣为浅黄绿色的粉状固体，呈碱性。每生产 1 t 重铬酸钠产生 1.8~3 t 铬渣，每生产 1 t 金属铬产生 12~13 t 铬渣。根据有关统计，我国每年的铬渣产出量约为 20 万 t。铬渣的化学组成见表 10-7。

表 10-7　铬渣的化学组成(质量分数/%)

化学组成	Cr_2O_3	六价铬	SiO_2	CaO	MgO	Al_2O_3	Fe_2O_3
含量	3~7	0.3~1.5	8~11	23~36	20~33	5~8	7~11

(2) 铬渣的危害

铬的毒性与其存在的形态有关，铬化合物中六价铬毒性最剧烈，具有强氧化性和体膜透过能力，对人体的消化道、呼吸道、皮肤、黏膜及内脏都有危害。铬的化合物还有致癌作用。六价铬在酸性介质中易被有机物还原成三价铬(Cr^{3+})，Cr^{3+}在浓度较低的情况下毒性较小。

(3) 铬渣的综合利用

含铬废渣在被排放或综合利用之前，一般需要进行解毒处理。由于铬的化合物具有较强的氧化作用，因此铬渣解毒的基本原理就是在铬渣中加入还原剂，在一定的温度和气氛条件下，将有毒的六价铬还原成无毒的三价铬，从而达到消除铬污染的目的。

① 用作玻璃着色剂。在高温熔融状态下，铬渣中的 Cr^{6+} 与玻璃原料中的酸性氧化物、二氧化硅作用，转化为 Cr^{3+} 而分散在玻璃体中，达到解毒和消除污染的目的，同时铬渣中的氧化镁、氧化钙等组分可替代玻璃配料中的白云石和石灰石原料，大大降低原材料的消耗量。

② 制钙镁磷肥。将铬渣与磷矿石、白云石、焦炭、蛇纹石等按一定比例加入电炉或高炉中，经高温熔融还原，将铬渣中的六价铬还原成三价铬，以 Cr_2O_3 形式进入磷肥半成品玻璃体中固定下来；其余六价铬被还原成金属铬元素进入副产品磷铁中，从而达到解毒的目的。

生产钙镁磷肥的主要原料是铬渣和磷矿石，其化学成分如表 10-8 所示。

表 10-8　生产钙镁磷肥原料的化学成分(质量分数/%)

原料	Cr_2O_3	CaO	MgO	SiO_2	P_2O_5	Al_2O_3	Fe_2O_3
铬渣	2~7	28~33	26~33	5~8	-	6~11	7~12
磷矿石	—	40~50	—	7~15	28~35	—	—

用铬渣替代蛇纹石生产钙镁磷肥，为铬渣的综合利用找到了一条经济且适用的出路。由于工艺过程有 CO 和 C 等还原剂的存在，而且温度高达 1 350~1 450 ℃，使铬的高温熔融还原反应得以充分进行。生成的 Cr_2O_3 进入磷肥玻璃体中被固定下来，使用中不会再发生氧化反应生成六价铬。该工艺所用设备简单，易在小炼铁厂及磷肥厂中推广应用。

③ 铬渣炼铁。用铬渣代替白云石、石灰石作为生铁冶炼过程的添加剂。在高炉冶炼过

程中，铬渣中的六价铬可以被完全还原，脱除率达97%以上，同时使用铬渣炼铁，还原后的金属进入生铁中，使铁中的铬含量增加，其机械性能、硬度、耐磨性、耐腐蚀性等均有所提高。

2. 工业废石膏的回收利用

（1）工业废石膏的来源及组成

工业废石膏主要包括磷酸、磷肥工业中产生的废磷石膏、烟气脱硫过程中产生的二水石膏（$CaSO_4 \cdot 2H_2O$）、其他无机化学部门用硫酸浸蚀各类钙盐所产生的废石膏。我国以磷石膏为主，由于每生产1 t湿法磷酸要产生4~5 t废磷石膏，因此其产生量非常大。在许多国家，磷石膏排放量已超过天然石膏的开采量。

磷石膏的主要成分及其含量见表10-9。

表10-9 磷石膏的主要成分及其含量(质量分数/%)

成分	可溶性 P_2O_5	不溶性 P_2O_5	氟化物	Al_2O_3	Fe_2O_3	SiO_2	Na_2O	有机碳
含量	< 0.25	< 0.1	0.1~0.4	0.1~0.5	0.05~0.25	0.5~6	0.002~0.01	0.000 4~0.002 5

（2）磷石膏的提纯处理

在一般情况下，必须对磷石膏进行提纯处理，才能实现回收利用的目的。提纯是为了清除硫酸钙饱和溶液中的杂质，避免影响产品质量。磷石膏提纯处理的基本工艺是：先用水洗涤提取出磷石膏中的可溶杂质；然后通过湿法过筛清除其中的大颗粒；再通过旋风分离法和过筛清除磷石膏中的细粉；然后经过分解、活化得到可以应用的熟石膏。

（3）磷石膏的综合利用

① 用于生产纸面石膏板。用经过提纯处理过的磷石膏和护面纸为主要原料，掺加适量纤维、胶粘剂、促凝剂、缓凝剂等，经过料浆培植、成型、切割、烘干等工艺流程即可制得纸面石膏板。其生产工艺流程见图10-3。

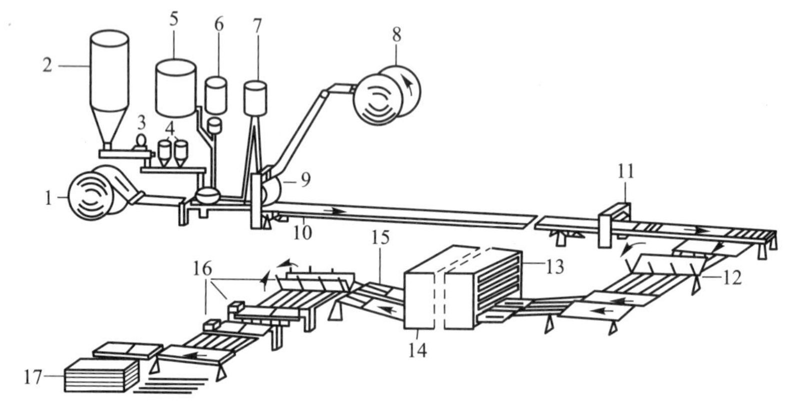

1-正面用纸；2-石膏料仓；3-配料称量；4-添加剂；5-水；
6-混合器；7-胶料；8-背面用纸；9-成型站；10-皮带机；11-切割；
12-翻板台；13-烘干入口；14-烘干机；15-烘干出口；16-刨边机；17-堆垛台

图10-3 纸面石膏板生产工艺流程

② 用于生产水泥。将提纯处理后的磷石膏破碎后，经过计量(添加比率约5%)，与水泥熟料、混合材料等一起送入水泥磨，粉磨后即得成品水泥。

③ 用于改良土壤。磷石膏呈酸性，pH一般在1~4.5，可以代替石膏改良碱土、花碱土和盐土，改善土壤理化性状及微生物活动条件，提高土壤肥力。

3. 硫铁矿烧渣的综合利用

(1) 硫铁矿烧渣的来源及组成

硫铁矿烧渣是生产硫酸时焙烧硫铁矿产生的废渣，硫铁矿是我国生产硫酸的主要原料，目前采用硫铁矿或含硫尾砂生产的硫酸，占我国硫酸总产量的80%以上。

硫铁矿烧渣的组成与矿石来源有很大关系，不同硫铁矿焙烧生成的矿渣成分不同，但基本成分主要包括Fe_2O_3、Fe_3O_4、金属硫酸盐、硅酸盐、氧化物及少量的Cu、Pb、Zn、Au、Ag等有色金属。表10-10为我国部分硫酸企业硫铁矿烧渣的化学组成。

表10-10 我国部分硫酸企业硫铁矿烧渣的化学组成(质量分数/%)

企业 \ 组成	Fe	FeO	Cu	Pb	S	SiO_2	Zn
大化公司化肥厂	35	—	—	—	0.25	—	—
铜陵化工总厂	55~75	4~6	0.2~0.35	0.015~0.04	0.43	10.06	0.043~0.083
吴泾化工厂	52	—	0.24	0.054	0.31	15.96	0.19
四川硫酸厂	46.73	6.94	—	0.05	0.51	18.50	—
杭州硫酸厂	48.83	—	0.25	0.074	0.33	—	0.72
衢州硫酸厂	41.99	—	0.23	0.078 1	0.16	—	0.095 2

(2) 硫铁矿烧渣的综合利用

① 制矿渣砖。将消石灰粉(或水泥)与硫铁矿烧渣(约占84%)混合，经过成型和养护即可制成矿渣砖。硫铁矿烧渣制砖方法分为蒸养制砖和自然养护制砖两种，主要取决于原料烧渣和辅料的特性。

② 磁选铁精矿。硫铁矿烧渣中含有丰富的铁元素，利用磁选法回收其中的铁是硫铁矿烧渣综合利用的有效方法之一。磁选后的成品铁精矿中含铁量为55%~60%，硫铁矿烧渣铁回收率大于60%。

③ 制作铁系颜料。硫铁矿烧渣中含有丰富的铁元素，因此可利用硫酸与硫铁矿烧渣反应制取硫酸亚铁，再经过一定工艺生产铁系颜料，这也是硫铁矿烧渣回收利用的有效途径之一。硫铁矿烧渣制作铁系颜料的工艺流程如图10-4所示。

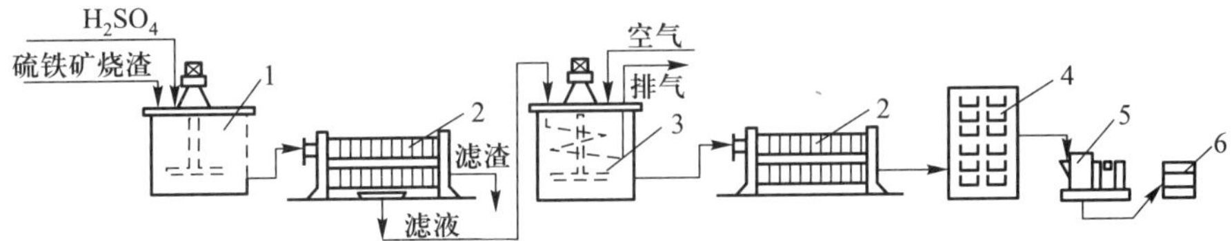

1-反应桶；2-过滤；3-结晶；4-干燥；5-粉碎；6-包装

图10-4 硫铁矿烧渣制作铁系颜料工艺流程

将硫铁矿烧渣及适量浓度的硫酸加入反应桶，反应后静置沉淀，经过滤后，得到 $FeSO_4$ 溶液。向部分硫酸亚铁溶液加入 NaOH 溶液，控制温度、pH 和空气通入量，获得 FeOOH 晶种。将制备好的晶种投入氧化桶，加入 $FeSO_4$ 溶液进行反应。氧化过程结束后，将料浆过滤除去杂质，然后经漂白、吸滤、干燥、粉磨等过程，即可得到铁黄颜料。铁黄颜料经 600～700 ℃煅烧脱水，即制得铁红颜料。

第三节　农林固体废物的资源化与综合利用

农林固体废物是指农林作物收获和加工过程中所产生的秸秆、糠皮、山茅草、灌木枝、枯树叶、木屑、刨花等以及食品加工行业排出的残渣等。我国是一个农业大国，随着农业的发展，副产品的数量也不断增加。据统计，我国每年农作物秸秆总产量高达10.4 亿 t，其中可收集量约为 9 亿 t，主要是玉米秸秆(32.5%)、稻草(25.1%)、麦秆(18.3%)、棉秆(3.1%)和油料作物秸秆(4.4%)等。除秸秆外，每年还产生花生和薯类藤蔓、甜菜叶等 1.0 亿 t，废糖蜜 402 万 t，酒糟 1 583 万 t，禽粪 7 300 万 t。这些物质目前多作为农家燃料、畜禽饲料、田间堆肥、造纸和草编利用、食用菌生产栽培基质等肥料化、燃料化、饲料化、原料化和基料化处理。但就农林固体废物在全国范围内的“五料化”和高价值综合利用而言，广度上和深度上还不够。为了充分合理地开发农林固体废物资源，加快农村的致富步伐，有必要积极探索其深度的工业利用的途径。

一、农林固体废物的成分、性质与利用途径

（一）农林固体废物的成分、性质

由于农作物品种和产地的不同，农林固体废物的物质组成、理化性质和工艺技术特性均存在很大差异，如表 10-11 所列。

表 10-11　几种作物秸秆的元素成分(质量分数/%)

种类	氮(N)	磷(P)	钾(K)	钙(Ca)	镁(Mg)	锰(Mn)	硅(Si)
水稻	0.60	0.09	1.00	0.14	0.12	0.02	7.99
小麦	0.50	0.03	0.73	0.14	0.02	0.003	3.65
大豆	1.93	0.03	1.55	0.84	0.07	—	—
油菜	0.52	0.03	0.65	0.42	0.05	0.004	0.18

农林固体废物也有其共性：① 在组成元素上，主要为糖类，其中碳(C)、氧(O)、氢(H)的总含量达 70%～90%，其次含有丰富的氮(N)、磷(P)、钾(K)、硫(S)、硅(Si)等常量元素，以及多种微量元素，属于典型的有机物质。② 从组成化合物看，这类有机废料均不同程度地含有纤维素、木质素、淀粉、蛋白质、戊聚糖等营养成分，以及生物碱、植物甾醇、单宁质、胶质或蜡质、酚基和醛基化合物等生物有机体，在灰分中含有大量无机矿物。③ 在构造

形式上，该类有机废料内存在着大量由坚固细胞壁构成的植物纤维，细胞内部和细胞之间有大量的微细孔隙。④ 在物理技术性质上，普遍具有表面密度小、韧性大、抗拉、抗弯、抗冲击能力强的特点，干燥前对热、电的绝缘性和对声音的吸收能力较好。⑤ 干燥后的农林固体废物具有较好的可燃性，并能产生一定的热量，热值一般为$(1.2\sim1.6)\times10^4$ kJ/kg，虽比煤的热值低，但因含硫量极少，燃烧清洁，灰分用途广泛。

（二）农林固体废物的利用途径

农林固体废物利用是根据其物质组成、结构构造或物理技术特性的某一特点，通过一定的加工而得到充分利用，以满足人们的某一特殊需求。根据利用目的的不同，其价值主要有：① 利用其含热量和可燃性作为能源使用。② 利用其营养成分制作肥料和饲料，以及加工生产淀粉、糖、酒、醋、酱油、食品等生化制品。③ 提取其有机化合物和无机化合物，生产化工原料和化学制品。④ 利用其物理技术特性，生产质轻、绝热、吸声的植物纤维增强材料。⑤ 利用其特殊的结构构造，生产吸附脱色材料、保温材料、吸声材料、催化剂载体等。

二、农林固体废物的综合利用

（一）秸秆利用

秸秆利用的方式很多，当前我国主要为还田利用、饲料化处理和用作能源。

1. 还田利用

秸秆中不仅含有丰富的 K、Si 等有效肥力元素，而且含有大量的有机物。这些有机物腐烂后形成腐殖质，不仅为作物提供了营养，而且可以降低土壤容重，增加土壤孔隙度，更加有利于涵养水分。同时，秸秆还田还为土壤微生物提供了充足的碳源，促进微生物的生长、繁殖，提高土壤的生物活性。秸秆覆盖地面，干旱期可减少土壤水分的地面蒸发量，保持耕田的蓄水量；雨季可缓冲雨水对土壤的侵蚀，抑制杂草生长，改善地-空热交换状况。因此，秸秆还田优化了农田生态环境，从而可为农作物的高产、稳产、优质打下基础。

2. 饲料化处理

随着人们生活水平的提高，动物食品的需求量进而扩大，而畜牧业的发展往往受到饲料的制约。一些植物残体由于营养价值不高或者可消化性较低，直接用作饲料往往效果欠佳，需要进一步加工处理。目前，较常用的秸秆饲料化加工方法主要有简单加工和微生物处理两类。

（1）简单加工

简单加工主要是指利用薯类藤蔓、玉米秸、豆类秸秆、甜菜叶、稻草、花生壳等加工制成氨化、青贮饲料。目前，全国的秸秆饲料化加工处理量约 1 000 万 t，其主要工艺流程包括：粉碎→氨化→青贮→热喷→揉搓→压饼等工序。通过加工处理，秸秆的营养状况得到改善，并且有利于运输与贮存。

（2）微生物处理

一般来讲，农作物残体中都含有糖类、蛋白质、脂肪、木质素、醇类、醛、酮和有机酸等。但原始的秸秆，其特点是纤维素含量高，而粗蛋白质和矿物质含量低，并缺乏动物生长所必需的维生素A、维生素D、维生素E等以及钴、铜、硫、钠、硒和碘等矿物元素。利用微生物处理，可以将纤维素转化为淀粉、粗蛋白、糖类、氨基酸等营养成分，如果加工时再人为地加入一些添加剂，即可大大提高秸秆的营养价值。目前应用比较广泛而且作用明显的办法是采用酶制剂发酵处理。

3. 用作能源

农作物秸秆的柴灶直接燃烧，仍然是当前农村能源的主要来源。但这种方式不仅热能利用率低，而且污染环境。将秸秆作为原材料，经过粉碎、混合、挤压、烘干等工艺，制成各种成型（如块状、颗粒状等）可直接燃烧的生物质燃料，用于小型生物质锅炉的燃烧，是当前秸秆能源化的主流途径之一。与此同时积极发展农作物秸秆的高效气化技术，当是今后的发展方向。广义地讲，一切农林固体废物都可以气化。农林废物气化作能源，具有挥发组分高、炭的活性高、硫含量低等优点。秸秆的气化技术主要有沼气化和草煤气两种。

（二）农林固体废物的工业利用

1. 农林固体废物生产化工原料

农林固体废物生产化工原料包括热解生产化工原料和水解生成化工原料。

热解生产化工原料是指在隔绝空气的条件下，将农林固体废物加热至270～400 ℃，可分解形成固体的草炭，液体的糠醛、乙酸、焦油、气体的草煤气等多种燃料与化工原料。

农林固体废物中含有丰富的纤维素、淀粉和蛋白质，但因受木质素的约束，不能显示其自身的特性。当农林固体废物受到碱腐蚀时木质素发生溶解，然后再通过一定的工艺流程分别分离出淀粉、纤维素、蛋白质及其衍生物，这一过程称为农林固体废物的水解。如果将农林固体废物在酸性溶液中水解，可得到葡萄糖、半乳糖、木糖、糠醛、乙酸等化工原料。

2. 用农林固体废物灰烬生产化工原料

农林固体废物经燃烧后产生的炉灰，含有大量的Si、C、K等无机组分。将炉灰按炉灰：30%的NaOH溶液＝1：0.92的比例投入蒸压釜内，在0.2 MPa的蒸汽压力下沸煮4 h，至料液的浓度达到20波美度时停止加热，冷却至零压力时倒出、过滤，滤渣用清水煮洗3次后用盐酸中和至洗液呈中性，然后将滤渣晒干、磨细，即成为活性炭；将滤液和洗液置于浓缩锅内加热蒸发，至浓度达到40波美度时，即成为水玻璃。当采用稻壳时，一般活性炭的收率为35%左右。

此外，炉灰经浸泡、洗涤、浓缩、结晶，可以制得K_2SO_4、KCl、K_2CO_3等。也可以直接作为钾肥使用。

3. 用农林固体废物作建筑材料

（1）生产轻质保温内燃砖

在生产黏土烧结砖的泥坯中，掺入一定量的农林固体废物碎屑，如草糠、锯末、稻壳、麦壳等，在烧砖时，由于这些碎屑发生内燃，原占体积遗留为孔隙，不仅可以节省黏土原料和化石燃料，而且可以降低砖块的体积密度，提高隔热保温性能。

（2）生产轻质建筑板材

基于农林固体废物质轻、多孔、抗拉与抗弯强度较高的特性，可作为轻骨料或增强纤维，用于生产各种轻质建筑墙板、装饰板、保温板、吸声板等新型建筑材料。

第四节 城市生活垃圾的资源化及综合利用

城市生活垃圾又称城市固体废物，它是指城市居民日常生活或为城市日常生活提供服务的活动中产生的固体废物。城市垃圾主要来自城市居民家庭、城市商业、餐饮业、旅馆业、旅游业、服务业、市政环卫、交通运输、工业企业单位及给排水处理污泥等。

一、餐厨垃圾的综合利用

餐厨垃圾包括餐饮垃圾和厨余垃圾。餐饮垃圾是指餐馆、饭店、单位食堂等的饮食剩余物以及后厨的果蔬、肉食、油脂、面点等加工过程废物。厨余垃圾是指家庭日常生活中丢弃的果蔬及食物下脚料、剩饭剩菜、瓜果皮等易腐有机垃圾。餐厨垃圾通常占城市生活垃圾 30%~50%，随着人口的增长、居民生活水平的不断提高，餐厨垃圾数量逐年呈递增趋势。餐厨垃圾若得不到科学处理将给环境带来严重的污染问题。

（一）餐厨垃圾的组成

餐厨垃圾主要由米饭、面食、肉骨、蔬菜和油脂等组成。其化学成分为蛋白质、脂肪、糖类、挥发性脂肪酸、无机盐、微量元素和水分等。我国部分城市餐厨垃圾的具体成分特性见表 10-12。

表 10-12 我国部分城市餐厨垃圾的具体成分特性(质量分数/%)

城市	含水率①	有机质②	粗蛋白②	粗脂肪②	含油率②	盐分②
北京	74.34	80.21	28.86	24.77	3.12	0.36
天津	70.99	85.64	24.30	25.96	2.63	0.70
重庆	85.07	92.66	14.45	17.02	1.96	0.24
西宁	87.07	92.88	14.45	17.02	3.00	0.24
沈阳	86.05	99.20	16.73	17.02	3.90	0.25
苏州	84.43	82.98	21.80	29.30	3.28	0.70

注：① 以湿基计；② 以干基计。

根据饮食特点的不同，我国的餐厨垃圾具有以下特点：① 高水分，含水率高达 80%~95%；② 高盐分，部分饮食还含辣椒、醋酸等；③ 高有机质，含淀粉、蛋白质、纤维等高分子化合物；④ 富含 N、P、K、Ca 等微量元素；⑤ 携带病原菌、病原微生物、易二次滋长新病毒等；⑥ 高温下易变质导致滋生蚊蝇、发霉发臭等。因此，餐厨垃圾具有“资源性”和“危害性”的双重属性，处理得当可产生良好的环境效益和经济效益，否则将给环境带来危害。

利用餐厨垃圾的“资源性”对其资源化利用不仅能够降低生活垃圾的处理成本，还能够产生有用的能源或资源，对经济、社会的可持续发展具有重要意义。

（二）餐厨垃圾的资源化利用

餐厨垃圾的通常通过机械破碎、卫生填埋、焚烧发电、厌氧制气、发酵堆肥、制备生态饲料等方式处理。在未开展垃圾分类地区的家庭餐厨垃圾多随生活垃圾混合后以焚烧、填埋等方式处理，大型饭店、学校及单位食堂的餐厨垃圾被统一收集后以多种方式处理，部分地区甚至被作为猪饲料直接饲喂或被用来非法提炼地沟油。

1. 厌氧制气

餐厨垃圾的厌氧制气是在无氧条件下，利用兼性微生物及厌氧微生物的代谢作用将餐厨垃圾中复杂的有机物分解为小分子有机物及无机物，在此过程中产生甲烷和氢气等能源物质加以利用，同时还可制备有机酸或醇，以此实现对餐厨垃圾的减量化及资源化利用。目前利用厌氧消化制备生物甲烷，是国内外餐厨垃圾资源化利用的主要方向之一，在我国已建设的餐厨垃圾处理设施80%采用了厌氧消化工艺。图10-5为餐厨垃圾厌氧消化工艺流程图。

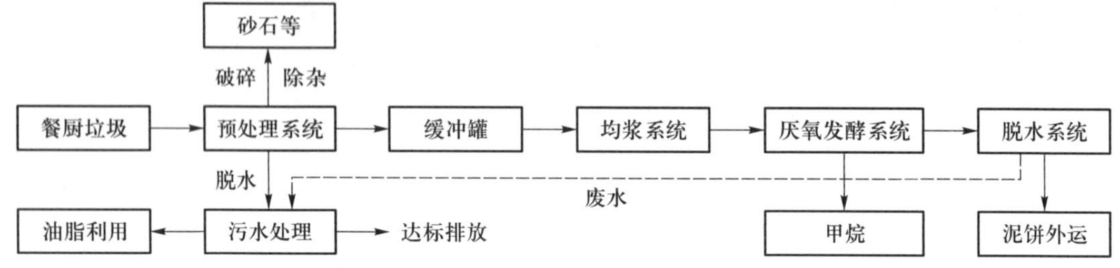

图10-5 餐厨垃圾厌氧消化工艺流程图

2. 好氧堆肥

餐厨垃圾在好氧条件下，在多种微生物共同作用下将难分解的有机质转化成稳定腐殖质，进而制作为生物腐殖质有机肥（图10-6）。餐厨垃圾的好氧堆肥工艺为：餐厨垃圾→破碎→分选（去除不适合堆肥处理的杂物）→压缩脱水→加入添加剂→好氧堆肥→粗产品→二次筛分包装出售。餐厨垃圾的好氧堆肥生产工艺和产品应符合《餐厨垃圾处理技术规范》（CJJ 184—2012）规定。

图10-6 餐厨垃圾堆肥车间

3. 生物饲料

餐厨垃圾中含有丰富的蛋白质物料，经过微生物发酵后可生产含高活性蛋白的生物饲料。餐厨垃圾的饲料化方式主要有两种：干式饲料和蛋白饲料。制备干式饲料的方法包括直接高温干燥、煮沸干燥、真空油炸等；蛋白饲料制备主要采用发酵法制备菌体蛋白。

虽然《餐厨垃圾处理技术规范》（CJJ 184—2012）对餐厨垃圾制备生物饲料进行了规定，但是因各个地区餐厨垃圾来源不同、成分复杂，在饲料化利用技术还存在如生物同源性、病菌、重金属、有毒有机物等一些安全隐患。

4. 昆虫养殖

餐厨垃圾中富含丰富的营养物质，可用于养殖黑水虻、黄粉虫、白星花金龟、美洲大蠊等直接食用新鲜餐厨垃圾的昆虫，进而再利用这些昆虫具有的特殊价值。昆虫养殖具有食谱宽、食量大、容易成活、价值全面、生态安全性高、抗逆性强、对油盐不敏感等优点，通过养殖昆虫处理餐厨垃圾可大幅度减少餐厨垃圾的体积，控制恶臭气体的排放量，同时能够减少苍蝇滋生，并有效地消除病原微生物。

餐厨垃圾的昆虫养殖是一种有效餐厨垃圾减量化、无害化和资源化的方式。图 10-7 为黑水虻处理餐厨垃圾综合利用工艺。利用餐厨垃圾养殖的黑水虻(幼虫)富含高蛋白质，可用来加工制备高附加值的昆虫蛋白源饲料，产生的虫粪等可开发成高附加值的有机肥料。实践表明，黑水虻每处理 1 t 餐厨垃圾，可收获黑水虻鲜虫 200 kg，有机肥 150 kg。

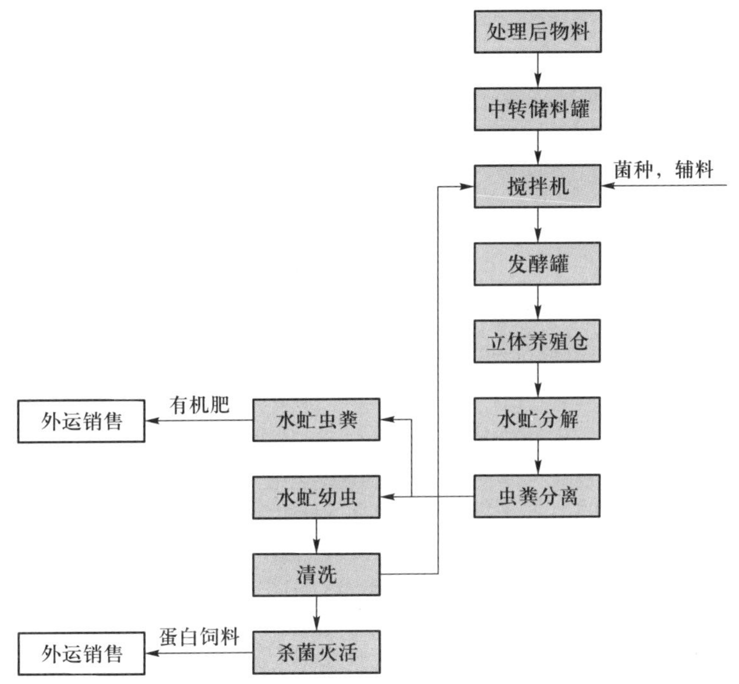

图 10-7　黑水虻处理餐厨垃圾综合利用工艺

5. 生产生物柴油

餐厨垃圾含有大量油脂，是制作生物柴油的良好材料。生物柴油的制取是将餐厨垃圾生中的油脂与甲醇反应，通过酯交换反应后再蒸发提纯获得可再生能源，一般每吨餐厨垃圾可制取生物柴油 20~80 kg。餐厨垃圾制取生物柴油既将油脂得到有效的处理和利用，又可有效缓解能源紧缺问题。餐厨垃圾制取生物柴油的工艺流程为：餐厨垃圾油脂→加入甲醇和催化剂→酯交换反应→静置沉淀→清洗→蒸发甲醇→干燥→生物柴油。

6. 其他技术

餐厨垃圾的综合利用技术还包括，通过高温热解回收生物质中能量的热解技术、利用高热值直接燃烧发电技术、蚯蚓堆肥再利用技术等。

二、建筑垃圾的再生利用

建筑垃圾指旧建筑物拆除和新建工程中所产生的固体废物。目前，我国建筑垃圾的数量已占到城市垃圾总量的30%～40%。绝大部分建筑垃圾未经任何处理，便被施工单位运往郊外或乡村，采用露天堆放或填埋的方式进行处理，耗用大量的征用土地费、垃圾清运等建设经费，同时，清运与堆放过程中的遗撒和粉尘、灰砂飞扬等问题又造成了严重的环境污染。随着我国保护耕地和环境保护的各项法律法规的颁布和实施，如何处理和排放建筑垃圾已经成为建筑施工企业和生态环境主管部门面临的一个重要课题。

（一）建筑垃圾的组成与分选

1. 建筑垃圾的组成

从近年拆毁建筑物的组成上看，一般混凝土与砂浆片占30%～40%，砖瓦占35%～45%，陶瓷和玻璃占5%～8%，其他约占10%。在混凝土中，钢筋约占20%，粗骨料占45%～50%。

建筑施工垃圾主要是建筑工地产生的剩余混凝土、砂浆、碎砖瓦、陶瓷边角料、废木材、废纸等。一般混凝土与砂浆占40%～50%，碎砖瓦、陶瓷占30%～40%，其余占5%～10%。

2. 建筑垃圾的分选

对于建筑垃圾的分选，一般材料分两大阶段：现场分选和处理厂分选。

现场分选主要是旧建筑物拆毁之前或拆毁过程中，先卸载门窗、瓦片等易拆除部件。一般情况下，这些拆除物只要成色较新，往往会流入二级建材市场；不能出售的，也会简单地拆分，回收碎玻璃、废木料。

处理厂分选是当建筑垃圾运至处理厂后进行的分类与处理过程。由于建筑垃圾的经济价值不高，对其回收和再利用率的追求不能要求过高，因此，建筑垃圾的处理厂宜建在填埋场附近或有充足容量的沟、坑边缘。

（二）用建筑垃圾配制再生骨料混凝土

建筑垃圾再生骨料混凝土，是以废混凝土粒作粗骨料，废混凝土砂或普通砂作细骨料，水泥胶结而成的一种利废建筑材料。

1. 再生骨料组成及特性

建筑垃圾成分较复杂，有砖石碎块、钢筋混凝土、铁件、木料、塑料、纸板、电缆和泥沙等多种成分，其中砖石砌体碎块，混凝土碎块占大多数，是可资源化循环再生骨料的材料。

由建筑垃圾中砖石砌体、混凝土块循环再生的骨料，与天然岩石骨料相比，具有孔隙率高、吸水性大、强度低等特征，将导致现行骨料混凝土与天然骨料混凝土特性相差较大。

2. 再生骨料综合利用

利用建筑垃圾中混凝土及砖石砌体残骸碎片，经过一系列的处理，作为循环再生骨料。再生骨料有两大应用领域：① 用于道路工程基础下垫层，素混凝土垫层，道路面层等；② 用在钢筋混凝土结构工程中，此时对再生骨料的强度、粒径、洁净水平等要求较高，对再生骨料拌制的混凝土的工程特性（强度、应力应变、弹性模量、收缩等）也应有质量控制技术参数的要求。

（三）废砖的综合利用

建筑物拆除的废砖，如果块型还比较完整，且黏附砂浆比较容易剥离，通常作为砖块回收，重新利用。倘若块型已不完整，或与砂浆难以剥离，就要考虑其综合利用问题。

废砖的综合利用主要有两种渠道：① 将废砖适当破碎，制成轻骨料，用于制作轻骨料混凝土制品。② 将废砖破碎得较细，使最大粒度为 5 mm，其中小于 0.1 mm 的颗粒不小于 30%，然后，与石灰粉混合，压力成型，蒸汽养护，形成蒸养砖。

蒸养砖生产工艺流程及主要工艺参数如图 10-8 所示。

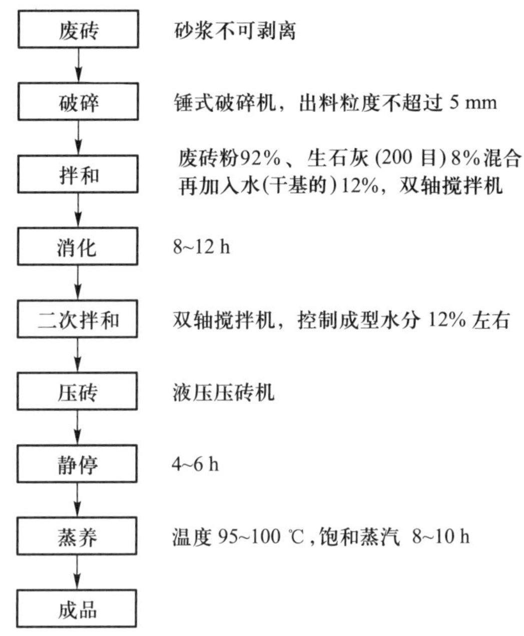

图 10-8　蒸养砖生产工艺流程及主要工艺参数

该原料在制造有机彩砂时，将其磨细至 0.08 mm 以下，即成为优良的调料。在塑料、橡胶、涂料中使用时，具有化学性质稳定、与高分子材料结合牢固、耐磨、耐热、绝缘等特点。

三、废塑料的综合利用

塑料作为三大合成材料之一，具有众多优点，为生产技术的发展、人们生活质量的提高带来了诸多益处。但是塑料废物的处理却是一个比较棘手的问题。由于塑料品种多、用量大，收集、分类工作量大，通常在自然环境中长期不易分解，尤其是使用后被丢弃的塑料包装袋和农用地膜，散落于市区、风景旅游区、水体、树林、公路和铁路两侧，对自然环境、城市景观产生严重的白色污染，已引起人们普遍关注和忧虑。

1. 废塑料的直接再生利用

直接再生利用是指废旧塑料直接塑化、破碎后塑化和经过相应前处理破碎塑化后，再进行成型加工制成再生塑料制品的方法。直接再生利用也包含加入适当助剂组分（如防老化剂、着色剂、稳定剂等）进行配合，加入助剂只是起到改善加工性能、外观或抗老化的作用，并不能提高再生制品的基本力学性能。废塑料直接再生利用主要是熔融再生。从流通、消费领域回收的废塑料，经过分选、预处理、熔炼、造粒(有的不经过造粒)、成型等工序进行再生。

直接再生利用的废旧塑料依据来源、混杂程度、清洁程度、使用目的的不同可分为三类：第一类是把单一品种的干净的废塑料直接循环回用或经过破碎后加以利用。例如，工厂产生的边角料、不合格品、商业部门回收的包装和防震料等，这类废旧塑料无须分拣、清洗、鉴定，大都经破碎后掺入新料中使用。第二类是必须经过鉴定、清洗、干燥、破碎后造粒或直接塑化后成型。例如，废农膜、使用后的一次性塑料制品、家电配件和塑料外壳、汽车配件等。第三类是经过特别的预处理后再利用，如各类发泡塑料进行消泡后再利用。

2. 废塑料的改性及利用

对废塑料的改性方法有两种：一种是物理改性法，即采用混炼工艺制备多元组分的共混物和复合材料；另一种是化学改性法，采用交联改性、接枝共聚改性或氯化改性等。

废塑料大量的再利用是采用复合与改性利用，它能改善再生塑料的力学性能，满足专用制品要求。如采用活化的无机填料进行填充改性；用弹性体进行的增韧改性；用纤维进行的增强改性等。

经过改性后的废塑料的某些力学性能可达到或超过原树脂制品的性能。因此，对废塑料的改性再利用具有很好的发展前景，是废塑料再利用的发展方向。

3. 废塑料生产建筑材料

利用废塑料生产建筑材料是废旧塑料再利用的一个重要方面。生产塑料地板和包装材料有三种。① 生产软质拼装型地板：以废旧聚氯乙烯塑料为主要原料，经粉碎、清洗、混炼等工艺再生成塑料粒，然后添加适量的增塑剂、稳定剂、润滑剂、颜料及其他外加剂，经切料、混合、注塑成型、冲裁工艺而成。② 生产地板块：以废旧聚氯乙烯农膜和碳酸钙为主要原料，经过配比原材料、密炼、两辊炼塑拉片、切粒、挤出片、两辊压延冷却、剪片、冲块而成。③ 生产人造板材：利用生产麻黄素后剩下的麻黄草渣、榨油后的葵花籽皮和废旧聚氯乙烯塑料为主要原料，加上几种辅助化工原料，经混合热压而成。

其他应用包括：生产木质塑料地板，其保留了热塑性塑料的特征，而价格仅为一般塑料的1/3左右；用废塑料改善石膏制品，以改善石膏制品装饰质量和强度；生产混塑包装板材、塑料砖等。

生产防水涂料和黏结剂有以下几种：

① 防水涂料：利用废旧聚苯乙烯泡沫塑料、混合有机溶剂、松香改性树脂、增黏剂、自制分散乳化剂、增塑剂以一定的配合比为原料，经混合、搅拌、溶解、加入增黏剂和自制分散乳化剂搅拌、冷却便得到防水涂料。

② 胶黏剂：将净化处理的聚砜(PSF)粉，装入圆底烧瓶，加一定量的混合溶剂，搅拌至溶解，同时伴有大量的气泡产生，待PSF全部溶解后，将烧瓶放入带有搅拌机的水浴锅内。固定烧瓶，在一定温度下，启动搅拌机，加入适量改性剂，控制转速，充分反应1~3 h后加入增塑剂，继续搅拌2~3 min，沉淀数小时即可出料。

其他应用包括生产防腐涂料、塑料油膏等。

4. 废塑料热解制油

对大量的生活废弃塑料可采用化学回收处理，即通过加热或加入一定的催化剂使大分子的塑料聚合物发生分子链断裂，生成分子量较小的混合烃，经蒸馏分离成石油类产品(柴油、汽油、燃料气、地蜡等)。该法主要适应于热塑性的聚烯烃类废塑料，同时还可以获得一定数量的新资源。但是，裂解制油技术工艺复杂，对裂解原料、裂解催化剂和裂解条件要求较高，而且投资大，因此该方法还在探索、推广中。

5. 废塑料焚烧回收热能

以废塑料为原料，通过燃烧回收其中的能量。废塑料发热量高达33 492~37 565 kJ/kg，比煤高而比重油略低，故国外将废塑料用于高炉喷吹代替煤、油和焦炭，用于水泥回转窑代煤以及制成固形燃料发电和烧水泥，得到较好的效果。

四、废橡胶的再生利用

废橡胶在固体废物中所占的比例不大，但废橡胶的处理却是固体废物处理的主要问题之一，它是一些不易自然分解的高分子材料，它作为一种有害垃圾，已为世界所公认。因此，废橡胶的处理和资源化利用已越来越受到人们的重视。

(一) 废橡胶的种类

按橡胶的来源，废橡胶可分为天然橡胶和合成橡胶。其中合成橡胶又可以根据其成分与结构分为丁苯胶、顺丁胶、氯丁胶、丁基胶、丁腈胶、硅橡胶、氟橡胶等。

按原橡胶制品用途，废橡胶可分为外胎类、内胎类、胶管胶带类、胶鞋类、工业杂品类。

(二) 废橡胶的再生加工

按照废橡胶的回收利用途径，废橡胶的再生加工可以分为整体利用、再生利用、热利用三种方式。

1. 整体利用

如翻修轮胎，将旧轮胎用于船坞防护物，渔船、运沙船漂浮信号灯，漂浮阻波物，游乐场工具等。

2. 再生利用

如把旧轮胎剥片做成室内地板；再生利用做成轮胎、衬垫、皮带等；加工成胶粉用作地板、跑道和路面的铺设材料，用于制作橡胶块、橡胶管、橡胶板、橡胶带和屋顶材料等。

3. 热利用

高温热解旧轮胎可用作气体燃料、油燃料、炭黑等；直接燃烧可用于水泥材料、锅炉、金属冶炼厂等。

(三) 再生胶及其综合利用

1. 再生胶直接成型加工

再生胶可直接通过适当配方，硫化加工成多种橡胶制品，应用于各个领域，如铺地片材、机器垫片、缓冲垫、挡泥片、微发泡吸音材料、保温材料、布鞋底等。在加工时，首先检测其胶分、硬度、黏结性和加工性，然后再根据制品的性能要求，调整软化剂的用量，以防止喷霜和焦烧。在配方中可掺用适量胶粉，以使混炼胶料收缩和变形，并可改善加工性能。

2. 再生胶与生胶并用

再生胶掺入生胶的硫化胶已广泛应用于各个领域。现在利用最多的方式是在生产橡胶制品时，将再生胶掺入生胶内，代替一部分生胶以降低成本，混炼胶的加工性能和应用性能有所改善。一般轮胎掺用量为生胶的5%以上，如车胎为10%，胶管则可达40%左右，胶鞋和一般的工业制品可高达40%~50%。

3. 再生胶与热塑性树脂并用

再生胶与热塑性树脂共混，常因树脂品种、橡胶配比、硫化工艺及配方的不同而制得多种不同的再生橡胶制品。

就通用热塑性树脂而言，再生胶可与聚乙烯(PE)、聚丙烯(PP)、聚苯乙烯(PS)及聚氯乙烯(PVC)共混并用，但最适用的共混体系为再生胶与PE并用。PE的软化点较低，共混时不致因过高的混熔温度而过分损伤胶料的力学性能；同时二者的溶解度参数相近，相溶性较好。而PVC与再生胶共混，必须加入增溶剂；PP的塑化温度较高，所以再生胶与PP共混体系，也不如再生胶与PE共混体系好。

4. 用再生胶改性热塑性树脂制发泡材料

采用模压法可制得各种发泡制品，这类共混体系也属于橡塑并用范畴，但它是以热塑性树脂为主，用再生胶增韧改性的产物，比纯树脂发泡体的弹性、压缩变形性均有所提高。

再生胶改性热塑性树脂制发泡体，可用于制作鞋底、垫片、密封圈等，也可以用于生产韧性、弹性优良的管道、保温材料等。

五、废纸的再生利用

为了节约能源，减少森林砍伐，养息森林，废纸的回收利用在近10年来引起越来越大的重视，特别是废纸回收利用后带来的节约投资、降低成本以及减少污水治理等方面的好处，更给废纸的再生利用带来巨大的推动力。

(一) 废纸的种类

1. 按常见用途分类

按常见用途分类，废纸类别以及最终产品加工方法如表10-13所示。

表10-13 废纸类别以及最终产品加工方法

废纸分类	制浆方法	成浆类型	最终用途
混合废纸	基本的碎浆和筛选	粗糙、中等洁净	瓦楞原纸
商业废纸	按纸种选别	优质纸浆、取决于原来纸浆	印刷和书写纸，特种包装纸板
旧报纸(ONP)	碎浆、筛选、脱墨、漂白	洁净、中等白度	新闻纸和低档印刷纸
旧瓦楞箱纸板(OCC)	碎浆和筛选	高强度、本色	瓦楞原纸和箱纸板
全化浆废纸	充分加工和漂白	强度、白度和洁净度均较高	高档纸

2. 按纤维原料组成、洁净分类

按纤维原料组成、洁净分类，废纸类别、最终用途如表10-14所示。

表 10-14　废纸类别、最终用途

废纸分类	包括的废纸种类	最终用途
白纸边	印刷厂和纸类制品厂切余的纸边	一般可作漂白浆料使用
白色而经轻度印刷的	白纸经过轻度印刷的文件、刊物、打过字的白纸、用铅笔或墨水书写过的纸和笔记本、卷烟废纸等	可作漂白浆料使用
浅色而全部印刷过的	白色或颜色较浅的各种纸印刷的书籍、杂志、文件等废纸	用于抄写书纸、卫生纸等纸的生产
深色和重度印刷的	深褐颜色或涂料印过的各种印刷品、招贴画、年画、商标纸以及画报等废纸	用于抄写书纸、印刷纸及卫生纸等纸的生产
旧报纸	各种新闻纸和内部参阅的资料	用于抄写书纸(尤其是用于再抄新闻纸)、印刷纸及卫生纸等纸的生产
瓦楞废纸	不含或含少量硬质杂物和非纤维物质的各种旧纸箱、纸板、纸芯和纸卡等废纸	用于再造瓦楞原纸、纸板及油毡原纸等皮纸
混合废纸	未经选别分类的各种杂项废纸、部分垃圾废纸和包装纸等	用于低级包装纸或壁纸板、油毡原纸和白纸板的生产

(二) 废纸的再生加工

废纸的再生加工主要包括：废纸碎解→筛选→除渣→洗涤和浓缩→分散和揉搓→浮选→漂白→脱墨等几个阶段。

1. 废纸碎解

废纸碎解是废纸制浆流程的第一步。目前广泛采用水力碎浆机碎解废纸。它具有良好的疏散作用而无切断作用，在处理含有砂石、金属硬物等杂质的废纸时，不致损坏设备，是一种可靠和有效的碎解设备。碎解后还要进一步通过疏解机将小纸片充分疏解分散，才能转入下面的净化、筛选和浓缩等过程。

2. 筛选

筛选是为了将大于纤维的杂质除去，废纸浆包括的杂质主要有薄片、塑料、胶黏物及其他颗粒，通常选用压力筛来进行筛选。

3. 除渣

除渣器一般可分为正向除渣器(forward cleaner)、逆向除渣器(reverse cleaner)和通流式除渣器(through flow cleaner)。一个除渣系统需要配置的段数视其生产量、所要求的制浆清洁程度以及允许的纤维流失大小而定，通常采用四段至五段。

4. 洗涤和浓缩

洗涤是为了去除灰分、细小纤维以及小的油墨颗粒。洗涤设备根据其洗浆浓缩范围大致分为三类：①低浓洗浆机，出浆浓度最高至 8%，如斜筛、圆网浓缩机等；②中浓洗浆机，出浆浓度 8%~15%，如斜螺旋浓缩机、真空过滤机等；③高浓洗浆机，出浆浓度超过 15%，如螺旋挤浆机、双网洗浆机等。

5. 分散与搓揉

分散与搓揉指的是在废纸处理过程中的一道工序，即用机械方法使油墨和废纸分离或分离后，将油墨和其他杂质进一步碎解成肉眼看不见的颗粒，并使其均匀地分布于废纸浆中，从而改善纸成品外观质量。当今废纸处理工厂大多安装有各种分散机和搓揉机。

6. 浮选

浮选是一种选矿方法，后来逐渐用于废纸的脱墨流程中，其基本原理是根据物质表面疏水性的不同，在一定的作业条件下，使疏水的物质附着于气泡而上浮、分离。目前，多用前、后两道浮选法。前浮选，通过化学药剂的作用，可使废纸浆的白度增加值超过 10%(ISO 标准)，而后浮选一般不加化学药剂，白度增加值少于 2%(ISO 标准)，主要起清洁作用。前、后浮选法的另一重大区别是二者的 pH 不同，前浮选的 pH 通常为 7.5~9.5，而后浮选的 pH 是中性或酸性。任何有机胶黏物，在经受 pH 从碱性到中性或酸性的变化后，均可以黏性杂质的形式分离、选除。

7. 漂白

经除杂、浮选、洗涤等工序去除油墨后的废纸浆。色泽一般会发黄发暗，为了进一步提高白度，生产出符合市场需求的再生纸，必须进行漂白。

就传统的漂白而言，主要分为氧化漂白和还原漂白，氧化漂白主要是氧化降解并脱除浆料中的残留木素而提高白度，还具有一定的脱色功能。所选用的漂白剂有次氯酸盐、二氧化氯、过氧化氢、臭氧等。还原漂白剂主要用于脱色，主要漂白剂包括二亚硫酸钠、二氧化硫脲(FAS)、亚硫酸钠等。现在普遍采用的方法有氧气漂白、高温过氧化氢漂白等。

8. 脱墨

脱墨方法有水洗和浮洗两种，在这两种工艺中脱墨所用的药品又有所区别。水洗用的药剂主要是碱($NaOH$,Na_2CO_3)清洗剂，再添加适量的漂白剂、分散剂和其他药剂。浮选时的 pH 为 8~9，纸浆浓度为 4%。解离时可用碱调节 pH，以达到最适宜的条件，捕收剂一般为脂肪酸，常用的为油酸，有时也用硬脂酸、煤油等廉价的捕收剂。

(三) 废纸的其他应用

1. 用于生产土木建筑材料

基于废纸的纤维材料可以彼此与胶黏剂混合，制作多种复合基土木建筑材料，如：① 将废纸打散，与树脂混合后，用于房顶绝热作覆盖物；② 直接将多层废纸浸渍树脂后，加压熟化制成胶合硬纸板蜂窝板等，用于内墙装修；③ 将纸板与石膏混合制成石膏板，以代替砖或用湿法制成中密度纤维板，用于建筑物隔墙、天花板等；④ 利用废纸等原料模压出一种新型建筑材料——沥青瓦楞板；⑤ 将废纸打散与水泥相混合制成砌砖或糊墙用的灰泥材料；⑥ 将废纸打散盛于纸袋内，置于房顶下天花板、房屋板类隔墙内，起隔热作用，这种方法节省其他取暖方式所消耗的燃料或电费等。

2. 用于园艺及改善农牧业生产

农牧业生产方面主要是改善土壤土质，加工牛羊饲料。利用废纸的吸水性，将其切成条状，用于铺设家畜业场地，用后再用作堆肥，既有利于清洁，又能改善牧场土壤，对土地不产生任何副作用；或将旧报纸打散，用作蔬菜稻田播种后的覆盖物，既有利于保墒，又可增强肥力；也有将碎纸染成绿色，与草籽混合后散播地面，在草未长出前，草地已成为绿色等。例如，美国亚拉巴马州的部分牧场，有的地方土壤板结、寸草不生，该州土壤专家詹姆斯·受德沃兹，根据废纸在土壤中不会很快腐烂变质的特性，采用碎废纸屑加鸡粪与原土壤混合，来改善牧场的土质。其比例为碎纸 40%、鸡粪 10%、原土壤 50%。由于鸡粪中的基肥细菌的作用，废纸屑可迅速腐烂变质，使土壤在 3 个月内即变得松软异常，不仅适合于牧草的生长，也适合种植大豆、棉花和蔬菜等多种作物，且产量颇高；同时，对土地不产生任何副作用。

近年来，为了满足畜牧业发展的需要、补充饲料的不足，美国、英国和澳大利亚等国家都开发出将废纸加工成牛羊饲料的工艺方法。另外，废纸经打浆后可模制成小花盆，用于培育幼苗，移植时将幼苗连同此花盆一起埋掉，可以提高幼苗成活率。

3. 用于制作模制产品

用废纸制作模制产品也是废纸利用的一条重要途径。例如，利用 100%废纸制作蛋托及新鲜水果的托盘；用白废纸制成小盘供食品包装时垫托，用旧杂废纸制成电器零件保护品。美国模压纤维技术公司把旧报纸粉碎，加水打浆后模压成型，代替泡沫塑料用作包装缓冲填料，用来包装玩具、计算机、陶瓷器以及设备，甚至可用来包装机械部件、空调机等重物，用后可回收再制造，以利于环境保护。日本佳能公司推出的废纸浆模塑品，能取代发泡聚苯乙烯，制作高强包装材料，包装复印机等设备。总之，废纸模制产品的适用范围很广，可以说凡采用发泡塑料作为产品内包装的基本上都可以用纸模制产品取代。

六、废纤维织物的处理利用

随着人们生活水平的不断提高，人们对服装、鞋帽、被服等纤维织物需求和更新速度在加快。由于纤维织物，特别是化学纤维织物，本身具有很强的不可降解性，积累过多便成了环境负担，且很多纤维织物还附带有一些致病菌，处理不当会造成疾病传播。但同时亦应当看到，废旧纤维织物也有其再生或综合利用价值，若开发得当，即可变废为宝，为减轻环境负荷的同时节约资源消耗。

（一）废纤维织物的种类

纤维织物纤维主要分为天然纤维和化学纤维两大类，如表 10-15 所示。

表 10-15　纤维织物纤维分类表

大类	亚类	种类	举例
天然纤维	植物纤维	种子纤维	棉花、木棉
		韧皮纤维	亚麻、大麻、黄麻
	动物纤维	毛发纤维	绵羊毛、山羊毛、马海毛、兔毛
		泌腺纤维	桑蚕丝、柞蚕丝

续表

大类	亚类	种类	举例
化学纤维	再生纤维	再生纤维素纤维	黏胶、铜氨、醋酯
		再生蛋白质纤维	大豆、花生
	合成纤维	聚酰胺纤维	绵纶
		聚酯纤维	涤纶
		聚丙烯腈纤维	腈纶
		聚乙烯醇纤维	维纶
		聚氯乙烯纤维	氯纶
		聚丙烯纤维	丙纶
		聚乙烯纤维	乙纶
		聚氨酯纤维	氨纶

（二）纤维织物的加工和综合利用

被淘汰的废纤维织物，如果成色较新，可以通过消毒、洗涤、干燥、熨烫等工序处理，作为梯级利用的纤维织物，捐献给灾民或经济欠发达地区的人们，也可以撕剪成条制作拖布。对于无穿着价值的废旧纤维织物，通过洗涤、干燥、撕裂等初级加工后，进行适当处理，可做如下综合利用。

1. 植物纤维作造纸原料

工艺流程为：植物纤维织物→撕裂→漂白→研磨→制浆→抄纸→整理。

废旧的植物纤维织物，纤维素含量高、长径比大，是制造高级耐久纸的优质原料，但由于缺乏半纤维素、树脂等胶黏成分，基本上没有结合力，因此，一般需采用机械研磨制浆。

对于有色植物纤维织物，由于主要使用有机染料，因此，可使用强氧化剂进行漂白。常用的强氧化剂有氯气、二氧化氯、次氯酸钠、过氧化氢、臭氧等。

2. 植物纤维制造纤维素衍生物

植物纤维织物含有丰富的纤维素，通过化学加工可以获得许多纤维素衍生产品，如纤维素硝酸酯、纤维素醋酸酯、纤维素醚等。

（1）纤维素硝酸酯

纤维素硝酸酯又称为硝化纤维素，是制造炸药、油漆、赛璐珞等的重要材料。其反应原理如式(10-2)所示。

$$[C_6H_7O_2(OH)_3]_n+3nHNO_3 \longrightarrow [C_6H_7O_2(ONO_2)_3]_n+3nH_2O \qquad (10-2)$$

在实际工业生产中，并不是单独使用硝酸，而是硝酸：浓硫酸 = 1：3(质量比)的混合物，其中硝酸为硝化剂，硫酸作脱水剂。纤维与混合酸的配合比为 100：(15~30)，温度为 25

~30 ℃。

硝化完成后，可采用乙醇或水进行处理，使其稳定化。用含 N 量 11%左右的硝化纤维素 39%~45%、樟脑 8%~10%、浓度 95%的酒精 40%，混合、溶解，得到一种胶状物，再经过滤、成型、干燥处理，即成为赛璐珞，用于制作乒乓球、牙刷柄、眼镜架等。

用硝化纤维素 40%~60%、树脂 20%~30%、软化剂 20%~30%、染料 5%~25%，加入溶剂和稀释剂溶解，可制得快干油漆。将含 N 量 13%~13.5%和含 N 量 11.5%~12.0%的两种硝化纤维素按 60∶40 的比例混合，即为无烟火药。

(2) 纤维素醋酸酯

纤维素醋酸酯又称醋酸纤维素、乙酰纤维素，是将纤维素与冰醋酸、醋酸酐以及催化剂(硫酸、过氯酸或氯化锌)作用，在不同稀释剂中得到的一系列酯化产物，用于生产人造丝、电影胶片、油漆、电气绝缘材料等。反应原理如式(10-3)所示。

$$2[C_6H_7O_2(OH)_3]_n+3n(CH_3CO)_2O \longrightarrow 2[C_6H_7O_2(OCOCH_3)_3]_n+3nH_2O \quad (10\text{-}3)$$

(3) 纤维素醚

纤维素分子中羟基的 H 原子被烃基或芳烃基所取代的产物，称为纤维素醚。常用的主要有甲基纤维素、乙基纤维素、羧甲基纤维素等。

甲基纤维素和羧甲基纤维素用途相似。可溶于水，形成透明胶体，据此性质在国民经济多个部门具有广泛用途，在石油工业中被用作钻探泥浆稳定剂；在纺织工业被用作布料上浆剂；在洗涤与化妆工业被用作吸附剂；在食品工业被用作增黏剂；在药业被用作胶囊和片剂外衣；在造纸、涂料工业被用作增稠剂、稳定剂、增黏剂等。乙基纤维素具有优良的化学稳定性，能耐热、耐冷、耐强碱、弱碱和稀酸，在高温和低温下均能保持良好的强度和柔韧性。因此可用于制造汽车、飞机的零件，加工的薄膜常在电器、无线电设备中被用作绝缘材料。

3. 废蛋白质纤维再生毛毡(毯)

废毛织物、丝织物，在没有严重虫蛀的情况下，纤维原本的性质基本上没有发生很大变化。经过剪断、疏解、脱色、洗涤、干燥等处理，可以重新制成毛绒或丝绵。剪断过程中可能对纤维的长度有所破坏，但对于纤维长度要求不高的制毡、制毯业而言，是完全能够满足要求的。

4. 废蛋白质纤维制泡沫剂

泡沫剂是一种水溶液经搅拌后可以生成大量、细微、均匀、稳定气泡的材料，结构上属于表面活性剂。该类泡沫剂具有泡沫壁强度高、稳定性好的特点，主要用于泡沫水泥、泡沫石膏等建筑材料的生产。

废丝毛纤维泡沫剂的制造方法如下：① 废丝毛织物剪碎，脱色、洗涤、压滤；② 配制浓度为 20%的 NaOH 溶液；③ 将废丝毛织物浆粕浸入 NaOH 溶液，在 80~90 ℃温度条件下保持 2~3 h；④ 待废纤维全部溶解后，投入氯化铵中和，得到水解蛋白质；⑤ 配制 15%的硫酸亚铁溶液；⑥ 按水解蛋白质：硫酸亚铁溶液 = 1∶0.3(体积比)混合，即得泡沫剂水溶液。

使用时，利用泡沫搅拌机或空气压缩机-发泡枪，先制得稳定的泡沫，然后，按一定比例与胶凝材料料浆混合搅拌、浇注成型、凝固养护，即可得到一种内部具有微小气孔的轻质、绝热材料。

5. 废化学纤维解聚回收化工原料

对于极性高分子型化学纤维，如聚酰胺纤维——锦纶、聚酯纤维——涤纶、聚氨酯纤维——氨纶，通过水解、醇解、化学解聚等，可以回收单体或形成再生树脂。

第五节 污泥的资源化及综合利用

污泥(sewage sludge)是污水处理厂对污水进行处理过程中产生的沉淀物质以及由污水表面漂出的浮沫所得的残渣。随着工业生产的发展和城市人口的增加，工业废水与生活污水的排放量日益增多，污泥的产量迅速增加。大量积累的污泥，不仅将占用大量土地，而且其中的有害成分如重金属、病原菌、寄生虫卵、有机污染物及臭气将成为影响城市环境卫生的一大公害。如何妥善科学地处理处置污泥是全球共同关注的课题，当今的共识是将污泥视为一种资源加以有效利用，在治理污染的同时变废为宝。

一、污泥的分类、成分与性质

(一) 污泥的分类

污泥的种类很多，按来源分有给水污泥、生活污水污泥、工业废水污泥。

按分离过程可分为沉淀污泥(包括初沉污泥、混凝沉淀污泥、化学沉淀污泥)、生物处理污泥(包括腐殖污泥、剩余活性污泥)。

按污泥成分及性质可分为有机污泥、无机污泥；亲水性污泥和疏水性污泥。

按不同处理阶段可分为生污泥、浓缩污泥、消化污泥、脱水干化污泥、干燥污泥、污泥焚烧灰等。

(二) 污泥的性质和成分

污泥性质是选择污泥处理、处置及利用技术的重要基础资料。污泥性质取决于污水水质、处理工艺和工业废水密度等多种因素。一般说来，污泥具有以下性质。① 有机物含量高(一般为固体量的60%~80%)，容易腐化发臭，颗粒较细，密度较小，含水率高且不易脱水，是呈胶状结构的亲水性物质。② 污泥中含有植物营养素、蛋白质、脂肪及腐殖质等，营养素主要包括氮(N)、磷(P_2O_5)、钾(K_2O)。③ 污泥的碳/氮(C/N)较为适宜，对消化有利。污泥中的有机物是消化处理的对象，其中一部分是能被消化分解的，分解产物主要是水、甲烷和二氧化碳；另一部分是不易或不能被消化分解的，如纤维素、乙烯类、橡胶制品及其他人工合成的有机物等。污泥具有燃料价值，污泥的主要成分是有机物，可以燃烧。④ 由于城市污水中混有医院排水及某些工业废水(如屠宰场废水)，因此污泥中常含有大量的细菌和寄生虫卵。⑤ 由于工业污水进入城市污水处理系统，污泥中含有多种重金属离子。在污泥各种水溶性重金属中，Cd、Cu、Pb浓度较高，酸溶性中，Cd浓度居首，其浓度顺序为Cd>Cu>Pb>Hg。

二、污泥的处理及综合利用

（一）污泥的处理

污泥的处理包括污泥的浓缩、污泥的消化和污泥的脱水。

1. 污泥的浓缩

污泥中所含水分大致分为四类：颗粒间的空隙水，约占污泥水分的70%；毛细水，污泥颗粒间的毛细管水，约占20%；颗粒的吸附水及颗粒内部水，约占1%。污泥脱水的对象是颗粒间的空隙水。

污泥浓缩的目的就是降低污泥中水分含量，缩小污泥的体积，减少消化池的容积和加温污泥所需热量，为污泥脱水、利用与处置创造条件，但仍保持其流体性质。浓缩后污泥含水率仍高达90%以上，可以用泵输送。污泥浓缩的方法主要有重力浓缩法、气浮浓缩法和离心浓缩法三种。

2. 污泥的消化

污泥的消化是在人工控制条件下，通过微生物的代谢作用使污泥中的有机物稳定化。污泥中有机物含量很高，宜采用厌氧法处理，即在无氧的条件下，污泥中的有机物被微生物分解为较低分子有机物，最终转化成为甲烷、氨、二氧化碳和水等无机物和气体。通过厌氧消化，既分解了有机物，还获得了一种很好的燃料——沼气。

厌氧消化工艺流程主要有标准消化法、高负荷消化法、两级消化法和厌氧接触消化法等。详见污泥的资源化利用——利用污泥生产沼气部分。

3. 污泥的脱水

污泥经浓缩处理后，含水率约为90%，体积还很大，为了满足卫生标准、综合利用或进一步处置的要求，必须充分地脱水而减量化，将污泥当作固态物质来处理。

污泥脱水包括自然干化与机械脱水。在机械脱水时，为了改善污泥的脱水性能，常采用污泥消化法或化学调理等方法对污泥进行处理后再脱水。

机械脱水的主要方法有：① 采取加压或抽真空将滤层内的液体用空气或蒸汽排除的通气脱水法，常用设备为真空过滤机，有间歇式、连续式、转鼓式等形式。② 靠机械压缩作用的压榨法，加压过滤设备主要分为板框压滤机、叶片压滤机、滚压带式压滤机、叠螺式脱水机等类型。③ 用离心力作为推动力除去料层内液体的离心脱水法，常用转筒离心机有圆筒形、圆锥形、锥筒形三种，典型形式为锥筒形。

目前，污泥处置的主要方式有填埋、投海、焚烧、土地利用。这些方法都能容纳大量的污泥，是污泥处置的有效途径，但其中也存在诸多问题。

（二）污泥的综合利用

污泥是一种很有利用价值的潜在资源，随着工业和城市的发展，污水处理率的提高，其产生量必然越来越大。为了充分利用这种资源，减轻环境公害，世界上许多国家都在大力发展污泥处理处置和资源化利用的各种技术，取得了良好的经济效益和社会效益。

1. 污泥的农田林地利用

污泥中含有的氮、磷、钾、微量元素等是农作物生长所需的营养成分；有机腐殖质(初沉池污泥含33%,消化污泥含35%,活性污泥含41%,腐殖污泥含47%)是良好的土壤改良剂；蛋白质、脂肪、维生素是有价值的动物饲料成分。

(1) 生产堆肥

依靠自然界广泛分布的细菌、放线菌、真菌等微生物，人为地促进可生物降解的有机物向稳定的腐殖质转化的过程叫作堆肥化，其产物称作堆肥。

将污泥与调理剂及膨胀剂在一定的条件下进行好氧堆沤，即是污泥的堆肥化。现代堆肥化大多指好氧快速堆肥过程，污泥堆肥过程的主要技术措施比较复杂，主要包括：① 调解堆料的含水率和适当的C/N。② 选择填充料改变污泥的物理性状。③ 建立合适的通风系统。④ 控制适宜的温度和pH。

堆肥的一般工艺流程如图10-9所示，主要分为前处理、一次发酵、二次发酵和后处理四个阶段。

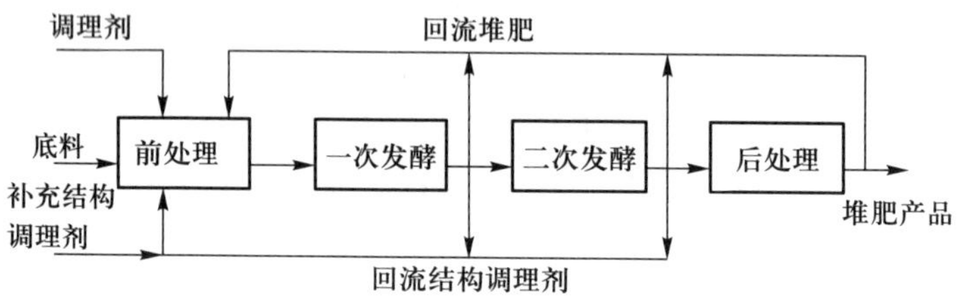

图10-9 堆肥的一般工艺流程

(2) 生产复混肥

污泥堆肥产品可与市售的无机氮、磷、钾化肥配合生产有机无机复混肥。它集生物肥料的长效、化肥的速效和微量元素的增效于一体，在向农作物提供速效肥源的同时，还能向农作物根系引植有益微生物，充分利用土壤潜在肥力，并提高化肥利用率；另外，还可根据不同土壤的肥力和不同作物的营养需求，合理设计复混肥各组分的比例，生产通用复混肥及针对不同作物的专用复混肥。

2. 回收能源

污泥的主要成分是有机物，其中一部分能够被微生物分解，产物是水、CH_4 和 CO_2；另外干污泥具有热值，可以燃烧，所以可以通过制沼气、燃烧及制成燃料等方法，回收污泥中的能量。

(1) 利用污泥生产沼气

沼气是有机物在厌氧细菌的分解作用产生的以 CH_4 为主的可燃性气体，是一种比较清洁的燃料。沼气中 CH_4 的含量为50%~60%，CO_2 的含量为30%左右，另外还有CO、H_2、NO_2、H_2S 和极少量的 O_2。1 m^3 沼气燃烧发热量相当于1 kg煤或是0.7 kg汽油。污泥进行厌氧消化即可制得沼气。

(2) 通过焚烧回收热量

污泥中含有大量的有机物和一定的纤维木质素，脱水后有一定的热值。污泥的燃烧热值与污泥的性质有关，不同污泥的燃烧热值如表10-16所示。

表 10-16　不同污泥的燃烧热值

污泥种类	热值/(kJ·kg^{-1})	污泥种类	热值/(kJ·kg^{-1})
初次沉淀污泥		初沉污泥与腐殖质污泥混合	
新鲜的	15 826~18 190	新鲜的	14 900
经消化	7 200	经消化	6 740~8 120
新鲜活性污泥	14 900~15 210	初沉污泥与活性污泥混合	
		新鲜的	16 950
		经消化	7 450

可以看出，干化污泥作为燃料的开发潜力大。通过焚烧既可以达到最大限度的减容，又可以利用热交换装置回收热量，用来供热发电。但在焚烧过程中会产生二次污染问题，如废气中含 SO_x、NO_x、HCl，残渣含金属等。

脱水污泥的含水率高于 75%，如此高的含水率不能维持燃烧过程的进行，所以焚烧前对污泥应进行干燥处理，使污泥的含水量符合不同焚烧设备的要求。

最主要的焚烧设备有立式多层炉、回转窑炉、喷射焚烧炉等，应用最广泛的是流化床焚烧炉。流化床焚烧炉的优点是焚烧时固体颗粒激烈运动，颗粒与气体间的传热、传质速度快，所以处理能力大；结构简单，造价便宜。缺点是废物破碎后才能入炉。

污泥焚烧的热量可以用来生产蒸汽，供热采暖或发电。另外还可用污泥与煤混合，制成污泥煤球等混合燃料。

(3) 低温热解

低温热解是目前正在发展的一种新的热能利用技术。即在 400~500 ℃，常压或缺氧条件下，借助污泥中所含的硅酸铝和重金属(尤其是铜)的催化作用将污泥中的脂类和蛋白质转变成碳氢化合物，最终产物为燃料油、气和碳。热解前的污泥干燥就可利用这些低级燃料的燃烧来提供能量，实现能量循环；热解生成的油还可以用来发电。

3. 建材利用

污泥中的无机成分与有机成分可以分别被利用制造建筑材料。

(1) 污泥制砖

污泥制砖的方法有两种，一种是干污泥直接制砖，另一种是用污泥焚烧灰渣制砖。

用干污泥直接制砖时，应该在成分上做适当调整，使其成分与制砖黏土的化学成分相当。当污泥与黏土按质量比 1∶10 配料时，污泥砖基本上与普通红砖的强度相当。

将污泥干燥后，对其进行粉碎以达到制砖的粒度要求，掺入黏土与水，混合搅拌均匀，制坯成型焙烧。污泥砖的物理性能见表 10-17。利用污泥焚烧灰制砖，污泥焚烧灰与制砖黏土的化学组成比较见表 10-18。

表 10-17　污泥砖的物理性能

污泥∶黏土(质量比)	平均抗压强度/MPa	抗折强度/MPa	成品率/%
0.5∶10	8.2	2.1	83
1∶10	10.6	4.5	90

表 10-18 污泥焚烧灰与制砖黏土的化学组成比较

项目	SiO_2	Al_2O_3	Fe_2O_3	CaO	MgO	灼烧减重	其他
制砖黏土	56.8~88.7	4~20.6	2~6.6	0.3~13.1	0.1~0.6	—	0~6.0
焚烧灰甲	13	13.7	9.6	38.0	1.5	15.1	—
焚烧灰乙	50.6	12.0	16.5	4.6	—	10.9	—
焚烧灰丙	52.0	15.0	4.8	10.6	1.6	1.6	4.8

由表 10-20 可知，污泥的性质不同焚烧灰的成分差别很大。在污泥脱水时，加入石灰作为助凝剂，会使焚烧灰的 CaO 含量增高（如焚烧灰甲）。一般情况下，焚烧灰的成分与制砖黏土成分接近（如焚烧灰乙、丙）。制坯时只需添加适量黏土与硅砂，适宜的配料质量比为焚烧灰：黏土：硅砂 = 100 : 50 : (15~20)。

（2）生产水泥

水泥熟料的煅烧温度为 1 450 ℃左右。生产水泥时，污泥中的可燃物在煅烧过程中产生的热量，可以在煅烧水泥熟料时得到充分利用。污泥灰烬的成分与水泥原料相近，可作为生产水泥原料加以利用；污泥中的重金属元素在熟料烧成过程中参与了熟料矿物的形成反应，被结合进熟料晶格中。因此，用污泥作为原料生产水泥，除可实现资源、能源的充分利用，还可将其中的有毒有害物质中和吸收，使危害减到最少，近年来受到广泛关注。

污泥生产水泥有两种方式：生产生态水泥和代替黏土质原料生产水泥。用污泥焚烧灰、下水道污泥、石灰石及适量黏土为原料生产的水泥叫生态水泥。污泥具有较高的烧失量，扣除烧失量后其化学成分与黏土原料相近，进行生料配料计算，理论上可以替代 30%的黏土质原料。

（3）制生化纤维板

活性污泥中的有机成分粗蛋白（一般占 30%~40%）与酶等属于球蛋白，能溶解于水及稀酸、稀碱、中性盐的水溶液。在碱性条件下，加热、干燥、加压后会发生一系列的物理、化学性质的改变，称为蛋白质的变性作用。利用这种变性作用能制成活性污泥树脂（又称蛋白胶），与纤维合起来，压制成板材。

生化纤维的物理力学性能，可达到国家的三级硬质纤维板的标准，能用作建筑材料或用于制造家具。利用活性污泥制造生化纤维板，在技术上是可行的。但在制造过程中有气味，需要脱臭措施。板材成品仍还有一些气味，且板材的强度有待提高；当污泥的性质不同时，配方需研究调整。

（4）生产陶粒

污泥制陶粒的方法按原料不同可以分为两种，一是用生污泥或厌氧发酵污泥的焚烧灰造粒后烧结。这种方法在 20 世纪 80 年代已趋成熟，并投入使用。利用焚烧灰制陶粒需要单独建设焚烧炉，污泥中的有机成分没有得到有效利用，近年来开发了直接从脱水污泥制陶粒的新技术，污泥制轻质陶粒工艺流程如图 10-10。

轻质陶粒一般可作路基材料、混凝土骨料或花卉覆盖材料使用，但由于成本和商品流通上的问题，还没有得到广泛的应用。近年来日本将其作为污水处理厂快速滤池的滤料，代替目前常用的硅砂、无烟煤，取得良好的效果。轻质陶粒作快速滤池填料时，空隙率大，不易堵塞，反冲次数少。由于其相对密度大，反冲洗时流失量少，滤料补充量和更换次数也比用普通滤料少。

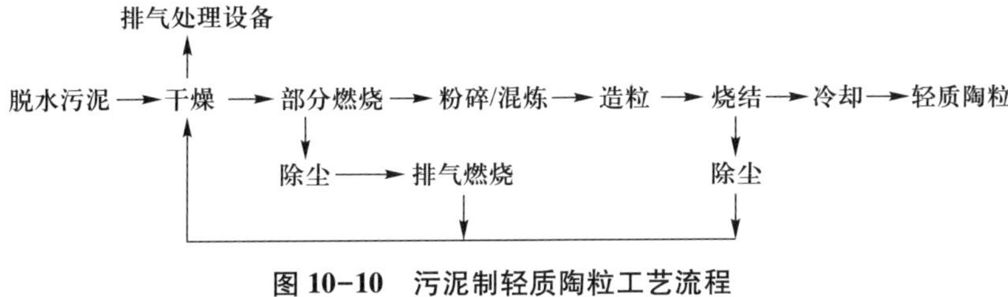

图 10-10　污泥制轻质陶粒工艺流程

第六节　报废汽车的回收与处理

一、报废汽车可回收资源概况

汽车有三大类型：客车、货车和轿车。汽车的主要材料有金属、塑料、橡胶、玻璃、油漆等。根据国家规定，使用年限达到国家报废标准，或发动机、底盘严重损坏，或不符合机动车运行安全技术条件，或不符合污染物排放标准的汽车应予以报废处理。报废汽车中蕴藏着大量的可循环利用资源，其各种金属及非金属材料的质量分数如图 10-11 所示。

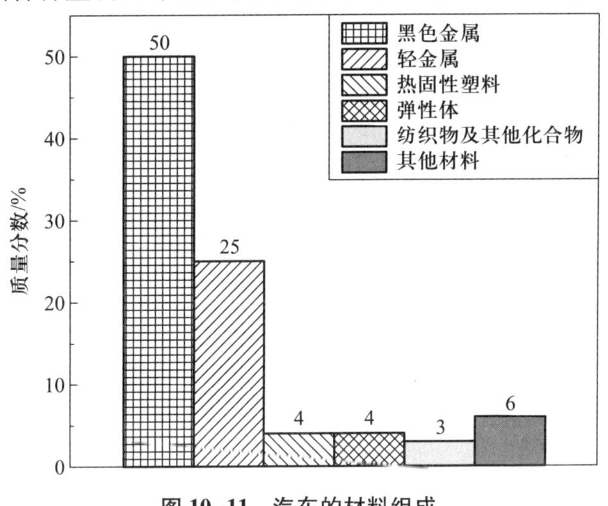

图 10-11　汽车的材料组成

在报废汽车中钢铁和有色金属约占 75%，具有巨大的回收利用价值，其金属材料组成见表 10-19。

表 10-19　报废汽车的金属材料组成

项目	轿车	卡车	公共汽车
生铁/%	约 3	约 3	约 4
钢铁材料/%	约 77	约 76	约 77
有色金属/%	约 5	约 5	约 3
其他	约 15	约 16	约 16

由表10-19可见，钢铁材料约占报废汽车总质量的80%，有色金属占3%~5%。汽车中使用的有色金属主要是铝、铜、镁合金和少量的锌、铅及轴承合金，其中铝的含量最多，主要以铝合金的形式存在。

报废汽车的回收再生利用，首先要将其“肢解”，钢铁，有色金属，玻璃，轮胎等橡胶制品和塑料、海绵等有机材料，一般进行专门的回收利用。据测算，每回收一辆报废汽车可以节约1 t燃料油，回收2.4 t废钢铁和45 kg有色金属。仅2016年登记报废的540万辆汽车全部回收，就可回收500多万吨油料、1 300万t废钢和24万t有色金属，经济价值和生态环境价值非常可观。

随着汽车产业的蓬勃发展，我国报废汽车回收拆解企业目前已经发展到2 200多家，但其中通过国家资质认证的拆解企业仅有490余家，其余大部分为挂靠的回收拆解网点，其回收能力和技术力量均有限。

虽然我国从1985年开始先后出台了《汽车报废标准》《报废汽车回收企业总量控制方案》《报废机动车拆解环境保护技术规范》等一系列法规，但拆车行业仍没有统一的技术规范，从而导致实际的报废回收率和资源利用率较低。

二、报废汽车拆解及车用材料回收再利用

目前，我国针对报废汽车的处理方式以回收拆解为主，主要为手工拆解、机械化破碎、多级分选技术相结合的莱因哈特法，其报废汽车资源化工艺路线如图10-12所示。报废汽车拆解获得的部分零部件可通过再制造重新用于新汽车的生产之中，其余车体和结构部件则要进行无害化处理，将不同的车用材料分步分类回收并资源化再利用。车用材料的回收再利用主要分为黑色金属材料、有色金属材料、铂族金属材料及其他材料的分类及处理。

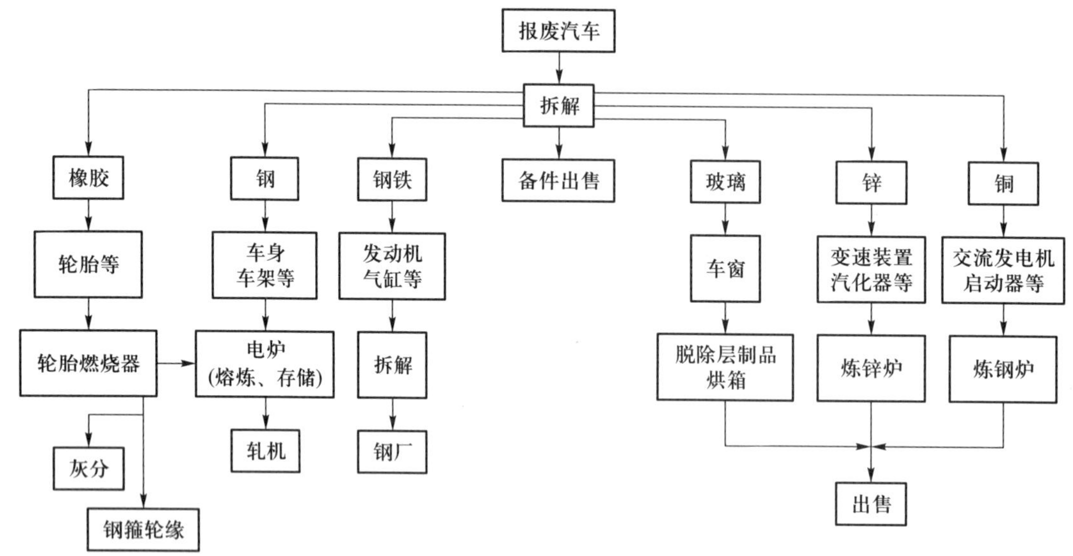

图10-12 莱因哈特法的报废汽车资源化工艺路线

（一）黑色金属材料的回收利用

钢铁材料具有成本低、加工难度较小、强度高、生产工艺较成熟、炼钢能耗低、容易回收再利用、利于环境保护等优点，是组成汽车的最重要的材料。

车用黑色金属材料主要包括钢和铸铁。按是否含有合金元素来分，钢可分为碳素钢和合金钢两大类，其中碳素钢分为普通碳素钢和优质碳素钢，合金钢分为合金结构钢和特殊钢。根据钢材在汽车的应用部位和加工成型方法分为特殊钢和钢板两大类，汽车发动机和传动系统等关键部位的零件均使用特殊钢制造，如弹簧钢、齿轮钢、调质钢、非调质钢、不锈钢、易切削钢、渗碳钢、氮化钢等；钢板在汽车制造中占有很重要的地位，按加工工艺可分为热轧钢板、冷冲压钢板、涂镀层钢板、复合减震钢板等，常规载重汽车钢板用量占钢材消耗量的50%左右，轿车则占70%左右。

报废汽车经过拆解、粉碎等机械处理工序后按类别分别回收，钢材进行二次冶炼，铸铁进行再铸造加工，有色金属按相应的冶炼要求进行二次冶炼。

报废汽车机械处理的方法有剪切、打包、压扁和粉碎等。剪切是用废钢剪断机将废钢剪断，以便运输和冶炼；打包是利用金属打包机将驾驶室车体在常温下挤压成长方形包块；压扁是利用压扁机将废旧汽车压扁，以便运输、剪切或粉碎；粉碎是借助粉碎机将被挤压在一起的汽车残骸用锤击方式撕成适合冶炼厂冶炼的小块，最终分类处理。

（二）有色金属材料的分类及处理

汽车中使用的有色金属主要是铝、铜、镁合金和少量的锌、铅及轴承合金。汽车质量直接影响汽车运行的能耗，车重每降低100 kg，可节约燃油0.7 L/(100 km)。随着汽车轻量化的不断发展，铝、镁等轻金属合金的需求量越来越大。

有色金属的生产制造需要消耗巨大的能量。例如，生产1 t新的铝锭要消耗21 305万kJ能量，而回收再生1 t铝锭仅消耗548万kJ能量，可节能97.4%，而且制造再生铝锭所产生的CO_2量也比生产新铝所产生的CO_2量大幅度减少。因此，从节能减排的角度，有色金属的资源回收对汽车工业的发展和资源有效利用有着重要的意义。

报废汽车中回收的部分含铝部件经过翻新后可重新使用，其他含铝废料经重炼后可加工成变形铝合金和铸造铝合金。车用铝料中常混杂其他有色金属、钢铁和非金属夹杂物，为方便熔炼、保证再生纯度、提高回收率，需对废旧铝料进行备制，根据废铝料备制的品质，按再生产品的技术要求进行生产使用。此外，炉渣灰中还含有一定量的金属铝及Al_2O_3，经湿法浸出、过滤、浓缩、蒸发后可加工为化工产品，用于水处理净水剂、消防灭火剂、造纸工业工胶剂、印染工业媒染剂等。

废旧镁合金的再生工艺流程与铝合金一样，也需要经过重熔、熔体净化和铸造。由于镁合金极易燃烧，因此其重熔再生工序相对铝合金更加复杂。

（三）铂族金属材料的分类及处理

铂族金属主要用于汽车尾气净化催化剂。每年通过报废汽车回收生产的铂族金属产量约高出原生铂族金属5倍，富集后品位能达到0.05%，再利用先进处理技术，可将铂族金属的回收率提高到90%以上，处理后的废物、废水还可进行后续处理加以回收利用，其生产成本远低于原生金属生产，可大大减少能源消耗和对环境的危害，因此报废汽车的铂族金属回收被称为“可循环再生的铂矿”。汽车中回收铂族金属能很大程度地满足生产的需求，因此，大力发展铂族金属回收是解决资源短缺的重要途径之一。

汽车催化剂铂族金属回收处理利用的流程为四个环节：报废汽车拆解、废旧催化剂收集、催化剂铂族金属富集、铂族金属精炼。目前我国已有 1 000 多家从事报废汽车拆解中小企业，其中有 100 多家专门负责铂族金属催化剂的收集，有 10 家企业从事汽车催化剂铂族金属的清洗、除皮、破碎、研磨、筛选、磁选、浮选等富集工序，最后富集的铂族金属物进入贵金属精炼厂进一步提纯，这四个环节相互衔接，密切配合，形成协调顺畅的循环链。

铂族金属的回收技术主要分为湿法处理和火法处理两种。湿法处理工艺为：废催化剂粉碎→酸洗溶解(常压化学溶解法或加压化学溶解法)→压力浸出提取。湿法处理具有设备简单、成本较低等优点，但具有铂族金属流失严重、回收率低、易产生废水等缺点。火法处理主要原理是利用熔融状态的铅、铜、铁、镍等捕集金属或利用硫化铜、硫化镍、硫化铁对铂族金属具有的特殊亲合力实现铂族金属的转移和富集，该方法具有回收率高、污染小的优点，发展前景较好。

(四) 非金属材料的分类及处理

(1) 废旧轮胎回收

报废汽车轮胎被称为“黑色污染”，其回收利用技术一直是环境保护技术开发的重点。报废轮胎的再生利用方法包括：旧轮胎翻新工艺和报废轮胎的综合利用，即生产胶粉、再生胶、建筑材料和热能利用等。具体方法见图 10-13 和表 10-20。

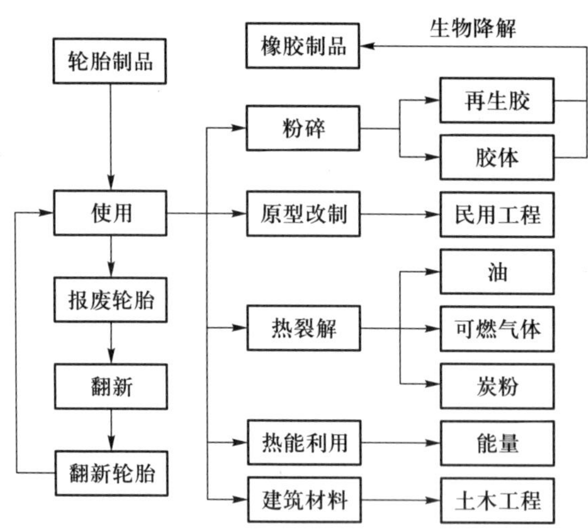

图 10-13　报废轮胎的主要再生利用方法

表 10-20　报废轮胎的综合利用方式

利用方式	生产工艺	特点	应用
胶粉	常温粉碎法、低温冷冻粉碎法、水冲击法等	无须脱硫，能耗较少，工艺简单	制造橡胶制品、沥青、防水卷材、彩色地砖、防腐料等

续表

利用方式	生产工艺	特点	应用
再生胶	经粉碎、加热、机械处理后再硫化，低温相转移催化脱硫法、微波再生法等	能耗较高，生产效率低、工艺流程长，环境污染严重	用作橡胶工艺原材料，应用逐渐萎缩
建筑材料	切成碎片	单位体积质量小，减少地基沉降，增强整体稳定性	用作填料或用于制成橡胶土，广泛应用于土木工程
原型改制	捆绑、裁剪、冲切等方式	直接利用，方便、简洁	用作码头和船舶的护舷、漂浮灯塔、公路的防护栏等
热能利用	破碎后按一定比例与各种可燃废旧物混合、配制成固体垃圾燃料	工艺简单，设备投资少，但产生大气污染	代替煤、油和焦炭供高炉喷吹，用作烧水泥的燃料等
热裂解	高温加热，促使报废轮胎分解成油、可燃气体、炭粉	产物丰富，可得到充分利用	油、可燃气体可作燃料使用，炭粉可制成特种吸附剂

（2）车用塑料回收

直接回收再利用报废汽车塑料的回收处理工艺十分复杂。国外主要采用燃烧利用热能的方式处理，过程中产生的废气和废渣通过清洁装置无害处理。日本及欧洲各国已分别提出了对汽车废旧塑料的利用要求，并规定了具体的年限，我国在这方面也急需出台相关政策规范塑料、橡胶等废旧材料的回收利用，提高其利用效率。

报废汽车塑料的资源化应用包括物质再生和能量再生两大类，主要采用熔融加工、直接成型加工、溶解再生、改性、气化、化学解聚、热解油化、催化裂解、氢化等技术。报废汽车塑料部件的再生利用主要受表面涂层、污垢和结构的制约。不同的塑料配件的回收再生措施也根据使用技术要求不同而有所差异，表 10-21 列出了报废汽车各塑料部件的再生技术要点。报废汽车塑料可于再生造粒，根据《废塑料再生利用技术规范》(GB/T 37821—2019)，报废汽车塑料再生造粒前必须经过分选、清洗、破碎和干燥等预处理工序。

表 10-21 报废汽车各塑料部件的再生技术要点

部件名称	占整车质量分数/%	再生技术要点
保险杠	0.8	有效去除表面涂膜技术
仪表盘	0.5	各种材料分选和分别利用技术
地毯	0.3	去除表面污物、切断和分选技术
电线束	1.3	分选 PVC-Cu 技术
散热器框	0.1	去除镀层技术
空气净化器	0.2	将嵌入塑料的金属等分离技术
照明灯	0.2	将透镜和外罩分离技术
空调器	0.2	解体分类和去杂物技术
车轮罩	0.2	将内附污物去除技术
仪表导管	0.1	去除海绵、金属等杂物的技术

（3）车用玻璃回收

报废汽车的玻璃主要来自遮挡玻璃、车灯、反射镜以及驾驶室内仪表配件等。报废汽车的玻璃可回收作为原料使用，但经检验回收的二次玻璃制品技术性能不能满足汽车工业要求，主要用于制造各种玻璃瓶等器具或作为添加辅助材料。实验证明，在生产玻璃的原料中加入废玻璃可以明显减少玻璃生产过程中的气体排放量，并且可以减少玻璃生产的原材料消耗并节约能源。

（五）新能源汽车电池的回收

新能源汽车已为汽车产业发展的新方向，绝大多数新能源汽车以电池为动力，目前汽车电池普遍使用寿命是6~10年，新能源汽车的电池回收处理即将进入高峰期。

（1）新能源汽车电池回收利用

新能源电池主要有三种：镍氢电池、磷酸铁锂电池和三元锂电池。新能源汽车主要利用磷酸铁锂电池，电池从投入使用到退役回收，回收容量为初始容量的60%~80%，由于电池本身的特性，电池中期容量衰减速度放缓，稳定性更佳，且电池的寿命拐点在初始容量的20%~50%，有很大的寿命空间可梯次利用。

磷酸铁锂动力电池的梯次利用包括综合利用、再生利用两个方面。综合利用分为三个层级（图10-14）。

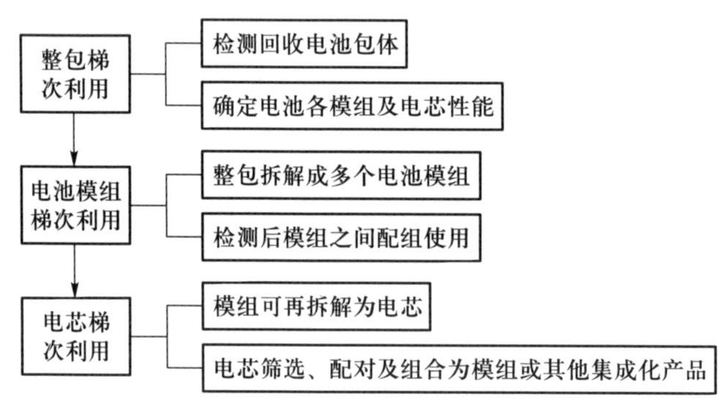

图10-14 磷酸铁锂动力电池梯次利用的三个层级

第一层级为整包梯次利用，将汽车上拆下的回收电池包体直接运到工厂进行动力检测，确定电池整包中各个模组和电芯的性能。如果是因为单个模组异常而导致整包老化，那么只需要更换单个模组，使其回到峰值状态，即可作为汽车动力电池再次使用，有利于降低动力电池梯次利用的配套成本。第二层级为电池模组梯次利用，将电池整包拆解成多个电池模组，对各个电池模组的容量、内阻、自放电及一致性进行检测分析，模组之间配组使用。第三层级为电芯梯次利用，从包体到模组再拆解成电芯，对电芯检测分析后进行筛选、配对及组合为模组或其他集成化产品。第三层级的回收电池多用于循环场景，比如储能行业，梯次电池可应用于集装箱式商业储能系统以及家庭户用小型储能系统；低速车领域，其中可细分为低速四轮车、低速三轮车、场地车、叉车和AGV等；硅铁一体化小储能，可用于路灯、道路指示灯和传感器供电等。

(2) 新能源汽车报废电池的资源化利用

新能源汽车彻底报废的电池属于电子产品，其资源化利用见废旧电子产品的综合利用章节。

三、报废汽车资源化新技术

为满足现代循环经济的要求，汽车工业的发展模式要从制造的源头改善，从能源、材料管理各个方面转变为循环模式，将环境的因素分布到生产、销售、使用、再生整个生命周期全过程，以最大限度地利用各种资源(图 10-15)。因此，汽车再生资源循环利用系统将是包括设计与制造、维修与配件、回收与拆解、再使用与再制造以及材料再循环利用的整体。

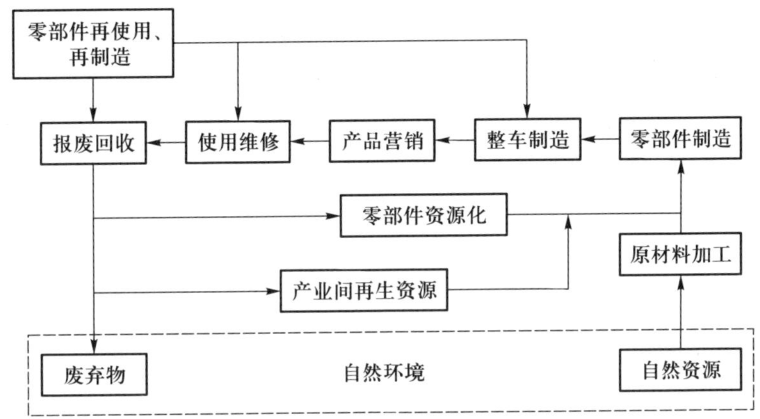

图 10-15　循环经济型汽车制造业资源消耗模式

除了加快车用材料再循环利用的进程之外，我国也大力推广了汽车零部件再制造的试点工作，这是汽车再生资源循环模式转变的重要体现。发改委在 2008 年正式发布《汽车零部件再制造试点管理办法》，首批 14 家汽车零部件再制造试点企业。

总体上讲，我国报废汽车资源化利用的发展方向为：开展可拆解、可回收性绿色设计；开发利用快速装配系统及便利的拆解技术和装置；研制可循环使用的原材料及零部件制造工艺；汽车轻量化、节能化、环境保护化；开发有效的清洁能源回收技术；提高整体报废汽车回收利用率。

第七节　废弃电器电子产品的综合利用

随着全球经济和技术的不断发展，电子信息技术创新与电子产品市场需求迅猛发展和扩大，加速了电子产品的更新换代，产生了大量的电子废物。联合国环境规划署 2015 年的报告显示，全世界每小时就产生 4 000 t 电子垃圾，并以每年 3%～8%的速度增长。据统计，仅 2019 年全球产生的电子垃圾就有 5 360 万 t，预计到 2030 年将达到 7 400 万 t。增长快速和数量如此庞大的电子废物，含有大量有毒有害物质，给全球的生态环境造成了巨大的威胁，成为困扰全球可持续发展的新的环境问题。但是，电子废物中又含有大量有价值的资源，处理不当会造成资源的巨大浪费，因此电子废物的资源化和二次污染控制有重要意义。

一、废弃电器电子产品种类、成分及性质

废弃电器电子产品(waste electrical and electronic equipment)，包括计算机产品、通信设备、视听产品及广播电视设备、家电及类似用途电器产品、仪器仪表及测量监控产品、电动工具和电线电缆，及其产品的所有零部件、元器件和材料。我国《废弃电器电子产品处理污染控制技术规范》(HJ 527—2010)规定废弃电器电子产品包括，拥有者不再使用且已经丢弃或放弃的电器电子产品(包括构成其产品的所有零部件、元器件和材料等)，以及在生产、运输、销售过程中产生的不合格产品、报废产品和过期产品，具体种类见表 10-22。

表 10-22 各类废弃电器电子产品

类别	产品清单
计算机产品	电子计算机整机产品，计算机网络产品、电子计算机外部产品，电子计算机配套产品及材料，电子计算机应用产品，办公设备及信息产品
通信设备	通信传输设备，通信交换设备，通信终端设备，移动通信设备及移动通信终端设备，其他通信设备
视听产品及广播电视设备	电视机、摄录像机、激光视盘机等产品，音响产品，其他电子视听产品，广播电视制作、发射、传输设备、广播电视接受设备及器材，应用电视设备及其他广播电视设备
家用及类似用途电器产品	制冷电器产品，空气调节产品，家用厨房电器产品，家用清洁卫生电器产品，家用美容、保健电器产品，家用纺织加工、衣物护理电器产品，家用通风电器产品，运动和娱乐器械及电动玩具，自动售卖机，其他家用电器
仪器仪表及测量监控产品	电工仪器仪表产品，电子测量仪器产品，监测控制产品，绘图、计算及测量仪器产品
电动工具	对木材、金属和其他材料进行加工的设备，用于铆接、打钉、拧紧或除去铆钉、钉子、螺丝，或类似用途的工具，用于焊接或者类似用途的工具，通过其他方式对液体或气体物质进行喷雾、涂敷、驱散或其他处理的设备，用于割草或者其他园林活动的工具
电线电缆	电线电缆、光纤、光缆

废弃电器电子产品一般来源于电子产品的生产企业、维修服务企业和消费者。根据电器电子产品的使用目的，我国电子废物的产生源分为社会源和工业源。以家庭为单位的消费者、个体消费者、电器电子设备维修点(包括大量使用电器电子设备的企业、行政事业单位、个体电器电子设备维修点)属于社会源；电器电子设备制造企业和大型电器电子设备维修服务企业属于工业源。报废电器电子分类如表 10-23 所示。

表 10-23　报废电器电子分类

分类方法	类属	主要类别	特点
按产生的领域	家庭	家用电器类：电视机、洗衣机、冰箱、空调、电脑、电话、微波炉、家用音频视频设备等	数量大，范围广，分布较为分散，难于回收
	办公室	办公耗材：电脑、打印机、传真机、复印机、电话等	报废电脑所占比例最高
	工业制造	电子废料：集成电路生产过程中的废品、报废的电子仪表等自动控制设备、废弃电缆等	由于企业设施和管理力度不够而回收处理不当
	医疗设备	报废电子医疗设备、器件等	需消毒处理后并分类回收
	其他	手机、网络硬件、笔记本电脑、数码相机、汽车音响、电子玩具等	报废手机数量大，增长速度快
按回收物质	电路板	电子设备中的集成电路板	主要是电视机和电脑硬件电路板
	金属	金属壳座、紧固件、支架、线材等	包括 Fe 类、Cu 类
	塑料	显示器壳座、音响设备外壳、塑料管件等	—
	橡胶	电子设备的橡胶配件、胶垫等	—
	玻璃	CRT 管、荧光屏、荧光灯管	含有 Pb、Hg 等严格控制的有毒有害物质
	其他	冰箱中的制冷剂、液晶显示器中的有机物等有害物质	需要进行特殊处理

废弃电器电子产品成分复杂，具有“资源性”和“潜在危险性”的双重属性。

废弃电器电子中含有大量可回收的黑色金属、有色金属、塑料、玻璃以及一些仍有使用价值的零部件等，蕴含着巨大的经济价值，是一座名副其实的“城市矿山”（部分电器的主要组成材料见表 10-24）。例如，一台家用电脑的材料包括大约 40%的塑料，40%的金属材料，其余 20%为玻璃、陶瓷和其他材料；电冰箱中金属的含量高达 50%；电视机中金属的含量近 13%；电子印刷电路板的基板材料通常为玻璃纤维强化酚醛树脂或环氧树脂，集成的各种零部件和芯片含有各种金属，如铜、铝、铅、锡、铁和一定量的贵重金属，如金、银、钯，以及少量的铑、白金和稀有元素硒等，部分电路板中的金属含量甚至超过 45%，资源化回收价值很高。

表 10-24　部分家用电器的主要组成材料(质量分数/%)

类别	铁	铜	其他金属	玻璃和陶瓷	阻燃塑料	易燃塑料
照明设备	7	7	3	83	—	—
电动厨具	25	6	9	10	—	50
大型室内电器	63	5	2	12	—	18
其他家用电器产品	60	3	2	—	35	—
电子玩具和乐器	20	2	3	—	—	75

续表

类别	铁	铜	其他金属	玻璃和陶瓷	阻燃塑料	易燃塑料
电动工具	30	10	10	20	15	15
办公电器	30	10	10	20	15	15
收音机和通信工具	55	10	5		15	15
其他	10	10	50		15	15

废弃电器电子产品包含1 000多种不同成分，其中很多是有毒物质，含有对人、动植物和环境等产生危害的物质或元素，包括铅、汞、镉、六价铬、多溴联苯(PBB)、多溴联苯醚(PBDE)、多氯联苯(PCBs)、多氯三联苯(PCTs)、特殊炭粉、玻璃状硅酸盐纤维、石棉、消耗臭氧层的物质、产生电离辐射物质及国家规定的其他危险废物，严重威胁环境和人类健康。

根据国家现行相关技术规范规定，废弃电器电子产品在收集、运输、贮存、拆解和处理过程中的污染控制管理，收集商、运输商、拆解或处理企业应建立记录制度。处理企业应按《危险废物鉴别标准》，对处理过程中产生的固体废物进行鉴别，经鉴别属于危险废物的，应交由危险废物经营许可证的单位处置。

二、废弃电器电子产品综合利用

为获得较高的资源利用效率，废弃电器电子的资源化利用一般结合了再使用、再制造、材料回收再生等基本环节，最大限度地利用报废电器电子的设备、零部件及材料资源。废弃电器电子经过检验后可通过维修或升级重新使用的电子器件或设备，投入生产厂家再次使用，不能再使用的废弃电器电子经过拆解企业的拆解、分类处理后，部分零部件经过检验后会运至生产厂家进行再制造，其余拆解零件经粉碎、分选等机械处理加工后，运用再生技术充分回收其中的有价元素，实现废弃电器电子的完全资源化(图10-16)。

废弃电器电子按照可回收物品的价值分为三类：第一类是计算机、冰箱、电视机等有相当高价值的废物；第二类是小型电器如无线电通信设备、电话机、燃烧灶、脱排油烟机等价值稍低的废物；第三类是其他价值很低的废物。电子废物一般拆分成电路板、显像管、电缆电线等几类，根据各自的组成特点分别进行处理。

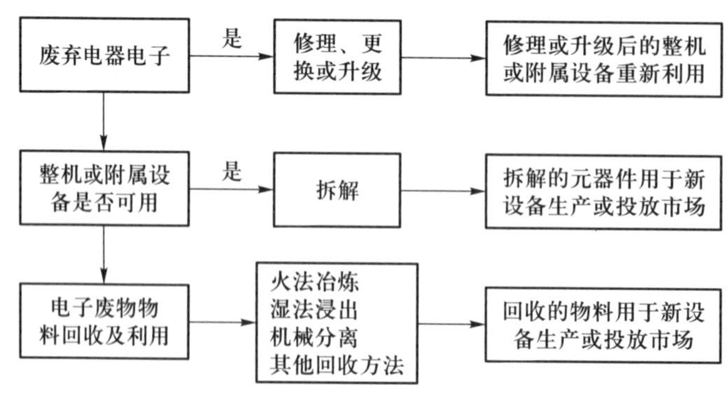

图10-16　电子废物回收利用流程图

废弃电器电子的综合利用技术包括机械法处理、火法处理、湿法处理以及生物技术处理等。

（一）机械法处理

报废电器电子的机械分离主要是利用报废电器电子中材料的磁性、电性和密度等性质的差异进行分选，包括拆解、破碎、筛分、分选等工序，该方法具有污染小、成本低、可进行资源综合回收的优点，但获得的产品纯度较低。目前，机械法处理多用于金属材料回收的前期预处理工艺环节以提高后期金属回收的效率和质量。

（1）拆解

报废电器电子的拆解主要是针对构件回收或者为后续的处理进程做准备。报废电器电子中可以再利用的有价值部件可重新得到使用，具有危险性的构件被单独存放处理，使得后续工序更加充分和有序，以获得最大的经济效益和最少的环境污染，具体环境效率参数如表 10-25 所示。

表 10-25　预先取出的零(部)件、元(器)件及材料

序号	零(部)件、元(器)件及材料	有毒有害物质	说明
1	含多氯联苯(PCBs)系列的电容器	PCBs，PCT	多氯二联苯(PCBs)和多氯三联苯(PCT)常被用作电容器绝缘散热介质。大的电容器用在功率因素校正和类似功能的电器上，小的电容器用在荧光和其他放电照明器以及家用电器上的分马力电机。大型家用电器用电容器的较多
2	电池	Hg，Pb，Cd及易燃物	含有重金属，如铅、汞和镉等的电池、氯化汞电池、镍镉电池以及锂电池等
3	含镉的继电器、传感器、开关等电接触件	Cd	触点材料为银氧化镉(AgCdO)的电器等电接触件
4	含汞的开关	Hg	利用汞(水银)位置变化，使电器倾倒时起断电保护的开关、电接触器、温度计、自动调温装置、位置传感器和继电器
5	印刷电路板	Pb，Cr，Cd，Br，Cl	印刷电路板上含有各种元器件，其中 SMD 芯片电阻器、红外监测器和半导体中含有镉；封装电子组件用锡铅焊料中含有铅；印刷电路板上含有溴化阻燃剂
6	阴极射线管(CRT)	Pb	阴极射线管上含铅的玻璃
7	气体放电灯等背投光源	背投光源里的Hg	液晶显示器的背投光源及投影系统的高压泵灯
8	含有卤化阻燃剂的塑料	Br，Pb，Cd	既含有作阻燃剂的多溴联苯或多溴二苯醚，又有作稳定剂、脱模剂、颜料的铅与镉

续表

序号	零(部)件、元(器)件及材料	有毒有害物质	说明
9	氯氟烃(CFCs)，氢氯氟烃(HCFCs)等或含有碳氢化合物(HCs)的制冷剂	CFCs，HCFCs，HFCs，HC	制冷剂、冰箱等的制冷回路中含有消耗臭氧层或温室效应潜能(GWP)大于15的制冷剂，如氯氟烃(CFCs)、氢氯氟烃(HCFCs)、氢氟烃(HFCs)或碳氢化合物(HCs)
10	石棉废物及含有石棉废物的元件	粉尘	电器电子中用作保温、绝缘的石棉布、石棉绳、软板石棉系列
11	调色墨盒、液体、膏体和彩色墨粉	Pb，Cd，特殊碳粉	在打印机、复印机和传真机中使用的调色墨盒、液体和膏体和彩色墨粉，含有铅、镉，以及特殊碳粉
12	耐火陶瓷纤维(RCFs)的元件	玻璃状的硅酸盐纤维	用于家用电器中的加热器和干燥炉的内层。它们含有随意方向的碱性氧化物，其含量小于或等于18%(质量百分数)与石棉有相同的性质
13	含有放射性物质的部件	离子化辐射	一些类型的烟尘探测器含有放射性元素
14	硒鼓	Cd，Se	涂覆了砷化硒或硫化镉涂层的复印机硒鼓

(2) 破碎

破碎是通过人力或机械等外力的作用使物体破裂变碎以便于进一步筛分分离的过程。有效的破碎分级作业能够使报废电子电器单体充分解离，富集废弃物中的有用物质，易于后续筛分、分选过程的进行。

报废电子电器的破碎一般以剪切、冲击作用为主，常用的破碎设备有锤碎机、切碎机等。破碎操作过程中，需要根据报废电子电器中不同物质的物理特性选择有效的破碎设备，并根据所采用的分选方法选择物料的破碎程度。

(3) 筛分

筛分是对分选出的产品进行分级，为后续的分选工艺提供多级别的物料进料，以提高分选效率，是报废电子电器的机械分离中必不可缺的步骤。由于金属颗粒的粒径和形状特性与塑料、陶瓷等非金属颗粒不同，因此通过筛分可将金属颗粒和部分塑料陶瓷等非金属颗粒分开，从而提高金属的含量。

(4) 分选

分选是指按照物质间的物理性质差异(如颗粒形状、密度、电性、磁性、形状及表面性质等)，将报废电子电器破碎产品中不同组分进行分离的过程。主要包括湿法分选和干法分选。湿法分选主要有水利涡流分选、浮选、水力摇床等；干法分选包括空气摇床、磁选、气流分选、静电分选及涡电流分选等。两类分选方式各有利弊，湿法分选回收率高，对细微颗粒的分选效率优于干法分选，但成本较高，易产生二次污染；干法分选成本低、无污染，但目前只能处理粗颗粒，对细颗粒的分选效率较低。目前，干法分选在报废电子电器回收行业具有一定的优势，但实际操作中，很多报废电子电器通常都需要采用一种或多种分选方法联合进行处理。

印刷电路板(PCB)是电子产品的重要组成部分，废印刷电路板的材料组成和结合方式很复杂，单体的解离粒度小，不容易实现分离。非金属成分主要为含特殊添加剂的热固性塑料，处置相当困难。电路板的组成元素很复杂，个人计算机(PC)中PCB的组成元素分析如表10-26所示。

表10-26　个人计算机中PCB的组成元素分析

成分	Ag	Pb	Al	As	Au	S	Ba	Be
含量	0.33%	4.7%	1.9%	<0.01%	0.008%	0.10%	0.02%	0.000 1%
成分	Hi	Br	C	Cd	C1	Cr	Cu	F
含量	0.17%	0.54%	9.6%	0.015%	1.74%	0.05%	26.8%	0.094%
成分	Fe	Ga	Mn	Mo	Ni	Zn	Sb	Se
含量	5.3%	0.003 5%	0.47%	0.003%	0.47%	1.3%	0.06%	0.004 1%
成分	Sr	Sn	Te	Ti	Sc	I	Hg	Zr
含量	0.001%	1.0%	0.000 1%	3.4%	0.005 5%	200 g/t	0.000 1%	0.003%

废电路板的回收利用基本上分为电子元器件的再利用和金属、塑料等组分的分选回收。金属、塑料组分的回收一般是将电路板粉碎后，从中分选出塑料、铜、铅，分选方法一般采用磁选分选、重力分选和涡电流分选。分选可完全分离塑料，黑色金属和大部分有色金属，对有色金属的进一步分离多采用专门的化学分离方法，如金、银、铜、锌、铅、铝等有色金属的分离。对显像管、压缩机、电池等的处理还有物理冲击分离、智能分离、高温焚烧等方法。

电子废物中有多种不同物质，密度也多种多样。表10-27为电子废物中一些物质的密度，利用密度的不同可使用重选方法分离电子废物中的金属与非金属。

表10-27　电子废物中一些物质的密度

物质		密度范围/($g \cdot cm^{-3}$)
金属	金、铂、钨	19~21
	铅、银、钼	10.2~11.3
	镁、铝、钛	1.7~4.5
	其他	6~9
塑料	低密度聚乙烯	0.9~1.0
	高密度聚乙烯	
	丙烯腈-丁二烯-苯乙烯	1.0~1.1
	聚氯乙烯	1.1~1.5

近年来重选法已广泛地用于电子废物的分选过程中，多是从电子废物的轻物料(如塑料)中分选重物料(如金属)。重选法回收电子废物的技术有风力分选技术、摇床分选技术和淘汰分选技术等。摇床分选技术、磁选分离技术可分离细物料和钢铁(约40%的物料可得到有效分离)。

电子废物中的金属和非金属之间电导率的差别比较大(见表 10-28)，利用该特性可采用电选的方法分离金属与非金属；塑料和塑料之间的体积电阻系数也有所不同(见表 10-29)，可采用摩擦电选使塑料分类。

表 10-28 电子废物中某些材料的电导率

材料	电导率 σ /($\times10^6 \Omega^{-1} \cdot m^{-1}$)	材料	电导率 σ /($\times10^6 \Omega^{-1} \cdot m^{-1}$)
金	41.0	铝	35.0
银	68.0	铜	59.0
镍	12.5	锌	17.4
锡	8.8	铅	5.0
玻璃纤维强化树脂	0	—	—

表 10-29 电子废物中某些材料的体积电阻系数

塑料	体积电阻系数 /(Ω · m)	塑料	体积电阻系数 /(Ω · m)
聚氯乙烯(PVC)	1.16~1.38	尼龙和聚酰胺(PA)	1.14
聚乙烯(PE)	0.91~0.96	PET 和 PBT	1.31~1.39
丙烯腈-丁二烯-苯乙烯(ABS)	1.04	聚碳酸酯(PC)	1.22
聚苯乙烯(PS)	1.04	人造橡胶	0.85~1.25
聚丙烯(PP)	0.90	—	—

(二) 火法处理

报废电子电器的火法处理工艺的基本原理是通过焚烧、等离子电弧炉或高炉熔炼等高温加热处理，使金属材料熔炼呈合金态流出，塑料及其他物质等以浮渣物等方式被分离去除，从而达到金属富集的目的。富集的金属材料再通过精炼或电解等过程处理后加以利用。火法处理的优点在于工艺简单，回收率高，对加工材料的状态要求较低，可处理所有形式的报废电子电器，其缺点是高温能耗高、焚烧的烟气和炉渣容易造成二次污染。图 10-17 是利用火法处理技术提取有价金属的典型工艺流程。

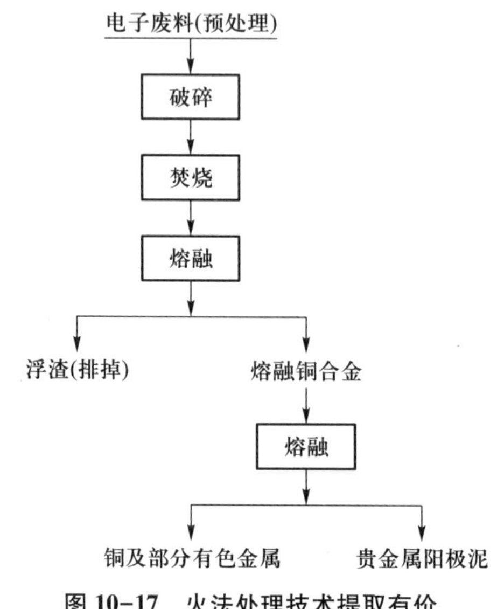

图 10-17 火法处理技术提取有价金属的典型工艺流程

目前常用的火法处理方式主要有焚烧熔出、热解、气化、直接冶炼技术、高温氧化熔炼、电弧炉烧结等工艺，部分火法处理技术的比较见表 10-30。

表 10-30　报废电子电器火法处理技术比较

处理技术	处理速度	回收产品	二次污染程度	运行投资成本	减容减量效率	惰性材料分离效果
焚烧	快	热能	大	高	最好	好
热解	慢	原料和燃料	小	比焚烧低	好	较好
气化	快	合成气	很小	比焚烧低	好	好
真空热处理	快	原料	很小	比焚烧低	好	最好

(三) 湿法处理

湿法处理是将破碎后的电子电器材料溶解在一定的溶剂中(酸性或碱性)，经过浸出液的溶剂萃取、沉淀、置换、离子交换、电解等过程，将各种金属材料分步从溶液中析出分离并予以回收，基本工艺流程如图 10-18 所示。湿法冶金与火法冶金相比，具有废气排放少、能耗小、工艺流程简单等优点，同时可获得高品位及高回收率的贵重金属，是当前应用最广泛的技术。湿法处理也有其缺点：对前期材料破碎、备制要求较高，不能处理复杂的材料体系，金属陶瓷混合材料的回收效率低，溶解、萃取后的残留废液也易导致严重的二次污染，需要经过无害化处理和合理储存。从电子废物中回收金、银、钯的处理流程为：破碎、制样、燃烧和物理分选、熔化或冶炼样品。用过进一步回收灰渣，采用化学或电解的方法进一步精练粒化的金属，对金、银、钯的回收率可超过 90%。

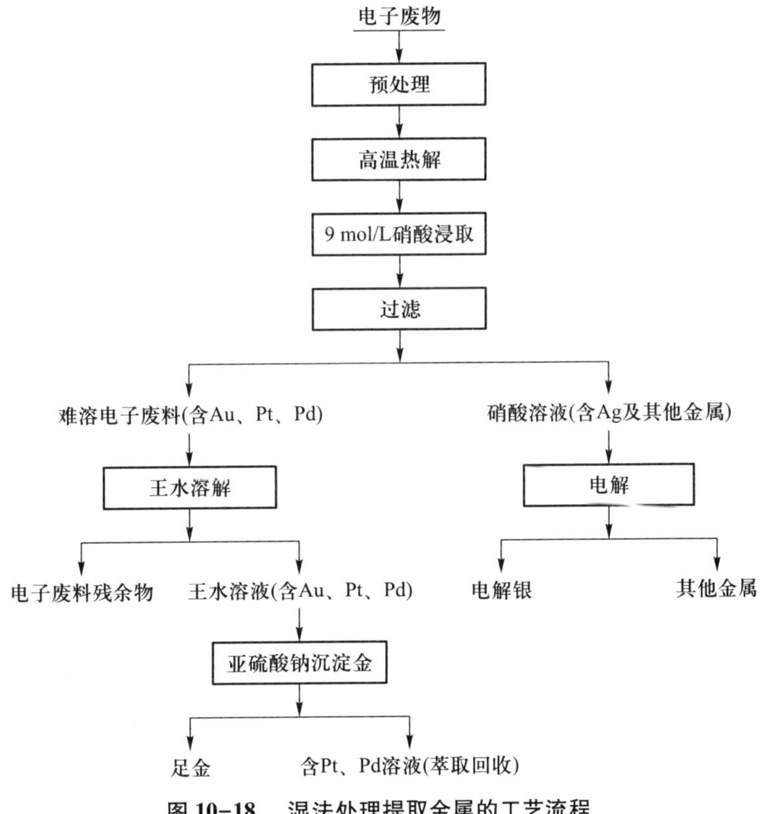

图 10-18　湿法处理提取金属的工艺流程

(四) 生物技术处理

生物技术回收有价金属的基本原理是利用微生物细胞及其代谢产物，通过物理、化学作用(包括络合、沉淀、氧化还原、离子交换等)吸附分离贵金属的处理方法。该方法具有工艺简单、费用低、操作方便的优点，缺点是浸取时间长，浸取率较低。生物处理技术是未来技术发展方向，是比较有前途的报废电子电器回收技术之一。

生物技术处理报废电子电器可分为生物吸附、生物累积、生物浸出三类。生物吸附是指废液中的有毒有害的金属离子通过微生物细菌细胞表面的多种化学基团的物理化学作用，结合在细菌的细胞表面，然后被输送至细胞内部。微生物可以从极稀的溶液中吸收金属离子，在一定的条件下，微生物细胞能够富集几倍于自身质量的金属离子，富集后的金属可以通过有机物回收的途径转变为有用的产品。

生物累积是指细菌依靠生物体的代谢作用在细胞体内积累金属离子。其优点是可对复杂溶液中某一特定金属离子具有良好的选择性，且材料便宜、成本低廉。

生物浸出技术是指利用特定微生物细菌对某些金属硫化物矿物的氧化作用，使金属离子进入液相，实现对金属离子的富集作用。细菌浸出现已用于铜和铀的工业生产，对回收废弃电子产品中低含量的贵金属具有良好的应用前景。

三、废电池的回收与综合利用

电池产品种类繁多、成分复杂，主要包括普通锌锰电池、碱性锌锰电池、镍镉电池、铅酸蓄电池、镍氢电池、锂电池等。表 10-31 为主要的电池产品和其化学体系。不同的电池产品，其回收和提取工艺各不相同。

表 10-31 主要的电池产品及其化学体系

名称		负极	电解质	正极	常用容器
一次电池	锌锰电池	Zn	NH_4Cl-$ZnCl_2$ 或 $ZnCl_2$	—	钢板
	碱性锌锰电池	Zn	—	MnO_2	塑料
	锌-空气电池	Zn	KOH 或 NaOH	氧气	—
	银锌电池	Zn	KOH 或 NaOH	Ag_2O	塑料
二次电池	锂离子电池	石墨	$LiPF_6$ 溶解在碳酸亚乙酯	$LiCoO_2$	塑料
	铅酸电池	Pb	H_2SO_4	PbO_2	塑料
	镍镉电池	Cd	KOH	NiOOH	塑料
	镍氢电池	储氢合金	KOH	$Ni(OH)_2$	塑料
	Zn-Ag_2O 电池	Zn	KOH	Ag_2O	塑料

(一) 废弃镍氢电池处理和再生利用技术

火法回收废弃镍氢电池主要为镍铁合金，其回收的主要流程为：粉碎镍氢电池→洗涤去除电解液→干燥→重力分选电极材料→还原法熔炼→镍铁合金材料。通过火法回收处理后可获得含镍 50%~55%，含铁 30%~35%的镍铁合金。该方法流程简单、处理量大，对处理的镍氢电池类型没有限制，适合工业化处理，但其有价资源流失严重、得到的合金价值较低。具体工艺流程如图 10-19 所示。

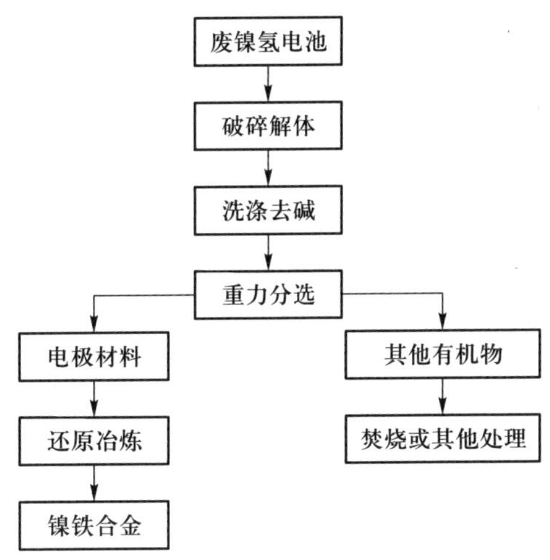

图 10-19　火法回收镍氢电池

湿法回收废弃镍氢电池可单独回收各种金属元素，回收率较高，回收能耗低、无有害气体产生，其回收的主要流程为：废弃镍氢电池机械粉碎→去碱液→分离含铁物质→酸洗溶解→调节 pH 金属沉淀分离→镍钴分离(化学沉淀、电沉积、萃取等方法)。湿法冶金处理的难点在于控制浸出条件，实现钴、镍元素的高纯度分离。湿法回收镍氢电池的工艺流程如图 10-20 所示。

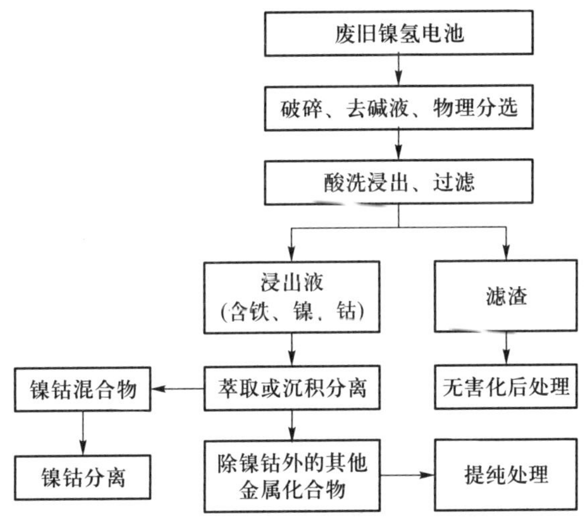

图 10-20　湿法回收镍氢电池

镍氢(镍镉)电池中还含有镉和稀土等有高价值的元素，通过一定的技术可实现对废弃电池中这些附加产品的回收。图 10-21 是一种废弃镍氢电池负极板中稀土的回收工艺流程，基本原理是利用无水硫酸钠沉淀稀土实现分离，该方法能使90%以上的稀土沉淀，而镍、钴留在溶液中继续进行后续提纯工艺。图10-22是废弃镍镉电池中镍、镉的回收工艺流程，主要是通过不同温度的热解工艺回收镍铁合金以及镉粉，该方法对镉的回收率达98%，镉粉纯度达到99.8%。针对目前电动汽车所使用的镍氢蓄电池正负极板易分离的特点，可以采用正负极材料分开处理的技术，能够简化电池的破碎工艺，实现镍、钴等金属的分离。

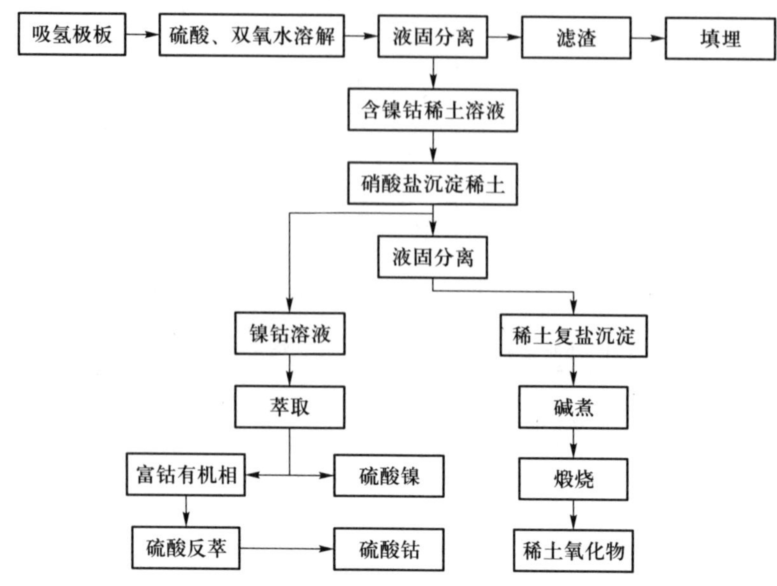

图10-21 废弃镍氢电池负极板中稀土的回收工艺流程

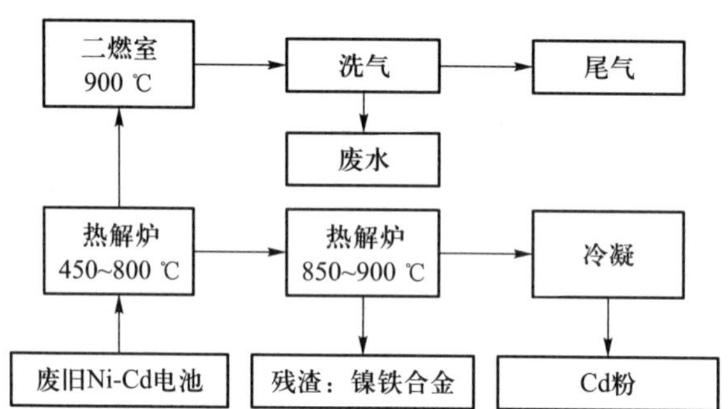

图10-22 废弃镍镉电池中镍、镉的回收工艺流程

（二）废弃锂离子电池处理和再生利用技术

废弃锂离子电池的处理和再生利用技术可分为火法、湿法、机械法和生物法等回收工艺。不同废弃锂离子电池处理和再生利用处理技术的基本原理和特点见表10-32。

表10-32 不同废弃锂离子电池处理和再生利用处理技术的基本原理和特点

处理技术	基本原理	特点
火法	通过高温焚烧分解有机黏结剂，并使电池材料氧化还原而分解，蒸气挥发后，再冷凝收集处理	工艺简单，能耗大，容易产生二次蒸汽污染

续表

处理技术	基本原理	特点
机械破碎浮选法	将电池破碎分选后，获得电池材料粉末，热处理后通过浮选回收锂盐颗粒	锂、钴回收效率高，工艺流程长，成本高
机械研磨法	利用机械研磨使电极材料与研磨材料发生反应，从而使锂盐转化为其他盐类	锂回收率高，可利用常见塑料废料
有机溶剂溶解法	采用强极性的有机溶剂溶解电极，使锂盐从铝箔上脱落	可有效分离锂和铝，有机溶剂成本较高
沉淀法	对酸洗浸取后的溶液进行沉淀，获得草酸钴、锂及碳酸锂沉淀、并过滤分离	回收率高，产品纯度好，工艺流程长
萃取法	使用萃取剂进行钴、锂分离	—
盐析法	通过在溶液中加入其他盐类，使溶液达到过饱和并析出溶质，进而回收有价金属	回收率高，且纯度高
生物法	利用具有特殊选择性的微生物代谢过程实现对钴、锂等元素的浸出	成本低，污染小，可重复使用

火法回收废弃锂离子电池主要通过将电池机械破碎后，放入焙烧炉中高温吹炼，得到渣料再用化学方法浸出，能得到有价金属的混合化合物。与镍氢电池类似火法处理技术具有量大、工艺简单的优点，而且对锂离子电池的负极类型不敏感，但产品的附加值不高。工艺流程为：电池放电→剥离外壳→回收外壳金属材料→电芯材料与焦炭、石灰石混合→还原焙烧，最终钴酸锂被还原为金属钴和氧化锂，氟和磷被沉渣固定，铝被氧化为炉渣，大部分氧化锂以蒸气形式逸出后，将其用水吸收，金属铜、钴等形成含碳合金。对分离的合金做进一步提纯精炼处理，可分离提取出价格较高的钴、镍。

湿法技术对有价金属的分离较彻底，可以处理成分更为复杂的锂离子电池电极材料，但湿法回收工艺流程较复杂，处理过程中的浸出废液和污水也容易造成二次污染。

（三）报废磷酸铁锂电池处理和再生利用技术

报废磷酸铁锂电池主要应用于汽车工业机器动力要求较高电池使用设备。报废磷酸铁锂电池在处理前，需要根据它内部的组成特性进行相应的前期预处理，主要包括对电池残余电量进行放电、电池拆解及金属外壳破碎等，在拆解后主要可以获得金属外壳、铝箔片、铜箔片、塑料隔膜，金属外壳和塑料隔膜被统一回收专业化处理，而铝箔片和铜箔片则通过不同的处理手段进行不同的资源化回收利用。

报废磷酸铁锂电池与锂电池一样常用回收技术大致可分为：湿法回收、火法回收和生物浸出回收，除此之外还有专门对锂、铁以及磷酸铁锂进行再生的工艺，如图 10-23 和图10-24。

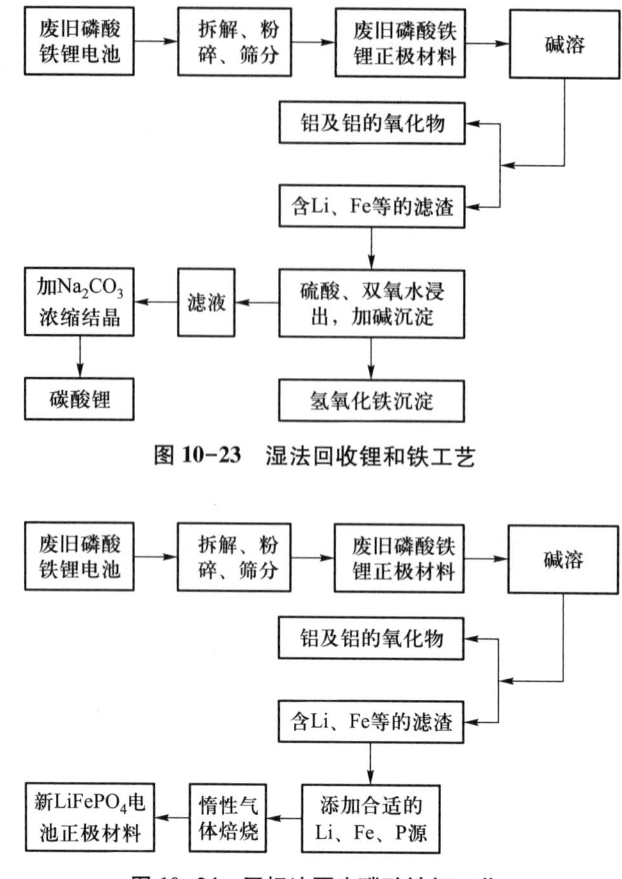

图 10-23 湿法回收锂和铁工艺

图 10-24 固相法再生磷酸铁锂工艺

(四) 废弃电池中回收利用钴、镍的综合处理技术

电池中镍、钴相对其他金属较难分离，但已开发出多种钴、镍回收工艺。清华大学核研院成功开发了球形锂离子电池材料制备的“控制结晶-固相反应工艺”，使用的是自行开发的“控制结晶法”专用反应釜。科研人员开发了利用废弃锂离子电池正极活性物质的浸出液直接合成正极材料的方法，该方法既省去湿法冶金中镍钴分离的复杂工艺，又能低成本的合成新型的正极材料，同时提高了回收效率和生产效率。佛山市邦普镍钴技术有限公司开发了一种同时适用于镍氢、锂离子电池的回收技术，核心是利用萃取技术分离 Co 和 Ni，目前已成熟应用于工业生产之中。

习题与思考题

1. 矿业固体废物是如何分类的？尾矿的主要用途有哪些？
2. 煤矸石的主要化学成分是什么？其热值对煤矸石的应用有哪些影响？指出煤矸石的来源和分类。
3. 钢渣是如何分类的？其主要化学成分有哪些？有哪些利用途径？简述钢渣的主要处理工艺。
4. 请说明高炉矿渣的加工处理方法主要有哪些？各处理方法有什么特点？
5. 粉煤灰的主要用途有哪些？试讨论粉煤灰在环境保护工业上的应用前景。
6. 化学工业废渣是如何分类的？其主要特点是什么？

7. 铬渣的危害是什么？利用前为何要进行解毒处理？如何进行铬渣的处理和综合利用？

8. 农林固体废物一般包含哪些成分？秸秆综合利用有什么困难？怎样才能最经济利用？

9. 餐厨垃圾综合利用有哪些途径？建筑垃圾综合利用有哪些途径？

10. 废旧塑料有哪些类型和分选方法？废塑料对环境有哪些影响？

11. 废橡胶有哪些类型？有哪些再生利用方法？

12. 废纤维织物的综合利用途径有哪些？

13. 如何从源头减少城市污水处理厂的污泥？其资源化有哪些途径？

14. 废旧汽车中金属材料的组成如何？

15. 简述新能源汽车废旧电池的类型及其综合再生利用的层级。

16. 什么是废弃电子电器产品？

17. 废弃电子产品处理的二次污染控制包括哪些环节？

18. 某黄磷厂生产 1 t 黄磷需磷矿 9.339 t、焦炭 1.551 t、硅石 1.557 t，除得到 0.356 t 副产品磷铁外，还产生了 2.824 t 气体和 0.135 t 粉尘，求黄磷的产渣率。

19. 某厂一台手烧炉，年耗煤 300 t，煤的灰分为 25%。发热量为 23 028.5 kJ/kg，除尘效率为 90%，求全年产生的灰渣量。

20. 某资源再生工程项目耗用建筑工程费 346.6 万元，设备购置费 22 331 万元，安装工程费 8 651 万元，其他费用 8 094 万元。建设期利息估算为 4 319 万元，试计算其固定投资为多少。

21. 拟建一个固体废物综合利用工程项目，第 1 年投资 1 000 万元，第 2 年又投资 2 000 万元，第 3 年再投资 1 500 万元。从第 4 年起，连续 8 年每年的营业收入 5 200 万元，经营成本 2 600 万元，折旧费 800 万元，营业税金 160 万元，所得税率为 25%，项目在期末的残值为 700 万元。试计算该项目的年净现金流量并画出该项目的现金流量图。

22. 某公司计划投资建设一个有机固体废物资源化利用系统，需 10 000 万元资本投入。该公司现有可使用资金 60 000 万元，又以 11%的年利率向银行贷款 40 000 万元，每年支付贷款利息，到第三年末偿还本金。预计该净化系统使用年限为 8 年，期末残值为零。另预计该公司每年的息税前现金流量为 30 000 万元。若按修正加速折旧-—般折旧法(MACRS-GDS)计提折旧，折旧期为 7 年计提折旧，税率为 25%，列表说明 8 年内以下各项内容每年分别为多少。① 息税前现金流量；② 贷款本金偿还额；③ 贷款利息偿还额；④ 修正加速折旧额；⑤ 应纳税所得额；⑥ 税额；⑦ 税后现金流。

主要参考文献

[1] 宁平. 固体废物处理与处置[M]. 北京：高等教育出版社，2007.

[2] 赵由才，牛冬杰，柴晓利，等. 固体废物处理与资源化[M]. 3版. 北京：化学工业出版社，2019.

[3] 孙秀云，王连军，李健生，等. 固体废物处理处置[M]. 北京：北京航空航天大学出版社，2019.

[4] LaGrega M D，Buckingham P L，Evans J C. 危险废物管理[M]. 2版. 李金惠，译. 北京：清华大学出版社，2010.

[5] 孙振钧. 蚯蚓反应器与废弃物肥料化技术[M]. 北京：化学工业出版社，2004.

[6] 张小平. 固体废物处理处置工程[M]. 北京：科学出版社，2017.

[7] 何品晶. 固体废物处理与资源化技术[M]. 北京：高等教育出版社，2011.

[8] 李国学. 固体废物处理与资源化[M]. 北京：中国环境科学出版社，2005.

[9] 钱光人. 危险废物管理[M]. 北京：化学工业出版社，2004.

[10] 杨建设. 固体废物处理处置与资源化工程[M]. 北京：清华大学出版社，2007.

[11] 王晋刚，唐雪娇，沈伯雄. 固体废物处理与处置 [M] .2版. 北京：化学工业出版社，2018.

[12] 廖利，冯华，王松林. 固体废物处理与处置[M]. 武汉：华中科技大学出版社，2010.

[13] 郭军. 固体废物处理与处置[M]. 北京：中国劳动社会保障出版社，2010.

[14] 蒋建国. 固体废物处置与资源化[M]. 2版. 北京：化学工业出版社，2013.

[15] 于春梅，闻红军. 选矿原理与工艺[M]. 北京：冶金工业出版社，2008.

[16] 芈振明. 固体废物的处理与处置[M]. 修订版. 北京：高等教育出版社，1993.

[17] 汪群慧. 固体废物处理及资源化[M]. 北京：化学工业出版社，2004.

[18] 杨慧芳，张强. 固体废物资源化[M]. 北京：化学工业出版社，2004.

[19] 汪宝华.《中华人民共和国固体废物污染环境防治法》实施手册[M]. 北京：中国环境保护出版社，2005 .

[20] 王绍文，梁富智，王纪曾. 固体废物资源化技术与应用[M]. 北京：冶金工业出版社，2003.

[21] 庄伟强，刘爱军. 固体废物处理与处置[M]. 3版. 北京：化学工业出版社，2015.

[22]《三废治理与利用》编委会. 三废治理与利用[M]. 北京：冶金工业出版社，1995.

[23] 戴维斯，康韦尔. 环境工程导论[M]. 4版. 影印版. 北京：清华大学出版社，2000.

[24] 陈海滨. 城市环境卫生管理[M]. 武汉：武汉大学出版社，1992.

[25] 北京市环卫科研所. 国外城市垃圾收集与处理[M]. 北京：中国环境科学出版社，1990.

[26] 李启衡. 碎矿与磨矿[M]. 北京：冶金工业出版社，1980.

[27] 孙玉波. 重力选矿[M]. 北京：冶金工业出版社，1982.

[28] 许时. 矿石可选性研究[M]. 北京：冶金工业出版社，1983.

[29] 胡为柏．浮选[M]．北京：冶金工业出版社，1983.
[30] 杨国清．固体废物处理工程[M]．北京：科学出版社，2000.
[31] 娄性义．固体废物处理与利用[M]．北京：冶金工业出版社，1996.
[32] 杨慧芬．固体废物处理技术及工程应用[M]．北京：机械工业出版社，2003.
[33] 瞿广飞，蔡营营，黄凯．优先控制化学品及其风险防控[M]．北京：科学出版社，2020.
[34] 瞿广飞，解若松，李军燕．面源有机废物资源化循环利用关键技术[M]．北京：科学出版社，2020.
[35] 浸矿技术编委会．浸矿技术[M]．北京：原子能出版社，1994.
[36] 段希祥．选择性磨矿及其应用[M]．北京：冶金工业出版社，1991.
[37] 李秀金．固体废物工程[M]．北京：中国环境科学出版社，2003.
[38] 李国学，张福锁．固体废物堆肥化与有机复混肥生产[M]．北京：化学工业出版社，2000.
[39] 张克强，高怀友．畜禽养殖业污染物处理与处置[M]．北京：化学工业出版社，2004.
[40] 张小平．固体废物污染控制工程[M]．北京：化学工业出版社，2004.
[41] 杨玉楠，熊运实，杨军，等．固体废物的处理处置工程与管理[M]．北京：科学出版社，2004.
[42] 国家环境保护总局危险废物管理培训与技术转让中心．危险废物管理与处理处置技术[M]．北京：化学工业出版社，2003.
[43] Tchobanoglous G，Theisen H，Vigil S. Integrated solid waste management [M]. New York：McGraw-Hill，2000.
[44] 唐鸿寿，王如松，等．城市生活垃圾处理和管理[M]．北京：气象出版社，2002.
[45] 张益，赵由才．生活垃圾焚烧技术[M]．北京：化学工业出版社，2000.
[46] 李国建，赵爱华，张益．城市垃圾处理工程[M]．北京：科学出版社，2003.
[47] 北京市环境保护科学研究院，国家城市环境污染控制工程技术研究中心．三废处理技术工程手册[M]．北京：化学工业出版社，2000.
[48] 赵庆祥．污泥资源化技术[M]．北京：化学工业出版社，2002.
[49] 高艳玲．固体废物处理处置与工程实例[M]．北京：中国建筑工业出版社，2004.
[50] 李慧强，杜婷，吴贤国．建筑垃圾资源化循环再生骨料混凝土研究[J]．华中科技大学学报．2001，29(6)：83-84.
[51] 徐惠忠．固体废弃物资源化技术[M]．北京：化学工业出版社，2004.
[52] 聂永丰．三废处理工程技术手册(固体废物卷)[M]．北京：化学工业出版社，2000.
[53] 赵由才．生活垃圾资源化原理与技术[M]．北京：化学工业出版社，2002.
[54] Lee C C. 环境工程计算手册[M]．全燮，杨凤林，译．北京：中国石化出版社，2003.
[55] 赵由才．危险废物处理技术[M]．北京：化学工业出版社，2003.
[56] 曾汉才．燃烧与污染[M]．武汉：华中理工大学出版社．1992.
[57] 曹本善．垃圾焚化厂兴建与操作实务[M]．北京：中国建筑工业出版社，2002.
[58] 刘均科．塑料废弃物的回收与利用技术[M]．北京：石化出版社，2001.
[59] 孙明湖．环境保护设备选用手册(固体废物处理、噪声控制及节能设备)[M]．北京：化工出版社，2002.

[60] 姚向君. 生物质能资源清洁转化利用技术[M]. 北京: 化工出版社, 2005.
[61] 陈勇. 固体废弃物能源利用[M]. 广州: 华南理工大学出版社, 2002.
[62] 钟振洋, 周启祥, 阿世孺, 等. 环卫机械设备合理选择与经济使用[M]. 北京: 中国建筑工业出版社, 1999.
[63] 赵由才, 朱青山. 城市生活垃圾卫生填埋场技术与管理手册[M]. 北京: 化学工业出版社, 1999.
[64] 陈运璞, 张永春, 郭敬杭, 等. 变压吸附空分制氮吸附剂进展[J]. 低温与特气, 2002, 20(6): 4-7.
[65] Klass D L. Biomass for renewable energy, fuels and chemicals[M]. San Diego: Academic Press, 1988.
[66] 中国农业农村部/美国能源部项目专家组. 中国生物质能转换技术发展与评价[M]. 北京: 中国环境科学出版社, 1998.
[67] Schumacher M M. Landfill methane recovery[R]. Noyes Data Corporation, 1983, 97-145.
[68] Qin W, Egolfopoulos F N. Fundamental and environmental aspects of landfill gas utilization for power generation[J]. Chemical Engineering Journal, 2001, 82: 157-172.
[69] Brown K A, Maunder D H. Exploitation of landfill gas: A UK perspective[J]. Water Science and Technology, 1994, 30(2): 143-151.
[70] Sandelli G J, Trocciola J C. Landfill gas pretreatment for full cell application[J]. Journal of Power Application, 1994, 49: 143-149.
[71] Spiegel R J, Trocciola J C. Test results for full cell operation on landfill gas[J]. Energy, 1997, 22(8): 777-786.
[72] Rautenbach R, Welsch K. Treatment of landfill gas by gas permeation—pilot plant results and comparision to alternatives[J]. Journal of Membrane Science, 1994, 87: 107-118.
[73] 危险废物管理培训与技术转让中心. 危险废物管理与处理处置技术[M]. 北京: 化学工业出版社, 2003.
[74] 赵由才. 固体废物污染控制与资源化[M]. 北京: 化学工业出版社, 2002.
[75] 张永波, 叶红, 王玉和. 地下水环境保护与污染控制[M]. 北京: 中国环境科学出版社, 2003.
[76] 李昌静, 卫钟鼎. 地下水水质及其污染[M]. 北京: 中国建筑工业出版社, 1983.
[77] 薛红琴, 速宝玉, 盛金昌. 垃圾填埋场渗滤液的防渗措施和地下水的污染防护[J]. 安全与环境学报, 2002, 2(4): 18-22.
[78] 何品晶, 冯肃伟, 邵立明. 城市固体废物管理[M]. 北京: 科学出版社, 2003.
[79] 蒋建国. 固体废物处理处置工程[M]. 北京: 化学工业出版社, 2005.
[80] 邓益群, 彭凤仙, 周敏. 固体废物及土壤监测[M]. 北京: 化学工业出版社, 2006.
[81] 陈德珍, 等. 固体废物热处理技术[M]. 上海: 同济大学出版社, 2020.
[82] 战佳宇, 李春萍, 杨飞华, 等. 固体废物协同处置与综合利用[M]. 北京: 中国建材工业出版社, 2014.
[83] 王驹, 陈伟明, 苏锐, 等. 我国高放废物地质处置研究[J]. 原子能科学技术, 2004, 38(4): 339-342.

[84] 郭永海，王驹，金远新．世界高放废物地质处置库选址研究概况及国内进展[J]．地学前缘，2001，8(2)：327-332.

[85] 孙庆红．放射性废物技术的一些新进展和趋势——IAEA 国际放射性废物技术委员会第四次会议简介[C]．辐射防护通讯，2004，24(6)：35-38.

[86] 闵茂中．放射性废物处置原理 [M]．北京：原子能出版社，1998.

[87] 罗嗣海，钱七虎，周文斌，等．高放废物深地质处置及其研究概况[J]．岩石力学与工程学报，2004，23(5)：831-838.

[88] 郭永海，王驹，金远新．高放废物深地质处置及国内研究进展[J]．工程地质学报．2000，8(1)：63-67.

[89] 彭长琪．固体废物处理与处置技术[M]．2 版．武汉：武汉理工大学出版社，2009.

[90] 王雪松．全国固体废物管理信息系统[C]//2016 全国环境信息技术与应用交流大会论文案例集，373-375.

[91] 金平章，邓洪．我国报废汽车回收利用现状分析与对策建议[J]．区域治理，2018，8：82.

[92] 王琳，郭建忠，张鹏岩．固体废物处理与处置[M]．北京：科学出版社，2014.

[93] 宇鹏，赵树青，黄魁．固体废物处理与处置[M]．北京：北京大学出版社，2016.

[94] 李灿华，黄贞益，朱书景，等．固体废物处理、处置及利用[M]．武汉：中国地质大学出版社，2019.

[95] 王淀佐，邱冠周，胡岳华．资源加工学[M]．北京：科学出版社，2005.

附　　录

附录 1　固体废物相关政策和法规清单

附录 2　固体废物管理相关标准及规范清单

郑重声明

读者意见反馈

为收集对教材的意见建议，进一步完善教材编写并做好服务工作，读者可将对本教材的意见建议通过如下渠道反馈至我社。

咨询电话　400-810-0598

反馈邮箱　hepsci@pub.hep.cn

通信地址　北京市朝阳区惠新东街4号富盛大厦1座　高等教育出版社理科事业部

邮政编码　100029

防伪查询说明

用户购书后刮开封底防伪涂层，使用手机微信等软件扫描二维码，会跳转至防伪查询网页，获得所购图书详细信息。

防伪客服电话　(010)58582300